Moda, fe y fantasía en la nueva física del universo

Moda, fe y fantasía en la nueva física del universo

ROGER PENROSE

Traducción de
Marcos Pérez Sánchez

Papel certificado por el Forest Stewardship Council®

Penguin
Random House
Grupo Editorial

Título original: *Fashion, Faith, and Fantasy in the New Physics of the Universe*

Primera edición con esta encuadernación: julio de 2024

© 2016, Roger Penrose.
Publicado por acuerdo con International Editors Co.
y Princeton University Press. Todos los derechos reservados
© 2017, Penguin Random House Grupo Editorial, S. A. U.
Travessera de Gràcia, 47-49. 08021 Barcelona
© 2017, Marcos Pérez Sánchez, por la traducción

Printed in Spain – Impreso en España

ISBN: 978-84-19951-92-2
Depósito legal: B-12.722-2024

Compuesto en Anglofort, S. A.
Impreso en Liberdúplex
Sant Llorenç d'Hortons (Barcelona)

C 9 5 1 9 2 2

Índice

PREFACIO 11
    ¿Son la moda, la fe o la fantasía relevantes para la
    ciencia fundamental? 11

1. Moda

1.1. La elegancia matemática como fuerza motriz 19
1.2. Algunas modas físicas del pasado 31
1.3. Los antecedentes de la teoría de cuerdas en la física
    de partículas 39
1.4. El principio de superposición en la QFT 43
1.5. El poder de los diagramas de Feynman 49
1.6. Las ideas clave originales de la teoría de cuerdas 57
1.7. El tiempo en la relatividad general de Einstein 70
1.8. La teoría de gauge del electromagnetismo de Weyl . . . 81
1.9. Libertad funcional en modelos de Kaluza-Klein
    y de cuerdas 89
1.10. ¿Obstáculos cuánticos a la libertad funcional? 102
1.11. Inestabilidad clásica de la teoría de cuerdas
     supradimensional 112
1.12. El estatus de moda de la teoría de cuerdas 119
1.13. Teoría M 129
1.14. Supersimetría 134
1.15. AdS/CFT 146
1.16. Mundos de branas y el paisaje 160

2. Fe

2.1. La revelación cuántica 165
2.2. Max Planck y $E = h\nu$ 172
2.3. La paradoja onda-partícula 180
2.4. Niveles cuántico y clásico: **C**, **U** y **R** 185
2.5. Función de onda de una partícula puntual 194
2.6. Función de onda de un fotón 203
2.7. Linealidad cuántica 210
2.8. La medición cuántica 217
2.9. La geometría del espín cuántico 228
2.10. Entrelazamiento cuántico y efectos EPR 238
2.11. Libertad funcional cuántica 245
2.12. Realidad cuántica 257
2.13. Reducción objetiva del estado cuántico: ¿un límite
      para la fe cuántica? 265

3. Fantasía

3.1. El Big Bang y las cosmologías FLRW 279
3.2. Agujeros negros e irregularidades locales 296
3.3. La segunda ley de la termodinámica 310
3.4. La paradoja del Big Bang 321
3.5. Horizontes, volúmenes comóviles y diagramas
      conformes 331
3.6. La fenomenal precisión del Big Bang 344
3.7. ¿Entropía cosmológica? 351
3.8. Energía del vacío 363
3.9. Cosmología inflacionaria 374
3.10. El principio antrópico 394
3.11. Otras cosmologías fantásticas 410

4. ¿Una nueva física para el universo?

4.1. Teoría de twistores: ¿una alternativa a las cuerdas? 423
4.2. ¿Do van los cimientos cuánticos? 446

4.3. ¿Cosmología chiflada conforme?. 468
4.4. Una coda personal. 492

Apéndice matemático

A.1. Exponentes reiterados 499
A.2. Libertad funcional de los campos 504
A.3. Espacios vectoriales 512
A.4. Bases vectoriales, coordenadas y duales 518
A.5. Matemáticas de las variedades 523
A.6. Variedades en física 533
A.7. Fibrados 540
A.8. Libertad funcional mediante fibrados. 548
A.9. Números complejos. 555
A.10. Geometría compleja 560
A.11. Análisis armónico 571

Bibliografía 585
Agradecimientos. 611
Créditos de las ilustraciones 613
Índice alfabético 615

Prefacio

¿SON LA MODA, LA FE O LA FANTASÍA RELEVANTES PARA LA CIENCIA FUNDAMENTAL?

Este libro surge a partir de la recopilación de tres conferencias que ofrecí en la Universidad de Princeton en octubre de 2003 invitado por Princeton University Press. Es muy posible que me precipitase al proponer a la editorial el título para esas tres charlas —*Moda, fe y fantasía en la nueva física del universo*—, que es también el título de este libro, pero expresaba genuinamente cierta desazón que sentía entonces en relación con determinadas tendencias que formaban parte del pensamiento de la época sobre las leyes físicas que rigen el universo en el que vivimos. Ha pasado más de una década, pero esas cuestiones, y mucho de lo que dije sobre ellas, parecen ser, en su mayor parte, al menos tan relevantes hoy como en su día. Debo confesar que di esas conferencias con cierta aprensión, pues intentaba expresar unos puntos de vista que podrían no resultar muy acordes con los de muchos de los distinguidos expertos presentes allí.

Cada uno de los nombres que dan título a este libro, «moda», «fe» y «fantasía», remite a una cualidad que podría parecer antagónica con los procedimientos que se suelen considerar apropiados para la búsqueda de los principios que subyacen al comportamiento del universo a sus niveles más básicos. De hecho, idealmente, sería muy razonable afirmar que influencias como las de la moda, la fe o la fantasía deberían estar por completo ausentes de la actitud mental de quienes dedican todos sus esfuerzos a la búsqueda de las bases fundamentales de nuestro universo. A fin de cuentas, no cabe duda de que la propia

11

naturaleza no tiene mucho interés en los caprichos efímeros de las modas humanas; ni tampoco la ciencia debería entenderse como una fe, pues sus dogmas están sometidos a un escrutinio continuo y sujetos a los rigores del examen experimental, y se abandonan en el mismo momento en que surge un conflicto convincente con la realidad de la naturaleza tal y como la descubrimos. A su vez, la fantasía es sin duda el territorio de ciertas zonas de la ficción y del entretenimiento, donde no se considera esencial que se preste demasiada consideración a los requisitos de coherencia con la observación, a la lógica estricta o siquiera al mero sentido común. De hecho, si se puede demostrar que una teoría científica propuesta está demasiado influida por los dictados de las modas, por el seguimiento incondicional de una fe sin base experimental o por las tentaciones románticas de la fantasía, entonces es nuestro deber poner de manifiesto dichas influencias y mantener alejado de estas a quien, quizá sin ser consciente de ello, pudiera estar expuesto a ellas.

No obstante, no pretendo mostrarme por completo negativo respecto a estas cualidades, pues se puede argumentar que cada uno de estos términos contiene algo genuinamente valioso. Al fin y al cabo, es poco probable que una teoría de moda posea tal estatus solo por motivos sociológicos. Deben existir sin duda muchas cualidades positivas para que infinidad de investigadores se congreguen en torno a un área de estudio muy a la moda, y es poco probable que sea el mero deseo de formar parte de una multitud lo que mantiene a esos investigadores tan fascinados por lo que probablemente sea un campo de estudio en extremo difícil, dificultad que a menudo radica en la naturaleza altamente competitiva de las actividades de moda.

Cabe señalar aquí una cuestión más en relación con la investigación en física teórica que pueda estar de moda pero que dista de ser una descripción posible del mundo (de hecho, como veremos, a menudo está en flagrante contradicción con las observaciones actuales). Quienes trabajan en esos ámbitos podrían haber encontrado en ellos una enorme gratificación si los hechos observados se hubiesen revelado en mayor sintonía con sus propias visiones del mundo, pero con frecuencia parecen relativamente imperturbables cuando los hechos son menos complacientes de lo que les habría gustado. Esto no es algo descabellado pues, en buena medida, estas investi-

gaciones son meramente *exploratorias*, y se entiende que estos trabajos pueden permitir ganar experiencia y que esto resultará a la
larga en beneficio para el descubrimiento de mejores teorías que
concuerden mejor con el funcionamiento real del universo que conocemos.

Cuando de lo que se trata es de la fe extrema en ciertos dogmas
científicos que suelen expresar algunos investigadores, es probable que
exista una poderosa razón que la justifique, aun cuando la fe está en la
aplicabilidad de dicho dogma en circunstancias alejadas de las situaciones originales donde erigieron sus cimientos gracias a un potente
respaldo observacional. Podemos tener confianza en que las espléndi-
das teorías físicas del pasado seguirán proporcionando una enorme
precisión incluso cuando, en determinadas circunstancias, han sido
reemplazadas por teorías mejores que extienden su precisión o su
ámbito de aplicabilidad. Así sucedió sin duda cuando la magnífica
teoría de la gravitación de Newton fue sustituida por la de Einstein, o
cuando la hermosa teoría electromagnética de la luz de Maxwell fue
desplazada por su versión cuantizada, que permitía comprender la faceta de la luz como partículas (fotones). En cada caso, la teoría anterior
conservaría su fiabilidad, siempre que sus limitaciones se tuviesen
debidamente en cuenta.

¿Y la fantasía? Esta debería ser todo lo contrario de aquello a lo
que aspira la ciencia. No obstante, veremos que existen ciertos aspectos de la naturaleza del universo real que son tan excepcionalmente
extraños (aunque no siempre se reconozca del todo que lo son) que
si no nos permitimos lo que podría interpretarse como escandalosas
fantasías no tendremos ninguna posibilidad de llegar a aceptar lo que
bien podría ser una realidad en apariencia extraordinariamente fantástica.

En los tres primeros capítulos, ilustraré estas tres cualidades que
dan título al libro con tres teorías —o familias de teorías— muy conocidas. No he escogido campos de la física de importancia relativamente menor, sino lo que son de hecho peces gordos en el océano
de la actividad actual en física teórica. En el capítulo 1, he decidido
tratar algo que está aún muy de moda: la teoría de cuerdas (o teoría
de supercuerdas, o sus generalizaciones, como la teoría M, o el aspecto más de moda de toda esta línea general de trabajo, como es el orden de cosas conocido como *correspondencia AdS/CFT*). La fe que

abordaré en el capítulo 2 es un pez aun más gordo: el dogma según el cual los procedimientos de la mecánica cuántica deben seguirse servilmente, con independencia de lo grandes o masivos que sean los elementos físicos sobre los que se apliquen. Y, en cierto sentido, el tema del capítulo 3 es el pez más gordo de todos, ya que en él nos interesaremos por el mismísimo origen del universo que conocemos y haremos un repaso de algunas de las propuestas de aparente pura fantasía que se han formulado para abordar determinadas peculiaridades ciertamente inquietantes que se han puesto de manifiesto gracias a observaciones bien fundamentadas de los primerísimos instantes del universo en su conjunto.

Por último, en el capítulo 4 expongo varias ideas personales, con la intención de poner de manifiesto que existen caminos alternativos que podrían muy bien transitarse. Veremos, no obstante, que seguir las sendas que sugiero no estaría exento de cierta ironía. Está, qué duda cabe, la ironía de seguir la vía que yo mismo prefiero para entender la física fundamental, una vía que le presentaré brevemente al lector en §4.1. Es un camino jalonado por la teoría de twistores, en cuyo desarrollo he tenido una participación fundamental y a la que la comunidad física apenas había prestado atención durante cerca de cuarenta años, pero que, como veremos, ahora empieza a adquirir cierta notoriedad en relación con la teoría de cuerdas.

En cuanto a la fe suprema e incuestionable en la mecánica cuántica que parece profesar la mayor parte de la comunidad física, esta se ha visto reafirmada por experimentos notables como los de Serge Haroche y David Wineland, que recibieron un merecido reconocimiento al ser galardonados con el Premio Nobel de Física en 2012. Asimismo, el Nobel de 2013 para Peter Higgs y François Englert, por su contribución a la predicción de lo que se ha dado en conocer como el *bosón de Higgs*, es una asombrosa confirmación no solo de las ideas particulares que (junto con otros cuantos más, en particular Tom Kibble, Gerald Guralnik, Carl R. Hagen y Robert Brout) habían propuesto sobre el origen de las masas de las partículas, sino también de muchos de los aspectos fundamentales de la propia teoría cuántica (de campos). Pero, como señalo en §4.2, todos los experimentos de elevada sofisticación que se han llevado a cabo hasta ahora distan considerablemente del nivel de desplazamiento de masa (tal y como se propone en §2.13) que sería necesario para que se pueda prever con visos de realidad el cuestionamiento de nuestra fe cuántica. Sin embargo, hoy en día se están preparando otros experimentos pensados para detectar dicho nivel de desplazamiento de masa, que en mi opinión podrían contribuir a resolver algunos de los conflictos profundos que existen entre la mecánica cuántica actual y determinados principios físicos también aceptados, como los de la relatividad general de Einstein. En §4.2 señalo un grave conflicto entre la mecánica cuántica actual y el principio, fundamental para Einstein, de equivalencia entre campos gravitatorios y aceleraciones. Quizá los resultados de esos experimentos debiliten la inquebrantable fe mecanocuántica que tan extendida parece estar. Por otra parte, cabe preguntarse por qué debería alguien depositar más fe en el principio de equivalencia de Einstein que en los procedimientos fundamentales de la mecánica cuántica, que han sido sometidos a muchísimas más pruebas. Esta es desde luego una buena pregunta. Y se podría argumentar sin duda que es necesaria tanta fe para aceptar el principio de Einstein como los propios de la mecánica cuántica. Se trata de un asunto que bien podría zanjarse experimentalmente (como ironía final) en un futuro no muy lejano.

Por lo que se refiere a los niveles de fantasía que ha alcanzado la cosmología actual, en §4.3 sugiero que existe un sistema denominado cosmología cíclica conforme (CCC), que yo mismo propuse en 2005, que es, en ciertos aspectos, aún más fantástico que las extraordinarias propuestas que veremos en el capítulo 3, algunas de las cuales han pasado a formar parte de casi todos los debates contemporáneos sobre los primerísimos instantes del universo. Pero los análisis observacionales actuales parecen comenzar a poner de manifiesto que la CCC tiene cierta base en los hechos físicos reales. Cabe sin duda confiar en que pronto se disponga de evidencia experimental inequívoca susceptible de convertir lo que podría ser mera fantasía, de un tipo u otro, en una imagen convincente de la naturaleza factual del universo real. De hecho, puede señalarse que, a diferencia de las modas de la teoría de cuerdas o de la mayoría de los sistemas teóricos que buscan minar nuestra fe absoluta en los principios de la mecánica cuántica, esas fantásticas propuestas que se plantean para describir el origen mismo del universo ya se han sometido a detallados exámenes observacionales, como el de la exhaustiva información que proporcionan los satélites COBE, WMAP y Planck, o el de los resultados de las observaciones BICEP2 en el Polo Sur publicados en marzo de 2014. Mientras escribo esto, existen importantes dificultades para la interpretación de estos últimos, pero no debería tardarse mucho en resolverlas. Quizá tengamos pronto pruebas mucho más claras que permitan escoger definitivamente entre varias de estas teorías fantásticas rivales o alguna otra teoría que aún está por ser planteada.

Al tratar de abordar estos asuntos de manera satisfactoria (pero no demasiado técnica), he debido hacer frente a un obstáculo muy concreto y fundamental: el problema de las matemáticas y su papel central en cualquier teoría física que pretenda describir seriamente la naturaleza con una mínima profundidad. Los argumentos críticos que expondré en este libro, que buscan establecer que las modas, la fe y la fantasía están en efecto ejerciendo una influencia indebida sobre el progreso de la ciencia fundamental, deben basarse, en una medida significativa, en verdaderas objeciones técnicas y no en meras preferencias emocionales, lo cual nos obligará a utilizar cierta cantidad de matemáticas. Pero este texto no pretende ser un discurso técnico, accesible solo para expertos en matemáticas o física, ya que la intención inequívoca es que puedan leerlo con provecho personas legas. Así pues, trataré de limitar el contenido técnico a un mínimo razonable. No obstante, hay una serie de conceptos matemáticos que resultarán muy útiles para la plena comprensión de varios asuntos esenciales que pretendo tratar. Por ese motivo, he incluido once apartados matemáticos bastante básicos en un apéndice, cuyo contenido no es muy técnico pero que podrían, si fuera necesario, ayudar a los no expertos a alcanzar una comprensión más profunda de muchos de los asuntos principales.

Los dos primeros de estos apartados (§§A.1 y A.2) solo contienen ideas muy sencillas, aunque relativamente poco conocidas, y no emplean notación difícil. No obstante, desempeñan un papel especial en relación con muchas de las argumentaciones que aparecen en el libro, en particular en lo tocante a las propuestas de moda que se discuten en el capítulo 1. Cualquier lector que desee comprender el asunto crítico que allí se analiza debería, en algún momento, ahondar en el material de §§A.1 y A.2, pues contiene la clave de mi argumento contra la idea de que existen de verdad dimensiones adicionales en nuestro universo. Esta supradimensionalidad es una de las afirmaciones fundamentales de casi toda la teoría de cuerdas moderna y sus variantes principales. Mis argumentos críticos se centran en la creencia actual, debida a la teoría de cuerdas, de que el número de dimensiones del espacio físico debe ser superior a las tres que experimentamos directamente. El asunto clave que planteo aquí es el de la libertad funcional, y en §A.8 esbozo un argumento algo más completo para clarificar la idea básica. El concepto matemático en cuestión hunde sus raíces en la obra del gran matemático francés Élie Cartan, que data de principios del siglo XX, pero no goza de mucho aprecio entre los físicos teóricos de hoy en día a pesar de su gran relevancia en relación con la verosimilitud de las ideas físicas sobre dimensiones adicionales.

La teoría de cuerdas y sus variantes modernas han progresado en muchos aspectos en los años transcurridos desde estas conferencias en Princeton, y ha aumentado considerablemente su grado de precisión técnica. En modo alguno pretendo arrogarme ninguna erudición sobre dichos avances, aunque he revisado buena parte de ese material. Lo que más me interesa no son esos detalles sino esclarecer si ese trabajo nos permite de verdad avanzar hacia la comprensión del mundo físico real en el que vivimos. Muy en particular, veo pocos intentos (por no decir ninguno) de abordar la cuestión de la excesiva libertad funcional que surge de la supradimensionalidad espacial que se presupone. De hecho, ninguno de los trabajos sobre teoría de cuerdas que haya leído menciona siquiera este problema. Esto me resulta en cierta medida sorprendente, y no solo porque esta cuestión fuese esencial en una de mis conferencias en Princeton, hace ya más de una década. Ya lo había destacado en una charla que di en el congreso que se celebró en la Universidad de Cambridge en conmemoración del sexagésimo cumpleaños de Stephen Hawking, en enero de 2002, ante un público entre el que se encontraban varios eminentes teóricos de cuerdas, y de la que posteriormente se escribieron reseñas.

Debo señalar aquí algo importante. A menudo, los físicos cuánticos rechazan el problema de la libertad funcional al afirmar que solo tiene validez en la física clásica, y las dificultades que presenta para las teorías supradimensionales suelen desdeñarse sumariamente con un argumento que busca demostrar la irrelevancia de estos aspectos en situaciones mecanocuánticas. En §1.10 expongo mi razonamiento principal contra este argumento básico, y animo encarecidamente a que lo lean los defensores de la supradimensionalidad. Confío en que, al repetir dichos argumentos aquí y al desarrollarlos en determinados contextos físicos (§§1.10, 1.11, 2.11 y A.11), consiga que se tengan en cuenta en obras futuras.

Los demás apartados del apéndice presentan brevemente los espacios vectoriales, las variedades, el análisis armónico, los números complejos y su geometría. Estos temas serán con toda seguridad conocidos para los expertos, pero es posible que a quienes los desconozcan este material introductorio y mesurado les resulte útil para comprender por completo los aspectos más técnicos de este libro. En todas mis descripciones, he optado por no incluir una introducción en profundidad a las ideas del cálculo diferencial (o integral), pues opino que, aun cuando entender correctamente el cálculo sería beneficioso para los lectores, quienes carezcan de antemano de este conocimiento ganarían poco con un apresurado apartado sobre el tema. No obstante lo cual, en §A.11 he considerado apropiado incluir un somero repaso de los operadores y las ecuaciones diferenciales, para así poder explicar algunos asuntos de relevancia, en varios sentidos, para el hilo argumental que recorre el libro.

1

Moda

1.1. La elegancia matemática como fuerza motriz

Como he mencionado en el prefacio, los temas que se tratan en este libro los desarrollé a partir de tres conferencias que di, invitado por Princeton University Press, en la Universidad de Princeton en octubre de 2003. Al dirigirme a un público tan experto como la comunidad científica de Princeton, mi nerviosismo alcanzó quizá el punto álgido cuando llegó el momento de hablar de las modas, porque el campo que había decidido utilizar como ejemplo, la teoría de cuerdas y algunas de sus derivaciones, se había desarrollado hasta su máxima expresión en Princeton probablemente más que en cualquier otro lugar del mundo. Además, se trata de un asunto muy técnico, y no puedo pretender tener competencia sobre muchos de sus importantes aspectos, pues mi familiaridad con los detalles técnicos es limitada, sobre todo habida cuenta de mi condición de persona ajena a este campo. Me pareció, no obstante, que no debía permitir que esta carencia me amedrentase, pues si se considerase que solo los expertos están en condiciones de hacer comentarios críticos sobre el asunto, es probable que las críticas se limitaran a detalles relativamente técnicos, y ciertos aspectos más amplios resultarían, sin duda, en buena medida ignorados.

Desde que pronuncié estas conferencias, se han publicado tres análisis muy críticos de la teoría de cuerdas: *Not Even Wrong*, de Peter Woit; *Las dudas de la física en el siglo XXI*, de Lee Smolin, y *Farewell to Reality. How Fairytale Physics Betrays the Search for Scientific Truth*, de Jim Baggott. Desde luego, tanto Woit como Smolin han tenido más experiencia directa que yo de la comunidad de los teóricos de cuerdas y su condición de vanguardia de la moda. También se han publicado en este tiempo (antes que las tres obras citadas) mis críticas a la teoría de cuerdas, en el capítulo 31 y partes del 34 de *El camino a la realidad*, pero mis comentarios críticos eran quizá ligeramente más favorables a reconocer un papel físico a la teoría de cuerdas que esas otras obras. La mayoría de mis comentarios serán de naturaleza general, y apenas relacionados con cuestiones muy técnicas.

Permítanme decir en primer lugar algo general (y quizá evidente). Observamos que el asombroso progreso que la teoría física ha experimentado a lo largo de varios siglos ha dependido de sistemas matemáticos extremadamente precisos y sofisticados. Es evidente, por lo tanto, que cualquier avance significativo debe de nuevo depender de algún armazón matemático particular. Para que cualquier nueva teoría física que se proponga pueda mejorar lo logrado hasta el momento y haga predicciones precisas e inequívocas que superen lo que había sido posible con anterioridad, también debe estar basada en un sistema matemático bien definido. Además, cabe pensar, para que se trate de una teoría matemática aceptable debería tener sentido matemático (lo cual significa que, en efecto, debería ser *matemáticamente coherente*). A partir de un sistema incoherente uno podría, en principio, deducir cualquier resultado que desease.

Pero la coherencia interna es en realidad un criterio muy fuerte, y resulta que no muchas propuestas de teorías físicas —ni siquiera entre las de mayor éxito en el pasado— son en realidad internamente coherentes. A menudo, hay que apelar a sólidas consideraciones físicas para que la teoría pueda aplicarse apropiadamente de manera inequívoca. Los experimentos son también, desde luego, primordiales para una teoría física, y someter una teoría a una prueba experimental es algo muy distinto de buscar su coherencia lógica. Ambas son importantes, pero en la práctica a menudo se observa que a los físicos no les preocupa tanto alcanzar la plena coherencia matemática interna de una teoría si esta parece encajar con los hechos físicos. Así ha sucedido, en buena medida, con la mecánica cuántica, como veremos en el capítulo 2 (y en §1.3). La primerísima obra sobre este tema, la trascendental propuesta de Max Planck para explicar el espectro de frecuencias de la radiación electromagnética en equilibrio con la materia a una temperatura fija (el espectro del cuerpo negro; véanse §§2.2

y 2.11), tuvo que emplear una representación híbrida que no era realmente coherente [Pais, 2005]. Tampoco puede decirse que la vieja teoría cuántica del átomo, tan magníficamente presentada por Niels Bohr en 1913, fuese un sistema coherente. Los avances posteriores de la mecánica cuántica han permitido erigir un edificio matemático de gran sofisticación, en el que el deseo de coherencia matemática ha sido una poderosa fuerza motriz. Pero en la teoría actual aún persisten problemas de coherencia que esta no aborda debidamente, como veremos más adelante, sobre todo en §2.13. Sin embargo, es el respaldo *experimental*, sobre una amplia variedad de fenómenos físicos, lo que constituye el fundamento pesado de la teoría cuántica. Los físicos no suelen preocuparse demasiado por detalles de incoherencia matemática u ontológica si la teoría, cuando se aplica con el debido criterio y mediante cálculos minuciosos, sigue proporcionando respuestas que concuerdan plenamente con los resultados de la observación —a menudo con una precisión extraordinaria— obtenidos a través de experimentos delicados y precisos.

La situación de la teoría de cuerdas es por completo distinta. En este caso, no parece que exista ningún resultado experimental que la respalde. Se suele argumentar que esto no es algo sorprendente, ya que la teoría de cuerdas tal y como está formulada en la actualidad, en gran medida como una teoría de la *gravedad cuántica*, se preocupa fundamentalmente por la llamada *escala de Planck* de distancias diminutas (o, al menos, por valores próximos a dichas distancias), unas 10^{-15} o 10^{-16} veces más pequeñas (10^{-16} significa, por supuesto, un factor de una diezmilésima de una millonésima de una millonésima parte), y por lo tanto por energías unas 10^{15} o 10^{16} veces mayores que las alcanzables en los experimentos actuales. (Debe señalarse que, según los principios básicos de la relatividad, una distancia pequeña equivale en esencia a un tiempo pequeño, mediante la velocidad de la luz, y, según los principios de la mecánica cuántica, un tiempo pequeño es básicamente equivalente a una energía grande, mediante la constante de Planck; véanse §§2.2 y 2.11.) Uno debe sin duda afrontar el hecho de que, por potentes que sean nuestros aceleradores de partículas actuales, las energías que se prevé que alcancen son muchísimo menores que las que parecen tener relevancia directa en teorías como la de cuerdas moderna que tratan de aplicar los principios de la mecánica cuántica a los fenómenos gravitatorios. Pero esta situación dificilmente puede considerarse satisfactoria para una teoría física, ya que el soporte experimental es el criterio definitivo para que esta perviva o sea desechada.

Desde luego, podría ser que estemos entrando en una nueva fase de la investigación básica en física fundamental, en la que los requisitos de coherencia matemática sean primordiales y en que, cuando dichos requisitos (junto con una coherencia con los principios establecidos previamente) resulten insuficientes, haya que recurrir a criterios adicionales de *elegancia matemática*. Aunque podría parecer acientífico apelar a esos ideales estéticos en una búsqueda completamente objetiva de los principios físicos que rigen el funcionamiento del universo, es llamativo lo fructíferos —esenciales, de hecho— que tales juicios estéticos han resultado ser en muchas ocasiones. En física existen muchos ejemplos en los que bellas ideas matemáticas han resultado ser la base de avances fundamentales en nuestro conocimiento. El gran físico teórico Paul Dirac [1963] fue muy claro sobre la importancia del criterio estético en su descubrimiento de la ecuación del electrón, y también en su predicción de las antipartículas. Sin duda, la ecuación de Dirac ha resultado ser absolutamente fundamental para la física básica, y su atractivo estético es muy apreciado. Lo mismo sucede con la idea de las antipartículas, derivadas del análisis profundo que el propio Dirac hizo de su ecuación del electrón.

Sin embargo, es muy difícil valorar de manera objetiva el papel del criterio estético. Es habitual que algún físico considere que un determinado sistema es muy bello mientras que otro no está en absoluto de acuerdo. En el mundo de la física teórica, igual que sucede en el arte o el diseño de ropa, las modas pueden tener una influencia desproporcionada en lo que respecta a criterios estéticos.

Debería quedar claro que la cuestión del criterio estético en física es más sutil que lo que se conoce como *la navaja de Occam*, la eliminación de complicaciones innecesarias. De hecho, la decisión de cuál de entre dos teorías enfrentadas es en efecto «la más sencilla», y quizá por lo tanto la más elegante, no tiene por qué ser una cuestión evidente. Por ejemplo, ¿es la relatividad general de Einstein una teoría sencilla o no? ¿Es más sencilla o más complicada que la teoría de la gravedad de Newton? ¿O es la teoría de Einstein más sencilla o más complicada que la propuesta en 1894 por Aspeth Hall (vein-

tiún años antes de que Einstein presentase su teoría de la relatividad
general), que es como la de Newton pero en la que la ley de la inversa del cuadrado se sustituye por otra en la que la fuerza gravitatoria entre una masa M y otra masa m es $GmMr^{-2,00000016}$, en lugar de
$GmMr^{-2}$ como en la de Newton? La teoría de Hall se proponía explicar la ligera desviación observada en el desplazamiento del perihelio del planeta Mercurio respecto a las predicciones de la teoría de
Newton, algo conocido desde aproximadamente 1843. (El perihelio
es el punto más cercano al Sol que un planeta alcanza mientras recorre su órbita [Roseveare, 1982].) Esta teoría también se ajustaba al
movimiento de Venus ligeramente mejor que la de Newton. En
cierto sentido, la teoría de Hall es solo ligeramente más complicada
que la de Newton, aunque depende de cuánta complicación adicional considera uno que supone reemplazar el número «2», fácil y
sencillo, por «2,00000016». No cabe duda de que esta sustitución
implica una pérdida de elegancia matemática, pero, como ya se ha
dicho, estos juicios contienen un elemento importante de subjetivi-
dad. Puede que sea más relevante el hecho de que existen ciertas
propiedades matemáticas elegantes que se deducen de la ley de la
inversa del cuadrado (que expresan, básicamente, la conservación de
las «líneas de flujo» de la fuerza gravitatoria, algo que no sería exactamente cierto en la teoría de Hall). Pero, de nuevo, esta podría
considerarse una cuestión estética cuyo significado físico no debería
exagerarse.

¿Qué hay de la relatividad general de Einstein? Sin duda, a la
hora de examinar en detalle las consecuencias de la teoría, su aplicación a sistemas físicos concretos resulta mucho más difícil que aplicar
la teoría de Newton (o incluso la de Hall). Cuando se escriben de forma explícita, las ecuaciones son mucho más complicadas en la teoría
de Einstein, e incluso es difícil hacerlo con todo detalle. Además, son
enormemente más difíciles de resolver, y en la teoría de Einstein
existen muchas no linealidades que no aparecen en la de Newton
(que tienden a invalidar los sencillos argumentos de conservación del
flujo que ya tuvo que abandonar la teoría de Hall). (Véanse §§A.4 y
A.11 para el significado de *linealidad*, y §2.4 para su función especial
en la mecánica cuántica.) Aun más grave es el hecho de que la interpretación física de la teoría de Einstein depende de la eliminación de
efectos espurios que surgen al escoger unas determinadas coordena-

das, a pesar de que dicha elección no debería tener ninguna relevancia en esta teoría. En términos prácticos, no cabe duda de que la teoría de Einstein suele ser mucho más difícil de manejar que la teoría gravitatoria de Newton (o incluso que la de Hall).

No obstante, en un sentido importante la teoría de Einstein es de hecho muy sencilla, quizá incluso más (o más «natural») que la de Newton: depende de la teoría matemática de la geometría de Riemann (o, más precisamente, *pseudoriemanniana*, como veremos en §1.7), de 4-variedades de curvatura arbitraria (véase también §A.5). No es fácil dominar este conjunto de técnicas matemáticas, pues necesitamos entender qué es un tensor y cuál es el propósito de dichas magnitudes, y, en particular, cómo construir el objeto tensorial **R**, el *tensor de curvatura de Riemann*, a partir del *tensor métrico*, **g**, que define la geometría. A continuación, mediante una contracción y una inversión de la traza, podremos construir el *tensor de Einstein*, **G**. Sin embargo, las ideas geométricas generales en que se basa el formalismo son razonablemente fáciles de entender, y, una vez que se comprenden los ingredientes de este tipo de geometría curva, resulta que solo existe una familia muy reducida de ecuaciones posibles (o verosímiles) que sean compatibles con los requisitos generales propuestos, tanto físicos como geométricos. Entre estas posibilidades, la más sencilla de todas nos da la famosa ecuación del campo de Einstein de la relatividad general, $\mathbf{G} = 8\pi\gamma\mathbf{T}$ (donde **T** es el tensor de masa-energía de la materia y γ es la constante gravitatoria de Newton —según la propia definición de este último, de manera que ni siquiera el 8π es en realidad una complicación sino simplemente cuestión de cómo prefiramos definir γ).

Existe una pequeña —y muy sencilla— modificación de la ecuación del campo de Einstein que puede hacerse dejando intactos los requisitos esenciales del sistema, como es la inclusión de un número constante Λ, la denominada *constante cosmológica* (que Einstein introdujo en 1917 por motivos que más tarde desechó), de manera que las ecuaciones de Einstein, con Λ, se convierten ahora en $\mathbf{G} = 8\pi\gamma\mathbf{T} + \Lambda\mathbf{g}$. Hoy en día, la magnitud Λ suele denominarse *energía oscura*, presumiblemente para considerar la posibilidad de generalizar la teoría de Einstein de forma que Λ pueda variar. Existen, no obstante, fuertes restricciones matemáticas que dificultan tales consideraciones, y en §§3.1, 3.7, 3.8 y 4.3, donde Λ desempeñará un papel importante para nosotros, me limitaré a analizar situaciones en las que Λ no varía. La constante cosmológica tendrá una relevancia considerable en el capítulo 3 (y también en §1.15). De hecho, observaciones relativamente recientes apuntan a todas luces a la presencia física real de Λ con un minúsculo valor positivo (en apariencia constante). La evidencia de que $\Lambda > 0$ —o, posiblemente, de una forma más general de energía oscura— es ahora muy impresionante y ha ido aumentando desde las observaciones iniciales de Perlmutter *et al.* [1999], Riess *et al.* [1998] y sus colaboradores, que condujeron en 2011 a la concesión del Premio Nobel de Física a Saul Perlmutter, Brian P. Schmidt y Adam G. Riess. Este $\Lambda > 0$ tiene relevancia inmediata solo en las escalas cosmológicas muy remotas, y las observaciones de movimientos celestiales a una escala más local se pueden tratar adecuadamente según la ecuación original de Einstein, $\mathbf{G} = 8\pi\gamma\mathbf{T}$, más sencilla. Se ha comprobado que esta ecuación proporciona una precisión *inaudita* a la hora de modelar el comportamiento de los cuerpos celestes bajo la influencia de la gravedad; el valor observado de Λ no tiene un efecto apreciable sobre tales dinámicas locales.

A este respecto, es de la máxima importancia histórica el sistema estelar binario PSR 1913+16, uno de cuyos componentes es un *púlsar* que emite señales electromagnéticas con una frecuencia muy precisa que se reciben en la Tierra. El movimiento de cada estrella alrededor de la otra, al tratarse muy nítidamente de un efecto puro gravitatorio, puede modelarse mediante la relatividad general con una precisión extraordinaria que puede argumentarse que, en su conjunto, es de alrededor de 10^{14}, acumulada a lo largo de unos cuarenta años. Este periodo de cuarenta años equivale aproximadamente a 10^9 segundos, por lo que una precisión de uno sobre 10^{14} implica una concordancia entre observación y teoría de hasta alrededor de 10^{-5} (una cienmilésima) de segundo en dicho periodo, que es, asombrosamente, justo el resultado que se observa. Más recientemente, otros sistemas [Kramer *et al.*, 2006] de uno o incluso dos púlsares tienen el potencial de incrementar bastante esta precisión cuando dichos sistemas han sido observados durante un periodo de tiempo comparable al que se lleva observando PSR 1913+16.

Pero afirmar que esta cifra de 10^{14} es una medida de la precisión experimental de la relatividad general es algo que suscita cierto debate. De hecho, las masas y los parámetros orbitales concretos deben calcularse a partir de los movimientos observados, en lugar de ser cifras procedentes de la teoría o de observaciones independientes. Además, mucha de esta precisión extraordinaria ya existe en la teoría gravitatoria de Newton.

Pero aquí nos interesan las teorías gravitatorias en su conjunto, y la de Einstein incorpora las deducciones de la de Newton (que dan como resultado las órbitas elípticas de Kepler, etc.) como primera aproximación, aunque introduce varias correcciones a las órbitas keplerianas (incluido el desplazamiento del perihelio), y por último una pérdida de energía del sistema que concuerda exactamente con una notable predicción de la relatividad general: que un sistema tan masivo en movimiento acelerado debería perder energía a través de la emisión de ondas gravitatorias, ondulaciones en el espaciotiempo que constituyen el análogo gravitacional de las ondas electromagnéticas (esto es, de la luz) que los cuerpos cargados eléctricamente emiten cuando experimentan un movimiento acelerado. Constituye una asombrosa confirmación adicional de la existencia y la forma precisa de esta radiación gravitatoria el anuncio [Abbott *et al.*, 2016] de su observación directa en el detector de ondas gravitatorias LIGO, lo que también proporciona una excelente evidencia directa de otra de las predicciones de la relatividad general: la existencia de agujeros negros, a la que volveré en §3.2 y que también trataré en apartados posteriores del capítulo 3 y en §4.3.

Debe recalcarse que esta precisión es muy superior —en un factor adicional de alrededor de 10^8 (es decir, de cien millones) o más— a la observacionalmente alcanzable cuando Einstein formuló su teoría gravitatoria. Se podría afirmar que la precisión observada de la teoría gravitatoria de Newton es del orden de uno sobre 10^7. Por lo tanto, la precisión de «uno sobre 10^{14}» de la relatividad general ya estaba «ahí», en la naturaleza, antes de que Einstein formulase su teoría. Pero esa precisión adicional (de un factor de alrededor de cien millones), al desconocerla Einstein, no pudo haber tenido ninguna influencia en su formulación de la teoría. Así, este nuevo modelo matemático de la naturaleza no era una construcción artificial inventada meramente en un intento de encontrar la mejor teoría que encajase con los datos; el esquema matemático ya existía, a todas luces, en los propios entresijos de la naturaleza. Esta simplicidad —o elegancia— matemática, o como queramos describirla, forma parte verdaderamente del comportamiento de la naturaleza; no se trata tan solo de que nuestras mentes estén predispuestas a quedar impresionadas ante tal belleza matemática.

Por otra parte, cuando tratamos deliberadamente de utilizar el criterio de la belleza matemática al formular nuestras teorías, nos dejamos engañar con facilidad. La relatividad general es sin duda una teoría muy hermosa, pero ¿cómo juzga uno la elegancia de las teorías físicas en general? Personas diferentes poseen criterios estéticos muy distintos. No resulta necesariamente evidente que el punto de vista de una sobre lo que es elegante coincida con el de las demás, o que el criterio estético de una persona sea superior o inferior al de otra, a la hora de formular una buena teoría física. A menudo, además, la belleza inherente a una teoría no es evidente en un primer momento y puede revelarse tiempo después, cuando avances técnicos posteriores ponen de manifiesto la profundidad de su estructura matemática. La dinámica de Newton es un buen ejemplo. Buena parte de la indudable belleza del esquema de Newton se manifestó mucho más adelante, gracias a los extraordinarios trabajos de grandes matemáticos como Euler, Lagrange, Laplace y Hamilton (de lo que dan cuenta expresiones como *ecuaciones de Euler-Lagrange, operador laplaciano, lagrangianos* y *hamiltonianos*, que son ingredientes esenciales de la teoría física moderna). La tercera ley de Newton, por ejemplo, que afirma que a toda acción se opone una reacción igual y de dirección opuesta, ocupa un lugar central en la formulación lagrangiana de la física moderna. No me sorprendería descubrir que la belleza que tan a menudo se afirma que existe en las buenas teorías modernas es en muchas ocasiones y en cierta medida algo *post hoc*. El propio éxito de una teoría física, tanto experimental como matemático, puede contribuir significativamente a las cualidades estéticas que se le descubren a posteriori. De todo esto cabe deducir que valorar propuestas de teorías físicas a partir de sus supuestas cualidades estéticas es seguramente problemático o ambiguo. Es sin duda más seguro formarse la opinión sobre una nueva teoría en función de su concordancia con las observaciones actuales y de su capacidad predictiva.

Aun así, en lo que se refiere al soporte experimental, con frecuencia los experimentos cruciales no son factibles, como sucede con las altas energías por completo prohibitivas que, según se dice, deberían alcanzar las diferentes partículas —extravagantemente superiores a las que logran los aceleradores de partículas actuales (véase §1.10)— para someter como es debido a la prueba del experimento cualquier teoría de la gravedad cuántica. Otras propuestas experimentales más modestas también pueden resultar igualmente irrealizables, debido quizá al coste de los experimentos o a su dificultad intrínseca. Incluso en el caso de los experimentos de mayor éxito, con mucha frecuencia sucede que los experimentadores recopilan cantidades ingentes de datos y el problema es de muy distinta índole, pues se trata entonces de extraer de ese cenagal de datos algún pedazo clave de información. Esto es desde luego así en la física de partículas, en que potentes aceleradores y colisionadores de partículas producen hoy día masas de información, y empieza a serlo también en cosmología, donde las observaciones modernas de la radiación de fondo de microondas (CMB, por sus siglas en inglés) generan enormes cantidades de datos (véanse §§3.4, 3.9 y 4.3). Muchos de estos no se consideran demasiado informativos, ya que simplemente confirman lo que ya se sabía como resultado de experimentos anteriores. Se hace necesario un monumental esfuerzo de procesamiento estadístico para extraer minúsculos residuos —la información novedosa que buscan los experimentalistas— que podrían confirmar o refutar alguna propuesta teórica.

Debería señalarse aquí que, con toda probabilidad, este procesamiento estadístico es muy específico de la teoría en cuestión y está dirigido a detectar cualquier ligero efecto adicional que esta pudiera predecir. Es muy probable que un conjunto de ideas radicalmente distintas, que se alejen de manera sustancial de las modas actuales, permanezcan sin ser sometidas a prueba aun cuando una respuesta definitiva bien podría estar oculta en los datos ya existentes, y no salga a la luz porque los procedimientos estadísticos que los físicos han adoptado están demasiado orientados hacia la teoría actual. Veremos lo que resulta ser un sorprendente ejemplo de esto en §4.3. Aun cuando está claro que podría extraerse estadísticamente información definitiva de un marasmo de datos fiables, el exorbitante tiempo de computación que esto podría requerir constituye en ocasiones una enorme barrera para la realización efectiva del análisis, en particular cuando este compite directamente con otros proyectos más en boga.

Aún más relevante es el hecho de que los propios experimentos suelen ser enormemente caros, y es probable que su diseño específico esté dirigido a comprobar teorías que no se apartan de las ideas convencionales. Cualquier sistema teórico que se aleje de forma demasiado radical del consenso general tendrá dificultades para reunir los fondos suficientes para someterse a las debidas pruebas. A fin de cuentas, un aparato experimental muy caro requiere que muchos comités de expertos establecidos aprueben su construcción, y es probable que estos expertos participasen en el desarrollo de las perspectivas actuales.

En relación con este asunto podemos considerar el Gran Colisionador de Hadrones (LHC, por sus siglas en inglés) de Ginebra (Suiza), cuya construcción se completó en 2008. Está formado por un túnel de 27 kilómetros bajo dos países (Francia y Suiza) que empezó a operar en 2010. Ahora se le atribuye el descubrimiento de la hasta entonces esquiva partícula de Higgs, de gran importancia en la física de partículas, sobre todo en relación con su papel a la hora de asignar masa a las partículas que experimentan la interacción débil. El Premio Nobel de Física de 2013 se otorgó a Peter Higgs y François Englert por su contribución al innovador trabajo que predijo la existencia y las propiedades de esta partícula.

Se trata de un logro indiscutiblemente espectacular, y no tengo ninguna intención de menospreciar su indudable importancia. Sin embargo, el LHC es un ejemplo muy apropiado. La manera en que se analizan los encuentros entre partículas a muy altas energías requiere la presencia de detectores extraordinariamente caros, pensados para recabar información en relación con la teoría predominante en la física de partículas. Puede que no resulte nada fácil obtener información relevante para otras ideas no convencionales sobre la naturaleza básica de las partículas fundamentales y sus interacciones. En general, las propuestas que se alejan de manera drástica de una perspectiva dominante pueden tener muchas más dificultades para obtener una financiación adecuada, e incluso para ser sometidas a prueba mediante experimentos definitivos.

Otro factor importante es que los estudiantes de doctorado, cuando buscan un problema en el que trabajar para obtener el título, suelen estar sujetos a restricciones estrictas en cuanto a los temas de investigación que se consideran adecuados. Los estudiantes investigadores que trabajan en los campos que están menos de moda, aun cuando sus investigaciones culminen satisfactoriamente en tesis doctorales, pueden toparse con grandes dificultades para obtener después puestos académicos, por mucho que sea su talento, conocimiento u originalidad. Los puestos de trabajo son limitados y la financiación para la investigación, difícil de conseguir. La mayoría de las veces, a los directores de investigación les interesa sobre todo desarrollar ideas en cuya promoción ellos mismos han intervenido, y lo más probable es que correspondan a campos que ya estén de moda. Además, un director interesado en desarrollar una idea ajena a la corriente dominante puede ser reacio a animar a un potencial estudiante a trabajar en ese ámbito, por la desventaja que podría suponer para este a la hora de medirse posteriormente en un mercado laboral muy competitivo en el que quienes posean experiencia en campos más en boga tendrán una clara ventaja.

Los mismos problemas surgen en lo tocante a la financiación de los proyectos de investigación. Las propuestas en campos en boga tienen una probabilidad mucho más alta de recibir la aprobación (véase también §1.12). De nuevo, las propuestas serán valoradas por expertos reconocidos, que con toda probabilidad trabajan en campos que ya están de moda, y a los que ellos mismos habrán contribuido de forma significativa. Los proyectos que se desvíen mucho de las normas actualmente aceptadas, aunque estén bien pensados y sean muy originales, es harto probable que no reciban apoyo. Además, no es solo cuestión de lo limitada que sea la financiación disponible, ya que la influencia de las modas parece ser especialmente relevante en Estados Unidos, donde la disponibilidad de fondos para la investigación científica continúa siendo relativamente elevada.

Debemos mencionar, por supuesto, que la mayoría de las líneas de investigación menos en boga tendrán una probabilidad considerablemente menor de llegar a ser teorías de éxito que cualquiera de las que ya están de moda. Una perspectiva radicalmente novedosa tendrá, en la inmensa mayoría de los casos, pocas posibilidades de dar lugar a una propuesta viable. Ni que decir tiene que, como en el caso de la relatividad general de Einstein, todas estas perspectivas radicales deben de antemano concordar con lo que ya está establecido experimentalmente y, de no ser así, puede que no se necesite una cara prueba experimental para rechazar las ideas inadecuadas. Pero, para las propuestas teóricas que concuerdan con todos los experimentos previos, y para las que no existen en la actualidad perspectivas de confirmación o refutación experimental —quizá por motivos como los que se acaban de exponer—, parece que deberíamos volver a la coherencia matemática, la aplicabilidad general y criterios estéticos a la hora de juzgar la verosimilitud y relevancia de una propuesta de teoría física. Es en estas circunstancias cuando el papel de las modas puede alcanzar proporciones excesivas, por lo que debemos tener mucho cuidado de no permitir que el hecho de que una determinada teoría esté más o menos en boga nos obnubile sobre su verosimilitud física.

1.2. ALGUNAS MODAS FÍSICAS DEL PASADO

Esto es particularmente importante para las teorías que pretenden sondear los fundamentos mismos de la realidad física, como la moderna teoría de cuerdas, y debemos cuidarnos mucho de atribuir demasiada verosimilitud a tales teorías como consecuencia de su popularidad. Sin embargo, antes de tratar ideas físicas actuales, resultará instructivo mencionar algunas de las teorías científicas que fueron populares en el pasado pero que hoy en día no nos tomamos en serio. Son muy numerosas y estoy convencido de que la mayoría de los lectores sabrán muy poco de la mayor parte de ellas, por el simple motivo de que, si no nos las tomamos en serio, es muy poco probable que las estudiemos (a menos, claro está, que seamos buenos historiadores de la ciencia, lo que no es el caso de la mayoría de los físicos). Permítanme al menos mencionar unas cuantas de las más conocidas.

En particular, está la antigua teoría griega que relacionaba los sólidos platónicos con lo que entonces se consideraban los elementos básicos de la sustancia material, tal y como se representa en la figura 1-1. En ella, el *fuego* se representa mediante el tetraedro regular; el *aire*, como el octaedro; el *agua*, a través del icosaedro, y la *tierra*, como el cubo. Además, posteriormente se añadió el *éter* celeste (también llamado *firmamento* o *quintaesencia*), del que se suponía que estaban compuestos los cuerpos celestes, y para cuya representación se utilizó el dodecaedro regular. Parece que fueron los antiguos griegos quienes formularon este tipo de visión —o al menos muchos de ellos la suscribían—, y supongo que se podría considerar una teoría de moda en aquella época.

Al principio, solo tenían los cuatro elementos (fuego, aire, agua y

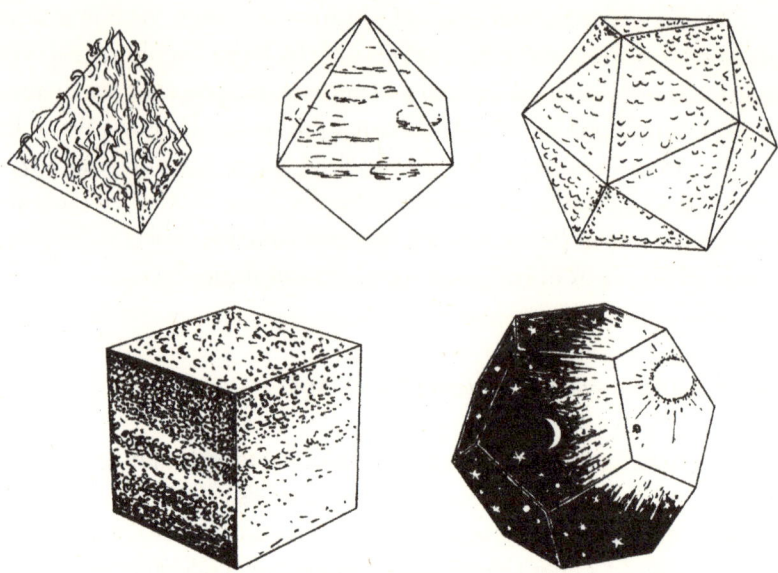

FIGURA 1-1. Los cinco elementos de la antigua Grecia: fuego (tetraedro), aire (octaedro), agua (icosaedro), tierra (cubo) y éter (dodecaedro).

tierra), y esta colección de entidades primitivas parecía encajar con las cuatro formas poliédricas perfectamente regulares que se conocían por aquel entonces, pero cuando, más tarde, se descubrió el dodecaedro, la teoría hubo de ampliarse para acomodar este nuevo poliedro. En consecuencia, la sustancia celeste que componía cuerpos tan supuestamente perfectos como el Sol, la Luna y los planetas, y las esferas de cristal a las que estaban supuestamente fijados, se incorporó al sistema de los poliedros (para los griegos, esta sustancia se regía por leyes muy distintas de las existentes en la Tierra y poseía un movimiento aparentemente eterno, en lugar de seguir la tendencia universal entre las sustancias habituales a ralentizarse y detenerse). Quizá de esto pueda extraerse alguna lección sobre la manera en que incluso las sofisticadas teorías modernas, tras haberse presentado en un principio en una forma supuestamente definitiva, pueden después sufrir alteraciones importantes y sus doctrinas originales, ser estiradas hasta extremos impensados, a la vista de nuevas evidencias teóricas o experimentales. Tal y como yo lo veo, la idea que tenían los antiguos griegos era que, de alguna manera, las leyes que regían el movimiento de las estrellas, los planetas, la Luna y el Sol eran muy diferentes de las que afectaban a las cosas en la Tierra. Tuvieron que llegar Galileo, con su visión de la relatividad del movimiento, y más tarde Newton, con su teoría de la gravitación universal —muy influida por las ideas de Kepler sobre las órbitas de los planetas—, para que se tomase conciencia de que los cuerpos celestes se rigen por las mismas leyes que los terrestres.

Cuando entré en contacto por primera vez con las ideas de los antiguos griegos, me parecieron pura fantasía romántica, sin ninguna base matemática (y menos aún física). Pero más tarde supe que tras ellas había algo más de teoría de lo que yo había imaginado en un principio. Algunas de estas formas poliédricas pueden dividirse en partes y, a continuación, recombinarse debidamente para crear otras (como, por ejemplo, dos cubos se pueden cortar para crear dos tetraedros y un octaedro). Esto podría estar relacionado con el comportamiento físico de esos diferentes elementos y usarse como un modelo geométrico de las transiciones que pueden producirse entre ellos. Al menos, aquí tenemos una atrevida e imaginativa suposición sobre la naturaleza de la sustancia material, que no era descabellada en una época en que aún se sabía tan poco sobre la verdadera naturaleza y el comportamiento del material físico. Este fue uno de los primeros intentos de encontrar una base para los materiales reales en términos de una estructura matemática elegante —muy en consonancia con lo que los físicos teóricos aún aspiran a hacer hoy en día— en la que las consecuencias teóricas del modelo pudiesen ser puestas a prueba frente al comportamiento físico real. También intervenían claramente criterios estéticos, y sin duda estas ideas parecen haber sido del interés de Platón. Pero ni que decir tiene que los detalles no soportaron bien el paso del tiempo, pues de lo contrario no habríamos desechado tan atractiva propuesta matemática.

Consideremos unas cuantas cuestiones más. El modelo ptolemaico del movimiento de los planetas —en el que la Tierra estaba fija y situada en el centro del cosmos— tuvo un éxito extraordinario y fue indiscutible durante muchos siglos. Los movimientos del Sol, la Luna y los planetas debían entenderse en términos de *epiciclos*, que permitían explicar los movimientos planetarios mediante la superposición de varios movimientos circulares uniformes. Aunque el sistema debía ser bastante complicado para proporcionar un buen encaje con las observaciones, no carecía por completo de elegancia matemática, y ofrecía una teoría razonablemente predictiva del movimiento futuro de los planetas. Debe señalarse que, cuando se consideran los movimientos externos respecto a una Tierra estacionaria, los epiciclos carecen de una verdadera justificación. Los movimientos que observamos directamente desde el punto de vista terrestre implican la composición de la rotación de la Tierra (lo que da lugar a un movimiento circular aparente del firmamento alrededor del eje polar terrestre), junto con los movimientos aparentes generales del Sol, la Luna y los planetas, que están aproximadamente limitados al plano elíptico, y que nosotros vemos muy aproximadamente como un movimiento circular respecto a un eje *distinto*. Por sólidos motivos geométricos, ya percibimos algo sobre la naturaleza general de los epiciclos —movimientos circulares sobre otros movimientos circulares—, por lo que no era descabellado suponer que esta idea podría extenderse de manera más general a los movimientos más detallados de los planetas.

Además, los propios epiciclos poseen una geometría interesante, y el mismo Ptolomeo era un excelente geómetra. En su trabajo astronómico, empleó un elegante y potente teorema geométrico que posiblemente descubriera él mismo, pues ahora lleva su nombre. (Dicho teorema afirma que la condición para que cuatro puntos —A, B, C y D— en un plano estén situados en un círculo —tomados en ese orden cíclico— es que las distancias entre ellos satisfagan que AB · CD + BC · DA = AC · BD.) Esta fue la teoría aceptada del movimiento de los planetas durante alrededor de catorce siglos, hasta que fue sustituida, y al final desmontada por completo, gracias al maravilloso trabajo de Copérnico, Galileo, Kepler y Newton, y ahora se la considera completamente errónea. No obstante, debe describirse sin duda como una teoría de moda, y tuvo un éxito extraordinario durante unos catorce siglos (desde mediados del siglo II hasta mediados del XVI) al ser capaz de dar cuenta muy aproximadamente de todas las observaciones de movimientos planetarios (con la introducción cada cierto tiempo de las debidas mejoras), hasta que, a finales del siglo XVI, Tycho Brahe obtuvo mediciones más precisas.

Otra teoría famosa en la que ahora no creemos, aunque estuvo muy en boga durante más de un siglo, entre 1667 (cuando Joshua Becher la propuso) y 1778 (fecha en que fue refutada por Antoine Lavoisier), fue la del *flogisto*, según la cual cualquier sustancia inflamable contenía un elemento denominado flogisto, que era emitido a la atmósfera durante el proceso de combustión. La teoría del flogisto explicaba la mayoría de los datos relativos a la combustión que se conocían por aquel entonces, tales como el hecho de que, cuando esta tenía lugar en un recipiente sellado razonablemente pequeño, solía finalizar antes de que se hubiese consumido todo el material combustible, lo cual se achacaba a que el aire dentro del contenedor se saturaba de flogisto y era incapaz de absorber más. Curiosamente, Lavoisier fue el responsable de otra teoría de moda pero falsa, según la cual el calor era una sustancia material a la que bautizó como *calórico*. Esta teoría fue desacreditada en 1798 por el conde de Rumford (sir Benjamin Thompson).

En cada uno de estos dos ejemplos principales, el éxito de una teoría puede entenderse por su estrecha relación con la teoría más satisfactoria que la sustituyó. En el caso de la dinámica ptolemaica, podemos movernos a la más satisfactoria visión heliocéntrica de Copérnico mediante una sencilla transformación geométrica consistente en tomar el Sol como centro de los movimientos, en lugar de la Tierra. Al principio, cuando todo se describía en función de los epiciclos, este cambio apenas supuso ninguna diferencia, salvo por el hecho de que la visión heliocéntrica parecía mucho más sistemática, pues en ella los movimientos más rápidos correspondían a los planetas más cercanos al Sol [Gingerich, 2004; Sobel, 2011], y en ese momento existía una equivalencia básica entre ambos sistemas. Pero, cuando Kepler descubrió sus tres leyes del movimiento planetario *elíptico*, la situación cambió por completo, ya que una descripción geocéntrica de este tipo de movimiento no tenía sentido desde un punto de vista geométrico. Las leyes de Kepler fueron la clave que despejó el camino hacia la visión newtoniana, extraordinariamente precisa y general, de la *gravedad universal*. No obstante, la visión geocéntrica podría no parecernos tan extravagante hoy en día como en el siglo XIX, habida cuenta del *principio general de covariancia* de la relatividad general de Einstein (véanse §§1.7, A.5 y 2.13), que nos permite considerar descripciones mediante sistemas de coordenadas muy incómodos (como uno geocéntrico en el que las coordenadas de la Tierra no varían con el paso del tiempo) como igualmente válidas. De la misma manera, se podría establecer una estrecha correspondencia entre la teoría del flogisto y la visión moderna de la combustión, según la cual el hecho de que un material arde normalmente implica que se consuma oxígeno de la atmósfera, y en la que el flogisto podría verse simplemente como «oxígeno negativo». Esto nos proporciona una traducción razonablemente coherente entre la visión del flogisto y la que ahora se considera convencional. Pero cuando las precisas mediciones de Lavoisier demostraron que el flogisto debería poseer una masa negativa, esa representación comenzó a perder apoyo. Sin embargo, el de «oxígeno negativo» no es un concepto tan absurdo en el contexto de la física de partículas moderna, en que se supone que en la naturaleza cada tipo de partícula (incluidas las compuestas) posee una antipartícula; así pues, un «antiátomo de oxígeno» encaja a la perfección dentro de la teoría moderna. Aunque, eso sí, ¡tendría una masa negativa!

A veces, teorías que han estado pasadas de moda durante un tiempo pueden volver a tomarse en consideración como consecuencia de acontecimientos posteriores. Un buen ejemplo es una idea que lord Kelvin (William Thompson) propuso alrededor de 1867, según la cual se podía entender que los átomos (las partículas elementales de su época) estaban compuestos por diminutas estructuras similares a nudos. La idea concitó por aquel entonces una atención considerable, y basándose en ella el matemático J. G. Tait comenzó el estudio sistemático de los nudos. Pero la teoría no permitió establecer ninguna correspondencia clara con el comportamiento físico real de los átomos, por lo que cayó en el olvido. Sin embargo, más recientemente ideas de este tipo han vuelto a encontrar respaldo, en parte gracias a su relación con los conceptos de la teoría de cuerdas. La teoría matemática de los nudos también ha experimentado un resurgimiento desde aproximadamente 1984 a raíz del trabajo de Vaughan Jones, cuyas ideas fundamentales tenían su origen en reflexiones teóricas en el marco de la teoría cuántica de campos [Jones, 1985; Skyrme, 1961]. Con posterioridad, Edward Witten [1989] empleó los métodos de la teoría de cuerdas para obtener un tipo de teoría cuántica de campos (denominada *teoría topológica cuántica de campos*) que, en cierto sentido, enmarca estos nuevos desarrollos dentro de la teoría matemática de nudos.

Como ejemplo de resurgimiento de una idea mucho más antigua sobre la naturaleza del universo a gran escala, podría mencionar —aunque no del todo en serio— una curiosa coincidencia que se produjo aproximadamente cuando impartí la conferencia en Princeton en la que se basa este capítulo en particular (el 17 de octubre de 2003). En esa charla, hice referencia a la antigua idea griega según la cual el éter estaba relacionado con el dodecaedro regular. Por aquel mismo entonces, y sin que yo lo supiera, se publicaron en los periódicos informaciones sobre una propuesta, obra de Luminet *et al.* [2003], según la cual la geometría espacial tridimensional del cosmos podría en realidad poseer una topología algo complicada, surgida a partir de la identificación (con un giro) de las caras opuestas de un *dodecaedro regular* (sólido). De forma que, en cierto sentido, la idea platónica de un cosmos dodecaédrico estaba reviviendo en nuestra época.

La ambiciosa idea de una teoría del todo, que englobaría todo los procesos físicos, incluida una descripción de todas las partículas de la naturaleza y sus interacciones físicas, se ha discutido a menudo en los últimos años, en particular en relación con la teoría de cuerdas. Se trataría de tener una teoría completa del comportamiento físico, basada en una cierta idea de partículas elementales y/o campos, que actuarían según ciertas fuerzas u otros principios dinámicos que regirían con precisión los movimientos de todos los elementos constituyentes. Esto también podría interpretarse como el resurgimiento de una idea antigua, como veremos más adelante.

Al mismo tiempo que Einstein le daba la forma definitiva a su teoría general de la relatividad, hacia finales de 1915, el matemático David Hilbert propuso su propio método para deducir las ecuaciones de campo de la teoría de Einstein,[1] utilizando lo que se conoce como *principio variacional*. (Este tipo de procedimiento, muy general, hace uso de las ecuaciones de Euler-Lagrange, obtenidas a partir de un lagrangiano, un concepto potente al que se hace referencia explícita en §1.1; véase, por ejemplo, Penrose [2004: cap. 20]; en adelante, me referiré a este libro como *ECalR*.) Einstein, en su enfoque más directo, formuló explícitamente sus ecuaciones de manera que ponían de manifiesto cómo se comportaría el campo gravitatorio (descrito en función de la curvatura del espaciotiempo) bajo la influencia de su «fuente», esto es, las densidades totales de masa/energía de todas las partículas, todos los campos de materia, etc., recogidas en forma del tensor de energía **T** (que aparece en §1.1).

Einstein no ofreció ninguna prescripción específica sobre las

---

1. Sobre el controvertido asunto de quién fue el primero, véase el comentario de Corry *et al.* [1997].

ecuaciones concretas que debían regir el comportamiento de estos campos de materia, pues se suponía que estas debían tomarse de alguna otra teoría específica para los campos de materia concretos en cuestión. En particular, uno de estos campos sería el electromagnético, cuya descripción vendría dada por las maravillosas ecuaciones que el gran físico matemático escocés James Clerk Maxwell descubrió en 1864 y que unificaron los campos eléctrico y magnético, explicando así la naturaleza de la luz y de buena parte de las fuerzas que gobiernan la constitución interna de los materiales ordinarios. En este contexto, esto se consideraría materia, y desempeñaría su debido papel en **T**. Además, también podrían intervenir otros tipos de campo, y toda clase de otras especies de partículas, que se regirían por las ecuaciones correspondientes, fueran cuales fuesen, y también se considerarían materia y contribuirían a **T**. Los detalles de todo esto no eran importantes para la teoría de Einstein, y no se especificaron.

Por su parte, en su propuesta Hilbert buscaba abarcar más, y ahora podríamos considerarla una *teoría del todo*. El campo gravitatorio se describiría exactamente de la misma manera que en la propuesta de Einstein, pero en lugar de dejar sin especificar el término fuente **T**, como había hecho Einstein, Hilbert propuso que este término fuente debería ser el de una teoría muy particular que estaba en boga en la época, conocida como *teoría de Mie* [Mie, 1908, 1912*a*,*b*, 1913]. Esto implicaba una modificación no lineal de la teoría electromagnética de Maxwell, y había sido propuesto por Gustav Mie como una vía para incorporar *todos* los aspectos de la materia. En consecuencia, se suponía que la propuesta global era una teoría completa tanto de la materia (incluido el electromagnetismo) como de la gravedad. Por aquel entonces, aún no se comprendían las fuerzas fuerte y débil de la física de partículas, pero la propuesta de Hilbert podría en efecto haber sido entendida como lo que ahora solemos denominar una teoría del todo. Sin embargo, no creo probable que muchos físicos actuales hayan siquiera oído hablar de la teoría de Mie, que tan de moda estuvo en otra época, y menos aún del hecho de que formó parte explícitamente de la versión de Hilbert de la relatividad general como una teoría del todo. Esa teoría no desempeña ningún papel en la comprensión moderna de la materia. Quizá de esto pueda extraerse una lección de prudencia para los teóricos de hoy en día, decididos a proponer sus propias teorías del todo.

1.3. Los antecedentes de la teoría de cuerdas en la física de partículas

Una de estas propuestas teóricas es la teoría de cuerdas, y muchos físicos teóricos actuales aún consideran que ofrece un camino claro hacia una teoría del todo. La teoría de cuerdas tuvo su origen en una serie de ideas que, cuando las oí por primera vez alrededor de 1970 (en boca de Leonard Susskind), me parecieron sorprendentemente atractivas y de una naturaleza particularmente convincente. Pero, antes de describirlas, tendría que situarlas en su debido contexto. Deberíamos tratar de entender por qué sustituir la noción de una partícula puntual por un pequeño lazo o curva en el espacio, como de hecho proponía la versión original de la teoría de cuerdas, podría parecer prometedor como base para una representación física de la realidad.

De hecho, esta idea resultaba atractiva por más de una razón. Irónicamente, uno de los motivos más concretos —relacionado con la física experimental de las interacciones entre hadrones— parece haber sido obviado por completo por los desarrollos más modernos en teoría de cuerdas, y no estoy seguro de que conserve una buena posición dentro de este campo, más allá de su valor histórico. Pero debo analizarlo igualmente (y lo haré, sobre todo, en §1.6), junto con algunos otros de los elementos de los antecedentes de la física fundamental de partículas sobre los que se erigen los principios básicos de la teoría de cuerdas.

Primero, permítanme explicar lo que es un hadrón. Recordemos que un átomo ordinario está formado por un núcleo con carga positiva, rodeado de electrones de carga negativa que orbitan a su alrededor. El núcleo está compuesto de protones y neutrones, denominados conjuntamente *nucleones* (N); cada protón tiene una carga eléctrica de una unidad positiva (la unidad de carga ha sido elegida de forma que el electrón tiene una unidad negativa) y cada neutrón, una carga eléctrica nula. La fuerza eléctrica atractiva entre cargas positivas y negativas es lo que mantiene a los electrones, de carga negativa, orbitando alrededor del núcleo, cargado positivamente. Pero, si las fuerzas eléctricas fuesen las únicas relevantes, el propio núcleo (aparte del de hidrógeno, que posee un solo protón) estallaría en sus varios componentes, porque los protones se repelerían entre sí, ya que todos ellos poseen carga positiva. Por lo tanto, debe haber otra fuerza, más intensa, que mantiene el núcleo unido, que se conoce como fuerza (nuclear) *fuerte*. Además, existe algo llamado fuerza (nuclear) *débil*, de especial relevancia en relación con la desintegración nuclear, pero que no constituye el componente principal de las fuerzas entre nucleones. Más adelante diré algo sobre la fuerza débil.

No todas las partículas se ven afectadas de manera directa por la fuerza fuerte —por ejemplo, a los electrones no les influye—; las que sí la sienten son las partículas comparativamente masivas llamadas *hadrones* (del griego *hadros*, que significa «denso»). Así pues, los protones y los neutrones son ejemplos de hadrones, pero ahora sabemos que existen muchos otros tipos. Entre ellos están los primos de protones y neutrones llamados *bariones* (de *barys*, que significa «pesado»), que, además de los propios neutrones y protones, incluye los lambda ($\lambda\lambda\lambda$), sigma (Σ), xi (Ξ), delta (Δ) y omega (Ω), la mayoría de los cuales existen en distintas versiones con diferentes valores de la carga eléctrica, así como en una serie de versiones excitadas (que giran más rápido sobre sí mismos). Todas estas partículas son más masivas que el protón y el neutrón. La razón por la que no vemos que estas partículas más exóticas formen parte de los átomos ordinarios es que son muy inestables y se desintegran rápidamente, hasta acabar en forma de protones y neutrones, deshaciéndose de su exceso de masa en forma de energía (de acuerdo con la famosa $E = mc^2$ de Einstein). El protón, por su parte, posee la masa de alrededor de 1.836 electrones y el neutrón, de unos 1.839 electrones. Entre los bariones y los electrones existe otra clase de hadrones, llamados *mesones*, cuyos integrantes más conocidos son el pion (μ) y el kaón (K), de cada uno de los cúales existe una versión con carga (μ^+ y μ^-, cada uno de los cuales posee una masa de alrededor de 273 electrones; K^+ y $\bar{K}^-$, con una masa de unos 966 electrones cada uno) y otra sin ella (μ^0, que posee una masa de alrededor de 264 electrones; K^0 y $\bar{K}^0$, cada uno de los cuales tiene una masa de unos 974 electrones). Lo habitual aquí es usar una barra sobre el símbolo de la partícula para denotar la antipartícula; no obstante, tengamos en cuenta que los antipiones son también piones, mientras que un antikaón es distinto de un kaón. De nuevo, estas partículas tienen muchos primos y versiones excitadas (con mayor velocidad de giro).

Empezamos a ver que todo esto es muy complicado y dista mucho de cómo era en los vertiginosos días de principios del siglo xx, cuando parecía que el protón, el neutrón y el electrón (y dos o tres partículas sin masa, como el fotón, la partícula de la luz) eran, más o menos, todo lo que había. Con el paso de los años las cosas se fueron complicando, hasta que al final, entre aproximadamente 1970 y 1973, tomó forma una visión unificada de todo ello, conocida como *modelo estándar de la física de partículas* [Zee, 2010; Thomson, 2013]. Según este esquema, todos los hadrones están compuestos de quarks y/o sus antipartículas, los *antiquarks*. En la actualidad, se entiende que cada barión está compuesto de tres quarks y cada mesón (ordinario), de un quark y un antiquark. Existen seis sabores distintos de quark, conocidos (de una forma bastante extraña y poco imaginativa) como *arriba, abajo, encanto, extraño, cima* y *fondo*, que poseen, respectivamente, las cargas eléctricas $\frac{2}{3}, -\frac{1}{3}, \frac{2}{3}, -\frac{1}{3}, \frac{2}{3}$ y $-\frac{1}{3}$. En un primer momento, los valores fraccionales de la carga resultan claramente extraños, pero para las partículas libres observadas (como los bariones y los mesones) la carga eléctrica siempre posee un valor entero.

El modelo estándar no solo sistematiza la colección de las partículas fundamentales de la naturaleza, sino que también proporciona una buena descripción de las fuerzas que les afectan. Tanto la fuerza fuerte como la débil se describen en función de un elegante procedimiento matemático —conocido como *teoría gauge* (o *de recalibración*)— que hace un uso crucial de la idea de un *fibrado*, de la que se ofrece una breve descripción en §A.7, y a la que volveré, en particular en §1.8. El *espacio base* M del fibrado (concepto que se explica en §A.7) es el espaciotiempo y, en el caso de la fuerza fuerte (que es el más transparente desde un punto de vista matemático), la fibra $\mathcal{F}$ se describe en función de un concepto conocido como *color*, que se asigna a cada quark (para cada quark hay disponibles tres colores alternativos). Por este motivo, la teoría física de la interacción fuerte se conoce como *cromodinámica cuántica* (QCD, por sus siglas en inglés). No tengo la intención de adentrarme aquí en un análisis en profundidad de la QCD, porque es difícil describirla adecuadamente sin utilizar más matemáticas que las que puedo incluir aquí [véanse Tsou y Chan, 1993; Zee, 2003]. Además, «no está de moda», en el sentido en que utilizo la expresión aquí, porque las ideas, aunque puedan parecer exóticas y extrañas, de hecho funcionan extraordinariamente bien, no solo porque constituyen un formalismo matemático coherente y muy cohesionado, sino porque obtienen una confirmación excelente en los resultados experimentales. El sistema de la QCD se estudia en cualquier departamento de investigación en el campo de la física dedicado en serio a la teoría de las interacciones fuertes, pero no está simplemente de moda, en el sentido que esta expresión tiene aquí, porque se estudia tan a fondo por motivos científicos de peso.

No obstante, a pesar de todas sus virtudes, hay también poderosas razones científicas para tratar de ir más allá del modelo estándar. Una de ellas es que en él existen alrededor de treinta números para los que la teoría no ofrece explicación alguna. Entre ellos están cosas como las masas de los quarks y los leptones, magnitudes conocidas como *parámetros de acoplamiento entre fermiones* (como el ángulo de Cabibbo), el ángulo de Weinberg, el ángulo zeta, los acoplamientos gauge y parámetros relacionados con el mecanismo de Higgs. Hay otro importante inconveniente relacionado con este asunto, ya presente en los sistemas que existían con anterioridad a la aparición del modelo estándar, y que este resuelve solo en parte. Se trata del inquietante problema de los *valores infinitos* (resultados absurdos que se obtienen a partir de expresiones divergentes, como las que se muestran en §A.10) que surgen en la teoría cuántica de campos (QFT, por sus siglas en inglés), la forma de la mecánica cuántica esencial no solo para la QCD y otros aspectos del modelo estándar, sino para todas las aproximaciones modernas a la física de partículas, así como para muchos aspectos de la física básica.

Tendré mucho más que decir sobre la mecánica cuántica en general en el capítulo 2. De momento, limitemos nuestra atención a una característica muy específica pero fundamental de la mecánica cuántica, que puede considerarse una raíz del problema de los valores infinitos en la QFT, y veremos también que el método convencional de tratar con estos infinitos impide dar una respuesta completa a la cuestión de derivar los treinta y tantos números que carecen de explicación en el modelo estándar. La teoría de cuerdas viene motivada en gran medida por una ingeniosa propuesta para esquivar los valores infinitos de la QFT, como veremos en §1.6, y parece ofrecer así alguna esperanza de encontrar la vía para resolver el misterio de los números inexplicados.

1.4. El principio de superposición en la QFT

Una piedra angular de la mecánica cuántica es el principio de superposición, una característica común a *toda* la teoría cuántica, no solo la QFT. En particular, resultará esencial para las discusiones críticas del capítulo 2. En este, para arrojar algo de luz sobre la fuente del problema de los infinitos en la QFT, tendré que introducir brevemente este principio aquí, aunque el grueso de la discusión acerca de la mecánica cuántica tendrá lugar en el siguiente capítulo (véanse, en particular, $\S\S2.5$ y 2.7).

Para poner de manifiesto el papel que el principio de superposición desempeña en la QFT, consideremos situaciones del siguiente tipo. Supongamos que tenemos un proceso físico que lleva a un determinado resultado observado. Supondremos que a este resultado se podría haber llegado a través de una acción intermedia Ψ, pero que existe también otra posible acción intermedia Φ que podría dar lugar básicamente al mismo resultado observado. Entonces, según el principio de superposición, debemos considerar que, en un sentido apropiado, *tanto Ψ como Φ* podrían haber tenido lugar *concurrentemente* como acción intermedia. Esto, a todas luces, choca de manera frontal con nuestra intuición, puesto que a escala macroscópica ordinaria no vemos que posibilidades alternativas distintas tengan lugar al mismo tiempo. Pero en los eventos microscópicos, donde no tenemos la posibilidad de observar directamente si ha ocurrido una actividad intermedia u otra, debemos suponer que ambas podrían haberse producido juntas, en lo que se conoce como una *superposición cuántica*.

El ejemplo paradigmático de este tipo de fenómeno ocurre en el famoso experimento de la doble rendija, que suele usarse en las introducciones a la mecánica cuántica. Aquí consideramos una situación en la que un haz de partículas (por ejemplo, electrones o fotones) se dirige contra una pantalla, de tal forma que, en su recorrido desde la fuente hasta la pantalla, el haz debe atravesar un par de rendijas paralelas y próximas entre sí (véase la figura 1-2(a)). En la situación que estamos considerando, al llegar a la pantalla cada partícula deja una clara marca oscura en una posición concreta sobre la misma, indicativa de la propia naturaleza *corpuscular* de la partícula. Pero, a medida que van llegando muchas de estas partículas, se va creando un patrón de interferencia con franjas claras y oscuras; estas últimas se producen allí donde muchas partículas chocan con la pantalla, mientras que las

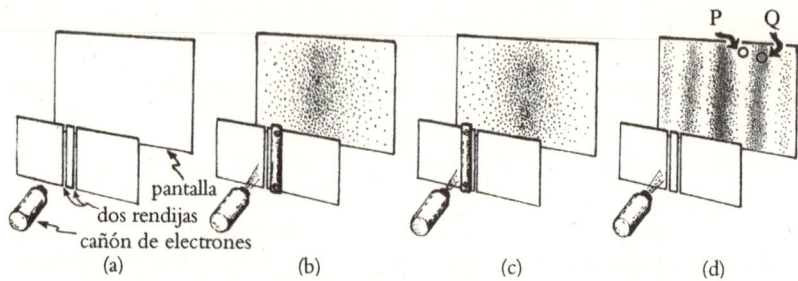

FIGURA 1-2. El experimento de la doble rendija. Se lanzan los electrones hacia una pantalla a través de un par de rendijas muy próximas entre sí (a). Si solo una de ellas está abierta (b), (c), en la pantalla se registra un patrón de impactos de aspecto aleatorio, dispersos alrededor del camino directo a través de la rendija. Sin embargo, si ambas rendijas están abiertas (d), el patrón adquiere una apariencia de franjas, y ahora hay algunos lugares (por ejemplo, P) a los que no puede llegar la partícula, aunque sí podría hacerlo si solo estuviese abierta una de las rendijas; además, en otros sitios (por ejemplo, Q) la intensidad de recepción es cuatro veces superior a la correspondiente a una sola rendija.

primeras ocurren donde la alcanzan relativamente pocas partículas (figura 1-2(d)). Un minucioso análisis estándar de la situación[2] permite llegar a la conclusión de que cada partícula cuántica debe, en algún sentido, atravesar *ambas* rendijas al mismo tiempo, a la manera de una extraña clase de superposición de los dos caminos alternativos que podría seguir.

El razonamiento en que se basa tan extraña conclusión deriva del hecho de que, si se cubre cualquiera de las rendijas mientras se deja la otra abierta (figura 1-2(b) y (c)), no aparecen las franjas sino solo una iluminación bastante uniforme que es más oscura en el centro. Sin embargo, cuando ambas rendijas están abiertas, entre las franjas más oscuras aparecen regiones más claras en la pantalla, en lugares que son perfectamente oscuros cuando solo está abierta una de las rendijas. De

---

2. Esto es lo que puede considerarse el análisis convencional de la situación. Como cabría esperar para una conclusión tan aparentemente extraña, hay varias maneras distintas de interpretar lo que sucede en este estadio intermedio de la existencia de la partícula. La perspectiva alternativa más digna de mención es la de la teoría de De Broglie-Bohm, según la cual la partícula en sí siempre pasa por una u otra rendija, pero existe también una «onda portadora» que guía a la partícula y que debe «sondear» las dos alternativas por las que la partícula podría optar [véase Bohm y Hiley, 1993]. Discuto brevemente este punto de vista en §2.12.

alguna manera, cuando la partícula tiene a su alcance ambos caminos, esos lugares más claros *se atenúan*, mientras que los lugares oscuros *se acentúan*. Si cada partícula hiciese solo lo que podría hacer cuando solo una de las rendijas está abierta, o lo que podría hacer cuando está abierta la otra, los efectos de los caminos simplemente se sumarían, y no obtendríamos estas extrañas franjas de interferencia. Esto sucede únicamente porque los dos caminos posibles están disponibles para la partícula, que explora ambas alternativas para dar lugar al efecto en cuestión. En cierto sentido, estos recorridos *coexisten* para la partícula cuando se encuentra entre la fuente y la pantalla.

Evidentemente, esto no se corresponde en absoluto con nuestra experiencia del comportamiento de los objetos macroscópicos. Por ejemplo, si dos habitaciones están conectadas entre sí por dos puertas diferentes y se observa que un gato estaba primero en una habitación y después en la otra, normalmente inferiríamos que ha pasado por una u otra de las puertas, no que podría, de alguna manera extraña, haber atravesado ambas puertas a la vez. Pero, con un objeto del tamaño de un gato, sería posible, sin perturbar significativamente sus acciones, tomar mediciones continuas de su posición, y de esta manera determinar por cuál de las dos puertas pasó de hecho. Si lográsemos hacer algo similar para una única partícula cuántica en el experimento de las dos rendijas descrito antes, tendríamos que perturbar su comportamiento hasta tal punto que daría lugar a la destrucción del patrón de interferencia en la pantalla. El comportamiento ondulatorio de una partícula cuántica concreta que da lugar a las franjas de interferencia claras y oscuras en la pantalla depende del hecho de que *no* somos capaces de determinar cuál de las dos rendijas atravesó, lo que abre la posibilidad de este desconcertante estado intermedio superpuesto de la partícula.

En este experimento de las dos rendijas, podemos ver la absoluta rareza del comportamiento de las diferentes partículas cuánticas fijándonos muy especialmente en un punto P de la pantalla situado en mitad del hueco entre las franjas oscuras, pues observamos que la partícula simplemente es incapaz de llegar a P cuando ambas rendijas están abiertas, mientras que, cuando solo una lo está, la partícula llega sin problemas a P a través de ella. Cuando ambas rendijas están abiertas, las dos posibilidades de que dispone la partícula para alcanzar P de alguna forma se cancelan mutuamente. Sin embargo, en otro lugar de la pantalla —por ejemplo, Q—, donde el patrón de interferencia es lo más oscuro posible, vemos que, en lugar de cancelarse, los dos caminos posibles parecen reforzarse entre sí, de manera que, cuando las dos rendijas están abiertas, la probabilidad de que la partícula llegue a Q es cuatro veces mayor de lo que lo sería si solo estuviese abierta una de ellas, no solo el doble, como sucedería si tuviésemos un objeto clásico ordinario en lugar de una partícula cuántica; véase la figura 1-2(d). Estas extrañas características son consecuencia de la conocida como *regla de Born*, que relaciona las intensidades en las superposiciones con las probabilidades reales de ocurrencia, como veremos en breve.

La palabra «clásico», dicho sea de paso, cuando se emplea en el contexto de las teorías, modelos o situaciones, significa simplemente «no cuántico». En particular, la teoría general de la relatividad de Einstein es una teoría clásica, a pesar de haber sido propuesta después de que se hubiesen desarrollado muchas de las ideas fundamentales de la teoría cuántica (como la del átomo de Bohr). De manera muy particular, los sistemas clásicos no están sujetos a las curiosas superposiciones de posibilidades alternativas que acabamos de ver y que caracterizan al comportamiento cuántico, como explicaré brevemente a continuación.

Dejaré el análisis completo de los fundamentos de nuestra comprensión actual de la física cuántica para el capítulo 2 (véase, en particular, de §2.3 en adelante). De momento, recomiendo que nos limitemos a aceptar la extraña regla matemática según la cual la mecánica cuántica moderna describe tales estados intermedios, que resulta ser extraordinariamente precisa. Pero ¿cuál es esta extraña regla? El formalismo cuántico afirma que semejante estado intermedio superpuesto, cuando solo existen dos posibilidades intermedias alternativas Ψ y Φ, se expresa matemáticamente como una especie de suma $\Psi + \Phi$ de las posibilidades, o, de forma más general, como una *combinación lineal* (véanse §§A.4 y A.5),

$$w\Psi + z\Phi,$$

donde w y z son *números complejos* (en los que aparece i $= \sqrt{-1}$, como se describe en §A.9) que no se anulan simultáneamente. Además, nos veremos obligados a considerar que estas superposiciones complejas de estados deben poder *persistir* en un sistema cuántico hasta el instante mismo en que el sistema sea observado, momento en que la super-posición de alternativas debe sustituirse por una combinación proba-bilística de dichas alternativas. Esto es sin duda extraño, pero en §§2.5 a 2.7 y 2.9 veremos cómo usar estos números complejos —que sue-len denominarse *amplitudes*— y cómo se relacionan, de maneras a ve-ces sorprendentes, con las probabilidades, así como con la evolución temporal de los sistemas físicos a escala cuántica (ecuación de Schrö-dinger); también tienen relación, en un sentido fundamental, con el sutil comportamiento del espín de una partícula cuántica, e incluso con la 3-dimensionalidad del espacio físico ordinario. Aunque las co-nexiones precisas entre estas amplitudes y las probabilidades (la *regla de Born*) no se abordarán plenamente en este capítulo (ya que para ello necesitamos los conceptos de *ortogonalidad* y *normalización* para los Ψ y Φ, que es preferible dejar para §2.8), lo esencial de la regla de Born se expone a continuación.

Una medición, dirigida a determinar si un sistema se encuentra en un estado Ψ o en un estado Φ, cuando se encuentra con el estado super-puesto $w\Psi + z\Phi$, obtiene:

cociente entre la probabilidad de Ψ y la probabilidad de Φ = cocien-te entre $|w|^2$ y $|z|^2$.

Tengamos en cuenta (véanse §§A.9 y A.10) que el cuadrado del módulo $|z|^2$ de un número complejo z es la suma de los cuadrados de sus partes real e imaginaria, igual también al cuadrado de la distancia desde el origen del plano de Wessel hasta z (figura A-42 en §A.10). Cabe señalar asimismo que el hecho de que las probabilidades se ob-tengan a partir de los *cuadrados* de los módulos de las amplitudes ex-plica la *cuadruplicación* de la intensidad que hemos visto antes, cuando las contribuciones se refuerzan mutuamente en el experimento de la doble rendija (véase también la parte final de §2.6).

Debemos tener muy claro que la noción de *más* en estas super-posiciones es muy distinta del concepto ordinario de *y* (a pesar de que, en el habla corriente, hoy en día es habitual usar *más* para refe-rirse a *y*), o incluso de *o*. Lo que esto quiere decir es que, en cierto sentido, debemos entender que las dos posibilidades se *suman* de al-guna manera abstracta. Así, en el caso del experimento de la doble rendija, donde Ψ y Φ representan dos posiciones transitorias diferentes de una sola partícula, $\Psi + \Phi$ *no* representa dos partículas, una en cada posición («una partícula en la posición Ψ y una partícula en la posición Φ», lo que implicaría *dos* partículas en total), ni tampoco debemos entender que ambas son solo alternativas ordinarias, una *u* otra de las cuales sucedió efectivamente, aunque no sabemos cuál. Debemos pensar en una única partícula que de algún modo ocupa ambas posiciones al mismo tiempo, *superpuestas* de acuerdo con esta extraña operación «más» mecanocuántica. Desde luego, esto parece sumamente raro, y los físicos de principios del siglo xx no se habrían planteado considerar algo así sin tener muy buenos motivos para ello. En el capítulo 2 analizaré algunos de estos motivos; de momento solo le pido al lector que acepte que este formalismo en efecto funciona.

Es importante advertir que, según la mecánica cuántica estándar, a este procedimiento de superposición se lo considera *universal* y, en consecuencia, válido también si existen más de solo dos alternativas para el estado intermedio. Por ejemplo, si hay tres posibilidades alternativas, Ψ, Φ y Γ, tendremos que considerar superposiciones triples como $w\Psi + z\Phi + u\Gamma$ (donde w, z y u son números complejos, no todos ellos nulos). Por consiguiente, si hubiese cuatro estados intermedios alternativos, deberíamos considerar superposiciones cuádruples, y así sucesivamente. La mecánica cuántica lo exige, y existe un excelente soporte experimental para este comportamiento a la escala submicroscópica de la actividad cuántica. Es extraño, qué duda cabe, pero las matemáticas son sólidas. Estas matemáticas son, hasta ahora, tan solo las de un *espacio vectorial*, con números escalares complejos, como las que se exponen en §§A.3, A.4, A.9 y A.10; a partir de §2.3 veremos más sobre el papel ubicuo de las superposiciones cuánticas. Sin embargo, las cosas son considerablemente más complicadas en la QFT, porque con frecuencia debemos considerar situaciones en las que las posibilidades intermedias son infinitas. En consecuencia, nos vemos abocados a considerar sumas infinitas de alternativas, y se cierne sobre nosotros la posibilidad de que una de estas sumas se traduzca en una serie cuya suma *diverja* al infinito (de manera similar a como se muestra en §§A.10 y A.11).

1.5. El poder de los diagramas de Feynman

Tratemos de entender un poco más en detalle cómo se producen realmente esas divergencias. En física de partículas, lo que tenemos que considerar son situaciones en las que varias partículas se unen para crear otras partículas, otras situaciones en las que algunas de las partículas podrían dividirse para dar lugar a más partículas, y otras aún en las que pares de estas partículas podrían volver a unirse, etc., etc., lo que puede acabar dando lugar a procesos muy complicados. Los tipos de situación que suelen interesar a los físicos de partículas involucran a un determinado conjunto de partículas que se juntan —a menudo a velocidades relativas cercanas a la de la luz—, y esta combinación de colisiones y separaciones resulta en otro conjunto de partículas que surge como resultado de todo ello. El proceso total implicaría una inmensa superposición cuántica de todos los diferentes tipos posibles de procesos intermedios que podrían tener lugar y son compatibles con las situaciones inicial y final. Un ejemplo de un proceso complicado de este estilo se ilustra en el *diagrama de Feynman* de la figura 1-3.

No nos equivocamos mucho si vemos un diagrama de Feynman como un diagrama espaciotemporal de un conjunto particular de procesos de partículas. Como me dedico a la teoría de la relatividad, en lugar de ser un físico profesional de partículas o un experto en la QFT, me gusta representar el tiempo de forma que aumente hacia

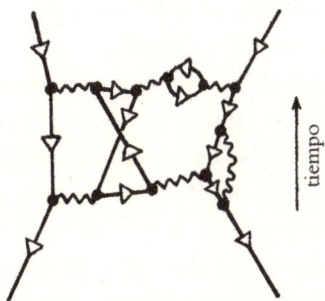

FIGURA 1-3. Un diagrama de Feynman (dibujado de manera que el tiempo avanza hacia arriba) es una representación espaciotemporal esquemática (con una interpretación matemática bien definida) de un proceso de partículas que suele implicar la creación, destrucción e intercambios de partículas intermedias. Las líneas onduladas representan fotones. Las flechas triangulares denotan carga eléctrica (positiva, si la flecha apunta hacia arriba; negativa, si lo hace hacia abajo).

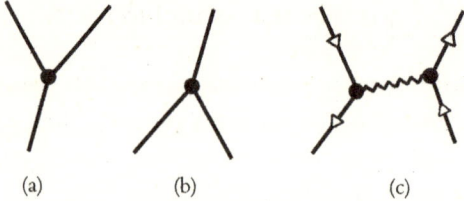

(a)   (b)   (c)

Figura 1-4. Diagramas de Feynman elementales: (a) la partícula se divide en dos; (b) dos partículas se combinan para crear otra partícula; (c) dos partículas con cargas opuestas (por ejemplo, un electrón y un positrón) «intercambian» un fotón.

la parte superior de la página; normalmente, esos profesionales prefieren que el tiempo avance de izquierda a derecha. Los diagramas de Feynman (o gráficas de Feynman) llevan el nombre del destacado físico estadounidense Richard Phillips Feynman. En la figura 1-4 se pueden ver varios diagramas básicos de este tipo. La figura 1-4(a) muestra la división de una partícula en dos, mientras que la figura 1-4(b) representa la combinación de dos partículas para crear una tercera.

En la figura 1-4(c), vemos el intercambio de una partícula (por ejemplo, un fotón, el cuanto de campo electromagnético o luz, que se representa mediante la línea ondulada) entre dos partículas. El uso del término «intercambio» para este proceso, aunque habitual entre físicos de partículas, quizá aquí resulte un poco raro, ya que un único fotón solo pasa de una partícula externa a otra, aunque de una manera que (deliberadamente) no deja claro qué partícula es la emisora y cuál la receptora. El fotón que interviene en este intercambio suele calificarse de *virtual* y su velocidad no está constreñida a cumplir con los requisitos de la relatividad. Puede que el uso coloquial habitual del término «intercambio» se aplique más apropiadamente a las situaciones que se representan en la figura 1-5(b), aunque los procesos que se muestran en la figura 1-5 suelen denominarse intercambios de dos protones.

Podemos entender que el diagrama de Feynman general está formado por muchos componentes básicos de este tipo general, acoplados en todo tipo de combinaciones. Sin embargo, el principio de superposición nos dice que no pensemos que lo que sucede en uno de estos procesos de colisión de partículas se representa únicamente mediante *un solo* diagrama de Feynman, porque existen muchas alternativas, y el proceso físico real se representa mediante una complicada su-

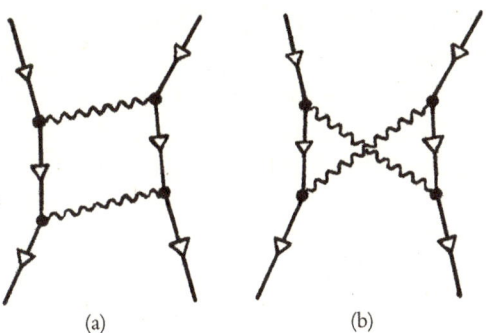

(a)   (b)

FIGURA 1-5. Intercambios de dos fotones.

perposición lineal de muchos de estos diagramas de Feynman distintos. La magnitud de la contribución a la superposición total procedente de uno de los diagramas —básicamente un número complejo como el w o z que hemos visto en §1.4— es lo que necesitamos para hacer cálculos a partir de cualquier diagrama de Feynman concreto. Estos números son las denominadas *amplitudes* complejas (véanse §§1.4 y 2.5).

Debemos tener en cuenta, no obstante, que la mera reordenación de las conexiones en el diagrama no nos cuenta la historia completa. También necesitamos saber los valores de las energías y los momentos de todas las partículas que intervienen. Para todas las partículas externas (tanto las entrantes como las salientes), podemos suponer que estos valores ya están dados, pero las energías y los momentos de las partículas intermedias —o internas— podrían por lo general tomar muchos valores distintos, compatibles con la restricción de que la energía y el momento totales deben tener el valor apropiado en cada vértice, donde el momento de una partícula ordinaria es igual a su velocidad multiplicada por su masa; véanse §§A.4 y A.6. (El momento posee la importante propiedad de que *se conserva*, por lo que en cualquier proceso de colisión de partículas el total de los momentos antes de la misma —sumados en el sentido de la adición de vectores— debe ser igual al momento total tras ella.) Así, por complicadas que puedan parecer nuestras superposiciones, simplemente a partir de la elaboración de la sucesión de diagramas cada vez más complicados que aparecen en la superposición, las cosas son en realidad mucho *más* complicadas aún, debido a la cantidad por lo general *infinita* de distintos valores posibles que pueden tomar las energías y los momentos de las partículas internas en cada diagrama (compatibles con los valores externos dados).

Así pues, incluso con un solo diagrama de Feynman cuyas situaciones inicial y final estén dadas, cabe esperar que tengamos que sumar una cantidad infinita de estos procesos. (Técnicamente, esta adición puede adoptar la forma de una integral continua en lugar de una suma discreta —véanse §§A.7 y A.11 y la figura A-44—, pero esta distinción no es importante para nosotros aquí.) Esto ocurre con los diagramas de Feynman que contienen un lazo cerrado, como sucede con los dos ejemplos de la figura 1-5. En un *diagrama de árbol*, como los de las figuras 1-4 y 1-6, donde no existen lazos cerrados, resulta que los valores de las energías y los momentos internos solo están determinados por los valores externos. Sin embargo, estos diagramas de árbol no profundizan en la naturaleza genuinamente cuántica de los procesos entre partículas; para ello necesitamos incorporar los lazos cerrados. Pero el problema con estos es que no hay límite para la energía-momento que puede, en efecto, circular por el lazo, y sumar todos estos valores da lugar a una *divergencia*.

Veamos esto con un poco más de detalle. Una de las situaciones más sencillas en las que ocurre un lazo cerrado es la que se muestra en la figura 1-5(a), en la que se intercambian dos partículas. El problema surge porque, aunque en cada vértice del diagrama los valores totales de la energía y los tres componentes del momento deben ser los adecuados (esto es, la suma entrante es igual a la saliente), esto no da lugar a un número suficiente de ecuaciones para fijar los valores internos de estas magnitudes. (Para cada uno de los cuatro compo-

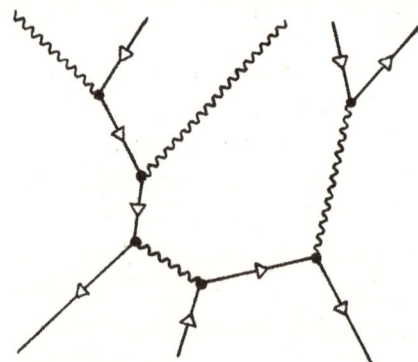

FIGURA 1-6. Diagrama de árbol, es decir, sin lazos cerrados.

nentes de la energía-momento por separado hay tres ecuaciones independientes, ya que cada uno de los cuatro vértices da lugar a una ecuación de conservación pero una de ellas es redundante y se limita a reexpresar la conservación total para el proceso en su conjunto, y existen cuatro incógnitas independientes por componente, una por cada línea interna, por lo que no hay suficientes ecuaciones para resolver las incógnitas, y la redundancia debe sumarse.) Siempre existe la libertad de sumar (o restar) la misma magnitud de energía-momento a lo largo de todo el lazo central. Debemos sumar todas estas infinitas posibilidades, con valores potencialmente cada vez mayores de la energía-momento, y esto es lo que conduce a la posible divergencia.

Así, vemos que es en efecto probable que la aplicación directa de las reglas cuánticas dé lugar a una divergencia. Pero esto no significa necesariamente que el resultado «correcto» para ese cálculo en teoría cuántica de campos sea efectivamente ∞. Sería útil tener en cuenta las series divergentes que se muestran en §A.10, a algunas de las cuales se les puede asignar un resultado finito a pesar de que la mera suma de sus términos dé como resultado «∞». Aunque la situación con la QFT no es por completo la misma, sí existen semejanzas evidentes. Los expertos en QFT han desarrollado a lo largo de los años muchas herramientas de cálculo para evitar estos resultados infinitos. Como en los ejemplos de §A.10, con algo de ingenio seremos capaces de descubrir un resultado finito «verdadero» que no obtendríamos solo «sumando los términos». Así, los expertos en QFT consiguen a menudo extraer resultados finitos de las expresiones extremadamente divergentes a las que se enfrentan, aunque muchos de los procedimientos que emplean son mucho menos directos que el método de la extensión analítica que se menciona en §A.10. (Véase también §3.8 para algunos de los curiosos escollos a los que pueden conducir incluso los procedimientos «directos».)

Deberíamos señalar aquí un detalle clave sobre la causa primera de muchas de estas divergencias (las denominadas *divergencias ultravioletas*). El problema se debe básicamente a que, en un lazo cerrado, no existe un límite para la escala de energía y momento que puede circular por él, y la divergencia surge a causa de las contribuciones de energía (y momento) cada vez mayores que deben sumarse. Ahora bien, según la mecánica cuántica, los valores muy grandes de la energía están asociados con tiempos muy pequeños. Básicamente, esto procede de la famosa fórmula de Max Planck $E = h\nu$ (donde E es la energía, ν es la frecuencia y h es la constante de Planck), de manera que valores altos de la energía corresponden a distancias minúsculas. Si imaginamos que al espaciotiempo le ocurre algo extraño a tiempos y distancias muy pequeños (como la mayoría de los físicos se inclinarían a pensar que sucede de hecho, como consecuencia de consideraciones relativas a la gravedad cuántica), debería existir algún tipo de «límite» efectivo, en el extremo superior de la escala, para los valores permitidos de energía-momento. En consecuencia, alguna teoría futura de la estructura del espaciotiempo, en la que se produzcan alteraciones drásticas a tiempos o distancias muy pequeños, podrían convertir en finitos los cálculos en la QFT que actualmente divergen debido a los lazos cerrados en los diagramas de Feynman. Estos tiempos y distancias deberían ser mucho más pequeños que los relevantes para los procesos ordinarios de la física de partículas, y a menudo se supone que son del orden de las magnitudes de relevancia en la teoría de la gravedad cuántica, como el *tiempo de Planck*, de alrededor de 10^{-43} s, o la *longitud de Planck*, de unos 10^{-35} m (que se menciona en §1.1), valores que son unas 10^{-20} veces más pequeños que las magnitudes pequeñas que suelen tener relevancia directa en los procesos entre partículas.

Deberíamos mencionar aquí que en la QFT también existen divergencias llamadas *infrarrojas*, que se producen en el otro extremo de la escala, cuando las energías y los momentos son sumamente pequeños, lo que se corresponde con tiempos y distancias extraordinariamente grandes. Los problemas aquí no tienen que ver con lazos cerrados, sino con diagramas de Feynman como los de la figura 1-7, en los que un número ilimitado de *fotones blandos* (fotones de muy poca energía) podrían emitirse en un proceso, y sumarlos todos vuelve a

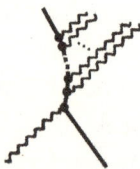

FIGURA 1-7. Las divergencias infrarrojas ocurren cuando se emiten cantidades ilimitadamente grandes de fotones «blandos».

dar una divergencia. Los expertos en QFT suelen considerar las divergencias infrarrojas menos graves que las ultravioletas, y hay varias maneras de ocultarlas bajo la alfombra (al menos temporalmente). Sin embargo, en los últimos años puede que su importancia se haya empezado a tomar más en serio. En lo que expondré aquí, no prestaré mucha atención a los problemas infrarrojos, sino que me centraré en cómo la QFT estándar aborda el problema de las divergencias ultravioletas —consecuencia de los lazos cerrados en los diagramas de Feynman— y cómo las ideas de la teoría de cuerdas parecen ofrecer la esperanza de resolver este enigma.

Cabe destacar, en este sentido, el procedimiento QFT estándar de renormalización. Tratemos de hacernos una idea de cómo funciona. Según varios cálculos directos en QFT, obtenemos un factor de escala infinito entre lo que se denominaría la *carga desnuda* de una partícula (como un electrón) y la *carga vestida*, la que se mide efectivamente en los experimentos. Esto es consecuencia de las contribuciones debidas a procesos como el que se muestra en el diagrama de Feynman de la figura 1-8, que tienen el efecto de atenuar el valor medido de la carga. El problema es que la contribución de la figura 1-8 (y muchas otras similares) es «infinito». (Tiene lazos cerrados.) En consecuencia, vemos que la carga desnuda tendría que haber sido infinita para poder obtener un valor finito de la carga (vestida) observada. La filosofía en la que se basa el procedimiento de renormalización consiste en aceptar que la QFT puede no ser del todo correcta a distancias muy pequeñas, que es donde aparecen las divergencias, y una modificación desconocida de la teoría podría aportar el límite necesario que lleva a resultados finitos. Así pues, el procedimiento su-

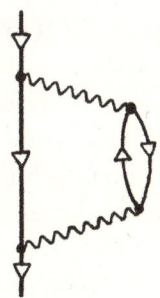

FIGURA 1-8. Diagramas divergentes como este se abordan a través del procedimiento de renormalización de la carga.

pone una renuncia a tratar de calcular el resultado real en la naturaleza para estos factores de escala (para la carga y para otras cosas como
la masa, etc.), y en su lugar nos lleva a agrupar todos estos factores de
escala infinitos con los que nos carga la QFT, y a reunir en la práctica
estas contribuciones infinitas en pequeños paquetes que procedemos
a ignorar, al adoptar directamente los valores que se obtienen mediante experimentos como valores *observados* de la carga (y masa, etc.)
desnuda. Sorprendentemente, para ciertas teorías cuánticas de campos, denominadas *renormalizables*, esto se puede hacer de forma sistemática, lo que permite obtener resultados finitos para muchos otros
cálculos en la QFT. Números como la carga (y la masa, etc.) vestida
se toman a partir de la observación en lugar de calcularse de la QFT
correspondiente, y estos valores conducen a algunos de los treinta parámetros que deben introducirse en el modelo estándar desde sus valores experimentales observados, como se ha mencionado antes.

Al adoptar procedimientos como estos, muchas veces se pueden
obtener números de la QFT que son extraordinariamente precisos.
Por ejemplo, existe un cálculo en QFT, ahora convertido en estándar,
para obtener el *momento magnético* del electrón. La mayoría de las partículas se comportan como pequeños imanes (además de poseer en
ocasiones carga eléctrica), y el momento magnético de una de dichas
partículas es una medida de la intensidad de este imán. Dirac hizo una
predicción original del momento magnético del electrón directamente a partir de su ecuación fundamental para el electrón (que se menciona con brevedad en §1.1), y ese valor es casi igual al que se obtiene
en experimentos de precisión. No obstante, resulta que existen correcciones a este valor, debidas a procesos indirectos de la QFT, que
deben incorporarse al efecto directo del electrón individual. El resultado final del cálculo en QFT es $1,001159652...$ veces el valor «puro»
original de Dirac; la cifra observada es $1,00115965218073...$ [Haneke
et al., 2011]. La concordancia es asombrosa, superior a la que tendríamos si determinásemos la distancia entre Nueva York y Los Ángeles
con la precisión del grosor de un pelo humano, como señaló Richard
Feynman [1985]. Esto constituye un extraordinario respaldo para la
teoría QFT *renormalizada* de los electrones (llamada *electrodinámica
cuántica*; QED, por sus siglas en inglés), en la que los electrones se describen mediante la teoría de Dirac; los fotones, a través de las ecuaciones electromagnéticas de Maxwell (véase §1.2), y su interacción mu-

tua se rige por la ecuación estándar de H. A. Lorentz, que describe la respuesta de una partícula cargada a un campo electromagnético. Esto último, en el contexto cuántico, se deduce de los *procedimientos de gauge* de Hermann Weyl (§1.7). Vemos, pues, que la teoría y la observación concuerdan realmente en un grado extraordinario, lo que nos dice que hay algo muy profundamente cierto en esta teoría, aunque no sea en un sentido estricto coherente como esquema matemático.

La renormalización puede verse como una solución provisional, con la esperanza de que en algún momento se descubra una versión mejorada de la QFT en la que estos infinitos no aparezcan, y sea posible calcular no solo valores finitos para estos factores de reescalamiento, sino también los valores desnudos reales —y, por tanto, los valores observados experimentalmente— de la carga, la masa, etc. de las distintas partículas básicas. No cabe duda de que la esperanza de que se pueda llegar a esta QFT mejorada a través de la teoría de cuerdas le ha proporcionado un importante impulso a dicha teoría. Pero una estrategia más modesta, y sin duda más exitosa hasta el momento, ha consistido simplemente en utilizar la aplicabilidad del procedimiento de renormalización dentro de la teoría como criterio para seleccionar las propuestas más prometedoras dentro del cuerpo convencional de las teorías cuánticas de campos. Resulta que solo *algunas* de las QFT son susceptibles de ser sometidas a los procedimientos de renormalización —las QFT *renormalizables* que se han mencionado antes—, mientras que otras no lo son. Así, la renormalizabilidad se toma como un potente criterio de selección para encontrar las QFT más prometedoras. De hecho, se descubrió (muy en particular por Gerardus 't Hooft, en 1971 y posteriormente ['t Hooft, 1971; 't Hooft y Veltman, 1972]) que el empleo de la clase de simetría que se necesita en las teorías gauge que se mencionan en §1.3 es de extraordinaria ayuda a la hora de producir QFT renormalizables, hecho que constituyó un poderoso impulso para la formulación del modelo estándar.

1.6. LAS IDEAS CLAVE ORIGINALES DE LA TEORÍA DE CUERDAS

Tratemos ahora de ver de qué modo encajan con todo esto las ideas originales de la teoría de cuerdas. Recordemos de la exposición anterior que los problemas de las divergencias ultravioletas surgen debido a los procesos cuánticos que tienen lugar a distancias y tiempos muy pequeños. Podemos entender que el origen del problema radica en el hecho de que se entiende que los objetos materiales están compuestos de *partículas*, y que estas ocupan *puntos* únicos en el espacio. Por supuesto, podemos considerar que el carácter puntual de una partícula desnuda es una aproximación no realista, pero si, alternativamente, una entidad tan primitiva como esta se ve como algún tipo de distribución extensa, nos encontraremos con el problema opuesto de cómo debe describirse algo distribuido de esta manera, sin tener que verlo como algo formado por componentes más pequeños. Además, en estos modelos siempre hay cuestiones delicadas, en relación con posibles conflictos con la relatividad (donde existe un límite finito para la velocidad de propagación de la información), si se exige que la entidad difuminada se comporte como un conjunto coherente.

La teoría de cuerdas sugiere otro tipo de respuesta a este enigma. Propone que el componente básico de la materia no es ni 0-dimensional en extensión espacial, como una partícula puntual, ni 3-dimensional, como una distribución extensa, sino 1-dimensional, como una línea curva. Aunque puede parecer una idea extraña, deberíamos tener en cuenta que, desde la perspectiva 4-dimensional del espaciotiempo, ni siquiera una partícula se describe, clásicamente, como un mero punto al ser un punto (espacial) que persiste en el tiempo, por lo que su descripción espaciotemporal es en realidad una variedad *1-dimensional* (véase §A.5), denominada *línea de universo* de la partícula (figura 1-9(a)). En consecuencia, la manera en que debemos entender la línea curva de la teoría de cuerdas es como una 2-variedad, o *superficie*, en el espaciotiempo (figura 1-9(b)), denominada *hoja de universo*.

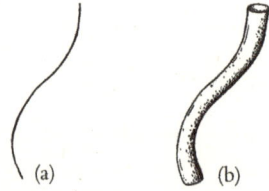

FIGURA 1-9. (a) La línea de universo de una partícula ordinaria (puntual) es una curva en el espaciotiempo; (b) en teoría de cuerdas, esto pasa a ser un tubo de universo 2-dimensional (la hoja de universo de la cuerda).

A mi juicio, una de las características particularmente atractivas de la teoría de cuerdas (al menos en su forma original) era que estas historias 2-dimensionales de las cuerdas —u hojas de universo de las cuerdas— podrían, en un sentido adecuado, considerarse *superficies de Riemann* (pero véase §1.9, en particular la figura 1-30, en relación con la rotación de Wick que eso implica). Como se describe más detalladamente en §A.10, una superficie de Riemann es un espacio *complejo* de 1 dimensión (tengamos en cuenta que 1 dimensión en números complejos equivale a 2 dimensiones en números reales). Al tratarse de un espacio complejo, puede beneficiarse de la magia de los números complejos. Las superficies de Riemann exhiben de hecho muchos aspectos de dicha magia, y el hecho de que estas superficies (esto es, curvas complejas) desempeñen sus funciones a un nivel en el cual dominan las reglas complejas y lineales de la mecánica cuántica abre la puerta para una sutil interacción y quizá una armoniosa unidad entre dos aspectos diferentes de la física de lo pequeño.

Para ser un poco más explícitos sobre el papel que desempeñará esta idea fundamental de las cuerdas, volvamos a los diagramas de Feynman de §1.5. Si suponemos que las líneas de estos diagramas representan las líneas de universo de partículas básicas, que se consideran fundamentalmente puntuales en el espacio, entonces los vértices de los diagramas representan encuentros a distancia cero entre partículas, y podemos entender que las divergencias ultravioletas surgen de la naturaleza puntual de dichos encuentros. Si, en cambio, entendemos que las entidades básicas son lazos diminutos, sus historias serían finos tubos en el espaciotiempo. Ahora, en lugar de tener vértices puntuales, como en los diagramas de Feynman, podemos imaginar que empalmamos estos tubos con suavidad, como lo haría un buen fontanero. En la figura 1-10(a)-(c) he dibujado varios diagramas de Feynman (para partículas sin especificar), y en la figura 1-10(d) uno más típico en el que hay lazos cerrados. En la figura 1-11 he dibujado cómo podrían ser sus homólogos de cuerdas. Los encuentros puntuales han desaparecido, y los procesos se representan ahora de una manera completamente suave. Podemos imaginar que las historias de las superficies de cuerdas de la figura 1-11, incluidos esos empalmes, son superficies *de Riemann*, por lo que podemos recurrir a la hermosa teoría matemática en la que se basan para estudiar procesos físicos básicos. Observamos, en particular, que los lazos cerrados de la teoría estándar

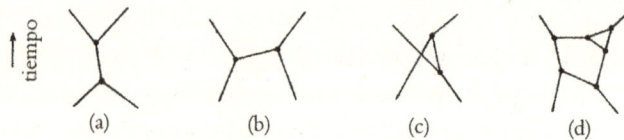

FIGURA 1-10. (a), (b) y (c): tres gráficos de árbol diferentes, en los que entran dos partículas (sin especificar) y dos partículas salen; (d): un ejemplo donde hay lazos cerrados.

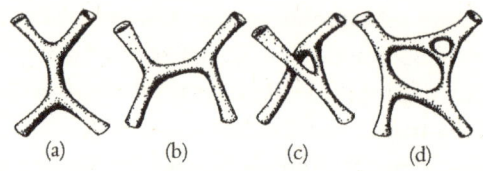

Figura 1-11. Versiones de cuerdas de los respectivos procesos representados en la figura 1-10.

de Feynman (que dan lugar a las divergencias ultravioletas) simplemente se traducen en conexiones múltiples en la topología de las superficies de Riemann. Cada lazo cerrado en el diagrama de Feynman simplemente añade una nueva «asa» a la topología de nuestra superficie de Riemann (desde un punto de vista técnico, un aumento del género, ya que el género de una superficie de Riemann es el número de asas que tiene). (Véanse la figura 1-44(a) en §1.16 y la figura A-11 en §A.5 para ejemplos de asas topológicas.)

Observamos también que los estados entrantes y salientes de la teoría de Feynman corresponden a agujeros o perforaciones en nuestras superficies de Riemann, y es en esos lugares donde debe introducirse la información relativa a aspectos como la energía y el momento. En algunas exposiciones populares de la topología de superficies, se emplea el término «agujero» para lo que yo aquí estoy llamando un «asa». Pero las superficies de Riemann no compactas que se usan en teoría de cuerdas también poseen agujeros (o perforaciones), según la terminología que estoy utilizando aquí, por lo que debemos tener cuidado a la hora de distinguir estos conceptos tan diferentes. Veremos en §1.16 que los agujeros/perforaciones tienen también otras funciones en las superficies de Riemann.

Llegados a este punto, debería describir en particular una de las primeras motivaciones para la teoría de cuerdas, a la que he aludido al principio de §1.3, relacionada con algunos de los aspectos observados de la física de las partículas hadrónicas que desconcertaban a los físicos de entonces. En la figura 1-10(a)-(c) he dibujado tres diagramas de Feynman, cada uno de los cuales representa un proceso de bajo orden en el que dos partículas —pongamos que hadrones— entran y dos hadrones salen. En la figura 1-10(a), los dos hadrones se combinan para formar otro hadrón, que enseguida se divide para dar lugar a otros dos; en la figura 1-10(b), el par de hadrones originales intercambia un solo hadrón y terminan como un par de hadrones. La figura 1-10(c) es parecida a la 1-10(b), salvo por que se invierten los dos hadrones finales. Para unas partículas iniciales y finales dadas, podríamos tener que, en cada una de las tres situaciones, existen muchas posibilidades para el hadrón interno, y deberíamos sumarlas todas para obtener el resultado correcto. Así es en efecto, pero parece que para obtener el resultado completo en este orden de cálculo tendríamos que sumar juntas las tres sumas (las obtenidas por separado para cada una de las tres posibilidades de la figura 1-10). Sin embargo, las tres sumas dan al parecer el mismo valor, y, en lugar de tener que sumarlas, ¡cualquiera de ellas por sí sola nos da el resultado buscado!

Desde el punto de vista de lo que se ha dicho antes sobre cómo han de usarse los diagramas de Feynman, esto resulta muy extraño, porque cabría pensar que deberían sumarse todas las posibilidades, mientras que parece que la naturaleza nos está diciendo que cada uno de los procesos indicados en cualquiera de los tres diagramas distintos de la figura 1-10(a)-(c) sería suficiente, y que al incluirlos todos incurriríamos en un grave «exceso de recuento». En la formulación completa de la cromodinámica cuántica (QCD, por sus siglas en inglés), podemos entender la situación si pensamos en la manera de expresar todos estos procesos hadrónicos en función de los quarks básicos en lugar de los hadrones, puesto que a estos últimos se los considera objetos compuestos, mientras que el «recuento» de estados independientes debe llevarse a cabo respecto a los quarks elementales. Pero, cuando se estaba formulando la teoría de cuerdas, aún no se había llegado a una formulación satisfactoria de la QCD, y parecía muy apropiado explorar otras vías para abordar esta cuestión (y otras relacionadas con ella). La manera en que el punto de vista de cuerdas aborda esto se ilustra en la figura 1-11(a)-(c), donde he representado las versiones de cuerdas de cada una de las respectivas posibilidades de la figura 1-10(a)-(c). Observamos que las versiones de cuerdas de los tres procesos son topológicamente *idénticas*. Así, el punto de vista de cuerdas nos llevaría a concluir que los tres procesos que se representan en la figura 1-10(a)-(c) no deberían contarse por separado, y que no son más que tres maneras de ver lo que, en el fondo, es exactamente el mismo proceso básico.

Sin embargo, no todos los diagramas de cuerdas son iguales. Veamos la versión de cuerdas de la figura 1-10(d), es decir, la figura 1-11(d), donde los *lazos* que aparecen en este diagrama de Feynman (de orden superior) se representan mediante las *asas topológicas* en las historias de las cuerdas (véanse la figura 1-44(a) y (b) en §1.11 y la figura A-11 en §A.5). Pero, de nuevo, el enfoque de la teoría de cuerdas ofrece potencialmente una ventaja profunda. En lugar de obtener expresiones divergentes como las que nos encontramos en la teoría convencional de los diagramas de Feynman cuando hay lazos cerrados, la teoría de cuerdas nos presenta una manera muy elegante de entender los lazos, a saber, en función de la topología 2-dimensional que los matemáticos conocen bien en la muy fructífera teoría de las superficies de Riemann (§A.10).

Este tipo de razonamiento constituyó un excelente motivo intuitivo para tomarse en serio la idea de las cuerdas. Una pista algo más técnica fue la que guió a una serie de científicos en esta dirección. En 1970, Yoichiro Nambu (que obtuvo el Premio Nobel en 2008 por una contribución distinta, relacionada con la ruptura espontánea de la simetría en física subatómica) sugirió la idea de las cuerdas como una forma de explicar una fórmula notable que describía los encuentros entre hadrones y que Gabriele Veneziano había propuesto unos dos años antes. Debe señalarse que las cuerdas de Nambu eran más bien tiras de goma, porque la fuerza que ejercían aumentaba proporcionalmente con la extensión de la cuerda (aunque diferían de las tiras de goma ordinarias en que la fuerza se anulaba solo en el punto en que la longitud de la cuerda también se encogía hasta anularse). Aquí vemos que las cuerdas originales servían como teoría de las *interacciones fuertes*, y en este sentido fue una propuesta novedosa y sumamente atractiva para su época, en particular porque la QCD aún no había evolucionado hasta convertirse en una teoría útil. (Un componente clave de la QCD, conocido como *libertad asintótica*, no fue desarrollado hasta más tarde, en 1973, por David Gross y Frank Wilczek, y de forma independiente por David Politzer, lo que les acabaría reportando en 2004 el Premio Nobel de Física.) La propuesta de las cuerdas constituía un esquema que nos parecía, tanto a mí como a otros, que merecía la pena desarrollar, pero observemos que fue la naturaleza de las interacciones *hadrónicas* (fuertes) la que motivó las ideas básicas originales sobre cuerdas.

Aun así, en sus intentos por desarrollar una teoría cuántica adecuada de dichas cuerdas, los teóricos se toparon con lo que se conoce como una *anomalía*, y esto los llevó a un territorio muy extraño. Una *anomalía* es algo que ocurre cuando una teoría descrita clásicamente —en este caso, la teoría dinámica de entidades básicas de tipo cuerda de acuerdo con la física clásica (esto es, newtoniana) ordinaria— pierde alguna propiedad clave cuando se le aplican las reglas de la mecánica cuántica, por regla general algún tipo de simetría. En el caso de la teoría de cuerdas, esta simetría era una invariancia de parámetro bajo un cambio de coordenadas esencial al describir la cuerda. Sin esta invariancia, la descripción matemática de la cuerda carecía de sentido *como* una teoría de cuerdas, por lo que la versión *cuántica* de esta teoría de cuerdas clásica no tendría tampoco sentido como una teoría de cuerdas, debido a esta falta (anómala) de invariancia bajo cambios de parámetros. Aun así, alrededor de 1970 se llegó a la asombrosa conclusión de que, si el número de dimensiones del espaciotiempo se aumentaba de 4 a 26 (esto es, 25 dimensiones espaciales y 1 dimensión temporal) —sin duda una idea en verdad extraña—, entonces los términos en la teoría que daban lugar a la anomalía se cancelarían milagrosamente entre sí [Goddard y Thorn, 1972; véase también Greene, 1999: §12], lo que haría que la versión cuántica de la teoría ¡funcionase después de todo!

Parece ser que mucha gente encuentra un atractivo romántico en la idea de que, oculto a la percepción directa, podría existir todo un mundo de muchas dimensiones y que, además, estas dimensiones adicionales podrían constituir una parte profunda del mundo en el que vivimos realmente. La reacción que tuve fue muy diferente. Mi respuesta inmediata ante esta noticia fue que, por matemáticamente fascinante que pudiera ser la propuesta, no podía tomármela en serio como un modelo relevante para la física del universo que todos conocemos. Así que, mientras no se demostrara que podría existir otra manera (radicalmente diferente) de entenderlo, se disiparon todo el interés y la ilusión iniciales que las ideas de las cuerdas habían suscitado en mí como físico. Creo que la mía no fue una reacción poco habitual entre los físicos teóricos, aunque tenía motivos particulares para sentirme especialmente incómodo ante el enorme incremento de dimensiones espaciales que se proponía. Expondré dichos motivos en §§1.9-1.11, 2.9, 2.11, 4.1 y, de manera más explícita, en §4.4, pero, para lo que nos interesa en estos momentos, tendré que explicar con brevedad la actitud que permitió a los teóricos de cuerdas *no* sentirse insatisfechos por el aparente conflicto entre la 3-dimensionalidad manifiestamente observada del espacio físico (con un tiempo físico 1-dimensional) y las 25 dimensiones espaciales que (con 1 dimensión temporal) la teoría de cuerdas parecía exigir ahora.

Esto era así para las denominadas *cuerdas bosónicas*, que pretendían representar las partículas conocidas como *bosones*. Veremos en §1.14 que las partículas cuánticas se dividen en dos clases, una de ellas formada por los bosones y la otra, por las partículas denominadas *fermiones*. Bosones y fermiones poseen propiedades estadísticas marcadamente distintas, y se diferencian también en el hecho de que el espín de los bosones siempre tiene una magnitud *entera* (en unidades absolutas; véase §2.11), mientras que el de los fermiones siempre dista en *media* unidad de un valor entero. Estas cuestiones se tratarán en §1.14, donde se abordarán en relación con la propuesta de supersimetría que se ha presentado como una manera de reunir bosones y fermiones en un esquema común. Veremos que esta propuesta desempeña un papel destacado en buena parte de la teoría de cuerdas moderna. De hecho, Michael Green y John Schwarz [1984; véase también Greene, 1999] descubrieron que, mediante la incorporación de la supersimetría, la dimensionalidad del espaciotiempo que requería la teoría de cuerdas se reduciría de 26 a 10 (esto es, 9 dimensiones espaciales y 1 temporal). Las cuerdas de esta teoría se denominan *fermiónicas*, ya que describen fermiones, que se relacionarían con los bosones a través de la supersimetría.

Para no sentirse tan desdichados con esta enorme, y aparentemente absurda, discrepancia entre la teoría y los datos procedentes de la observación en relación con la dimensionalidad del espacio, los teóricos de cuerdas hacían referencia a una propuesta anterior, presentada en 1921 por el matemático alemán Theodor Kaluza[3] y desarrollada por el físico sueco Oskar Klein, y que ahora se conoce como *teoría de Kaluza-Klein*, según la cual una teoría 5-dimensional del espaciotiempo permite describir de manera simultánea la gravedad y el electromagnetismo. ¿Cómo imaginaban Kaluza y Klein que la quinta dimensión del espaciotiempo de su teoría no sería directamente observable por los habitantes del universo? En el esquema original de Kaluza, el espaciotiempo 5-dimensional tendría una métrica como en la teoría gravitatoria pura de Einstein, pero existiría una simetría exacta a lo largo de un determinado campo vectorial **k** en el espacio 5-dimensional (véase §A.6, figura A-17), de tal forma que nada en la geometría cambiaría a lo largo de la dirección de **k**. En la terminología de la geometría diferencial, **k** es lo que se denomina un *vector de Killing*, que es un campo vectorial que genera una simetría continua de ese tipo (véase §A.7, figura A-29). Además, cualquier objeto físico, descrito en el marco del espaciotiempo, tendría también una descripción constante a lo largo de **k**. Puesto que cualquiera de estos objetos tendría que participar de esta simetría, ningún objeto dentro del espaciotiempo podría tener «conciencia» de esa dirección, y el espaciotiempo *efectivo*, por lo que respecta a su contenido, sería 4-dimensional. Sin embargo, la estructura que la 5-métrica confiere al espaciotiempo efectivo 4-dimensional se interpretaría dentro de este 4-espacio como un campo electromagnético que satisface las ecuaciones de Maxwell, y que contribuye al tensor de energía **T** de Einstein exactamente de la manera en que debería.[4] Se trata, en efecto, de una idea muy ingeniosa. El 5-espacio de Kaluza es, de hecho, un *fibrado*, $\mathcal{B}$, en el sentido de §A.7, de fibra 1-dimensional. El espacio base es nuestro espaciotiempo 4-dimensional $\mathcal{M}$, pero este no está inmerso naturalmente en el 5-espacio $\mathcal{B}$, debido a un «retorcimiento» en los 4-planos ortogonales a las direcciones de **k**,

---

3. En algunos sitios se afirma que Kaluza era polaco. Es comprensible, puesto que el pueblo donde nació, Opole (en alemán Oppeln), ahora forma parte de Polonia.

4. Para apreciar, en términos técnicos, la geometría diferencial «retorcida» del 5-espacio de Kaluza, observemos en primer lugar que la condición de que **k** sea un vector de Killing implica que la derivada covariante de **k**, cuando se expresa como un covector, sea antisimétrica; a continuación, comprobamos que esta 2-forma es, en efecto, el campo de Maxwell en el 4-espacio.

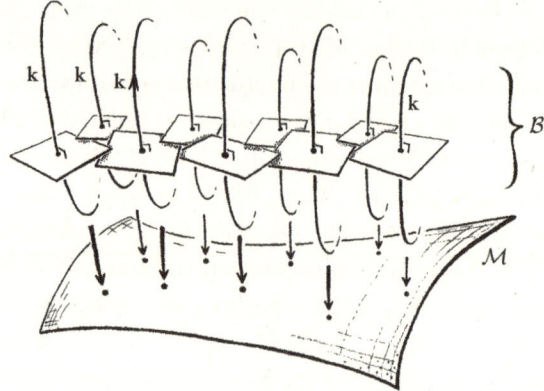

FIGURA 1-12. Debido a la simetría a lo largo de las direcciones **k** del vector de Killing, el 5-espacio de Kaluza-Klein es un fibrado $\mathcal{B}$ sobre nuestro 4-espaciotiempo ordinario $\mathcal{M}$, con **k** señalando a lo largo de las fibras S^1 (las curvas dibujadas verticalmente). El campo de Maxwell está codificado en un «retorcimiento» de las fibras, que impide que sus 4-espacios ortogonales se entretejan para crear secciones 4-espaciales coherentes que, en ese caso, habrían sido imágenes del espaciotiempo $\mathcal{M}$.

retorcimiento que describe el campo electromagnético (véase la figura 1-12).

Más tarde, en 1926, Klein propuso una manera distinta de entender el 5-espacio de Kaluza, según la cual la idea era ahora que esta dimensión adicional en la dirección de **k** sería «pequeña», en el sentido de que estaría enrollada en un bucle minúsculo (S^1). La imagen que se suele utilizar para tratar de ofrecer una representación intuitiva de lo que sucede es la de una manguera (véase la figura 1-13). En esta analogía, las cuatro dimensiones macroscópicas del espaciotiempo ordinario se representan mediante la sola dirección a lo largo de la manguera, y la quinta dimensión espaciotemporal adicional de la teoría de Kaluza-Klein se representa como la dirección del minúsculo bucle alrededor de la manguera, quizá de la escala de Planck de $\sim10^{-35}$ m (véase §1.5). Si la manguera se ve a gran escala, parece ser tan solo 1-dimensional, y la dimensión adicional que le proporciona a la superficie de la misma su naturaleza 2-dimensional no se observa directamente. En consecuencia, en esta representación de Kaluza-Klein, la quinta dimensión es análoga a la minúscula dirección alrededor de la manguera, y se entiende que no se percibe a la escala de la experiencia corriente.

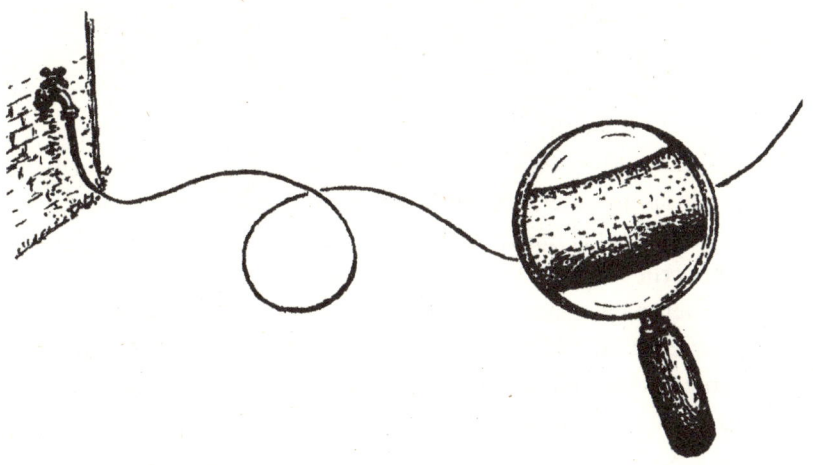

FIGURA 1-13. Una manguera proporciona una imagen intuitiva de la sugerencia de Klein según la cual la dimensión o dimensiones adicionales deberían ser minúsculas, o quizá del tamaño de la longitud de Planck. Cuando se ve a gran escala, la manguera parece 1-dimensional, de forma análoga a la aparente 4-dimensionalidad del espaciotiempo. A pequeña escala, la dimensión adicional de la manguera se vuelve visible, análogamente a la aparición de la o las hipotéticas dimensiones adicionales submicroscópicas.

De forma similar, los teóricos de cuerdas imaginaron que las 22 dimensiones espaciales adicionales de la teoría de cuerdas serían «minúsculas», como la quinta dimensión adicional de Kaluza-Klein, y, como la sola dimensión diminuta alrededor de la manguera, tampoco se verían a muy gran escala. De esta manera, argumentaban, no tendríamos conciencia directa de las 22 dimensiones espaciales adicionales que la teoría de cuerdas parecía requerir para evitar las anomalías. De hecho, los motivos que llevaron a la teoría de cuerdas desde la física de hadrones, que he mencionado al principio de este apartado, parecerían sugerir que la escala hadrónica de alrededor de 10^{-15} m podría ser la apropiada para el «tamaño» de estas dimensiones espaciales adicionales; una distancia en efecto muy pequeña para la experiencia ordinaria, aunque de una importancia crítica para los tamaños de las partículas hadrónicas. Como veremos en §1.9, las versiones más modernas de la teoría de cuerdas proponen por lo general escalas mucho más pequeñas para las dimensiones adicionales, de entre 10^{-33} y 10^{-35} m.

¿Tienen sentido este tipo de propuestas? Creo que aquí surge un problema profundo: la cuestión de la *libertad funcional* a la que he aludido en el prefacio y que se evalúa en más detalle en §A.2 (y en §A.8), adonde recomiendo que acuda ahora el lector que no esté familiarizado con el concepto [véanse también Cartan, 1945; Bryant *et al.*, 1991]. Si tratamos con campos clásicos, sujetos a ecuaciones normales del tipo de las que suelen regir cómo se propagan en el tiempo dichos campos, entonces el número de dimensiones espaciales tiene una importancia crucial, ya que la libertad existente en los campos aumenta enormemente cuanto mayor sea el número de dimensiones. La notación empleada en §A.2 para la libertad funcional de un campo de c componentes que pueden escogerse libremente en un espacio de d dimensiones espaciales es

$$\infty^{c\infty^{d}}.$$

La comparación entre esta cantidad de libertad y la correspondiente a un campo de C componentes en un espacio de un número de dimensiones espaciales D diferente se expresa como

$$\infty^{C\infty^{D}} \gg \infty^{c\infty^{d}} \text{ si } D > d,$$

con independencia de los tamaños relativos de C y c, los respectivos números de componentes por punto. El signo de desigualdad doble, «$\gg$», se utiliza para comunicar la enormidad completamente absoluta en que la libertad funcional descrita por el término de la izquierda excede a la descrita por el término de la derecha cuando la dimensionalidad espacial es mayor, con independencia de cuáles sean los valores de los números de componentes C y c (véanse §A.2 y §A.8). La idea esencial es que, para campos clásicos ordinarios, con un número finito de componentes por campo —y donde suponemos que se aplican ecuaciones de campo normales, que marcan una evolución temporal determinista a partir de datos especificados libremente (en la práctica) en un espacio inicial d-dimensional—, entonces el número d es crucial. Una teoría como esta no puede ser equivalente a otra en la que el espacio inicial posee un número distinto de dimensiones, D. Si D es mayor que d, entonces la libertad en la teoría del D-espacio siempre supera con creces a la existente en la teoría del d-espacio.

Mientras que esta situación me parece absolutamente clara por lo que respecta a las teorías clásicas de campos, el caso de las teorías cuánticas (de campos) no tiene desde luego por qué ser tan evidente. Sin embargo, las teorías cuánticas suelen inspirarse en las clásicas, por lo que cabría esperar que las desviaciones entre una teoría cuántica y la teoría clásica en la que se inspira fuesen, en el primer caso, de tal naturaleza que simplemente añadiesen correcciones cuánticas a la teoría clásica. En el caso de las teorías cuánticas de este tipo, se necesita una muy buena razón para ver por qué podría existir alguna posible equivalencia entre dos de estas teorías cuánticas cuando el número de dimensiones espaciales es diferente en cada una.

En consecuencia, se suscitan cuestiones profundas en relación con la relevancia física de teorías cuánticas como las de cuerdas supradimensionales, en las cuales el número de dimensiones espaciales es superior a las tres que percibimos directamente. ¿Qué sucede con la inundación de excesivos grados de libertad que ahora están disponibles para el sistema, en virtud de la enorme libertad funcional potencialmente disponible en las dimensiones espaciales adicionales? ¿Es posible que estos gigantescos números de grados de libertad puedan mantenerse ocultos y se evite que dominen por completo la física del mundo en tales esquemas?

En cierto sentido, *es* posible incluso para una teoría clásica, pero solo si, para empezar, estos grados de libertad adicionales *no están realmente ahí*. Esta era la situación en la propuesta original de Kaluza de una teoría 5-dimensional del espaciotiempo, en la que se exigía explícitamente que existiese una simetría continua *exacta* en la dimensión adicional. En el esquema original de Kaluza, la simetría venía especificada por la naturaleza de vector de Killing de **k**, por lo que la libertad funcional se reducía a la de una teoría convencional, sobre 3 dimensiones espaciales.

Así, para evaluar la verosimilitud de las ideas de la teoría de cuerdas de mayor dimensionalidad, sería pertinente hacerse previamente una idea de lo que Kaluza y Klein trataban de hacer en realidad, que era proporcionar una representación geométrica del electromagnetismo, acorde con el espíritu de la relatividad general de Einstein, al poner de manifiesto que esta fuerza era, de alguna manera, una manifestación de la estructura misma del espaciotiempo. Recordemos de §1.1 que la teoría de la relatividad general, tal y como se publicó por primera vez en su totalidad en 1916, le permitió a Einstein incorporar la naturaleza plenamente detallada del campo gravitatorio a la estructura del espaciotiempo curvo 4-dimensional. Las fuerzas básicas de la naturaleza que se conocían en la época eran los campos gravitatorio y electromagnético, por lo que resultaba natural pensar que, adoptando el punto de vista adecuado, una descripción completa del electromagnetismo, que incorporase su interrelación con la gravedad, debería también hallar una descripción completa en términos de algún tipo de geometría espaciotemporal. Eso fue lo que Kaluza logró hacer, algo extraordinario, aunque a costa de tener que introducir una dimensión adicional en el continuo espaciotemporal.

1.7. El tiempo en la relatividad general de Einstein

Antes de tratar con algo más de detalle el espaciotiempo 5-dimensional de la teoría de Kaluza-Klein, será preciso que analicemos el método para describir las interacciones electromagnéticas que, en última instancia, pasó a formar parte de la teoría estándar. En particular, lo que nos interesará aquí será la manera en que se describen las interacciones electromagnéticas de las partículas cuánticas (la versión cuántica de la extensión de Lorentz a la teoría de Maxwell que, como se ha mencionado en §1.5, muestra cómo las partículas cargadas responden a un campo electromagnético), así como las generalizaciones de lo anterior a las interacciones fuerte y débil del modelo estándar. Este es el esquema que puso en marcha en 1918 el gran matemático (y físico teórico) alemán Hermann Weyl. (Weyl se convirtió en uno de los pilares del Instituto de Estudios Avanzados de Princeton durante la misma época, 1933-1955, en que Einstein estuvo allí, aunque, como en el caso de este último, sus principales contribuciones a la física las había hecho antes, en Alemania y Suiza.) La muy original idea inicial de Weyl consistió en ampliar la teoría de la relatividad general de Einstein para que el electromagnetismo de Maxwell (la gran teoría que se menciona brevemente en §§1.2 y 1.6) pudiese incorporarse de forma natural a la estructura geométrica del espaciotiempo. Para conseguirlo, introdujo el concepto de lo que ahora se denomina *conexión de gauge*. En última instancia, tras una serie de ligeros retoques, la idea de Weyl se convirtió en el eje de la manera en que se tratan por regla

general las interacciones en el modelo estándar de la física de partículas. En términos matemáticos (en gran medida debido a la influencia
de Andrzej Trautman [1970]), esta idea de una conexión de gauge se
entiende ahora a través del concepto de *fibrado* (§A.7) que hemos visto ilustrado en la figura 1-12 (y que ya se ha insinuado en §1.3). Es
importante que entendamos las diferencias y las semejanzas que la
idea original de la conexión de gauge de Weyl tenía con la propuesta
ligeramente posterior de Kaluza-Klein.

En §1.8 describiré con algo más de detalle cómo Weyl introdujo
su extensión geométrica de la relatividad general de Einstein para incorporar la teoría de Maxwell. Veremos que la teoría de Weyl no implica ningún aumento de la dimensionalidad del espaciotiempo, pero
sí introduce un debilitamiento de la noción de *métrica*, en la que se
basa la teoría de Einstein. Así pues, como preámbulo, tendré que abordar la función física real del *tensor métrico* **g** del esquema de Einstein,
que es la magnitud básica que define la estructura pseudoriemanniana del espaciotiempo. Los físicos normalmente utilizarían una nota-
ción como g_{ab} (o g_{ij}, o $g_{\mu\nu}$, o algo por el estilo) para denotar el *conjunto de componentes* de esta magnitud tensorial **g**, pero no tengo la
intención de entrar aquí en los detalles de estas cuestiones ni de explicar lo que el término «tensor» significa en verdad en un sentido
matemático. Lo que aquí necesitamos conocer en realidad es simplemente la interpretación física directa que se le puede atribuir a **g**.

Supongamos que tenemos una curva C que conecta dos puntos
—o *eventos*— P y Q, en la variedad espaciotemporal $\mathcal{M}$, donde C representa la historia de una partícula con masa que se desplaza desde
el evento P al evento posterior Q. (El término «evento» suele emplearse para un punto en el espaciotiempo.) Llamamos a la curva C la
línea de universo de esa partícula. Entonces, lo que **g** hace, en la teoría
de Einstein, es determinar una «longitud» para la curva C, longitud
que se interpreta físicamente como el intervalo *temporal* (en lugar de
como una medida de la distancia) entre P y Q que mediría un *reloj
ideal* que se moviese con la partícula (véase la figura 1-14(a)).

Debemos tener en cuenta que, según la relatividad de Einstein,
el «paso del tiempo» no es algo absoluto que venga dado y ocurra simultáneamente a lo largo y ancho del universo, sino que debemos
entenderlo en términos plenamente *espaciotemporales*. No existe un
«troceo» dado del espaciotiempo en secciones espaciales 3-dimen-

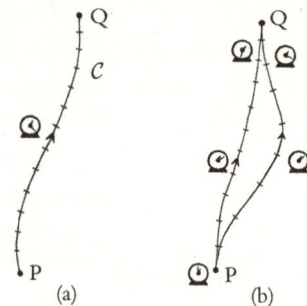

FIGURA 1-14. (a) La métrica espaciotemporal **g** asigna una «longitud» a cada segmento de la línea de universo $\mathcal{C}$ de una partícula, que se corresponde con el intervalo temporal que mediría un reloj ideal que siguiese dicha línea de universo; (b) si dos de esas líneas de universo diferentes conectan dos determinados eventos P, Q, las medidas del tiempo pueden ser distintas.

sionales, cada una de las cuales representaría la familia de eventos que ocurren «todos al mismo tiempo». *No* disponemos de un «reloj universal» absoluto que marque el tiempo, de tal modo que, para cada tictac de dicho reloj universal, hubiese todo un espacio 3-dimensional de eventos simultáneos, etc., y todos estos 3-espacios encajasen para formar el espaciotiempo (como en la figura 1-15, donde podemos imaginar que nuestro reloj universal suena todos los días al mediodía). No pasa nada por pensar provisionalmente en el espaciotiempo de esta manera, solo para poder relacionar esta representación 4-dimensional con nuestra experiencia cotidiana de un espacio 3-dimensional en el que las cosas «evolucionan en el tiempo», pero debemos adoptar el punto de vista de que no hay nada especial, o «de origen divino», en esta manera de trocear el espaciotiempo, respecto a cualquier otra forma de hacerlo. Es el espaciotiempo *entero* el que es absoluto, pero no debemos interpretar cualquier *troceo* del espaciotiempo como el preferido, de acuerdo con el cual existiría un concepto universal que podríamos llamar «el» tiempo. (Todo esto forma parte del principio de covariancia general al que se hace mención en §1.7 y que se describe de forma más específica en §A.5, lo cual nos indica que una determinada elección de coordenadas —en particular, una coordenada «temporal»— no debería tener relevancia física directa.) En cambio, la línea de universo de cada partícula distinta posee su propia noción del paso del tiempo, que viene determinada por la línea de universo concreta de la partícula y por la métrica **g**, como se ha des-

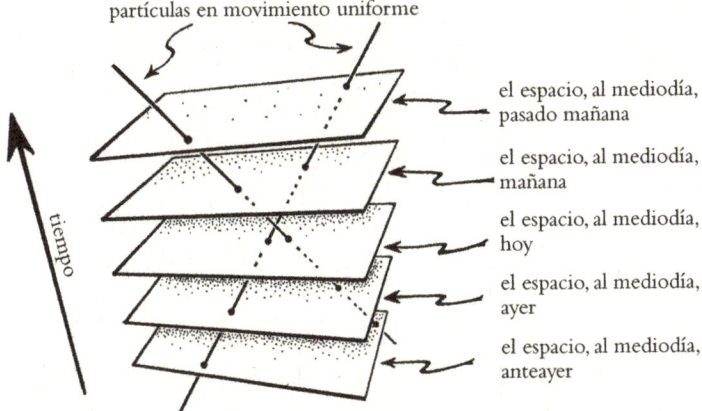

partículas en movimiento uniforme

tiempo

el espacio, al mediodía, pasado mañana

el espacio, al mediodía, mañana

el espacio, al mediodía, hoy

el espacio, al mediodía, ayer

el espacio, al mediodía, anteayer

FIGURA 1-15. La visión newtoniana de un tiempo universal (en la que, aquí, podríamos imaginar que un reloj suena todos los días al mediodía). En la teoría de la relatividad se rechaza este punto de vista, pero, de momento, podemos considerar así el espaciotiempo como una excelente aproximación para objetos cuyo movimiento es mucho más lento que la velocidad de la luz.

crito antes. No obstante, las discrepancias entre la noción de tiempo de una partícula y la de otra partícula son muy pequeñas (a menos que las velocidades relativas entre ambas sean significativas en relación con la velocidad de la luz, o que nos encontremos en una región donde los efectos de la gravedad sobre la curvatura del espaciotiempo sean enormes); este hecho es un requisito necesario para que no percibamos tales discrepancias en nuestra experiencia cotidiana del paso del tiempo.

En la relatividad de Einstein, si tenemos dos líneas de universo que conectan dos determinados eventos P y Q (figura 1-14(b)), esta «longitud» (es decir, esta medida del tiempo transcurrido) puede diferir en ambos casos (un efecto que se ha medido directamente en repetidas ocasiones, por ejemplo mediante el uso de relojes a bordo de aviones que se desplazan a gran velocidad, o que viajan a altitudes muy distintas respecto al suelo) [Will, 1993]. Este hecho tan poco intuitivo es básicamente una expresión de la conocida (supuesta) paradoja de los gemelos de la relatividad especial, según la cual un astronauta que viajase a gran velocidad desde la Tierra a una estrella remota y de vuelta a nuestro planeta experimentaría un paso del tiempo considerablemente menor que el hermano gemelo que permaneciese en la Tierra durante el viaje del astronauta. Ambos gemelos tienen líneas

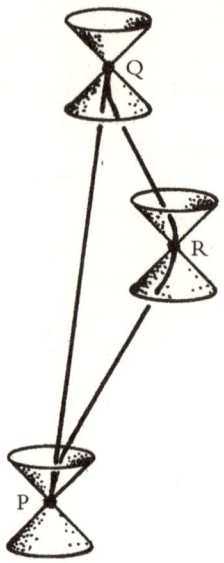

FIGURA 1-16. La llamada paradoja de los gemelos de la relatividad especial. El gemelo que permanece en la Tierra con línea de universo PQ experimenta un tiempo más largo que el que viaja al espacio, con línea de universo PQR (en una curiosa inversión de la conocida desigualdad triangular de la geometría euclídea: PR + RQ > PQ). Los conos (dobles) se explican en la figura 1-18.

de universo distintas, aunque conectan los mismos dos eventos P (cuando están juntos y el astronauta está a punto de partir de la Tierra) y Q (cuando el astronauta vuelve a nuestro planeta).

En la figura 1-16 se muestra una representación espaciotemporal de esta situación, en relatividad especial (con movimientos en gran medida uniformes), donde, además, R es el evento que marca la llegada del astronauta a la estrella remota. La figura 1-17 ilustra análogamente cómo la métrica determina el lapso experimentado, lo cual vale también para la situación más general de la relatividad general, en la que, para una partícula (masiva), la «longitud» de un segmento de la línea de universo está determinada por **g**, que proporciona el intervalo temporal experimentado durante ese periodo. En cada imagen, se representan los *conos nulos*, que son una importante manifestación física de la **g** de Einstein y proporcionan una descripción espaciotemporal de la *velocidad de la luz* en cada evento en el espaciotiempo. Vemos que, en cada evento a lo largo de la línea de universo del astronauta o de la partícula, la dirección de la línea debe estar conteni-

74

el intervalo temporal
que mide el reloj
está definido por **g**

FIGURA 1-17. En el espaciotiempo curvo de la relatividad general, el tensor métrico **g** proporciona la medida del tiempo experimentado. Esto generaliza la imagen del espaciotiempo de la relatividad especial que muestra la figura 1-16.

da dentro del (doble) cono nulo en dicho evento, lo que pone de manifiesto la importante restricción de que la velocidad de la luz no se puede superar (localmente).

La figura 1-18 representa la interpretación física de la parte futura del (doble) cono nulo, como la historia inmediata de un (hipotético) rayo de luz que parte de un evento X. La figura 1-18(a) muestra la representación plenamente 3-dimensional, mientras que en la figura 1-18(b) se puede ver la correspondiente imagen espaciotemporal, en la que se ha eliminado una dimensión espacial. El cono nulo pasado se representa asimismo mediante un rayo de luz (hipotético) que converge en X. La figura 1-18(c) nos dice que el cono nulo es en realidad una estructura *infinitesimal* en cada evento X, que existe solo localmente en lo que es estrictamente el *espacio tangente* en X (véanse §A.5 y la figura A-10).

Estos conos (dobles) representan las direcciones espaciotemporales a lo largo de las cuales la medida «temporal» desaparece. Esta característica se debe a que la geometría del espaciotiempo es, en sentido estricto, pseudoriemanniana en lugar de riemanniana (como se ha señalado en §1.1). Con frecuencia, se utiliza el término «lorentzia-

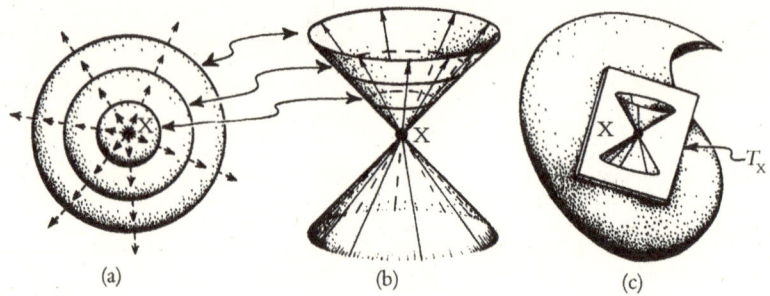

(a)   (b)   (c)

FIGURA 1-18. En cada punto X del espaciotiempo hay un (doble) cono nulo, determinado por la métrica **g** y compuesto de un cono nulo pasado y un cono nulo futuro, a lo largo de cuyas direcciones la medida del tiempo desaparece. El cono nulo futuro tiene una interpretación (local) como la historia de un hipotético rayo de luz emitido en X: (a) imagen espacial; (b) imagen espaciotemporal (habiendo eliminado una dimensión espacial), donde el cono nulo pasado representaría la historia de un hipotético rayo de luz que converge en X; (c) técnicamente, el cono nulo es una estructura infinitesimal en el entorno del evento X, esto es, ubicada en el espacio tangente T_X.

na» para este tipo particular de geometría pseudoriemanniana, en la cual la estructura espaciotemporal posee únicamente 1 dimensión temporal y $(n-1)$ dimensiones espaciales, y en la que existirá un doble cono nulo en cada punto de la variedad espaciotemporal. Los conos nulos constituyen la característica más importante de la estructura del espaciotiempo, ya que nos dicen cuáles son los límites para la propagación de la información.

¿Cuál es la relación directa entre la medida *temporal* que proporciona **g** y estos conos nulos? Hasta ahora, las líneas de universo que he estado considerando son las historias de partículas ordinarias con masa, que están abocadas a desplazarse a velocidades inferiores a la de la luz, por lo que sus líneas de universo deben estar contenidas dentro de los conos nulos. Pero también debemos considerar partículas (libres) *sin masa*, como los fotones (las partículas de luz), las cuales viajarían a la velocidad de la luz. Según la relatividad, si un reloj se desplazase a dicha velocidad, ¡no registraría ningún paso del tiempo en absoluto! Así pues, la «longitud» de la línea de universo (medida a lo largo de la curva) de una partícula sin masa es siempre *cero* entre dos eventos P y Q situados sobre dicha línea (figura 1-19), por muy separados que puedan estar el uno del otro. Estas líneas de universo se denominan líneas *nulas*. Algunas de ellas son geodésicas (lo veremos más

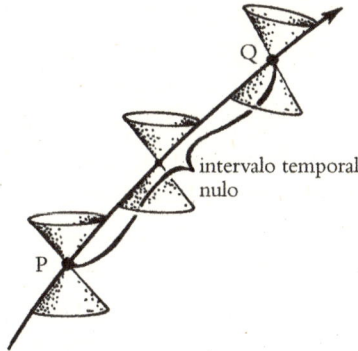

FIGURA 1-19. A lo largo de un rayo de luz (o de cualquier curva nula) la medida del tiempo transcurrido entre dos eventos P y Q es siempre cero.

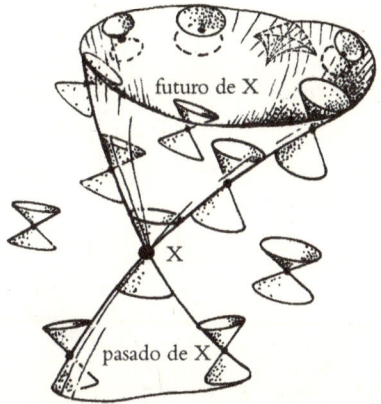

FIGURA 1-20. El cono de luz de un evento X es el lugar geométrico en el espacio-tiempo que es barrido por todas las geodésicas nulas que pasan por X. La estructura tangente en su vértice X es el cono nulo en X.

adelante), y a la línea de universo de un fotón libre se la considera una geodésica nula.

La familia de todas las geodésicas nulas que pasan por un determinado punto P en el espaciotiempo barre por completo el *cono de luz* de P (figura 1-20), y el cono nulo en P describe únicamente la estructura infinitesimal en el vértice del cono de luz de P (véase la figura 1-18). El cono nulo nos da las *direcciones* espaciotemporales en P que definen la velocidad de la luz, esto es, la estructura en el espacio tangente en el punto P que da las direcciones de «longitud» nula, según la métrica **g**. (En la literatura, la expresión «cono de luz» suele emplearse también en el sentido que aquí estoy reservando para «cono nulo».) El cono de luz (igual que el cono nulo, como hemos visto antes) posee dos partes, una que define las *direcciones nulas futuras* y otra que define las *direcciones nulas pasadas*. El requisito impuesto por la relatividad general de que las partículas masivas no puedan superar la velocidad de la luz local se expresa explícitamente como el hecho de que las *direcciones tangentes* a las líneas de universo de las partículas masivas están todas ellas dentro de los conos nulos en sus respectivos eventos (figura 1-21). Las curvas suaves cuyas direcciones tangentes están todas estrictamente dentro de los conos nulos se denominan *curvas de género tiempo*. Por lo tanto, las líneas de universo de las partículas masivas son curvas de género tiempo.

Un concepto complementario al de la curva de género tiempo es el de una 3-superficie de *género espacio* (o $(n-1)$-superficie de género espacio, o *hipersuperficie* de género espacio, si pensamos en un espaciotiempo n-dimensional. Las direcciones tangentes a tal hipersuperficie son todas externas a los conos nulos pasado y futuro (figura 1-21). En relatividad general, esta es la generalización apropiada

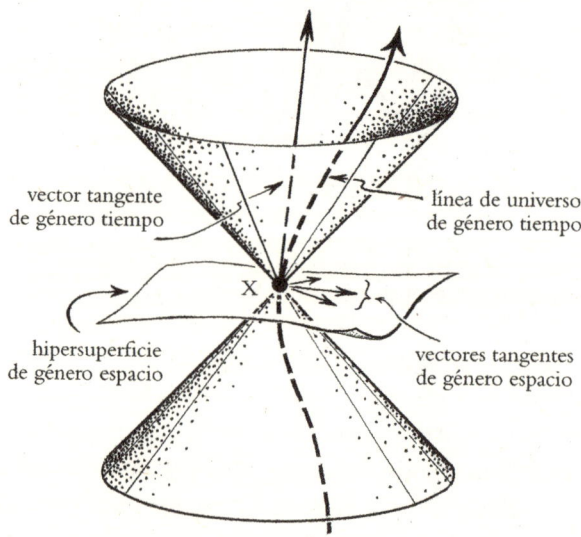

vector tangente
de género tiempo

línea de universo
de género tiempo

X

hipersuperficie
de género espacio

vectores tangentes
de género espacio

FIGURA 1-21. Los vectores tangentes nulos en X generan el cono nulo, como en la figura 1-18, pero también los hay de género tiempo que, si señalan hacia el futuro, describen vectores tangentes (4-velocidades) a las líneas de universo de las partículas masivas, y de género espacio, que señalan fuera del cono y son tangentes a las superficies de género espacio que pasan por X.

de la idea de «un instante en el tiempo» o un «$t =$ espacio constante», donde t es una coordenada temporal adecuada. Claramente, existe una gran arbitrariedad a la hora de elegir tal hipersuperficie, pero esto es lo que se necesita si queremos referirnos a cuestiones como el *determinismo* en el comportamiento dinámico, donde podemos pedir que se especifiquen los «datos iniciales» sobre dicha hipersuperficie, datos destinados (localmente) a determinar la evolución del sistema hacia el pasado o hacia el futuro, según las ecuaciones adecuadas (normalmente, ecuaciones diferenciales; véase §A.11).

Como otra característica de la teoría de la relatividad, podemos destacar que si la «longitud» (en este sentido de lapso transcurrido) de una línea de universo C que conecta P con Q es mayor que la de *cualquier* otra línea de universo de P a Q, entonces C debe ser lo que se denomina una *geodésica*,[5] que es análoga, en un espaciotiempo curvo, a una «línea recta» (véase la figura 1-22). Curiosamente, esta propiedad de las «longitudes» de maximizarse en el espaciotiempo funciona de manera *opuesta* a lo que sucede en la geometría euclídea corriente, donde la línea recta que une dos puntos P y Q marca la longitud *mínima* de los caminos que unen P y Q. De acuerdo con la teoría de Einstein, la línea de universo de una partícula que se mueve libremente bajo el efecto de la gravedad es siempre una geodésica. Sin embargo, en el viaje del astronauta de la figura 1-16 hay movimiento acelerado, por lo que no es una geodésica.

El espaciotiempo plano de la relatividad especial, donde no hay campo gravitatorio, se denomina *espacio de Minkowski* (que por lo general representaré mediante el símbolo $\mathbb{M}$) en honor del matemático germano-ruso Hermann Minkowski, quien introdujo la idea del espaciotiempo en 1907. Aquí los conos nulos están distribuidos uniformemente (figura 1-23). La relatividad general de Einstein sigue esa

5. A la inversa, *toda* línea de universo C que resulta ser una geodésica posee esta propiedad característica en el sentido *local* de que, para cualquier P sobre C, existirá una región abierta suficientemente pequeña $\mathcal{N}$, de $\mathcal{M}$, que contiene a P, tal que para todo par de puntos sobre C y dentro de $\mathcal{N}$, la longitud máxima de las líneas de universo que los conectan a través de caminos que están dentro de $\mathcal{N}$ se obtiene si seguimos el segmento de C que está dentro de $\mathcal{N}$. (Por otra parte, para un par de puntos demasiado separados a lo largo de una geodésica C, puede ser que C no maximice la longitud, debido a la presencia de pares de puntos conjugados sobre C entre los puntos [Penrose, 1972; Hawking y Ellis, 1973].)

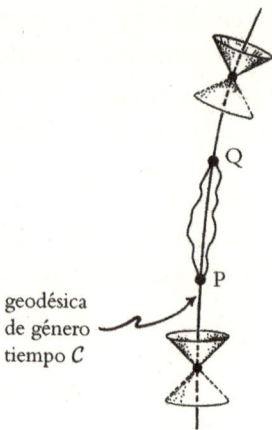

geodésica
de género
tiempo C

FIGURA 1-22. Una curva de género tiempo que maximiza la medida del tiempo entre dos eventos P y Q separados por un intervalo de género tiempo es necesariamente una geodésica.

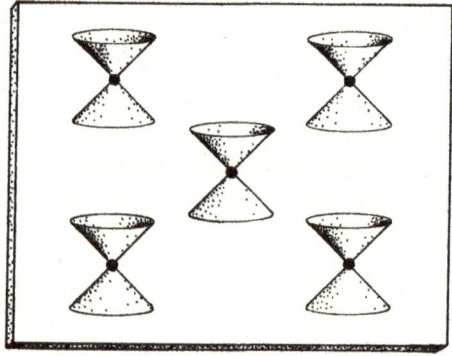

FIGURA 1-23. El espacio de Minkowski es el espaciotiempo plano de la relatividad especial. Sus conos nulos están distribuidos de manera completamente uniforme.

misma línea, pero los conos nulos ahora pueden no estar distribuidos uniformemente, debido a la presencia de un campo gravitatorio (figura 1-24). La métrica **g** (10 componentes por punto) define la estructura de conos nulos, pero no está del todo definida por ella. Algunos se refieren a esta estructura de conos nulos como la estructura *conforme* del espaciotiempo (9 componentes por punto); véase, en particular, §3.5. Además de esta estructura conforme lorentziana, **g** determina el *escalamiento* (1 componente por punto), lo cual fija el ritmo al que los relojes miden el tiempo en la teoría de Einstein (fi-

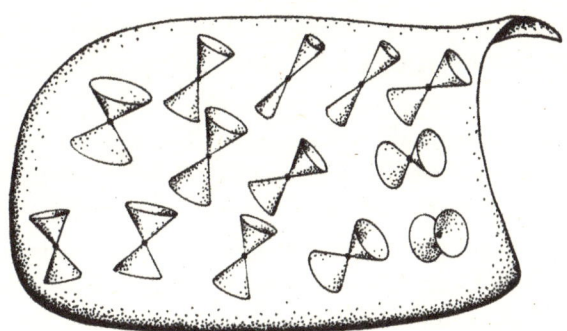

FIGURA 1-24. En relatividad general, los conos nulos no tienen por qué exhibir ninguna uniformidad particular.

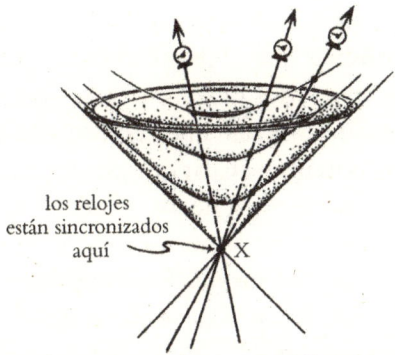

los relojes
están sincronizados
aquí X

FIGURA 1-25. El escalamiento métrico en un evento X estaría determinado por los ritmos de los relojes ideales que pasan por X. Aquí, varios relojes ideales idénticos pasan por X, y cada uno de ellos determina el mismo escalamiento métrico, en el que los «tics» de los relojes estarían relacionados entre sí a través de las superficies con forma de cuenco que se muestran (denominadas 3-superficies hiperboloides).

gura 1-25). Para más información sobre la manera en que se comportan los relojes en la teoría de la relatividad, véanse, por ejemplo, Rindler [2001] y Hartle [2003].

1.8. LA TEORÍA DE GAUGE DEL ELECTROMAGNETISMO DE WEYL

La idea original de Weyl de 1918 para incorporar el electromagnetismo a la relatividad general implicaba debilitar la estructura métrica del espaciotiempo hasta dar lugar a una estructura conforme, como se ha descrito antes, de manera que ahora no existe una medida absoluta de los ritmos a los que transcurre el tiempo, aunque los conos nulos siguen estando definidos [Weyl, 1918]. Además de lo anterior, en la teoría de Weyl persiste el concepto de «reloj ideal», de manera que podemos definir una medida de la «longitud» asociada a una curva de género tiempo con respecto a cualquiera de estos relojes *en concreto*, aunque el *ritmo* al que el reloj midiese el paso del tiempo dependería de cuál se tratase. Pero en la teoría de Weyl no existe una escala temporal *absoluta*, porque ninguno de los relojes ideales se prefiere sobre ningún otro. Lo que es más, podríamos tener dos relojes que marcasen el tiempo exactamente al mismo ritmo cuando estuviesen en reposo uno respecto al otro en algún evento P, pero, si toman distintos caminos espaciotemporales hacia un segundo evento Q, podríamos ver que, al llegar a este segundo evento, existe una discrepancia entre los dos *ritmos*, esto es, ya no marcan el tiempo al mismo ritmo estando *en reposo* uno respecto al otro en Q; véase la figura 1-26(a). Es importante señalar que esta figura es distinta de —y más extrema que— la «paradoja de los gemelos» de la relatividad de Einstein. En aquel caso, mientras que las *lecturas* de los relojes podían depender de sus historias, no sucedía lo mismo con los *ritmos*. La geometría de Weyl, de una clase más general, conduce a un tipo curioso de «curvatura» espaciotemporal a través del concepto de los relojes ideales, curvatura que mide esta discrepancia entre los ritmos de los relojes a una escala infinitesimal (véase la figura 1-26(b)). Es análogo a la manera en que la curvatura de una superficie mide una discrepancia en los ángulos, como veremos en breve (en la figura 1-27). Weyl logró demostrar que la magnitud **F** que describe este tipo de curvatura satisface exactamente las mismas ecuaciones que la magnitud que describe el campo electromagnético libre en la teoría de Maxwell, motivo por el que propuso que esta **F** debía identificarse físicamente con el campo electromagnético de Maxwell.

Las medidas espaciales y temporales son esencialmente equivalentes entre sí en el entorno de cualquier evento P una vez que tenemos el concepto del cono nulo en P, puesto que eso fija la velocidad de la luz en P. En particular, dicho en términos corrientes, la velocidad de la luz permite la conversión entre medidas espaciales y temporales, y viceversa. Así, por ejemplo, el intervalo temporal de un año se convierte en la distancia espacial de un año luz; de un segundo se

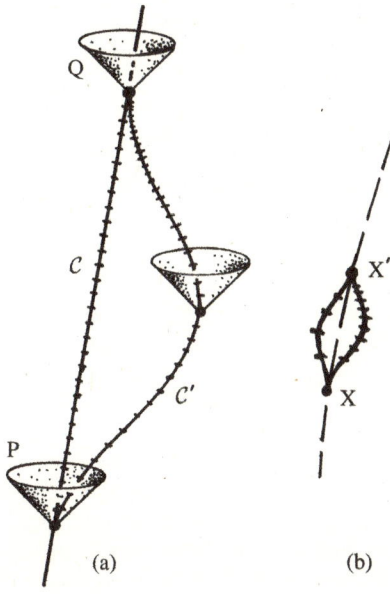

(a)   (b)

FIGURA 1-26. (a) La idea de Weyl de una conexión de gauge propone que la escala
métrica no sea algo dado, sino que se pueda transferir de un punto P a otro punto Q a lo largo de una curva conectora $\mathcal{C}$, de manera que se podría obtener un resultado diferente con una curva distinta $\mathcal{C}'$ de P a Q. (b) La *curvatura gauge* de Weyl
surge de la versión *infinitesimal* de esta discrepancia. En un principio, Weyl propuso
que esta curvatura fuera el tensor del campo electromagnético de Maxwell.

pasa a un segundo luz, etc. De hecho, en las mediciones modernas, los
intervalos temporales se determinan directamente con mucha más
precisión que los espaciales, por lo que el metro ahora se define como
exactamente 1/299.792.458 de un segundo luz (de manera que la velocidad de la luz tiene ahora el valor entero exacto de 299.792.458
metros por segundo). De ahí que la expresión *cronometría* (en lugar de
geometría) para la estructura del espaciotiempo, como propuso el destacado teórico relativista J. L. Synge [1921 y 1956], resulte particularmente pertinente.

He descrito la idea de Weyl en términos de medidas temporales,
pero es probable que él tuviera más en mente desplazamientos espaciales, y su esquema es lo que se denomina una *teoría de gauge*, donde
«gauge» («calibre», en inglés) hace referencia a la escala en función de
la cual se miden las distancias físicas. Lo importante de la notable idea
de Weyl es que un gauge no tenía por qué determinarse globalmente,

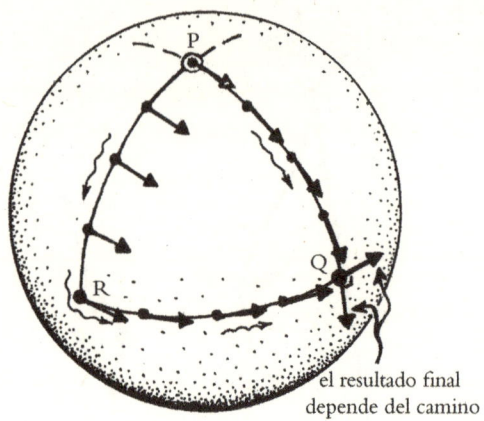

el resultado final
depende del camino

FIGURA 1-27. Una conexión afín expresa la idea del transporte paralelo de vectores tangentes a lo largo de curvas, donde la discrepancia al transportar a lo largo de distintas curvas proporciona una medida de la curvatura. Podemos verlo explícitamente en una esfera, en la que el transporte de un vector tangente a lo largo de la ruta directa de un círculo máximo desde P a Q da un resultado extremadamente diferente que el que se obtiene mediante la ruta consistente en un arco de círculo máximo de P a R seguido de otro arco similar desde R hasta Q.

a la vez para todo el espaciotiempo, pero si se especifica en un evento P, y se tiene una curva $\mathcal{C}$ que conecta P con otro evento Q, entonces el gauge puede ser transportado de forma unívoca a lo largo de $\mathcal{C}$ desde P hasta Q. Pero si se tiene también otra curva $\mathcal{C}'$ que conecta P con Q, entonces transportar el gauge hasta Q a lo largo de $\mathcal{C}'$ puede dar un resultado diferente. La magnitud matemática que define este procedimiento de «transporte de gauge» se denomina *conexión gauge*, y las discrepancias fruto de emplear distintos caminos son una medida de la *curvatura gauge*. Debemos señalar que es probable que la genial idea de una conexión gauge se le ocurriese a Weyl gracias a su familiaridad con otro tipo de conexión, que posee automáticamente cualquier variedad (pseudo) riemanniana —conocida como *conexión afín*—, que tiene que ver con el transporte paralelo de vectores tangentes a lo largo de curvas y que también depende del camino que se recorra, como queda a todas luces de manifiesto, para el caso de una esfera, en la figura 1-27.

Cuando Einstein supo de la ingeniosa idea de Weyl sintió mucha curiosidad, pero señaló que, desde un punto de vista físico, el esquema tenía un grave defecto, básicamente debido a la razón física de que la

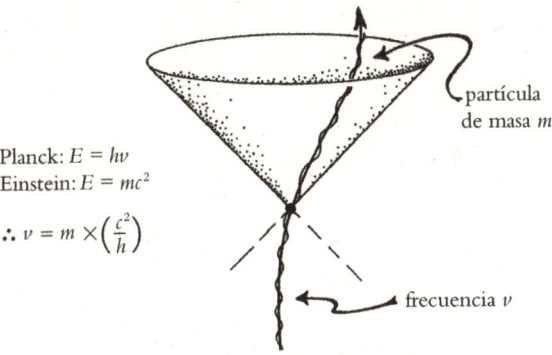

Planck: $E = h\nu$
Einstein: $E = mc^2$

$$\therefore \nu = m \times \left(\frac{c^2}{h}\right)$$

partícula
de masa m

frecuencia ν

FIGURA 1-28. Cualquier partícula masiva estable de masa m es un preciso reloj mecanocuántico de frecuencia $\nu = mc^2/h$.

masa de la partícula proporciona una medida definida del tiempo a lo largo de su línea de universo. Esto se obtiene (figura 1-28) al combinar la relación cuántica de Max Planck

$$E = h\nu$$

con la del propio Einstein

$$E = mc^2.$$

Aquí, E es la energía de la partícula (en su sistema de referencia en reposo), m es su masa (en reposo) y ν es la frecuencia (esto es, el «ritmo del tictac») que la partícula adquiere según la mecánica cuántica básica (véase §2.2), y donde h y c son, respectivamente, la constante de Planck y la velocidad de la luz. Así, combinando lo anterior haciendo uso de que $h\nu$ ($= E$) $= mc^2$, vemos que siempre existe una frecuencia precisa determinada por una partícula individual, que es directamente proporcional a su masa:

$$\nu = m \times \frac{c^2}{h},$$

donde la magnitud c^2/h es una constante universal. La masa de cualquier partícula estable, por lo tanto, determina con mucha precisión un ritmo del reloj, dado por su frecuencia.

Sin embargo, en la propuesta de Weyl este ritmo del reloj *no* sería necesariamente una magnitud fija, sino algo que dependería de la historia de la partícula. En consecuencia, la *masa* de la partícula tendría que depender de su historia. En particular, en la situación de antes, si dos electrones se considerasen partículas *idénticas* (como de hecho exige la mecánica cuántica) en un evento P, es probable que acabasen con masas distintas en un segundo evento Q si llegaron a él siguiendo caminos diferentes, en cuyo caso *no* podrían ser partículas idénticas en Q. Esto es, de hecho, profundamente incompatible con los principios bien establecidos de la teoría cuántica, que exigen que las reglas que son de aplicación para partículas idénticas sean esencialmente diferentes de las que corresponden a partículas no idénticas (véase §1.14).

Así pues, parecía que la idea de Weyl no cumplía con varios principios cuánticos muy básicos. Sin embargo, en un extraordinario giro de los acontecimientos, fue la propia teoría cuántica la que acudió al rescate de la idea de Weyl una vez que fue formulada por completo, alrededor de 1930 (principalmente por Dirac [1930] y Von Neumann [1932], así como por el propio Weyl [1927]). Como veremos en el capítulo 2 (véanse §§2.5 y 2.6), la descripción cuántica de las partículas viene dada en términos de una descripción mediante *números complejos* (§A.9). Ya hemos visto, en §1.4, esta función esencial de los números complejos al aparecer como coeficientes (las magnitudes w y z) en el principio de superposición de la mecánica cuántica. Veremos más adelante (§2.5) que, si multiplicamos todos estos coeficientes por el mismo número complejo u de *módulo unidad* (esto es, $|u| = \sqrt{u\bar{u}} = 1$, de forma que u está situado sobre el *círculo unidad* en el plano de Wessel (véase §A.10, figura A-13)), la situación física no varía. Observemos que la fórmula de Cotes-De Moivre-Euler (véase §A.10) demuestra que dicho número complejo *unimodular* siempre puede escribirse como

$$u = e^{i\theta} = \cos\theta + i\sin\theta,$$

donde θ es el ángulo (medido en radianes, en sentido antihorario) que la línea que une el origen con u forma con el eje real positivo (figura A-13 en §A.10).

En el contexto de la mecánica cuántica, un multiplicador complejo unimodular se conoce habitualmente como una *fase* (o un ángulo de fase), y en el formalismo cuántico se considera algo que no es directamente observable (véase §2.5). La sutil variación que convierte la ingeniosa pero extraordinaria idea de Weyl en un ingrediente clave de la física moderna consiste en sustituir el factor de escala real positivo —o *gauge*— de Weyl por la *fase compleja* de la mecánica cuántica. Por estas razones históricas, el término «gauge» ha persistido, aunque quizá habría sido más apropiado referirse a la teoría de Weyl, modificada de esta manera, como una *teoría de fase*, y a la *conexión gauge* como una *conexión de fase*. Sin embargo, cambiar la terminología a estas alturas probablemente confundiría a más gente que a la que ayudaría.

Para ser más precisos, la fase que aparece en la teoría de Weyl no es exactamente la misma que la fase (universal) del formalismo cuántico, ya que existe entre ambas un factor multiplicador que viene dado por la *carga eléctrica* de la partícula en cuestión. La característica fundamental en la que se basa la teoría de Weyl es la presencia de lo que se denomina un *grupo continuo de simetrías* (véase el último párrafo de §A.7), que se aplica sobre cualquier evento P en el espaciotiempo. En la teoría original de Weyl, el grupo de simetrías está formado por todos los factores reales positivos mediante los que se podría aumentar o reducir el gauge. Estos posibles factores son simplemente los distintos *números reales positivos*, cuyo espacio los matemáticos denominan $\mathbb{R}^+$, por lo que el grupo de simetría de relevancia se conoce aquí como grupo multiplicativo $\mathbb{R}^+$. En la versión posterior, y más relevante desde un punto de vista físico, de la teoría electromagnética de Weyl, los elementos del grupo son las rotaciones en el plano de Wessel (sin reflexión), denominado SO(2) o a veces U(1), y los elementos de este grupo se representan mediante números complejos $e^{i\theta}$ de módulo unidad, que proporcionan los distintos ángulos de rotación del círculo unidad en el plano de Wessel (este círculo unidad lo denoto simplemente como S^1).

Cabría señalar (véase asimismo el párrafo final de §A.7 en relación con esta notación, y también para el concepto de «grupo») que la «O» en «SO(2)» significa «ortogonal», lo que quiere decir que estamos tratando con un grupo de *rotaciones* (esto es, que preserva la ortogonalidad —los ángulos rectos—, que en este caso es de rotaciones en 2 dimensiones, tal y como señala el «2» en «SO(2)»). La «S» significa «especial» (*special* en inglés), lo cual hace referencia al hecho de que aquí se excluyen las reflexiones. En cuanto a «U(1)», la «U» viene de «unitario» (que preserva la naturaleza de norma unidad de los vectores complejos), lo que alude a una clase especial de rotación en el espacio de los *números complejos* que veremos en §§2.5-2.8. Con independencia de cómo las denominemos, de lo que hablamos es simplemente de las rotaciones, sin reflexión, del círculo ordinario S^1.

Observamos que ahora la conexión de Weyl no es realmente un concepto que se aplique simplemente a la variedad espaciotemporal $\mathcal{M}$, ya que el círculo S^1 no forma en verdad parte del espaciotiempo sino que hace referencia a un espacio abstracto que tiene que ver específicamente con la mecánica cuántica. No obstante, podemos seguir pensando que S^1 tiene una función geométrica, en particular como la *fibra* de un fibrado $\mathcal{B}$ cuyo espacio base es la variedad espaciotemporal $\mathcal{M}$. Esta geometría se ilustra en la figura 1-29. Las fibras son los círculos S^1, pero vemos en la imagen que es más conveniente entenderlos como los círculos unitarios dentro de copias del plano (de Wessel) complejo (§A.10). (Se remite al lector a la exposición en §A.7 sobre el concepto de «fibrado».) El concepto de Weyl de una *conexión de gauge* es en efecto geométrico, pero no proporciona estructura al espaciotiempo puro y duro, sino que dicha estructura se asigna al fibrado $\mathcal{B}$, que es una 5-variedad íntimamente relacionada con la 4-variedad espaciotemporal.

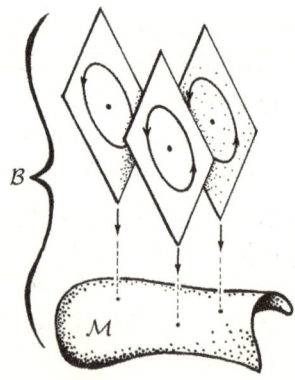

FIGURA 1-29. La geometría de Weyl expresa el electromagnetismo como una conexión en un fibrado $\mathcal{B}$ sobre el espaciotiempo $\mathcal{M}$. Es preferible entender las fibras (circulares) S^1 como círculos unitarios en copias del plano (de Wessel) complejo.

Las extensiones de las ideas de Weyl que expresan las interacciones fuerte y débil de la física de partículas también se formulan, en el modelo estándar de §1.3, en función de una conexión de gauge, y de nuevo es apropiada la descripción mediante fibrados de §A.7. En cada caso el espacio base es el espaciotiempo 4-dimensional, como antes, pero la fibra tendría que ser un espacio $\mathcal{F}$ de dimensionalidad superior a la del 1-dimensional S^1 que, como ya se ha mencionado, puede utilizarse para expresar el electromagnetismo. Estas extensiones de la aproximación gauge a la teoría de Maxwell se conocen como *teorías de Yang-Mills* [Chan y Tsou, 1998]. En el caso de las interacciones fuertes, $\mathcal{F}$ sería un espacio con la misma simetría que el de los colores que puede tener un quark, de acuerdo con las descripciones dadas en §1.3. Aquí, el grupo de simetría es el denominado SU(3). El caso de las interacciones débiles es aparentemente similar, y ahora el grupo es el llamado SU(2) (o bien U(2)), pero hay algo que enturbia la situación en la teoría de la interacción débil al romperse la simetría, como consecuencia de un proceso de ruptura de la simetría que se entiende que tuvo lugar en los primeros momentos de la expansión del universo. De hecho, en las descripciones habituales de este procedimiento hay varias cuestiones que a mí me resultan algo preocupantes, ya que, en sentido estricto, la propia idea de una simetría gauge no funciona a menos que la simetría sea *exacta* [véanse §A.7, y §28.3 de *ECalR*]. Afortunadamente, a mi juicio, hay reformulaciones del procedimiento habitual en las que las fuerzas débiles surgen a través de un mecanismo con una interpretación física algo distinta de la estándar, en la que, en efecto, se postulan componentes de los leptones de tipo quark y con color (análogos a los quarks componentes de hadrones) en los cuales se considera que la simetría de la interacción débil es siempre exacta ['t Hooft, 1980*b*; Chan y Tsou, 1980].

1.9. Libertad funcional en modelos de Kaluza-Klein y de cuerdas

Tenemos ahora dos espacios 5-dimensionales alternativos, cada uno de los cuales proporciona un procedimiento geométrico para incorporar el electromagnetismo de Maxwell a una geometría espaciotemporal curva. ¿Cuál es la relación de la 5-variedad $\mathcal{B}$ en la representación mediante fibrados de S^1 del procedimiento de Weyl que se describe en §1.8 con la representación de Kaluza-Klein de las interacciones electromagnéticas a través de un espaciotiempo 5-dimensional que se comenta en §1.6? De hecho, ambas están íntimamente relacionadas, y no hay ningún inconveniente en pensar que son idénticas. El espaciotiempo 5-dimensional de Kaluza, modificado por Klein para que tuviese un minúsculo círculo (S^1) como su dimensión «adicional», y el fibrado B, que obtenemos en el procedimiento de Weyl, son topológicamente idénticos, ya que (por regla general) ambos son simplemente el espacio producto $M \times S^1$ del espaciotiempo 4-dimensional ordinario M con el círculo S^1 (véanse la figura A-25 en §A.7 y la figura 1-29). Además, el espacio de Kaluza-Klein posee automáticamente una especie de estructura de fibrado de S^1, en la que, para identificar las fibras S^1, solo buscamos geodésicas que sean *cerradas* (y pertenezcan a la familia topológica correcta). Existe, no obstante, una pequeña diferencia entre los 5-espacios de Weyl y de Kaluza-Klein en el tipo de estructura que se asigna en cada caso. El procedimiento de Weyl exige que asignemos una *conexión de gauge* (§1.8) a B, considerado como un fibrado sobre el espaciotiempo 4-dimensional M, mientras que, en la teoría de Kaluza-Klein, se considera que la 5-variedad en su conjunto es «espaciotiempo» y, en consecuencia, se asigna una *métrica* **g** a toda la estructura. Sin embargo, resulta que la conexión de gauge de Weyl ya está implícita en la construcción de Kaluza, pues viene determinada simplemente por el concepto ordinario de *conexión afín*, que se analiza en §1.8 (cosa que es válida para cualquier espacio de Riemann, y por lo tanto para el 5-espacio de Kaluza), aplicada a las direcciones ortogonales a las fibras S^1. Así pues, el 5-espacio de Kaluza ya contiene la conexión de gauge de Weyl, y de hecho puede identificarse con el fibrado B de Weyl.

Pero el espacio de Kaluza-Klein nos da algo *más*, porque posee una *métrica* con la propiedad de que, si satisface las correspondientes ecuaciones de campo de Einstein del vacío $^5\mathbf{G} = \mathbf{0}$ (que afirman que el tensor energía $^5\mathbf{T}$ del 5-espacio se considera nulo), entonces no solo obtenemos la conexión de Weyl sino que, notablemente, también obtenemos el hecho de que el campo electromagnético de Maxwell, **F**, que surge de la conexión de Weyl, actúa (a través de su densidad de masa/energía) como una fuente del campo gravitatorio (las ecuaciones se emparejan debidamente de esta manera denominada *ecuaciones de Einstein-Maxwell*). Este hecho sorprendente *no* es algo que se derive de manera directa del enfoque de Weyl.

Para ser algo más preciso sobre la estructura del 5-espacio de Kaluza-Klein, debo señalar que existe una salvedad a la afirmación anterior: a saber, que la versión de la teoría de Kaluza-Klein que estoy empleando aquí es aquella que requiere que la longitud asignada a los bucles S^1 sea la misma a través del 5-espacio. (Algunas versiones de la teoría permiten que esta longitud varíe, dejando así margen para un campo escalar adicional.) Yo también requiero que esta longitud constante se elija de tal manera que la constante $8\pi\gamma$ en las ecuaciones de Einstein (véase $\S1.1$) aparezca correctamente, y, lo más importante, insisto en que, cuando hablo de la teoría de Kaluza-Klein, me refiero a la versión original, en la que se impone la existencia de una simetría exacta en todo el 5-espacio, para que posea *simetría rotacional* completa en la dirección de S^1 (véase la figura 1-29, básicamente similar). Dicho de otro modo, el vector **k** es un vector de Killing, de manera que el 5-espacio puede deslizarse sobre sí mismo a lo largo de las líneas de las S^1 sin que eso afecte a su estructura métrica.

Abordemos ahora la cuestión de la *libertad funcional* en la teoría de Kaluza-Klein. Si usamos la forma de la teoría que acabamos de comentar, entonces la dimensión adicional no contribuye a un exceso de libertad funcional. Debido a la simetría rotacional impuesta a lo largo de las curvas S^1, la libertad es la misma que para un espacio-tiempo 4-dimensional ordinario con una evolución determinista estándar a partir de los datos en un *3-espacio* inicial; de hecho, la misma que para las ecuaciones de Einstein-Maxwell, a las cuales es equivalente, a saber

$$\infty^{8\infty^3},$$

que es el valor que debería tener, para una teoría física clásica apropiada para nuestro universo.

Algo que quiero recalcar aquí es que una característica esencial de las teorías de gauge —esa clase de teorías que han tenido un éxito extraordinario a la hora de explicar las fuerzas básicas de la naturaleza— es que exista una *simetría* (de dimensiones finitas) asociada a las fibras $\mathcal{F}$ del fibrado sobre el que se aplica la teoría de gauge. Como se señala insistentemente en §A.7, es la posesión de una simetría (continua) en nuestra fibra $\mathcal{F}$ lo que hace posible que la teoría de gauge funcione. Esta simetría, en el caso de la teoría de Weyl de las interacciones electromagnéticas, es el grupo circular U(1) (o, de forma equivalente, SO(2)) que debe aplicarse, exactamente, a las fibras $\mathcal{F}$. (Véase el final de §A.7 para el significado de estos símbolos.) Es también esta simetría la que en la aproximación de Weyl se extiende al conjunto de la variedad 5-dimensional $\mathcal{B}$, y la que se ha especificado en el procedimiento original de Kaluza-Klein. Para preservar esta estrecha relación entre el enfoque espaciotemporal en más dimensiones, propuesto inicialmente por Kaluza, y el de la teoría de gauge de Weyl, parece esencial conservar la simetría de las fibras y no incrementar (enormemente) la libertad funcional al tratar los espacios fibras $\mathcal{F}$ como si fuesen en efecto partes del espaciotiempo con grados de libertad internos.

¿Y qué hay de la teoría de cuerdas? Aquí, la historia parece ser por completo distinta, ya que se exige explícitamente que la o las dimensiones espaciales adicionales participen plenamente de la libertad funcional. Dichas dimensiones espaciales adicionales están destinadas a desempeñar su función como verdaderas dimensiones espaciales. Esto forma parte de la filosofía en la que se basa la teoría de cuerdas tal y como se ha desarrollado, ya que se propone que, de alguna manera, las «oscilaciones» que estas dimensiones adicionales hacen posibles deben permitir explicar todas las complicadas fuerzas y parámetros que se necesitan, para así disponer de margen para acomodar todas las características necesarias de la física de partículas. En mi opinión, esta es una filosofía gravemente errónea, ya que permitir que las dimensiones *espaciales* adicionales participen con libertad en la dinámica constituye una verdadera caja de Pandora de grados de libertad no deseados, pero con escasas esperanzas de que alguna vez lleguemos a controlarlos.

Sin embargo, haciendo caso omiso de las dificultades de este estilo que surgirían de manera natural de la excesiva libertad funcional existente en las dimensiones adicionales, quienes propusieron la teoría de cuerdas escogieron esta vía, muy alejada del esquema original de Kaluza-Klein. Como parte de sus intentos de resolver las anomalías que surgieron como consecuencia de sus requisitos de invariancia parametral para su teoría cuántica de cuerdas, se vieron abocados, desde alrededor de 1970 en adelante, a tratar de adoptar (para las cuerdas bosónicas) un espaciotiempo 26-dimensional plenamente dinámico, en el que habría 25 dimensiones espaciales y 1 dimensión reservada para el tiempo. Posteriormente, en la estela del muy influyente trabajo teórico realizado en 1984 por Michael Green y John Schwarz, los teóricos de cuerdas lograron reducir esta dimensionalidad espacial a 9 (para cuerdas fermiónicas) con la ayuda de lo que se conoce como *supersimetría* (véase §1.14, aunque ya se ha mencionado en §1.6), pero esta reducción de la dimensionalidad espacial adicional (ya que no la reduce hasta el valor 3 que experimentamos directamente) no supone una gran diferencia para las objeciones que expondré aquí.

En mis intentos de captar los distintos avances en teoría de cuerdas, me he encontrado con otro punto de potencial confusión para mí, sobre todo al tratar de entender los problemas de libertad funcional. La cuestión es que a menudo ha habido un cambio del punto de vista acerca de cuál se entiende que es la dimensionalidad del espaciotiempo. Supongo que muchas otras personas ajenas a este campo se topan con dificultades similares en sus intentos por comprender la estructura matemática de la teoría de cuerdas. La idea de tener un espaciotiempo ambiente de una determinada dimensionalidad parece desempeñar un papel menor en la teoría de cuerdas que en la física convencional, y desde luego menor que el tipo de papel con el que yo me sentiría cómodo. Es especialmente difícil evaluar la libertad funcional que implica una teoría física, a menos que se tenga una idea clara de su dimensionalidad espaciotemporal.

Para ser más explícito sobre esta cuestión, permítanme que vuelva sobre uno de los aspectos particularmente atractivos de las primeras ideas sobre cuerdas, tal y como se ha esbozado en §1.6. Me refiero al hecho de que se pueda entender que las historias de cuerdas son superficies de Riemann, esto es, curvas complejas (véase §A.10), que son estructuras de una elegancia notable desde el punto de vista matemático. La expresión *hoja de universo* se usa a veces para referirse a esta historia de cuerdas (en analogía con la idea de la línea de universo de una partícula en la teoría de la relatividad convencional; véase §1.7). En los primeros tiempos de la teoría de cuerdas, el asunto se veía en ocasiones desde el punto de vista de una *teoría de campo conforme* 2-dimensional [Francesco *et al.*, 1997; Kaku, 2000; Polchinski, 1994: cap. 1, y 2001: cap. 2], en la que, a grandes rasgos, el análogo del espaciotiempo sería *la propia* hoja de universo 2-dimensional. (Recordemos el concepto de *conforme*, en un contexto espaciotemporal, visto en §1.7.) Esto nos llevaría a una representación en la que la libertad funcional tendría la forma

$$\infty^{a\infty^1}$$

para un número positivo *a*. ¿Cómo conseguir que esto cuadre con la libertad funcional mucho mayor, de $\infty^{b\infty^3}$, que exige la física ordinaria?

La respuesta parece ser que la hoja de universo, en algún sentido, «palparía» el espaciotiempo y la física a su alrededor en términos de alguna clase de expansión de serie de potencias, donde la información necesaria (los coeficientes efectivos de la serie de potencias) se obtendría en función de un número infinito de parámetros (de hecho, magnitudes holomorfas sobre la hoja de universo; véase §A.10). Tener un número infinito de tales parámetros es a grandes rasgos como poner «$a = \infty$» en la expresión anterior, pero no resulta muy útil (por una razón del tipo de la que se menciona hacia el final de §A.11). Lo que quiero dejar claro aquí *no* es desde luego que la libertad funcional pueda, en algún sentido, estar mal definida o ser irrelevante, sino que, para una teoría formulada de tal manera que depende de aspectos como los coeficientes de una serie de potencias o el análisis de modos, puede que no resulte nada fácil determinar cuál es realmente esa libertad funcional (§A.11). Por desgracia, parece que las formulaciones de este tipo suelen ser las que se emplean en varios enfoques de la teoría de cuerdas.

Al parecer, en cierta medida, entre los teóricos de cuerdas se cree que no es demasiado importante tener una visión clara de cuál es realmente la dimensionalidad del espaciotiempo. En cierto sentido, podría suponerse que esta dimensionalidad es un efecto de la energía, de forma que podría suceder que, a medida que la energía del sistema aumenta, vayan estando disponibles más dimensiones espaciales. En consecuencia, se podría adoptar el punto de vista de que existen dimensiones ocultas, un mayor número de las cuales se van revelando a medida que se eleva la energía. La falta de claridad en esta representación es algo perturbadora para mí, sobre todo en lo que respecta a la cuestión de la libertad funcional intrínseca a la teoría.

Un ejemplo de lo anterior es lo que se denomina una teoría de

cuerdas *heteróticas*. Existen dos versiones de esta propuesta, que se conocen como *teoría HO* y *teoría HE*. La diferencia entre ambas no nos
interesa ahora, pero en breve diré algo al respecto. La extraña característica de la teoría de cuerdas heteróticas es que parece que se comporta
al mismo tiempo como una teoría en 26 y en 10 dimensiones espaciotemporales (en el segundo caso, acompañada de supersimetría), dependiendo de si nos fijamos en las excitaciones de la cuerda levógiras
o dextrógiras. Esta diferencia (que depende de una orientación que ha
de asignársele a la cuerda) también requiere una explicación, que daré
en breve. Este conflicto dimensional podría causarnos problemas si in-
tentásemos calcular la libertad funcional en cuestión (donde, para este
propósito, cada esquema se trata como una teoría clásica).

El aparente dilema se aborda oficialmente tratando el espaciotiempo como si fuese 10-dimensional en *ambos* casos (1 dimensión
temporal y 9 espaciales), pero hay 16 dimensiones espaciales adicionales que deben tratarse de manera diferente en los dos casos. Para las
excitaciones levógiras se deben tomar conjuntamente las 26 dimensiones y se ha de considerar que todas ellas forman el espaciotiempo
en el que la cuerda puede agitarse. Sin embargo, para las excitaciones
dextrógiras, distintas direcciones dentro de las 26 dimensiones se in-
terpretan de maneras diferentes: 10 de ellas proporcionan direcciones
en las que la cuerda puede oscilar, mientras que las otras 16 se consideran direcciones de fibra, por lo que, en lo tocante a la cuerda cuando se encuentra en dichos modos de vibración hacia la derecha, la
representación es la de un fibrado (véase §A.7) con un espacio base
10-dimensional y una fibra 16-dimensional.

Como sucede con los fibrados en general, debe haber un *grupo de
simetría* asociado a la fibra, que para la teoría HO se considera que es
SO(32) (el grupo de rotaciones no reflexivas de una esfera en 32 dimensiones; véase la parte final de §A.7), mientras que para la teoría
heterótica HE es el grupo $E_8 \times E_8$, donde E_8 es un grupo de simetría
de un tipo particularmente interesante, denominado *grupo continuo
simple excepcional*. No cabe duda de que el interés matemático intrínseco particular de este grupo simple excepcional E_8 es el más grande
y el más fascinante de ellos (da cierto ánimo desde el punto de vista
del atractivo estético; véase §1.1). Pero lo importante, por lo que con-
cierne a la libertad funcional, es que, sea cual sea el grupo que se elija
para la descripción del fibrado, esta libertad sería de la forma $\infty^{a\infty^9}$,

apropiada para los modos fermiónicos (dextrógiros) de oscilación de la cuerda, mientras que parecería ser de la forma $\infty^{b\infty^{25}}$, como resultaría apropiado para los modos bosónicos (levógiros). Esta cuestión está estrechamente relacionada con otra con la que nos hemos topado antes, cuando analizamos la diferencia en cuanto a libertad funcional entre la teoría original de Kaluza-Klein (o teoría del fibrado circular de Weyl; véase §1.8), con una libertad funcional de $\infty^{8\infty^{3}}$, y una teoría del espaciotiempo plenamente 5-dimensional cuya libertad funcional, muy superior, sería de la forma $\infty^{b\infty^{4}}$. Debe establecerse aquí una clara distinción entre la dimensionalidad $d + r$ del espacio total $\mathcal{B}$ de un fibrado (con fibra r-dimensional $\mathcal{F}$) y la del espacio base d-dimensional $\mathcal{M}$. Esto se describe con más detalle en §A.7.

La cuestión anterior tiene que ver con la libertad funcional que posee el espaciotiempo en su conjunto, al margen de qué hoja de universo pudiera existir en su interior. Pero lo que nos interesa realmente aquí es la libertad que poseen las hojas de universo de la cuerda (véase §1.6) que se encuentran dentro de este espaciotiempo. ¿Cómo es posible que para ciertos tipos de modos de desplazamiento (los fermiónicos) el espaciotiempo parezca ser 10-dimensional y para otros (los bosónicos) parezca 26-dimensional? Para estos últimos, la situación es razonablemente sencilla. La cuerda puede vibrar a su antojo en el espaciotiempo ambiente, con una libertad funcional de $\infty^{24\infty^{1}}$ (el «1» proviene del hecho de que, aunque la hoja de universo de la cuerda es una 2-superficie, estamos considerando tan solo el espacio 1-dimensional de las excitaciones dextrógiras). Pero, cuando pasamos a considerar los modos fermiónicos, debemos entender que la cuerda habita el «espaciotiempo» que es 10-dimensional, en lugar de encontrarse en el fibrado 26-dimensional situado sobre él. Lo que esto significa es que la propia cuerda debe *transportar consigo* las fibras del fibrado situadas sobre ella. Se trata de una entidad de un tipo realmente muy diferente de la de los modos bosónicos, pues ahora la propia cuerda es un *subfibrado* 18-dimensional del espacio total 26-dimensional del fibrado espaciotemporal que habita. (Este es un hecho que no suele señalarse. El espaciotiempo efectivo es un espacio *cociente* 10-dimensional —véanse la figura 1-32 en §1.10 y §A.7— del fibrado total 26-dimensional, de manera que la hoja de universo de la cuerda debe ser también un espacio cociente, en este caso de un subfibrado 18-dimensional.) La libertad funcional en estos modos sigue siendo de la forma $\infty^{a\infty^1}$ (donde a depende del grupo del fibrado), pero la *imagen geométrica* es ahora completamente distinta de la de los modos bosónicos, ya que, para estos últimos, la cuerda debe verse como un tubo de universo 2-dimensional (como en la figura 1-11), mientras que para los modos fermiónicos las cuerdas deberían ser, desde el punto de vista técnico, subfibrados de dimensión total 18 (= 2 + 16). Me cuesta mucho hacerme una imagen coherente de lo que sucede aquí, y nunca he visto que estas cuestiones geométricas se traten debidamente.

Además, debería ser más explícito aquí sobre la naturaleza geométrica de los modos dextrógiros y levógiros, dejando de lado la cuestión de cómo debe interpretarse el espacio ambiente, puesto que esto suscita otra cuestión que aún no he abordado. Ya he mencionado el hecho sugerente de que las hojas de universo de las cuerdas pueden verse como *superficies de Riemann*. Sin embargo, esto no es realmente así para las descripciones anteriores. He recurrido a cierto juego de manos muy habitual en las argumentaciones de la teoría cuántica (de campos) y que aquí se emplea a las claras al hacer uso de un recurso conocido como *rotación de Wick*, que no ha recibido una mención explícita hasta ahora.

¿Qué es una rotación de Wick? Es un procedimiento matemático, originalmente pensado para transformar diversos problemas en teoría cuántica de campos en el espaciotiempo de Minkowski $\mathbb{M}$ (el espaciotiempo plano de la relatividad especial; véase la parte final de §1.7) en otros normalmente más abordables en el 4-espacio euclídeo ordinario $\mathbb{E}^4$. La idea procede del hecho de que la métrica **g** del espaciotiempo lorentziano de la teoría de la relatividad se convierte en (menos) una métrica euclídea si una coordenada temporal estándar t se sustituye por it (donde $i = \sqrt{-1}$; véase §A.9). Este truco se conoce por regla general como *euclideanización*, y, una vez que se ha resuelto el problema en su forma euclideanizada, se convierte de vuelta mediante un proceso de extensión analítica (véase §A.10, y también §3.8) para obtener una solución en el espaciotiempo de Minkowski $\mathbb{M}$ en cuestión. Actualmente, es tan habitual utilizar el concepto de la rotación de Wick en teoría cuántica de campos que a menudo se considera casi un procedimiento automático en numerosas situaciones de distinto tipo, sin apenas hacer mención de él y sin que su validez se cuestione casi nunca. Tiene, en efecto, una amplia aplicabilidad, pero no es un procedimiento universalmente válido. Muy en particular, es harto discutible en el contexto de los espaciotiempos curvos que aparecen en relatividad general, donde, en circunstancias normales, el procedimiento ni siquiera se puede aplicar, porque no existe una *coordenada temporal natural*. En teoría de cuerdas, esto supone un problema tanto en el espaciotiempo 10-dimensional, en situaciones generales con espacios curvos, como también en la hoja de universo de las cuerdas.[6]

Me parece que una dificultad de este tipo suscita cuestiones que la teoría de cuerdas no ha abordado debidamente. No obstante, me permitiré ignorar aquí estas cuestiones generales para fijarme en cuál es el efecto de la euclideanización de la hoja de universo de una cuerda. Podemos visualizar la historia de una cuerda como un lazo único que se mueve de alguna manera, sin superar la velocidad de la luz local. Entonces, su hoja de universo sería una 2-superficie de género tiempo, que hereda una 2-métrica lorentziana de la 10-métrica lorentziana del espacio ambiente. Esta 2-métrica asignará un par de direcciones nulas a cada punto de la hoja de universo. Si seguimos sistemáticamente estas direcciones nulas en un sentido o en otro, obtenemos una curva nula helicoidal dextrógira o levógira sobre el cilindro de la hoja de universo. Las excitaciones que son constantes a lo largo de una u otra de estas familias de curvas nos darán los modos dextrógiro o levógiro a los que me he referido antes (véase la figura 1-30(b)). Sin embargo, dichas hojas cilíndricas nunca pueden ramificarse y dar lugar a imágenes como las que necesitaríamos para la figura 1-11, porque la estructura lorentziana se descompone en los lugares donde el tubo se ramifica. Esta topología solo puede darse para las cuerdas euclideanizadas que se muestran en la figura 1-30(a), que son superficies de Riemann, con una métrica de tipo riemanniano, sin direcciones nulas y susceptibles de ser interpretadas como *curvas complejas* (véase §A.10). Los modos dextrógiro y levógiro euclideanizados corresponden ahora a funciones *holomorfas* y *antiholomorfas*, respectivamente, sobre la superficie de Riemann (véase §A.10).

6. Una variación interesante de la rotación de Wick se utiliza en el enfoque de Hartle-Hawking a la cuantización del espaciotiempo [Hartle y Hawking, 1983]. No obstante, se trata, en sentido estricto, de un procedimiento muy distinto, con sus propios problemas.

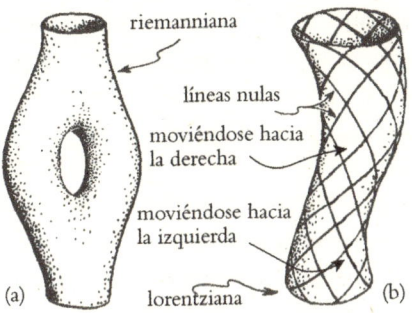

riemanniana

líneas nulas

moviéndose hacia la derecha

moviéndose hacia la izquierda

(a)   lorentziana   (b)

FIGURA 1-30. Esta figura compara dos puntos de vista diferentes con respecto a las hojas de universo de las cuerdas. En (a) vemos la representación de los tubos de universo como superficies de Riemann, que pueden ramificarse y volver a unirse de forma suave de diferentes maneras. En (b) tenemos la forma más directa de visualizar una historia de cuerdas (de género tiempo) como una 2-variedad lorentziana, en la que se pueden representar los modos de excitación levógiro y dextrógiro, pero donde no está permitida la ramificación. Se supone que las dos imágenes están relacionadas mediante una rotación de Wick, procedimiento muy discutible en un contexto de espaciotiempo curvo de la relatividad general.

La cuestión de la *libertad funcional*, que constituye mi preocupación principal en este apartado, no es la única directamente física que no se trata con suficiente profundidad en las consideraciones sobre teoría de cuerdas que he leído en la literatura estándar. De hecho, no he encontrado mucho relacionado con las consideraciones geométricas inmediatas que suscita el procedimiento aparentemente fundamental pero muy discutible de la rotación de Wick que he mencionado antes. Tengo la impresión de que muchas de las cuestiones geométricas y físicas más evidentes que surgen de la perspectiva de la teoría de cuerdas nunca se abordan como es debido.

Por ejemplo, en el caso de la teoría de cuerdas heterótica, a las cuerdas se las considera *cerradas*, lo que significa que no tienen agujeros. (Véase §1.6, y en particular §1.16.) Si intentamos imaginar estas cuerdas de una manera física directa —esto es, antes de que se introduzca el «truco» de la rotación de Wick—, debemos entender que la hoja de universo de una cuerda es de género tiempo, como en la figura 1-30(b). Si en dicha hoja de universo no puede haber agujeros, esta debe seguir siendo un tubo de género tiempo que se extiende indefinidamente hacia el futuro. No vale imaginar que se enrolla alrededor de las «minúsculas» dimensiones adicionales, ya que a estas dimensiones se las considera de género espacio. Solo puede continuar indefinidamente hacia el futuro, y entonces no puede considerarse cerrada. Esta es una de las muchas cuestiones que no creo que se traten debidamente en ninguna descripción de la teoría de cuerdas de las que he visto.

Me parece muy extraña esta curiosa falta de una imagen geométrica coherente de cómo la teoría de cuerdas ha de entenderse en términos físicos ordinarios, en especial para una teoría descrita con frecuencia como una *teoría del todo*. Es más, dicha falta de una imagen geométrica y física clara contrasta mucho con la geometría sumamente sofisticada y el análisis puramente matemático, tan minucioso, aplicados en el estudio de las 6-variedades (por regla general, espacios de Calabi-Yau; véanse §§1.13 y 1.14) que proporcionan las dimensiones adicionales del 6-espacio, enrolladas y del tamaño de la escala de Planck, que se supone que son necesarias para la coherencia de la teoría. Me resulta sumamente desconcertante que una parte muy bien informada de la comunidad física combine una sofisticación geométrica extrema y una aparente despreocupación por la coherencia geométrica general.

En la evaluación de las cuestiones relativas a la libertad funcional que ocupará los dos apartados siguientes, me expresaré como si el espaciotiempo fuese 10-dimensional, pero la validez de los argumentos no se limita a ese número concreto de dimensiones. El argumento clásico de §1.11, según el cual tales dimensiones adicionales serían catastróficamente inestables, también es válido para cualquier teoría supradimensional para la cual existan al menos 2 (minúsculas) dimensiones espaciales adicionales y que esté sujeta a las ecuaciones de Einstein 10-dimensionales ($\Lambda = 0$) del vacío $^{10}\mathbf{G} = \mathbf{0}$ (la dimensionalidad temporal continúa siendo 1). En la literatura estándar se encuentran argumentos en el sentido de que la teoría de cuerdas bosónicas 26-dimensional original es en efecto catastróficamente inestable, pero esto no es demasiado relevante para los argumentos que expondré aquí, cuyo ámbito de aplicación es mucho más general.

El argumento expuesto en §1.10 es de un carácter completamente distinto al que figura en §1.9, que está dirigido a combatir un argumento mecanocuántico habitual según el cual las dimensiones espaciales adicionales, extraordinariamente minúsculas, serían inmunes a la excitación a cualquier escala de energía remotamente alcanzable.

Aquí, de nuevo, el argumento no es específico para un determinado número de estas dimensiones espaciales adicionales, pero para concretar lo expresaré también en función de la teoría 10-dimensional, hoy en día en boga. En ninguno de los casos me preocuparé por la supersimetría, para que los conceptos geométricos puedan seguir siendo razonablemente claros. Doy por hecho que la presencia de supersimetría no afectaría de manera drástica a los argumentos, puesto que podrían referirse al «cuerpo» no supersimétrico de la geometría (véase §1.14).

En todos estos argumentos, adopto el punto de vista que la teoría de cuerdas parece exigir, según el cual las dimensiones espaciales adicionales se consideran plenamente dinámicas. Así, aunque los teóricos de cuerdas suelen destacar las semejanzas entre las dimensiones adicionales de la teoría de cuerdas y las que introducen Kaluza y Klein, debo insistir de nuevo en la diferencia enorme y esencial que existe entre el esquema original de Kaluza-Klein y el tipo de propuesta que los teóricos de cuerdas tienen en mente. En ninguna de las versiones de mayor dimensionalidad de la teoría de cuerdas que he visto, salvo quizá en relación con las 16 dimensiones de discrepancia entre los modelos heteróticos que se han descrito con anterioridad en este mismo apartado, hay un indicio de algo análogo a la *simetría rotacional* en las dimensiones adicionales incorporada en la teoría de Kaluza-Klein (de hecho, se niega explícitamente esa simetría [Greene, 1999]). En consecuencia, es probable que la libertad funcional en la teoría de cuerdas sea a todas luces excesiva; por ejemplo, de la forma $\infty^{k\infty^9}$ para la teoría 10-dimensional que se considera convencional hoy en día, en lugar del valor de $\infty^{k\infty^3}$ que esperaríamos para una teoría física realista. Lo más importante es que, mientras que en la teoría de Kaluza-Klein *no* existe libertad para tener variaciones arbitrarias en la estructura a lo largo de la dimensión espacial (S^1) adicional (debido a la imposición de la simetría rotacional), en la teoría de cuerdas esta libertad está explícitamente permitida. Esta diferencia es la única responsable del exceso de libertad funcional que existe en la teoría de cuerdas.

Esta es una cuestión que nunca he visto que los teóricos de cuerdas profesionales traten en serio por lo que respecta a las consideraciones clásicas (esto es, no cuánticas). Por otra parte, se ha argumentado que tales consideraciones son esencialmente irrelevantes para la teoría de cuerdas, porque el problema debe abordarse desde el punto de vista de la mecánica cuántica (o la teoría cuántica de campos) en lugar de hacerlo desde la teoría clásica de campos. En efecto, cuando a los teóricos de cuerdas se les saca a colación el asunto de los excesivos grados de libertad funcional en las 6 dimensiones «pequeñas» adicionales, suelen desdeñarlo con un argumento mecanocuántico poco riguroso de naturaleza general que yo considero básicamente falaz. Evaluaré este argumento en el apartado siguiente, y a continuación (en §1.11) expondré no solo por qué creo que no es en absoluto convincente, sino que el corolario lógico de las dimensiones espaciales adicionales de los teóricos de cuerdas sería un universo por completo inestable, en el que cabría esperar que dichas dimensiones adicionales se derrumbasen dinámicamente, con consecuencias desastrosas para la geometría macroscópica del espaciotiempo tal y como la conocemos.

Estos argumentos se centran sobre todo en los grados de libertad en la propia geometría del espaciotiempo. Está también la cuestión distinta, aunque estrechamente relacionada, de la excesiva libertad funcional en otros campos definidos en variedades espaciotemporales de dimensionalidad más elevada. Analizaré con brevedad estos asuntos hacia el final de §1.10, a los que en ocasiones se ha atribuido cierta relevancia para situaciones experimentales. Comentaré de manera sucinta un problema relacionado en §2.11, y aunque los argumentos allí expuestos no resulten del todo concluyentes, sí hay cuestiones preocupantes, que no he visto tratadas en otros lugares, y que podrían ser dignas de un estudio más a fondo.

1.10. ¿OBSTÁCULOS CUÁNTICOS A LA LIBERTAD FUNCIONAL?

En este apartado (y en el siguiente) expongo un argumento que, en mi opinión, apuntala firmemente la idea de que no podemos evitar la cuestión de la excesiva libertad funcional en las teorías con dimensiones espaciales adicionales, incluso en un contexto cuántico. El argumento es, en esencia, el que presenté en el congreso organizado en Cambridge en enero de 2002 para celebrar el sexagésimo cumpleaños de Stephen Hawking [Penrose, 2003; véase también *ECalR*: §§31.11 y 31.12], pero aquí lo expongo de una manera más contundente. En primer lugar, para poder entender las cuestiones cuánticas relevantes tal y como suelen presentarse, necesitamos saber un poco más sobre los procedimientos de la teoría cuántica estándar.

Consideremos un sistema cuántico sencillo, como puede ser un átomo (por ejemplo, de hidrógeno) en reposo. Básicamente, lo que tenemos es que habrá una serie de *niveles de energía* discretos diferentes (por ejemplo, las distintas órbitas permitidas del electrón en el átomo de hidrógeno). Existirá un estado de *mínima* energía, denominado *estado fundamental*, y cabe esperar que cualquier otro estado estacionario del átomo, al tener una energía mayor, acabará cayendo hasta el estado fundamental mediante la emisión de fotones, siempre que el entorno en el que se encuentre el átomo no esté demasiado «caliente» (es decir, no sea demasiado energético). (En algunas situaciones, puede que haya reglas de selección que prohíban algunas de estas transiciones, pero esto no afecta al razonamiento general.) Por el contrario, si se suministra la suficiente energía externa (normalmente, en forma de energía electromagnética en lo que se conoce como un *baño de fotones*; de nuevo los fotones, en este contexto cuántico) y esta se transfiere al átomo, este puede pasar de un estado de energía baja (por ejemplo, el estado fundamental) a otro de mayor energía. En cada caso, la energía E de cada fotón estará asociada con una determinada frecuencia ν, sujeta a la famosa fórmula de Planck $E = h\nu$ (§§1.5, 1.8, 2.2 y 3.4).

Volvamos ahora a la cuestión de los espaciotiempos supradimensionales de la teoría de cuerdas. Cuando se les pregunta al respecto, casi todos los teóricos de cuerdas se muestran encantados con el hecho de que, de alguna manera, la (¡gigantesca!) libertad funcional que reside en las dimensiones espaciales adicionales nunca entrará en juego en circunstancias corrientes. Esto parece deberse a la opinión de que esos grados de libertad que intervienen en la *deformación* de la geometría de las 6 pequeñas dimensiones adicionales serían en la práctica inmunes a una posible excitación, debido a la magnitud de la energía que sería necesaria para excitarlos.

De hecho, existen ciertas deformaciones especiales de las dimensiones espaciales adicionales que se pueden excitar *sin* la inyección de ninguna energía. Esto es así en el caso del espaciotiempo 10-dimensional cuando se considera que las 6 dimensiones espaciales adicionales son espacios de Calabi-Yau; véanse §§1.13 y 1.14. Tales deformaciones se denominan *modos nulos*, y suscitan cuestiones problemáticas de las que los teóricos de cuerdas son perfectamente conscientes. Estos modos nulos no hacen uso del exceso de libertad funcional que aquí me interesa, por lo que dejaré mi análisis al respecto para §1.16. En este apartado y en el siguiente me centraré en las deformaciones que sí tienen acceso a todo ese exceso de libertad funcional, y que requieren una cantidad significativa de energía para ser excitadas.

Para estimar la escala de energía que sería necesaria, recurrimos de nuevo a la fórmula de Planck, $E = h\nu$, y no nos equivocamos mucho si tomamos para la frecuencia ν un valor del orden de magnitud del inverso del tiempo que tardaría una señal en propagarse alrededor de una de estas dimensiones adicionales. Ahora bien, el «tamaño» de estas pequeñas dimensiones adicionales depende de la versión de la teoría de cuerdas que nos interese. En la teoría 26-dimensional original, podríamos estar pensando en algo del orden de 10^{-15} m, en cuyo caso la energía necesaria podría estar al alcance del LHC (véase §1.1). Por otra parte, la energía requerida en las teorías de cuerdas supersimétricas y 10-dimensionales sería mucho más elevada, y completamente inalcanzable para el acelerador de partículas más potente existente en la Tierra (el LHC) o para cualquier otro que pueda existir en un futuro próximo. En este tipo de teoría de cuerdas, que intenta abordar de manera concienzuda las cuestiones relativas a la *gravedad* cuántica, esta energía sería aproximadamente del orden de la *energía de Planck*, que es la energía asociada a la *longitud de Planck* (que se analiza brevemente en §§1.1 y 1.5, y con más detenimiento en §§3.6 y 3.10). En consecuencia, se suele argumentar que sería necesario un proceso que implicase partículas *individuales* aceleradas a energías al menos de una magnitud tan enorme —que sería del orden de la energía liberada en la explosión de un proyectil de artillería de buen tamaño— para excitar los grados de libertad en las dimensiones adicionales desde su estado fundamental. Al menos, para las versiones de la teoría de cuerdas con dimensiones adicionales de aproximadamente esta escala diminuta, se argumenta que estas dimensiones serían en la práctica inmunes a la excitación por cualquier medio que podamos prever actualmente.

Cabe mencionar que *hay* versiones de la teoría de cuerdas, por lo general consideradas alejadas de las dominantes, en las que algunas de las dimensiones adicionales pueden llegar a tener tamaños hasta del orden de un milímetro. La supuesta virtud de estos esquemas es que podrían ser sometidas a una prueba experimental [véase Arkani-Hamed *et al., 1998*]. Pero, desde el punto de vista de la libertad funcional, adolecen particularmente de la dificultad de que debería ser fácil excitar estas «grandes» energías de oscilación, incluso con las energías de los aceleradores actuales, y sigo sin entender por qué a quienes proponen estas ideas no les preocupa el gigantesco exceso de libertad funcional que ya debería haberse puesto de manifiesto.

Debo decir que, por las razones que expondré, no me parece nada convincente el argumento de que la libertad funcional en dimensiones espaciales adicionales incluso del tamaño de la *escala de Planck* debería ser inmune a las excitaciones. Por consiguiente, soy incapaz de tomarme en serio la conclusión general de que la enorme acumulación de grados de libertad en las dimensiones adicionales debería ser inmune a la excitación en las circunstancias «corrientes» de las energías disponibles en nuestro universo actual. Hay varios motivos para mi profundo escepticismo. En primer lugar, hemos de preguntarnos por qué deberíamos considerar que la energía de Planck es «grande» en este contexto. Supongo que lo que se quiere dar a entender es que la energía debe inyectarse mediante la intervención de algo como una partícula de muy alta energía, como sucedería en un acelerador de partículas (que sería análoga al fotón capaz de excitar un átomo desde su estado fundamental). Pero debemos tener en cuenta que la imagen que nos proponen los teóricos de cuerdas es una en la que el espaciotiempo —al menos cuando las dimensiones adicionales se encuentran en su estado fundamental— debería tomarse como un *espacio producto* $M \times X$ (véase la figura A-25 en §A.7), donde M es algo que se parece mucho a nuestra imagen clásica corriente de un espaciotiempo 4-dimensional, mientras que X es el espacio de las dimensiones «pequeñas» adicionales. En la versión 10-dimensional de la teoría de cuerdas, suele considerarse que X es un espacio de Calabi-Yau, que es un tipo particular de 6-variedad que veremos un poco más detenidamente en §§1.13 y 1.14. Si se excitasen las propias dimensiones adicionales, el «modo excitado» relevante (véase §A.11) del espaciotiempo se reflejaría en el hecho de que nuestro espaciotiempo supradimensional tendría la forma $M \times X'$, donde X' es el sistema de dimensiones adicionales perturbado (es decir, «excitado»). (Evidentemente, debemos entender que X' es, en cierto sentido, un espacio «cuántico», no uno clásico, pero esto no afecta demasiado al razonamiento.) Algo que quiero dejar claro aquí es que, al perturbar $M \times \mathcal{X}$ hasta acabar en $M \times \mathcal{X}'$, hemos perturbado *el universo entero* (todo el espacio M se ve afectado en cada punto de $\mathcal{X}$), de manera que cuando pensamos que la energía necesaria para producir este modo de perturbación es «grande» debemos entender esto en el contexto del universo en su conjunto. Me parece muy poco razonable exigir que la inyección de este cuanto de energía la efectúe necesariamente una partícula de alta energía bastante localizada.

En esa misma línea iría la consideración de cierta forma de inestabilidad presumiblemente *no lineal* (véanse §§A.11 y 2.4) que afecta a la dinámica del universo (supradimensional) en su conjunto. Llegados a este punto, debe quedar claro que *no* considero que la dinámica de los grados de libertad «internos», que rige el comportamiento de las 6 dimensiones espaciales adicionales, sea *independiente* de la dinámica de los grados «externos», que gobiernan el comportamiento del espaciotiempo 4-dimensional ordinario. Para que ambos puedan considerarse legítimamente componentes de un «espaciotiempo» conjunto, debería existir una dinámica que gobierne ambos conjuntos de grados de libertad en un esquema global (en lugar de que, por ejemplo, se considere que el primero es algún tipo de «fibrado» sobre el segundo; véanse §§A.7 y 1.9). De hecho, se considera que una versión de las ecuaciones de Einstein controla toda la evolución de ambos conjuntos de grados de libertad, que es, en cualquier caso, la imagen que entiendo que los teóricos de cuerdas tienen en mente, al menos a escala clásica, en que se considera que la evolución de todo el 10-espaciotiempo se aproxima adecuadamente mediante las ecuaciones de Einstein 10-dimensionales del vacío, $^{10}\mathbf{G} = \mathbf{0}$ (véase, más adelante, §1.11).

Trataré la cuestión de tales inestabilidades *clásicas* en §1.11; la presente digresión se refiere a cuestiones *cuánticas*, y la conclusión a la que llegaremos será que debemos en efecto fijarnos en la imagen clásica para llegar a comprender plenamente la cuestión de la inestabilidad. En el contexto de la dinámica del universo entero, la energía de Planck no es grande en absoluto, sino extremadamente pequeña. Por ejemplo, el movimiento de la Tierra alrededor del Sol implica una energía cinética que es alrededor de un millón de millones de millones de millones (esto es, 10^{24}) de veces más grande. No veo ningún motivo por el que una diminuta fracción de esta energía, que podría muy bien ser mucho mayor que la energía de Planck, no tuviera que invertirse en perturbar muy ligeramente el espacio $\mathcal{X}$, en una región espacial $\mathcal{M}'$ de la escala de la Tierra, o quizá algo más grande (y que incluya el sistema Tierra-Sol al completo). Al estar distribuida sobre una región relativamente grande, la *densidad* de esta energía a lo largo y ancho de $\mathcal{M}'$ sería sumamente pequeña (véase la figura 1-31). En consecuencia, la *geometría* de estas dimensiones espaciales ($\mathcal{X}$) apenas se vería alterada en $\mathcal{M}'$ por una perturbación de la magnitud de la energía de Planck, y no veo ninguna razón por la que nuestra geometría espaciotemporal relativamente local $\mathcal{M}' \times \mathcal{X}$ no debería experimentar una perturbación hasta dar lugar a algo como $\mathcal{M}' \times \mathcal{X}'$, pero unido suavemente con el resto de $\mathcal{M} \times \mathcal{X}$ fuera de la región $\mathcal{M}'$, donde la diferencia entre las *geometrías* $\mathcal{X}$ y $\mathcal{X}'$ sería ridículamente minúscula y muchísimo *más pequeña* que la escala de Planck.

Las ecuaciones que gobiernan el 10-espacio entero acoplarían dinámicamente las de $\mathcal{M}$ con las de $\mathcal{X}$, de manera que un minúsculo cambio local de la geometría de $\mathcal{X}$ sería una consecuencia esperada

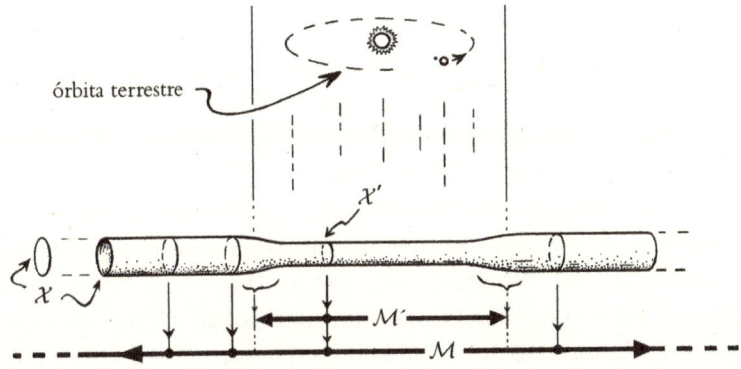

FIGURA 1-31. Se necesitaría una energía del orden de la escala de Planck para excitar el pequeño espacio compacto 6-dimensional $\mathcal{X}$ de dimensiones adicionales de la teoría de cuerdas, pero la energía disponible en el movimiento de la Tierra alrededor del Sol es muy superior a ese valor. Aquí $\mathcal{M}$ representa el 4-espaciotiempo ordinario de nuestra experiencia cotidiana y $\mathcal{M}'$, una parte relativamente pequeña del mismo, que contiene el movimiento orbital de la Tierra. Una mínima proporción de la perturbación al espaciotiempo procedente de la energía del movimiento terrestre bastaría para perturbar $\mathcal{X}$ hasta dar un espacio $\mathcal{X}'$ muy ligeramente distinto, extendido sobre la región $\mathcal{M}'$.

de una perturbación relativamente local (en un entorno $\mathcal{M}'$) de la geometría espaciotemporal macroscópica $\mathcal{M}$. Además, este acoplamiento sería mutuo. En consecuencia, el desencadenamiento de una inundación de grados de libertad supradimensionales que están en potencia ahí en virtud de la libertad existente en la geometría a la escala de Planck —que implica, dicho sea de paso, una enorme curvatura del espaciotiempo— podría perfectamente tener efectos devastadores sobre la dinámica macroscópica.

Aunque existen argumentos, basados en la supersimetría, según los cuales la geometría $\mathcal{X}$ del estado fundamental podría estar sumamente restringida (por ejemplo, que sea necesariamente lo que se conoce como un *6-espacio de Calabi-Yau*; véanse §§1.13 y 1.14), eso *no* debería afectar a su potencial para alejarse de dicha geometría en situaciones dinámicas. Por ejemplo, mientras que las ecuaciones de Einstein $^{10}\mathbf{G} = \mathbf{0}$, cuando se aplican a geometrías que están restringidas a ser de la forma producto $\mathcal{M} \times \mathcal{X}$, pueden imponer fuertes condiciones sobre la geometría del propio $\mathcal{X}$ (así como sobre la de $\mathcal{M}$), no cabría esperar que esta muy particular forma de producto persistiese en la situación dinámica general; y, de hecho, *casi toda* la libertad funcional se expresaría en soluciones que *no* poseen esta forma de producto (véase §A.11). En consecuencia, con independencia de los criterios que se utilicen para restringir las dimensiones adicionales de forma que tengan una estructura geométrica particular (por ejemplo, Calabi-Yau) cuando se encuentran en su estado fundamental, no podemos esperar que esto se mantenga en situaciones plenamente dinámicas.

En este punto es necesario hacer una aclaración en relación con la comparación que he hecho antes con las transiciones cuánticas en los átomos, ya que al principio de este apartado he pasado por alto una cuestión técnica cuando he considerado un átomo en reposo. Para que el átomo esté por completo en reposo, su estado (función de onda) debe, técnicamente, estar distribuido de manera uniforme por todo el universo (ya que, para estar en reposo, debe poseer un momento nulo, del que se deduce la uniformidad; véanse §§2.13 y 4.2), de una manera aparentemente similar a como $\mathcal{X}$ (o $\mathcal{X}'$) están distribuidos uniformemente por el universo en el producto $\mathcal{M} \times \mathcal{X}$. ¿Invalida esto en algún sentido mi razonamiento anterior? No veo por qué habría de ser así. No obstante, los procesos que implican átomos individuales deben verse como eventos *localizados*, en los que un cambio en el estado de un átomo sería producido por algún proceso local, como un encuentro con otra entidad razonablemente localizada, como un fotón. El hecho de que, técnicamente, se pueda entender que un estado estacionario (o una función de onda independiente del tiempo) de un átomo está distribuido por todo el universo es irrelevante para la manera en que se hacen en realidad los cálculos, ya que por regla general se entiende simplemente que todas las consideraciones espaciales se toman con respecto al *centro de masas* del sistema, y la dificultad antes mencionada desaparece.

Sin embargo, la situación con respecto a las perturbaciones del espacio $\mathcal{X}$ de la escala de Planck es por completo diferente, porque aquí el estado fundamental de $\mathcal{X}$ está, por su propia naturaleza, necesariamente *no* localizado en ningún lugar en concreto de nuestro espaciotiempo ordinario $\mathcal{M}$, sino que se supone que es omnipresente, y permea la estructura del espaciotiempo por todo el universo. Se supone que el estado cuántico geométrico de $\mathcal{X}$ influye en los detalles de lo que sucede físicamente en la galaxia más remota tanto como aquí, en la Tierra. El argumento de los teóricos de cuerdas de que una energía del orden de la escala de Planck sería, con creces, demasiado grande para poder excitar $\mathcal{X}$, en comparación con la que hay disponible, me parece un argumento inapropiado por varios motivos. No es solo que esas energías están ampliamente disponibles a través de medios no localizados (como, por ejemplo, el movimiento de la Tierra), sino que, si imaginásemos que $\mathcal{X}$ pasase realmente a un estado excitado $\mathcal{X}'$ a través de la transición de una partícula (gracias quizá a un avance tecnológico que hiciese posible un acelerador de partículas que operase a la energía de Planck), lo cual llevaría a $\mathcal{M} \times \mathcal{X}'$ para el nuevo estado del universo, esto sería a todas luces absurdo, ya que no cabe esperar que la física en la galaxia de Andrómeda cambie instantáneamente porque se produzca un evento de este estilo aquí, en la Tierra. Deberíamos pensar más bien en términos de un evento mucho más leve en las proximidades de nuestro planeta que se propaga a la velocidad de la luz. Es mucho más admisible describir estas cosas mediante ecuaciones clásicas no lineales que a través de abruptas transiciones cuánticas.

A la vista de tales consideraciones, debería volver sobre una idea que he mencionado brevemente antes para tratar de ver de qué manera cabría esperar que un cuanto de energía de la escala de Planck, distribuido sobre una región más bien grande M' de M, afectase a la geometría del espacio X en dicha región. Como ya se ha dicho, X se vería muy poco afectado, y, cuanto más grande fuese la región M', menor tendría que ser el cambio de X en esa región (donde estamos suponiendo que este cambio es producido por un evento extendido cuya energía sería de la escala de Planck). En consecuencia, si examinamos las variaciones en la forma o en el tamaño de X que sean realmente significativas, y hacen que X se transforme en un espacio X^* que difiere bastante de X, eso nos lleva a considerar energías muy superiores a la escala de Planck (que, evidentemente, son muy abundantes en el universo que conocemos, como, por ejemplo, en el movimiento de la Tierra alrededor del Sol). Estas energías no vienen dadas tan solo por un único cuanto «mínimo» de energía de la escala de Planck, sino por la inyección de una cantidad enorme de cuantos de variaciones de X. Propiciar una transformación de X a un X^* notablemente diferente en una región grande implicaría una cantidad enorme de tales cuantos (quizá de la escala de Planck o más grandes). Se suele suponer, al considerar efectos que requieren de una cantidad de cuantos tan gigantesca, que la mejor manera de describir dichos efectos es puramente clásica (esto es, sin mecánica cuántica).

De hecho, como veremos en el capítulo 2, esta cuestión de cómo una apariencia de clasicismo puede surgir a partir de una multiplicidad de eventos cuánticos suscita toda una serie de preguntas profundas sobre la manera en que el mundo cuántico se relaciona con el clásico. De hecho, es una cuestión interesante (y polémica) la de si la apariencia de clasicismo se produce o no simplemente como consecuencia del gran número de cuantos implicados, o bien de algún otro criterio, y volveré sobre este asunto particular en §2.13. Sin embargo, para los propósitos del argumento que nos ocupa, tales sutilezas no parecen particularmente relevantes, y me limito a señalar que debería considerarse como algo razonable el uso de argumentos *clásicos* para abordar la cuestión de las perturbaciones del espacio-tiempo $M \times X$ que alteran de manera significativa el espacio X. Esto ocasiona sus propias dificultades graves en relación con las dimensiones espaciales adicionales, como veremos en breve en el apartado siguiente.

Pero antes de llegar a esas dificultades —que tienen que ver en concreto con la forma particular de supradimensionalidad espacial que surge de la teoría de cuerdas— creo que es útil establecer una comparación con un tipo de situación experimental que a veces se considera análoga a la planteada antes. Un ejemplo de dicha situación es el denominado *efecto Hall cuántico* [Von Klitzing *et al.*, 1980; Von Klitzing, 1983], que es un bien conocido fenómeno cuántico en 2 dimensiones espaciales que tiene lugar dentro de la física en 3 dimensiones espaciales. En esta situación, existe una gran barrera de energía que restringe el sistema en cuestión a una superficie 2-dimensional, y la física cuántica de este mundo de menos dimensiones puede desarrollarse al parecer ajena a la tercera dimensión espacial, porque sus contenidos no poseen suficiente energía para superar dicha barrera. Así pues, en ocasiones se argumenta que cabe considerar que un ejemplo como este nos facilita una analogía con lo que se supone que debe estar sucediendo con la supradimensionalidad de la teoría de cuerdas, en que se considera que nuestra física ordinaria en 3 dimensiones espaciales es asimismo ajena al mundo de 9 dimensiones espaciales en el que supuestamente está inmersa, debido a la existencia de una gran barrera energética.

Sin embargo, esta es una analogía completamente falsa. El ejemplo anterior es más apropiado para el punto de vista del universo de branas de §1.16, donde el espacio de menos dimensiones es un subespacio del de mayor dimensionalidad, en lugar del *espacio cociente* relevante para las representaciones de la teoría de cuerdas estándar que he estado evaluando (ejemplificado por la expresión $\mathcal{M} \times \mathcal{X}$, de la cual $\mathcal{M}$ es un espacio cociente). Véanse §A.7 y la figura 1-32. La función de $\mathcal{M}$ como espacio cociente, en lugar de ser un subespacio, vuelve a

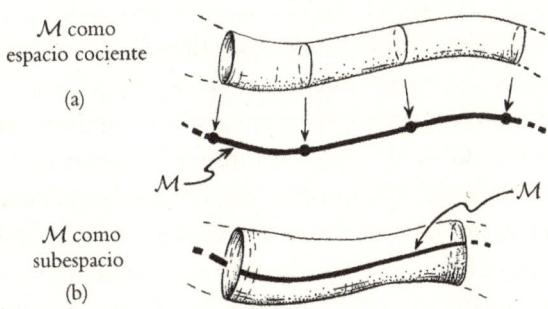

$\mathcal{M}$ como espacio cociente

(a)

$\mathcal{M}$

$\mathcal{M}$

$\mathcal{M}$ como subespacio

(b)

FIGURA 1-32. Comparación entre (a) una situación en la que $\mathcal{M}$ es un espacio cociente y (b) otra en la que $\mathcal{M}$ es un subespacio.

ser pertinente para el argumento del apartado siguiente. No obstante, la representación del subespacio es relevante para la muy distinta imagen del universo de branas que se describirá con algo más de detalle en §1.16.

1.11. Inestabilidad clásica de la teoría de cuerdas supradimensional

Volvamos ahora a la cuestión, que ya se ha tratado en §1.10, de la estabilidad de un espaciotiempo clásico de la forma $S = M \times X$, donde X es un espacio compacto de tamaño minúsculo. Aunque mis argumentos no son muy específicos en cuanto a la naturaleza del espacio X, los expresaré en términos de las versiones de la teoría de cuerdas en las que X sería un tipo de espacio compacto 6-dimensional denominado *variedad de Calabi-Yau*, que veremos algo más detalladamente en §§1.13 y 1.14, de manera que S será un espaciotiempo 10-dimensional. Esta situación implicaría la existencia de ciertos elementos de supersimetría (§1.14), pero no desempeñarán ninguna función en el razonamiento clásico que expondré aquí (que puede considerarse de aplicación para la parte del «cuerpo» del sistema (véase §1.14), por lo que me he tomado la libertad de ignorar, de momento, la supersimetría, dejando mis reflexiones sobre ella para §1.14. De hecho, básicamente todo lo que necesitaré de X es que sea al menos 2-dimensional, que es sin duda lo que se pretende en la teoría de cuerdas actual, aunque sí necesitaré que el espaciotiempo S satisfaga unas ecuaciones de campo.

Ya he mencionado (§1.10) que, según la teoría de cuerdas, la métrica asignada a este S supradimensional debería satisfacer unas ecuaciones de campo. En una primera aproximación, podemos considerar que este conjunto de ecuaciones para S son las de Einstein del vacío $^{10}G = 0$, donde ^{10}G es el tensor de Einstein construido a partir de la 10-métrica de S. Estas ecuaciones se imponen sobre el espacio S en el que residen las cuerdas para evitar una *anomalía* (que va más allá de la mencionada en §1.6, que llevó a los teóricos a incrementar la dimensionalidad espacial). De hecho, el «^{10}G» en $^{10}G = 0$ es solo el primer término de una serie de potencias en una magnitud pequeña α' denominada *constante de cuerda*, un parámetro de área sumamente minúsculo cuyo valor se suele tomar como ligeramente superior al cuadrado de la longitud de Planck (véase §1.5):

$$\alpha' \approx 10^{-68} \ m^2.$$

Así, tenemos unas ecuaciones de campo para S que pueden expresarse como una cierta serie de potencias (§A.10):

$$0 = {}^{10}G + \alpha'H + \alpha'^2J + \alpha'^3K + ...,$$

donde **H, J, K,** etc. serían expresiones construidas a partir de la curvatura riemanniana y sus derivadas de distintos órdenes. Sin embargo, debido al tamaño sumamente pequeño de α', los términos de órdenes superiores se suelen ignorar en las distintas versiones particulares de la teoría de cuerdas que se proponen (aunque hay ciertas dudas acerca de hasta qué punto es válido hacerlo, pues no hay información sobre la convergencia o comportamiento final de la serie (véanse §§A.10 y A.11)). En particular, se puede considerar explícitamente que los espacios de Calabi-Yau que se han mencionado antes (véanse §§1.13 y 1.14) satisfacen la ecuación 6-espacial «$^6G = 0$», lo que implica que la ecuación 10-espacial $^{10}G = 0$ sea válida para el espacio producto $M \times X$, dado que también se supone que la ecuación de Einstein estándar del vacío, $^4G = 0$, es válida para M (lo cual sería razonable para el «estado fundamental» del *vacío* de los campos de materia).[7] En todo esto, estoy usando las ecuaciones de Einstein sin ningún término Λ (véanse §§1.1 y 3.1). La constante cosmológica sería en efecto completamente despreciable para las escalas que estamos considerando aquí.

Supongamos, de acuerdo con lo anterior, que, en efecto, las ecuaciones del vacío $^{10}G = 0$ se satisfacen para $S = M \times X$. Nos interesa

---

7. El tensor de Einstein $^{m,n}G$ del producto $M \times N$ de dos espacios (pseudo) riemannianos M y N (de dimensiones m y n, respectivamente) puede expresarse como una *suma directa* $^mG \oplus {}^nG$ de los respectivos tensores de Einstein ^mG y ^nG, donde la (pseudo)métrica de $M \times N$ se define como la correspondiente suma directa $^{m,n}g = {}^mg \oplus {}^ng$ de las respectivas (pseudo)métricas individuales ^mg y ^ng de M y N. (Véase Guillemin y Pollack [1974]. Para un análisis en mayor profundidad, véase Besse [1987].) Se sigue que $M \times N$ tiene un tensor de Einstein nulo si, y solo si, son nulos los tensores de Einstein respectivos *tanto* de M *como* de N.

lo que sucede si se aplican pequeñas perturbaciones sobre el espacio (por ejemplo, de Calabi-Yau) $\mathcal{X}$ de «dimensiones adicionales». Debemos hacer aquí una precisión importante sobre la naturaleza de la perturbación que consideraré. En el seno de la comunidad de los teóricos de cuerdas hay muchos debates sobre perturbaciones que deforman un ejemplo de espacio de Calabi-Yau y dan lugar a otro ligeramente diferente al alterar los *módulos* que veremos en §1.16, que definen la forma específica de una variedad de Calabi-Yau dentro de una clase topológica particular. Entre las perturbaciones que alteran los valores de dichos módulos están los *modos nulos* que se han mencionado en §1.10. En este apartado, no me interesan especialmente las deformaciones de este tipo, que no nos sacan de la familia de los espacios de Calabi-Yau. En la teoría de cuerdas convencional, normalmente se considera que uno debe permanecer dentro de esta familia, porque se piensa que estos espacios son *estables* debido a criterios de supersimetría que obligan a que las 6 dimensiones espaciales adicionales constituyan una variedad. Sin embargo, estas consideraciones de «estabilidad» están dirigidas a demostrar que estos son los únicos 6-espacios que satisfacen los criterios de supersimetría exigidos. La idea normal de estabilidad consistiría en que una pequeña perturbación que provoque la salida de un espacio de Calabi-Yau lo devolviera a dicho estado; pero no se considera la posibilidad de que dicha perturbación diverja, alejándose de esta familia y conduciendo en última instancia a algo *singular*, donde no exista ninguna métrica suave. De hecho, esta última posibilidad de una evolución desbocada hacia tal configuración singular es la consecuencia evidente de los argumentos que siguen.

Para poder estudiar esto, lo más fácil sería que antes tratásemos explícitamente el caso básico donde $\mathcal{M}$ no experimenta ninguna perturbación; esto es, donde $\mathcal{M} = \mathbb{M}$, siendo $\mathbb{M}$ el 4-espacio plano de Minkowski de la relatividad *especial* (§1.7). Al ser $\mathbb{M}$ plano, puede reformularse como el espacio producto

$$\mathbb{M} = \mathbb{E}^3 \times \mathbb{E}^1$$

(véase §A.4, figura A-25; ello no implica básicamente más que agrupar las coordenadas x, y, z y t como (x, y, z) por una parte, y t por la otra). El 3-espacio euclídeo $\mathbb{E}^3$ es el espacio ordinario (coordenadas x, *y* y *z*), y el espacio euclídeo 1-dimensional $\mathbb{E}^1$ es el tiempo ordinario (coordenada *t*), que es simplemente una copia de la recta real $\mathbb{R}$. Con $\mathbb{M}$ escrito de esta manera, el conjunto del espaciotiempo 10-dimensional (sin perturbar) $\mathcal{S}$ se puede expresar (al ser $\mathbb{M}$ y $\mathcal{X}$ espacios cocientes de $\mathcal{S}$) como

$$\begin{aligned}
\mathcal{S} &= \mathbb{M} \times \mathcal{X} \\
&= \mathbb{E}^3 \times \mathbb{E}^1 \times \mathcal{X} \\
&= \mathbb{E}^3 \times \mathcal{Z},
\end{aligned}$$

con tan solo reagrupar las coordenadas, y donde $\mathcal{Z}$ es el espaciotiempo 7-dimensional

$$\mathcal{Z} = \mathbb{E}^1 \times \mathcal{X}$$

(las coordenadas de $\mathcal{Z}$ son: en primer lugar, *t*, y después las de $\mathcal{X}$).

Me gustaría considerar una perturbación (pequeña, pero no infinitesimalmente pequeña) del 6-espacio $\mathcal{X}$ (por ejemplo, de Calabi-Yau) hasta dar un nuevo espacio $\mathcal{X}^*$, en $t = 0$, donde podemos entender que esto se propaga en la dirección temporal dada por $\mathbb{E}^1$ (con coordenada temporal *t*), para darnos un espaciotiempo 7-dimensional evolucionado $\mathcal{Z}^*$. De momento, supongo que la perturbación afecta solo a $\mathcal{X}$, mientras que el 3-espacio euclídeo externo $\mathbb{E}^3$ permanece inalterado. Esto es perfectamente compatible con las ecuaciones de evolución, pero, puesto que se esperará de esta perturbación que altere de alguna manera la 6-geometría de $\mathcal{X}^*$ a medida que el tiempo avance, no esperamos que $\mathcal{Z}^*$ conserve la forma de un producto como $\mathbb{E}^1 \times \mathcal{X}^*$, donde la 7-geometría exacta de $\mathcal{Z}^*$ esté gobernada por las ecuaciones de Einstein $^7\mathbf{G} = \mathbf{0}$. Sin embargo, el espaciotiempo $\mathcal{S}$ entero sí que conservaría la forma de producto $\mathbb{E}^3 \times \mathcal{Z}^*$ a medida que evoluciona, porque dicha forma de producto satisfaría las ecuaciones de Einstein completas $^{10}\mathbf{G} = \mathbf{0}$ si $\mathcal{Z}^*$ satisface $^7\mathbf{G} = \mathbf{0}$, ya que $^3\mathbf{G} = \mathbf{0}$ ciertamente se cumple en el espacio plano $\mathbb{E}^3$.

El 6-espacio $\mathcal{X}^*$ se toma como la superficie de valor inicial $t = 0$ para la evolución $\mathcal{Z}^*$ (figura 1-33). A continuación, las ecuaciones $^7\mathbf{G} = \mathbf{0}$ propagan la perturbación en dirección temporal hacia el futuro (dada por $t > 0$). Hay ciertas ecuaciones de ligadura que deben cumplirse en $\mathcal{X}$, y, en un sentido matemáticamente riguroso, cerciorarse

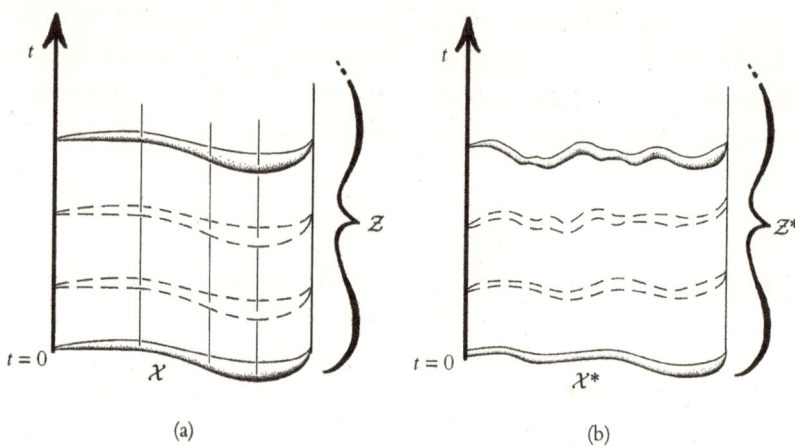

(a)   (b)

Figura 1-33. (a) El minúsculo espacio compacto $\mathcal{X}$, cuando un espacio de Calabi-Yau continúa siéndolo con el paso del tiempo, pero (b) cuando, ligeramente perturbado hasta $\mathcal{X}^*$, evoluciona hacia algo diferente.

de que dichas ecuaciones pueden satisfacerse en todo el espacio compacto $\mathcal{X}^*$ puede ser un asunto algo delicado. No obstante, la libertad
funcional que esperamos para tales perturbaciones iniciales de $\mathcal{X}$ es

$$\infty^{28\infty^6},$$

donde el «28» que aparece aquí procede de poner $n = 7$ en la expresión $n\,(n-3)$, siendo este el número de componentes iniciales independientes por punto en una $(n-1)$-superficie inicial, para un n-es-
pacio con tensor de Einstein nulo, y el «6» es la dimensionalidad de la
6-superficie inicial $\mathcal{X}^*$ [Wald, 1984]. Esto incluye tanto las perturbaciones *intrínsecas* del propio $\mathcal{X}$ como las *extrínsecas* debidas a cómo $\mathcal{X}$
está inmerso en $\mathcal{Z}$. Esta libertad clásica es, evidentemente, mucho mayor que el valor de $\infty^{k\infty^3}$ que esperamos para una teoría física apropiada para el tipo de actividad que experimentamos en el mundo 3-di-
mensional que percibimos.

Pero la situación es mucho peor, porque casi todas esas perturbaciones darán lugar a una evolución de $\mathcal{Z}$ que es *singular* (véase la figura 1-34). Lo cual significa, en efecto, que debe esperarse que las dimensiones adicionales se arruguen hasta que las curvaturas diverjan
hacia el infinito y que la posterior evolución de las ecuaciones clásicas
se vuelva imposible. Esta conclusión se deriva de los *teoremas matemá-*

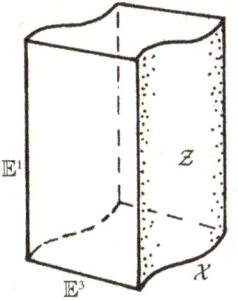 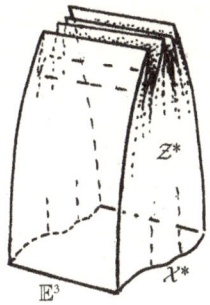

FIGURA 1-34. La inestabilidad clásica de las dimensiones adicionales de la teoría de cuerdas. La evolución $\mathcal{Z}^*$ del 6-espacio supradimensional perturbado $\mathcal{X}^*$ es, casi con toda certeza, singular, por un teorema de 1970 formulado por Hawking y el autor.

ticos de singularidad demostrados a finales de la década de 1960, y muy en particular del que Stephen Hawking y yo establecimos poco antes de 1970 [Hawking y Penrose, 1970], que demostraba, entre otras cosas, que casi cualquier espaciotiempo n-dimensional ($n \geqslant 3$) que contenga una ($n-1$)-superficie compacta de género espacio (aquí, el 6-espacio de Calabi-Yau inicial $\mathcal{X}^*$), pero que no contenga bucles cerrados de género tiempo, debe evolucionar hacia una singularidad espaciotemporal si su tensor de Einstein $^n\mathbf{G}$ satisface una condición sobre la energía (de no negatividad) denominada *condición fuerte para la energía* (que ciertamente se cumple aquí, ya que $^7\mathbf{G} = \mathbf{0}$ en todo $\mathcal{Z}^*$). Aquí se pueden ignorar las salvedades que introducen el «casi» y la ausencia de «bucles cerrados de género tiempo», ya que estas posibles escapatorias podrían ocurrir, en todo caso, únicamente en circunstancias excepcionales de mucha menor libertad funcional que la que se daría en una perturbación genérica de $\mathcal{Z}$.

Debo comentar aquí un detalle técnico. Este teorema no afirma realmente que las curvaturas deban *divergir hacia el infinito*, sino tan solo que, en general, la evolución no se puede extender más allá de cierto punto. Aunque en principio pueden darse otras alternativas en casos excepcionales, también cabe esperar que el motivo general para la imposibilidad de que continúe la evolución es que las curvaturas, en efecto, *sí* que divergen [Clarke, 1993]. Otro detalle importante es que la condición fuerte para la energía que aquí se da por supuesta, aunque se satisface automáticamente para $^7\mathbf{G} = \mathbf{0}$, no puede ciertamente garantizarse si hemos de considerar lo que sucede con los términos de orden más elevado en la serie de potencias en α' mencionada antes. Aun así, la mayoría de las reflexiones actuales de teoría de cuerdas parecen operar al nivel en el que se ignoran estos términos de orden superior en α', y se considera que $\mathcal{X}$ es un espacio de Calabi-Yau. Lo que este teorema de singularidad parece decirnos es que, siempre y cuando las perturbaciones puedan tratarse *clásicamente* (como parece que es razonable hacer, tal y como se deduce de nuestras consideraciones previas en §1.10), podemos esperar una violenta inestabilidad en las 6 dimensiones espaciales adicionales, en la cual estas se arruguen y *se aproximen* a un estado singular. Justo antes de que se llegue a este desastre, habría que tener muy en cuenta los términos de orden más alto en α', u otras consideraciones cuánticas. Dependiendo de la escala de la perturbación, cabe prever que este «tiempo arrugado» se produciría probablemente transcurrida una minúscula fracción de segundo, donde debemos tener en mente que el *tiempo de Planck* (el tiempo que tarda la luz en recorrer una distancia de la longitud de Planck; véase §1.5) es del orden de 10^{-43} segundos. Con independencia de lo que las dimensiones adicionales puedan formar al arrugarse, es improbable que la física observada no se vea drásticamente afectada. La que nos proponen los teóricos de cuerdas no es una imagen demasiado tranquilizadora del espaciotiempo 10-dimensional del universo.

Otra cuestión que debe señalarse aquí es que las perturbaciones que hemos considerado más arriba son las que afectan únicamente a las 6 dimensiones adicionales, pero no a las dimensiones macroscópicas (aquí, el 3-espacio euclídeo $\mathbb{E}^3$). De hecho, habría *muchísima* más libertad funcional (en concreto, $\infty^{70\infty^9}$) en perturbaciones del 9-espacio espacial $\mathbb{E}^3 \times \mathcal{X}$ completo que en las que solo afectan a $\mathcal{X}$, que poseen una libertad funcional de $\infty^{28\infty^6}$. Parece posible modificar el argumento anterior para que el mismo teorema [Hawking y Penrose, 1970] siga siendo válido, pero de una manera más complicada, y conduzca a la misma conclusión singular, pero ahora para todo el espaciotiempo [*ECalR*: p. 1.247, nota 31.46]. Aparte de esto, es evidente que cualquier perturbación del 4-espacio macroscópico que sea comparable con las que estamos considerando aquí en lo referente a las 6 dimensiones adicionales sería desastrosa para la física corriente, ya que curvaturas tan minúsculas como las que se dan en $\mathcal{X}$ sencillamente no se experimentan en los fenómenos observados. Esto suscita una incómoda cuestión que es de hecho una dificultad aún por resolver en la teoría de cuerdas moderna: ¿cómo es posible que puedan coexistir sin afectarse de forma significativa escalas de curvatura tan extraordinariamente diferentes? Esta preocupante cuestión será planteada de nuevo en §2.11.

1.12. EL ESTATUS DE MODA DE LA TEORÍA DE CUERDAS

A estas alturas, es posible que al lector le desconcierte por qué un enorme porcentaje de la comunidad de físicos teóricos extraordinariamente capaces le prestan tanta atención a la teoría de cuerdas, en particular aquellos que se preocupan más por avanzar hacia un conocimiento más profundo de la física fundamental del mundo en el que vivimos realmente. Si la teoría de cuerdas (y sus desarrollos posteriores) nos conduce en efecto a la imagen de un espaciotiempo supradimensional en apariencia tan en desacuerdo con la física que conocemos, ¿por qué sigue teniendo tal estatus de moda entre esta comunidad extraordinariamente amplia y excepcionalmente capaz de físicos teóricos? Enseguida abordaré la cuestión de en qué medida exactamente sigue estando de moda, pero, si aceptamos que posee ese estatus, debemos preguntarnos por qué da la impresión de que a los teóricos de cuerdas no les afectan los argumentos contra la verosimilitud física de un espaciotiempo supradimensional como los que se perfilan en §§1.10 y 1.11. ¿Por qué, de hecho, dicho estatus parece sobrevivir casi intacto a tales argumentos contra su verosimilitud?

Los argumentos que he ido esbozando en los dos apartados anteriores son básicamente los que expuse por primera vez como charla final en un taller enmarcado en el encuentro que, para celebrar el sexagésimo cumpleaños de Stephen Hawking, tuvo lugar en Cambridge (Inglaterra) en enero de 2002 [Penrose, 2003]. Entre el público que asistió a esta charla había varios destacados teóricos de cuerdas, y al día siguiente algunos de ellos (en particular, Gabriele Veneziano y Michael Green) me plantearon diversas cuestiones en relación con los argumentos que había presentado. Pero desde entonces apenas ha habido respuestas o contraargumentos, y desde luego tampoco una refutación pública de las ideas que presenté. Quizá la reacción más reveladora fue el comentario que Leonard Susskind me hizo durante el almuerzo del día siguiente a mi charla (que transcribo aquí tan fielmente como soy capaz):

> ¡Tienes toda la razón, desde luego, pero estás completamente equivocado!

No estoy del todo seguro de cómo interpretar esta observación, pero supongo que lo que quería expresar era algo como lo siguiente. Aunque los teóricos de cuerdas pueden estar dispuestos a admitir que aún quedan algunas dificultades matemáticas por resolver que parecen impedir el desarrollo de su teoría —la comunidad ya reconoce plenamente casi todas estas complicaciones—, se trataría de meros detalles técnicos que no deberíamos permitir que obstaculizasen el progreso real. Argumentarían que estos detalles técnicos deben de ser de poca importancia, porque la teoría de cuerdas va fundamentalmente por buen camino, y que, a estas alturas de su desarrollo, quienes trabajan en ella no deberían perder el tiempo en esas minucias matemáticas, ni siquiera en sacar a la luz tales distracciones sin importancia, a riesgo de desviar a la comunidad, actual o potencial, de su avance hacia la plena consecución de todos sus objetivos.

Esta desatención hacia la coherencia matemática global me parece particularmente extraordinaria para una teoría que está en gran medida impulsada por las matemáticas (como explicaré en breve). Además, las objeciones concretas que he venido planteando distan mucho de ser los únicos obstáculos matemáticos al desarrollo coherente de la teoría de cuerdas como una teoría física creíble, tal y como veremos en §1.16. Incluso la supuesta *finitud* de los cálculos en teoría de cuerdas que se supone que sustituyen a los diagramas de Feynman divergentes que he mencionado en §1.5 dista mucho de estar matemáticamente establecida [Smolin, 2006, en particular: pp. 278-281]. La aparente falta de un interés genuino por alcanzar una demostración matemática clara queda de manifiesto en comentarios como el siguiente, que al parecer se le atribuye al premio Nobel David Gross:

> La teoría de cuerdas es tan evidentemente finita que, si alguien presentase la prueba matemática de ello, yo no tendría interés en leerla.

Abhay Ashtekar, que me facilitó esta cita, no estaba por completo seguro de que Gross fuese su autor. Sin embargo, curiosamente, mientras yo estaba dando una charla sobre estos asuntos en Varsovia en 2005, David Gross entró en la sala en el preciso momento en que mostraba esta frase, así que aproveché para preguntarle si era en efecto suya. No lo negó, pero después me confesó que ahora sí que estaba interesado en ver tal prueba.

La esperanza de que la teoría de cuerdas resulte ser una teoría *finita*, exenta de las divergencias de la QFT convencional que surgen del análisis estándar en función de diagramas de Feynman (y otras técnicas matemáticas), había constituido sin duda uno de los impulsos principales para la teoría. Se trata básicamente del hecho de que, en los cálculos de cuerdas que sustituyen a los diagramas de Feynman de acuerdo con la figura 1-11 de §1.6, podemos hacer uso de la «compleja magia» de las superficies de Riemann (§§A.10 y 1.6). Pero incluso la finitud esperada de una amplitud individual (véanse §§1.5 y 2.6) que surge de una disposición topológica particular de las cuerdas no nos da, por sí sola, una teoría finita, ya que cada topología de cuerdas proporciona únicamente un término en una *serie* de imágenes de cuerdas de complejidad topológica creciente. Por desgracia, incluso si cada término topológico individual es en verdad finito —que parece ser la creencia fundamental de los teóricos de cuerdas, como la cita anterior pone de manifiesto—, se espera que la serie en su conjunto diverja, como demostró el propio Gross [véase Gross y Periwal, 1988]. Por matemáticamente incómodo que pueda ser esto, en la práctica los teóricos de cuerdas suelen ver su divergencia como algo bueno, que se limita a confirmar que la expansión en serie de potencias que esto nos da está tomada «alrededor del punto equivocado» (véase §A.10), ilustrando así una característica esperada de las amplitudes de cuerdas. No obstante, esta incomodidad no parece invalidar la esperanza de que la teoría de cuerdas nos proporcione directamente un procedimiento finito para calcular las amplitudes de la QFT.

Entonces, ¿hasta qué punto está de moda la teoría de cuerdas? Podemos hacernos una idea de su popularidad como aproximación a la gravedad cuántica (al menos alrededor de 1997) gracias a una pequeña encuesta que Carlo Rovelli incluyó como parte de una charla que ofreció en el Congreso Internacional sobre Relatividad General y Gravitación. Esto tuvo lugar en Pune (India) en diciembre de 1997, y la charla versaba sobre las distintas aproximaciones a la gravedad cuántica vigentes por aquel entonces. Debe señalarse que Rovelli es uno de los autores de la gravedad cuántica de lazo, una aproximación que rivaliza con la teoría de la gravedad cuántica [Rovelli, 2004; véase también *ECalR*: cap. 32]. Rovelli no fingió ser un científico social imparcial, y se podría ciertamente poner en cuestión la validez de la encuesta como estudio riguroso, pero eso es lo de menos, por lo que no me preocuparé aquí por ello. Lo que hizo fue examinar los archivos de Los Ángeles para averiguar cuántos artículos de cada aproximación a la gravedad cuántica habían sido publicados el año anterior. El resultado del recuento fue el siguiente:

Teoría de cuerdas:	69
Gravedad cuántica de lazo:	25
QFT en espacios curvos:	8
Aproximaciones en retículos:	7
Gravedad cuántica euclídea:	3
Geometría no conmutativa:	3
Cosmología cuántica:	1
Twistores:	1
Otros:	6

Observamos a partir de estas cifras no solo que la teoría de cuerdas parece ser, con diferencia, la aproximación más popular a la gravedad cuántica, sino que su popularidad excede con creces a la de todas las demás juntas.

Durante varios años, Rovelli fue actualizando este recuento con otro ligeramente más limitado en cuanto a los temas, pero que cubría todos los años entre 2000 y 2012, y en el que rastreaba la popularidad relativa de solo tres de las aproximaciones a la gravedad cuántica: la teoría de cuerdas, la gravedad cuántica de lazo y la teoría de twistores (figura 1-35). Según esta gráfica, parece que la de cuerdas se mantiene como una teoría popular (alcanza quizá su tope alrededor de 2007, pero sin una gran caída desde entonces). La principal variación a lo largo de los años parece ser un aumento continuo del interés en la gravedad cuántica de lazo. El evidente, aunque moderado, incremento en el interés por la teoría de twistores desde aproximadamente principios de 2004 puede deberse a factores a los que me referiré en §4.1.

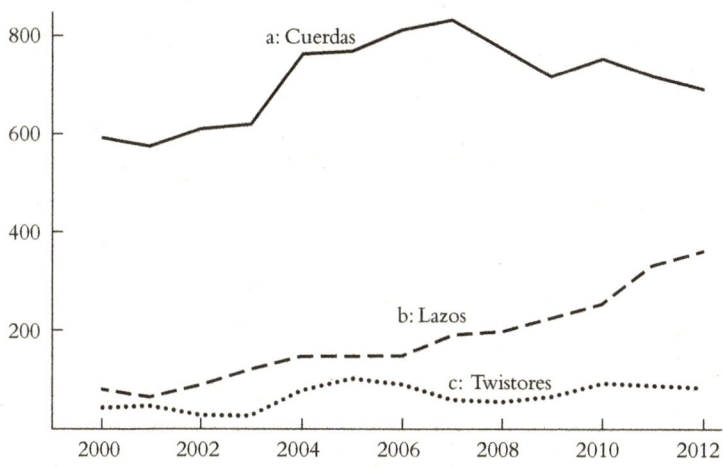

FIGURA 1-35. Recuento de Carlo Rovelli de la popularidad de tres aproximaciones a la gravedad cuántica durante los años 2000-2012 (cuerdas, lazos y twistores), a partir de información obtenida de los archivos de Los Ángeles.

No obstante, quizá tampoco convenga atribuir demasiada importancia a estas tendencias.

Cuando mostré la tabla de Rovelli de 1997 en mi charla en Princeton en 2003, la gente me aseguró que a esas alturas el porcentaje de artículos sobre cuerdas era mucho mayor, algo que yo estaba muy dispuesto a creer. De hecho, parece que se observa un aumento significativo de su popularidad aproximadamente en aquella época. Además, sospechaba que mi propia criatura, la teoría de twistores (véase §4.1), había tenido mucha suerte al obtener su «1» en 1997, y que «0» sería un valor más probable por aquel entonces. Sospecho que, hoy en día, la geometría no conmutativa tendría un valor superior al «3» que obtuvo entonces, pero el recuento posterior de Rovelli no la incluyó. Por supuesto, debería dejar meridianamente claro que las tablas de este estilo apenas nos dicen nada sobre cuán cerca podría estar cualquiera de las propuestas de las realidades de la naturaleza, sino que simplemente nos indican de forma aproximada en qué medida estaba de moda cada uno de los esquemas. Además, como explicaré en el capítulo 3 y en §4.2, mi opinión es que es probable que *ninguna* de las aproximaciones actuales a la gravedad cuántica nos proporcione una teoría que esté en perfecto acuerdo con la manera en que la propia naturaleza combina los dos grandes esquemas de la relatividad general y la mecánica cuántica, ¡por el contundente motivo de que creo que la gravedad cuántica no es lo que deberíamos estar buscando! Esa expresión implica que deberíamos tratar de encontrar una verdadera teoría cuántica que sea válida para el campo gravitatorio, mientras que, en mi opinión, cuando interviene la gravedad debería producirse algún tipo de reacción de vuelta sobre la propia estructura de la mecánica cuántica. En consecuencia, la teoría resultante no sería estrictamente una teoría cuántica, sino algo que *se desvía* de los procedimientos actuales de cuantización (véase §2.13).

Aun así el ímpetu para encontrar la teoría apropiada de la gravedad cuántica es muy real. Muchos físicos, sobre todo los recién licenciados jóvenes y ambiciosos, tienen intensos deseos de avanzar de manera significativa hacia el muy encomiable objetivo de unir las dos grandes revoluciones del siglo xx, la extraña pero magnífica mecánica cuántica y la extraordinaria teoría de la gravitación del espacio-tiempo curvo de Einstein. Este objetivo suele denominarse simplemente *gravedad cuántica*, en la que las reglas de la teoría cuántica (de campos) estándar se aplican a la teoría gravitatoria (aunque ofreceré mi visión —muy diferente— de esta unificación en §§2.13 y 4.2). Si bien se puede argumentar razonablemente que ninguna de las teorías actuales se aproxima aún a este objetivo, los proponentes de la teoría de cuerdas parecen disponer de la confianza suficiente para propagar la idea que se expresa en su propia convicción de que la teoría de cuerdas es la única alternativa. En palabras del destacado teórico de cuerdas Joseph Polchinski [1999]:

> no hay alternativas [...] todas las buenas ideas forman parte de la teoría de cuerdas.

Por otra parte, debemos tener en cuenta que la teoría de cuerdas es producto de una determinada escuela de pensamiento en lo que se refiere a la investigación en física teórica. Es una cultura particular que se ha desarrollado a partir de la física de partículas y desde la perspectiva de la teoría cuántica de campos, donde las principales cuestiones problemáticas que se ciernen tienden a consistir en volver finitas las expresiones divergentes. Existe una cultura muy diferente que se ha ido desarrollando entre aquellos cuya experiencia guarda una relación más directa con la relatividad general de Einstein. En ella, se le otorga especial importancia al mantenimiento de los principios generales, muy en particular al *principio de equivalencia* (entre los efectos de la aceleración y de un campo gravitatorio; véanse §§3.7 y 4.2) y al *principio general de covariancia* (véanse §§A.5 y 1.7), que son fundamentales para la teoría de Einstein. La aproximación mediante variables de lazo a la gravedad cuántica, por ejemplo, se basa primordialmente en la primacía de la covariancia general, mientras que la teoría de cuerdas parece ignorarla casi por completo.

Creo que consideraciones como los recuentos de Rovelli solo nos dan una vaga impresión del dominio de la teoría de cuerdas y sus descendientes (véanse §§1.13 y 1.15) entre los teóricos que exploran los fundamentos de la física. En la inmensa mayoría de los departamentos e institutos de física de todo el mundo, es probable que entre los físicos teóricos exista un porcentaje sustancial que se dedica principalmente a la teoría de cuerdas o alguna de sus ramificaciones. Aunque este dominio puede haberse atenuado en cierta medida en los últimos años, a los estudiantes que desean dedicarse a la investigación de los cimientos de la física, tales como la gravedad cuántica, aún se los orienta principalmente hacia la teoría de cuerdas (u otros parientes supradimensionales), muy a menudo a expensas de otros enfoques al menos igual de prometedores. Sin embargo, esos otros enfoques no son ni remotamente tan conocidos, e incluso a los estudiantes que no arden en deseos de dedicarse a la teoría de cuerdas les cuesta consagrarse a esas opciones alternativas, en particular debido a la escasez de supervisores potenciales de relieve (aunque la gravedad cuántica de lazo parece haber ganado mucho terreno, en este sentido, en los últimos años). Los mismos mecanismos para promover carreras en la comunidad de la física teórica (y sin duda en muchas otras áreas de investigación) poseen fuertes sesgos en favor de continuar la propagación de las áreas que ya están muy de moda.

Un potente componente adicional en la propagación de las modas es la financiación. Con mucha probabilidad, los comités organizados para juzgar los méritos relativos de los proyectos de investigación en distintas áreas estarán muy influenciados por la intensidad del interés actual en cada una de estas áreas. De hecho, es probable que muchos miembros de estos comités hayan trabajado en dicha área si esta es muy popular —y quizá sean incluso parcialmente responsables de su popularidad—, y tiendan por consiguiente a valorar en mayor medida la investigación en las áreas que están de moda que en las que no lo están. Esto contribuye a una inestabilidad intrínseca que magnifica el interés global en las áreas que ya están de moda, a expensas de aquellas que no lo están. Además, las comunicaciones electrónicas modernas y los viajes en avión ofrecen grandes oportunidades para la rápida difusión de las ideas ya de moda, sobre todo en un mundo muy competitivo, en el que la necesidad de obtener rápidamente resultados favorece a quienes se apresuran a hacerlo a partir de los resultados de otros, desarrollando un área ya activa, frente a quienes buscan salirse del molde, los cuales quizá tengan que dedicar muchos esfuerzos a desarrollar ideas que se apartan significativamente de las dominantes.

Sin embargo, tengo la impresión de que empieza a extenderse la sensación, al menos en determinados departamentos de física de Estados Unidos, de que se ha llegado a una especie de punto de saturación y de que otros temas deberán tener más representación entre los miembros del profesorado recién incorporados. ¿Es posible que la moda de la teoría de cuerdas esté empezando a desinflarse? En mi opinión, la teoría de cuerdas ha tenido una representación desproporcionada desde hace muchos años. No cabe duda de que en la teoría hay suficientes aspectos fascinantes y de que merece mucho la pena continuar desarrollándola. Esto es especialmente cierto en lo que se refiere a su impacto sobre numerosas áreas de las matemáticas, donde el efecto sin duda ha sido positivo. Pero su dominio de los desarrollos en física fundamental ha resultado empobrecedor y, en mi opinión, ha entorpecido el desarrollo de otras áreas que, en última instancia, podrían haber albergado una mayor promesa de éxito. Creo que ha constituido un ejemplo notable, comparable quizá a algunas de las principales ideas erróneas del pasado expuestas en §1.2, en que las fuerzas de la moda han ejercido una influencia excesiva sobre el desarrollo de la física básica.

Dicho todo lo anterior, debo dejar claro, no obstante, que puede haber un verdadero provecho en explorar las ideas que están de moda. Por lo general, en ciencia las ideas solo seguirán estando de moda si son matemáticamente coherentes y están bien respaldadas por la observación. Que esto sea cierto para la teoría de cuerdas, sin embargo, es cuando menos discutible. Pero, en el caso de la gravedad cuántica, se suele aceptar que las pruebas observacionales están muy lejos de las capacidades de cualquier experimento factible hoy en día, y por lo tanto los investigadores deben basarse casi exclusivamente en razonamientos teóricos internos, sin que la propia naturaleza ofrezca mucha orientación. La razón que se suele aducir para este pesimismo es la magnitud de la energía de Planck, que, en relación con las interacciones entre partículas, está —con mucho— fuera del alcance de cualquier tecnología actual (véanse §§1.1, 1.5 y 1.10). Los teóricos de la gravedad cuántica, al carecer de esperanzas de poder encontrar alguna vez la confirmación —o la refutación— observacional de sus respectivas teorías, se ven abocados a guiarse por desiderátums *matemáticos*, y es la percepción de la potencia y elegancia matemáticas de una propuesta lo que constituye el criterio principal para evaluar su sustancia y verosimilitud.

Las teorías de este tipo, que no pueden someterse a prueba con las tecnologías experimentales actuales, son ajenas a los criterios científicos normales de evaluación mediante el experimento, y la evaluación a través de las matemáticas (junto con cierta motivación física básica) empieza a adquirir una importancia bastante mayor. Evidentemente, la situación sería muy diferente si se encontrase algún esquema que no solo proporcionase una estructura matemática perfectamente coherente sino también una propuesta que permitiese predecir nuevos fenómenos físicos (que después concordaran de forma precisa con la observación). De hecho, el tipo de esquema que propondré en §2.13 (y §4.2), en el cual la unificación de la teoría gravitatoria con la teoría cuántica implicaría algunas modificaciones en esta última, podría muy bien someterse a pruebas experimentales que no exceden enormemente las posibilidades técnicas actuales. Si se obtuviese así una versión debidamente comprobable de la gravedad cuántica, que contase con el respaldo de dichos experimentos, cabría esperar que recibiera una buena dosis de reconocimiento científico, y con razón. Pero entonces no se trataría de lo que estoy denominando una «moda», sino de verdadero progreso científico. En teoría de cuerdas no hemos visto nada parecido.

Cabría esperar también, a falta de experimentos inequívocos, que las propuestas de gravedad cuántica que no se sostuvieran matemáticamente tendrían pocas probabilidades de sobrevivir, por lo que el hecho de que una de ellas estuviera de moda podría tomarse como un indicio de su valor. Sin embargo, creo que es peligroso dar demasiado crédito a este tipo de criterio puramente matemático. A los matemáticos no les suele interesar mucho la verosimilitud —o incluso la coherencia— de una teoría física *como contribución a nuestra comprensión del mundo físico*, sino que juzgan dichas contribuciones en función de su valor a la hora de aportar nuevos conceptos matemáticos y potentes técnicas para alcanzar una verdad matemática.

Este factor ha sido especialmente relevante en el caso de la teoría de cuerdas, y sin duda ha desempeñado un papel importante en el mantenimiento de su estatus como teoría de moda. De hecho, han sido muchas las ideas notables procedentes de la teoría de cuerdas que han llegado hasta los distintos campos de las matemáticas puras. Un ejemplo muy llamativo es el que se comenta en el siguiente fragmento de un mensaje de correo electrónico que el distinguido matemático Richard Thomas, del Imperial College de Londres, me envió en respuesta a una pregunta que le planteé sobre el estatus matemático de un difícil fragmento de matemáticas que había surgido de reflexiones relacionadas con la teoría de cuerdas [véase Candelas *et al.*, 1991]:

> No puedo recalcar suficientemente lo profundas que son algunas de estas dualidades, que nos sorprenden una y otra vez con nuevas predicciones. Revelan una estructura que era considerada imposible. En varias ocasiones, los matemáticos predijeron con seguridad que estas cosas no eran posibles, pero gente como Candelas, De la Ossa, *et al.* han demostrado que eso era un error. Cada predicción, debidamente interpretada en su sentido matemático, ha resultado ser correcta, y hasta ahora *no* por *ninguna* razón matemática conceptual: no tenemos ni idea de por qué son ciertas, nos limitamos a computar cada miembro de forma independiente y obtenemos las mismas estructuras, simetrías y resultados en ambos. Para un matemático todo esto no puede ser una coincidencia, sino que ha de deberse a una razón superior. Y esa razón es *la hipótesis de que esta gran teoría matemática describe la naturaleza...*

El tipo específico de cuestión a la que Thomas hacía referencia está relacionada con ciertas ideas matemáticas profundas que surgieron a partir de la manera en que se acabó resolviendo un determinado problema que fue planteado durante el desarrollo de la teoría de cuerdas. Esto se pone de manifiesto en una historia extraordinaria que veremos en el tramo final del apartado siguiente.

1.13. Teoría M

Una virtud particular que se atribuyó a la teoría de cuerdas en sus comienzos fue que debería proporcionarnos un esquema único para la física del mundo. Esta esperanza, aunque se había proclamado durante muchos años, pareció desvanecerse cuando se supo que había *cinco* tipos diferentes de teorías de cuerdas, conocidas como *tipo I, tipo IIA, tipo IIB, heterótica O(32)* y *heterótica* $E_8 \times E_8$ (expresiones que ni siquiera intentaré explicar aquí [Greene, 1999], aunque en §1.9 se analizan en cierta medida los modelos heteróticos). Esta multiplicidad de posibilidades era preocupante para los teóricos de cuerdas. Sin embargo, en una charla que ofreció en la Universidad del Sur de California y que tendría gran repercusión, el extraordinario teórico Edward Witten combinó una notable familia de ideas en que ciertas transformaciones denominadas *dualidades* serían indicio de la existencia de un tipo sutil de *equivalencia* entre las distintas teorías de cuerdas. Más tarde, esto se presentó como la llegada de «la segunda revolución de las cuerdas» (la primera había sido el trabajo en torno al de Green y Schwarz al que se hace referencia en §1.9, en la cual la introducción de la supersimetría redujo las dimensiones del espaciotiempo de 26 a 10; véanse §§1.9 y 1.14). La idea era que, tras estos esquemas teóricos de cuerdas en apariencia tan distintos, existía una teoría más profunda y supuestamente única —aunque aún desconocida como esquema matemático bien definido— que Witten bautizó como «teoría M» (la «M» era de «maestra», «matriz», «misterio», «madre» o alguna otra palabra de entre varias posibilidades más, al antojo del investigador).

Una de las características de esta teoría M es que debe considerarse que, además de las cuerdas 1-dimensionales (con sus historias espaciotemporales 2-dimensionales), existen estructuras de mayor dimensionalidad, denominadas genéricamente *branas* (que generalizan a p dimensiones espaciales el concepto 2-dimensional de membrana, de manera que una p-brana posee $p + 1$ dimensiones espaciotemporales. (De hecho, estas p-branas ya habían sido objeto de estudio con anterioridad por parte de otros investigadores, independientemente de la teoría M [Becker *et al.*, 2006].) Las dualidades antes mencionadas funcionan solo porque las branas de distintas dimensiones se intercambian entre sí al mismo tiempo que lo hacen los espacios de

Calabi-Yau que se invocan para desempeñar sus respectivos roles como dimensiones espaciales adicionales. Esto implica una extensión del concepto de lo que se entiende por una teoría de cuerdas (lo cual, por supuesto, también indica por qué era necesario un nombre nuevo, como «teoría M»). Puede señalarse que la elegante asociación original entre las cuerdas y ciertas curvas complejas (esto es, las superficies de Riemann a las que se hace referencia en §§1.6 y 1.12, y que se describen en §A.10), que fue una de las claves del atractivo y los éxitos iniciales de la teoría de cuerdas, se abandona con estas branas de dimensiones más altas. Por otra parte, estas nuevas ideas poseen una indudable elegancia matemática, así como una extraordinaria potencia matemática (como se puede inferir del comentario de Richard Thomas que se cita al final de §1.12), que se derivan de estas notables dualidades.

Nos resultará instructivo ser algo más explícitos y considerar una sorprendente aplicación del uso de un aspecto de estas dualidades, denominado *simetría espejo*, que empareja cada espacio de Calabi-Yau con otro espacio de este mismo tipo, intercambiando ciertos parámetros (denominados *números de Hodge*) que describen la «forma» específica de cada espacio de Calabi-Yau. Los espacios de Calabi-Yau son tipos particulares de 6-variedades (reales) que también pueden interpretarse como 3-variedades complejas (es decir, estas 6-variedades poseen *estructuras complejas*). Por lo general, una *n-variedad compleja* (véase la última parte de §A.10) es simplemente el análogo de una *n*-variedad real ordinaria (§A.5), en la que el sistema $\mathbb{R}$ de los números reales se sustituye por el sistema $\mathbb{C}$ de los números complejos (véase §A.9). Siempre podemos reinterpretar una *n*-variedad compleja como una 2*n*-variedad real dotada de lo que se conoce como una *estructura compleja*. Pero únicamente cuando las circunstancias son favorables se le puede asignar a una 2*n*-variedad real tal estructura compleja de manera que aquella pueda reinterpretarse como una *n*-variedad compleja (§A.10). Además de esto, cada espacio de Calabi-Yau posee también otro tipo de estructura diferente, denominada *estructura simpléctica* (la misma que poseen los *espacios de fases* a los que se hace referencia en §A.6). La simetría espejo logra el muy infrecuente logro matemático de, en efecto, *intercambiar* la estructura compleja con la simpléctica.

La aplicación específica de la simetría espejo que nos interesa aquí surgió en relación con un problema en el que algunos matemáticos puros (geómetras algebraicos) habían estado trabajando durante varios años tiempo atrás. Dos matemáticos noruegos, Geir Ellingstrud y Stein Arilde Strømme, habían desarrollado una técnica para contar las curvas racionales en un tipo particular de 3-variedad compleja (denominada *quíntica*, que significa que está definida por una ecuación polinómica compleja de grado 5), que es en realidad un ejemplo de un espacio de Calabi-Yau. Recordemos (§§1.6 y A.10) que una curva compleja es lo que se denomina una *superficie de Riemann*; se dice que esta curva compleja es *racional* si la topología de la superficie es una *esfera*. En geometría algebraica, las curvas racionales pueden darse en formas cada vez más «retorcidas», donde la más simple es una línea recta compleja (orden 1) y la siguiente más simple es una sección cónica compleja (orden 2). A continuación, tenemos las curvas cúbicas racionales (orden 3), las cuárticas (orden 4) y así sucesivamente, de forma que, para cada orden sucesivo, debe existir un número preciso, calculable y finito de curvas racionales. (El *orden* de una curva —que ahora suele llamarse *grado*— situada en un *n*-espacio ambiente plano es el número de puntos en los que esta se interseca con un ($n - 1$)-plano situado genéricamente.) Lo que los noruegos descubrieron, con la ayuda de complicados cálculos mediante ordenador, fueron los números sucesivos:

2875,
609250,
2682549425,

para los órdenes 1, 2 y 3, respectivamente, pero ir más allá resultó ser muy difícil, debido a la enorme complejidad de las técnicas a su disposición.

Tras tener noticia de estos resultados, el experto en teoría de cuerdas Philip Candelas y sus colaboradores se propusieron aplicar los procedimientos de simetría espejo de la teoría M, señalando que les permitirían realizar un tipo diferente de conteo en el espacio especular de Calabi-Yau. En este espacio dual, en lugar de contar curvas racionales, se podía llevar a cabo un cálculo diferente en este segundo espacio, de un tipo mucho más simple (en el que las curvas racionales del sistema «se reflejaban» en una familia mucho más manejable), y, según la simetría espejo, esto debería proporcionar los mismos números que Ellingstrud y Strømme estaban intentando computar. Lo que Candelas y sus colegas obtuvieron fue la correspondiente secuencia de números:

$$2875,$$
$$609250,$$
$$317206375.$$

De manera sorprendente, los dos primeros coinciden con los que habían calculado los noruegos, aunque, curiosamente, el tercer número era por completo distinto.

En un primer momento, los matemáticos afirmaron que, puesto que los argumentos de simetría espejo solo procedían de algún tipo de conjetura de los físicos, sin justificación matemática clara, la coincidencia en los órdenes 1 y 2 debía de haber sido básicamente un golpe de suerte, y que no había motivos para depositar ninguna confianza en los números para órdenes superiores obtenidos a través del método de la simetría espejo. Sin embargo, más adelante se descubrió que existía un error en el código informático de los noruegos, y, cuando se corrigió, el resultado resultó ser 317206375, justo lo que el argumento de la simetría espejo había predicho. Además, dichos argumentos se prestan fácilmente a ser extendidos, y puede calcularse la secuencia para las curvas racionales de órdenes 4, 5, 6, 7, 8, 9, 10, respectivamente, que da como resultado:

$$242467530000,$$
$$229305888887625,$$
$$248249742118022000,$$
$$295091050570845659250,$$
$$375632160937476603550000,$$
$$503840510416985243645106250,$$
$$704288164978454686113488249750.$$

Ello constituyó sin duda una extraordinaria prueba circunstancial en apoyo de la idea de la simetría espejo, una idea que surgió del deseo de demostrar que dos teorías de cuerdas que en apariencia son completamente diferentes pueden no obstante ser, en un sentido profundo, la «misma» cuando los dos espacios de Calabi-Yau distintos que intervienen son duales el uno del otro en el sentido que se ha explicado antes. El trabajo posterior de varios matemáticos[8] [Givental, 1996] ha demostrado en buena medida que lo que empezó siendo una mera conjetura de un físico es en realidad una firme verdad matemática. Pero los matemáticos no habían tenido hasta entonces ningún indicio de que algo como la simetría espejo pudiera existir, como se infiere de los sorprendentes comentarios de Richard Thomas al final de §1.12. Para un matemático, que quizá no estuviese al tanto de la endeblez de los fundamentos físicos de estas ideas, esto parece un regalo de la mismísima naturaleza, que posiblemente incluso le recuerde un tanto a los excitantes días de finales del siglo XVII, cuando la magia del cálculo diferencial, que Newton y otros habían desarrollado para sacar a la luz los mecanismos de la naturaleza, comenzó a revelar su tremendo poder también en el seno de las propias matemáticas.

Desde luego, somos muchos en el seno de la comunidad de los físicos teóricos los que creemos que los mecanismos de la naturaleza dependen, con gran precisión, de unas matemáticas que probablemente posean un enorme poder y una estructura en extremo sutil, como sucede con el electromagnetismo de Maxwell, la gravedad de Einstein y el impresionante formalismo cuántico que han descubierto Schrödinger, Heisenberg y Dirac, entre otros. En consecuencia, también es probable que nos sorprendan los logros de la simetría espejo, y que entendamos que probablemente ofrecen algún tipo de evidencia de que la teoría física que dio lugar a unas matemáticas tan potentes y sutiles también podría tener validez profunda como *física*. Pero debemos ser muy prudentes a la hora de llegar a conclusiones de este tipo. Existen muchos casos de teorías matemáticas potentes e impresionantes en que no ha habido ningún indicio de que tengan relación alguna con el funcionamiento del mundo físico. Un buen ejemplo sería el maravilloso logro matemático de Andrew Wiles, quien, basándose en parte en el trabajo muy anterior de otros, demostró finalmente en 1994 (con algo de ayuda de Richard Taylor) la conjetura planteada más de trescientos cincuenta años antes y conocida como *el último teorema de Fermat*. Lo que Wiles estableció, como la clave de su demostración, fue algo que posee ciertas semejanzas con lo que se

8. Kontsevich, Givental, Lian, Liu y Yau.

consigue mediante el uso de la simetría espejo: probar que dos secuencias de números, cada una de ellas obtenida mediante un procedimiento matemático en apariencia totalmente distinto, son de hecho idénticas. En el caso de Wiles, la identidad de las dos secuencias fue una aseveración conocida como *conjetura de Taniyama-Shimura*, y, para llegar a su prueba del último teorema de Fermat, Wiles usó con éxito sus métodos para demostrar la parte necesaria de esta conjetura (la conjetura completa la demostraron poco después, en 1999, Breuil, Conrad, Diamond y Taylor, que basaron su trabajo en los métodos desarrollados por Wiles; véase Breuil *et al.* [2001]). Hay muchos otros resultados de este estilo en las matemáticas puras, y es evidente que para una nueva teoría física profunda se necesita mucho más que matemáticas de este tipo, a pesar de la sutileza, la dificultad y en ocasiones incluso las propiedades efectivamente mágicas que estas matemáticas puedan poseer. La motivación física y el respaldo experimental son esenciales para convencernos de que es probable que exista alguna conexión directa con el funcionamiento real del mundo físico. Estas cuestiones son de hecho cruciales para la cuestión que trataremos a continuación, que desempeña una función clave en el desarrollo de la teoría de cuerdas.

1.14. Supersimetría

Hasta aquí me he permitido el lujo de ignorar la cuestión central de la supersimetría, que fue lo que permitió a Green y Schwarz reducir la dimensionalidad del espaciotiempo de la teoría de cuerdas de 26 a 10, y que tiene otras muchas funciones fundamentales en la teoría de cuerdas moderna. En realidad, la supersimetría es una idea que ha resultado relevante en reflexiones físicas muy alejadas de la teoría de cuerdas. De hecho, podemos ver la supersimetría como una idea muy de moda en la física moderna, motivo por el cual merece que la consideremos detenidamente en este capítulo. Aunque es cierto que buena parte del impulso que esta idea ha recibido procede de los requisitos de la teoría de cuerdas, el hecho de que esté de moda es, en una medida considerable, independiente de dicha teoría.

¿Qué es, pues, la supersimetría? Para explicar la idea, tendré que volver a lo expuesto sobre las partículas básicas de la física en §§1.3 y

1.6. Recordemos que había varias familias de partículas masivas, como los leptones y los hadrones, y también otras partículas como el fotón, que carece de masa. De hecho, existe una clasificación más básica de las partículas, en solo dos tipos, que es transversal a las que hemos visto antes. Se trata de la clasificación de las partículas en fermiones y bosones, que se ha mencionado brevemente en §1.6.

Una manera de expresar la distinción existente entre los fermiones y los bosones consiste en pensar que los primeros son más parecidos a las partículas que conocemos de la física clásica (electrones, protones, neutrones, etc.) y los segundos, más como las portadoras de fuerzas entre partículas (los fotones son los portadores del electromagnetismo, mientras que otras cosas denominadas bosones W y Z son las portadoras de las interacciones débiles, y entidades denominadas *gluones* son las que portan las interacciones fuertes). Sin embargo, esta no es una distinción muy nítida, especialmente porque existen los piones, los kaones y otros bosones a los que se hace referencia en §1.3, que son muy del tipo partícula. Además, algunos átomos muy del tipo partícula se pueden ver, de forma muy aproximada, como bosones; por ejemplo, cuando tales objetos compuestos se comportan, en muchos sentidos, como partículas individuales. Los átomos bosónicos no son tan distintos de los fermiónicos, pues ambos parecen ser partículas bastante clásicas.

Pero dejemos a un lado esta cuestión de los objetos compuestos y de si se los puede tratar o no legítimamente como si fueran partículas individuales. En tanto en cuanto los objetos que nos interesan se pueden considerar partículas individuales, la distinción entre un fermión y un bosón surge como consecuencia del denominado *principio de exclusión de Pauli*, que solo afecta a los fermiones y nos dice que dos fermiones no pueden encontrarse simultáneamente en el mismo estado, mientras que dos bosones sí pueden. A grandes rasgos, el principio de Pauli afirma que dos fermiones idénticos no pueden estar uno exactamente encima del otro, pues ejercen el uno sobre el otro un efecto que puede entenderse más o menos que tiende a separarlos cuando se aproximan demasiado. Por otra parte, los bosones poseen una especie de afinidad por otros bosones del mismo tipo que ellos, y pueden situarse exactamente encima unos de otros (que es justo lo que sucede con los estados de múltiples bosones denominados *condensados de Bose-Einstein*). Para una explicación de estos condensados, véase Ketterle [2002]; para una referencia más general, véase Ford [2013].

Volveré enseguida sobre este curioso aspecto de las partículas de la mecánica cuántica y trataré de aclarar esta vaga caracterización, que ciertamente nos ofrece una visión muy incompleta de la diferencia entre un bosón y un fermión. Se obtiene una distinción algo más clara mediante el examen de la velocidad a la que una partícula gira sobre sí misma: su espín. Curiosamente, cualquier partícula cuántica (no excitada) gira sobre sí misma según una cantidad determinada y fija, que es característica de ese tipo particular de partícula. No deberíamos entender este espín como una velocidad angular, sino más bien como un *momento angular*: la medida concreta del espín que posee un objeto que se mueve libre de fuerzas externas, que permanece constante a lo largo del movimiento del objeto. Pensemos en una bola de béisbol o de críquet, que da vueltas mientras viaja por el aire, o en un patinador que gira sobre el punto de apoyo de uno de sus patines. En ambos casos, tenemos que el espín, entendido como el momento angular, se mantiene, y se mantendría de manera indefinida en ausencia de fuerzas externas (por ejemplo, de fricción).

El patinador es quizá el mejor ejemplo, porque podemos observar cómo su velocidad angular se reduce cuando extiende los brazos, y aumenta cuando los repliega. Lo que permanece constante a lo largo de esta actividad es el *momento angular*, que, para una velocidad angular dada, sería mayor para una distribución de masa (por ejemplo, los brazos del patinador) alejada del eje de rotación, y menor cuando dicha distribución está más cerca del eje (figura 1-36). Así pues, el repliegue de los brazos debe compensarse con un aumento de la velocidad de rotación para que el momento angular permanezca constante.

De este modo tenemos un concepto de momento angular que se aplica a todos los cuerpos compactos aislados; también a las partículas cuánticas individuales, aunque las reglas a escala cuántica resultan ser un poco extrañas, y se tarda un tiempo en acostumbrarse a ellas. Lo que vemos, para una partícula cuántica individual, es que en cada tipo de partícula la *magnitud* de este momento angular es siempre el mismo número fijo, sin importar en qué situación pueda encontrarse la partícula. En diferentes situaciones, la dirección del eje del espín no tiene por qué ser siempre la misma, pero dicha dirección

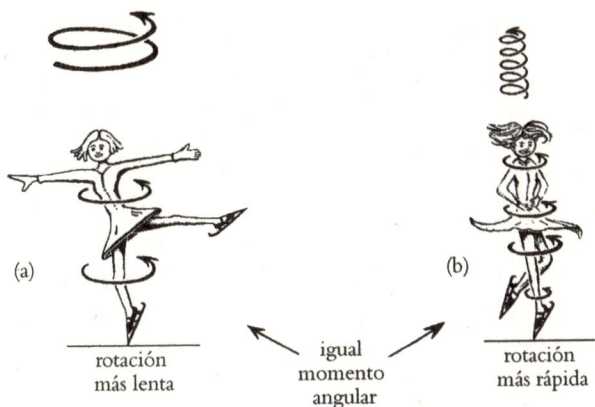

FIGURA 1-36. El momento angular se conserva en los procesos físicos. Esto lo ilustra un patinador que gira sobre sí mismo, que puede aumentar su velocidad de rotación con solo replegar los brazos. Esto es así porque el movimiento angular a una distancia mayor contribuye más al momento angular que cuando tiene lugar más cerca.

se comporta de una manera extraña y fundamentalmente mecanocuántica, que analizaré en §2.9. Para nuestros propósitos actuales, todo lo que necesitamos saber es que si tratamos de averiguar cuánto del espín de una partícula está distribuido a lo largo de cualquier dirección que escojamos, veremos que, para un bosón, el valor es un múltiplo entero de $\hbar$, donde $\hbar$ es la versión reducida de Dirac de la constante de Planck h; véase §2.11, a saber,

$$\hbar = \frac{h}{2\pi} \cdot$$

Así, el valor del espín del bosón a lo largo de cualquier dirección dada debe ser uno de los siguientes:

$$\ldots, -2\hbar, -\hbar, 0, \hbar, 2\hbar, 3\hbar, \ldots$$

Sin embargo, en el caso de un fermión, el valor del espín según cualquier dirección difiere de esos números en $\frac{1}{2}\hbar$; esto es, debe tomar uno de los valores siguientes:

$$\ldots, -\frac{3}{2}\hbar, -\frac{1}{2}\hbar, \frac{1}{2}\hbar, \frac{3}{2}\hbar, \frac{5}{2}\hbar, \frac{7}{2}\hbar, \ldots$$

(de forma que el valor es siempre un semimúltiplo impar de $\hbar$). Veremos con más detalle cómo funciona esta curiosa característica de la mecánica cuántica en §2.9.

Existe un famoso teorema, demostrado en el marco de la QFT y conocido como *teorema de la estadística del espín* [Streater y Wightman, 2000], que establece (en efecto) la equivalencia de estas dos versiones de la distinción entre bosones y fermiones. Más en concreto, el teorema obtiene algo de mucho mayor alcance matemático que tan solo el principio de exclusión de Pauli al que se ha hecho referencia antes; a saber, el tipo de estadísticas que deben satisfacer los bosones y los fermiones. Es difícil explicarlo satisfactoriamente sin entrar en mayor profundidad en el formalismo cuántico de lo que he podido hacerlo, hasta ahora, en este capítulo. Pero debería al menos intentar transmitir algo de lo esencial de la idea.

Recordemos las amplitudes cuánticas a las que se hace referencia en §1.4 (véanse también §§2.3-2.9), los números complejos que se pretende obtener mediante los cálculos de la QFT (véase §1.5), a partir de los cuales se obtienen las probabilidades de la medida cuántica (a través de la regla de Born de §2.8). En cualquier proceso cuántico, esta amplitud será una función de todos los parámetros que describen todas las partículas cuánticas que intervienen en él. También podemos entender esta amplitud como el valor de la función de onda de Schrödinger que consideraré en §§2.5-2.7. Si P_1 y P_2 son dos partículas idénticas que participan en el proceso, esta amplitud (o función de onda) ψ será una función $\psi(\mathbf{Z}_1, \mathbf{Z}_2)$ de los respectivos conjuntos de parámetros $\mathbf{Z}_1$ y $\mathbf{Z}_2$ para estas dos partículas (donde uso la letra $\mathbf{Z}$ en negrita para agrupar todos estos parámetros para cada partícula: coordenadas de posición o coordenadas de momento, valores del espín, etc.). La elección del sufijo (1 o 2) hace referencia a la elección de la partícula. Con n partículas $P_1, P_2, P_3, ..., P_n$ (idénticas o no), tendríamos n de estos conjuntos de parámetros $\mathbf{Z}_1, \mathbf{Z}_2, \mathbf{Z}_3, ..., \mathbf{Z}_n$. Así, tenemos ψ como función de todas estas variables:

$$\psi = \psi(\mathbf{Z}_1, \mathbf{Z}_2, ..., \mathbf{Z}_n).$$

Ahora, si el tipo de partícula descrito por $\mathbf{Z}_1$ es el mismo que el descrito por $\mathbf{Z}_2$, y es un bosón, siempre tenemos la simetría

$$\psi(\mathbf{Z}_1, \mathbf{Z}_2, \ldots) = \psi(\mathbf{Z}_2, \mathbf{Z}_1, \ldots),$$

por lo que intercambiar las partículas P_1 y P_2 no afecta a la amplitud (o función de onda). Pero si el tipo de partícula (el mismo para $\mathbf{Z}_1$ que para $\mathbf{Z}_2$) es un fermión, tenemos

$$\psi(\mathbf{Z}_1, \mathbf{Z}_2, \ldots) = -\psi(\mathbf{Z}_2, \mathbf{Z}_1, \ldots),$$

por lo que intercambiar P_1 y P_2 cambia ahora el signo de la amplitud (o función de onda). Podemos señalar que si cada una de las partículas P_1 y P_2 se encuentra en el mismo estado que la otra, entonces $\mathbf{Z}_1 = \mathbf{Z}_2$, de donde se deduce que debe ser $\psi = 0$ (ya que ψ es igual a su opuesta). Según la regla de Born (§1.4), vemos que $\psi = 0$ implica una probabilidad nula. Esto expresa el principio de Pauli, según el cual no podemos encontrar en el mismo estado dos fermiones de idéntico tipo. Si todas las n partículas son idénticas, tenemos, para n bosones, una simetría que se extiende al intercambio de cualquier par:

$$\psi(\ldots, \mathbf{Z}_i, \ldots, \mathbf{Z}_j, \ldots) = \psi(\ldots, \mathbf{Z}_j, \ldots, \mathbf{Z}_i, \ldots),$$

y, para n fermiones, una antisimetría en cualquier par:

$$\psi(\ldots, \mathbf{Z}_i, \ldots, \mathbf{Z}_j, \ldots) = -\psi(\ldots, \mathbf{Z}_j, \ldots, \mathbf{Z}_i, \ldots).$$

La simetría o antisimetría que se expresa, respectivamente, en las dos ecuaciones anteriores, es la base de las diferentes estadísticas para bosones y fermiones. Al «contar» el número de estados diferentes en los que participan un montón de bosones del mismo tipo, no debemos considerar que se ha llegado a un nuevo estado cuando se han intercambiado un par de bosones. Este método de conteo da lugar a lo que se denomina *estadística de Bose-Einstein* (o simplemente *estadística de Bose*, de donde procede el nombre «bosón»). Lo mismo es cierto para los fermiones, salvo por el extraño cambio de signo de la amplitud, y da lugar a la *estadística de Fermi-Dirac* (o simplemente *estadística de Fermi*, origen del nombre «fermión»), que tiene muchas consecuencias mecanocuánticas, la más evidente de las cuales es el principio de Pauli. Señalemos que, tanto en el caso de los bosones como en el de los fermiones, intercambiar dos partículas del mismo tipo no afecta al estado cuántico (más allá de un mero cambio de signo de la función de onda, que no altera el estado físico, ya que multiplicar por −1 no es más que un caso de cambio de fase: $\times e^{i\theta}$, con $\theta = \pi$; véase §1.8). En consecuencia, la mecánica cuántica exige en realidad que dos partículas del mismo tipo ¡deben ser efectivamente idénticas! Esto ilustra la importancia de la objeción de Einstein a la propuesta original de Weyl para una teoría gauge, en la que «gauge» se refería en realidad a un cambio de escala; véase §1.8.

Todo esto es mecánica cuántica estándar, que tiene numerosas consecuencias muy bien respaldadas por la observación. Sin embargo, muchos físicos creen que debería existir un nuevo tipo de simetría que convierta entre sí a las familias de bosones y fermiones, similar a las simetrías que relacionan entre sí a los leptones y dan lugar a la teoría gauge de las interacciones débiles, o las que relacionan entre sí a los distintos quarks, dando lugar a la teoría gauge de las interacciones fuertes (véase §1.3 y el último párrafo de §1.8). Este nuevo tipo de simetría no podría ser del tipo ordinario, debido a las distintas estadísticas que estas dos familias satisfacen. En consecuencia, varios físicos han generalizado el tipo habitual de simetría hasta dar pie a un nuevo tipo, que ha dado en denominarse *supersimetría* [Kane y Shifman, 2000], en la que los estados simétricos de los bosones se convierten en los antisimétricos de los fermiones, y viceversa. Esto implica la introducción de unas extrañas especies de «números» —llamados *generadores de supersimetrías*— que poseen la propiedad de que, cuando se multiplican entre sí dos de ellos, por ejemplo α y β, se obtiene *menos* el resultado que se obtendría si se multiplicasen en el orden inverso:

$$\alpha\beta = -\beta\alpha.$$

(De hecho, la no conmutatividad de operaciones, donde $\mathbf{AB} \neq \mathbf{BA}$, es habitual en el formalismo cuántico; véase §2.13.) Es este signo menos el que permite convertir la estadística de Bose-Einstein en la de Fermi-Dirac, y viceversa.

Para ser más precisos sobre estas magnitudes no conmutativas, debería decir algo más sobre el formalismo general de la mecánica cuántica (y de la QFT). En §1.4 nos hemos encontrado con la noción del estado cuántico de un sistema (Ψ, Φ, etc.), sujeto a las leyes de un espacio vectorial complejo (véanse §§A.3 y A.9). En la teoría se pueden encontrar varias funciones importantes para los denominados *operadores lineales*, como veremos más adelante, en particular en §§1.16, 2.12, 2.13 y 4.1. Un operador lineal $\mathbf{Q}$, que actúa sobre los estados cuánticos Ψ, Φ, etc., se caracteriza por el hecho de que conserva la superposición cuántica,

$$\mathbf{Q}(w\Psi + z\Phi) = w\mathbf{Q}(\Psi) + z\mathbf{Q}(\Phi),$$

donde w y z son números complejos (constantes). Ejemplos de operadores cuánticos son los operadores posición y momento $\mathbf{x}$ y $\mathbf{p}$, y el operador energía $\mathbf{E}$, que veremos en §2.13, así como el operador espín de §2.12. En la mecánica cuántica estándar, las *mediciones* suelen expresarse en términos de operaciones lineales. Esto se explicará en §2.8.

En el caso de generadores de supersimetría como α y β, se trata también de operadores lineales, pero su función en la QFT es la de actuar sobre otros operadores lineales, denominados operadores de *creación* y *aniquilación*, que son esenciales en la estructura algebraica de la QFT. Un símbolo como $\mathbf{a}$ podría utilizarse para el operador de aniquilación, mientras que $\mathbf{a}^{\dagger}$ representaría el correspondiente operador de creación. Si tenemos un determinado estado cuántico Ψ, entonces $\mathbf{a}^{\dagger}\Psi$ sería el estado obtenido a partir de Ψ mediante la inserción del estado de la partícula concreto representado por $\mathbf{a}^{\dagger}$; análogamente, $\mathbf{a}\Psi$ sería el estado obtenido a partir de Ψ al eliminar este estado concreto (suponiendo que dicha eliminación es una operación posible; si no, tendríamos simplemente que $\mathbf{a}\Psi = \mathbf{0}$). Un generador de supersimetría como α actuaría entonces sobre un operador de creación (o aniquilación) para un bosón convirtiéndolo en el operador correspondiente para un fermión, y viceversa.

Señalemos que, al escoger $\beta = \alpha$ en la relación $\alpha\beta = -\beta\alpha$, se infiere que $\alpha^2 = 0$ (puesto que α^2 es igual a su opuesto). De acuerdo con esto, nunca tenemos ningún generador de supersimetría elevado a una potencia (>1), lo cual tiene el curioso efecto, suponiendo que tenemos solo un número finito N de generadores de supersimetría α, β, ..., ω, de que cualquier expresión algebraica X puede escribirse sin potencias de estas magnitudes

$$X = X_0 + \alpha X_1 + \beta X_2 + ... + \omega X_N + \alpha\beta X_{12} + ... \\ + \alpha\omega X_{1N} + \alpha\beta...\omega X_{12...N,}$$

de manera que en la suma habría un total de 2^N términos (uno por cada posible colección de miembros distintos del conjunto de los generadores de supersimetría). Esta expresión demuestra explícitamente la única clase de dependencia que puede darse respecto de los generadores de supersimetría, aunque algunos de los X de la derecha pueden ser nulos. El primer término X_0 se suele denominar *cuerpo* y el resto, $\alpha X_1 + \ldots + \alpha\beta\ldots\omega X_{12\ldots N}$, donde está presente al menos un generador de supersimetría, se conoce como *alma*. Nótese que, una vez que una parte de la expresión pasa a formar parte del alma, multiplicarla por otras expresiones similares nunca hará que vuelva al cuerpo. De ahí que la parte del cuerpo de cualquier cálculo algebraico se mantenga por sí sola, proporcionándonos un cálculo *clásico* por completo legítimo, en el que simplemente olvidamos la parte del alma en su conjunto. Esto ofrece una justificación para consideraciones algebraicas y geométricas, como las de §1.11, en las cuales la supersimetría simplemente se ignora.

El requisito de supersimetría proporciona cierto criterio para elegir una teoría física. El hecho de que una propuesta de teoría deba ser simétrica constituye una fuerte restricción, que dota a la teoría de cierto equilibrio entre sus partes bosónica y fermiónica, cada una de las cuales está relacionada con la otra a través de una operación de supersimetría (esto es, una operación construida con la ayuda de los generadores de supersimetría, como X más arriba). Esta propiedad se considera un valioso activo a la hora de construir una QFT, que busca modelar la naturaleza de una forma verosímil y a salvo de divergencias incontrolables. Exigir que sea supersimétrica hace que aumente en gran medida la probabilidad de que sea renormalizable (véase §1.5) y aumenta las posibilidades de que sea capaz de dar respuestas finitas a cuestiones físicas de importancia. En efecto, con supersimetría las divergencias de las partes bosónicas y fermiónicas de la teoría se cancelan mutuamente.

Esta parece ser una de las razones principales (aparte de la teoría de cuerdas) de la popularidad de la supersimetría en la física de partículas. Sin embargo, si la naturaleza fuese en realidad exactamente supersimétrica (con, digamos, *un* generador de supersimetría), cualquier partícula básica estaría acompañada por otra —denominada *compañera supersimétrica*— con la misma masa que la partícula original, de tal manera que cada par de compañeras supersimétricas estaría formado por un bosón y un fermión de la misma masa. Tendría que existir un *selec-trón*, que sería el bosón que acompañaría al electrón, y un *squark* bosó-nico que acompañaría a cada tipo de quark. Debería haber también un *fotino* y un *gravitino*, ambos carentes de masa, que serían los fermiones que acompañarían al fotón y al gravitón, respectivamente, además de otros fermiones como el *wino* y el *zino*, que acompañarían a los boso-nes W y Z a los que he aludido antes. De hecho, la situación comple-ta es más alarmante que este caso relativamente simple de un solo ge-nerador de supersimetría. Si hubiese N generadores de supersimetría, con $N > 1$, las partículas básicas no se darían simplemente emparejadas de esta manera, sino que habría 2^N en cada agrupación (multiplete) supersimétrica de compañeros mutuos (la mitad de ellas bosones y la otra, fermiones, todos ellos de la misma masa).

Dada la alarmante naturaleza de esta proliferación de partículas básicas (y, quizá, el aparente sinsentido de la terminología propuesta), el lector sentirá alivio al saber que ¡aún no se ha observado ninguno de estos conjuntos supersimétricos de partículas! Sin embargo, este hecho observacional no ha disuadido de manera convincente a los defensores de la supersimetría, que suelen argumentar que debe exis-tir algún mecanismo de ruptura de la supersimetría que provoque una desviación sustancial respecto a la supersimetría exacta, mecanis-mo que actúa sobre las partículas que sí se observan en la naturaleza, cuyas masas dentro de un multiplete pueden diferir sustancialmente. Por lo tanto, todas estas compañeras supersimétricas (compañeras del único miembro de cada grupo observado a día de hoy) deberían te-ner masas que exceden del alcance de los aceleradores de partículas que han entrado en funcionamiento hasta la fecha.

Evidentemente, aún cabe la posibilidad de que existan todas estas partículas predichas por la supersimetría, y que no se hayan observado debido a lo enorme de sus masas. Cabría haber esperado que el LHC, cuando volvió a entrar plenamente en funcionamiento, a una mayor potencia, hubiese encontrado evidencias claras a favor o en contra de la supersimetría. Sin embargo, hay muchísimas propuestas distintas de teorías supersimétricas, y no existe consenso en cuanto al nivel y la naturaleza de los mecanismos de ruptura de la supersimetría necesa-rios. La situación cuando escribo esto es que no hay ninguna eviden-cia de las compañeras supersimétricas, lo que aún parece algo alejado del ideal científico, al que la mayoría de los científicos dicen aspirar, según el cual un esquema teórico propuesto, para ser genuinamente científico (al menos según el muy conocido criterio del filósofo de la ciencia Karl Popper [1963]), debería ser *falsable*. Uno se queda con la incómoda sensación de que, incluso si la supersimetría es efectivamente *falsa*, como característica de la naturaleza, y de que por lo tanto ni el LHC ni cualquier otro acelerador futuro más potente encontrarán nunca *ninguna* compañera supersimétrica, la conclusión a la que llegarían algunos de los defensores de la supersimetría *no* sería que la supersimetría es falsa para las partículas existentes realmente en la naturaleza, sino que el nivel de ruptura de la supersimetría debe ser mayor incluso que el alcanzado en ese momento, y que se necesitará una *nueva* máquina todavía más potente para observarlo.

De hecho, la situación probablemente no sea tan mala en lo que se refiere a la refutabilidad científica. Los últimos resultados del LHC, que incluyen el notable descubrimiento del bosón de Higgs, que se buscaba desde hacía tiempo, no solo no aportan ninguna evidencia de una compañera supersimétrica para cualquier partícula conocida, sino que en realidad descartan los modelos supersimétricos más directos y en los que más esperanzas había depositadas hasta ahora. Las limitaciones teóricas y observacionales pueden resultar demasiado grandes para cualquier versión razonable de una teoría supersimétrica del tipo de las que se han propuesto hasta ahora, y pueden conducir a los teóricos a ideas más nuevas y prometedoras sobre cuál podría ser la relación entre las familias de bosones y de fermiones. También debe señalarse que los modelos en los que hay *más de un generador de supersimetría* —como la teoría de 4 generadores, muy popular entre los teóricos, conocida como *teoría supersimétrica $N = 4$ de Yang-Mills*— están mucho más alejados de cualquier tipo de respaldo observacional que aquellos con un solo generador de supersimetría.

No obstante, la supersimetría continúa siendo muy popular entre los teóricos, y es también un componente clave de la teoría de cuerdas actual, como hemos visto. De hecho, la propia elección de un espacio de Calabi-Yau como la variedad $\mathcal{X}$ preferida para describir las dimensiones espaciales adicionales (véanse §§1.10 y 1.11) se debe a que este posee propiedades supersimétricas. Otra manera de expresar este requisito consiste en decir que, sobre $\mathcal{X}$, existe lo que se denomina un *campo espinorial* (no nulo), que es constante en todo punto de $\mathcal{X}$. La expresión «campo espinorial» hace referencia a uno de los tipos más básicos de campo físico (en el sentido de §§A.2 y A.7) —que no suele ser constante— que podría utilizarse para describir la función de onda de un fermión. (Compárense §§2.5 y 2.6; para más información sobre los campos espinoriales, véase, por ejemplo, Penrose y Rindler [1984] y, para dimensiones más altas, el apéndice de Penrose y Rindler [1986].)

Este campo espinorial constante se puede usar, en efecto, para que haga las veces de generador de supersimetría, y dicho uso permite expresar la naturaleza supersimétrica del espaciotiempo de dimensión más alta en su conjunto. Resulta que este requisito de supersimetría garantiza que la energía total en el espaciotiempo tenga que ser cero. Este estado de energía nula se toma como el estado fundamental de todo el universo, y se argumenta que este estado debe ser estable en virtud de su carácter supersimétrico. La idea que subyace a este argumento parece ser que las perturbaciones de este estado fundamental de energía nula tendrían que incrementar su energía, de manera que la estructura espaciotemporal de este universo ligeramente perturbado simplemente volvería a asentarse en este estado fundamental supersimétrico mediante la reemisión de esa energía.

No obstante, debo decir que tengo grandes dificultades con este tipo de argumento. Como se señala en §1.10, y teniendo en cuenta el argumento expuesto antes en este mismo apartado de que la parte del cuerpo de cualquier geometría supersimétrica puede extraerse como una geometría clásica, parece muy apropiado considerar que tales perturbaciones nos proporcionan las perturbaciones *clásicas*, y, en razón de las conclusiones de §1.11, debemos aceptar como probable que la inmensa mayoría de tales perturbaciones clásicas den lugar a *singularidades espaciotemporales* en una minúscula fracción de segundo. (Al menos, las perturbaciones en las dimensiones espaciales adicionales se volverían rápidamente lo bastante grandes como para ser en efecto singulares, antes de que pudiera entrar en juego cualquier término de orden superior en la constante de cuerda α'.) Según esta imagen, en lugar de asentarse suavemente en dicho estado fundamental estable y supersimétrico, el espaciotiempo se desintegraría en una singularidad. No encuentro ningún motivo racional para confiar en que tal catástrofe podría evitarse, con independencia de la naturaleza supersimétrica de ese estado.

1.15. AdS/CFT

Aunque no estoy al tanto de que muchos teóricos de cuerdas profesionales (o siquiera alguno) se hayan permitido desviarse de sus objetivos principales por argumentos como los que se han ofrecido antes —esto es, por los argumentos de §§1.10 y 1.11, el que aparece al final de §1.14 y (en general) por las cuestiones relativas a la libertad funcional de §§A.2, A.8 y A.11—, sí que, en tiempos relativamente recientes, se han visto conducidos a zonas algo diferentes de las que he ido describiendo hasta ahora. No obstante, las cuestiones relativas al exceso de libertad funcional siguen siendo muy relevantes, y parece apropiado terminar este capítulo abordando el más significativo de estos desarrollos. En §1.16 describiré muy brevemente algunos de los extraños territorios a los que nos ha conducido la trayectoria de la teoría de cuerdas, a saber, lo que se conoce como los *mundos de branas*, el *paisaje* y los *pantanos*. De mucho mayor interés matemático, y con sugerentes conexiones con otras áreas de la física, es lo que se denomina *correspondencia AdS/CFT*, *conjetura holográfica* o *dualidad de Maldacena*.

Esta *correspondencia AdS/CFT* [véanse Ramallo, 2013; Zaffaroni, 2000; Susskind y Witten, 1998] es lo que se conoce también como *principio holográfico*. Debería dejar claro de antemano que no se trata de un principio establecido, sino de un conjunto de conceptos interesantes que poseen cierto respaldo empírico matemático, pero que a primera vista parecen contradecir ciertos problemas graves de libertad funcional. A grandes rasgos, la idea del principio holográfico es que hay cierta correspondencia entre dos tipos muy diferentes de teoría física, una de las cuales (que resulta ser una forma de teoría de cuerdas) se define sobre cierta región espaciotemporal $(n + 1)$-dimensional, denominada *bulk*, y la otra (un tipo más convencional de teoría cuántica de campo) se define sobre el *contorno* n-dimensional de esta región. Una impresión inicial sería que tal correspondencia parece improbable, desde el punto de vista de la libertad funcional, porque la teoría del *bulk* parece tener una libertad funcional de $\infty^{A\infty^{n}}$ para un cierto A, mientras que la teoría sobre el contorno *parecería* tener una libertad funcional mucho menor, $\infty^{B\infty^{n-1}}$, para un cierto B. Este sería el caso si ambas son teorías del espaciotiempo del tipo más o menos habitual. Para poder entender mejor las razones subyacentes de esta presunta correspondencia, y las posibles dificultades de la propuesta, será útil examinar primero algunos de los antecedentes que la respaldan.

Una de las primeras aportaciones a esta idea provino de una característica bien establecida de la termodinámica de los agujeros negros, en la que se basa buena parte del razonamiento del capítulo 3. Se trata de la fórmula fundamental de Bekenstein-Hawking para la entropía de un agujero negro, que veremos más explícitamente en §3.6. Lo que esta fórmula nos dice es que la entropía en un agujero negro es proporcional al área de su superficie. A grandes rasgos, la entropía de un objeto, si se encuentra en un estado completamente aleatorio («termalizado»), es básicamente un recuento del número total de grados de libertad en dicho objeto. (Esto se precisa más en una potente fórmula general, debida a Boltzmann, que veremos con más detalle en §3.3.) Lo que parece peculiar de esta fórmula de la entropía de un agujero negro es que si tuviésemos un cuerpo clásico ordinario, hecho de alguna sustancia con un gran número de moléculas diminutas u otros componentes básicos localizados, entonces el número de grados de libertad potencialmente disponible para el cuerpo sería proporcional a su volumen, por lo que esperaríamos que, cuando se encuentre en un estado completamente térmico (esto es, de máxima entropía), su entropía fuese una magnitud proporcional a su volumen, no al área de su superficie. Así pues, ha ido ganando popularidad el punto de vista según el cual en el interior de un agujero negro sucede algo que se refleja en su superficie 2-dimensional, y la información de esta superficie es, en cierto sentido, *equivalente* a todo lo que está teniendo lugar en su interior 3-dimensional. Así, continúa el argumento, tenemos algún tipo de ejemplo de un principio holográfico en el que la información presente en los grados de libertad del interior del agujero negro está codificada de alguna manera en los grados de libertad de su contorno (esto es, del horizonte).

Este tipo general de argumento desarrollaba ideas presentes en algunos de los primeros trabajos en teoría de cuerdas [Strominger y Vafa, 1996], en el que se hicieron intentos de proporcionar a la fórmula de Bekenstein-Hawking una base análoga a la de Boltzmann al contar los grados de libertad de cuerdas en una región interior a una superficie esférica, donde, en primera instancia, se tomaba una constante gravitatoria pequeña, de forma que la superficie no representaba el contorno de un agujero negro, y a continuación se iba «elevando» la constante gravitatoria hasta alcanzar un punto en que la superficie delimitadora se convertía de hecho en un horizonte de sucesos del agujero negro. Por aquel entonces, los teóricos de cuerdas interpretaron este resultado como un gran paso adelante en la comprensión de la entropía de los agujeros negros, porque con anterioridad no se había establecido ninguna conexión entre la fórmula de Boltzmann y la de Bekenstein-Hawking. Sin embargo, se plantearon muchas objeciones al argumento (que era limitado y poco realista en varios sentidos), y los defensores de la aproximación de variables de lazo a la gravedad cuántica propusieron otro enfoque [Ashtekar *et al.*, 1998 y 2000]. Este, a su vez, se topó con sus propias dificultades (aparentemente menos importantes), y creo que es justo decir que aún no existe un procedimiento del todo convincente e inequívoco para obtener la fórmula de Bekenstein-Hawking para un agujero negro a partir de la definición general de entropía de Boltzmann. No obstante, los argumentos a favor de la corrección de la fórmula para la entropía del agujero negro no han sido refutados y son convincentes por otros medios, y no requieren realmente una base boltzmanniana *directa*.

A mi juicio, no es un enfoque correcto asignar un «bulk» al interior de un agujero negro y considerar que hay «grados de libertad» que mantienen su existencia en dicho interior (véase §3.5). Dicha imagen es incompatible con el comportamiento de la causalidad dentro de un agujero negro. Existe una singularidad interna que debe considerarse capaz de destruir información, por lo que el equilibrio que se busca en la aproximación de la teoría de cuerdas es, en mi opinión, descabellado. Los argumentos que se presentan en el procedimiento de las variables de lazo están, desde mi punto de vista, mucho mejor fundamentados que los argumentos anteriores de la teoría de cuerdas, pero aún no se ha logrado obtener un ajuste numérico convincente con la fórmula de la entropía de un agujero negro.

Examinemos ahora la versión del principio holográfico que propone la correspondencia AdS/CFT. En su forma actual, aún es una hipótesis sin demostrar (propuesta por Juan Maldacena en 1997 [Maldacena, 1998], con un fuerte apoyo de Edward Witten [1998]) y no un principio matemático establecido, pero se argumenta que hay una buena cantidad de evidencias matemáticas que respaldan una correspondencia matemática real y precisa entre dos propuestas de modelos físicos aparentemente muy distintas. La idea es que uno sería capaz de demostrar que cierta teoría que uno aspira a entender mejor (aquí, la teoría de cuerdas), que está definida sobre una región *bulk* $(n + 1)$-dimensional $\mathcal{D}$, es en realidad *equivalente* a una teoría mucho mejor comprendida (aquí, un tipo más convencional de QFT) sobre el contorno n-dimensional $\partial\mathcal{D}$ de esta región. Aunque el origen de la idea tiene que ver con cuestiones profundas de la física de los agujeros negros, como se ha descrito antes, el nombre «holográfico» tiene su origen en el concepto ya familiar de «holograma». Así, se suele argumentar que esta aparente inconsistencia de la información dimensional no es inverosímil porque algo de este estilo sucede con un holograma, en el que la información de lo que no es de hecho más que una superficie 2-dimensional codifica una imagen 3-dimensional, y de ahí las expresiones «conjetura holográfica» y «principio holográfico». Sin embargo, un holograma no es realmente un ejemplo de este principio, ya que la imagen 3-dimensional percibida es solo de la superficie 2-dimensional que encierra un cuerpo en el 3-espacio, cuyo *bulk* no se percibe en absoluto. Tales superficies tienen una libertad funcional de $\infty^{3\infty^2}$, y no el valor mucho mayor de $\infty^{a\infty^3}$ que sería necesario de acuerdo con un supuestamente verdadero «principio holográfico», en el que el *bulk* también tendría que estar codificado en la imagen. Un holograma ordinario se parece más a una imagen estereográfica, tal y como la perciben nuestros dos ojos, que nos da la impresión de profundidad pero no nos informa del interior de los cuerpos. Para las motivaciones originales tras el principio holográfico, véanse Hooft, 1993; Susskind, 1994.

En la versión de este principio que se conoce específicamente como *correspondencia AdS/CFT*, la región $\mathcal{D}$ es un espaciotiempo 5-dimensional, denominado *cosmología anti-De Sitter* $\mathcal{A}^5$. Veremos en §§3.1, 3.7 y 3.9 que este modelo cosmológico pertenece a una clase amplia de modelos, llamados por regla general FLRW, algunos de los cuales parecen estar en buena disposición para modelar muy aproximadamente la geometría espaciotemporal de nuestro universo 4-dimensional. Además, el *espacio de De Sitter* es el modelo que, según las observaciones y la teoría actuales, reflejaría bien el futuro remoto de nuestro universo (véanse §§3.1, 3.7 y 4.3). Por otra parte, el espacio *anti*-De Sitter 4-dimensional $\mathcal{A}^4$ no es realmente un modelo posible para el universo, ya que en él el signo de la constante cosmológica Λ es *opuesto* al observado (véanse §§1.1, 3.1 y 3.6). Este hecho observacional no parece haber disuadido a los teóricos de cuerdas de basar gran parte de su fe en la utilidad de $\mathcal{A}^5$ para analizar la naturaleza del universo.

Como se ha señalado en el prefacio de este libro, a menudo se estudian, los modelos físicos por la información que pueden proporcionar para mejorar nuestra comprensión general, y no es necesario para tal propósito que sean físicamente realistas, aunque en este caso parece que sí había cierta esperanza genuina de que Λ hubiese resultado ser negativa. Juan Maldacena expuso por primera vez su propuesta AdS/CFT en 1997, justo antes de que las observaciones (por Perlmutter *et al.* [1998] y Riess *et al.* [1998]) presentasen evidencias convincentes de una Λ positiva, en lugar del valor negativo que Maldacena requería. Incluso en 2003, cuando recuerdo haber mantenido conversaciones sobre la cuestión con Edward Witten, había cierta esperanza de que las observaciones aún permitirían un valor negativo de Λ.

La conjetura AdS/CFT propone que una teoría de cuerdas apropiada sobre $\mathcal{A}^5$ es, en un sentido adecuado, completamente equivalente a un tipo más convencional de teoría gauge (véanse §§1.3 y 1.8) sobre el contorno conforme 4-dimensional $\partial \mathcal{A}^5$ de $\mathcal{A}^5$. Sin embargo, como se ha señalado antes (§1.9), las ideas actuales de la teoría de cuerdas exigen que la variedad espaciotemporal sea 10-dimensional, no 5-dimensional como $\mathcal{A}^5$. La manera en que se trata esta cuestión consiste en considerar que la teoría de cuerdas debe aplicarse no al 5-espacio $\mathcal{A}^5$ sino a la variedad espaciotemporal 10-dimensional:

$$\mathcal{A}^5 \times S^5$$

(véase la figura A-25 en §A.7, o §1.9, para el concepto de «×» donde S^5 es una esfera 5-dimensional cuyo radio es de escala cosmológica; véase la figura 1-37). (La teoría de cuerdas relevante es la tipo IIB, pero no entraré aquí en distinciones entre los diferentes tipos de teorías de cuerdas.)

Es significativo que S^5, siendo de tamaño cosmológico (de manera que las consideraciones cuánticas son irrelevantes), debe tener una libertad funcional disponible dentro de este factor S^5 que ciertamente prevalezca sobre la de cualquier dinámica dentro del $\mathcal{A}^5$ *si*

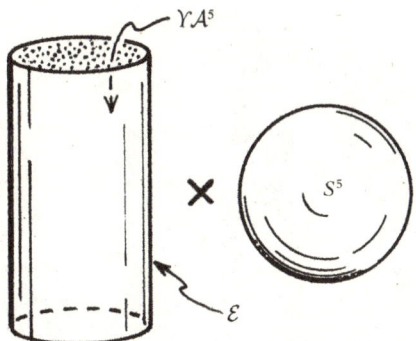

FIGURA 1-37. La conjetura AdS/CFT hace referencia a la 10-variedad lorentziana que es el espacio producto $\mathcal{A}^5 \times S^5$ del espacio anti-De Sitter $\mathcal{A}^5$ con una 5-esfera (de género espacio) S^5. Aquí, $Y\mathcal{A}^5$ hace referencia a la versión «desenrollada» de $\mathcal{A}^5$ y $\mathcal{E}$ (el universo estático de Einstein) es la versión desenrollada del espacio de Minkowski compactificado.

dicha dinámica se corresponde con la del 3-espacio convencional que AdS/CFT propone para el contorno $\partial\mathcal{A}^5$. No hay necesidad de recurrir a los argumentos de §1.10 dirigidos contra los posibles obstáculos cuánticos para excitar este exceso de libertad funcional. En el S^5, no cabe la posibilidad de que se supriman esta cantidad enorme de grados de libertad, lo que nos dice de manera categórica que el modelo AdS/CFT no representa de forma directa el universo en el que vivimos.

En la imagen de AdS/CFT, el S^5 simplemente se transfiere a $\partial\mathcal{A}^5$, el contorno conforme de $\mathcal{A}^5$, para así proporcionar una especie de contorno

$$\partial\mathcal{A}^5 \times S^5$$

para $\mathcal{A}^5 \times S^5$, pero esto dista mucho de ser realmente un contorno *conforme* de $\mathcal{A}^5 \times S^5$. Para explicarlo, necesito que se hagan una idea de lo que es un contorno conforme, y para ello remito al lector a la figura 1-38(a), en la que todo el plano hiperbólico (un concepto sobre el que volveré en §3.5) está representado de una manera conformemente precisa, de tal manera que aquí el contorno conforme es el círculo circundante. Se trata de un hermoso y famoso grabado en madera del artista holandés M. C. Escher, que representa fielmente una representación conforme del plano hiperbólico (obra de Eugenio Beltrami en 1868, pero que suele conocerse como *disco de Poin-*

(a)

FIGURA 1-38. (a) *Límite circular I*, de M. C. Escher, utiliza la representación conforme del plano hiperbólico de Beltrami, cuyo infinito se convierte en un contorno circular.

caré), las líneas rectas de esta geometría se representan como arcos circulares que se encuentran con el círculo circundante formando ángulos rectos (figura 1-38(b)). En esta geometría plana no euclídea, muchas líneas («paralelas») que pasan por un punto P no se encuentran en una línea *a*, y los ángulos α, β y γ de cualquier triángulo suman menos de π (= 180°). Existen también versiones en dimensiones más altas de la figura 1-38, como aquellas en las que el espacio hiperbólico 3-dimensional está representado de manera conforme como el interior de una esfera ordinaria S^2. «Conforme» significa básicamente que todas las formas muy pequeñas —por ejemplo, las de las aletas de los peces— están representadas muy fielmente en esta imagen, y cuanto más pequeña es la forma mayor es la precisión, aunque distintas instancias de la misma forma pequeña pueden variar en ta-

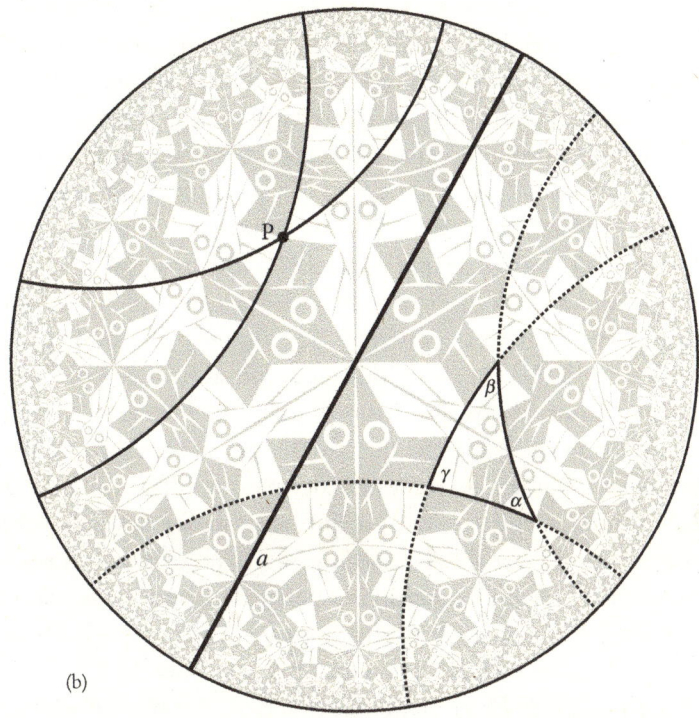

(b)

Figura 1-38. (*Cont.*) (b) Las líneas rectas de esta geometría están representadas como arcos de círculo que se encuentran con el contorno formando ángulos rectos. Hay muchas «paralelas» que pasan por P y no se encuentran en la línea *a*; los ángulos de un triángulo, α, β y γ, suman menos de π (= 180°).

maño (y los ojos de los peces siguen siendo circulares hasta en el borde). Se hace referencia a algunas de las poderosas ideas de la geometría conforme en §A.10 y, en el contexto espaciotemporal, al final de §1.7 y al principio de §1.8. (Volveré sobre la noción de «contorno conforme» en §§3.5 y 4.3.) Resulta que, en el caso de $\mathcal{A}^5$, se puede interpretar que su contorno conforme $\partial\mathcal{A}^5$ es esencialmente una copia conforme del espaciotiempo ordinario de Minkowski $\mathbb{M}$ (§§1.7 y 1.11), aunque «compactificado» de cierta manera que veremos enseguida. La idea de AdS/CFT es que, en este caso particular de la teoría de cuerdas sobre el espaciotiempo $\mathcal{A}^5$, los misterios de la naturaleza matemática de la teoría de cuerdas se pueden resolver mediante esta conjetura, ya que se entienden bastante bien las teorías gauge sobre el espacio de Minkowski.

Está también la cuestión del factor «× S^5», que debería suministrar una parte sustancial de la libertad funcional. Con respecto a las ideas generales de la holografía, el S^5 en gran medida se ignora. Como se ha mencionado antes, $\partial\mathcal{A}^5 \times S^5$ no es ciertamente un contorno conforme de $\mathcal{A}^5 \times S^5$, porque el «aplastamiento» de las regiones infinitas de $\mathcal{A}^5$ para «llegar» a $\partial\mathcal{A}^5$ no se le aplica a S^5, mientras que, para que el aplastamiento fuese conforme, debería aplicarse por igual a todas las dimensiones. La manera en que se maneja la información en el S^5 consiste simplemente en recurrir a un *análisis de modos* o, dicho de otro, en codificarlo todo en una secuencia de números (denominada *torre*, en el contexto de AdS/CFT). Como se señala al final de §A.11, esta es una buena manera de ocultar los problemas de la libertad funcional.

Los lectores de este libro que me hayan seguido hasta aquí podrán apreciar las posibles señales de alarma que una propuesta como AdS/CFT podría hacer saltar, porque, si la teoría definida sobre el contorno 4-dimensional $\partial\mathcal{A}^5$ pareciese ser una teoría de campo 4-dimensional ordinaria, se construiría a partir de magnitudes con libertad funcional $\infty^{A\infty^3}$ (para un entero positivo A), mientras que, para su interior 5-dimensional $\mathcal{A}^5$, esperaríamos una libertad funcional de $\infty^{B\infty^4}$ (para cualquier B), enormemente superior, si pudiésemos suponer que la teoría en el interior es también una teoría de campo de tipo normal (véanse §§A.2 y A.8). Es probable que esto nos plantease dificultades considerables para tomarnos en serio la equivalencia propuesta entre ambas teorías. Sin embargo, hay aquí varias cuestiones que complican la situación y que debemos tomar en consideración.

Lo primero que hay que considerar es que la teoría en el interior está destinada a ser una teoría de cuerdas y no una QFT ordinaria. Una reacción inmediata y razonable a tal sugerencia podría ser que la libertad funcional debería ser realmente mucho *mayor* para una teoría de cuerdas que para otra en la que los ingredientes básicos fueran puntos, ya que, con respecto a la libertad funcional *clásica*, hay muchos más bucles de cuerdas que puntos individuales. Sin embargo, esto da una estimación muy engañosa de la cantidad de libertad funcional en una teoría de cuerdas. Es mejor plantearlo como que la teoría de cuerdas es simplemente otra manera de abordar la física normal (que, al fin y al cabo, es uno de sus objetivos), lo que nos conduce a una libertad funcional de la misma forma general (en un cierto tipo de límite clásico) que la que obtendríamos para una teoría de campo clásica normal en el espaciotiempo $(n + 1)$-dimensional, esto es, de la forma $\infty^{B\infty^4}$, como hemos visto antes. (Aquí estoy ignorando la enorme libertad existente en S^5.) La forma $\infty^{B\infty^4}$ sería ciertamente el resultado para la libertad funcional de la gravedad clásica de Einstein en el *bulk*, y por lo tanto, presumiblemente, lo que deberíamos obtener en el límite clásico apropiado de la teoría de cuerdas en el *bulk*.

Está, no obstante, la cuestión de lo que debe entenderse por límite clásico. Tales asuntos serán abordados desde una perspectiva completamente diferente en §2.13 (y §4.2). Quizá exista una conexión, pero aquí no he tratado de evaluarla. Está la cuestión, no obstante, de que en el *bulk* y el contorno podemos tener distintos límites, y esto introduce un factor de complicación que puede estar relacionado con el rompecabezas de cómo puede satisfacerse el principio holográfico cuando la libertad funcional en el contorno parece ser únicamente de la forma $\infty^{A\infty^3}$, que es muchísimo más pequeño que el $\infty^{B\infty^4}$ que esperaríamos encontrar en el *bulk*. Por supuesto, una posibilidad podría muy bien ser que la conjetura de AdS/CFT no sea realmente cierta, a pesar de la evidencia parcial en apariencia fuerte, ya descubierta, de la existencia de una gran cantidad de estrechas relaciones entre las teorías del *bulk* y del contorno. Podría ser, por ejemplo, que toda solución de las ecuaciones del contorno surja en efecto a partir de una solución de las ecuaciones del *bulk*, pero que existan muchísimas más soluciones en el *bulk* que no se corresponden con ninguna en el contorno. Esto sucedería si considerásemos una 3-esfera de tipo espacio S^3 en ∂A^5 que se extiende como una 4-bola de tipo espacio D^4 dentro de A^5 y contemplamos ecuaciones que son, respectivamente, la ecuación de Laplace 3-dimensional y 4-dimensional. Cada solución en S^3 surge de una solución única en D^4 (véase §A.11), pero muchas soluciones en D^4 dan «*no soluciones*» en S^3 ($= \partial D^4$). A un nivel mucho más sofisticado, encontramos que ciertas soluciones de las ecuaciones denominadas *estados BPS* (Bogomol'nyi-Prasad-Sommerfeld), caracterizados por determinadas propiedades de simetría y supersimetría, exhiben una sorprendente correspondencia exacta entre los estados BPS de la teoría del contorno y los relevantes en el interior. Pero, cabe preguntarse, ¿en qué medida estos estados específicos iluminan el caso general, en el que interviene toda la libertad funcional?

Otra cuestión que hay que tener en cuenta (como se señala en

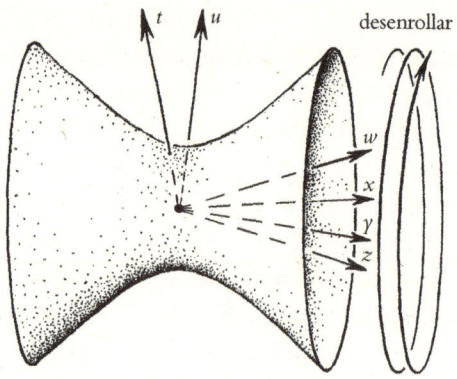

FIGURA 1-39. El espacio anti-De Sitter $\mathcal{A}^5$ contiene curvas cerradas de género tiempo, que pueden eliminarse al «desenrollar» el espacio mientras este rota alrededor del plano (t, u), formando así su *espacio de recubrimiento universal* $Y\!\mathcal{A}^5$.

§A.8) es que nuestro interés por la libertad funcional es esencialmente local, de manera que los problemas que hemos visto antes, que se enfrentan a una versión clásica de AdS/CFT, podrían no ser válidos globalmente. En efecto, las restricciones globales pueden en ocasiones reducir de manera drástica el número de soluciones de las ecuaciones clásicas de campo. Para abordar este asunto para la correspondencia AdS/CFT, necesitamos enfrentarnos a cierta confusión aparente en la literatura sobre el significado real de «global» en esta correspondencia. De hecho, aquí intervienen dos versiones muy diferentes de la geometría. En cada caso, tenemos un pedazo perfectamente válido (aunque sin duda confuso) de geometría conforme (donde «conforme», en el contexto de los espaciotiempos, se refiere a la familia de *conos nulos* (véanse §§1.7 y 1.8)). Distinguiré estas dos geometrías como las versiones *enrollada* y *desenrollada* de $\mathcal{A}^5$ y de su contorno conforme $\partial\mathcal{A}^5$. Los símbolos $\mathcal{A}^5$ y $\partial\mathcal{A}^5$ harán referencia aquí a las versiones *enrolladas*, y $Y\!\mathcal{A}^5$ y $Y\!\partial\mathcal{A}^5$, a las *desenrolladas*. Técnicamente, $Y\!\partial\mathcal{A}^5$ es lo que se denominaría un *recubrimiento universal* de $\mathcal{A}^5$. Los conceptos que intervienen aquí se explican (espero que adecuadamente) en la figura 1-39. El $\mathcal{A}^5$ enrollado es uno de los que más fácilmente se alcanza a través de las ecuaciones algebraicas adecuadas,[9] y posee la topología $S^1 \times \mathbb{R}^4$. La

9. $\mathcal{A}^5$ es la 5-cuádrica $t^2 + u^2 - w^2 - x^2 - y^2 - z^2 = R^2$ en el 6-espacio $\mathbb{R}^6$ de coordenadas reales (t, u, w, x, y, z) y métrica $ds^2 = dt^2 + du^2 - dw^2 - dx^2 - dy^2 - dz^2$. Las versiones desenrolladas $Y\!\mathcal{A}^5$ y $Y\!\mathbb{M}^\#$ son los espacios de recubrimiento universales de $\mathcal{A}^5$ y $\mathbb{M}^\#$, respectivamente; véase Alexakis [2012].

versión desenrollada tiene una topología $\mathbb{R}^5$ ($= \mathbb{R} \times \mathbb{R}^4$), en la que cada círculo S^1 en $S^1 \times \mathbb{R}^4$ se desenrolla (dando vueltas a su alrededor un número ilimitado de veces) en una línea recta ($\mathbb{R}$). La razón física para desear este «desenrollamiento» es que estos círculos son líneas de universo cerradas de género tiempo, que normalmente se consideran inaceptables en cualquier modelo del espaciotiempo que pretenda ser realista (porque abren la posibilidad de acciones paradójicas para los observadores que tengan estas curvas como sus líneas de universo, ya que dichos observadores pueden hacer uso de su libre albedrío para alterar eventos que se consideraba que habían tenido lugar indudablemente en el pasado). El proceso de desenrollamiento, pues, hace que este modelo tenga más posibilidades de ser realista.

El contorno conforme de $\mathcal{A}^5$ es lo que se denomina un *4-espacio de Minkowski compactificado*, $\mathbb{M}^\#$. Podemos entender este contorno (conformemente) como el 4-espacio de Minkowski ordinario de la relatividad especial, $\mathbb{M}$ (véase §1.7, figura 1-23), con su propio contorno conforme $\mathscr{I}$ adjunto (como se indica en la figura 1-40), pero donde lo «enrollamos» al identificar apropiadamente la parte futura $\mathscr{I}^+$ de su contorno conforme con la parte pasada $\mathscr{I}^-$, a través de la identificación del extremo infinito futuro a^+ de cualquier rayo de luz (geodésica nula) en $\mathbb{M}$ con su extremo infinito pasado a^- (figura 1-41). El espacio contorno desenrollado $Y\mathbb{M}^\#$ (el espacio de recubrimiento universal de $Y\mathbb{M}^\#$) resulta ser conformemente equivalente al universo estático de Einstein $\mathcal{E}$ (figura 1-42); véase también §3.5 (figura 3-23), que es una 3-esfera espacial que no varía con el tiempo: $\mathbb{R} \times S^3$. La parte de este espacio que es conforme al espacio de Minkowski, con su contorno conforme $\mathscr{I}$ adjunto, se indica (para el caso 2-dimensional) en la figura 1-43 (véase también la figura 3-23).

No parece que las versiones desenrolladas de estos espacios impongan mucha restricción global a las soluciones clásicas de las ecuaciones de campo. Básicamente, solo deberíamos preocuparnos por cosas como el valor nulo de la carga total en el caso de las ecuaciones de Maxwell con fuentes surgidas de la compactificación de las direcciones espaciales (que da el S^3 del universo de Einstein mencionado antes). No consigo ver por qué habrían de existir más restricciones topológicas sobre los campos clásicos en los desenrollados $Y\mathcal{A}^5$ y $Y\mathbb{M}^\#$, ya que no hay más restricciones sobre la evolución temporal. Pero la compactificación de la dirección temporal que se produce al

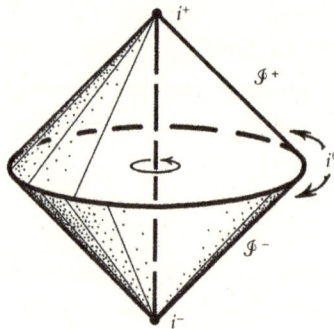

FIGURA 1-40. El espacio de Minkowski representado con su contorno conforme, que consta de dos 3-espacios nulos hipersuperficiales, $\mathscr{I}^+$ (infinito nulo futuro) y $\mathscr{I}^-$ (infinito nulo pasado), y tres puntos: i^+ (infinito futuro de género tiempo), i^0 (infinito de género espacio) y i^- (infinito pasado de género tiempo).

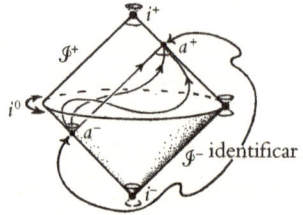

FIGURA 1-41: Para formar el espacio de Minkowski compactificado con topología $S^1 \times S^3$, identificamos un punto de $\mathscr{I}^+$ con un punto de $\mathscr{I}^-$ (de la figura 1-40) de la manera que se indica, de forma que a^- en $\mathscr{I}^-$ se identifica con a^+ en $\mathscr{I}^+$, y cualquier geodésica nula en $\mathbb{M}$ cuyo punto extremo pasado es a^- en $\mathscr{I}^-$ adquiere el punto extremo futuro a^+ en $\mathscr{I}^+$. Además, se deben identificar los tres puntos i^-, i^0 y i^+.

enrollar la dirección temporal abierta en $Y\!A^5$ y $Y\mathbb{M}^\#$ para dar A^5 y $\mathbb{M}^\#$ podría ciertamente conducir a una drástica reducción del número de soluciones clásicas, porque solo aquellas con una periodicidad compatible con la compactificación sobrevivirían al procedimiento de enrollamiento [Jackiw y Rebbi, 1976].

Supongo, por lo tanto, que son en verdad las versiones *desenrolladas*, $Y\!A^5$ y $Y\partial A^5$, en las que han de considerarse los espacios de relevancia para la propuesta AdS/CFT. ¿Cómo hemos pues de escapar a la aparente incoherencia entre las libertades funcionales en ambas teorías? Muy posiblemente, una respuesta a esta pregunta se encuentre en una característica de la correspondencia que no he abordado hasta ahora. Se trata del hecho de que la teoría de campo de Yang-Mills en

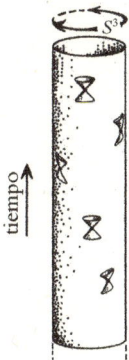

FIGURA 1-42. El modelo estático del universo de Einstein $\mathcal{E}$ es una 3-esfera espacial que es constante en el tiempo; topológicamente, $\mathbb{R} \times S^3$.

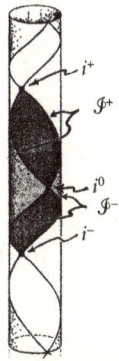

FIGURA 1-43. Esta imagen (aunque es solo 2-dimensional) indica la manera en que el espacio de Minkowski con su contorno conforme puede ser considerado una parte cerrada del modelo estático de Einstein $\mathcal{E}$, lo cual aclara cómo puede i^0 ser simplemente un único punto.

el contorno no es realmente una teoría de campo estándar (incluso dejando a un lado sus 4 generadores de supersimetría), porque su grupo de simetría gauge debe considerarse en el límite donde la dimensión de este grupo tiende a infinito. Desde el punto de vista de la libertad funcional, es un poco como buscar las «torres» de armónicos que definen lo que sucede es los espacios S^5. La libertad funcional adicional puede permanecer «oculta» en la infinitud de estos armónicos. De manera similar, el hecho de que el tamaño del grupo gauge se lleve hasta *infinito* para que la correspondencia AdS/CFT funcione podría resolver fácilmente el aparente conflicto en cuanto a la libertad funcional.

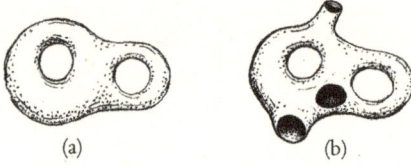

(a)   (b)

FIGURA 1-44. Imágenes de las superficies de Riemann: (a) con asas y (b) con asas y agujeros. (Nota: en la literatura, lo que aquí estoy llamando «asas» a veces se denomina, de forma confusa, «agujeros».)

En resumen, parece claro que la correspondencia AdS/CFT ha abierto una nueva y enorme área de investigación que ha conectado muchos ámbitos activos de la física teórica, estableciendo relaciones inesperadas entre campos tan dispares como la física de la materia condensada, los agujeros negros y la física de partículas. Por otra parte, se da un extraño contraste entre esta enorme versatilidad y riqueza de ideas y la irrealidad de la imagen inmediata del mundo que proyecta: depende del signo equivocado para la constante cosmológica; requiere 4 generadores de supersimetría, mientras que no se ha observado ninguno; exige un grupo de simetría gauge que actúe sobre un número infinito de parámetros, en lugar de los 3 que requiere la física de partículas, y su espaciotiempo *bulk* posee una dimensión de más. Será de lo más fascinante ver adónde conduce todo esto.

1.16. MUNDOS DE BRANAS Y EL PAISAJE

Abordemos ahora la cuestión de los mundos de branas. En §1.13 he mencionado las entidades denominadas *p*-branas —versiones de las cuerdas en dimensiones más altas—, necesarias, junto con las cuerdas, para las diversas dualidades que caracterizan la teoría M. Las propias cuerdas (1-branas) pueden existir en dos formas muy diferentes: las cuerdas *cerradas*, que pueden ser descritas como superficies de Riemann compactas ordinarias (véanse la figura 1-44(a) y §A.10), y las cuerdas *abiertas*, cuyas superficies de Riemann tienen agujeros en ellas (figura 1-44(b)). Además de estas, supuestamente existen estructuras denominadas *D-branas*, que desempeñan una función distinta en la teoría de cuerdas. A las D-branas se las considera estructuras clásicas en el espaciotiempo (de dimensiones más altas), que se supone que surgen de las enormes conglomeraciones de cuerdas y *p*-branas que las

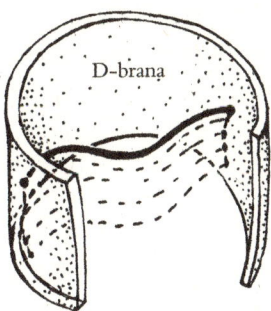

FIGURA 1-45. Dibujo de una D-brana. Es la región (clásica) donde residirían los extremos («agujeros») de una cuerda.

componen, pero se las describe como soluciones clásicas de las ecuaciones de la supergravedad mediante la imposición de requisitos de simetría y supersimetría. Una función importante que se considera que tienen las D-branas es la de lugares donde deben residir los «extremos» de las cuerdas abiertas (esto es, los agujeros). Véase la figura 1-45.

El concepto de un *mundo de branas* supone (aunque esto no suele reconocerse) una importante desviación respecto al punto de vista original de la teoría de cuerdas descrito en §1.6, según el cual el espaciotiempo de dimensiones más altas debe entenderse (localmente) como un espacio producto $\mathcal{M} \times \mathcal{X}$, en el que el espaciotiempo que experimentamos directamente es el 4-espacio $\mathcal{M}$, mientras que el 6-espacio $\mathcal{X}$ aporta las diminutas dimensiones espaciales adicionales no observadas. Según el punto de vista original, el espaciotiempo 4-dimensional observado es un ejemplo de lo que se describe matemáticamente como un *espacio cociente*, en el que se obtiene el espacio $\mathcal{M}$ si establecemos una correspondencia entre cada instancia de $\mathcal{X}$ en $\mathcal{M} \times \mathcal{X}$ y un solo punto:

$$\mathcal{M} \times \mathcal{X} \rightarrow \mathcal{M}.$$

Véase la figura 1-32(a) (en §1.10). Por otra parte, según el punto de vista del mundo de branas, las cosas son más bien al revés, ya que al universo 4-dimensional se lo considera un *subespacio* del espaciotiempo 10-dimensional ambiente $\mathcal{S}$, identificado con una D-brana particular $\mathcal{M}$ dentro del mismo:

$$\mathcal{M} \rightarrow \mathcal{S}.$$

Véase la figura 1-32(b). Para mí esta es una idea muy extraña, ya que la mayor parte del espaciotiempo S parece ahora completamente irrelevante para nuestras experiencias. Aunque cabría ver esto como cierta mejora, ya que es probable que la libertad funcional sea mucho menos excesiva que antes, una desventaja es que la propagación normal de los campos hacia el futuro de forma determinista a la que estamos acostumbrados en la física convencional podría perderse por completo, debido a la continua fuga de información desde el subespacio M al espaciotiempo ambiente de dimensiones más altas. Debe señalarse que esto está por entero en desacuerdo con la evolución determinista normal de los campos clásicos en el espaciotiempo que experimentamos. En la perspectiva del mundo de branas, la libertad funcional para los campos clásicos ordinarios que experimentaríamos directamente sería ahora de la forma $\infty^{B\infty^4}$, en lugar del valor mucho menor de $\infty^{A\infty^3}$ que experimentamos realmente. Sigue siendo aún demasiado grande. De hecho, considero que es más difícil tomarse en serio este tipo de perspectiva que la original de §1.6.

Por último, llegamos a la cuestión del *paisaje* y también de los *pantanos*, que, a diferencia de los otros problemas que he mencionado hasta ahora, sí que parecen preocupar a algunos teóricos de cuerdas. En §1.10 me he referido a los modos nulos de los espacios de Calabi-Yau, que no requieren ninguna energía para excitarse. Estos modos de excitación no hacen uso de la excesiva libertad funcional en las dimensiones espaciales adicionales, pero sí implican cambios de dimensión finita en los parámetros —denominados *módulos*— que caracterizan la *forma* de los espacios de Calabi-Yau utilizados para aportar las dimensiones espaciales adicionales. Deformar estos módulos puede llevarnos a una cantidad enorme de teorías de cuerdas alternativas, dadas por lo que se denomina *vacíos alternativos*.

El concepto de «vacío», que aún no he analizado en el libro, es importante en la teoría cuántica de campos. El hecho es que, en la especificación de una QFT, se necesitan *dos* ingredientes. Uno es el *álgebra* de los operadores de la teoría —como los operadores de creación y aniquilación que se mencionan en §1.14— y el otro, el *vacío* que se escoge, sobre el cual actuarían en última instancia dichos operadores, al generar estados con cada vez más partículas mediante la aplicación de los operadores de creación de partículas. Lo que suele darse en la QFT es que pueden existir vacíos «inequivalentes» para la misma álgebra de operadores, por lo que, si se parte de un vacío determinado, no se puede llegar al otro a través de operaciones legítimas dentro del álgebra. Ello significa que la teoría elaborada a partir de un determinado vacío describe un universo completamente diferente de la creada a partir de un vacío inequivalente, y no está permitida la superposición cuántica entre estados de las dos distintas QFT. (Este hecho también tendrá una función importante para nosotros en §§3.9, 3.11 y 4.2.) Lo que sucede en la teoría de cuerdas es que tenemos una gran multitud de teorías de cuerdas (o M) inequivalentes en este sentido.

Esto constrasta por completo con el objetivo inicial de la teoría de cuerdas, que era el de proporcionar una teoría única de la física. Recordemos el éxito que se atribuyó a la teoría M: el de unir en uno solo lo que parecían ser cinco tipos distintos posibles de teoría de cuerdas. Este éxito aparente se ha visto completamente sobrepasado por esta proliferación de teorías de cuerdas (o M) distintas (cuyo número exacto se desconoce hoy en día, aunque se han citado valores de hasta $\sim 10^{500}$ [Douglas, 2003; Ashok y Douglas, 2004]), que surgen de la enorme cantidad de vacíos inequivalentes aparentemente permitidos. En un intento de hacer frente a este problema, ha ido surgiendo un punto de vista según el cual todos los distintos universos coexisten, dando lugar a un «paisaje» de todas estas posibilidades diferentes. Dentro de esta amplia gama de posibilidades matemáticas en apariencia no realizadas, también hay muchas que parecen ser posibilidades pero que en realidad resultan ser matemáticamente *inconsistentes*; constituyen lo que ha dado en conocerse como el *pantano*. La idea parece ser ahora que, si queremos explicar la aparente «elección» por parte de la naturaleza de los valores para los distintos módulos que determinan la naturaleza del universo que experimentamos realmente, debemos argumentar lo siguiente: es posible encontrarnos en un universo en el que los módulos posean valores que conducen a constantes de la naturaleza compatibles con la química, la física y la cosmología necesarias para la evolución de vida inteligente. Este es un caso de lo que antes he denominado *principio antrópico*, que volveremos a ver en §3.10. En mi opinión, es muy triste el lugar donde nos ha dejado varados finalmente una teoría tan grandiosa. Es posible que el principio antrópico cumpla alguna función a la hora de explicar algunas relaciones aparentemente casuales entre determinadas constantes fundamentales de la naturaleza, pero por lo general su capacidad de explicación es sumamente limitada. Volveré sobre este asunto en §3.10.

¿Qué enseñanza puede extraerse de estos últimos apartados en cuanto a las grandiosas ambiciones de las ideas iniciales, sugerentemente convincentes, de la teoría de cuerdas? AdS/CFT ha permitido descubrir muchas correspondencias interesantes, y a menudo inesperadas, entre distintas áreas actuales de verdadero interés físico (tales como la relación entre los agujeros negros y la física del estado sólido; véanse también §3.3 y Cubrovic *et al.* [2009]). Dichas correspondencias pueden ser en efecto fascinantes, en particular en lo tocante a las matemáticas, pero toda esta deriva nos ha alejado de las aspiraciones iniciales de la teoría de cuerdas, que buscaba una comprensión mucho más profunda de los secretos más impenetrables de la naturaleza. ¿Y qué hay de la idea de los mundos de branas? En mi opinión desprende un aroma a desesperación, pues parece que la propia existencia se aferra a un diminuto acantilado de bajas dimensiones al tiempo que abandona toda esperanza de comprender la inmensidad de la actividad insondable en dimensiones más altas. Y el paisaje es aún peor, pues no ofrece ninguna expectativa razonable de llegar siquiera a localizar ese acantilado relativamente seguro para nuestra existencia.

2

Fe

2.1. LA REVELACIÓN CUÁNTICA

La «fe», según mi *Concise Oxford Dictionary*, es la creencia basada en la autoridad. Estamos acostumbrados a que la autoridad ejerza una fuerte influencia sobre nuestro pensamiento, ya sea la autoridad de nuestros padres cuando somos jóvenes, de nuestros profesores durante nuestra formación o de personas en profesiones respetables como médicos, abogados, científicos, presentadores de televisión o representantes del Gobierno o de organizaciones internacionales (o, de hecho, figuras importantes de instituciones religiosas). De una forma u otra, las autoridades influyen en nuestras opiniones, y la información que recibimos de esta manera nos lleva con frecuencia a tener creencias que no ponemos seriamente en tela de juicio. De hecho, a menudo ni siquiera se nos pasa por la cabeza dudar sobre la validez de buena parte de la información que obtenemos así. Más aún, tales influencias de la autoridad suelen afectar nuestro comportamiento y nuestras opiniones en sociedad, y cualquier autoridad que podamos llegar a ejercer puede, a su vez, elevar el estatus de nuestras opiniones, que tendrán entonces la capacidad de afectar a las creencias de los demás.

En muchos casos, tales influencias sobre nuestro comportamiento son una mera cuestión de cultura, y es posible que sean solo nuestros buenos modales lo que nos lleva a adaptarnos a esas influencias para evitar fricciones innecesarias. Pero el asunto es más serio cuando se trata de nuestro interés por lo que es realmente *verdad*. De hecho, uno de los ideales de la ciencia es que no deberíamos aceptar nada

165

solo en función de la confianza, y que nuestras creencias deberían, al menos cada cierto tiempo, ser sometidas a la prueba de las realidades del mundo. Desde luego, no es probable que dispongamos de las oportunidades o las facilidades para someter muchas de nuestras creencias a tal prueba, pero al menos sí deberíamos intentar mantener la mente abierta. A menudo puede suceder que lo único que tengamos a nuestra disposición sean nuestra razón, capacidad de juicio, objetividad y sentido común. Pero no debemos menospreciar estas cualidades. En consonancia con ellas, es racional suponer que las afirmaciones de la ciencia probablemente no sean el resultado de una densa trama de falsedades. Por ejemplo, tenemos a nuestro alcance tal cantidad de aparatos en apariencia mágicos —televisores, teléfonos móviles, iPads o dispositivos GPS, por no hablar de los aviones de reacción o los medicamentos capaces de salvar vidas, entre otros— como para tener la certeza de que hay algo profundamente cierto en la mayoría de las afirmaciones surgidas de la manera científica de ver el mundo y de los rigurosos métodos de las pruebas científicas. En consecuencia, aunque existe ciertamente una nueva autoridad surgida de la cultura de la ciencia, se trata de una que está —en principio al menos— sujeta a una continua revisión. Así pues, la fe que tenemos en esta autoridad científica no es una fe ciega, y siempre debemos estar abiertos a la posibilidad de un cambio inesperado en los puntos de vista que expresa la autoridad científica. Más aún, no debería sorprendernos que algunos puntos de vista científicos puedan ser objeto de una intensa controversia.

Evidentemente, la palabra «fe» se suele utilizar más en relación con la doctrina *religiosa*. En ese contexto —aunque en ocasiones sea bienvenida la discusión sobre las ideas básicas, y algunos de los detalles de la doctrina oficial puedan experimentar cambios sutiles a lo largo de los años para adaptarse a las circunstancias cambiantes—, suele existir un cuerpo de firme creencia doctrinal que, al menos en el caso de las grandes religiones actuales, se remonta en el tiempo incluso a miles de años atrás. En cada caso, se considera que el cuerpo de creencias en que se fundamenta esa fe tiene su origen en un individuo (o individuos) de extraordinaria estatura en el respeto de los valores morales, fuerza de carácter, sabiduría y capacidad de persuasión. Aunque cabría esperar que la bruma del tiempo hubiera introducido sutiles alteraciones en la interpretación y en los detalles de las enseñanzas originales, se dice que el mensaje central habría sobrevivido básicamente indemne.

Todo esto parece muy diferente de la manera en que se ha desarrollado el conocimiento científico, pero es muy fácil para los científicos caer en la autocomplacencia y tomar por inmutables las firmes afirmaciones de la ciencia. De hecho, hemos sido testigos de varios cambios significativos en las creencias científicas que, al menos en parte, han reemplazado a las que hasta entonces se habían mantenido con igual firmeza. Sin embargo, estos cambios solo se han producido tras lidiar con la resistencia de quienes mantenían los puntos de vista antiguos, y normalmente solo cuando la nueva evidencia observacional que los respaldaba era contundente. Un buen ejemplo es el de las órbitas elípticas de los planetas de Kepler, que sustituyeron a las ideas anteriores de círculos y círculos sobre círculos. Los experimentos de Faraday y las ecuaciones de Maxwell dieron lugar a otro gran cambio en nuestro punto de vista científico en relación con la naturaleza de la sustancia material, al demostrar que las partículas individuales discretas de la teoría newtoniana debían complementarse con campos electromagnéticos continuos. Aún más sorprendentes fueron las dos grandes revoluciones de la física del siglo XX, la relatividad y la mecánica cuántica. He analizado algunas de las notables ideas de la relatividad especial y general en §§1.1, 1.2 y, especialmente, 1.7. Pero incluso estas revoluciones, por impresionantes que fueran, palidecen hasta resultar casi insignificantes en comparación con las asombrosas revelaciones de la teoría cuántica. La *revolución cuántica* es, en efecto, el eje central de este capítulo.

En §1.4 ya hemos visto una de las características más extrañas de la mecánica cuántica: como consecuencia del principio de superposición cuántica, una partícula puede ocupar dos posiciones diferentes al mismo tiempo. Esto ciertamente representa una ruptura con la familiar imagen newtoniana de las partículas individuales, cada una de las cuales ocupa una posición única y bien definida. Es evidente que científicos respetables no habrían tomado en serio una descripción del mundo tan aparentemente disparatada como la que ofrece la teoría cuántica de no ser porque existe una enorme cantidad de evidencia observacional que respalda tales ideas. No solo eso, sino que, una vez que uno se acostumbra al formalismo cuántico y maneja con soltura sus sutiles procedimientos matemáticos, las explicaciones de toda una larga serie de fenómenos físicos, que hasta entonces resultaban completamente misteriosos, empiezan a resultar evidentes.

La teoría cuántica explica el fenómeno del enlace químico, los colores y propiedades físicas de los metales y otras sustancias, la naturaleza detallada de las frecuencias discretas de luz que emiten al calentarse tanto los elementos por separado como sus compuestos (líneas espectrales), la estabilidad de los átomos (en que la teoría clásica predecía un catastrófico colapso con la emisión de radiación a medida que los electrones se precipitaban dando vueltas a toda velocidad sobre los núcleos atómicos), los superconductores, los superfluidos y los condensados de Bose-Einstein; en biología, explica la desconcertante naturaleza discreta de las características heredadas (que Gregor Mendel descubrió alrededor de 1860 y Schrödinger básicamente explicó en 1943 en su revolucionario libro *¿Qué es la vida?* [véase Schrödinger, 2012] antes incluso de que el ADN hubiese entrado propiamente en escena); en cosmología, el fondo cósmico de microondas, que se extiende por todo el universo (y que será esencial para lo tratado en §§3.4, 3.9 y 4.3), posee el espectro de un cuerpo negro (véase §2.2) cuya forma exacta procede directamente de las primerísimas consideraciones de un proceso esencialmente cuántico. Muchos dispositivos físicos modernos dependen de forma crucial de fenómenos cuánticos, y su construcción requiere una comprensión profunda de la mecánica cuántica en la que se basan. Láseres, reproductores de CD y DVD y ordenadores portátiles incorporan todos ellos ingredientes cuánticos, como sucede también con los imanes superconductores que impulsan partículas hasta prácticamente la velocidad de la luz por los túneles de 27 kilómetros de longitud del LHC de Ginebra. La lista parece casi interminable. Así pues, debemos en efecto tomarnos muy en serio la teoría cuántica y aceptar que ofrece una descripción convincente de la realidad física que va mucho más allá de las imágenes clásicas que con tanta firmeza se sostuvieron durante los siglos de conocimiento científico que precedieron a la llegada de esta extraordinaria teoría.

Cuando combinamos la teoría cuántica con la relatividad especial obtenemos la teoría cuántica de campos, que es esencial en particular para la física de partículas moderna. Recordemos de lo dicho en §1.5 que la teoría cuántica de campos explica correctamente el valor del momento magnético del electrón con una precisión de diez u once cifras significativas, una vez debidamente incorporado el procedimiento de renormalización apropiado para tratar con las divergencias. Hay varios ejemplos más, que constituyen una poderosa evidencia de la extraordinaria precisión inherente a la teoría cuántica de campos cuando se aplica como es debido.

A la cuántica se la suele considerar una teoría más profunda que el esquema clásico de partículas y fuerzas que la precedió. Mientras que, en general, se ha utilizado la mecánica cuántica para describir cosas relativamente pequeñas, tales como los átomos, las partículas que los componen y las moléculas que aquellos forman a su vez, la teoría no se limita a una descripción de estos componentes fundamentales de la materia. Por ejemplo, en el extraño comportamiento de los superconductores, de naturaleza plenamente mecanocuántica, intervienen cantidades enormes de electrones, lo mismo que sucede, pero con átomos de hidrógeno (alrededor de 10^9 de ellos), en los condensados de Bose-Einstein [Greytak *et al.*, 2000]. Mas aún, hoy en día se observan efectos de entrelazamiento cuántico que se dejan sentir a 143 kilómetros [Xiao *et al.*, 2012], en los que pares de fotones que se separan a esa distancia deben tratarse, sin embargo, como objetos cuánticos individuales. También se han realizado observaciones que proporcionan medidas de los diámetros de estrellas lejanas, basadas en el hecho de que pares de fotones emitidos desde extremos opuestos de la estrella están automáticamente entrelazados entre sí debido a la estadística de Bose-Einstein a la que se hace referencia en §1.14. Robert Hanbury Brown y Richard Q. Twiss demostraron y explicaron con gran brillantez este efecto (*efecto Hanbury Brown-Twiss*) en 1956, cuando midieron correctamente el diámetro de Sirius, de unos 2,4 millones de kilómetros, y demostraron así la existencia de este tipo de entrelazamiento cuántico a distancias de esa magnitud [véase Hanbury Brown y Twiss, 1954 y 1956*a,b*]. Parece, pues, que las influencias cuánticas no se limitan ni remotamente a las distancias pequeñas y que no hay motivos para esperar que exista algún límite para las distancias hasta las que tales efectos pueden extenderse. Más aún, en un sentido claramente aceptado, no hay hasta la fecha *ninguna* observación que *contradiga* las predicciones de la teoría.

El dogma de la mecánica cuántica parece estar, pues, muy firmemente asentado, ya que se erige sobre una enorme cantidad de evidencias muy concluyentes. En sistemas lo bastante sencillos como para que se pueda llevar a cabo un cálculo detallado y que permitan realizar experimentos suficientemente precisos, se obtiene una precisión casi increíble en la concordancia entre los resultados teóricos y los observacionales. Además, los procedimientos de la mecánica cuántica se han aplicado con éxito en un amplísimo rango de escalas, pues, como ya se ha señalado, observamos que sus efectos se extienden desde la escala de las partículas elementales, pasando por los átomos y los entrelazamientos a distancias de unos 150 kilómetros, hasta llegar a los millones de kilómetros del diámetro de una estrella. Y existen efectos cuánticos precisos relevantes incluso a la escala del universo entero (véase §3.4).

Este dogma no procede de lo aseverado por un solo individuo histórico, sino de las intensas reflexiones de multitud de científicos teóricos consagrados a su labor, y dotados todos ellos de unas capacidades y unos conocimientos extraordinarios: Planck, Einstein, De Broglie, Bose, Bohr, Heisenberg, Schrödinger, Born, Pauli, Dirac, Jordan, Fermi, Wigner, Bethe, Feynman y muchos otros que llegaron a sus formulaciones matemáticas espoleados por los resultados de los experimentos que llevaron a cabo un número aún mayor de experimentalistas altamente cualificados. Es sorprendente que, en este sentido, los orígenes de la mecánica cuántica sean tan distintos de los de la relatividad general, que surgió prácticamente en su totalidad a partir de las consideraciones teóricas de Albert Einstein,[1] sin aportaciones significativas de la observación más allá de las de la teoría newtoniana. (Parece que Einstein estaba muy al tanto de la ligera anomalía en la órbita del planeta Mercurio,[2] observada con anterioridad, y que eso pudo ciertamente influir al principio en sus reflexiones, aunque no hay evidencia directa de ello.) Puede que la multitud de teóricos que participaron en la formulación de la mecánica cuántica sea una

1. Para la necesaria formulación matemática de su teoría, no obstante, Einstein necesitó contar con la ayuda de su colega Marcel Grossmann. También debe señalarse que, por su parte, la relatividad especial debe considerarse la obra de varias personas, ya que Voigt, FitzGerald, Lorentz, Larmor, Poincaré, Minkowski y otros, además de Einstein, hicieron contribuciones significativas a su nacimiento [véase Pais, 2005].

2. La relatividad general se presentó públicamente en 1915; Einstein mencionó el perihelio de Mercurio en una carta de 1907 (véase nota al pie n.º 6 en la p. 90 en el capítulo de J. Renn y T. Sauer en Goenner [1999]).

manifestación de la naturaleza completamente contraria a la intuición de la teoría. Pero, como estructura matemática, su elegancia es notable, y la profunda coherencia entre las matemáticas y el comportamiento físico es a menudo tan asombrosa como inesperada.

Habida cuenta de todo lo anterior, quizá no resulte sorprendente que, a pesar de toda su extrañeza, el dogma de la mecánica cuántica sea tomado tan a menudo como una verdad absoluta y se piense que cualquier fenómeno de la naturaleza debe necesariamente ceñirse a él. En efecto, la mecánica cuántica ofrece un marco global que cabría pensar que es válido para cualquier proceso físico, sea cual sea su escala. Quizá no sea de extrañar, por tanto, que entre los físicos haya surgido una profunda *fe* en que *todos* los fenómenos de la naturaleza deben ajustarse a dicho marco. Por consiguiente, las rarezas extremas que aparecen cuando se aplica este particular dogma de fe a la experiencia cotidiana deben de ser simplemente fenómenos a los que debemos acostumbrarnos, que tenemos que aceptar y, de alguna manera, entender.

Muy en particular, destaca la conclusión mecanocuántica, que se le ha expuesto al lector en §1.4, según la cual una partícula cuántica puede existir en un estado en el que ocupa simultáneamente dos posiciones distintas. A pesar de que la teoría afirma que lo mismo podría valer para cualquier cuerpo macroscópico —incluso para el gato al que se hace referencia en §1.4, que podría entonces atravesar las dos puertas *al mismo tiempo*—, esto no es algo que experimentemos nunca, ni tenemos motivos para pensar que tal coexistencia por separado pueda ocurrir en realidad a escala macroscópica, ni siquiera cuando el gato está completamente fuera de nuestra vista en el momento en que atraviesa la(s) puerta(s). El problema del gato de Schrödinger (que, en su versión original, imaginaba al gato en un estado de superposición de vida y muerte [Schrödinger, 1935]) estará muy presente a lo largo de nuestras reflexiones en apartados posteriores de este capítulo (§§2.5, 2.7 y 2.13), y descubriremos que, a pesar de nuestra supuesta fe cuántica actual, estas cuestiones *no pueden* en modo alguno desestimarse a la ligera y que debería existir, de hecho, un *límite* profundo para nuestra fe cuántica.

2.2. Max Planck y $E = h\nu$

De ahora en adelante, tendré que ser mucho más explícito sobre la estructura de la mecánica cuántica. Empezaré por analizar la razón principal para creer que se necesita algo que vaya más allá de la física clásica. Consideraremos la circunstancia original que, en 1900, llevó a Max Planck, un científico alemán muy distinguido, a postular algo que, desde la perspectiva de la física que se conocía por aquel entonces, era completamente extravagante [Planck, 1901], aunque parece que ni el propio Planck ni ninguno de sus contemporáneos eran conscientes de hasta qué punto. Lo que Planck estaba estudiando era una situación en la que materia y radiación electromagnética, confinadas en una cavidad no reflectante, se encuentran en equilibrio con el material de la cavidad (figura 2-1), que ha sido calentada y se mantiene a una temperatura determinada. Descubrió que la emisión y absorción de radiación electromagnética por parte del material debía producirse en paquetes discretos de energía, según la famosa fórmula

$$E = h\nu.$$

Aquí, E es el paquete de energía al que acabamos de referirnos, ν es la frecuencia de la radiación y h es una constante fundamental de la naturaleza que ahora se conoce como *constante de Planck*. Con posterioridad se vio que la fórmula de Planck establece una relación básica entre energía y frecuencia que se cumple *universalmente*, según la mecánica cuántica.

Figura 2-1. Una cavidad de cuerpo negro, con la superficie interna negra, contiene materia y radiación electromagnética en equilibrio con el contorno caliente de la cavidad.

Planck había tratado de explicar la relación funcional observada experimentalmente entre la intensidad y la frecuencia de la radiación, que se muestra en la curva continua de la figura 2-2, en las situaciones que se acaban de describir. Esta relación se conoce como *espectro del cuerpo negro* y aparece en situaciones en que la radiación y la materia, interactuando entre sí, están conjuntamente en equilibrio.

Hubo varias propuestas previas sobre la forma que debía tener esta relación. Una de ellas, denominada *fórmula de Rayleigh-Jeans*, daba la intensidad I como función de la frecuencia ν a través de la expresión[3]

$$I = 8\pi k c^{-3} T \nu^2,$$

donde T es la temperatura, c es la velocidad de la luz y k es una constante física conocida como *constante de Boltzmann*, que desempeñará una función importante para nosotros más adelante, en particular en el capítulo 3. La fórmula (que se representa mediante una línea discontinua en la figura 2-2) se basaba en una interpretación puramente clásica (campo de Maxwell) del campo electromagnético. Otra propuesta, la *ley de Wien* (que puede derivarse de una imagen en la que el

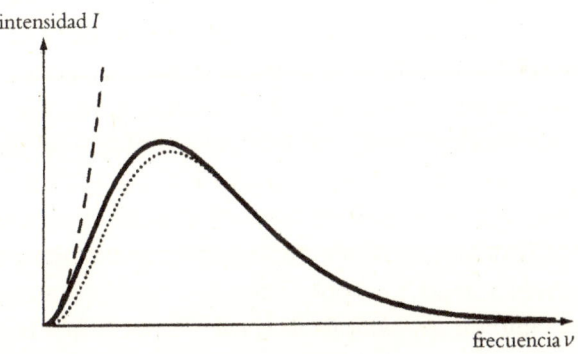

FIGURA 2-2. La línea continua representa la relación observada entre la intensidad I de la radiación del cuerpo negro y la frecuencia ν de la radiación, que concuerda exactamente con la famosa fórmula de Planck. La línea discontinua representa la relación dada por la fórmula de Rayleigh-Jeans; la línea de puntos, la dada por la fórmula de Wien.

3. En las varias fórmulas de este apartado, aparece un «8π» inicial que a veces se escribe como «2». Se trata de una cuestión puramente convencional relacionada con el término «intensidad» en estas expresiones.

campo electromagnético está compuesto por partículas clásicas sin masa que se mueven aleatoriamente), era

$$I = 8\pi h c^{-3} \nu^3 e^{-h\nu/kT}$$

(la línea de puntos de la figura 2-2). Tras arduos esfuerzos, Planck descubrió que era capaz de deducir una fórmula muy precisa para esta relación entre intensidad y frecuencia, que se ajustaba bien a la fórmula de Wien para frecuencias ν elevadas y a la de Rayleigh-Jeans cuando ν es pequeña,

$$\frac{8\pi h c^{-3} \nu^3}{e^{h\nu/kT} - 1},$$

pero, para hacerlo, necesitaba introducir la extrañísima premisa de que la emisión y la absorción de radiación por parte del material tenían lugar siempre en paquetes discretos, de acuerdo con la fórmula $E = h\nu$ de más arriba.

Parece que, en un principio, Planck no supo apreciar plenamente la *revolucionaria* naturaleza de esta premisa, y tuvieron que transcurrir cinco años hasta que Einstein [véanse Pais, 2005; Stachel, 1995] se dio cuenta claramente de que la propia radiación electromagnética debía estar compuesta por paquetes individuales de energía, de acuerdo con la fórmula de Planck, que más tarde recibirían el nombre de *fotones*. De hecho, existe una razón muy básica (que ni Planck ni Einstein utilizaron entonces explícitamente), implícita en el estado de equilibrio de la radiación del cuerpo negro y en una supuesta naturaleza corpuscular de los cuerpos materiales, y procedente del denominado principio de *equipartición de la energía*, por la que la radiación electromagnética (esto es, la luz) debe tener también naturaleza corpuscular. Este principio afirma que, a medida que un sistema finito se acerca al equilibrio, la energía acaba distribuyéndose por igual, en promedio, entre todos sus grados de libertad.

Esta deducción a partir del principio de equipartición se puede interpretar como un ejercicio más en la cuestión de la libertad funcional (§§A.2, A.5, 1.9, 1.10 y 2.11). Supongamos que nuestro sistema consta de N partículas individuales en equilibrio con un campo electromagnético continuo (donde la energía puede transferirse entre unas y otro debido a la presencia de cargas eléctricas en algunas de las partículas). La libertad funcional en las partículas debería ser ∞^{6N} (suponiendo, por simplificar, que tratamos con partículas clásicas puntuales), de manera que el «6» hace referencia a los 3 grados de libertad de la posición y los 3 grados de libertad del momento de cada partícula (el *momento* es básicamente la masa multiplicada por la velocidad; véanse §§1.5, A.4 y A.6). De no ser así, necesitaríamos parámetros adicionales para describir sus grados de libertad *internos*, y habría que sustituir el «6» por un entero más grande. Por ejemplo, una «partícula» de forma *irregular* que gira sobre sí misma clásicamente tendría 6 grados de libertad más: 3 para su orientación espacial y otros 3 para la dirección y magnitud de su momento angular (véase §1.14), lo que daría un total de 12 grados de libertad por partícula y resultaría en un valor de ∞^{12N} para la libertad funcional del conjunto de N partículas clásicas. En §2.9 veremos que, en mecánica cuántica, estos números son algo distintos, pero aún obtendríamos una libertad funcional de la forma ∞^{kN}, donde k es un número entero. Sin embargo, en el caso del campo electromagnético continuo, tenemos una libertad funcional inmensamente mayor, de $\infty^{4\infty^3}$, como se deduce directamente de lo expuesto en §A.2 (aplicada a los campos eléctrico y magnético por separado).

Así pues, ¿qué nos diría la equipartición de la energía sobre un sistema clásico en el cual la materia corpuscular y un campo electromagnético continuo están conjuntamente en equilibrio? Nos diría que, al aproximarse al equilibrio, una proporción cada vez mayor de la energía se distribuiría entre los grados de libertad inmensamente más numerosos que residen en el campo, hasta acabar vaciando por completo de energía los grados de libertad en las partículas de la materia. Esto es lo que el físico Paul Ehrenfest, colega de Einstein, llamaría más tarde la *catástrofe ultravioleta*, ya que es en el extremo de alta frecuencia (esto es, el extremo ultravioleta) del espectro donde se produciría el catastrófico drenaje de grados de libertad hacia el campo electromagnético. El aumento infinito de la curva discontinua (Rayleigh-Jeans) en la figura 2-2 es una ilustración de este problema. Pero cuando también se le atribuye naturaleza corpuscular al campo, y esta estructura se vuelve cada vez más relevante a medida que aumenta la frecuencia, se evita la catástrofe y pueden existir estados de equilibrio estables. (Volveré sobre este asunto en §2.11, donde trataré de abordar con algo más de profundidad la cuestión relativa a la libertad funcional que surgirá allí.)

Además, vemos a raíz de este argumento general que no se trata meramente de una característica del campo electromagnético, sino que, cuando se analizase su aproximación al equilibrio, cualquier sistema formado por campos continuos en interacción con partículas discretas estaría expuesto a las mismas dificultades. Por consiguiente, no parece descabellado esperar que la relación salvadora de Planck, $E = h\nu$, sea también válida para otros campos. De hecho, es tentador pensar que debería ser una característica *universal* de los sistemas físicos. Y ese resulta ser el caso, de manera completamente general, en mecánica cuántica.

Sin embargo, el significado profundo del trabajo de Planck en esta área pasó prácticamente inadvertido hasta que Einstein, en 1905, publicó un (ahora famoso) artículo [Stachel, 1995: 177] en el que proponía la extraordinaria idea de que, en las circunstancias apropiadas, un campo electromagnético debería tratarse como si realmente *consistiese en* un sistema de partículas en lugar de ser continuo. Esto resultó particularmente chocante para la comunidad física porque parecía que había quedado demostrado que los campos electromagnéticos estaban descritos por completo por el hermoso sistema de ecuaciones de James Clerk Maxwell (véase §1.2). En particular, había sido muy satisfactorio el hecho de que las ecuaciones de Maxwell hubiesen proporcionado lo que parecía ser una descripción completa de la luz como ondas de electromagnetismo. Esta interpretación ondulatoria explicaba en detalle muchas propiedades de la luz, como la polarización o los efectos de interferencia, y había llevado a predecir otros tipos de luz distintos de la que vemos directamente (es decir, fuera del espectro visible), como las ondas de radio (cuando la frecuencia es mucho más baja) y los rayos X (cuando es mucho más alta). Sugerir que, después de todo, la luz debía tratarse como un conjunto de partículas —al parecer en consonancia con la propuesta de Newton en el siglo XVII, una propuesta que había sido (aparentemente) refutada de forma convincente por Thomas Young a principios del siglo XIX— era, como mínimo, escandaloso. Quizá aún *más* llamativo fue el hecho de que, unos pocos meses después durante ese mismo año de 1905 (el «año milagroso» de Einstein [Stachel, 1995: 161-164 para el artículo sobre $E = mc^2$, y 99-122 para la relatividad]), el propio Einstein basó sus dos artículos, más famosos aún, en los que presentaba la relatividad especial (el segundo de los cuales contenía su ecuación $E = mc^2$), en la firme validez de las ecuaciones de Maxwell.

Para colmo, incluso en el *mismísimo* artículo en el que Einstein propuso sus ideas corpusculares sobre la luz, escribió sobre la teoría de Maxwell que «probablemente nunca será sustituida por otra» [Stachel, 1995: 177]. Aunque esto podría parecer contradictorio con el propósito mismo de su artículo, podemos ver, con la perspectiva que nos da nuestro tratamiento más moderno de los campos cuánticos, que la perspectiva corpuscular del electromagnetismo *no* es, en un sentido profundo, incompatible con el campo de Maxwell, ya que a la teoría cuántica moderna del campo electromagnético se llega, de hecho, tras aplicar el procedimiento general de cuantización de los campos a la teoría de Maxwell. También cabe señalar que el propio Newton era consciente de que las partículas de luz debían tener algunas propiedades típicamente *ondulatorias* [véase Newton, 1730]. Pero existían, incluso en la época de Newton, profundas razones para sentir simpatía por una imagen corpuscular de la propagación de la luz. En mi opinión, estos argumentos debieron resonar con el pensamiento de Newton [Penrose, 1987*b*: 17-49], y creo que este tenía de hecho muy buenos motivos para su visión corpuscular/ondulatoria de la luz, motivos cuya relevancia sigue siendo evidente hoy en día.

Debería quedar claro que este punto de vista corpuscular de los campos físicos (siempre que las partículas sean en la práctica bosones y, por tanto, se comporten de tal manera que generen el efecto Hanbury Brown-Twiss al que se ha hecho referencia en §2.1) no implica que no se comporten del todo como campos a frecuencias relativamente bajas (longitudes de onda largas), como de hecho se observa directamente. Los componentes cuánticos de la naturaleza son, en cierto sentido, entidades que no pueden verse exactamente como partículas o campos, sino que deben entenderse como algo intermedio y más misterioso (una partícula-onda) que exhibe aspectos de ambos. Los componentes elementales, los cuantos, están todos ellos sujetos a la ley de Planck de $E = h\nu$. Por lo general, cuando la frecuencia, y por lo tanto la energía de cada cuanto, es muy grande (de manera que la longitud de onda es pequeña), domina la faceta corpuscular, y tendremos una buena imagen de un conjunto de estas entidades si imaginamos que está compuesto de partículas. Pero cuando la frecuencia (y por tanto la energía individual) es pequeña, de forma que manejamos longitudes de onda relativamente grandes (y cantidades inmensamente grandes de partículas de baja energía), la imagen de un campo clásico suele funcionar bien.

Al menos, esto es así en el caso de los bosones (véase §1.14). Para los fermiones, el límite de longitudes de onda largas no se parece realmente a un campo clásico, porque la enorme cantidad de partículas que deberían estar implicadas empezarían a «interponerse» entre sí debido al principio de Pauli (véase §1.14). No obstante, en determinadas circunstancias, tales como las que se dan en un superconductor, los electrones (que son fermiones) pueden formar lo que se conoce como *pares de Cooper*, que se comportan prácticamente como bosones individuales. En conjunto, estos bosones dan lugar a la supercorriente de un superconductor, que puede circular indefinidamente sin ayuda del exterior, y que posee alguno de los atributos coherentes de un campo clásico (aunque quizá se asemeja más al condensado de Bose-Einstein al que se ha aludido brevemente en §2.1).

Este carácter universal de la ecuación $E = h\nu$ de Planck sugiere que el aspecto corpuscular de los campos debería tener una situación recíproca, en la que las entidades que interpretamos naturalmente como partículas ordinarias posean también una faceta de campo (u ondulatoria). En consecuencia, $E = h\nu$ debería aplicarse también de alguna manera a tales partículas ordinarias, lo que permitiría atribuir características ondulatorias a partículas individuales, cuya frecuencia ν estaría determinada por su energía, según $\nu = E/h$. Esa resulta ser la situación, y quien primero propuso esta idea fue Louis de Broglie en 1923. Los requisitos de la relatividad nos dicen que una partícula de masa m, en su sistema de referencia en reposo, debería tener una energía de $E = mc^2$ (la famosa fórmula de Einstein), de manera que, haciendo uso de la relación de Planck, De Broglie le asigna una frecuencia natural $\nu = mc^2/h$, como ya se ha señalado en §1.8. Pero, cuando la partícula está en movimiento, adquiere además un momento p, y los requisitos de la relatividad también nos dicen que este debe ser inversamente proporcional a la longitud de onda asociada naturalmente λ, donde

$$\lambda = \frac{h}{p}.$$

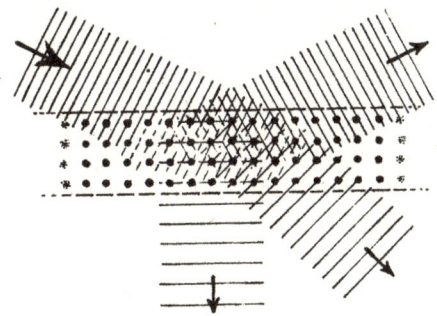

FIGURA 2-3. La evidencia de la naturaleza ondulatoria de los electrones se observa en el experimento de Davisson-Germer, en el cual, cuando se lanzan electrones contra un material cristalino, se observa que la dispersión o la reflexión se producen cuando la estructura cristalina coincide con la longitud de De Broglie de los electrones.

Esta fórmula de De Broglie ha sido confirmada por innumerables experimentos, en el sentido de que una partícula con ese valor del momento p experimentará efectos de interferencia como si fuese una onda con esa longitud de onda λ. Uno de los primeros y más claros ejemplos fue el experimento de Davisson-Germer, realizado en 1927, en el que se lanzan electrones contra un material cristalino y la dispersión o la reflexión se producen cuando la estructura cristalina se ajusta a la longitud de onda de De Broglie de los electrones (figura 2-3). Por su parte, una propuesta anterior de Einstein sobre el carácter corpuscular de la luz ya había permitido explicar las observaciones que Philipp Lenard había realizado en 1902 relativas al *efecto fotoeléctrico*, en el que luz de alta frecuencia dirigida contra un metal consigue arrancar electrones, que salen del metal individualmente y con una energía específica que depende de la longitud de onda de la luz pero, sorprendentemente, no de su intensidad. Estos resultados, por entonces muy desconcertantes, eran precisamente lo que explica la propuesta de Einstein (por la que acabaría recibiendo el Premio Nobel en 1921) [Pais, 2005]. Una confirmación posterior de la propuesta de Einstein, más directa y convincente, fue la que en 1923 llevó a cabo Arthur Compton, que descubrió que cuantos rayos X disparados contra partículas cargadas respondían como lo harían partículas sin masa —ahora llamadas *fotones*— según la dinámica relativista estándar. Para ello, hizo uso de la misma fórmula de De Broglie, pero ahora leída al revés para asignar un momento a los fotones individuales de longitud de onda λ de acuerdo con $p = h/\lambda$.

2.3. LA PARADOJA ONDA-PARTÍCULA

Hasta ahora no hemos profundizado mucho en la estructura de la mecánica cuántica. De algún modo, tenemos que combinar las facetas ondulatoria y corpuscular de nuestros ingredientes cuánticos básicos en algo un poco más explícito. Para entender más claramente las dificultades, consideremos dos experimentos (idealizados), bastante parecidos pero distintos, uno de los cuales saca a relucir la cara corpuscular y el otro, la ondulatoria, de una entidad onda-partícula cuántica. Por comodidad, me referiré a esta entidad simplemente como una *partícula* o, más explícitamente, como un *fotón*, puesto que lo más sencillo es realizar este tipo de experimento con fotones. Pero debemos tener en cuenta que lo mismo valdría si fuese un electrón, un neutrón o cualquier otra clase de onda-partícula. En mis descripciones ignoraré todas las dificultades técnicas que se presentan al llevar a la práctica los experimentos.

En cada uno de ellos, utilizando el tipo apropiado de láser —situado en el punto L en la figura 2-4(b)— lanzamos un solo fotón contra lo que podemos imaginar que es un espejo semiazogado, situado en M, aunque en experimentos reales es probable que este espejo no estuviese azogado como uno corriente. (Los espejos de mejor calidad, en este tipo de experimento de óptica cuántica, pueden aprovechar deliberadamente la cualidad ondulatoria de nuestro fotón a través de los efectos de interferencia, pero eso no es importante para nuestra argumentación.) Técnicamente, el dispositivo sería un *divisor de haz*, y lo que se exige de él en estos experimentos es que esté orientado a 45° respecto al haz láser, que refleje (en ángulo recto) exactamente la mitad de la luz que incide sobre él y que deje pasar la otra mitad.

En el primer experimento (experimento 1), que se ilustra en la figura 2-4(a), hay dos detectores: uno en A, que está en el camino del haz transmitido (de manera que LMA es una línea recta), y el otro en B, que se encuentra en el haz reflejado (de forma que LMB es un ángulo recto). Estoy suponiendo (para simplificar el razonamiento) que

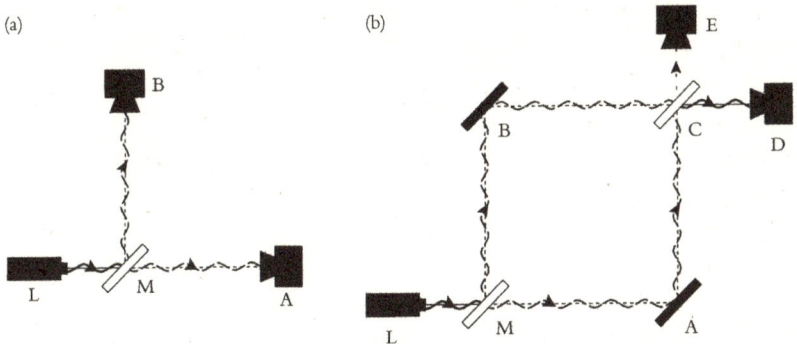

FIGURA 2-4. Los aspectos ondulatoriocorpusculares de un fotón, disparado por un láser en L y dirigido hacia el divisor de haz en M. (a) Experimento 1: el comportamiento corpuscular del fotón se pone de manifiesto a través de los detectores en A y B, uno (y solo uno) de los cuales detecta un fotón en cada emisión. (b) Experimento 2: ilustra el comportamiento ondulatorio de un fotón (interferómetro de Mach-Zehnder) con espejos en A y B, detectores en D y E, y un segundo divisor de haz en C; ahora, solo D recibe un fotón saliente.

cada detector es cien por cien perfecto, en el sentido de que reacciona solo si recibe el fotón; además, supongo que el resto del equipo experimental es también perfecto, de forma que el fotón no se pierde por absorción, extravío o cualquier otro fallo de funcionamiento. También estoy dando por supuesto que, para cada emisión de un fotón, el láser tiene manera de llevar la cuenta de que dicha emisión se ha producido.

Lo que sucede ahora en el experimento 1 es que, con cada emisión de un fotón, el detector situado en A o el situado en B, pero no ambos, registra la recepción de un fotón. La probabilidad de que se produzca cada uno de los dos resultados es del 50 por ciento. Esto pone de manifiesto la faceta *corpuscular* del fotón, que ha ido por un camino u otro, y los resultados de este experimento son compatibles con la premisa corpuscular de que, cuando el fotón llega al divisor de haz, se toma la decisión de si debe reflejarse o transmitirse, y existe un 50 por ciento de probabilidades para cada una de ellas.

Pasemos ahora al segundo experimento, el experimento 2, que se ilustra en la figura 2-4(b). Aquí sustituimos los detectores en A y B por espejos (completamente azogados), inclinados 45° en relación con sus respectivos haces, de manera que en cada caso el haz que recibe el espejo está dirigido hacia un segundo divisor de haz, en C, del mismo tipo que el primero y de nuevo inclinado 45° con respecto a los haces (de manera que todos los espejos y los divisores de haz son paralelos entre sí); véase la figura 2-4(b). Los dos detectores están ahora situados en las posiciones D y E (donde CD es paralela a LMA y CE, paralela a MB), de tal manera que MACB es un rectángulo (aquí se muestra como un cuadrado). Esta disposición se denomina *interferómetro de Mach-Zehnder*.

¿Qué sucede cuando el láser emite un fotón? Podría parecer que, en consonancia con el experimento 1, el fotón saldría del divisor de haz en M con un 50 por ciento de probabilidades de tomar el camino MA, y por tanto reflejarse a lo largo de AC, y un 50 por ciento de probabilidades de tomar el camino MB y por tanto reflejarse a lo largo de BC. En consecuencia, el divisor de haz en C registraría un 50 por ciento de probabilidades de detectar un fotón que llegase a lo largo de AC, que enviaría con la misma probabilidad al detector en D o al situado en E, y registraría un 50 por ciento de probabilidades de detectar un fotón que llegase a lo largo de BC, que enviaría a su vez con la misma probabilidad al detector en D o al situado en E. Todo esto daría por resultado que cada uno de los detectores situados en D y en E tendría un 50 por ciento (= 25 por ciento + 25 por ciento) de probabilidades de recibir un fotón.

Sin embargo, esto *no* es lo que sucede. Se han realizado innumerables experimentos, de este tipo y similares, y todos ellos nos dicen que hay una probabilidad del ciento por ciento de que el detector en D reciba el fotón y del 0 por ciento de que lo reciba el situado en E. Esto es completamente incompatible con la descripción corpuscular de las acciones del fotón, que he usado para explicar el experimento 1. Por otra parte, el resultado que se obtiene es mucho más acorde con lo que cabría esperar si considerásemos que el fotón es una pequeña onda. Podemos imaginar que lo que sucede en el divisor de haz en M, con la disposición que he descrito (y suponiendo que el montaje experimental es perfecto), es que la onda se divide en dos perturbaciones menores, una de las cuales se desplaza a lo largo de MA, mientras que la otra lo hace por MB, y se reflejan, respectivamente, en los espejos A y B, de forma que el segundo divisor de haz C detecta dos perturbaciones ondulatorias que llegan a la vez desde las direcciones AC y BC. El divisor de haz C divide cada una de ellas en una componente a lo largo de CD y otra a lo largo de CE, pero para ver cómo ambas se combinan debemos fijarnos detenidamente en las relaciones de fase entre los picos y los valles de las dos ondas superpuestas. Lo que obtenemos (suponiendo aquí que los brazos tienen la misma longitud) es que las dos componentes salientes que se combinan a lo largo de CE *se cancelan* por completo entre sí, puesto que los picos de una coinciden con los valles de la otra, mientras que las dos componentes que se combinan a lo largo de CD *se refuerzan* entre sí, ya que sus picos y sus valles coinciden. Así pues, la onda total procedente del segundo divisor de haz saldrá a lo largo de la dirección CD, y ninguna parte de la misma lo hará siguiendo CE, lo cual es compatible con un porcentaje del ciento por ciento de detección en D y un 0 por ciento en E, y encaja con lo que se observaría en la práctica.

Esto indica que puede ser preferible interpretar una onda-partícula como lo que se denomina un *paquete de ondas*, que sería una pequeña ráfaga de actividad oscilatoria ondulatoria, pero limitada a una región reducida, de manera que, a gran escala, se ve como una pequeña perturbación localizada similar a una partícula. (Véase la figura 2-11 en §2.5 para una imagen de un paquete de ondas en el contexto del formalismo cuántico estándar.) Sin embargo, dicha imagen posee una capacidad explicativa muy limitada en mecánica cuántica, por varios motivos. En primer lugar, las formas de onda que suelen utilizarse en este tipo de experimento no se parecen en absoluto a un paquete de ondas, ya que un fotón individual puede perfectamente tener una longitud de onda mucho mayor que la longitud de todo el montaje experimental. Mucho más importante es el hecho de que la imagen ni siquiera se acerca a explicar lo que sucede en el experimento 1, y para verlo volvamos ahora a la figura 2-4(a). Nuestra imagen del paquete ondas (para ser compatible con los resultados del experimento 2) haría que la onda fotónica se dividiese en dos paquetes de ondas más pequeños en el divisor de haz situado en M, uno de los cuales se dirigiría hacia A y el otro, hacia B. Para poder reproducir los resultados del experimento 1, parece que debemos suponer que el detector en A, al recibir este paquete de ondas de menor tamaño, debería tener una probabilidad del 50 por ciento de activarse y registrar la detección de un fotón. Lo mismo podría decirse del detector en B, que también debería tener una probabilidad del 50 por ciento de registrar la recepción de un fotón. Todo esto está muy bien, pero no encaja con lo que sucede realmente, pues ahora tenemos que, mientras que este modelo da probabilidades de detección iguales en A y en B, la mitad de estos resultados en realidad *nunca se producen*, ya que esta propuesta predice erróneamente que habría una probabilidad del 25 por ciento de que *ambos* detectores registren la recepción de un fotón y otro 25 por ciento de que *ninguno* de ellos reciba un fotón. Estos dos tipos de respuestas conjuntas de los detectores no tienen lugar porque en este experimento el fotón ni se pierde ni se duplica. Esta descripción de un fotón individual mediante un paquete de ondas sencillamente no funciona.

El comportamiento cuántico de las cosas es en realidad mucho más sutil. La onda que describe una partícula cuántica no es como una onda en el agua o una onda sonora, que describirían una especie de perturbación *local* en un medio circundante, de forma que el efecto que una parte de la onda tendría sobre un detector en una región sería independiente del efecto que otra parte de la onda podría tener en un detector situado en otra región distante. Vemos a raíz del experimento 1 que la imagen ondulatoria de un fotón individual, una vez que se ha «dividido» en dos haces simultáneos independientes en un divisor de haz, aún representa un solo fotón a pesar de esta separación. La onda parece describir algún tipo de *distribución de probabilidad* para encontrar la partícula en distintos lugares. Nos vamos acercando a una descripción de lo que la onda hace realmente, y, de hecho, hay quien se refiere a ella como *onda de probabilidad*. Sin embargo, esta no es aún una imagen satisfactoria, porque las probabilidades, que son magnitudes siempre positivas (o nulas), no pueden cancelarse entre sí, como debería suceder para poder explicar la ausencia de detecciones en el experimento 2.

Hay quien propone una explicación de onda de probabilidad de este estilo, permitiendo que las probabilidades tomen de alguna forma valores *negativos* en ciertos lugares, para que pueda producirse la cancelación. Sin embargo, no es así como funciona realmente la teoría cuántica (véase la figura 2-5), sino que esta va un paso más allá al permitir que las amplitudes de onda sean *números complejos*. (Véase §A.9.) De hecho, ya nos hemos topado con alguna referencia a estas amplitudes complejas en §§1.4, 1.5 y 1.13. Estos números complejos están estrechamente relacionados con las probabilidades, pero *no* son probabilidades (lo cual es evidente, porque estas son números reales). Pero la función de los números complejos en el formalismo cuántico va mucho más allá de esto, como veremos enseguida.

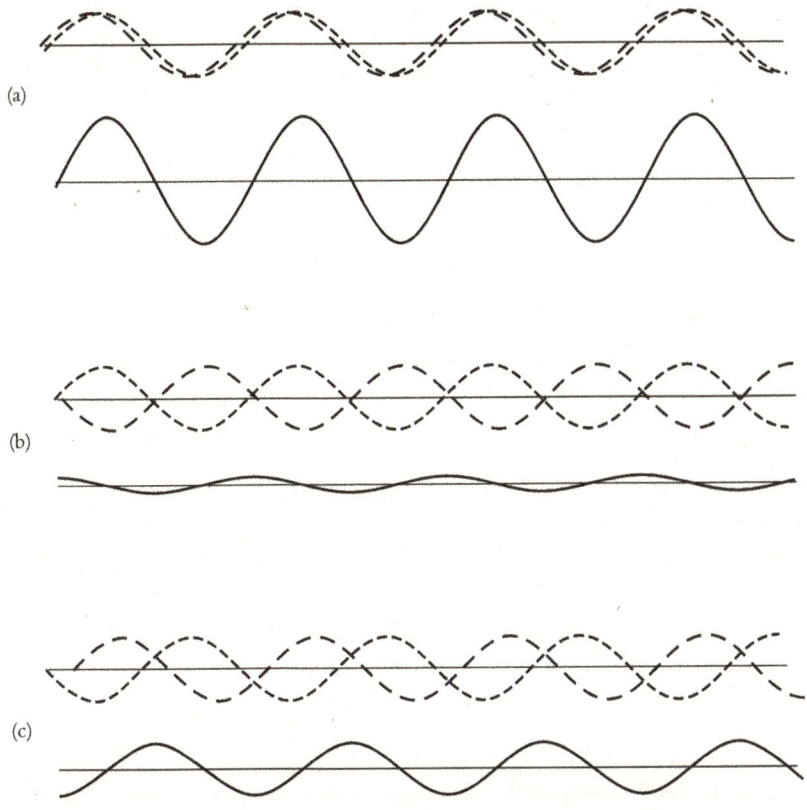

FIGURA 2-5. La suma de dos modos ondulatorios de la misma amplitud y frecuencia (que se representan mediante curvas discontinuas) puede hacer que (a) se refuercen, (b) se cancelen o (c) se dé una situación intermedia entre las dos anteriores, dependiendo de la relación de fase entre los modos.

2.4. Niveles cuántico y clásico: **C**, **U** y **R**.

En 2002, la Academia Hans Christian Andersen me invitó a Odense (Dinamarca) a dar una conferencia. Como se acercaba el bicentenario de Andersen, que había nacido allí en 1805, supuse que el motivo de la invitación era que yo había escrito un libro titulado *La nueva mente del emperador*, inspirado en *El traje nuevo del emperador* de Andersen. Pero me dije que debía hablar de algo distinto, y me pregunté si habría otra historia suya que pudiese utilizar para aclarar algún aspecto de las ideas en las que había estado pensando en fechas recientes, que tenían que ver en buena medida con los fundamentos de la mecánica cuántica. Finalmente, se me ocurrió que podría utilizar la historia de *La sirenita* para ilustrar las cuestiones que tenía la intención de tratar.

Fijémonos en la figura 2-6, donde he representado a la sirenita sentada sobre una roca, con la mitad del cuerpo bajo el agua y la otra mitad, al aire. La parte inferior de la imagen refleja lo que sucede bajo el mar, como un enrevesado caos de actividad en el que se ven envueltas multitud de criaturas de aspecto insólito y otras entidades extrañas, pero que no deja de poseer una belleza característica. Esto representa el extraño y desconocido mundo de los procesos a nivel cuántico. La parte superior de la imagen representa el mundo que nos resulta más familiar, en el que los diferentes objetos se distinguen con claridad y constituyen cosas que se comportan como objetos independientes. Es el mundo clásico, que actúa según las leyes a las que estamos acostumbrados, y que pensábamos —antes de la llegada de la

FIGURA 2-6. Imagen inspirada por *La sirenita* de Hans Christian Andersen para ilustrar la magia y el misterio de la mecánica cuántica.

mecánica cuántica— que gobernaban con precisión el comportamiento de las cosas. La sirena, mitad pez y mitad persona, está a caballo entre ambos mundos; representa el vínculo que existe entre esos dos mundos ajenos (véase la figura 2-7). También es misteriosa y aparentemente mágica, pues su capacidad para establecer ese vínculo entre los dos mundos parece desafiar las leyes de ambos. Más aún, aporta, gracias a sus experiencias en el mundo inferior, una perspectiva diferente sobre nuestro mundo superior, que parece observar desde las alturas de su atalaya.

La creencia extendida entre los físicos —y la mía propia— es que las leyes que gobiernan los distintos regímenes físicos *no* deberían ser fundamentalmente diferentes, sino que debería existir un *único* sistema primordial de leyes fundamentales (o de principios generales) que gobierne *todos* los procesos físicos. Por otra parte, algunos filósofos

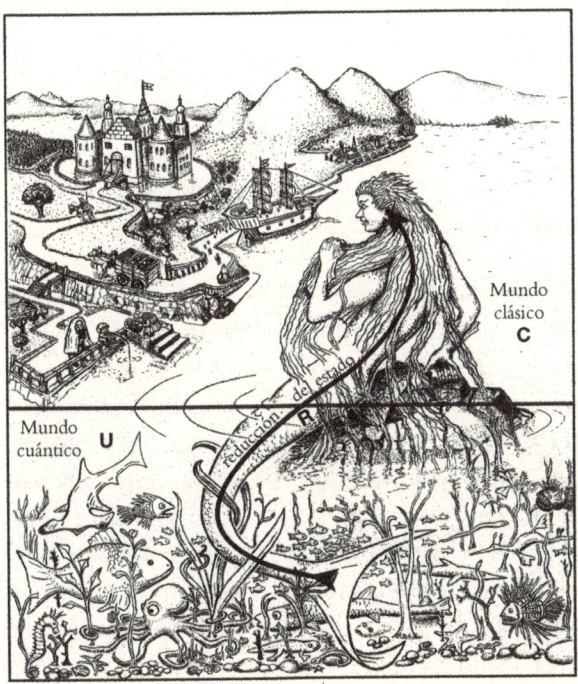

FIGURA 2-7: La mitad superior representa el mundo clásico ordinario **C**, de componentes independientes, y la parte inferior, el extraño y entrelazado mundo cuántico **U**. La sirena está a caballo entre ambos, y representa el misterioso proceso **R** que permite que las entidades cuánticas entren en el mundo clásico.

—y sin duda también un número bastante significativo de físicos— opinan que podrían existir distintos niveles de fenómenos que se regirían por leyes fundamentalmente diferentes, sin necesidad de un esquema primordial coherente que las englobe a todas [véase, por ejemplo, Cartwright, 1997]. Desde luego, cuando las circunstancias externas son muy distintas de las de nuestra experiencia normal, cabe esperar que leyes distintas de aquellas a las que estamos acostumbrados —o, mejor dicho, *aspectos* inusuales de las leyes fundamentales generales— adquieran una importancia hasta entonces desconocida. En la práctica, en tales circunstancias, incluso es posible ignorar algunas de las leyes que habrían sido especialmente relevantes en situaciones antes habituales. De hecho, en cualquier circunstancia de interés, ciertamente deberíamos prestar la máxima atención a aquellas leyes que revistan la mayor relevancia, y quizá incluso nos sea posible ignorar las demás. No obstante, cualquier ley *fundamental* que estemos ignorando debido a la insignificancia de sus efectos, podría ejercer aún una influencia indirecta. Esta es, al menos, la creencia comúnmente aceptada entre los físicos. Esperamos que —de hecho, tenemos *fe* en que— la física en su conjunto constituya una *unidad* y que, incluso cuando algún principio físico concreto no cumpla ninguna función inmediata, dicho principio sí desempeñe un papel fundamental dentro del conjunto del sistema y pueda contribuir de forma relevante a su coherencia.

Así pues, los mundos que se representan en la figura 2-7 no deben entenderse como realmente ajenos entre sí sino que, dada nuestra comprensión actual de la teoría cuántica y de su relación con el mundo macroscópico, simplemente nos resulta conveniente tratar las cosas como si existiesen en mundos diferentes y, por tanto, obedeciesen leyes distintas. En la práctica, *sí* sucede ciertamente que solemos emplear un conjunto de leyes para lo que denominaré *nivel cuántico* y otro conjunto para el *nivel clásico*. La frontera entre ambos nunca queda muy clara, y está bastante extendida la opinión de que la física clásica no es, en todo caso, más que una aproximación idónea de la «verdadera» física cuántica que, según se entiende, sus componentes básicos satisfacen *exactamente*. Se suele considerar que la aproximación clásica suele funcionar muy bien cuando intervienen cantidades enormes de partículas cuánticas. No obstante, más adelante (en §§2.13 y 4.2 en particular) argumentaré que aferrarse demasiado a este tipo de punto de vista de conveniencia conlleva graves dificulta-des. Pero, de momento, tratemos de ver adónde nos lleva.

Así pues, por lo general, pensaremos que la física al nivel cuántico se aplica precisamente a las cosas «pequeñas» y que la física del nivel clásico, que entendemos mejor, es válida, muy aproximadamente, para las cosas «grandes». Pero debemos tener mucho cuidado al utilizar las palabras «pequeño» y «grande» en este contexto, porque, como ya se ha señalado en §2.1, en determinadas circunstancias los efectos cuánticos pueden extenderse a grandes distancias (ciertamente, a más de 143 ki-lómetros). Más adelante, en §§2.13 y 4.2, expondré un punto de vista según el cual un nuevo criterio, distinto de la mera distancia, es el re-levante para caracterizar el comienzo del comportamiento clásico, pero de momento no será muy importante que tengamos en mente ningún criterio tan específico.

Por consiguiente, adoptaremos por el momento el punto de vis-ta estándar, consideraremos la división entre los mundos clásico y cuántico una mera conveniencia, y supondremos que las cosas que son, en cierto sentido no especificado, «pequeñas» deben tratarse me-diante las ecuaciones dinámicas de la teoría cuántica, y que se consi-dera que aquellas que son «grandes» se comportan, de forma harto aproximada, de acuerdo con la teoría dinámica clásica. En cualquier caso, este es ciertamente el punto de vista que se adopta casi siempre en la práctica, y nos resultará útil para entender cómo se usa en reali-dad la teoría cuántica. En efecto, parece que el mundo clásico se rige, en muy buena medida, por las leyes clásicas de Newton, complemen-tadas por las de Maxwell para describir los campos electromagnéticos continuos, así como por la ley de la fuerza de Lorentz, que describe cómo responden las partículas cargadas individuales a los campos electromagnéticos; véanse §§1.5 y 1.7. Si consideramos materia que se mueve muy rápido, tenemos que incorporar las leyes de la relativi-dad especial, y, si introducimos potenciales gravitatorios de suficiente entidad, también debemos tener en cuenta la relatividad general de Einstein. Todas estas leyes se combinan en un conjunto coherente, en el que el comportamiento se rige —a través de ecuaciones diferen-ciales; véase §A.11— de una manera precisa, *determinista* y *local*. El comportamiento espaciotemporal puede deducirse de los datos que se pueden especificar en cualquier instante particular (en relatividad general, interpretamos «en cualquier instante particular» como «en una superficie inicial de género espacio apropiada»; véase §1.7). En este libro me he abstenido de entrar en cualquier detalle relacionado con el cálculo, pero todo lo que necesitamos saber aquí es que estas ecuaciones diferenciales gobiernan el comportamiento futuro (o pasado) del sistema en función precisamente de su estado (y su estado de movimiento) en cualquier instante dado. Utilizo la letra **C** para referirme a toda esta evolución clásica.

El mundo cuántico, por su parte, posee una evolución temporal —que represento mediante la letra **U**, de «evolución *unitaria*»— descrita por una ecuación distinta, llamada *ecuación de Schrödinger*. Sigue siendo una evolución temporal determinista y local (gobernada por una ecuación diferencial; véase §A.11), que se aplica sobre una entidad matemática denominada *estado cuántico*, introducida en la teoría cuántica para describir un sistema en cualquier instante dado. Este determinismo es muy similar al que tenemos en la teoría clásica, pero existen varias diferencias clave respecto al proceso de evolución clásica **C**. De hecho, algunas de estas diferencias, en particular ciertas consecuencias de la *linealidad*, de la que hablaré en §2.7, tienen repercusiones tan ajenas a nuestras experiencias acerca del comportamiento real del mundo que resulta por completo absurdo tratar de continuar usando **U** para nuestras descripciones de la realidad una vez que aparecen alternativas macroscópicamente discernibles. En cambio, en la teoría cuántica estándar lo que hacemos es adoptar un tercer procedimiento, llamado *medida cuántica*, que representaré mediante la letra **R** (por la *reducción* del estado cuántico). Es aquí donde la sirenita desempeña una función esencial, al servir de vínculo necesario que conecta el mundo cuántico con el mundo clásico de nuestras experiencias. El procedimiento **R** (véase §2.8) es completamente diferente de las evoluciones deterministas tanto de **C** como de **U**, ya que es una acción *probabilista* y (como veremos en §2.10) exhibe extrañas características no locales que imposibilitan cualquier intento de comprenderla en términos de las leyes clásicas a las que estamos habituados.

Para hacernos una idea de la función de **R**, consideremos el funcionamiento de un *contador Geiger*, un dispositivo bien conocido que se usa para la detección de partículas (cargadas) energéticas resultantes de la radiactividad. Cualquiera de esas partículas individuales sería considerada un objeto cuántico, sujeto a las leyes de nivel cuántico **U**.

Pero el contador Geiger, por tratarse de un dispositivo de medida clásico, tiene el efecto de amplificar los logros de nuestra pequeña partícula desde el nivel cuántico al clásico, al hacer que la detección de la partícula por parte del dispositivo dé por resultado un clic audible. Puesto que este clic es algo que podemos experimentar directamente, lo tratamos como parte de nuestro mundo clásico habitual, y lo dotamos de existencia clásica en términos de las vibraciones de los movimientos ondulatorios en el aire, que pueden describirse de manera muy adecuada mediante las ecuaciones clásicas (newtonianas) del movimiento (aerodinámico) de fluidos. En resumen, el efecto de **R** consiste en sustituir la evolución continua que nos proporciona **U** por un *salto* súbito a una de entre varias descripciones clásicas posibles **C**. En el ejemplo del contador Geiger, antes de la detección todas estas alternativas provendrían de diversas contribuciones al estado cuántico de la partícula, que ha evolucionado en **U**, y en el que la partícula podría estar en uno u otro lugar, moviéndose de tal o cual manera, todo ello combinado en el tipo de superposición cuántica que se ha considerado en §1.4. Pero, cuando interviene el contador Geiger, estas alternativas cuánticas superpuestas se convierten en varios resultados clásicos posibles, en los que se produce un *clic* en un instante u otro, y a los distintos instantes se les asigna su correspondiente probabilidad. Esto es todo lo que queda de la evolución **U** en nuestro procedimiento de cálculo.

El procedimiento que normalmente utilizamos en tales situaciones está en plena consonancia con el enfoque de Niels Bohr y su escuela de Copenhague. Y a pesar de los fundamentos filosóficos que Bohr trató de atribuir a su *interpretación de Copenhague* de la mecánica cuántica, esta ofrece realmente un punto de vista muy pragmático en lo relativo a su tratamiento de la medida cuántica **R**. Una manera de ver la «realidad» subyacente a este pragmatismo consistiría, a grandes rasgos, en entender que el dispositivo de medición (como el contador Geiger que acabamos de considerar) y su entorno aleatorio constituyen un sistema tan grande y complejo que sería absurdo intentar aplicarle un tratamiento exacto según las reglas de **U**, por lo que en su lugar se tratará el dispositivo (y su entorno) como si fuese un sistema *clásico*, cuyas acciones clásicas se entiende que representan una muy buena aproximación al comportamiento cuántico «correcto», de tal manera que la actividad observada tras una medición cuántica se pue-

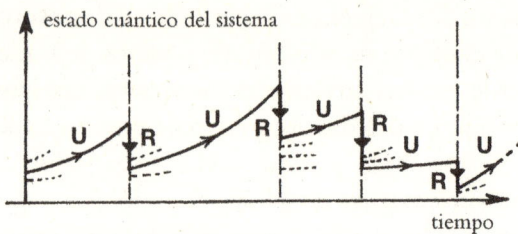

FIGURA 2-8. La manera en que parece que se comporta el mundo de la teoría cuántica, con fases de evolución determinista **U**, interrumpidas por momentos de acción probabilista **R**, cada uno de los cuales restablece algún elemento de comportamiento clásico.

de describir con gran precisión mediante las reglas clásicas **C** subsiguientes. Sin embargo, la transición de **U** a **C** no puede hacerse, por lo general, *sin* la introducción de probabilidades, por lo que se rompe (figura 2-8) el determinismo existente en las ecuaciones de **U** (y de **C**), y normalmente tendría que producirse un «salto» en la descripción cuántica, de acuerdo con la operación de **R**. Se considera que la complicación de cualquier configuración física «real» en la que se base el proceso de medición puede suponerse que es tan enorme que una descripción supuestamente correcta de acuerdo con **U** resultaría por completo inviable, y lo mejor a lo que podría aspirarse sería algún tipo de tratamiento aproximado que daría por resultado un comportamiento probabilista en lugar de determinista. Así pues, cabe prever que, en una situación cuántica, las reglas de **R** proporcionen un tratamiento adecuado. Sin embargo, como veremos muy en concreto en §§2.12 y 2.13, adoptar este punto de vista conlleva algunos interrogantes profundamente misteriosos, y cuesta mucho aceptar que las extrañas reglas de **U**, cuando se aplican directamente a cuerpos macroscópicos, puedan por sí solas desembocar en comportamientos más propios de **R** o de **C**. Aquí es donde empiezan a hacerse notar las graves dificultades de «interpretar» la mecánica cuántica.

En consecuencia, la interpretación de Copenhague de Bohr no pide, al fin y al cabo, que se le asigne una «realidad» al nivel cuántico, sino que considera que debe entenderse que los procedimientos de **U** y **R** nos proporcionan simplemente un conjunto de *procedimientos de cálculo* con los que obtener una descripción matemática en evolución que, en el instante de la medición, nos permite usar **R** para calcular las probabilidades de los distintos resultados de dicha medición. Se entiende que las acciones **U** del mundo cuántico, que no se consideran físicamente reales, de alguna manera «están solo en la mente» y solo deben usarse de forma pragmática para hacer los cálculos, de modo que las únicas probabilidades necesarias puedan entonces obtenerse a través de **R**. Más aún, al *salto* que normalmente experimenta el estado cuántico cuando se aplica **R** no se lo considera un proceso físico real, sino que representa simplemente el «salto» que experimenta el *conocimiento* del físico al recibir la información adicional que el resultado de la medición contiene.

La virtud original del punto de vista de Copenhague, a mi juicio, fue que permitió que los físicos trabajaran con la mecánica cuántica de una manera pragmática, obteniendo así numerosos resultados extraordinarios, y los liberó en buena medida de la carga que suponía tener que entender, a un nivel más profundo, lo que «está pasando» en el mundo cuántico y su relación con el mundo clásico que experimentamos directamente. Sin embargo, para nosotros esto no será suficiente. De hecho, hay varias ideas y experimentos más recientes que nos permiten investigar la naturaleza del mundo cuántico y que confirman, en una medida considerable, que las extrañas descripciones que ofrece la teoría cuántica poseen un verdadero grado de *realidad*. La fuerza de esta «realidad» cuántica es algo que tendremos ciertamente que reconocer si queremos explorar los límites del dogma de la mecánica cuántica.

En los siguientes apartados (§§2.5-2.10) veremos los ingredientes básicos del imponente marco matemático de la mecánica cuántica. Se trata de un orden de cosas que concuerda con una enorme precisión con el funcionamiento del mundo natural. Muchas de sus consecuencias son muy poco intuitivas, y algunas contradicen flagrantemente las expectativas que nuestras experiencias con el mundo a escala clásica nos han llevado a albergar. Pero, hasta la fecha, todos los experimentos que han conseguido explorar satisfactoriamente estas expectativas contradictorias han confirmado las predicciones del formalismo cuántico frente a las de «sentido común» de nuestra experiencia clásica. Además, algunos de estos experimentos demuestran que, en contraposición con las intuiciones clásicas que tanto nos ha costado desarrollar, el alcance del mundo cuántico no se limita en absoluto a las distancias submicroscópicas, sino que puede extenderse hasta distancias enormes (el récord terrestre actual está en 143 kilómetros). La muy extendida *fe* científica en el formalismo de la mecánica cuántica tiene sin duda una base extraordinaria en los hechos observados científicamente.

Por último, en §§2.12 y 2.13 presento argumentos para respaldar mi tesis de que una fe absoluta en este formalismo no está justificada. Aunque se admite que la teoría cuántica de campos (QFT) tiene problemas con las divergencias —una de las motivaciones iniciales para la teoría de cuerdas (véase §1.6)—, los argumentos que expondré se centran únicamente en las reglas más básicas y fundamentales de la propia mecánica cuántica. De hecho, en este libro no he entrado en los pormenores de la QFT más allá de las pinceladas que hemos visto en §§1.3, 1.5, 1.14 y 1.15. No obstante, en §2.13, y de nuevo en §4.2, expondré mis propias ideas sobre el tipo de modificación que considero esencial, y argumentaré que existe una clara necesidad de liberarse de la fe completa, que tantos profesan, en el dogma del formalismo cuántico estándar.

2.5. FUNCIÓN DE ONDA DE UNA PARTÍCULA PUNTUAL

¿Qué *es*, pues, este formalismo cuántico estándar? Recordemos que en §1.4 me he referido al denominado *principio de superposición*, válido de manera muy general en los sistemas cuánticos. Consideramos entonces la situación en que se disparan sucesivamente entidades corpusculares a través de dos rendijas paralelas muy próximas en dirección a una pantalla situada tras estas (figura 1-2(d) en §1.4). En la pantalla aparece un patrón formado por un gran número de puntos oscuros, lo cual es compatible con la imagen de impactos localizados individuales de una enorme cantidad de partículas procedentes de la fuente, y por tanto respalda el carácter corpuscular (o puntual) de las entidades emitidas por esta. Sin embargo, el patrón general de impactos en la pantalla se concentra a lo largo de una serie de franjas paralelas, lo cual constituye una evidencia clara de interferencia. Este es el tipo de patrón de interferencia que se daría entre dos fuentes coherentes de una entidad ondulatoria que partiese simultáneamente desde las dos rendijas. Pero los impactos en la pantalla parecen estar causados por entidades individuales, lo cual puede ponerse claramente de manifiesto si se reduce la intensidad de la fuente, de manera que

194

el intervalo temporal entre la emisión de cada una de estas entidades y la siguiente sea mayor que el tiempo que cada una tarda en llegar hasta la pantalla. Por lo tanto, estamos ante entidades que llegan de una en una, pero cada una de estas entidades onda-partícula muestra una interferencia que se produce entre las distintas trayectorias posibles de su movimiento.

Esto es muy parecido a lo que sucede en el experimento 2 de §2.3 (figura 2-4(b)), donde cada onda-partícula sale del divisor de haz (en M) en forma de dos componentes separados espacialmente, que después se combinan al interferir en el segundo divisor de haz (en C). Vemos de nuevo que una única entidad onda-partícula puede estar compuesta por dos partes separadas, que pueden dar lugar a efectos de interferencia cuando ambas se reúnen. Así, para cada una de estas ondas-partículas, no existe el requisito de que sea un objeto localizado; no obstante, sigue comportándose como un conjunto coherente. Continúa haciéndolo como un solo cuanto, por muy separadas que estén las partes que lo componen y con independencia de cuántas de estas partes pueda haber.

¿Cómo debemos describir tan extraña entidad onda-partícula? Aunque su naturaleza parezca inusual, tenemos la suerte de que se le puede dar una descripción matemática muy elegante, y quizá eso nos permita quedarnos tranquilos (al menos por un tiempo, de acuerdo con el denominado punto de vista de Copenhague) pensando que podemos describir con precisión las leyes matemáticas que tal entidad satisface. La propiedad matemática clave es que, como una onda de electromagnetismo, podemos *sumar* dos de estos estados ondulatorio-corpusculares (como ya se ha insinuado en §1.4) y, más aún, que la evolución de la suma es *igual* a la suma de las evoluciones (una descripción de la expresión «lineal» que precisaré en §2.7; véase también §A.11). Esta idea de suma es lo que denominamos *superposición cuántica*. Cuando tenemos una onda-partícula compuesta por dos partes separadas, la entidad en su conjunto es simplemente la superposición de ambas partes. Cada una de ellas se comportaría por sí sola como una onda-partícula, pero la onda-partícula *entera* sería la suma de las dos.

Asimismo, podemos superponer dos de estas ondas-partículas de distintas maneras, dependiendo de las relaciones de fase entre ellas. ¿Cuáles son estas distintas maneras? Veremos que surgen de nuestro formalismo matemático debido al uso de números complejos en las superposiciones (véanse §A.9 y §1.4, y recordemos los comentarios finales en §2.3). Así pues, si α representa el estado de una de estas entidades onda-partícula y β representa el estado de otra, podemos formar diferentes combinaciones de α y β de la forma

$$w\alpha + z\beta,$$

donde los factores de ponderación individuales w y z son números complejos (como hemos visto en §1.4) denominados *amplitudes complejas*[4] —lo cual puede resultar confuso—, que se asignan a las respectivas posibilidades alternativas α y β. Suponiendo que ambas amplitudes z y w son no nulas, la regla será que esta combinación nos dará otro posible estado de la onda-partícula. De hecho, la familia de estados cuánticos, en cualquier situación cuántica, formarán un *espacio vectorial complejo*, en el sentido de §A.3 (profundizaré en esta faceta de los estados cuánticos en §2.8). Necesitamos que los factores de ponderación w y z sean complejos (en lugar de, por ejemplo, los números reales no negativos que surgirían si solo nos interesasen alternativas ponderadas por probabilidades) para poder expresar las *relaciones de fase* entre los dos componentes α y β que son esenciales para que puedan producirse *efectos de interferencia* entre ellos.

Estos efectos de interferencia, que se derivan de la relación de fase entre los componentes α y β, se dan tanto en el experimento de las dos rendijas de §1.4 como en el interferómetro de Mach-Zehnder de §2.3, por la razón de que cada uno de los estados individuales tiene naturaleza temporal *oscilatoria*, con frecuencias específicas, de manera que pueden cancelarse o reforzarse entre sí (según estén fuera de fase o en fase, respectivamente) en distintas circunstancias (figura 2-5 en §2.3). Estas dependen de las relaciones entre los estados α y β, y también entre las amplitudes w y z asignadas a cada uno de ellos. De hecho, lo único que necesitamos, en relación con las amplitudes w y

---

4. En la literatura, lo que denomino en §A.10 *argumento* de un número complejo (esto es, el «θ» en su representación polar $re^{i\theta}$) también se conoce como *amplitud*. Por otra parte, la *intensidad* de una onda (la r en esta expresión) también suele denominarse *amplitud*. Evito aquí estas dos terminologías confusas y contradictorias, ya que mi terminología (mecanocuánticamente *estándar*) las engloba a ambas.

z, es su *razón*, $w : z$. (Aquí, la notación $a : b$ significa simplemente a/b, es decir, $a \div b$, pero donde permitimos que b pueda ser cero, en cuyo caso podríamos, si quisiésemos, asignar a esta razón el valor «∞». Sin embargo, debemos evitar que a y b sean *ambas* cero.)

En términos del plano de Wessel (esto es, complejo; véase §A.10), representado en la figura A-42, esta razón $w : z$ tiene un argumento (suponiendo que ni w ni z son nulas) que es el ángulo θ entre las dos direcciones que parten del origen, dado por 0, hacia los respectivos puntos w y z. En la discusión de §A.10, vemos que este es el ángulo θ en la representación polar de z/w:

$$z/w = re^{i\theta} = r\,(\cos\theta + i\sin\theta);$$

véase la figura A-42, pero z/w ahora sustituye a la «z» de ese diagrama. Es θ el que gobierna los desplazamientos de fase entre los estados α y β y, por lo tanto, si —o, más precisamente, *donde*— se cancelan o se refuerzan mutuamente. Adviértase que θ es el ángulo entre las líneas que parten desde el origen 0 hasta los respectivos puntos z y w en el plano de Wessel, tomado en el sentido antihorario (figura 2-9). La información restante contenida en la razón $w : z$ reside en la razón entre las distancias de w y z desde 0, esto es, el «r» en la mencionada representación polar de z/w, lo cual regula las intensidades relativas de los dos componentes α y β de la superposición. Veremos en §2.8 que tales razones de

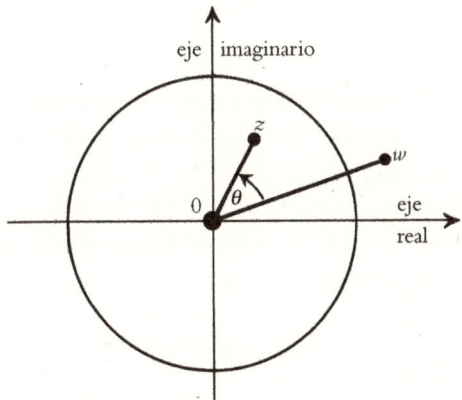

FIGURA 2-9. En el plano de Wessel (complejo), el argumento de la razón z/w (esto es, $z : w$) entre dos números complejos no nulos w y z es el ángulo θ entre las líneas que parten del origen hacia esos dos puntos.

intensidades (al cuadrado, de hecho) desempeñan una función importante con respecto a las probabilidades cuando se lleva a cabo una medición **R** en un sistema cuántico. En sentido estricto, esta interpretación
probabilista solo es válida cuando los estados α y β son «ortogonales», pero también veremos lo que este concepto significa en §2.8.

Repárese en que las magnitudes de interés del párrafo anterior
con respecto a los factores de ponderación w y z (su diferencia de fase
e intensidad relativa) tienen ambas que ver con su razón $w : z$. Para
entender mejor por qué tales razones tienen una importancia particular, necesitamos analizar una característica importante del formalismo
cuántico. Se trata del hecho de que no todas las combinaciones de la
forma $w\alpha + z\beta$ se consideran físicamente distintas, pues la naturaleza
física de la combinación depende solo de la razón entre las amplitudes
$w : z$. Esto es así debido a un principio general que afecta a la descripción matemática —el *vector de estado* (por ejemplo, α)— de *cualquier*
sistema cuántico, no solo a una entidad onda-partícula. Según dicho
principio, el estado cuántico del sistema se considera *físicamente inalterado* si el vector de estado se multiplica por cualquier número complejo no nulo, de manera que el vector de estado $u\alpha$ representa el *mismo*
estado onda-partícula (o estado cuántico general) que α, para cualquier número complejo no nulo u. En consecuencia, esto también
vale para nuestra combinación $w\alpha + z\beta$. Cualquier múltiplo de este
vector de estado por un número complejo no nulo u,

$$u(w\alpha + z\beta) = uw\alpha + uz\beta,$$

describe la *misma* entidad física que $w\alpha + z\beta$. Adviértase que la razón
$uz : uw$ es igual a $z : w$, de forma que lo que realmente nos interesa es
esta última razón.

Hasta aquí hemos considerado superposiciones generadas a par-
tir de solo *dos* estados, α y β. Con tres estados, α, β y γ, podemos crear
superposiciones de la forma

$$w\alpha + z\beta + \nu\gamma,$$

donde las amplitudes w, z y ν son números complejos, no todos nulos, y donde consideramos que el estado físico permanece inalterado
si lo multiplicamos todo por cualquier número complejo no nulo u

(para obtener $uv\alpha + uz\beta + uv\gamma$), de manera que, de nuevo, lo único que distingue físicamente estas superposiciones entre sí es el conjunto de razones $w : z : v$. Esto se extiende a un número finito de estados, $\alpha, \beta, ..., \phi$, para dar superposiciones $v\alpha + w\beta + ... + z\phi$, para las cuales lo que distingue físicamente a tales estados es el conjunto de razones $v : w : ... : z$.

De hecho, hemos de estar preparados para que tales superposiciones se extiendan incluso a un número *infinito* de estados individuales. En este caso, debemos tener cuidado con cuestiones como la continuidad y la divergencia, entre otras (véase §A.10), que dan lugar a incómodas cuestiones matemáticas con las que no deseo preocupar innecesariamente al lector. Aunque algunos físicos matemáticos podrían argumentar, muy razonablemente, que las indudables dificultades a las que se enfrenta la teoría cuántica (y, más en concreto, la teoría cuántica de campos; véanse §§1.4 y 1.6) exigen que se preste una atención especial a estas sutilezas matemáticas, yo propongo que aquí nos despreocupemos de estas cuestiones. No es que crea que tales detalles matemáticos carecen de importancia —muy al contrario, considero que la coherencia matemática es un requisito esencial—, sino que más bien pienso que las aparentes inconsistencias en la teoría cuántica que veremos (en particular en §§2.12 y 2.13) son de una naturaleza mucho más fundamental, y tienen poco que ver con cuestiones de rigor matemático en sí.

Siguiendo con este punto de vista matemáticamente relajado, consideremos el estado general de una única partícula puntual, o partícula *escalar* (sin magnitudes direccionales, tampoco del espín, de manera que su espín es 0). El estado básico más primitivo —un estado *de posición*— estaría caracterizado por el hecho de que la partícula simplemente se encontraría en una determinada ubicación espacial A, especificada por un vector de posición **a** con respecto a un cierto origen dado O (véanse §§A.3 y A.4). Este es un tipo de estado muy «idealizado», que se suele entender que viene dado (salvo un factor de proporcionalidad) por $\delta(\mathbf{x} - \mathbf{a})$, donde la «$\delta$» que se usa aquí designa la «función delta» de Dirac, que veremos enseguida. Es también un estado muy poco razonable para una partícula física real, porque su evolución de acuerdo con la ecuación de Schrödinger provocaría que el estado se dispersase de inmediato, algo que puede interpretarse como una consecuencia del *principio de indeterminación de Heisenberg* (que trataré brevemente al final de §2.13): una precisión absoluta en la posición de la partícula exige una indeterminación total en su momento, de forma que las contribuciones de momento elevado harían que el estado se dispersase al instante. Sin embargo, en la argumentación que expondré aquí no me interesará cómo podría evolucionar en el futuro un estado como este, sino que me limitaré a pensar en términos de cómo pueden comportarse los estados cuánticos en un instante determinado, por ejemplo $t = t_0$.

En realidad, una función delta no es una función ordinaria sino un caso límite de tales cosas, en el que (para un número real x) $\delta(x)$ *se anula* para todo x para el que $x \neq 0$, pero en que debemos entender que $\delta(0) = \infty$ de manera tal que el área que queda bajo la curva de esta función es igual a la unidad. En consecuencia, $\delta(x - a)$ sería la misma cosa pero desplazada de modo que se anula en todo punto salvo en $x = a$ (siendo a un número real dado), donde se hace infinita, y tal que el área bajo la curva sigue siendo la unidad. Véase la figura 2-10 para una representación de este proceso de tendencia en el límite. (Para una explicación matemática más detallada, véanse, por ejemplo, Lighthill [1958] y Stein y Shakarchi [2003].) No conviene que explique aquí la manera matemática de interpretar estas cosas, pero tanto la idea como la notación nos serán útiles. (De hecho, técnicamente, tales estados de posición no forman parte en cualquier caso del formalismo estándar de la mecánica cuántica a través de un espa-

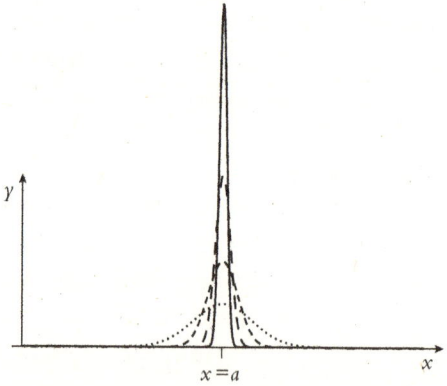

FIGURA 2-10. La función delta de Dirac $\delta(x)$ se ilustra aquí entendiendo $\delta(x - a)$ como el límite de una secuencia de funciones suaves y de valor positivo, cada una de las cuales cubre un área unidad (por encima del eje x), que se van centrando progresivamente en $x = a$.

cio de Hilbert que veremos en §2.8, pues los estados de posición estrictos no son realizables físicamente. Sin embargo, discursivamente resultan muy útiles.)

De acuerdo con lo anterior, podemos considerar la función delta de un *3-vector* $\mathbf{x}$, y escribir $\delta(\mathbf{x}) = \delta(x_1)\,\delta(x_2)\,\delta(x_3)$, donde x_1, x_2 y x_3 son las tres coordenadas cartesianas de $\mathbf{x}$. Entonces, $\delta(\mathbf{x}) = 0$ para cualquier valor no nulo de un 3-vector $\mathbf{y}$, pero de nuevo debemos suponer que $\delta(\mathbf{0})$ es sumamente grande, y da lugar a un 3-volumen *unidad*. Por su parte, podemos ver $\delta(\mathbf{x} - \mathbf{a})$ como una función que da una amplitud nula de que la partícula se encuentre en cualquier lugar *que no sea* el punto X, con vector de posición $\mathbf{x}$ (esto es, $\delta(\mathbf{x} - \mathbf{a})$ es distinta de cero solo cuando $\mathbf{x} = \mathbf{a}$), y asigna una amplitud muy grande (infinita) al hecho de que la partícula se encuentre *en* el punto A (esto es, que $\mathbf{x} = \mathbf{a}$). A continuación, podemos considerar superposiciones *continuas* de estos estados de posición especiales, que asignan una amplitud compleja a cada punto espacial X. Esta amplitud compleja (que ahora no es más que un número complejo ordinario) es por lo tanto simplemente una función compleja del 3-vector de posición $\mathbf{x}$ del punto variable X. Esta función se suele representar mediante la letra griega ψ («psi»), y la función $\psi(\mathbf{x})$ se conoce como *función de onda* (de Schrödinger) de la partícula.

Así pues, el número complejo $\psi(\mathbf{x})$ que la función ψ asigna a cada punto espacial individual X es la amplitud de que la partícula esté situada exactamente en el punto X. De nuevo, se considera que la situación física no cambia si la amplitud en cada punto se multiplica por el mismo número complejo no nulo u. Es decir, la función de onda $w\psi(\mathbf{x})$ representa la misma situación física que $\psi(\mathbf{x})$ si w es cualquier número complejo (constante) no nulo.

Un ejemplo importante de una función de onda sería una onda plana oscilatoria con frecuencia y dirección definidas. Tal estado, denominado *estado de momento*, vendría dado por la expresión $\psi = e^{-i\mathbf{p}\cdot\mathbf{x}}$, donde $\mathbf{p}$ es un 3-vector (constante) que describe el momento de una partícula; véase la figura 2-11(a), donde el plano vertical (u, v) designa el plano de Wessel de $\psi = u + iv$. Los estados de momento, en el caso de los fotones, serán importantes para nosotros en §§2.6 y 2.13. En la figura 2-11(b) se representa un paquete de ondas, algo que he abordado en §2.3.

Llegados a este punto, puede que sea útil señalar que en mecáni-

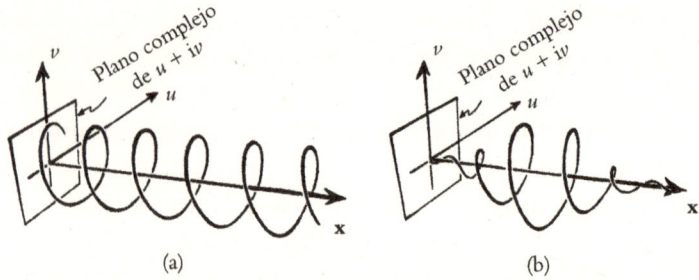

FIGURA 2-11. (a) Función de onda de un estado de momento, $e^{-i\mathbf{p}\cdot\mathbf{x}}$ para un 3-momento dado $\mathbf{p}$. (b) Función de onda para un paquete de ondas.

ca cuántica es habitual normalizar la descripción del estado cuántico en función de una medida del «tamaño» que se puede asignar a una función de onda ψ, que es un número real positivo, denominado *norma*, que podemos escribir (como en §A.3) como[5]

$$\| \psi \|$$

(donde $\| \psi \| = 0$ si, y solo si, ψ es la función nula, que no es una función de onda permitida). La norma posee la propiedad de escalamiento

$$\| w\psi \| = | w |^2 \| \psi \|$$

para cualquier número complejo w ($| w |$ es su módulo; véase §A.10). Una función de onda *normalizada* tiene norma *unidad*

$$\| \psi \| = 1,$$

y, si ψ no estuviese ya normalizada, siempre podríamos hacer que lo estuviese sustituyendo ψ por $u\psi$, donde $u = \| \psi \|^{-1/2}$. La normalización elimina parcialmente la libertad en esta sustitución $\psi \mapsto u\psi$, lo cual tiene la ventaja, para una función de onda escalar, de que podemos interpretar que el módulo al cuadrado $| \psi (\mathbf{x}) |^2$ de la función de onda $\psi (\mathbf{x})$ da la *densidad de probabilidad* de encontrar la partícula en el punto X.

    5. En el caso de una función de onda escalar, como la que se considera aquí, esto sería una *integral* (véase §A.11) sobre el conjunto del 3-espacio de la forma $\int \psi (\mathbf{x}) \bar{\psi} (\mathbf{x}) \, d^3 \mathbf{x}$. Así pues, para una función de onda normalizada, la interpretación de $| \psi (\mathbf{x}) |^2$ como una densidad de probabilidad es compatible con que esta probabilidad total sea igual a la unidad.

Sin embargo, la normalización no limita por completo la libertad de escalamiento, ya que cualquier multiplicación de ψ por una *fase pura*, esto es, por un número complejo de módulo unidad $e^{i\theta}$ (donde θ es real y constante)

$$\psi \mapsto e^{i\theta}\psi,$$

no afecta a la normalización. (Esta es básicamente la libertad de fase que Weyl se acabó viendo obligado a considerar en su teoría electromagnética, descrita en §1.8.) Aunque los estados cuánticos genuinos siempre poseen norma, y por lo tanto se pueden normalizar, determinadas idealizaciones de estados cuánticos que suelen utilizarse carecen de ella, como sucede con los estados de posición $\delta(\mathbf{x} - \mathbf{a})$ que hemos visto antes o los estados de momento $e^{-i\mathbf{p}\cdot\mathbf{x}}$ que acabamos de ver. Volveré sobre estos últimos estados en §§2.6 y 2.13 para el caso de los fotones. Ignorar esta cuestión forma parte de la actitud relajada frente a las sutilezas matemáticas que me estoy permitiendo tomar. En §2.8 veremos cómo esta idea de *norma* encaja en el marco más general de la mecánica cuántica.

2.6. FUNCIÓN DE ONDA DE UN FOTÓN

La función de valores complejos ψ nos proporciona la imagen de Schrödinger del estado de una sola onda-partícula escalar. De momento, se trata simplemente de una partícula sin estructura, y por lo tanto sin características direccionales (espín 0), pero también podemos hacernos una buena idea de lo que sucede con la función de onda de un fotón individual, que no es una partícula escalar, ya que posee un espín de $\hbar$, es decir, «espín 1» en las unidades normales de Dirac (véase §1.14). La función de onda tiene entonces un carácter vectorial, y resulta que podemos interpretarla como una *onda electromagnética*, y, si imaginamos que la onda es extremadamente débil, podemos hacernos cierta idea de cómo es un fotón individual. Puesto que una función de onda es una función de valores *complejos*, puede tomar la forma

$$\psi = \mathbf{E} + i\mathbf{B},$$

donde $\mathbf{E}$ es el 3-vector del campo eléctrico (véanse §§A.2 y A.3) y $\mathbf{B}$, el 3-vector del campo magnético. (En sentido estricto, para tener la función de onda de un fotón verdaderamente libre, deberíamos tomar la denominada *parte de frecuencia positiva* de $\mathbf{E} + i\mathbf{B}$ —que es algo que tiene que ver con la descomposición de Fourier, como se indica en §A.11— y sumarle a esto la parte de frecuencia positiva de $\mathbf{E} - i\mathbf{B}$ [véase *ECalR*, §24.3], pero estos asuntos son abordados de manera mucho más exhaustiva en Streater y Wightman [2000]. Sin embargo, aquí no nos preocuparán estas cuestiones técnicas, que no afectarán sustancialmente a la exposición que sigue.)

Un aspecto clave de esta imagen de una onda electromagnética es que debemos considerar su polarización. Este es un concepto que hay que explicar. Una onda electromagnética que se mueve en una dirección definida en el espacio libre, con una frecuencia y una intensidad dadas —esto es, una *onda monocromática*—, puede estar *plano-polarizada*. Tendrá entonces lo que se denomina un *plano de polarización*, que es un plano que contiene la dirección del movimiento de la onda y en el que oscila el campo eléctrico que compone la onda; véase la figura 2-12(a). Acompañando a este campo eléctrico oscilatorio hay un campo magnético, que también oscila, con la misma frecuencia y fase que el campo eléctrico, aunque en un plano perpendicular al de polarización pero que aún contiene la dirección de movimiento. (También podemos entender que la figura 2-12(a) representa el comportamiento temporal de la onda, con la flecha apuntando en la dirección temporal negativa.) Podemos tener ondas electromagnéticas monocromáticas plano-polarizadas en las que cualquier plano dado contendrá la dirección de movimiento para su plano de polarización. Más aún, *cualquier* onda electromagnética monocromática, con una dirección del movimiento $\mathbf{k}$ dada, se puede descomponer en una suma de ondas plano-polarizadas, con planos de polarización perpendiculares entre sí. Las gafas de sol polarizadas poseen la propiedad de que permiten el paso de la componente con $\mathbf{E}$ en la dirección vertical, mientras que absorben la componente con $\mathbf{E}$ horizontal. La luz procedente de las zonas más bajas del cielo, así como la que se refleja en el mar, está polarizada en gran medida en la dirección perpendicular (es decir, horizontalmente), por lo que este tipo de gafas protege los ojos al reducir considerablemente la cantidad de luz que les llega.

Las gafas polarizadas que se usan habitualmente para ver películas

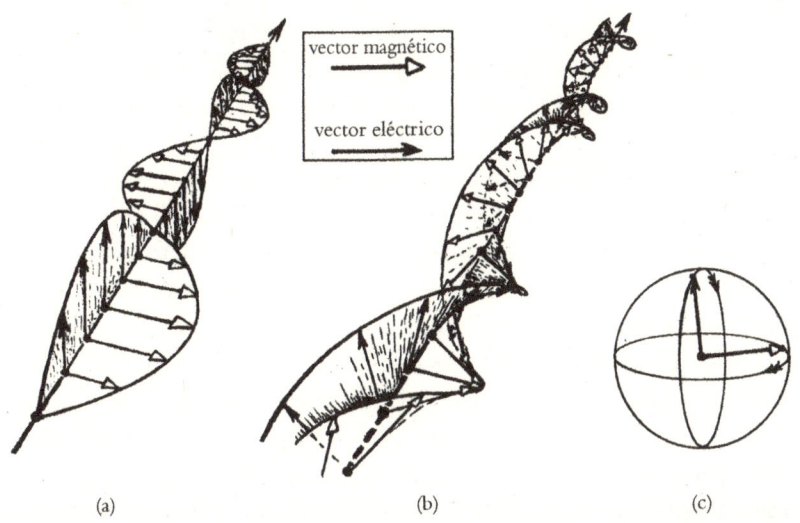

FIGURA 2-12. (a) Onda electromagnética plano-polarizada, que muestra la oscilación mutua de los vectores de los campos eléctrico y magnético (el movimiento puede verse tanto espacial como temporalmente). (b) Onda electromagnética con polarización circular, representada de manera similar. (c) Combinando las dos anteriores, se pueden obtener distintos grados de polarización elíptica.

en 3 dimensiones son un poco distintas. Para entenderlas, necesitamos otro tipo de polarización, la *circular* (figura 2-12(b)), que rota, a medida que la onda avanza, en un sentido dextrógiro o levógiro (es lo que se denomina *helicidad* de la onda circularmente polarizada).[6] Estas gafas tienen la ingeniosa propiedad de que el material semitransparente que transmite la luz a un ojo o al otro solo permite el paso de la luz polarizada circularmente *en sentido dextrógiro*, para un ojo, y únicamente de la circularmente polarizada en sentido *levógiro*, para el otro (aunque, curiosamente, la luz en cada caso sale del material hacia el ojo en un estado plano-polarizado).

Además de estos estados de polarización, hay estados de polarización elíptica (véase la figura 2-12(c)), que combinan la rotación de la polarización circular con cierta cantidad de polarización plana en alguna dirección. Todos estos estados de polarización pueden surgir como combinación de solo *dos* de tales estados, que pueden ser ondas

6. Parece que los campos de la física de partículas y la óptica cuántica usan convenciones opuestas para el signo de la helicidad. Esto se trata en Jackson [1999: 206].

polarizadas circularmente *en sentido dextrógiro* y en sentido *levógiro*, o pueden ser las ondas plano-polarizadas horizontal y verticalmente, o cualesquiera de muchos otros pares de posibilidades. Veamos cómo funciona esto.

Quizá el caso más fácil de analizar sea el de una superposición de una onda polarizada circularmente en sentido *dextrógiro* con otra en sentido *levógiro*, ambas con la misma intensidad. Las varias diferencias de fase simplemente dan todas las direcciones posibles del plano de polarización. Para entender cómo funciona esto, imaginemos que cada onda está representada por una *hélice*, que es una curva trazada sobre un cilindro circular que forma un determinado ángulo fijo (distinto de 0° y de 90°) con el eje; véase la figura 2-13, que representa la trayectoria que traza el vector eléctrico a medida que nos desplazamos a lo largo del eje (que marca la dirección de la onda). Sendas hélices dextrógira y levógira (de paso igual y opuesto) representan nuestras dos ondas. Al dibujarlas en el mismo cilindro, vemos que los puntos de intersección de las dos hélices están todos situados en un plano, que es el plano de polarización de la superposición de las dos ondas que representan. A medida que recorremos una de las hélices a lo largo del cilindro, con la otra fija —lo que nos da las distintas diferencias de fase—, obtenemos todos los planos de polarización posi-

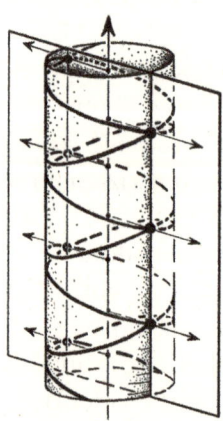

Figura 2-13. Sumando proporciones iguales de ondas polarizadas circularmente en sentido dextrógiro y en sentido levógiro podemos obtener una onda plano-polarizada, cuyos picos y valles se señalan mediante flechas horizontales. Cambiar la relación de fase entre las componentes polarizadas circularmente hace que rote el plano de polarización.

bles para la onda superpuesta. Si ahora permitimos que aumente la contribución de una onda en relación con la otra, obtenemos todos los estados posibles de polarización elíptica.

Nuestra representación compleja de los vectores eléctrico y magnético, en la forma $\mathbf{E} + i\mathbf{B}$ dada más arriba, nos abre una vía muy directa para comprender cómo es la función de onda de un fotón. Usaremos la letra griega α para representar (por ejemplo) el estado de polarización dextrógira, en la situación descrita en el párrafo anterior, y la letra β para el estado de polarización levógira (de igual intensidad y frecuencia). Podemos entonces representar los distintos estados de polarización plana obtenidos mediante superposiciones de *igual* intensidad de ambos (salvo por un factor de proporcionalidad) como

$$\alpha + z\beta, \quad \text{donde } z = e^{i\theta}.$$

A medida que θ aumenta desde 0 a 2π, de manera que $e^{i\theta}$ ($= \cos\theta + i\sin\theta$) recorre una vez el círculo unidad en el plano de Wessel (véanse §§A.10 y 1.8, así como la figura 2-9), el plano de polarización también rota en torno a la dirección del movimiento. Tiene cierto interés comparar la velocidad de rotación del plano con la de z a medida que esta recorre el círculo unidad.

El vector de estado $z\beta$ está representado en la figura 2-13 por la hélice levógira. Mientras z da una vuelta completa de forma continua, puede considerarse que esta hélice rota totalmente alrededor de su eje un ángulo de 2π en un sentido dextrógiro (antihorario). Como vemos en la figura 2-13, esta rotación total es equivalente a mover continuamente la hélice levógira hacia arriba mientras la hélice dextrógira permanece inmóvil, hasta que aquella alcanza su configuración original. Vemos que esto traslada los puntos de intersección de ambas hélices, que estaban originalmente en la parte anterior de la imagen, hasta la parte posterior, al tiempo que devuelve el plano de polarización a su posición original. Así, mientras que z habrá dado una vuelta completa al círculo unidad, recorriendo un ángulo de 2π (es decir, 360°) alrededor del círculo unidad, el plano de polarización habrá vuelto a su ubicación original al rotar solamente un ángulo π, en lugar de 2π (180°, no 360°). Si φ designa el ángulo que ha rotado el plano de polarización en un instante dado, tenemos pues que $\theta = 2\varphi$, donde, de nuevo, θ es el ángulo en el plano de Wessel que la amplitud

z forma con el eje real. (Hay aquí ciertas cuestiones de convención, pero, para esta exposición, en la figura 2-13 estoy tomando la orientación del plano de Wessel como si se viese desde arriba.) En términos de los puntos en el plano de Wessel, podemos utilizar un número complejo q (o su opuesto, $-q$) para representar el ángulo que forma el plano de polarización, donde $q = e^{i\varphi}$, de manera que la relación $\theta = 2\varphi$ pasa a ser

$$z = q^2.$$

Más adelante (figura 2-20 en §2.9) veremos cómo este q se extiende hasta describir también estados generales de polarización elíptica.

No obstante, debería quedar claro que los estados del fotón que acabamos de considerar no son más que ejemplo de un caso muy particular, denominados *estados de momento*, que transportan su energía en una dirección muy definida. Debido a la universalidad del principio de superposición, es evidente que existen muchos otros estados posibles de un solo fotón. Por ejemplo, podríamos considerar simplemente una superposición de dos de esos estados de momento con direcciones diferentes. Tales situaciones dan de nuevo ondas electromagnéticas que son soluciones de las ecuaciones de Maxwell (ya que estas son lineales, como la de Schrödinger; véanse §§2.4, A.11 y 2.7). Más aún, combinando muchas de estas ondas, que se desplacen en direcciones solo ligeramente distintas y que posean frecuencias elevadas y también muy similares, podemos construir soluciones de las ecuaciones de Maxwell muy concentradas en una sola posición y que viajan a la velocidad de la luz en la dirección general de las ondas superpuestas. Tales soluciones se denominan *paquetes de ondas* y se han mencionado en §2.3 como posibles candidatos para las entidades ondas-partículas cuánticas necesarias para explicar los resultados del experimento 2, como puede verse en la figura 2-4(b). Sin embargo, como hemos visto en §2.3, tal descripción clásica de un solo fotón no explicará los resultados del experimento 1, como se ilustra en la figura 2-4(a). Además, esas soluciones clásicas de las ecuaciones de Maxwell en forma de paquetes de onda no conservan su forma corpuscular durante mucho tiempo, y se dispersarán al poco tiempo. Esto puede compararse con el comportamiento de los fotones individuales que llegan tras haber recorrido distancias enormes, procedentes, por ejemplo, de galaxias remotas.

Los aspectos corpusculares de los fotones no se deben a que sus funciones de onda posean una naturaleza tan sumamente localizada, sino al hecho de que la medición que se efectúa está diseñada para observar dichas características corpusculares, como sucede con una placa fotográfica o (en el caso de partículas cargadas) un contador Geiger. La naturaleza *corpuscular* resultante de la entidad cuántica objeto de observación es una característica de la operación de **R** en tales circunstancias, en las que el detector es sensible a las partículas. La función de onda de un fotón de una galaxia muy remota, por ejemplo, se extendería sobre regiones gigantescas del espacio, y su detección en un punto concreto de una placa fotográfica sería el resultado de una ínfima probabilidad de que esta medición particular la encontrase en este proceso **R**. Sería sumamente improbable que observásemos tal fotón de no ser por la inmensa cantidad de fotones que habrían sido emitidos desde la región observada en esa galaxia tan remota, que compensa la ínfima probabilidad para cada fotón particular.

El ejemplo del fotón polarizado que acabamos de ver ilustra también de qué manera los números complejos pueden utilizarse para crear superposiciones lineales de campos clásicos. De hecho, existe una relación muy estrecha entre el mencionado procedimiento de superposición compleja de campos (electromagnéticos) clásicos y la superposición cuántica de estados de partículas (en este caso, de fotones). De hecho, la ecuación de Schrödinger para un solo fotón libre resulta ser simplemente una reescritura de las ecuaciones de Maxwell para el campo libre, pero para un campo electromagnético que toma valores *complejos*.

No obstante, debe señalarse aquí una diferencia: el hecho de que, si multiplicamos la descripción del estado de un solo fotón por un número complejo no nulo, no modificamos el estado, mientras que resulta que, para un campo electromagnético *clásico*, la intensidad (es decir, la densidad de energía) de ese estado se multiplicaría por el cuadrado de la magnitud del campo en cuestión. Por su parte, para incrementar el contenido energético de un estado *cuántico* habría que incrementar el *número* de fotones, cada uno de los cuales está sujeto a la fórmula $E = h\nu$, que limita su energía. Así, en una situación mecanocuántica, sería el *número* de fotones lo que se multiplicaría por el cuadrado del módulo del número complejo para aumentar la intensidad de un campo electromagnético. En §2.8 veremos qué relación tiene esto con la ley de probabilidades para **R**, denominada *regla de Born* (véanse también §§1.4 y 2.8).

2.7. Linealidad cuántica

Pero, antes de llegar a eso, deberíamos hacernos una idea del asombroso alcance universal de la linealidad cuántica. Una característica destacada del formalismo de la mecánica cuántica es, en efecto, la linealidad de **U**. Como se señala en §A.11, esta particular cualidad simplificadora de **U** *no* la comparten la mayoría de los tipos de evolución clásica (aunque las ecuaciones de Maxwell sí son, de hecho, también lineales). Tratemos de entender qué significa esta linealidad.

Como ya se ha señalado (al principio de §2.5), el significado de la *linealidad*, aplicada a un proceso de evolución temporal como **U**, se basa en la existencia de una idea de suma o, más específicamente, de *combinación lineal* que se pueda aplicar a los estados del sistema; se dice que la evolución temporal es lineal si preserva dicha combinación lineal. En mecánica cuántica, esto se refleja en el principio de *superposición* de estados cuánticos, por el que, si α es un estado permitido del sistema y β también lo es, entonces la combinación lineal

$$w\alpha + z\beta,$$

donde suponemos que los números complejos constantes w y z no son ambos nulos, es asimismo un estado cuántico legítimo. La propiedad de *linealidad* que posee **U** indica simplemente que, si un estado cuántico α_0 evolucionase de acuerdo con **U** hasta un estado α_t, tras un periodo de tiempo específico t,

$$\alpha_0 \rightsquigarrow \alpha_t,$$

y si otro estado cuántico β_0 evolucionase hasta β_t transcurrido ese mismo periodo t,

$$\beta_0 \rightsquigarrow \beta_t,$$

entonces cualquier superposición $w\alpha_0 + z\beta_0$ evolucionaría, tras este periodo temporal t, a $w\alpha_t + z\beta_t$,

$$w\alpha_0 + z\beta_0 \rightsquigarrow w\alpha_t + z\beta_t,$$

donde los números complejos w y z permanecen constantes. Esto, de hecho, caracteriza a la linealidad (véase también §A.11). En pocas palabras, podemos decir que la linealidad se encapsula en el siguiente aforismo:

la evolución de la suma es la suma de las evoluciones,

aunque deberíamos entender que «suma» abarca aquí «combinación lineal».

Hasta aquí, como se ha descrito en §§2.5 y 2.6, hemos estado considerando superposiciones lineales de estados aplicadas únicamente a entidades onda-partículas *individuales*, pero la linealidad de la evolución de Schrödinger es válida en los sistemas cuánticos de manera por completo general, sin importar cuántas partículas se ven afectadas simultáneamente. Por lo tanto, necesitamos ver cómo se aplica este principio a sistemas compuestos por más de una partícula. Por ejemplo, podemos tener un estado formado por dos partículas escalares (de tipos distintos), la primera de las cuales es considerada una onda-partícula concentrada en una pequeña región alrededor de una posición espacial determinada, P, y la otra, concentrada dentro de otra pequeña ubicación espacial distinta, Q. Nuestro estado α podría representar este *par* de posiciones de partículas. El segundo estado, β, podría tener la primera partícula concentrada en una posición P′ completamente distinta y la segunda, concentrada en otra posición Q′. Las cuatro ubicaciones no tienen por qué estar relacionadas. Supongamos ahora que consideramos una superposición como $\alpha + \beta$. ¿Cómo debemos interpretar esto? Antes de responder debería aclarar que la interpretación no puede ser algo como calcular algún tipo de promedio de las posiciones que intervienen (como que la primera partícula estuviese situada a medio camino entre P y P′ y la segunda, en el punto medio entre Q y Q′). Este tipo de cosa distaría mucho de lo que la linealidad cuántica nos dice realmente; recordemos que, incluso para una onda-partícula *individual*, no existe una interpretación localizada análoga a esta. (Una superposición lineal del estado en el que la partícula está en P con otro estado en que la misma partícula está situada en P′ es un estado donde la partícula divide su existencia entre estas dos posiciones, y esto no es ciertamente equivalente al estado según el cual la partícula se encuentra en un tercer punto.) No, la superposición $\alpha + \beta$ implica *las cuatro* ubicaciones P, P′, Q y Q′, allí donde están, de manera que, de alguna forma, *coexisten* los pares de ubicaciones (P, Q) y (P′, Q′) para los estados individuales. Veremos que existen curiosos detalles sobre el tipo de estado $\alpha + \beta$ que surge aquí, denominado estado *entrelazado*, en el que ninguna de las partículas posee un estado separado propio, independiente de la otra.

Fue Schrödinger quien introdujo este concepto de «entrelazamiento», en una carta a Einstein (en la que utilizó la palabra alemana *Verschränkung* y la tradujo al inglés como *entanglement*), y lo publicó poco después [Schrödinger y Born, 1935]. La rareza cuántica y la importancia de este fenómeno quedaron encapsuladas en este comentario de Schrödinger:

> Diría que [el entrelazamiento] no es *un* rasgo más sino *el* rasgo característico de la mecánica cuántica, el que impone su completa separación respecto de las líneas de pensamiento clásicas.

Más adelante, en §2.10, veremos algunas de las extrañas y esencialmente cuánticas características que pueden exhibir estos estados entrelazados —que se agrupan bajo la denominación general de efectos de Einstein-Podolsky-Rosen (EPR) [véase Einstein *et al.*, 1935]—, que llevaron a Schrödinger a reconocer el concepto de «entrelazamiento». Hoy sabemos que los entrelazamientos manifiestan su presencia real a través de, por ejemplo, las violaciones de la desigualdad de Bell, que veremos en §2.10.

Puede resultar útil, para entender el entrelazamiento cuántico, remitir al lector a la notación de la función delta, que se ha mencionado brevemente en §2.5. Utilicemos los vectores de posición $\mathbf{p}$, $\mathbf{q}$, $\mathbf{p}′$ y $\mathbf{q}′$ para los respectivos puntos P, Q, P′ y Q′. Por simplicidad, no me preocuparé por usar amplitudes complejas ni por normalizar ninguno de nuestros estados. Primero, consideremos una sola partícula individual. Podemos escribir el estado que hace que esa partícula esté en P como $\delta(\mathbf{x} - \mathbf{p})$, y el correspondiente para Q como $\delta(\mathbf{x} - \mathbf{q})$. La suma de estos dos estados sería

$$\delta(\mathbf{x} - \mathbf{p}) + \delta(\mathbf{x} - \mathbf{q}),$$

que representa una superposición de la partícula en estas dos posiciones simultáneamente (que es algo por completo diferente de $\delta(\mathbf{x} - \frac{1}{2}(\mathbf{p} + \mathbf{q}))$, que representaría la partícula situada en el punto medio entre ambas posiciones; véase la figura 2-14(a)). (Convendría que el lector recordase lo visto en §2.5, en el sentido de que una función de onda idealizada como esta solo puede tener la forma de una función delta al principio, en el instante $t = t_0$. La evolución de Schrödinger exigiría que tales estados se desperdigasen al instante siguiente, aunque esta cuestión no será importante para nosotros aquí.) Cuando se trata de representar el estado cuántico de un par de partículas, la primera de ellas en P y la segunda en Q, podríamos tratar de escribirlo como $\delta(\mathbf{x} - \mathbf{p})\,\delta(\mathbf{x} - \mathbf{q})$, pero sería erróneo por todo tipo de razones. La objeción principal es que tomar simplemente el producto de funciones de ondas de esta manera —esto es, tomando dos funciones de onda de la partícula, $\psi(\mathbf{x})$ y $\phi(\mathbf{x})$, e intentar representar el par de partículas solo con tomar su producto $\psi(\mathbf{x})\phi(\mathbf{x})$— sería ciertamente

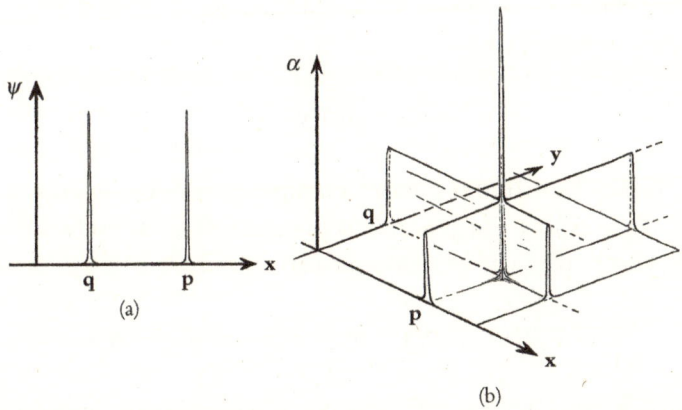

FIGURA 2-14. (a) La suma de funciones delta $\psi(\mathbf{x}) = \delta(\mathbf{x} - \mathbf{p}) + \delta(\mathbf{x} - \mathbf{q})$ da una función de onda para una partícula escalar en un estado de superposición de estar en P y en Q simultáneamente. (b) El producto de dos funciones delta, $\alpha(\mathbf{x}, \mathbf{y}) = \delta(\mathbf{x} - \mathbf{p})\delta(\mathbf{y} - \mathbf{q})$, da el estado en que hay dos partículas diferentes, una en P y la otra en Q. Adviértase que se necesitan dos variables, $\mathbf{x}$ e $\mathbf{y}$, que designan la ubicación de cada una de las dos partículas distintas.

erróneo, ya que no respetaría la linealidad de la evolución de Schrödinger. Sin embargo, la respuesta correcta no es tan distinta (suponiendo, por ahora, que las dos partículas no son del mismo tipo, para no
tener que entrar en las cuestiones que hemos visto en §1.4, relativas a
su carácter fermiónico/bosónico). Podemos utilizar el vector de posición **x** para representar la ubicación de la primera partícula, como antes, pero ahora usamos un vector diferente, **y**, para representar la de la
segunda partícula. Así, la función de onda $\psi(\mathbf{x})\phi(\mathbf{y})$ describiría en
efecto un estado en el que la disposición espacial de las amplitudes
para la primera partícula viene dada por $\psi(\mathbf{x})$ y la de la segunda, por
$\phi(\mathbf{y})$, ambas completamente *independientes* entre sí. Cuando *no* son independientes se dice que están *entrelazadas*, y entonces el estado no
tiene la forma de un simple producto como $\psi(\mathbf{x})\phi(\mathbf{y})$, sino que tendría
una forma más general $\psi(\mathbf{x}, \mathbf{y})$, de (aquí) *dos* variables que serían los
dos vectores de posición **x** e **y**. Esto valdría de manera más general,
cuando hay varias partículas, con vectores de posición **x**, **y**, ..., **z**, en
cuyo caso su estado cuántico general (entrelazado) estaría descrito
por una función de onda $\psi(\mathbf{x}, \mathbf{y}, ..., \mathbf{z})$, mientras que uno completamente desentrelazado tendría la forma especial $\psi(\mathbf{x})\phi(\mathbf{y}) ... \chi(\mathbf{z})$.

Volvamos ahora al ejemplo que hemos vimos antes, el que inicialmente considerábamos el estado en el que la primera partícula
está situada en P y la segunda, en Q. La función de onda debería ser
entonces la desentrelazada,

$$\alpha = \delta(\mathbf{x} - \mathbf{p})\delta(\mathbf{y} - \mathbf{q});$$

véase la figura 2-14(b). En nuestro ejemplo, esta debe superponerse
con $\beta = \delta(\mathbf{x} - \mathbf{p}')\delta(\mathbf{y} - \mathbf{q}')$, donde la primera partícula está en P′ y la
segunda, en Q′, para dar (si ignoramos las amplitudes)

$$\alpha + \beta = \delta(\mathbf{x} - \mathbf{p})\delta(\mathbf{y} - \mathbf{q}) + \delta(\mathbf{x} - \mathbf{p}')\delta(\mathbf{y} - \mathbf{q}').$$

Este es un ejemplo sencillo de un estado entrelazado. Si se midiese la posición de la primera partícula y resultase que está en P, entonces la segunda se encontraría automáticamente en Q, mientras que, si
la primera se encontrase en P′, la segunda se situaría automáticamente en Q′. (La cuestión de la medición cuántica se trata con más detalle en
§2.8, y la del entrelazamiento cuántico más extensamente en §2.10.)

Tales estados entrelazados de pares de partículas son indudablemente muy extraños e inusuales, pero esto es solo el principio. Hemos visto que esta característica del entrelazamiento surge como una faceta del principio cuántico de superposición lineal. Pero el alcance de este principio va mucho más allá de los pares de partículas. Cuando se aplica a tripletes de partículas, podemos tener tripletes entrelazados; y también cuatripletes de partículas mutuamente entrelazadas, o conjuntos de cualquier otra cantidad de partículas, ya que el número de ellas que pueden participar en una superposición cuántica es ilimitado.

Hemos visto que este principio de la superposición cuántica de estados es fundamental para la linealidad de la evolución cuántica, que a su vez es esencial para la evolución temporal $\mathbf{U}$ del estado cuántico (ecuación de Schrödinger). La mecánica cuántica estándar no impone ningún límite para la escala a la cual $\mathbf{U}$ es válida para un sistema cuántico. Por ejemplo, recordemos el gato de §1.4. Supongamos que hay una habitación, conectada con el exterior mediante dos puertas distintas, A y B, y que fuera hay un gato hambriento. La habitación contiene algún tipo de comida suculenta, y ambas puertas están al principio cerradas. Supongamos que hay un detector de fotones de alta energía conectado a cada puerta —y las respectivas ubicaciones A y B— que abre automáticamente la puerta correspondiente cuando recibe un fotón procedente de un divisor de haz (50 por ciento) situado en un punto M. Estos serán los dos resultados alternativos de un fotón de alta energía disparado hacia M desde un láser L (figura 2-15). La situación es similar a la del experimento 1 de §2.3 (figura 2-4(a)). En cualquier puesta en práctica de dicha disposición experimental, el gato experimentaría cómo una u otra de las puertas se abre, y por lo tanto entraría en la habitación a través de una u otra (con una probabilidad, aquí, del 50 por ciento para cada alternativa). Pero si siguiésemos la evolución detallada del sistema, suponiendo que actúa de acuerdo con $\mathbf{U}$ y la linealidad que esto implica, que se aplicaría a todos los componentes relevantes —el láser, el fotón emitido, el material en el divisor de haz, los detectores, las puertas, el propio gato y el aire de la habitación, etc.—, entonces el estado de superposición que comienza con un fotón saliendo del divisor de haz en una superposición de ser reflejado y ser transmitido debe evolucionar hasta una superposición de dos estados, en cada uno de los

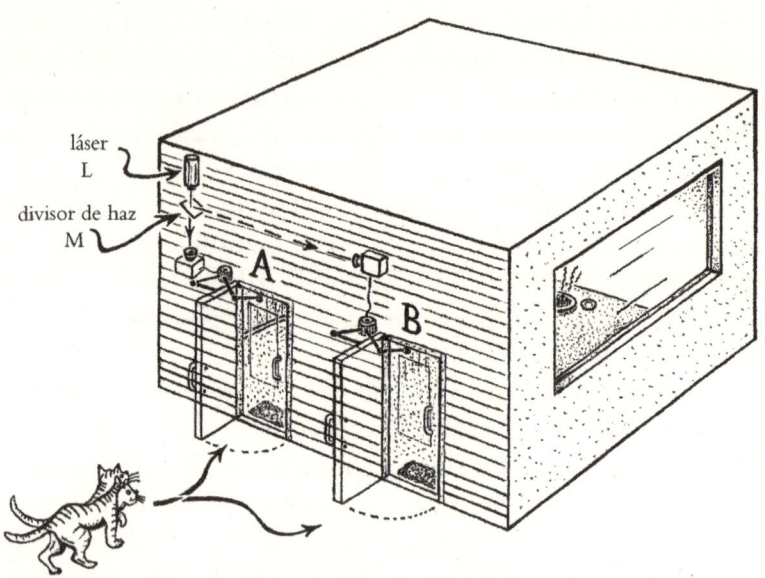

FIGURA 2-15. El láser L emite un fotón de alta energía hacia el divisor de haz M. Los dos haces de fotones (superpuestos) resultantes llegan a los detectores, uno de los cuales abriría la puerta A al recibir el fotón, mientras que el otro haría lo propio con la puerta B. Puesto que estos estados fotónicos están en superposición lineal cuántica, también lo debe de estar la apertura de las puertas, como se deduce de la linealidad del formalismo cuántico (**U**). Asimismo, de acuerdo con **U**, también el movimiento del gato debe ser una *superposición* de los dos caminos hasta llegar a la comida de la habitación.

cuales solo estaría abierta una de las puertas, y en última instancia a un movimiento del gato en superposición a través de las dos puertas al mismo tiempo.

Esto no es más que un ejemplo particular de la implicación anterior de la linealidad. Consideramos que la evolución $\alpha_0 \rightsquigarrow \alpha_t$ comienza cuando el fotón sale del divisor de haz en M en dirección al detector en A, con el gato en el exterior, y termina con el gato devorando la comida dentro de la habitación, en la que ha entrado a través de la puerta A. La evolución $\beta_0 \rightsquigarrow \beta_t$ será similar, pero ahora, al salir del divisor de haz en M, el fotón se dirige al detector en B, y por lo tanto el gato llega a la comida al entrar por la puerta B. Pero el estado *total* cuando el fotón sale del divisor de haz debe ser una superposición $\alpha_0 + \beta_0$, por ejemplo, que evolucionará según $\alpha_0 + \beta_0 \rightsquigarrow \alpha_t + \beta_t$, de acuerdo con **U**, de manera que el movimiento del gato entre las dos habitaciones será, por lo tanto, una superposición de pasar a través de ambas puertas al mismo tiempo (que no es, desde luego, lo que se experimenta). Este es un ejemplo de la *paradoja del gato de Schrödinger*, sobre la que tendremos que volver en §2.13. La manera en que se tratan estas cuestiones en la mecánica cuántica estándar sería de acuerdo con la perspectiva de Copenhague, según la cual se considera que el estado cuántico de alguna manera *no* describe una realidad física sino que se limita a proporcionar una herramienta mediante la cual se pueden calcular las probabilidades de los distintos resultados alternativos de una observación. Esta es la acción del proceso **R**, al que se ha hecho referencia en §2.4 y que veremos a continuación.

2.8. La medición cuántica

Para comprender cómo la mecánica cuántica lidia con estas discrepancias que se experimentan aparentemente entre la realidad y la evolución bajo el proceso **U**, antes tendremos que entender cómo opera realmente el proceso **R** en la teoría cuántica. Se trata de la denominada *medición cuántica*. La teoría cuántica solo permite que se extraiga una cantidad limitada de información de un sistema cuántico, y se considera que no es posible llegar a determinar directamente, a través de una medición, el estado cuántico en el que *está* en realidad el sistema, sino que cualquier aparato de medición concreto solo puede distinguir entre un determinado conjunto limitado de alternativas para dicho estado. Si el estado antes de la medición no resulta *ser* una de estas alternativas, entonces —según el extraño procedimiento que **R** nos obliga a adoptar— el estado *salta* al instante a una de estas alternativas permitidas, con una probabilidad dada por la teoría (de hecho, calculada mediante la regla de Born a la que se ha aludido en §2.6 —y también en §1.4—, que describo en más detalle más abajo).

Este salto cuántico es una de las características más extrañas de la mecánica cuántica, y muchos teóricos ponen seriamente en cuestión la realidad física de este procedimiento. Incluso se dice (Werner Heisenberg [1971:73-76]) que el propio Erwin Schrödinger afirmó: «Si todos estos malditos saltos cuánticos fuesen reales, sentiría lástima por cualquiera que se dedicase a la teoría cuántica». En respuesta al descorazonador comentario de Schrödinger, Born dijo [Pais, 1991:299]:

«Pero los demás estamos muy agradecidos de que lo hicieses; tu mecánica ondulatoria [...] representa un avance gigantesco respecto a todas las formas anteriores de la mecánica cuántica». No obstante, este es el procedimiento que, en la actualidad, nos da resultados que concuerdan por completo con las observaciones.

Tendremos que ser aquí mucho más concretos al hablar del procedimiento **R**. En los textos convencionales, la cuestión de la medición cuántica es tratada en relación con las propiedades de determinados tipos de *operador lineal* (como se ha mencionado en §1.14). Sin embargo, aunque volveré brevemente sobre esta conexión con los operadores al final de este apartado, resultará más sencillo describir de una manera más directa la acción de **R**.

Primero, debemos dejar constancia del hecho (ya mencionado en §2.5) de que la familia de los vectores de estado para un sistema cuántico siempre forma un *espacio vectorial complejo* en el sentido de §A.3. Esto nos obliga a incluir un elemento especial **0**, el *vector nulo*, que no se corresponde con ningún estado físico. Denominaré a este espacio vectorial $\mathcal{H}$ (por *espacio de Hilbert*, un concepto en el que ahondaré en breve). Para empezar, analizaré la medición cuántica general, también llamada no degenerada, pero existen además las denominadas *mediciones degeneradas*, que no permiten discernir entre varias de las alternativas. Lo veremos brevemente al final de este apartado y también en §2.12.

En el caso de una medición no degenerada, podemos afirmar que el conjunto limitado de alternativas ya mencionado (los posibles resultados de la medición) constituye una *base ortogonal* de $\mathcal{H}$, en el sentido de §A.4. En consecuencia, los elementos de la base, $\varepsilon_1, \varepsilon_2, \varepsilon_3...$, son todos ortogonales entre sí, en el sentido que se indica más arriba, y deben formar una base, de manera que abarcan todo el espacio $\mathcal{H}$. Esta última condición (descrita con más detalle en §A.4) significa que todo elemento de $\mathcal{H}$ puede expresarse como una superposición de ε_1, $\varepsilon_2, \varepsilon_3...$, y, además, que esta expresión de un determinado estado en $\mathcal{H}$ en función de $\varepsilon_1, \varepsilon_2, \varepsilon_3...$ es única, como consecuencia de que los estados $\varepsilon_1, \varepsilon_2, \varepsilon_3...$ forman efectivamente una *base*. El término «ortogonal» hace referencia a pares de estados que son, en un determinado sentido, *independientes* entre sí.

Esta noción de «independencia», que forma parte de la ortogonalidad cuántica, no es fácil de entender en términos clásicos. Quizá el concepto más similar sea el que se da en los modos de vibración, como cuando se golpea una campana o un tambor y este oscila de distintas maneras, cada una con su frecuencia característica. A los distintos modos «puros» de vibración se los puede considerar independientes u ortogonales entre sí (un ejemplo son los modos de vibración de una cuerda de violín que se analizan en §A.11), pero esta analogía no nos lleva muy lejos. La teoría cuántica exige algo mucho más específico (y sutil), y quizá resulte útil ver algunos ejemplos concretos. Dos estados de onda-partícula que no se solapasen en absoluto (como los dos caminos MAC y MBC en el interferómetro de Mach-Zehnder de §2.3; véase la figura 2-4(b)) serían ortogonales, pero esta no es una condición necesaria, ya que existen muchas otras maneras en que puede haber ortogonalidad entre estados de onda-partícula. Por ejemplo, dos trenes de ondas infinitos de distintas frecuencias también contarían como ortogonales. Más aún, fotones (de igual frecuencia y dirección) con planos de polarización que formaran un ángulo recto entre sí también serían ortogonales, aunque no sucedería lo mismo si los planos formasen otro ángulo distinto. (Recordemos las descripciones clásicas de las ondas electromagnéticas planas que hemos considerado en §2.6, y señalemos el hecho de que podemos interpretar legítimamente estas descripciones como buenos modelos de estados de los fotones individuales.) Un estado de fotón de polarización circular no sería ortogonal a ningún otro de polarización plana (idéntico al primero en todos los demás aspectos), pero los estados de polarización circular levógira y dextrógira son ortogonales entre sí. No obstante, debemos tener en cuenta que la dirección de polarización solo constituye una pequeña parte del estado completo del fotón, y, con independencia de cuáles sean sus estados de polarización, dos estados de momento de fotones (véanse §§2.6 y 2.13) de distinta frecuencia o dirección serían ortogonales.

La connotación geométrica del término «ortogonal» sería «formando un ángulo recto» o «perpendicular» y aunque en teoría cuántica este significado de la expresión no suele tener una clara relevancia para la geometría espacial ordinaria, este concepto de perpendicularidad sí es apropiado para la geometría del espacio vectorial complejo $\mathcal{H}$ de espacios cuánticos (junto con $\mathbf{0}$). Este tipo de espacio se denomina *espacio de Hilbert*, en honor a David Hilbert, un muy destacado matemático que introdujo esta idea a principios del siglo pasado, en un contexto diferente.[7] El concepto relevante de «formando un ángulo recto» hace referencia, de hecho, a la geometría del espacio de Hilbert.

¿Qué es un espacio de Hilbert? Matemáticamente, se trata de un espacio vectorial (como se explica en §A.3), que puede tener dimensión finita o infinita. Los escalares se consideran números complejos (elementos de $\mathbb{C}$; véase §A.9) y existe un producto interno $\langle ... | ... \rangle$ (véase §A.3), que es lo que se denomina *hermítico*:

$$\langle \beta | \alpha \rangle = \overline{\langle \alpha | \beta \rangle}$$

(la barra superior denota el conjugado complejo; §A.10), y *definido positivo*:

$$\langle \alpha | \alpha \rangle \geqslant 0,$$

donde

$$\langle \alpha | \alpha \rangle = 0 \quad \text{solo cuando } \alpha = \mathbf{0}.$$

La noción de ortogonalidad a la que se ha hecho referencia antes es simplemente la definida por este producto interno, de manera que tenemos ortogonalidad entre dos vectores de estado α y β (elementos no nulos del espacio de Hilbert), expresada (§A.3) como

$$\alpha \perp \beta, \quad \text{esto es, } \langle \alpha | \beta \rangle = 0.$$

Hay también una exigencia de completitud, relevante cuando el espacio de Hilbert tiene dimensión infinita y, además, una condición de separabilidad, que limita el «tamaño» infinito de tal espacio de Hilbert, pero no entraré aquí en estas cuestiones.

En mecánica cuántica, los escalares complejos a, b, c... para este espacio vectorial son las amplitudes complejas que aparecen en la ley de superposición de la mecánica cuántica, y el propio principio de superposición proporciona la operación de adición del espacio vectorial de Hilbert. La dimensión de un espacio de Hilbert puede, de

7. Hilbert publicó el grueso de su obra sobre este tema entre 1904 y 1906 (seis artículos reunidos en Hilbert [1912]). El primer artículo importante en este ámbito fue escrito por Erik Ivar Fredholm [1903], cuya obra sobre el concepto general de «espacio de Hilbert» precedió a la de Hilbert. Las notas que se incluyen aquí están adaptadas de Dieudonné [1981].

hecho, ser finita o infinita. Para lo que más nos interesa aquí, será adecuado suponer que la dimensión es algún número finito n, que podríamos permitir que fuese sumamente grande, y utilizo la notación

$$\mathcal{H}^n$$

para designar este n-espacio de Hilbert (básicamente único, para cada n). La notación $\mathcal{H}^\infty$ se usará para un espacio de Hilbert de dimensión infinita. Por simplicidad, aquí me limitaré a analizar casi exclusivamente el caso de dimensión finita. Puesto que los escalares son números complejos, esta es una dimensión compleja (en el sentido de §A.10), como una variedad (euclídea) $\mathcal{H}^n$ sería $2n$-dimensional. La norma de un vector de estado α, tal y como se ha presentado en §2.5, es

$$\|\alpha\| = \langle \alpha | \alpha \rangle .$$

Esto es de hecho el cuadrado de la longitud del vector α en el sentido euclídeo real ordinario, si vemos $\mathcal{H}^n$ como un espacio euclídeo $2n$-dimensional. La idea de *base ortogonal* mencionada antes es entonces simplemente la que se describe en §A.4, en el caso de dimensión finita; esto es, un conjunto de n vectores de estado no nulos $\varepsilon_1, \varepsilon_2, \varepsilon_3, ..., \varepsilon_n$, cada uno de los cuales posee norma unidad

$$\|\varepsilon_1\| = \|\varepsilon_2\| = \|\varepsilon_3\| = ... = \|\varepsilon_n\| = 1,$$

con ortogonalidad mutua

$$\varepsilon_j \perp \varepsilon_k, \quad \text{siempre que } j \neq k \quad (j, k = 1, 2, 3, ..., n).$$

Todo vector $\mathbf{z}$ en $\mathcal{H}^n$ (esto es, un vector de estado cuántico) puede entonces expresarse (de manera única) como una combinación lineal de los elementos de la base,

$$\mathbf{z} = z_1\varepsilon_1 + z_2\varepsilon_2 + ... + z_n\varepsilon_n,$$

donde los números complejos $z_1, z_2, ..., z_n$ (amplitudes) son las *componentes* de $\mathbf{z}$ en la base $\{\varepsilon_1, ..., \varepsilon_n\}$.

El espacio vectorial de posibles estados de un sistema cuántico de dimensión finita es por tanto un espacio de Hilbert $\mathcal{H}^n$ de n dimensiones complejas. A menudo, en los debates sobre mecánica cuántica se hace uso de espacios de Hilbert de dimensión infinita, especialmente en teoría cuántica de campos (QFT; véase en particular §1.4). Sin embargo, pueden surgir ciertas cuestiones matemáticas sofisticadas, en concreto cuando este infinito es «incontable» (esto es, mayor que el $\aleph_0$ de Cantor; véase §A.2), en cuyo caso el espacio de Hilbert no satisface el axioma de separabilidad que suele imponerse (y que se ha mencionado brevemente antes) [Streater y Wightman, 2000]. Estas cuestiones no desempeñan un papel importante en lo que quiero explicar aquí, de manera que, cuando hable de un espacio de Hilbert de dimensión infinita, me estaré refiriendo al espacio de Hilbert separable $\mathcal{H}^\infty$ para el que existe una base ortonormal contablemente infinita $\{\varepsilon_1, \varepsilon_2, \varepsilon_3, \varepsilon_4...\}$ (de hecho, muchas de estas bases). Cuando la base sea infinita de esta manera, habrá que considerar cómo se respeta la convergencia (véase §A.10), de modo que, para que un elemento $\mathbf{z}$ ($= z_1\varepsilon_1 + z_2\varepsilon_2 + z_3\varepsilon_3 + ...$) posea norma finita $\|\mathbf{z}\|$, requeriremos que la serie $|z_1|^2 + |z_2|^2 + |z_3|^2 + ...$ converja en un valor finito.

Recordemos que en §2.5 se ha establecido una distinción entre el estado físico de un sistema cuántico y su descripción matemática (que se representa mediante un vector de estado, por ejemplo α). Los vectores α y $q\alpha$, donde q es un número complejo no nulo, representarán el mismo estado cuántico. Así pues, los varios estados físicos se representan mediante los distintos subespacios 1-dimensionales de $\mathcal{H}$ (líneas complejas que pasan por el origen), o *rayos*. Cada uno de estos rayos da la familia completa de múltiplos complejos de α; en términos de números reales, este rayo es una copia del plano de Wessel (cuyo cero 0 está en el origen $\mathbf{0}$ de $\mathcal{H}$). Podemos entender que los vectores de estado normalizados tienen longitud unidad en este plano de Wessel; esto es, que representan puntos en el círculo unidad en este plano. Todos los vectores de estado dados por puntos sobre este círculo unidad representan el mismo estado físico, por lo que aún existe la libertad de fase, entre estos vectores de estado unitarios, de multiplicar por un número complejo de módulo unidad ($e^{i\theta}$, donde θ es real) sin cambiar el estado físico; véase el final de §2.5. (No obstante, debería quedar claro que esto solo vale para el estado completo del sistema. Multiplicar distintas partes de un estado por distintas fases podría alterar la física global del estado.)

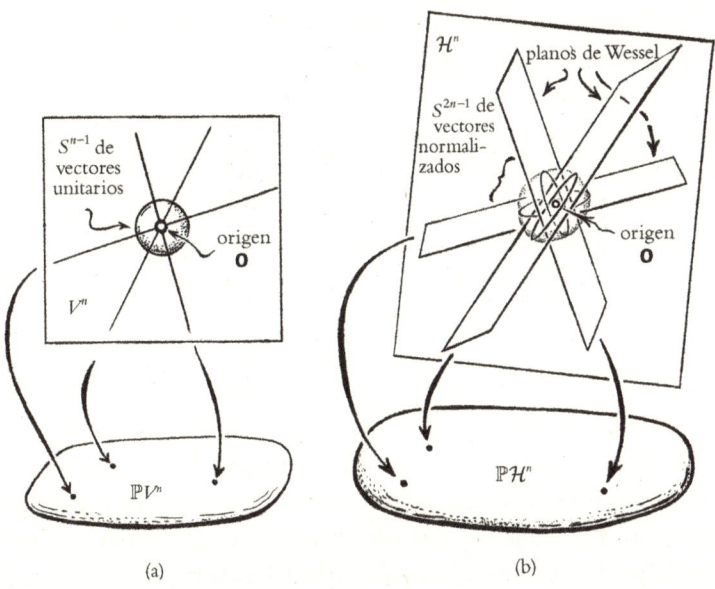

(a)   (b)

FIGURA 2-16. El *espacio proyectivo* para un espacio vectorial n-dimensional V^n es el espacio compacto $(n-1)$-dimensional $\mathbb{P}V^n$ de rayos (subespacios 1-dimensionales) de V^n, de forma que V^n (sin su origen) es un fibrado sobre $\mathbb{P}V^n$. Esto se ilustra (a) en el caso real y (b) en el caso complejo, donde los rayos son copias del plano de Wessel, en las que se muestran sus círculos unidad. El caso (b) es la situación de la mecánica cuántica, donde $\mathcal{H}^n$ es el espacio de los vectores de estado cuánticos y $\mathbb{P}\mathcal{H}^n$, el espacio de estados cuánticos físicamente distintos (los estados normalizados forman un fibrado circular sobre $\mathbb{P}\mathcal{H}^n$).

El espacio de $(n-1)$ dimensiones complejas, cada uno de cuyos puntos individuales representa uno de estos rayos, se denomina espacio de Hilbert *proyectivo* $\mathbb{P}\mathcal{H}^n$. Véase la figura 2-16, que también ilustra la idea de un espacio proyectivo *real* $\mathbb{P}V^n$, derivado de un n-espacio vectorial *real* V^n (figura 2-16(a)). En el caso complejo, los rayos son copias del plano de Wessel (figura 2-16(b)); véase §A.10, figura A-34. La figura 2-16(b) también ilustra los subespacios de los vectores *normalizados* (esto es, vectores unitarios), que es una esfera S^{n-1} en el caso real y S^{2n-1} en el complejo. Cada estado cuántico físicamente distinto de un sistema se representa mediante un rayo complejo en el espacio de Hilbert $\mathcal{H}^n$, y, por lo tanto, mediante un punto individual en el espacio proyectivo $\mathbb{P}\mathcal{H}^n$. La geometría del espacio de las posibilidades cuánticas físicamente distintas de un sistema físico finito puede verse como la geometría proyectiva compleja de un espacio de Hilbert proyectivo $\mathbb{P}\mathcal{H}^n$.

Estamos ahora en condiciones de ver cómo opera la regla de Born para una medición general (esto es, no degenerada; véase también §1.4). Lo que la mecánica cuántica nos dice es que para cualquiera de tales mediciones habrá una base ortonormal $(\varepsilon_1, \varepsilon_2, \varepsilon_3, \ldots)$ de resultados posibles, y el resultado físico de la medición siempre debe ser uno de estos. Supongamos que el estado cuántico antes de la medición viene dado por el vector de estado ψ, que de momento suponemos que está normalizado ($\|\psi\| = 1$). Podemos expresarlo en función de la base como

$$\psi = \psi_1\varepsilon_1 + \psi_2\varepsilon_2 + \psi_3\varepsilon_3 + \ldots$$

y los números complejos $\psi_1, \psi_2, \psi_3, \ldots$ (las componentes de ψ en la base) son las amplitudes a las que he hecho referencia en §§1.4 y 1.5. El procedimiento $\mathbf{R}$ de la mecánica cuántica no nos dice a cuál de los estados $\varepsilon_1, \varepsilon_2, \varepsilon_3, \ldots$ salta el estado ψ inmediatamente después de la medición, pero sí nos proporciona una probabilidad p_j para cada resultado posible, dada por la regla de Born, que nos informa de que la probabilidad de que nuestra medición nos diga que el estado es ε_j (de manera que el estado ha «saltado» a ε_j) es el *cuadrado del módulo* de la amplitud correspondiente ψ_j, esto es

$$p_j = |\psi_j|^2 = \psi_j\bar{\psi}_j.$$

Cabe señalar que nuestro requisito matemático de que el vector de estado ψ y todos los vectores ε_j de la base estén normalizados tiene como consecuencia la propiedad necesaria de que la suma de las probabilidades de todas las posibilidades diferentes debe dar la unidad. Este hecho tan sorprendente se deriva simplemente de la expresión para la condición de normalización

$$\|\psi\| = 1$$

en términos de la base ortonormal $\{\varepsilon_1, \varepsilon_2, \varepsilon_3, \ldots\}$, lo cual, en virtud de que $\langle\varepsilon_i|\varepsilon_j\rangle = \delta_{ij}$ (véase §A.10), da

$$\begin{aligned}\|\psi\| = \langle\psi|\psi\rangle &= \langle\psi_1\varepsilon_1 + \psi_2\varepsilon_2 + \psi_3\varepsilon_3 + \ldots \,|\, \psi_1\varepsilon_1 + \psi_2\varepsilon_2 + \psi_3\varepsilon_3 + \ldots\rangle \\ &= |\psi_1|^2 + |\psi_2|^2 + |\psi_3|^2 + \ldots \\ &= p_1 + p_2 + p_3 + \ldots = 1.\end{aligned}$$

Esta es una manifestación de la extraordinaria sinergia entre el marco matemático general de la mecánica cuántica y la consistencia de los requisitos del comportamiento probabilístico cuántico.

Podemos, no obstante, reformular la regla de Born de tal manera que no requiera que ψ ni los vectores de la base estén normalizados haciendo uso del concepto euclídeo de *proyección ortogonal*. Supongamos que se realiza una medición sobre un estado que, inmediatamente antes de la misma, tenía un vector de estado ψ, y que la medición determina que, tras la misma, el vector de estado es (es decir, «salta a») un múltiplo de ε; entonces, la probabilidad p de este resultado es la proporción en la que la norma $\|\psi\|$ de ψ se reduce cuando pasamos de ψ a la proyección ortogonal ψ_ε del vector ψ a lo largo de (la dirección compleja de) ε; esto es, es la magnitud

$$p = \frac{\|\psi_\varepsilon\|}{\|\psi\|}$$

Esta proyección se ilustra en la figura 2-17(a). Debe señalarse que el vector ψ_ε es el único múltiplo escalar de ε tal que $(\psi - \psi_\varepsilon) \perp \varepsilon$. Esto es lo que «proyección ortogonal» significa en este contexto.

Una ventaja de esta interpretación de la regla de Born es que se extiende directamente a la situación más general de una medición *degenerada*, para la cual debe añadirse una regla adicional denominada *postulado de proyección*. Algunos físicos han intentado argumentar que este postulado (incluso en su forma simple de un salto cuántico en que no existe degeneración en la medición) no es una característica necesaria de la mecánica cuántica estándar, ya que, en una medición estándar, no es probable que el estado resultante del objeto medido sea algo independiente, al haberse entrelazado con el aparato de medición como consecuencia de su interacción con él. Pero este postulado sí se necesita, sobre todo en las situaciones conocidas como *mediciones nulas* [véase, por ejemplo, *ECalR*, §22.7], en que el estado salta necesariamente incluso cuando no perturba el aparato de medición.

Una medición degenerada se caracteriza por el hecho de que no permite diferenciar entre ciertos resultados distintos físicamente posibles. En esta situación, en lugar de tener una base esencialmente única $(\varepsilon_1, \varepsilon_2, \varepsilon_3, \ldots)$ de resultados distinguibles, algunos de los ε_j dan el mismo resultado de medición. Supongamos que ε_1 y ε_2 son dos de estos estados. Entonces, todo el espacio lineal de estados que generan ε_1 y ε_2

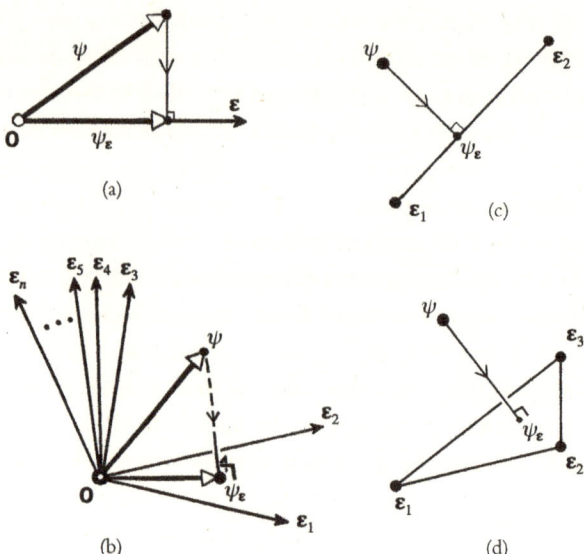

FIGURA 2-17. La regla de Born en forma geométrica (con vectores de estado no normalizados), en que la probabilidad de que ψ salte hasta el estado proyectado ortogonalmente ψ_ε viene dada por $\| \psi_\varepsilon \| \div \| \psi \|$, (a) en una medida no degenerada, (b) en una medida degenerada que no puede distinguir ε_1 de ε_2 (postulado de proyección), (c) la geometría esencial de esta última situación, representada en el espacio de Hilbert proyectivo, y (d) la imagen proyectiva cuando la degeneración es entre tres estados ε_1, ε_2 y ε_3.

también daría el mismo resultado de medición. Se trata de un plano (complejo) que pasa por el origen **0** en el espacio de Hilbert $\mathcal{H}^n$ (generado por ε_1 y ε_2), no solo del rayo que obtenemos para un estado físico cuántico individual (figura 2-17(b)). (La terminología puede llevar a confusión, puesto que la expresión «plano complejo» a veces hace referencia a lo que aquí estoy llamando «plano de Wessel»; véase §A.10. El tipo de plano al que se alude aquí posee dos dimensiones complejas, y por lo tanto 4 dimensiones reales.) En términos del espacio de Hilbert proyectivo $\mathbb{P}\mathcal{H}^n$ de estados físicos cuánticos, ahora tenemos toda una línea (compleja) de resultados posibles de la medición, no solo un punto (véase la figura 2-17(c)). Si una medición de este tipo sobre ψ da un resultado que ahora resulta estar en este plano en $\mathcal{H}^n$ (es decir, línea en $\mathbb{P}\mathcal{H}^n$), el estado particular que se obtiene en la medición debe ser (proporcional a) la proyección ψ sobre este plano (figura 2-17(b), (c)). Una proyección ortogonal similar vale para el caso en que la degeneración afecta a tres o más estados; véase la figura 2-17(d).

En algunas situaciones extremas de medición degenerada, esto puede suceder al mismo tiempo con varios conjuntos distintos de estados. En consecuencia, en lugar de que la medición determine una base de posibles resultados alternativos, determinará una familia de subespacios lineales de diversas dimensiones, cada uno de los cuales es ortogonal a todos los demás. Lo que la medición permite es distinguir entre estos subespacios. Cualquier estado ψ se expresará de manera única como una suma de varias proyecciones determinadas por la medición, que son las distintas alternativas a las que ψ podría saltar tras esta. Las respectivas probabilidades vienen de nuevo dadas por la proporción en la que la norma $\|\psi\|$ de ψ se reduce cuando pasamos de ψ a tal proyección.

Aunque, en la descripción anterior, he podido exponer todo lo que necesitamos saber sobre la medición cuántica **R** sin referirme ni una sola vez a los operadores cuánticos, resulta conveniente que tomemos contacto finalmente con esta manera más convencional de expresar las cosas. Los operadores relevantes suelen ser *hermíticos* o *autoadjuntos* (existe una ligera diferencia entre ambos, que solo es importante en el caso de dimensión infinita pero que no es relevante para nosotros). Para un operador hermítico Q se cumple que

$$\langle \varphi | Q\psi \rangle = \langle Q\varphi | \psi \rangle$$

para cualquier par de estados φ y ψ en $\mathcal{H}^n$. (El lector familiarizado con el concepto de *matriz hermítica* reconocerá que esto es exactamente lo que se afirma aquí de **Q**.) La base $\{\varepsilon_1, \varepsilon_2, \varepsilon_3, \ldots\}$ está formada entonces por lo que se denominan *autovectores* de **Q**. Un autovector es un elemento μ de $\mathcal{H}^n$ para el cual

$$Q\mu = \lambda\mu,$$

donde el número λ es el *autovalor* correspondiente a μ. En la medida cuántica, el autovalor λ_j sería el valor numérico que se obtiene mediante la medición que representa **Q**, cuando, tras esta, el estado salta al autovector ε_j. (De hecho, para un operador hermítico, λ_j debe ser un número *real*, como corresponde al hecho de que se considera que las mediciones, en el sentido habitual de la palabra, tienen como resultado números *reales*.) Procede hacer un comentario para aclarar que el autovalor λ_j no tiene nada que ver con la amplitud ψ_j. Es el módulo al cuadrado de esta última el que da la probabilidad de que el resultado del experimento sea efectivamente el valor numérico λ_j.

Todo esto es muy formal, y la geometría compleja abstracta de un espacio de Hilbert parece muy alejada de la geometría del espacio ordinario que experimentamos directamente. Sin embargo, existe una evidente elegancia geométrica en el marco general de la mecánica cuántica, y en su relación tanto con **U** como con **R**. Puesto que las dimensiones de los espacios de Hilbert cuánticos suelen ser muy altas (por no hablar de que se trata de una geometría de números complejos, en lugar de la geometría de números reales a la que estamos acostumbrados), no suele ser fácil imaginar una visualización geométrica directa. Sin embargo, en el siguiente apartado veremos que, con el concepto particularmente mecanocuántico de *espín*, esta geometría se puede entender directamente en relación con la geometría del 3-espacio ordinario, lo cual puede resultar útil para comprender cuál es la esencia de la mecánica cuántica.

2.9. LA GEOMETRÍA DEL ESPÍN CUÁNTICO

La relación más clara entre la geometría del espacio de Hilbert y la del espacio 3-dimensional ordinario es la que existe con los estados de espín. Esto es particularmente cierto para una partícula masiva de espín $\frac{1}{2}$, como el electrón, el protón, el neutrón o ciertos átomos y núcleos atómicos. Estudiando estos estados de espín podemos hacernos una mejor idea de cómo funciona realmente el proceso de medición en mecánica cuántica.

Una partícula de espín $\frac{1}{2}$ siempre gira una cantidad fija, $\frac{1}{2}\hbar$ (véase §1.14), pero la *dirección* de su espín se comporta de una manera más sutil y característicamente mecanocuántica. Pensando por ahora desde el punto de vista clásico, consideramos que esta dirección del espín se define como el eje alrededor del cual gira la partícula, orientado de tal manera que el giro es *dextrógiro* si el eje sale de la página (esto es, en un sentido antihorario si uno mira a la partícula a lo largo del eje de giro que sale de la página). Para cualquier dirección particular del espín, nuestra partícula podría también girar de forma *levógira* alrededor de esa misma dirección (y en la misma cantidad $\frac{1}{2}\hbar$), pero lo convencional es describir ese estado como dextrógiro alrededor de la dirección diametralmente *opuesta*.

Los *estados cuánticos de espín* de una partícula de espín $\frac{1}{2}$ están en perfecta correspondencia con estos estados clásicos, aunque sujetos a las extrañas reglas que impone la mecánica cuántica. Así, para cualquier dirección espacial, habrá un estado de espín en el cual la partícula gire de manera dextrógira alrededor de esa dirección, con una magnitud del espín de $\frac{1}{2}\hbar$. Sin embargo, la mecánica cuántica nos dice que todas estas posibilidades pueden ser expresadas como una superposición lineal de dos cualesquiera de tales estados, que generan el espacio de todos los estados de espín posibles. Si consideramos que esos dos estados tienen sentidos opuestos del espín alrededor de una dirección dada, entonces serán estados *ortogonales*. Así, tenemos un espacio de Hilbert de 2 dimensiones complejas $\mathcal{H}^2$, y una *base ortogonal* para los estados de espín $\frac{1}{2}$ siempre sería la formada por los estados de espín dextrógiro alrededor de ese par de direcciones opuestas. Enseguida veremos que cualquier otra dirección del espín de la partícula puede de hecho ser expresada como una superposición lineal cuántica de estos estados de espín opuesto.

En la literatura, es habitual utilizar una base en la que estas direcciones son *arriba* y *abajo*, que suele escribirse como

$$|\uparrow\rangle \quad \text{y} \quad |\downarrow\rangle,$$

respectivamente, donde he empezado a adoptar la notación del *ket* de Dirac para los vectores de estado cuánticos, y donde algún símbolo o texto descriptivo aparece entre los símbolos «$|\ldots\rangle$». (El significado completo de esta notación no es algo que nos interese aquí, aunque sí debemos mencionar que, en esta forma, los vectores de estado se denominan vectores *ket*, y sus vectores *duales*, véase §A.4, llamados vectores *bra*, se escriben entre «$\langle\ldots|$», de manera que, conjuntamente, forman un *braket* [«corchete» o «paréntesis», en inglés] completo «$\langle\ldots|\ldots\rangle$» cuando se calcula un producto interno [Dirac, 1947].) Cualquier otro posible estado de espín $|\nearrow\rangle$ de nuestra partícula debe poderse expresar en función de los dos estados de la base:

$$|\nearrow\rangle = w|\uparrow\rangle + z|\downarrow\rangle,$$

donde, según lo dicho en §2.5, lo único que sirve para distinguir los estados cuánticos físicamente diferentes es la razón $z : w$. Esta razón compleja es básicamente el cociente

$$u = \frac{z}{w},$$

pero también debemos permitir que w pueda ser nulo, para incluir el propio estado $|\!\downarrow\rangle$. Para conseguirlo, basta con que nos permitamos escribir $u = \infty$ (formalmente) para esta razón cuando $w = 0$. Geométricamente, incluir un punto «∞» en el plano de Wessel equivale a plegarlo hacia abajo hasta formar una esfera (como el suelo horizontal sobre el que estamos se pliega en la esfera terrestre), cerrándolo con el punto ∞. Esto nos da la más simple de las superficies de Riemann, denominada *esfera de Riemann* (aunque, en un contexto como este, a veces reciba el nombre de *esfera de Bloch* o *esfera de Poincaré*).

Una manera estándar de representar esta geometría consiste en imaginar un plano de Wessel situado horizontalmente dentro de un 3-espacio euclídeo, donde la de Riemann es la esfera unidad centrada en el origen O, que representa el 0 del plano de Wessel. Al círculo unidad en el plano de Wessel se lo considera el *ecuador* de la esfera de Riemann. Consideramos ahora el punto S en el *polo sur* de la esfera y *proyectamos* el resto de la esfera desde S sobre el plano de Wessel. Es decir, el punto Z sobre el plano de Wessel corresponde al punto Z′ sobre la esfera de Riemann si S, Z y Z′ están todos situados sobre una línea recta (proyección estereográfica; véase la figura 2-18). En términos de las coordenadas cartesianas estándar (x, y, z) para el 3-espacio, el plano de Wessel es $z = 0$ y la esfera de Riemann es $x^2 + y^2 + z^2 = 1$. Entonces, el número complejo $u = x + iy$, que representa el punto Z en el plano de Wessel con coordenadas cartesianas $(x, y, 0)$, corresponde al punto Z′ en la esfera de Riemann, con coordenadas cartesianas $(2\lambda x, 2\lambda y, \lambda(1 - x^2 - y^2))$, donde $\lambda = (1 + x^2 + y^2)^{-1}$. El *polo norte* N corresponde al origen O del plano de Wessel, que representa el número complejo 0. Todos los puntos sobre el círculo unidad en el plano de Wessel ($e^{i\theta}$, donde θ es real; véase §A.10), incluidos 1, i, −1 y −i, corresponden a los puntos idénticos del ecuador de la esfera de Riemann. El polo sur S de la esfera de Riemann marca el punto adicional ∞ sobre la esfera, que corresponde al infinito en el plano de Wessel.

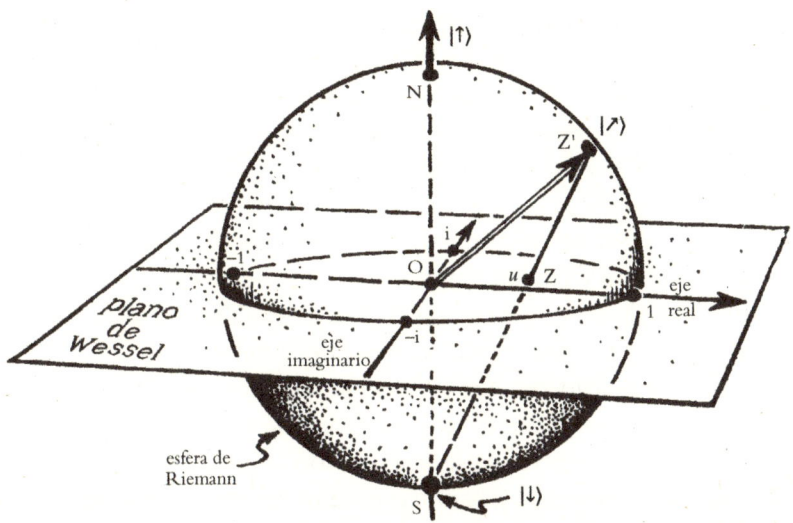

FIGURA 2-18. La esfera de Riemann, relacionada con el plano de Wessel (que es su ecuador) mediante proyección estereográfica, a través de la cual Z en el plano se proyecta en Z′ en la esfera desde su polo sur S (su polo norte es N y su centro, O). Esto constituye una representación geométrica de la dirección de espín $|\nearrow\rangle = |\uparrow\rangle$ $+ u|\downarrow\rangle$ para una partícula masiva de espín $\frac{1}{2}$, donde Z y Z′ representan el número complejo u en el plano de Wessel y sobre la esfera de Riemann, respectivamente.

Veamos ahora cuál es la relación entre esta representación matemática de razones complejas y los estados de espín de nuestra partícula de espín $\frac{1}{2}$, que vienen dados por $|\nearrow\rangle = w|\uparrow\rangle + z|\downarrow\rangle$, con $u = z/w$. Siempre que $w \neq 0$, podemos considerar que u es un número complejo ordinario y, si así lo preferimos, podemos escalar las cosas (abandonando cualquier requisito de que $|\nearrow\rangle$ esté normalizado) de manera que $w = 1$, con lo que $u = z$ y nuestro vector de estado es ahora

$$|\nearrow\rangle = |\uparrow\rangle + z|\downarrow\rangle.$$

Podemos considerar que z está representado por el punto Z en nuestro plano de Wessel, que se corresponde con el punto Z′ sobre la esfera de Riemann. Si elegimos adecuadamente las fases de espín $|\uparrow\rangle$ y $|\downarrow\rangle$, vemos que, convenientemente, la dirección $\overrightarrow{OZ'}$ es la dirección del espín de $|\nearrow\rangle$. El estado $|\downarrow\rangle$, que corresponde al polo sur S sobre la esfera de Riemann, corresponde a $z = \infty$, pero para ello tendríamos que normalizar el estado $|\nearrow\rangle$ de una manera diferente, por ejemplo $|\nearrow\rangle = z^{-1}|\uparrow\rangle + |\downarrow\rangle$ (tomando $\infty^{-1} = 0$).

La esfera de Riemann, que es simplemente el espacio de razones $w : z$ de un par de números complejos (w, z) que no son ambos nulos, es en realidad el espacio de Hilbert proyectivo $\mathbb{P}\mathcal{H}^2$, que describe el conjunto de posibles estados cuánticos físicamente distintos que surgen a partir de superposiciones de dos estados cuánticos independientes cualesquiera. Pero lo que es particularmente llamativo para partículas (masivas) de espín $\frac{1}{2}$ es que esta esfera de Riemann corresponde precisamente a las direcciones en un punto del espacio físico 3-dimensional ordinario. (Si el número de direcciones espaciales hubiese sido distinto —como parece exigir la teoría de cuerdas moderna; véase §1.6—, entonces no se daría una relación tan simple y elegante entre la geometría espacial y la superposición cuántica compleja.) Pero, incluso si no exigimos una interpretación geométrica tan directa, la imagen de $\mathbb{P}\mathcal{H}^2$ como esfera de Riemann sigue siendo útil. Cualquier base ortogonal para un espacio de Hilbert 2-dimensional $\mathcal{H}^2$ sigue estando representada por un par de polos opuestos A y B sobre una esfera de Riemann (abstracta), y resulta que, usando un poco de geometría sencilla, siempre podemos interpretar la regla de Born de la siguiente manera geométrica. Supongamos que C es el punto sobre la esfera que representa el estado inicial (por ejemplo, de espín) y se realiza una medición que decide entre A y B, a continuación trazamos una perpendicular desde C hasta el diámetro AB para obtener el punto D sobre este diámetro, y obtenemos que la regla de Born se puede interpretar geométricamente como sigue (véase la figura 2-19):

$$\text{probabilidad de que C salte a A:} \frac{DB}{AB},$$

$$\text{probabilidad de que C salte a B:} \frac{AD}{AB}.$$

Dicho de otro modo, si suponemos que nuestra esfera tiene diámetro = 1 (en lugar de radio =1), estas longitudes DB y AD nos dan directamente las respectivas probabilidades de que el estado salte a A o a B.

Como esto vale para cualquier situación de medida en un sistema de dos estados, no solo para partículas masivas de espín $\frac{1}{2}$, es relevante

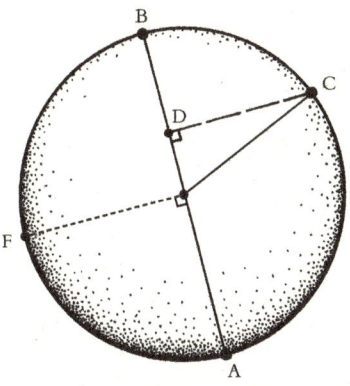

FigurA 2-19. Una medición de un sistema cuántico de dos estados busca distinguir entre el par de estados ortogonales A y B, representados respectivamente por los polos opuestos A y B sobre la esfera de Riemann $\mathbb{P}\mathcal{H}^2$. Al aparato de medición se le presenta el estado C, representado por C sobre $\mathbb{P}\mathcal{H}^2$. La regla de Born da la probabilidad DB/AB de que el aparato detecte que C salta a A, y la probabilidad AD/AB de que C salte a B, donde D es la proyección ortogonal de C sobre el diámetro AB.

en su forma más simple para aquellas que he considerado en §2.3, donde en el primer experimento, que se representa en la figura 2-4(a), un divisor de haz pone un fotón en una superposición de dos posibles caminos, y donde a cualquiera de los detectores de fotones se le presenta un estado que es una superposición a partes iguales de un fotón y un no fotón. Comparemos esto (formalmente) con una partícula de espín $\frac{1}{2}$ que suponemos que posee inicialmente estado de espín $|\downarrow\rangle$. Esto se corresponderá, en la figura 2-4(a), con el estado de momento inicial del fotón cuando sale del láser, moviéndose hacia la derecha (dirección MA en la figura 2-4(a)). Tras encontrarse con el divisor de haz, el estado de momento del fotón pasa a estar en una superposición de este estado de momento que se desplaza hacia la derecha (que sigue correspondiendo, formalmente, a $|\downarrow\rangle$), y que podemos hacer corresponder al punto A en la figura 2-19, y un estado de momento que se mueve hacia arriba (dirección MB en la figura 2-4(a)), que se corresponde ahora con $|\uparrow\rangle$, representado por el punto B en la figura 2-19. El momento del fotón es ahora una superposición a partes iguales de estos dos, y podemos entender que está representado por el punto F en la figura 2-19, que da probabilidades iguales, del 50 por ciento, a ambas alternativas. En el caso del segundo experimento de §2.3 (la situación de Mach-Zehnder), representado en la figura 2-4(b) con los detectores en D y en E, los espejos y el divisor de haz sirven, en la práctica, para devolver el estado de momento del fotón a su forma original (que corresponde a $|\downarrow\rangle$ y al punto A en la figura 2-19) que el detector en D, en la figura 2-4(b), está preparado para medir, dando una probabilidad de detección del ciento por ciento, por un 0 por ciento del detector en E.

Este ejemplo es muy limitado en cuanto a las superposiciones que ofrece, pero no es difícil modificarlo para que se muestre el espectro completo de alternativas con factores de ponderación complejos. En muchos experimentos reales, esto se hace usando estados de polarización del fotón en lugar de distintos estados de momento. La polarización del fotón también constituye un ejemplo de espín mecanocuántico, pero aquí tenemos que el espín es, o bien completamente dextrógiro alrededor de la dirección de movimiento, o bien completamente levógiro alrededor de dicha dirección, lo que corresponde a los dos estados de polarización circular que se consideran en §2.6. De nuevo, tenemos simplemente un sistema de dos estados y un espacio de Hilbert proyectivo $\mathbb{P}\mathcal{H}^2$.[8] Por lo tanto, podemos representar un estado general como dado por un punto sobre una esfera de Riemann, pero la geometría es algo diferente.

Para explorar esto, orientemos la esfera de tal manera que su polo norte N esté en la dirección del movimiento del fotón, de forma que el estado $|\circlearrowright\rangle$ de espín dextrógiro estará representado por N. A su vez, por tanto, el polo sur S representará el estado $|\circlearrowleft\rangle$ de espín levógiro. Un estado general

$$|\looparrowright\rangle = |\circlearrowright\rangle + w|\circlearrowleft\rangle$$

podría estar representado sobre la esfera de Riemann por el punto Z´, que corresponde a z/w, como en el caso de una partícula masiva de espín $\frac{1}{2}$ de antes (figura 2-18). Sin embargo, geométricamente es mucho más apropiado representar el estado mediante el punto Q sobre la esfera de Riemann, que corresponde a la raíz cuadrada de z, esto es, un número complejo q (básicamente, el mismo q que en §2.6) que satisface

$$q^2 = z/w.$$

8. En fechas recientes, se han construido experimentalmente espacios de Hilbert de más dimensiones con fotones individuales, haciendo uso de los grados de libertad del momento orbital angular en el estado del fotón [Fickler *et al.*, 2012].

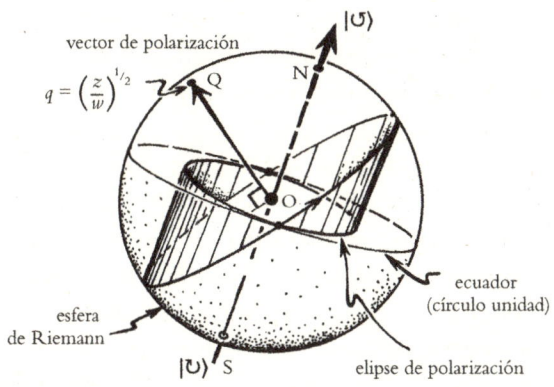

FIGURA 2-20. El estado general de polarización $w|\circlearrowright\rangle + z|\circlearrowleft\rangle$ de un fotón, con dirección de movimiento, como se indica, hacia arriba a la derecha, cuyos dos estados (normalizados) de polarización circular son $|\circlearrowright\rangle$ (dextrógira) y $|\circlearrowleft\rangle$ (levógira). Geométricamente, podemos representar esto mediante el número complejo q sobre una esfera de Riemann (marcado como Q), donde $q^2 = z/w$ (permitiendo $q = \infty$ para el caso levógiro, para Q en el polo sur S, y $q = 0$ para el dextrógiro, para Q en el polo norte N, donde ON es la dirección del fotón, siendo O el centro de la esfera). La elipse de polarización del fotón es la proyección ecuatorial del círculo máximo perpendicular a la dirección OQ.

El exponente «2» se debe al hecho de que el fotón posee espín 1, esto es, *el doble de la unidad básica de espín*, que es el valor $\frac{1}{2}\hbar$ del electrón. Si estuviésemos estudiando una partícula sin masa de espín $\frac{1}{2}n$, que es n veces la unidad básica de espín, entonces nos interesarían los valores de q que satisfacen $q^n = z$. Para un fotón, $n = 2$, de manera que $q = \pm \sqrt{z}$. Para encontrar la relación entre Q y la elipse de la polarización del fotón (véase §2.5), primero debemos encontrar el círculo máximo formado por la intersección con la esfera de Riemann del plano que pasa por O y es perpendicular a la línea OQ (figura 2-20); a continuación, proyectamos esto verticalmente sobre una elipse en el plano horizontal (de Wessel). Esta resulta ser la elipse de polarización del fotón, que hereda la orientación dextrógira alrededor de OQ del círculo máximo sobre la esfera. (La dirección OQ está relacionada con lo que se denomina *vector de Stokes*, aunque más directamente con el *vector de Jones*; la explicación técnica de lo que es cada uno de ellos se puede leer en el capítulo 3 de Hodgkinson y Wu [1998], y véase también *ECalR*, §22.9: 745.) Adviértase que q y $-q$ dan la misma elipse y orientación.

Tiene cierto interés ver cómo los *estados masivos* de *espín más elevado* también se pueden representar en función de la esfera de Riemann mediante el uso de la denominada *descripción de Majorana* [Majorana, 1932; *ECalR*, §22.10: 752]. Para una partícula con masa (por ejemplo, un átomo) de espín $\frac{1}{2}n$, donde n es un entero no negativo (de forma que el espacio de las posibilidades físicamente distintas es $\mathbb{P}\mathcal{H}^{n+1}$), y donde cualquier estado físico de espín viene dado por un conjunto no ordenado de n puntos sobre la esfera de Riemann (las coincidencias están permitidas), podemos considerar que cada uno de estos puntos corresponde a una contribución de espín $\frac{1}{2}$, en la dirección hacia ese punto desde el centro (figura 2-21). Me referiré a cada una de estas direcciones como una *dirección de Majorana*.

Sin embargo, los físicos no suelen considerar tales estados generales de espín, con valores del espín $> \frac{1}{2}$, sino que tienden a ver los estados de espín más alto en función de un tipo de medida bien conocida en la que se utiliza un aparato de *Stern-Gerlach* (figura 2-22). Dicho aparato hace uso de un campo magnético altamente inhomogéneo para medir el momento magnético de una partícula (que suele estar alineado con el espín), al desviar una serie de tales partículas[9] en distinta medida, dependiendo de hasta qué punto el espín (en sentido estricto, el momento magnético) esté alineado con el campo magnético. Para una partícula de espín $\frac{1}{2}n$, habrá $n + 1$ posibilidades distintas que, para un campo orientado en la dirección arriba/abajo, serían los estados de Majorana

$$|\uparrow\uparrow\uparrow...\uparrow\rangle, |\downarrow\uparrow\uparrow...\uparrow\rangle, |\downarrow\downarrow\uparrow...\uparrow\rangle, ..., |\downarrow\downarrow\downarrow...\uparrow\rangle,$$

en la que cada dirección de Majorana es, o bien hacia arriba, o bien hacia abajo, pero con distintas multiplicidades. (En la terminología estándar, cada uno de estos estados se diferencia por su «valor m», que es igual a la mitad del número de flechas hacia arriba menos la mitad de la cantidad de flechas hacia abajo. Este es básicamente el mismo «valor m» que aparece en el análisis armónico de la esfera, al que se hace referencia en §A.11.) Estos $n + 1$ estados particulares son todos ortogonales entre sí.

---

9. De hecho, por razones técnicas, este procedimiento no funciona directamente para electrones [Mott y Massey, 1965], pero se usa con éxito con muchos tipos distintos de átomos.

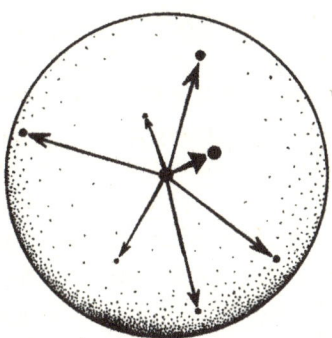

FIGURA 2-21. La descripción de Majorana del estado de espín general de una partícula masiva de espín $\frac{1}{2}n$ representa este estado como un conjunto no ordenado de n puntos sobre la esfera de Riemann, cada uno de los cuales puede ser interpretado como la dirección del espín de una componente de espín $\frac{1}{2}$ que contribuye al estado completo de espín n.

FIGURA 2-22. Un aparato de Stern-Gerlach usa un campo magnético altamente inhomogéneo para medir el espín (o, más correctamente, el momento magnético), en la dirección elegida para la inhomogeneidad, de un átomo de espín $\frac{1}{2}n$. Los distintos resultados posibles diferencian valores para la componente del espín en esa dirección, que son $-\frac{1}{2}n, -\frac{1}{2}n + 1, -\frac{1}{2}n + 2, ..., \frac{1}{2}n - 2, \frac{1}{2}n - 1, \frac{1}{2}n$ en unidades $\hbar$ de espín, que corresponden a los respectivos estados de Majorana $|\downarrow\downarrow\downarrow...\downarrow\rangle$, $|\uparrow\downarrow\downarrow...\downarrow\rangle, |\uparrow\uparrow\downarrow...\downarrow\rangle, ..., |\uparrow\uparrow...\uparrow\downarrow\downarrow\rangle, |\uparrow\uparrow\uparrow...\uparrow\downarrow\rangle, |\uparrow\uparrow\uparrow...\uparrow\uparrow\rangle$. Podemos imaginar que el aparato puede rotar alrededor de la dirección del haz, lo que permitiría medir diferentes direcciones del espín, ortogonales todas a la dirección del haz.

Sin embargo, un estado general de espín $\frac{1}{2}n$ no tiene restricción en cuanto a sus direcciones de Majorana. Pero una medición de tipo Stern-Gerlach puede usarse para caracterizar dónde están realmente las direcciones de Majorana. Cualquier dirección de Majorana $\nwarrow$ está determinada por el hecho de que, si se realizase una medición de tipo Stern-Gerlach con su campo magnético apuntando en la dirección $\nwarrow$, se obtendría una probabilidad *nula* de que el estado se encontrase completamente en la dirección opuesta $|\searrow\searrow\searrow\searrow...\searrow\rangle$ [Zimba y Penrose, 1993].

2.10. ENTRELAZAMIENTO CUÁNTICO Y EFECTOS EPR

Un notable conjunto de consecuencias de la mecánica cuántica, los denominados fenómenos de *Einstein-Podolsky-Rosen* (EPR), nos proporcionan una de las confirmaciones más desconcertantes y a mayor escala de la teoría cuántica estándar. Los fenómenos EPR tienen su origen en los intentos de Albert Einstein de demostrar que el marco de la mecánica cuántica era básicamente defectuoso, o al menos básicamente incompleto. Einstein colaboró con dos colegas, Boris Podolsky y Nathan Rosen, en la publicación de un famoso artículo [Einstein *et al.*, 1935]. Lo que señalaron, en efecto, fue que la mecánica cuántica estándar acarreaba una consecuencia que ellos, y mucha otra gente (incluso hoy en día), habrían considerado inaceptable. Esta consecuencia era que un par de partículas, por muy alejadas que estuviesen entre sí, debían seguir considerándose una sola entidad interconectada. Una medición realizada en una de las partículas parece afectar a la otra *instantáneamente*, colocando a esta segunda partícula en un estado cuántico particular que depende no solo del resultado de la medición efectuada sobre la primera partícula, sino —lo que es mucho más sorprendente— de la *elección* específica de la medición que se lleva a cabo sobre la primera partícula.

Para apreciar como es debido las desconcertantes consecuencias de este tipo de situación, es particularmente esclarecedor considerar los estados de espín de las partículas de espín $\frac{1}{2}$. El ejemplo más sencillo de un fenómeno EPR es el propuesto por David Bohm en su libro de 1951 sobre mecánica cuántica (que al parecer escribió para convencerse a sí mismo —sin éxito, como se vio— de la plena validez del formalismo cuántico [Bohm, 1951]). En el ejemplo de Bohm, una partícula inicial de espín 0 se divide en dos partículas, P_L y P_R, cada una de espín $\frac{1}{2}$, que se mueven en direcciones opuestas desde el punto inicial O, para acabar llegando a detectores que miden el espín situados en L (a la izquierda) y R (a la derecha), respectivamente, muy separados entre sí. Suponemos que cada uno de los dos detectores puede rotar de manera libre e independiente, y que la elección de la dirección en la que se mide el espín en cada detector no se hace hasta que las partículas están moviéndose libremente. Véase la figura 2-23.

Ahora bien, resulta que si se escogiese alguna dirección en particular que fuese la *misma* para los dos detectores, entonces el resulta-

L   O   R

FIGURA 2-23. Experimento de EPR-Bohm para la medición del espín. Dos partículas masivas (por ejemplo, átomos) P_L y P_R, cada una de espín $\frac{1}{2}$, se separan en direcciones opuestas desde un estado inicial de espín 0 a una distancia considerable, donde sus espines se miden por separado mediante aparatos de tipo Stern-Gerlach situados en L y R, respectivamente. Los aparatos pueden ser rotados cada uno por su cuenta para medir los espines de forma independiente en distintas direcciones.

do de la medición del espín en esa dirección para la partícula de la izquierda P_L debe ser opuesto al de la correspondiente medición del espín para la partícula de la derecha P_R. (Esto no es más que un caso de conservación del momento angular en esa dirección —véase §1.14—, puesto que el estado inicial posee momento angular cero en cualquier dirección que se elija.) Así pues, si la dirección que se escoge es hacia arriba ↑, entonces el hecho de encontrar la partícula de la derecha en el estado arriba $|\uparrow\rangle$ en R implicaría que una medición similar arriba/abajo de la partícula de la izquierda en L daría necesariamente como resultado el estado abajo $|\downarrow\rangle$; análogamente, encontrar el estado hacia abajo $|\downarrow\rangle$ en R implicaría necesariamente que se obtendría el estado arriba $|\uparrow\rangle$ en L. Esto valdría asimismo para cualquier otra dirección, por ejemplo ↗, de manera que una medición en esa dirección del espín de la partícula de la izquierda daría necesariamente como resultado **NO** —es decir, el estado en la dirección opuesta $|\nearrow\rangle$— si la medición de la partícula de la derecha obtiene **SÍ** (esto es, el estado $|\swarrow\rangle$); del mismo modo, la medición de la partícula de la izquierda da como resultado **SÍ** (esto es, el estado $|\swarrow\rangle$) si para la partícula de la derecha se obtiene **NO** (es decir, $|\nearrow\rangle$).

Hasta ahora, en todo esto no hay nada de esencialmente no local, aunque la imagen que presenta el formalismo cuántico estándar parece estar en desacuerdo con las expectativas normales de la causalidad local. Podemos preguntarnos de qué manera está aparentemente en desacuerdo con la localidad. Supongamos que realizamos la medición en R justo un instante antes de la medición en L. Si el resultado de la primera es $|\swarrow\rangle$, entonces, al instante, el estado de la segunda partícula debe ser $|\nearrow\rangle$; si la medición en R da como resultado $|\nearrow\rangle$, entonces el estado de la partícula en L pasa enseguida a ser $|\swarrow\rangle$. Podríamos hacer que el intervalo temporal entre las dos mediciones fuese tan pequeño que incluso una señal lumínica que vaya de R a L con la información sobre cuál ha resultado ser el estado de la partícula en L no pudiese llegar a tiempo. La información cuántica de cuál ha pasado a ser el estado de la partícula en L viola los requisitos estándar de la teoría de la relatividad (figura 2-23). Entonces ¿por qué en este comportamiento «no hay nada de esencialmente no local»? No es *esencialmente* no local porque podemos idear con facilidad un «modelo de juguete» clásico que exhiba este comportamiento. Podríamos imaginar que cada partícula sale de su punto de creación O dotada de instrucciones sobre cómo debe responder a cualquier medición del espín que se lleve a cabo sobre ella. Todo lo que se necesita, por coherencia con los requisitos del párrafo anterior, es que las instrucciones que las partículas llevan consigo al alejarse de O sean tales que obliguen a cada una de ellas a comportarse exactamente de forma opuesta a la otra, para toda posible dirección de medición. Esto se puede conseguir si imaginamos que la partícula inicial de espín 0 contiene una diminuta esfera que se divide, aleatoriamente, en dos semiesferas en el mundo en que la partícula se divide en dos partículas de espín $\frac{1}{2}$, cada una de las cuales lleva consigo una de las semiesferas en un movimiento de traslación (esto es, sin que ninguna de las esferas experimente rotación alguna). Para cada partícula, la semiesfera representa las direcciones que, partiendo hacia fuera desde el centro, evocarían una respuesta **SÍ** a una medida del espín en esta dirección. Se puede ver sin problema que este modelo siempre da resultados opuestos para ambas partículas, que es exactamente lo que se requiere según las consideraciones cuánticas del párrafo anterior.

Este es un ejemplo de lo que el extraordinario físico cuántico John Stewart Bell consideraba una situación análoga a *los calcetines de Bertlmann* [Bell, 1981 y 2004]. Reinhold Bertlmann (en la actualidad, profesor de física en la Universidad de Viena) había sido un distinguido colega de John Bell en el CERN, y Bell se dio cuenta de que Bertlmann llevaba, invariablemente, calcetines de distinto color. No siempre era fácil ver cuál era el de alguno de los calcetines de Bertlmann, pero, cuando lo conseguía, suponiendo por ejemplo que el color avistado fuese el verde, podía estar seguro —*instantáneamente*— de que el otro calcetín era de cualquier color menos verde. ¿Concluimos, pues, que había una misteriosa influencia que viajaba de un pie al otro a velocidad supralumínica en cuanto un observador percibía el color de uno de los calcetines de Bertlmann? Desde luego que no. Todo se explica por el hecho de que Bertlmann había dispuesto previamente los colores de sus calcetines de manera que siempre fuesen distintos.

Sin embargo, en el caso de un par de partículas de espín $\frac{1}{2}$ en el ejemplo de Bohm, la situación cambia radicalmente si permitimos que la dirección en la que miden en el espín los detectores en L y R pueda variar *de manera independiente* entre ambos. En 1964, Bell demostró un resultado desconcertante y muy fundamental, que tenía la consecuencia de que ningún modelo del tipo de los calcetines de Bertlmann permitía explicar las probabilidades conjuntas que proporciona el formalismo cuántico (incorporando la regla de Born estándar), para mediciones independientes del espín en L y R de pares de partículas de espín $\frac{1}{2}$ procedentes de una fuente cuántica común [Bell, 1964]. De hecho, lo que Bell demostró fue que existen ciertas relaciones (desigualdades) entre las probabilidades conjuntas de los resultados de las mediciones del espín en distintas direcciones en L y en R —llamadas ahora *desigualdades de Bell*—, que cualquier modelo local clásico satisface necesariamente, pero que no se ajustan a las probabilidades conjuntas dadas por la regla de Born de la mecánica cuántica. Más adelante se realizaron varios experimentos [Aspect *et al.*, 1982; Rowe *et al.* 2001; Ma., 2009], y la concordancia con las expectativas de la mecánica cuántica está hoy plenamente confirmada. De hecho, estos experimentos suelen usar estados de polarización del fotón [Zeilinger, 2010] en lugar de estados de espín para partículas de espín $\frac{1}{2}$, pero, como hemos visto en §2.9, ambas situaciones son formalmente idénticas.

Se han propuesto muchos ejemplos teóricos de experimentos EPR de tipo Bohm, algunos particularmente simples, en los que se pueden observar con toda claridad las discrepancias entre las expectativas de la mecánica cuántica y las de modelos clásicos localrealistas (esto es, del estilo de los calcetines de Bertlmann) [Kochen y Specker, 1967; Greenberger *et al.*, 1989; Mermin, 1990; Peres, 1991; Stapp, 1979; Conway y Kochen, 2002; Zimba y Penrose, 1993]. Pero en lugar de entrar en detalles en algunos de estos ejemplos, me limitaré a presentar un solo ejemplo particularmente llamativo de tipo EPR, debido a Lucien Hardy [1993], que no es exactamente igual que la situación de Bohm, pero sí algo similar. El ejemplo de Hardy posee la notable

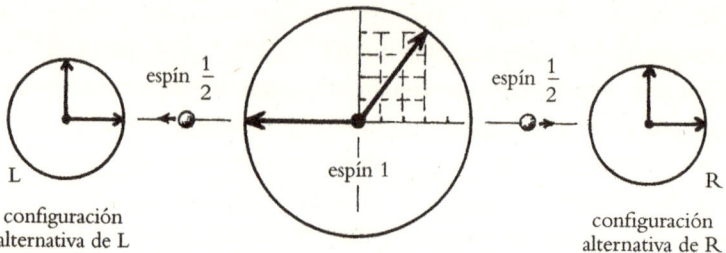

FIGURA 2-24. El ejemplo de Hardy. Es similar al representado en la figura 2-23, pero en este caso el estado inicial es un estado de espín 1 particular, con direcciones de Majorana que forman un ángulo de $\tan^{-1}(-\frac{4}{3})$ entre sí.

Aquí, todas las probabilidades relevantes son 0 o 1, salvo por una de ellas, de la cual lo único que se requiere es que no sea nula (tiene un valor de $\frac{1}{12}$).

característica de que todos los valores de la probabilidad son simplemente 0 o 1 (esto es, «no puede suceder» o «seguro que sucede»), a excepción de uno de ellos, y todo lo que necesitamos saber sobre este último es que es no nulo (es decir, «ocurre a veces»). Como en el ejemplo de Bohm, se emiten dos partículas de espín $\frac{1}{2}$ en direcciones opuestas desde una fuente en O hacia detectores de espín situados en puntos muy separados L y R. Sin embargo, hay una diferencia: el estado inicial en O no es de espín 0, sino un estado de espín 1 particular.

En la versión específica del ejemplo de Hardy que presento aquí [véase *ECalR*, §23.5], las dos direcciones de Majorana de este estado inicial son ← («oeste») y ↗ (ligeramente hacia el «norte» respecto al «nordeste»). Las inclinaciones exactas de estas dos direcciones se muestran en la figura 2-24: la dirección ← es horizontal en la imagen (con orientación negativa) y la dirección ↗ tiene una pendiente hacia arriba de $\frac{4}{3}$ (con orientación positiva). Lo interesante de este estado inicial $|\leftarrow\nearrow\rangle$ en concreto es que, mientras que tenemos que

$$|\leftarrow\nearrow\rangle \ \text{no es ortogonal al par} \ |\downarrow\rangle\,|\downarrow\rangle$$

(donde ↓ es «sur» y → es «este» en lo que sigue), también tenemos que

$$|\leftarrow\nearrow\rangle \ \text{es ortogonal a cada uno de los pares} \ |\downarrow\rangle\,|\leftarrow\rangle,$$
$$|\leftarrow\rangle\,|\downarrow\rangle \ \text{y} \ |\rightarrow\rangle\,|\rightarrow\rangle.$$

Aquí, a lo que me refiero con un par $|\alpha\rangle\,|\beta\rangle$ es al estado que es $|\alpha\rangle$ en L y $|\beta\rangle$ en R. Por conservación del momento angular, el estado de espín del par formado por las dos partículas emitidas continúa siendo el mismo estado $|{\leftarrow}\,{\nearrow}\rangle$ hasta que se realiza una de las mediciones del espín, por lo que las relaciones de ortogonalidad con el estado inicial $|{\leftarrow}\,{\nearrow}\rangle$ siguen siendo válidas cuando se efectúan las mediciones posteriores. (Como comentario para aquellos a quienes les preocupe que, aparentemente, los aparatos de medición del espín representados en la figura 2-23 solo permiten rotaciones alrededor del eje definido por las direcciones de desplazamiento de las partículas, cabe señalar que las direcciones espaciales relevantes necesarias para este ejemplo están todas en un plano, de manera que puede escogerse que este plano sea ortogonal a los movimientos de las partículas.)

La aseveración de no ortogonalidad en la primera de las dos afirmaciones de más arriba nos dice que 1) si los dos detectores para la medición del espín en L y R se configuran para medir ↓, entonces *algunas veces* (con una probabilidad de $\frac{1}{12}$, de hecho) se dará que ambos detectores en efecto obtengan ↓ (esto es, **SÍ**, **SÍ**). La aseveración de ortogonalidad en la segunda de las afirmaciones nos dice, en primer lugar, que 2) si un detector se configura para medir ↓ y el otro para medir ←, entonces ambos no pueden obtener estos resultados (es decir, al menos uno de ellos obtiene **NO**). Por último, nos dice que 3) si ambos detectores se configuran para medir ←, no pueden ambos obtener el resultado opuesto →, o, dicho de otro modo, al menos uno de ellos debe obtener ← (esto es, **SÍ**).

Veamos si podemos construir un modelo clásico local (es decir, una explicación en la línea de la de los calcetines de Bertlmann) susceptible de dar cuenta de estos requisitos. Imaginemos que se emite una sucesión de partículas dotadas de mecanismos internos desde O en las direcciones de los detectores situados en L y en R, y que las partículas están preprogramadas para dar determinados resultados al llegar a los detectores, que dependerán de cómo esté orientado cada uno de estos, pero *no* se permite que los componentes individuales del mecanismo que gobierna el comportamiento de cada partícula se envíen señales unos a otros una vez que las partículas se han separado de O. En particular, nuestras partículas deben estar preparadas para la posibilidad de que ambos detectores estén orientados para medir ←, por lo que, para que el mecanismo interno dé resultados de acuerdo con 3), debe hacer que una u otra de las partículas dé sin lugar a dudas el resultado **SÍ** (esto es, ←) al encontrarse con un detector con la orientación ←. Pero, en ese caso, podría ser que el *otro* detector estuviese orientado para medir ↓, y 2) exige que, si la partícula entra en un detector que esté así orientado, se debe obtener el resultado **NO** (esto es, ↑). Así, para *toda* emisión de un par de partículas desde O, una u otra de ellas debe estar preprogramada para dar este resultado ↑ ante una medición de ↓. Pero esto no cumple 1), esto es, que *algunas veces* (en promedio, en $\frac{1}{12}$ de las emisiones), si ambos detectores están configurados para medir ↓, se *debe* obtener el par de resultados **SÍ** (↓, ↓). Así pues, no hay manera de dar cuenta de las expectativas de la mecánica cuántica usando algún tipo de maquinaria local de tipo clásico (es decir, del estilo de los calcetines de Bertlmann).

La conclusión de todo esto es que, en muchas situaciones, objetos cuánticos separados, por muy alejados que estén entre sí, siguen interconectados y no se comportan de forma independiente. El estado cuántico de uno de estos pares de objetos está *entrelazado* (en la terminología de Schrödinger), un concepto con el que ya nos hemos encontrado en §2.7 (y que también se ha mencionado en §2.1). Los entrelazamientos cuánticos no son, de hecho, poco habituales en mecánica cuántica. Al contrario, los encuentros entre partículas cuánticas (o sistemas previamente no entrelazados) darán casi indefectiblemente por resultado estados entrelazados. Y, una vez que están entrelazados, es muy improbable que dejen de nuevo de estarlo meramente a través de la evolución unitaria (**U**).

Aun así, esta dependencia entre un par de objetos cuánticos entrelazados muy separados es algo sutil. Pues resulta que, necesariamente, tal entrelazamiento no llega a posibilitar que se transmita información de un objeto al otro. La capacidad de enviar efectivamente información por medios supralumínicos violaría los requisitos de la relatividad. El entrelazamiento cuántico es algo que carece de análogo en la física clásica. Existe en una extraña tierra de nadie cuántica entre dos alternativas clásicas, la comunicabilidad y la independencia completa.

Los entrelazamientos cuánticos son ciertamente sutiles, ya que, como hemos visto, se requiere una sofisticación considerable para detectar cuándo tales entrelazamientos están en realidad presentes. No obstante, los sistemas entrelazados cuánticamente, que deberían ser una consecuencia casi ubicua de la evolución cuántica, nos ofrecen situaciones de comportamiento *holístico* en que, en un sentido claro, el todo es más que la suma de las partes. Es más de una manera sutil y algo misteriosa, lo que hace que en la experiencia normal no notemos en absoluto los efectos de los entrelazamientos cuánticos. Es sin duda una cuestión desconcertante por qué, en el universo que experimentamos realmente, tales características apenas se manifiestan a pesar de estar presentes. Volveré sobre esta cuestión en §2.12, pero entretanto resultará instructivo analizar hasta qué punto es inmenso el espacio de los estados entrelazados en comparación con el subconjunto de estados que están realmente no entrelazados. Se trata de nuevo de un asunto relacionado con la *libertad funcional*, como queda de manifiesto en §§A.2, A.8, 1.9, 1.10 y 2.2, pero veremos que existen cuestiones adicionales de una importancia fundamental relativas a la interpretación de la libertad funcional en el contexto cuántico.

2.11. LIBERTAD FUNCIONAL CUÁNTICA

Como se ha indicado en §2.5, la descripción cuántica de una única partícula —denominada *función de onda* de la partícula— es algo bastante parecido a un campo clásico, con cierto número de componentes individuales en cada punto del espacio, y que (como un campo electromagnético) se propaga de forma determinista hacia el futuro de acuerdo con unas ecuaciones de campo. La ecuación de campo de la función de onda es, de hecho, la ecuación de Schrödinger (véase §2.4). ¿Cuánta libertad funcional hay en una función de onda? De acuerdo con las ideas y la notación de §A.2, una función de onda de una sola partícula posee una libertad funcional de la forma $\infty^{A\infty^3}$, donde A es un entero positivo (y el 3 corresponde a la dimensionalidad del espacio ordinario).

La magnitud A es básicamente el número de componentes independientes del campo (véase §A.2), pero está también la cuestión adicional de que las funciones de onda son complejas en lugar de reales, lo que llevaría a esperar que A fuese el doble de componentes clásicas que se tendrían en un campo clásico. Sin embargo, aún hay otra cuestión más, que se discute brevemente aquí, al principio de §2.6: el hecho de que la función de onda de una partícula libre debería estar descrita por una función compleja de *frecuencia positiva*, que en la práctica simplemente reduce la libertad a la mitad y nos deja con el mismo valor de A que habríamos tenido para el campo clásico. Otra cuestión adicional es el factor multiplicativo global que no altera el estado físico, pero este es completamente insignificante en el contexto de la libertad funcional.

Si tuviésemos dos partículas independientes de distintos tipos, tales que la libertad funcional del estado de una viniese dada por $\infty^{A\infty^3}$ y la de la otra por $\infty^{B\infty^3}$, entonces la libertad en los estados cuánticos *no entrelazados* del par sería simplemente el producto de estas dos libertades (ya que cada estado de una partícula puede estar acompañado por cualquier estado posible de la otra), es decir,

$$\infty^{A\infty^3} \times \infty^{B\infty^3} = \infty^{(A + B)\infty^3}.$$

Pero, como hemos visto en §2.5, para obtener *todos* los distintos estados posibles disponibles para el par de partículas, incluidos los entrelazados, debemos ser capaces de asignar una amplitud separada para cada par de ubicaciones (donde las ubicaciones de las dos partículas varían independientemente), de forma que nuestra función de onda es ahora una función del doble de variables que las 3 que teníamos antes (ahora son 6) y, además, cada par de valores de las respectivas posibilidades dadas por A y B cuenta por separado (de manera que ahora tenemos el producto AB para el número total de estas posibilidades, en lugar de la suma $A + B$). De acuerdo con los conceptos introducidos en §A.2, nuestra función de onda es una función del *espacio de configuración* (véase §A.6, figura A-18) del par de partículas, que (si ignoramos parámetros discretos como los que describen los estados de espín) es el producto 6-dimensional del espacio 3-dimensional ordinario consigo mismo. (Véase §A.7, especialmente la figura A-25, para el concepto de *espacio producto*.) En consecuencia, el espacio sobre el que está definida nuestra función de onda de 2 partículas es 6-dimensional, y ahora tenemos un valor mucho mayor de la libertad funcional

$$\infty^{AB\infty^6}.$$

En el caso de tres o cuatro partículas, etc., tendríamos las respectivas libertades funcionales

$$\infty^{ABC\infty^9},\ \infty^{ABCD\infty^{12}},\ \text{etc.}$$

En el caso de N partículas idénticas, la libertad en las funciones de onda estaría restringida en cierta medida como consecuencia de las estadísticas de Bose-Einstein y de Fermi-Dirac a las que se ha hecho referencia en §1.14, según las cuales la función de onda debe ser, respectivamente, simétrica o antisimétrica. Sin embargo, esto no reduce la libertad funcional respecto al valor que tendría sin esta restricción, que sería de $\infty^{AN\infty^{3N}}$, ya que la limitación simplemente nos indica que la función de onda está determinada por alguna subregión de todo el espacio producto (y de la misma dimensión), y los valores en la región restante están determinados por el requisito de simetría o antisimetría.

Vemos que la libertad funcional implicada en el entrelazamiento cuántico es muchísimo mayor que la existente en los estados no entrelazados. Al lector podría preocuparle, y con razón, el extraordinario hecho de que, a pesar de la abrumadora preponderancia de los estados entrelazados entre los resultados de la evolución cuántica estándar, parece que en nuestras experiencias cotidianas podemos ignorar por completo el entrelazamiento cuántico. Necesitamos llegar a entender esta discrepancia en apariencia enorme, así como otras cuestiones estrechamente relacionadas con ella.

Para poder abordar como es debido las cuestiones relacionadas con la libertad funcional, tales como la inconsistencia aparentemente palmaria entre el formalismo cuántico y la experiencia física, tendremos que tomar perspectiva y tratar de entender la clase de «realidad» que se supone que el formalismo cuántico nos está proporcionando. Un buen lugar al que volver es la situación original, descrita en §2.2, a partir de la cual surgió toda la mecánica cuántica, en la que —cuando tenemos en cuenta el principio de equipartición de la energía— parece que las partículas y la radiación solo son capaces de coexistir en un estado de equilibrio térmico si los campos físicos y los sistemas de partículas son, en cierto sentido, entidades de la misma clase, cada una de las cuales posee un tipo similar de libertad funcional. Recordemos la catástrofe ultravioleta, a la que se ha hecho referencia en §2.2, que resultaría de una imagen clásica del campo (electromagnético) en equilibrio con un conjunto de partículas clásicas (con carga). Debido a la enorme discrepancia entre la libertad funcional en el campo (aquí, $\infty^{4\infty^3}$) y la existente en el conjunto de partículas si se tratan clásicamente (solo ∞^{6N} para N partículas sin estructura, que es muchísimo más pequeña), una aproximación al equilibrio daría por resultado el vaciamiento de energía desde las partículas hacia el inmenso depósito de libertad funcional en el campo: la *catástrofe ultravioleta*. Este misterio lo resolvieron Planck y Einstein mediante el postulado según el cual el campo electromagnético, aparentemente continuo, adquiría un carácter cuántico corpuscular a través de la fórmula de Planck $E = h\nu$, donde la energía E es la correspondiente a un modo de oscilación del campo de frecuencia ν.

Pero, habida cuenta de lo que se ha dicho antes, parece que ahora nos vemos impelidos a tratar las propias partículas como si tuviesen en conjunto una descripción —la *función de onda* para el sistema de partículas en su conjunto— que posee una libertad funcional muchísimo mayor que la correspondiente a un sistema clásico de partículas. Esto resulta especialmente llamativo cuando se tienen en cuenta los entrelazamientos entre las partículas, en cuyo caso la libertad funcional de N partículas tiene la forma $\infty^{\bullet^{\infty^{3N}}}$ (donde «$\bullet$» representa un número positivo sin especificar), mientras que para un campo clásico la libertad (tomando $N > 1$) tiene el valor considerablemente inferior de $\infty^{\bullet^{\infty^{3}}}$. Parecería que las tornas se han invertido, y que la equipartición nos indica ahora que los grados de libertad en el sistema de partículas cuánticas vaciarían por completo la energía en el campo. Pero este problema tiene que ver con el hecho de que no hemos sido coherentes, ya que hemos tratado el campo como una entidad clásica al tiempo que nos basábamos en una descripción cuántica de las partículas. Para resolver esta situación, debemos analizar cómo deberían contarse realmente los grados de libertad en un sistema, en la teoría cuántica, desde el punto de vista físico apropiado. Además, también debemos tratar con brevedad la cuestión de cómo trata realmente los campos la teoría cuántica, de acuerdo con los procedimientos de la teoría cuántica de campos (QFT; véanse §§1.3-1.5).

Hay básicamente dos maneras de ver la QFT en este contexto. El procedimiento que está detrás de muchas aproximaciones modernas al asunto es el de las *integrales de camino*, basado en una idea original de Dirac en 1933 [Dirac, 1933] y desarrollado por Feynman en una técnica muy potente y eficaz para la QFT [véase Feynman *et al.*, 2010]. (Para un rápido esbozo de la idea principal, véase *ECalR* [§26.6].) Sin embargo, este procedimiento, aunque potente y útil, es muy formal (y, en realidad, no es matemáticamente coherente en un sentido preciso). No obstante, estos procedimientos formales nos dan directamente los cálculos mediante diagramas de Feynman (mencionados en §1.5) en los que se basan los cálculos estándar en QFT que los físicos utilizan para obtener las amplitudes cuánticas que la teoría predice para los procesos básicos de dispersión de partículas. En relación con la cuestión que me interesa aquí, la de la libertad funcional, cabría esperar que, en la teoría cuántica, esta fuese exactamente la misma que en la teoría clásica sobre la que se aplica el procedimiento de cuantización mediante integrales de camino. De hecho, todo el procedimiento está diseñado para reproducir la teoría clásica como primera aproximación, pero con las debidas correcciones cuánticas (a orden $\hbar$) a esta teoría clásica, y estas cuestiones no afectarían en absoluto a la libertad funcional.

La manera más directamente física de abordar las consecuencias de la QFT consiste simplemente en considerar que el campo está compuesto por un número indefinido de partículas, los *cuantos del campo* (fotones en el caso del campo electromagnético). La amplitud total (es decir, la función de onda completa) es una *suma* —una superposición cuántica— de diferentes partes, cada una de las cuales se refiere a un número distinto de partículas (es decir, cuantos de campo). La parte de N partículas nos daría una función de onda *parcial* con una libertad funcional de $\infty^{\bullet\infty^{3N}}$. Pero debemos entender que este N no es un número concreto, ya que los cuantos de campo se crean y se destruyen continuamente a través de sus interacciones con las fuentes, que en el caso de los fotones serían partículas cargadas eléctricamente (o magnéticas). De hecho, esta es la razón por la que nuestra función de onda total ha de ser una superposición de partes con distintos valores de N. Ahora bien, si intentamos tratar la libertad funcional correspondiente a cada función de onda parcial de la misma manera en que trataríamos un sistema clásico, e intentamos aplicar la equipartición de la energía como hemos hecho en §2.2, nos toparemos con graves dificultades. La libertad hemos hecho para cantidades más grandes de cuantos dominaría por completo sobre la correspondiente a cantidades más pequeñas (ya que $\infty^{\bullet\infty^{3M}}$ es extraordinariamente más grande que $\infty^{\bullet\infty^{3N}}$ siempre que $M > N$). Si tratásemos esta libertad funcional en una función de onda como lo haríamos para un sistema clásico, tendríamos que, para un sistema en equilibrio, la equipartición de la energía nos diría que toda la energía se repartiría entre las contribuciones al estado en las que hubiese cada vez más partículas, en detrimento absoluto de cualquier contribución en la que interviniese cualquier cantidad finita fija de partículas, lo que conduciría de nuevo a una situación catastrófica.

Es llegados a este punto cuando debemos abordar frontalmente la cuestión de cómo se relaciona el formalismo de la mecánica cuántica con el mundo físico. No podemos suponer que la libertad funcional en las funciones de onda está en el mismo plano que las libertades funcionales que nos encontramos en la física clásica, a pesar de que la (por regla general enormemente entrelazada) función de onda ejerza una clara, aunque a menudo sutil, influencia sobre el comportamiento físico directo. La libertad funcional sigue desempeñando un papel clave en la mecánica cuántica, pero debe combinarse con la idea clave que Max Planck introdujo en 1900 a través de su famosa fórmula

$$E = h\nu,$$

y con las sustanciales aportaciones que Einstein, Bose, Heisenberg, Schrödinger y Dirac, entre otros, hicieron posteriormente. La fórmula de Planck nos dice que el tipo de «campo» que tiene lugar en la naturaleza posee algo de discreto, lo que hace que se comporte como un sistema de partículas en el que, cuanto más alto sea el modo de frecuencia de oscilación que el campo pueda alcanzar, con mayor intensidad se manifestará la energía del campo con este comportamiento corpuscular. Así pues, la mecánica cuántica nos dice que la clase de campo físico que encontramos en realidad en las funciones de onda de la naturaleza no es del todo como el campo clásico de §A.2 (donde se ilustra, en concreto, mediante la idea clásica de un campo magnético). Un campo cuántico empieza a exhibir propiedades discretas, o corpusculares, cuando se lo examina a altas energías.

En el presente contexto, la manera apropiada de entender esto pasa por considerar que la mecánica cuántica nos proporciona una especie de estructura «granular» para el espacio de fases $\mathcal{P}$ de un sistema (véase §A.6). No sería realmente correcto pensar que esto sustituye el continuo del espaciotiempo por algo discreto, como un modelo simplificado discreto del universo, donde el continuo $\mathbb{R}$ de los números reales se pueda reemplazar por un sistema finito $\mathbf{R}$ (como se argumenta en §A.2), formado por un número sumamente grande N

de elementos. Pero una imagen de este tipo no es del todo inadecuada si suponemos que la aplicamos a los espacios de fases que son relevantes para los sistemas cuánticos. Como se explica más extensamente en §A.6, el espacio de fases $\mathcal{P}$ para un sistema de M partículas puntuales clásicas, para las cuales hay M coordenadas de posición y M coordenadas de momento, tendría $2M$ dimensiones. La unidad de «volumen» —un hipervolumen $2M$-dimensional— implicaría entonces M dimensiones de longitud, que podríamos tomar, por ejemplo, como metros (m), y otras tantas dimensiones de momento, que podrían ser gramos (g) por metro por segundo (m s^{-1}). Por consiguiente, nuestro hipervolumen estaría definido en función de la M-ésima potencia del producto de estas dimensiones; esto es, g^M m^{2M} s^{-M}, que dependería de esta elección particular de unidades. En mecánica cuántica tenemos una unidad natural, *la constante de Planck h*, y resulta adecuado usar la versión «reducida» de Dirac de la misma, «$\hbar = h/2\pi$», que tiene el minúsculo valor de

$$\hbar = 1{,}05457 \cdots \times 10^{-31} \text{ g m}^2 \text{ s}^{-1}$$

en las unidades particulares que acabamos de mencionar. La magnitud $\hbar$ nos permite obtener una medida natural de hipervolumen para nuestro espacio de fases $2M$-dimensional $\mathcal{P}$: usando unidades de $\hbar^M$.

En §3.6 veremos el concepto de *unidades naturales* (o unidades de Planck), elegidas de tal manera que varias constantes fundamentales de la naturaleza pasen a tener valor 1. No hace falta entrar en más detalles aquí, pero, si al menos escogemos nuestras unidades de masa, longitud y tiempo de forma que

$$\hbar = 1$$

(algo que se puede hacer de muchas maneras diferentes, aparte de la elección completa de unidades naturales que se da en §3.6), entonces tendremos que *cualquier* hipervolumen de espacio de fases será solo un *número*. Podemos de hecho imaginar que quizá exista una «granularidad» natural para $\mathcal{P}$, en la que cada celdilla, o «grano», individual cuenta simplemente como una unidad, en términos de un conjunto de unidades físicas para las cuales $\hbar = 1$. En ese caso, los volúmenes de espacio de fases tendrían siempre valores enteros, que se obtendrían básicamente «contando» el número de granos. Lo más importante de esto es que ahora podemos comparar directamente hipervolúmenes de espacio de fases de *distinta dimensionalidad* 2*M* básicamente con solo contar estos granos, con independencia de cuál sea el valor de *M*.

¿Por qué es esto importante para nosotros? Lo es porque, para un campo cuántico en equilibrio con un sistema de partículas que interactúa con él y es capaz de alterar el número de cuantos del campo, necesitamos tener la capacidad de comparar hipervolúmenes de espacio de fases de diferentes dimensiones. Pero, con los espacios de fases clásicos, los hipervolúmenes de dimensiones más altas dominan por completo sobre los de dimensiones más bajas (por ejemplo, el 3-volumen de una curva suave ordinaria en el 3-espacio euclídeo es siempre *cero*, por muy larga que sea), y por lo tanto los estados con más dimensiones de libertad absorberían toda la energía de aquellos con menos dimensiones, de acuerdo con los requisitos de la equipartición de la energía. La granularidad que proporciona la mecánica cuántica resuelve este problema al reducir las mediciones de volumen a un simple *conteo*, de tal manera que, aunque los hipervolúmenes de dimensiones más altas serán por regla general muy grandes en comparación con los de dimensiones más bajas, no son *infinitamente* más grandes.

Esto es directamente aplicable a la situación a la que Max Planck se enfrentaba en 1900. Tenemos aquí un estado que ahora consideramos formado por componentes coexistentes, donde cada componente implica un número distinto de esos cuantos de campo que ahora denominamos *fotones*. Para cualquier frecuencia particular ν, el revolucionario principio de Planck (§2.2) conllevaba que un fotón de esa frecuencia debía tener su correspondiente energía particular, dada por

$$E = h\nu = 2\pi\hbar\nu.$$

Fue, en efecto, usando tal procedimiento de conteo como el desconocido físico indio Satyendra Nath Bose, en una carta que envió a Einstein en junio de 1924, ofreció una deducción directa de la fórmula de radiación de Planck (sin recurrir a la electrodinámica), en que, además de $E = h\nu$ y del hecho de que el número de fotones no sería fijo (dicho número no se conserva), solo estipuló que el fotón tuviera dos estados de polarización distintos (véanse §§2.6 y 2.9) y, lo más importante, que tendría que satisfacer lo que ahora conocemos como *estadística de Bose* (o *estadística de Bose-Einstein*; véase §1.14), de manera que los estados que solo se diferenciaban entre sí en intercambios de pares de fotones no se contarían como físicamente distintos. Estas dos últimas características fueron revolucionarias en la época, y Bose es hoy recordado merecidamente en el nombre de «bosón» con el que se designa cualquier partícula básica de espín entero (que está por lo tanto sujeta a la estadística de Bose).

La otra amplia clase de partículas básicas está formada por las de espín semientero, los fermiones (en honor del físico nuclear italiano Enrico Fermi). Aquí el conteo es ligeramente diferente y sigue la *estadística de Fermi-Dirac*, similar en cierta medida a la de Bose-Einstein, pero en la que estados con dos (o más) de estas partículas de la misma clase y ambas en el mismo estado no se cuentan por separado (principio de exclusión de Pauli). Véase §1.4 para una explicación más detallada de cómo se tratan los bosones y los fermiones en la mecánica cuántica estándar (el lector puede ignorar la extrapolación, que allí se incluye, desde la teoría estándar hacia el esquema de la física de partículas especulativo, pero aún muy de moda, de la supersimetría).

Con estas estipulaciones, la idea de libertad funcional puede aplicarse en sistemas tanto cuánticos como clásicos, pero debe hacerse con cuidado. La magnitud «∞» que aparece en nuestras expresiones no es ahora verdaderamente infinita, sino que debe entenderse como algo que, en circunstancias normales, sería un número muy grande. No resulta al instante evidente cómo se debe abordar la cuestión de la libertad funcional en un contexto cuántico general, en particular porque muchos componentes diferentes del sistema pueden estar en superposición cuántica, con diferentes números de partículas, lo que, clásicamente, habría conllevado espacios de fases de distintas dimensiones. Sin embargo, en el caso de radiación en equilibrio térmico con partículas cargadas, podemos volver a las consideraciones de Planck, Einstein y Bose, que nos dan la fórmula de Planck para la *intensidad* de la radiación (en equilibrio con la materia), para cada frecuencia ν (véase §2.2):

$$\frac{8\pi h\nu^3}{c^3(e^{h\nu/kT}-1)} \, .$$

En §3.4 veremos la gran relevancia de esta fórmula en cosmología, pues está en extraordinaria concordancia con el espectro de la *radiación cósmica de fondo de microondas* (CMB, por sus siglas en inglés).

En el capítulo 1, en particular en §§1.10 y 1.11, se ha planteado la cuestión del papel de la existencia de dimensiones espaciales adicionales, en relación con la verosimilitud del considerable incremento en la dimensionalidad espacial que la teoría de cuerdas exige, más allá de las tres que se observan directamente. En ocasiones, quienes proponen esas teorías con dimensiones adicionales argumentan que consideraciones cuánticas evitarían que la excesiva libertad funcional afectase directamente a los procesos físicos que solemos observar, debido a las energías extraordinariamente elevadas que serían necesarias para que estos grados de libertad entrasen en juego. En §§1.10 y 1.11 he argumentado que, cuando se consideran los grados de libertad en la geometría espaciotemporal (esto es, la gravitación), esta afirmación es (como mínimo) muy discutible. Pero no he abordado la cuestión distinta de la excesiva libertad funcional que se daría en los campos no gravitatorios, como el electromagnetismo —esto es, campos *de materia*—, que se podría entender que *reside* en esas dimensiones espaciales adicionales. Tiene pues cierto interés considerar si la presencia de tal supradimensionalidad espacial podría afectar al uso cosmológico de la fórmula anterior.

Con dimensiones espaciales adicionales —por ejemplo, D dimensiones espaciales en total (en la teoría de cuerdas convencional de Schwarz-Green, $D = 9$)—, la *intensidad* de la radiación como función de la frecuencia ν vendría por lo tanto dada por

$$\frac{Qh\nu^D}{c^D(e^{h\nu/kT} - 1)},$$

donde Q es una constante numérica (que depende de D), en comparación con la expresión 3-dimensional que acabamos de ver [véase Cardoso y De Castro, 2005]. En la figura 2-25, comparo el caso $D = 9$ con el caso convencional de Planck en que $D = 3$ que hemos visto antes en la figura 2-2. Sin embargo, debido al enorme desequilibrio entre las escalas de tamaño de la geometría espacial en las distintas direcciones, no cabría esperar que una fórmula como esta tuviese ninguna relevancia cosmológica inmediata. No obstante, de acuerdo con esos modelos, en los primerísimos instantes del universo, en tiempos

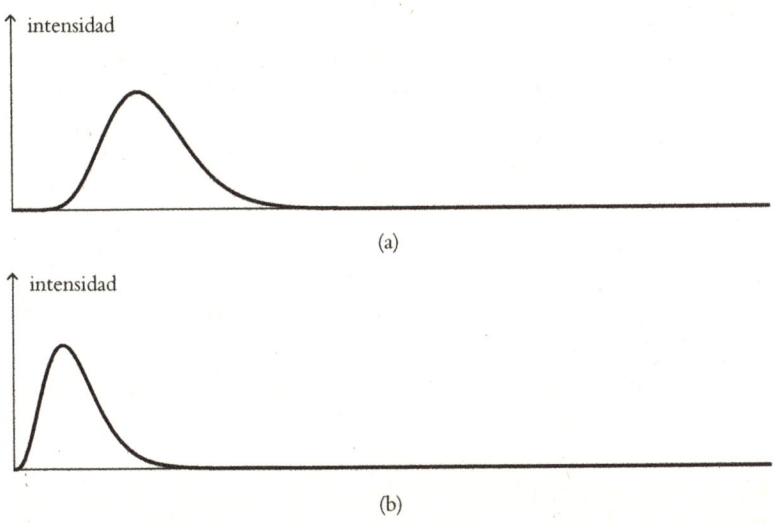

FIGURA 2-25. La forma del espectro de Planck (a) para 9 dimensiones espaciales (const. $\times \, \nu^9(e^{h\nu/kT} - 1)^{-1}$), comparada con (b) el caso normal 3-dimensional (const. $\times \, \nu^3(e^{h\nu/kT} - 1)^{-1}$).

del orden del de Planck ($\sim 10^{-43}$ s) o ligeramente posteriores, *todas* las dimensiones espaciales se considerarían curvadas a escalas comparables, lo que daría por resultado cierta paridad entre todas las 9 hipotéticas dimensiones espaciales, por lo que cabría pensar que esta versión de la fórmula de Planck para dimensiones más altas podría haber sido la relevante en esos primerísimos momentos.

Como veremos en §§3.4 y 3.6, resulta que debió de haber otro extraordinario desequilibrio, en esos primeros instantes, entre los grados de libertad gravitatorios y los correspondientes a todos los otros campos. Mientras que parece que los primeros *no* se activaron en absoluto, los existentes en los campos de materia sí lo hicieron, y al máximo. Al menos esa fue la situación en el momento del *desacoplamiento*, alrededor de 280.000 años después del Big Bang. Hay evidencias directas de este desequilibrio extremo en la CMB, como veremos en §§3.4 y 3.6. Nos encontramos con que, mientras que los grados de libertad en la materia y en la radiación estaban en un estado altamente *térmico* (esto es, de máxima activación), parece que los existentes en el campo gravitatorio —esto es, en la geometría espaciotemporal— permanecieron casi por completo al margen de toda esa actividad. Cuesta entender cómo pudo surgir tal desequilibrio solo durante los 280.000 años posteriores al Big Bang, ya que cabría esperar que la *termalización* no hubiese hecho más que aumentar durante ese periodo, como consecuencia directa de la segunda ley de la termodinámica (véase §3.3). Por lo tanto, debemos concluir que esta inactividad de los grados de libertad gravitatorios debió de remontarse a esos primerísimos momentos (del orden general del tiempo de Planck, $\sim 10^{-43}$ s), que solo entraron en juego de forma significativa en una fase muy posterior (considerablemente después del momento del desacoplamiento), debido a la aparición de irregularidades en la distribución de la materia.

No obstante, es razonable plantear la cuestión de si cabría esperar que la fórmula para dimensiones más altas vista antes ($D = 9$), aun si se considera que solo es válida muy poco tiempo después del Big Bang, podría conservar algún vestigio de su supuesta validez inicial incluso hasta el momento del desacoplamiento (380.000 años después del Big Bang), cuando se produjo efectivamente la radiación de CMB que observamos (véase §3.4). Esta radiación CMB posee un espectro de intensidad algo diferente del que cabría esperar en vista de la expresión para más dimensiones (véase la figura 2-25), y concuerda muy bien con la versión para $D = 3$ (véase §3.4), por lo que podemos considerar que, a medida que el universo se expandía, la versión para $D = 9$ del espectro de radiación habría cambiado por completo hasta dar lugar a la versión para $D = 3$. Lo que la curva representa es la distribución de frecuencias que alcanza la máxima entropía —es decir, la máxima aleatoriedad en los campos de materia en todos sus grados de libertad disponibles— *dada* la geometría espaciotemporal dentro de la que se encuentran. Si todas las dimensiones espaciales se hubiesen expandido a la misma velocidad, se habría mantenido el espectro con la forma de $D = 9$ y la entropía en la radiación habría permanecido más o menos constantemente en ese valor muchísimo más alto, que vendría dado por la versión para $D = 9$ de la fórmula anterior.

Sin embargo, lo que se observa ahora en la CMB es la versión para $D = 3$, y, desde el punto de vista de la segunda ley de la termodinámica (§3.3), los grados de libertad en los campos de materia debidos a las 6 dimensiones adicionales, supuestamente muy excitados, tienen que haber ido a algún sitio, lo que significa a buen seguro que irían a la activación de las 6 diminutas dimensiones espaciales adicionales, en la forma de grados de libertad gravitatorios o de materia. En cada caso, me cuesta ver la manera de lograr que esta imagen cuadre con el punto de vista de la teoría de cuerdas según el cual las 6 dimensiones adicionales se encuentran actualmente en un mínimo estable (véanse §§1.11 y 1.14). ¿Cómo es que los grados de libertad de materia altamente termalizados en el universo primigenio con 9 dimensiones espaciales pudieron de alguna manera ajustarse para dejar las 6 dimensiones adicionales en apariencia sin excitar en absoluto, como parece que exige la teoría de cuerdas? Debemos preguntarnos también qué dinámica gravitatoria podría haber producido tan enorme discrepancia en las distintas dimensiones espaciales, y cuestionar sobre todo cómo podría haber separado tan nítidamente las 6 dimensiones enrolladas y no excitadas de las 3 en expansión.

No estoy afirmando que exista una contradicción evidente en estas consideraciones, pero sí es ciertamente una imagen muy extraña que exige alguna explicación dinámica. Cabe esperar que se pueda llegar a algo más cuantitativo a partir de todo esto. El origen de tan inmenso desequilibrio entre las dos clases de dimensiones espacio-temporales es sin duda, en sí mismo, un enorme enigma para la teoría de cuerdas, y cabría también cuestionar profundamente por qué no se produjo una termalización adecuada de los grados de libertad *gravitatorios* en ese punto, en lugar de darse solo la muy curiosa imagen de los dos tipos de dimensión claramente diferenciados que la moderna teoría de cuerdas supradimensional parece exigir.

2.12. REALIDAD CUÁNTICA

Según la mecánica cuántica estándar, la información en el estado cuántico de un sistema —la *función de onda* ψ— es lo que se necesita para realizar predicciones probabilísticas de los resultados de los experimentos que pueden llevarse a cabo sobre ese sistema. Pero, como hemos visto en §2.11, la función de onda implica una libertad funcional mucho más alta que la que se manifiesta en la realidad, o al menos en la faceta de la realidad que se revela como resultado de una medición cuántica. ¿Debemos considerar que ψ representa efectivamente la realidad física? ¿O debe verse tan solo como una herramienta de cálculo para obtener las probabilidades de los resultados de experimentos que *podrían* realizarse, resultados que sí son «reales», a diferencia de la función de onda como tal?

Como se ha mencionado en §2.4, este último punto de vista formaba parte de la interpretación de Copenhague de la mecánica cuántica, y, según también varias otras corrientes de pensamiento, ψ debe entenderse como una herramienta de cálculo sin otro estatus ontológico que formar parte del estado mental del experimentalista o teórico, de manera que los resultados reales de la observación se puedan analizar probabilísticamente. Parece que esta creencia se debe en buena parte a la aversión que muchos físicos sienten por la idea de que el mundo pueda de vez en cuando «saltar» de repente de la manera aparentemente aleatoria que es característica de las reglas de la medida cuántica (véanse §§2.4 y 2.8). Recordemos el comentario descorazonador de Schrödinger en este sentido, recogido en §2.8. Como se ha señalado más arriba, la interpretación de Copenhague aboga por considerar que este salto está «solo en la mente», ya que el punto de vista de alguien sobre el mundo puede en efecto cambiar instantáneamente en cuanto aparecen nuevas evidencias sobre el mismo (el resultado real de un experimento).

En esta coyuntura, me gustaría dirigir la atención del lector hacia un punto de vista alternativo al de la escuela de Copenhague, la *teoría de De Broglie-Bohm* [De Broglie, 1956; Bohm, 1952; Bohm y Hiley, 1993], a la que me referiré aquí por el nombre con el que se la conoce comúnmente: *mecánica de Bohm*. Esta teoría ofrece una interesante ontología alternativa a la que propone (o, mejor dicho, *no* propone) la interpretación de Copenhague, y es bastante estudiada, aunque ciertamente no podría decirse que sea una teoría de moda. No afirma que existan efectos observacionales alternativos a los de la mecánica cuántica convencional, pero sí ofrece una imagen mucho más clara de la «realidad» del mundo. En pocas palabras, la imagen de Bohm presenta *dos* niveles de ontología, el más débil de los cuales viene dado por una función de onda universal ψ (denominada *onda piloto*). Además de ψ, hay una posición definida para todas las partículas, especificada por un punto particular P en un espacio de configuración $\mathcal{C}$ (como se describe en §A.6), que podemos considerar que es $\mathbb{R}^{3n}$ si suponemos que hay n partículas (escalares y distinguibles) en un espaciotiempo plano. Consideramos que ψ es una función $\mathcal{C}$ que toma valores complejos y satisface la ecuación de Schrödinger. Pero el propio punto P —esto es, las posiciones de todas las partículas— proporciona una «realidad» *más firme* en el mundo de Bohm. Las partículas tienen una dinámica bien definida que está determinada por ψ (por lo que se le debe atribuir a ψ algún tipo de realidad, aunque sea «más débil» que la que proporciona P). No hay ninguna «contrarreacción» sobre ψ por parte de las posiciones de las partículas (dadas por P). En particular, en el experimento de las dos rendijas descrito en §1.4, cada partícula atraviesa realmente una u otra rendija, pero es ψ la que tiene en cuenta la existencia del camino alternativo y guía a las partículas para que aparezca en la pantalla el patrón de difracción correcto. Por interesante que sea esta propuesta desde un punto de vista filosófico, no tiene por qué desempeñar ningún papel en este libro, habida cuenta de que sus predicciones son idénticas a las de la mecánica cuántica convencional.

Ni siquiera la interpretación de Copenhague tradicional evita en realidad la cuestión de tener que considerar que ψ es una representación verdadera de *algo* objetivamente «real», que existe en el mundo. Un argumento a favor de cierta realidad se deriva de un principio propuesto por Einstein, que lo expuso con sus colegas Podolsky y Rosen en el famoso artículo EPR al que se hace referencia en §§2.7 y 2.10. Einstein abogó por la presencia de un «elemento de realidad» en el formalismo cuántico siempre que este implicase con *certeza* alguna consecuencia medible:

> En una teoría completa existe un elemento que corresponde a cada elemento de la realidad. Una condición suficiente para que una magnitud física se considere real es la posibilidad de predecirla con certeza sin perturbar el sistema. [...] *Si, sin perturbar el sistema en modo alguno, podemos predecir con certeza (esto es, con probabilidad igual a la unidad) el valor de una magnitud física, entonces existe un elemento de realidad física correspondiente a dicha magnitud física.*

Sin embargo, el formalismo cuántico estándar contempla que, en principio, para cualquier vector de estado cuántico —por ejemplo, $|\psi\rangle$—, se pueda preparar una medición en la cual $|\psi\rangle$ es el único vector de estado que, salvo un factor de proporcionalidad, da el resultado **SÍ** con certeza. ¿Por qué es esto así? Matemáticamente, lo único que necesitamos es encontrar una medición para la cual uno de los vectores de la base ortogonal $\varepsilon_1, \varepsilon_2, \varepsilon_3, \ldots$ que se ha mencionado en

§2.8, por ejemplo ε_1, sea en realidad el vector de estado dado $|\,\psi\rangle$, y la medición se configura de tal manera que el resultado sea «**SÍ**» si se obtiene ε_1 y «**NO**» si se obtiene cualquiera de los otros vectores ε_2, ε_3, ... Este es un ejemplo extremo de una medida degenerada; véase hacia el final de §2.8. (Quienes conozcan la notación de Dirac para los operadores de la mecánica cuántica estándar —véase §2.9 [Dirac, 1930]— reconocerán esta medida como la que se obtiene mediante el operador hermítico $\mathbf{Q} = |\,\psi\rangle\,\langle\psi\,|$ para cualquier $|\,\psi\rangle$ normalizado dado, donde **SÍ** corresponde al autovalor 1 y **NO**, al 0.) La función de onda ψ (salvo por un factor complejo no nulo) estaría fijada unívocamente por el requisito de que, en esta medida, dé el resultado **SÍ** con certeza. Por lo tanto, de acuerdo con el principio de Einstein mencionado antes, concluimos que hay en efecto un argumento general a favor de la existencia de un elemento claro de realidad en *cualquier* función de onda ψ, sea la que sea.

En la práctica, sin embargo, construir el aparato de medición necesario puede resultar por completo imposible, aunque el marco general de la mecánica cuántica afirma que tal medida debería ser en principio posible. Más aún, uno tendría que conocer de antemano cómo es la función de onda ψ para saber qué medición realizar. Pero, en principio, esto se podría haber calculado teóricamente mediante la evolución de Schrödinger de algún estado medido previamente. Así pues, el principio de Einstein asigna un *elemento de realidad* a cualquier función de onda que ha sido computada mediante la ecuación de evolución de Schrödinger, esto es, mediante **U**, a partir de algún estado conocido con anterioridad («conocido» como resultado de algún experimento previo), donde se supone que la ecuación de Schrödinger (es decir, la evolución unitaria) es cierta para el mundo, al menos para los sistemas cuánticos en consideración.

Aunque para muchas ψ posibles la construcción de dicho aparato de medición puede que exceda las capacidades de la tecnología actual, hay numerosas situaciones experimentales en las que *es* perfectamente factible. En consecuencia, resultará instructivo examinar un par de situaciones simples para las cuales este es en efecto el caso. La primera es la dada por las medidas del espín de una partícula de espín $\frac{1}{2}$; o, pongamos, un átomo de espín $\frac{1}{2}$ con un momento magnético alineado con su espín. Podemos usar un aparato de Stern-Gerlach (véanse §2.9 y la figura 2-22) orientado en una dirección «←» para medir el espín del átomo en dicha dirección, y, si obtenemos el resultado **SÍ**, inferimos que su espín posee en efecto un vector de estado (proporcional a) $|\leftarrow\rangle$. Supongamos que a continuación sometemos este estado a un campo magnético conocido y que, por medio de la ecuación de Schrödinger calculamos que, transcurrido un segundo, su estado habrá evolucionado a $|\nearrow\rangle$. ¿Atribuimos una «realidad» a este estado de espín resultante? Sin duda parece razonable hacerlo, porque si rotamos el aparato de Stern-Gerlach y lo configuramos para medir ahora el espín en la dirección $\nearrow$, en ese momento obtendría con certeza un resultado **SÍ**. Esta es, desde luego, una situación muy simple, pero a todas luces se generaliza a otras de mucha mayor complicación.

Sin embargo, algo más desconcertantes son las situaciones en las que hay entrelazamientos cuánticos, y podríamos considerar varios ejemplos que exhiben efectos EPR, como los que hemos visto en §2.10. Por concreción veamos el ejemplo de Hardy, donde podemos suponer que hemos creado un estado preparado inicialmente con espín 1 y con una descripción de Majorana (§2.9) dada por $|\leftarrow\nearrow\rangle$, como se ha descrito explícitamente en §2.10. Supongo que este estado se descompone a continuación en dos átomos de espín $\frac{1}{2}$, uno de los cuales se desplaza hacia la izquierda y el otro, hacia la derecha. Hemos visto que en este ejemplo no hay una manera observacionalmente coherente de asignar estados cuánticos *independientes* a cada uno de estos dos átomos. Cualquier asignación da necesariamente resultados incorrectos para posibles mediciones del espín que podríamos decidir aplicar a los átomos de la izquierda y de la derecha. Existe ciertamente un estado cuántico posible para los dos átomos, pero es un estado *entrelazado* que afecta al *par* en su conjunto, no a cada uno de los átomos individuales. También habría una medición posible que confirma este estado entrelazado, de manera que el «ψ» de la exposición anterior tendría que ser este estado entrelazado de 2 partículas. Dicha medición podría consistir en reflejar de alguna manera el par de átomos de nuevo juntos y realizar una medición que confirme el estado original $|\leftarrow\nearrow\rangle$. Aunque esto podría ser técnicamente difícil, en principio sería posible y atribuiría un «elemento de realidad» einsteiniano al estado entrelazado del par separado. Sin embargo, no se podría conseguir simplemente midiendo los espines independientemente mediante, por ejemplo, un par de aparatos de Stern-Gerlach

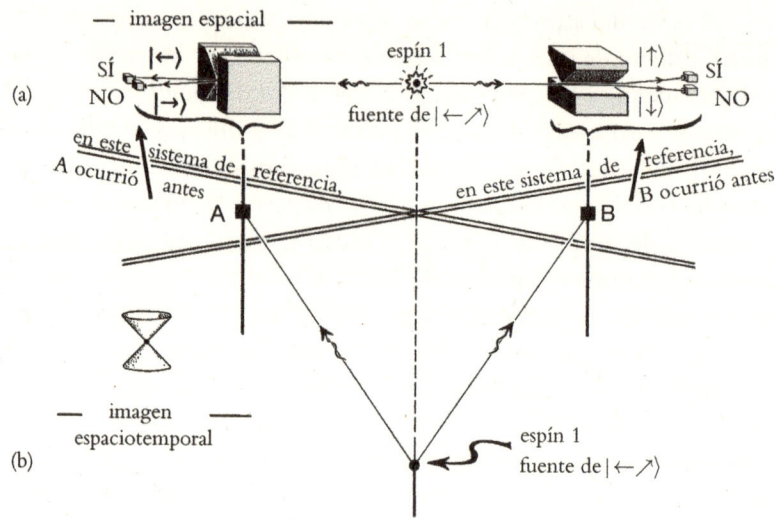

FIGURA 2-26. El experimento no local de Hardy de la figura 2-24: (a) representado espacialmente, pero tomado en conjunto con (b), donde se muestra en términos espaciotemporales, constituye un desafío para una representación espaciotemporal objetiva de la realidad.

separados (véase la figura 2-26(a)), cada uno de los cuales mediría el espín de uno de los átomos. El estado cuántico debe incluirlos a ambos, de una manera cuánticamente entrelazada.

Por otra parte, supongamos que se somete el átomo de la izquierda a una medición del espín por medio de un aparato de Stern-Gerlach de forma independiente respecto al átomo de la derecha. Esto pondría automáticamente el átomo de la derecha en un estado de espín particular. Por ejemplo, supongamos que el espín del átomo de la izquierda se mide en la dirección ← y que se obtiene una respuesta **SÍ** ($|\leftarrow\rangle$), y resulta entonces que el átomo de la derecha pasaría automáticamente a estar en el estado de espín $|\uparrow\rangle$, mientras que si la medición a que se somete el átomo de la izquierda da un resultado **NO**, el átomo de la derecha pasa automáticamente a estar en $|\leftarrow\rangle$ (con la notación empleada en §2.10). Estas curiosas consecuencias se deducen directamente de las propiedades del ejemplo de Hardy que aparece en §2.10.

En cada caso se nos garantiza que, *tras* la medición de la izquierda, el estado de espín de la derecha tiene ahora un valor definido e independiente asegurado. ¿Qué podríamos hacer para confirmarlo?

A este estado de espín declarado de la derecha se le podría al menos dotar de algún respaldo observacional mediante la debida medición de Stern-Gerlach. Sin embargo, tal medición del átomo de la derecha no demostraría que el estado de espín de la derecha posee un valor, que sería $|\uparrow\rangle$ si la medición de la izquierda hubiese dado **SÍ** y $|\leftarrow\rangle$ si hubiese registrado **NO**. La «realidad» de este estado individual de la derecha parece ahora reafirmada, esto es, $|\uparrow\rangle$ si la medición $\leftarrow$ de la izquierda obtuvo **SÍ** (y $|\leftarrow\rangle$ si dio **NO**). Supongamos que la medición $\leftarrow$ de la izquierda da en efecto **SÍ**. El resultado **SÍ** adecuado para una medición $\uparrow$ de la derecha no nos garantizaría que el estado de espín de la derecha es realmente $|\uparrow\rangle$, ya que un resultado de **SÍ** a la derecha podría haber sido obtenido por mero azar. Lo que una medición $\leftarrow$ de la derecha que obtuviese **SÍ** nos diría, sin duda, sería simplemente que el estado medido *no* era $|\downarrow\rangle$. Cualquier otro estado de espín saliente que fuese cercano a $|\downarrow\rangle$ daría una baja probabilidad de un resultado **SÍ** para esta medida $\uparrow$, y la probabilidad aumentaría cuanto más se aproximase el estado de la derecha a $|\uparrow\rangle$. Para tener un ejemplo experimental convincente de que el estado saliente de la derecha era en efecto $|\uparrow\rangle$, habría que repetir el experimento completo una cantidad enorme de veces, para ir acumulando información estadística. Si todas y cada una de las veces (cuando se obtiene un resultado **SÍ** a la izquierda) la medida $\uparrow$ de la derecha registrara **SÍ**, eso parecería respaldar la idea de que la «realidad» del estado saliente es $|\uparrow\rangle$ (según el criterio de Einstein), a pesar de tener que depender de una confirmación estadística. Al fin y al cabo, mucho de lo que sabemos en ciencia sobre la realidad del mundo tiene su origen en una confianza generada de manera estadística.

Este ejemplo ilustra otra característica de la medición cuántica. Nuestra medición $\leftarrow$ de la izquierda sirvió para «desentrelazar» el estado previamente entrelazado. Antes de que se realizase la medición de la izquierda, los dos átomos *no* podían ser tratados como si tuvieran estados cuánticos individuales, pues el concepto de «estado» solo se aplicaba al par como un todo. Pero una medición en uno de los componentes del par sirvió para «liberar al otro», y le permitió adquirir un estado cuántico propio. Esto quizá sea tranquilizador, ya que constituye un indicio de por qué los entrelazamientos cuánticos no impregnan toda nuestra existencia, impidiéndonos tratar cualquier cosa como una entidad separada.

Hay, no obstante, otra cuestión que a muchos físicos les parece justificadamente preocupante. Cuando se realiza una medición en un miembro A de un par muy separado de estados entrelazados, se plantea la cuestión de «cuándo» el otro miembro B se desentrelaza de A y consigue un estado individual propio. Si se lleva a cabo una medición independiente en el otro componente B, cabe preguntarse si es esta medición, y no la de A, la que desentrelaza el par. Si la distancia entre las partes es suficientemente grande, podemos imaginar que ambas mediciones están *separadas por un intervalo de género espacio* (véase §1.7), que (en relatividad especial) significa que son «simultáneas» en un determinado sistema de referencia. Sin embargo, en tales circunstancias habría otros sistemas de referencia en los que se consideraría que la medición A había ocurrido antes, y otros aún en los que la medición B habría sido anterior (véase la figura 2-26(b)). Dicho de otra manera, la *información* del resultado de una u otra medición viajaría aparentemente más rápido que la luz para llegar a tiempo de influir sobre el resultado de la otra. Tendríamos que entender que el par de mediciones actúa esencialmente como una entidad *no local*, formada por el estado entrelazado del par de átomos en su conjunto.

Esta (frecuente) no localidad es una de las facetas más desconcertantes y misteriosas de los estados entrelazados. Es algo sin parangón en la física clásica. Desde este último punto de vista, tendríamos un sistema con dos partes separadas, A y B, que en algún momento estuvieron juntas, y en que A podría ser capaz de comunicar a B información sobre sus experiencias posteriores, o viceversa, o ambas cosas a la vez, o bien podrían comportarse de forma completamente independiente la una de la otra tras su separación. Pero el entrelazamiento cuántico es algo diferente. Cuando A y B permanecen entrelazadas cuánticamente, *no* son independientes, pero son incapaces de usar esta «dependencia» mutua, a través del entrelazamiento, para enviarse información la una a la otra. Es esta incapacidad de enviar información real por medio del entrelazamiento lo que permite entender que este último es transmitido «instantáneamente» sin violar los postulados de la teoría de la relatividad, que prohíbe la transferencia supralumínica de información. De hecho, esta transferencia del entrelazamiento no debe considerarse «instantánea»; en realidad es «atemporal», ya que da igual pensar que tiene lugar de A a B o de B a A. Es simplemente una restricción sobre el comportamiento conjunto de A y B cuando son sometidas a mediciones independientes. (Esta «transferencia del entrelazamiento» se denomina en ocasiones *información cuántica*. También me he referido a ella como *cuanlazamiento* [*ECalR*, §23.10; Penrose, 2002: 319-331].) Volveré sobre esta cuestión en el apartado siguiente.

Pero, antes de hacerlo, me gustaría llamar la atención sobre otro argumento análogo favorable a interpretar que la función de onda posee verdadera realidad ontológica. Hace uso de una ingeniosa idea planteada por Yakir Aharonov y desarrollada por Lev Vaidmen, entre otros, que permite explorar los sistemas cuánticos de una manera distinta respecto a los procedimientos de medición convencionales esbozados en §2.8. En lugar de pensar que un estado cuántico dado es sometido a una medición que hace que pase a otro estado cuántico posterior (el procedimiento de medición normal), el procedimiento de Aharonov implica seleccionar sistemas cuyos estados inicial y final son casi ortogonales. Esto permite considerar lo que se conoce como *medidas débiles*, que no perturban el sistema. Haciendo uso de tales medios se pueden analizar características de los sistemas cuánticos que antes eran considerados inaccesibles. En particular, se puede trazar una imagen de la intensidad espacial real en una función de onda estacionaria. Los detalles de este procedimiento quedan fuera del alcance de este libro, pero merece la pena mencionarlo aquí, pues abre una vía prometedora para la exploración de muchas otras características desconcertantes de la realidad cuántica [Aharonov *et al.*, 1988; Ritchie *et al.*, 1991].

2.13. REDUCCIÓN OBJETIVA DEL ESTADO CUÁNTICO: ¿UN LÍMITE PARA LA FE CUÁNTICA?

Hasta ahora, aunque he expuesto mis descripciones desde un punto de vista en ocasiones un tanto atípico, aún no me he desviado significativamente de la fe cuántica en lo que se refiere a los resultados de los experimentos. He puesto de manifiesto algunas de sus características más desconcertantes, como el hecho de que, a menudo, hay que considerar que las partículas cuánticas están al mismo tiempo en varios lugares distintos, debido al ubicuo principio de superposición cuántica, y que, también según este principio, las partículas pueden mostrarse como ondas y estas, como compuestas por cantidades indefinidas de partículas. Más aún, cabe esperar que la inmensa mayoría de los estados cuánticos de sistemas compuestos por más de una parte estén *entrelazados*, por lo que a las partes no se las puede considerar completamente independientes entre sí.

Acepto todas estas desconcertantes facetas del dogma de la mecánica cuántica, al menos en los regímenes cubiertos por la observación actual, pues han sido confirmadas ampliamente en numerosos y precisos experimentos. Pero no me he refrenado de señalar que parece existir una inconsistencia fundamental entre los dos procedimientos básicos de la teoría cuántica, la evolución unitaria (esto es, de Schrödinger) **U** y la reducción del estado **R**, que tiene lugar durante la medición cuántica. La mayoría de quienes se dedican a la cuántica consideran esta inconsistencia como algo *aparente*, que desaparecerá una vez que se elija la «interpretación» correcta del formalismo. En §§2.4 y 2.12 ya he hecho referencia a la *interpretación de Copenhague*, según la cual al estado cuántico no se le atribuye una realidad objetiva sino meramente un estatus subjetivo como herramienta de cálculo. Sin embargo, este punto de vista subjetivo me parece muy insatisfactorio por diversos motivos que he argumentado en particular en §2.12, en el sentido de que al estado cuántico (salvo constante de proporcionalidad) se le debería reconocer un estatus ontológico genuinamente objetivo.

Otro punto de vista habitual es el de la decoherencia ambiental, según el cual se entiende que el estado cuántico de un sistema no debería considerarse como algo aislado de su entorno. Se argumenta que, en circunstancias normales, el estado cuántico de un sistema cuántico grande —por poner un ejemplo, el estado cuántico de un detector real de alguna clase— pasaría rápidamente a estar entrelazado en extremo con una gran parte del entorno que lo rodea, incluidas las moléculas del aire, la mayoría de las cuales seguirían un movimiento en efecto aleatorio, indetectable en cualquier grado de detalle, y básicamente irrelevante para la operación del sistema. En consecuencia, el estado cuántico de ese sistema (el detector) se «degradaría», y sería preferible tratar su comportamiento como si fuera simplemente un objeto clásico.

Para la descripción precisa de semejante situación, se formula un constructo matemático denominado *matriz densidad* —un ingenioso concepto introducido por John von Neumann— que permite eliminar de la descripción los grados de libertad del entorno irrelevantes al hacer una «suma sobre ellos» [Von Neumann, 1932]. Llegados a ese punto, la matriz densidad asume la función de describir la «realidad» de la situación. A continuación, gracias a un ingenioso juego de manos matemático, se permite que esta realidad se reinterprete como una mezcla probabilística de varias alternativas de entre las que se habían considerado previamente. Se considera que la *observada* como resultado de la medición es una de estas nuevas alternativas, a la que se ha asignado una probabilidad de ocurrencia correctamente calculada de acuerdo con el procedimiento estándar **R** de la mecánica cuántica, como se describe en §2.4.

Una matriz densidad representa de hecho una mezcla probabilística de diferentes estados cuánticos, pero lo hace de muchas maneras distintas al mismo tiempo. El juego de manos al que he aludido antes implica lo que he denominado un *doble cambio de ontología* [*ECalR*, final de §29.8: 1.085]. Inicialmente, se interpreta que la matriz densidad proporciona una mezcla probabilística de distintos estados del entorno «reales» alternativos. A continuación la ontología *cambia*, al atribuir «realidad» a la propia matriz densidad, lo cual permite que la libertad pase a una interpretación ontológica diferente (mediante una rotación de la base del espacio de Hilbert) en que ahora se entiende que la misma matriz densidad, desde un tercer punto de vista ontológico, describe una mezcla probabilística de los resultados alternativos de la medición. Las descripciones, normalmente dadas, suelen concentrarse en las matemáticas, prestando poca atención a la coherencia del estatus *ontológico* de las distintas descripciones. En mi opinión, *hay* algo verdaderamente significativo en la imagen de la decoherencia ambiental a través de la matriz densidad, como también hay algo notable en la manera en que funcionan las matemáticas. Pero, en cuanto a lo que sucede realmente en el mundo físico, se echa en falta algo fundamental. Para obtener una solución adecuada para la paradoja de la medición, necesitamos un cambio en la *física*, no solo tapar las grietas ontológicas con matemáticas ingeniosas. En palabras de John Bell [2004]:

> Cuando [los físicos cuánticos más confiados] admiten la existencia de alguna ambigüedad en las formulaciones habituales, suelen insistir en que la mecánica cuántica ordinaria es perfectamente váli-

da «para todo propósito práctico». Estoy de acuerdo con ellos: LA MECÁNICA CUÁNTICA ORDINARIA (hasta donde yo sé) ES PERFECTAMENTE VÁLIDA PARA TODO PROPÓSITO PRÁCTICO.

La decoherencia ambiental solo nos proporciona una imagen provisional FAPP (acrónimo sugerido por Bell para «para todo propósito válido» en inglés); puede que forme parte de la respuesta —suficiente para ir avanzando por el momento—, pero no es la respuesta definitiva. Para eso, creo que necesitamos algo mucho más profundo, que nos obligue a abandonar nuestra fe cuántica.

Si tratamos de mantener una ontología coherente al tiempo que nos aferramos devotamente a **U** a todos los niveles, llegamos inexorablemente a algún tipo de interpretación de *muchos universos*, propuesta explícitamente por primera vez por Hugh Everett III [Everett, 1957].[10] Reconsideremos la situación del gato (de Schrödinger) descrita en la última parte de §2.7 (y recordemos la figura 2-15), donde tratamos de mantener en todo momento una ontología coherente **U**. Allí, imaginábamos un fotón de alta energía, emitido por un láser L, que apunta hacia un divisor de haz M. Si el fotón pasase *a través* de M para activar el detector en A, se abriría la puerta A y el gato la atravesaría para obtener su comida en la habitación contigua. Por otra parte, si el fotón *se reflejase*, el detector en B abriría la puerta B y el gato cruzaría esta puerta para llegar a su comida. Pero M es un *divisor de haz*, no un simple espejo, por lo que el estado del fotón saldría de M, según su evolución **U**, en una *superposición* de recorrer los dos caminos MA y MB, lo que daría por resultado una superposición de que la puerta A estuviese abierta y la B cerrada con que la puerta A estuviese cerrada y la B abierta. Cabría imaginar que, de acuerdo con esta evolución **U**, un observador humano, situado dentro de la habitación donde está la comida del gato, debería percibir una *superposición* del gato apareciendo por la puerta A y el gato entrando por la puerta B. Esta sería, por supuesto, una situación absurda que nunca se ha experimentado realmente, y, además, no es así como opera **U**. En cambio,

10. Véase la nota inmediatamente posterior de J. A. Wheeler [Wheeler, 1967; también DeWitt y Graham, 1973; Deutsch, 1998; Wallace, 2012; Saunders *et al.*, 2012].

se nos presenta la imagen del observador humano que *también* se encuentra en una superposición cuántica de dos estados mentales, uno de los cuales percibe al gato entrando por la puerta A y el otro, al gato que entra por la puerta B.

Estos serían los dos «universos» superpuestos de la interpretación de Everett, y se argumenta (sin demasiada lógica, en mi opinión) que las experiencias del observador «se dividen» en dos que son coexistentes y *no* superpuestas. Mi objeción es que no veo por qué lo que llamamos «experiencias» deben estar no superpuestas. ¿Por qué un observador no debería ser capaz de experimentar una superposición cuántica? No es a lo que estamos acostumbrados, desde luego, pero ¿*por qué* no lo estamos? Se podría argumentar que sabemos tan poco sobre lo que constituye en realidad una «experiencia» humana que tenemos ciertamente derecho a especular sobre estas cuestiones en un sentido o en otro. Pero podemos sin duda cuestionar por qué habríamos de permitir que las experiencias humanas des-superpongan un estado cuántico dado en dos estados paralelos del universo en lugar de mantener solo *un* estado superpuesto, que es lo que la descripción **U** nos proporciona realmente. Recordemos los estados de espín $\frac{1}{2}$ de §2.9. Cuando consideramos que un estado de espín $|\nearrow\rangle$ es una superposición de $|\uparrow\rangle$ y $|\downarrow\rangle$, no pensamos que haya dos universos paralelos, uno con $|\uparrow\rangle$ en él y el otro con $|\downarrow\rangle$. Simplemente tenemos un universo que contiene este estado $|\nearrow\rangle$.

Además, está también la cuestión de las probabilidades. ¿Por qué debería una experiencia superpuesta de un observador humano dividirse en dos experiencias separadas, con probabilidades dadas por la regla de Born? En realidad, no entiendo bien lo que esto podría significar. Opino que la extrapolación de la evolución **U** a situaciones tan extremas como la del gato en el experimento trasciende los límites de nuestra imaginación, y que, por el contrario, situaciones de esta índole constituyen simplemente una reducción al absurdo de la aplicabilidad ilimitada de **U**. Por muy comprobadas que estén las consecuencias de la evolución **U**, aún no ha habido ningún experimento que haya alcanzado ni remotamente el nivel que se requeriría en tales situaciones.

Como ya se ha señalado en §2.7, el problema esencial es la *linealidad* de **U**. Una linealidad tan universal es sumamente inusual en las teorías físicas. En §2.6 se ha indicado que las ecuaciones clásicas de Maxwell para el campo electromagnético *son* lineales, pero debería señalarse que esta linealidad no se extiende a las ecuaciones dinámicas clásicas de un campo electromagnético junto con partículas cargadas o fluidos que interactúan con él. La total universalidad de la linealidad que exige la evolución **U** de la mecánica cuántica actual es absolutamente inaudita. Podemos asimismo recordar, de §1.1 (y §A.11), que el campo gravitatorio de Newton también satisface ecuaciones lineales, pero de nuevo esta linealidad no se extiende a los movimientos de cuerpos bajo la acción de fuerzas gravitatorias newtonianas. Quizá más pertinente para la presente cuestión sea el hecho de que en la más refinada de las teorías de gravitación de Einstein —su teoría de la relatividad general— el campo gravitatorio *en sí* es fundamentalmente *no* lineal.

Argumentaré aquí que existen en efecto poderosas razones para creer que la linealidad de la teoría cuántica actual solo puede ser *aproximadamente* cierta en el mundo real, de modo que la *fe* que tantos físicos parecen tener en la universalidad del marco general de la mecánica cuántica actual, incluida su linealidad —y, por lo tanto, su *unitariedad* **U**—, debe estar equivocada. Se suele argumentar que nunca se han observado contraejemplos para la teoría cuántica, y que todos los experimentos realizados hasta la fecha, sobre una enorme variedad de fenómenos diferentes y un rango de escalas muy considerable, han seguido ofreciendo una confirmación absoluta de la teoría cuántica, y esto incluye la evolución **U** del estado cuántico. Recordemos (§§2.1 y 2.4) que se han confirmado sutiles efectos cuánticos (entrelazamientos) a una distancia de 143 kilómetros [Xiao *et al.*, 2012]. De hecho, ese experimento de 2012 no solo confirma una consecuencia de la mecánica cuántica más sofisticada que los meros efectos EPR (tratados en §2.10), la conocida como *teleportación cuántica* [véanse Zeilinger, 2010; Bennett *et al.*, 1993; Bouwmeester *et al.*, 1997], sino que también establece que los entrelazamientos cuánticos *persisten* a tales distancias. En consecuencia, los límites de la teoría cuántica, sean los que sean, no parecen ser simplemente una cuestión de distancia física (las correspondientes a mi experimento con el gato de Schrödinger ciertamente serían menores de 143 kilómetros). No, estoy buscando un límite para la precisión de la mecánica cuántica actual en una especie de escala de otro tipo muy diferente, en la que los *desplazamien-*

tos de masa entre componentes de una superposición son significativos en un sentido muy particular.

Mis argumentos para tal limitación proceden de un choque fundamental de principios entre los de la mecánica cuántica (principalmente, la superposición lineal cuántica) y los de la teoría de la relatividad general de Einstein. Esbozaré aquí un argumento [Penrose, 1996] que data de 1996 y que está basado en el principio de covariancia general de Einstein (véanse §§A.5 y 1.7). En §4.2 menciono un argumento más sofisticado y mucho más reciente, basado en el principio básico de equivalencia de Einstein (véase §1.12).

La situación que me interesa implica una superposición cuántica de dos estados, cada uno de los cuales, considerado por separado, sería *estacionario*, lo que significa invariable en el tiempo. La idea es demostrar que, si aplicamos los principios de la relatividad general a esta situación, veremos que existe un límite específico a cuán estacionaria puede ser la superposición de los dos estados. Pero, para poder proceder con este argumento, debemos preguntarnos qué significado tiene, en mecánica cuántica, el concepto «estacionario» y tratar algunos aspectos relacionados con él. Aún no me he adentrado mucho en el formalismo de la teoría cuántica, pero antes de poder avanzar necesitaremos algo más que sus líneas generales.

Recordemos de lo dicho en §2.5 que ciertos estados cuánticos idealizados pueden tener posiciones muy bien definidas: son los *estados de posición*, dados por funciones de onda de la forma $\psi(\mathbf{x}) = \delta(\mathbf{x} - \mathbf{q})$, donde $\mathbf{q}$ es el 3-vector de posición de la ubicación espacial Q en la cual la función de onda está localizada. Menos localizados estarían los estados que surgiesen como superposiciones de varios de esos estados localizados, dados quizá por distintos 3-vectores $\mathbf{q}'$, $\mathbf{q}''$, etc. Tales superposiciones podrían incluso implicar un *continuo* de posiciones alternativas, y llenar así toda una región 3-dimensional del espacio. Un caso extremo, muy diferente de un estado de posición, sería un estado *de momento*, considerado en §2.6 y de nuevo en §2.9, representado por $\gamma(\mathbf{x}) = e^{-i\mathbf{p}\cdot\mathbf{x}/\hbar}$ para un 3-vector de momento $\mathbf{p}$, que son también estados *idealizados*, como los de posición, y tampoco poseen normas finitas; véase la parte final de §2.5. Estos se distribuyen de forma *uniforme* por todo el espacio, aunque con una fase que rota uniformemente alrededor del círculo unidad en el plano de Wessel (§A.10), a una velocidad proporcional al momento de la partícula, y tienen la dirección de $\mathbf{p}$.

Los estados de momento tienen una posición completamente indefinida y, viceversa, el momento de cualquier estado de posición está completamente indefinido. La posición y el momento son lo que se denominan variables *canónicamente conjugadas*, y, cuanto más definida está una de ellas en un estado, menos tiene que estarlo la otra, de acuerdo con el *principio de indeterminación* de Heisenberg. Esto suele expresarse así:

$$\Delta \mathbf{x} \Delta \mathbf{p} \geqslant \tfrac{1}{2}\,\hbar,$$

donde $\Delta\mathbf{x}$ y $\Delta\mathbf{p}$ son las medidas respectivas de la *indefinición* de la posición y el momento. Esto es así porque, en el formalismo algebraico de la mecánica cuántica, las variables canónicamente conjugadas pasan a ser «operadores» *no conmutativos* sobre el estado cuántico (véase la parte final de §2.8). Para los operadores $\mathbf{p}$ y $\mathbf{x}$, tenemos que $\mathbf{xp} \neq \mathbf{px}$, donde tanto $\mathbf{x}$ como $\mathbf{p}$ se comportan como una *diferenciación* con respecto al otro (véase §A.11). Sin embargo, entrar en más detalles nos llevaría más allá del ámbito técnico de este libro; véase Dirac [1930] o, para un libro más moderno y compacto sobre los fundamentos del formalismo mecanocuántico, Davies y Betts [1994]. Para una introducción básica, véase *ECalR*, capítulos 21 y 22.

En un sentido apropiado (como se deduce de los requisitos de la relatividad especial), el tiempo t y la energía E son también canónicamente conjugados, y tenemos su correspondiente principio de indeterminación de Heisenberg, que se expresa como

$$\Delta t \Delta E \geqslant \tfrac{1}{2}\,\hbar.$$

La interpretación exacta de esta relación es objeto de cierto debate. No obstante, hay un uso de esta relación aceptado generalmente, y tiene que ver con los núcleos radiactivos. En un núcleo inestable, Δt se puede interpretar como una medida de su *vida media*, y esta relación nos dice entonces que debe existir una indeterminación en la energía ΔE, o, lo que es equivalente, una indeterminación en la masa de al menos $c^{-2}\Delta E$ (de acuerdo con la fórmula $E = mc^2$ de Einstein).

Volvamos ahora a nuestra superposición de dos estados estacionarios. Un estado estacionario, en mecánica cuántica, es aquel cuya *energía* está definida con precisión, de manera que, por el principio de indeterminación de Heisenberg para el tiempo y la energía, el estado

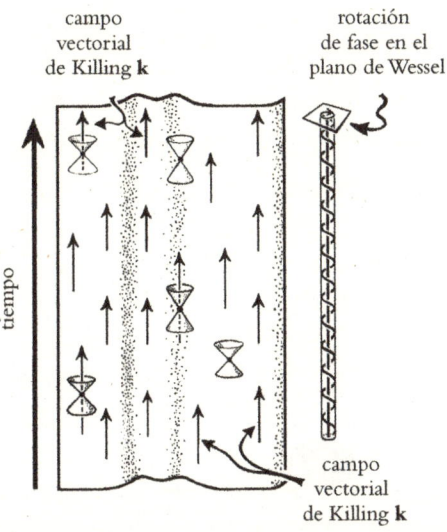

campo
vectorial
de Killing **k**

rotación
de fase en el
plano de Wessel

tiempo

campo
vectorial
de Killing **k**

Figura 2-27. Conceptos clásico y cuántico de estacionariedad. En términos espaciotemporales clásicos, un espaciotiempo estacionario posee un campo vectorial de Killing **k** de género tiempo a lo largo del cual la geometría del espaciotiempo permanece inalterada por cualquier movimiento (local) generado por **k**, y tomamos como dirección temporal la dirección de **k**. En un contexto mecanocuántico, el estado posee una energía E perfectamente definida, por lo que varía en el tiempo únicamente en una fase global $e^{Et/i\hbar}$, que rota alrededor del círculo unidad en el plano de Wessel con una frecuencia de $E/2\pi\hbar$.

debe distribuirse en el tiempo de una forma por completo uniforme, lo cual es, precisamente, una expresión de su naturaleza estacionaria (véase la figura 2-27). Además de todo esto, como sucede con un estado de momento, su fase rota uniformemente alrededor del círculo unidad en el plano de Wessel, a una velocidad proporcional al valor de la energía del estado, E; la dependencia temporal es, de hecho, de la forma $e^{Et/i\hbar} = -\cos(Et/\hbar) - i\sin(Et/\hbar)$, por lo que la frecuencia de esta rotación de la fase es $E/2\pi\hbar$.

   Analizaré aquí una situación muy básica en la que exista una superposición cuántica, en particular una superposición de dos estados, cada uno de los cuales sería estacionario si fuera considerado por separado. Por simplicidad, pensemos en una roca en una superposición de dos posiciones, dadas por los estados $|1\rangle$ y $|2\rangle$, situada sobre una superficie plana horizontal, donde ambos estados difieren únicamente en que la roca se ha movido de su posición en $|1\rangle$ a su posición en

273

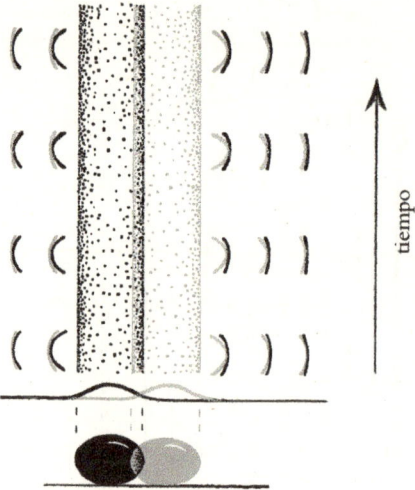

FIGURA 2-28. El campo gravitatorio de una roca en una superposición de dos posiciones desplazadas horizontalmente, representadas en negro y en gris. Se trata de una superposición de dos espaciotiempos, con aceleraciones de caída libre ligeramente diferentes, que se representan como curvas espaciotemporales negras y grises. El cuadrado integrado espacialmente de estas aceleraciones da la medida E_G del «error» que se comete al identificar los dos espaciotiempos.

$|2\rangle$ mediante un desplazamiento traslacional horizontal, de forma que, en particular, la energía E de cada estado es la misma (figura 2-28). Consideremos una superposición general

$$|\psi\rangle = \alpha|1\rangle + \beta|2\rangle,$$

donde α y β son números complejos constantes y no nulos. Se deduce que $|\psi\rangle$ es también estacionario[11] y que posee ese mismo valor bien definido de la energía E. Cuando las energías de $|1\rangle$ y $|2\rangle$ son diferentes, se da una situación nueva e interesante, que se aborda en §4.2.

En relatividad general, la estacionariedad se expresa de una manera algo diferente (aunque relacionada). Seguimos viendo un estado estacionario como aquel que es completamente uniforme en el tiem-

11. Para quienes estén familiarizados con el formalismo cuántico estándar, esto se puede ver directamente de la manera siguiente. Tomando $\mathbf{E} = (i\hbar)^{-1}\partial/\partial t$ como el operador energía, tenemos que $\mathbf{E}|1\rangle = E|1\rangle$ y $\mathbf{E}|2\rangle = E|2\rangle$, de donde $\mathbf{E}|\psi\rangle = E|\psi\rangle$.

po (aunque sin una fase global rotatoria), pero en el que la noción de tiempo no está definida de forma unívoca. El concepto general de uniformidad temporal para un espaciotiempo M se suele expresar en función de un *vector de Killing* **k** *de género tiempo*. Un vector de Killing es un campo vectorial en el espaciotiempo (véase §A.6, figura A-17), a lo largo del cual la estructura métrica del espaciotiempo permanece completamente inalterada, y el hecho de que **k** sea de género tiempo nos permite interpretar su dirección como la del *tiempo*, en un sistema de referencia relacionado; véase §A.7, figura A-29. (Normalmente, también impondríamos una restricción adicional sobre **k**, en concreto que *fuese no rotatorio*, esto es, que fuese *ortogonal a la hipersuperficie*, pero esto aquí no tiene mayor importancia.)

Ya nos habíamos encontrado antes con la idea de un vector de Killing, en §1.6 y 1.9, en relación con la teoría original 5-dimensional de Kaluza-Klein. En ella, se requería que existiese una simetría continua a lo largo de la dimensión espacial adicional, y el campo vectorial de Killing «señalaría» en la dirección de dicha simetría, de manera que todo el espaciotiempo 5-dimensional pudiera «deslizarse sobre sí mismo» en esa dirección sin cambiar su métrica geométrica. La idea del vector de Killing **k** para un espaciotiempo estacionario 4-dimensional M es parecida, aunque ahora el espaciotiempo 4-dimensional puede deslizarse sobre sí mismo en la dirección temporal de **k**, preservando su estructura métrica espaciotemporal (véase la figura A-29 en §A.7).

Esto es muy similar a la definición mecanocuántica de estacionariedad (sin la rotación de fase), pero ahora debemos considerarlo en el contexto del espaciotiempo curvo de la relatividad general. En relatividad general, el campo vectorial de Killing *no* viene simplemente «dado» como un movimiento a lo largo de un eje temporal predefinido. Por otra parte, *es* una suposición del formalismo estándar de la mecánica cuántica que esta nos proporciona una evolución temporal (con respecto a una coordenada temporal prefijada). Este es un ingrediente específico de la ecuación de Schrödinger. Se trata de una distinción que nos causará un problema fundamental cuando pasemos a considerar una superposición cuántica en un contexto de relatividad general.

Debe quedar claro que, para estar en condiciones de abordar cuestiones de relatividad general, debemos adoptar el punto de vista según el cual cada estado *individual* en consideración (aquí, los estados $|1\rangle$ y $|2\rangle$) puede tratarse adecuadamente como un objeto *clásico*, sujeto a las leyes clásicas de la relatividad general (al nivel de aproximación relevante). De hecho, si esto *no* fuera así, tendríamos ya una discrepancia con una fe en la aplicabilidad universal de las leyes de la mecánica cuántica, ya que *se observa* que el comportamiento clásico se cumple, para cuerpos macroscópicos, con un excelente grado de aproximación. Las leyes clásicas *funcionan* extraordinariamente bien para objetos macroscópicos, por lo que *si* no se pueden acomodar en los procedimientos cuánticos ya habría algo erróneo con estos últimos. Esto también tendría que valer para los procedimientos clásicos de la relatividad general, y ya hemos tomado nota, en §1.1, de la extraordinaria precisión de la teoría de Einstein —para sistemas grandes gravitacionalmente «limpios» (por ejemplo, la dinámica de estrellas binarias de neutrones). Así pues, si aceptamos que no se violan los procedimientos **U** de la mecánica cuántica, debemos aceptar también que es legítimo aplicarlos en un contexto de relatividad general, como los que se consideran aquí.

Ahora bien, la de estacionariedad de los estados individuales $|1\rangle$ y $|2\rangle$ tendría que estar descrita por vectores de Killing $\mathbf{k}_1$ y $\mathbf{k}_2$ en variedades espaciotemporales *distintas* $\mathcal{M}_1$ y $\mathcal{M}_2$ que describen los campos gravitatorios de cada uno de ellos. Los dos espaciotiempos deben en efecto ser considerados diferentes, ya que las rocas ocupan posiciones distintas respecto a la geometría ambiente de la Tierra. En consecuencia, no existe una manera inequívoca de identificar $\mathbf{k}_1$ con $\mathbf{k}_2$ (es decir, de pensar que $\mathbf{k}_1$ y $\mathbf{k}_2$ son «el mismo») y poder así afirmar la estacionariedad de la superposición. Este es un aspecto del principio de *covariancia general* de Einstein (§§A.5 y 1.7), que nos prohíbe establecer una *identificación punto a punto* significativa entre dos geometrías espaciotemporales con distinta curvatura (por ejemplo, diciendo que un punto en un espaciotiempo es el *mismo* que otro punto en el otro espaciotiempo meramente porque poseen las mismas coordenadas espaciales y temporales). En lugar de intentar resolver esta cuestión a un nivel más profundo, simplemente estimamos el *error* que se comete al tratar de identificar $\mathbf{k}_1$ y $\mathbf{k}_2$ en el límite newtoniano (dado por $c \to \infty$). (El marco de este límite newtoniano es, técnicamente, el dado por Élie Cartan [1945] y Kurt Friedrichs [1927]; véase también Ehlers [1991].)

¿Cómo obtenemos una medida de este error? En cada punto «identificado» tenemos dos aceleraciones de caída libre distintas, f_1 y f_2 (tomadas con respecto al vector de Killing ahora común, $\mathbf{k}_1 = \mathbf{k}_2$, para ambos espaciotiempos; véase la figura 2-28), que son los respectivos campos gravitatorios newtonianos locales en los dos espaciotiempos, y el cuadrado de esta diferencia, $|f_1 - f_2|^2$, se toma como la medida local de la discrepancia (o *error*) al identificar ambos espaciotiempos. Esta medida local del error se integra (esto es, se suma) sobre el espacio 3-dimensional. La medida *total* del error obtenida así es una magnitud E_G que, para la situación presente, se puede demostrar mediante un cálculo relativamente sencillo que corresponde a la energía necesaria para separar ambas instancias de la roca, originalmente coincidentes y después movidas a las ubicaciones especificadas por $|1\rangle$ y $|2\rangle$, donde solo se toma en consideración la fuerza gravitatoria existente entre ambas. Más en general, E_G sería identificada con la *autoenergía gravitatoria* de la *diferencia* entre las dos distribuciones de masa en los estados $|1\rangle$ y $|2\rangle$; para más detalles, véase Penrose [1996] y también §4.2. Lajos Diósi [1984 y 1987] propuso algo similar varios años antes, pero sin la motivación de la relatividad general. (En §4.2, se tratan con mayor detalle estas cuestiones y se expone un argumento más exhaustivo para explicar por qué E_G representa un obstáculo para la estacionariedad total de la superposición, basado en el principio de equivalencia de Einstein.)

La medida del error E_G se considera una indeterminación fundamental en la *energía* de la superposición, por lo que, aplicando el principio de indeterminación de Heisenberg para el tiempo y la energía, como se ha descrito antes para una partícula inestable, llegamos a la conclusión de que la superposición $|\psi\rangle$ es *inestable* y decaería a $|1\rangle$ o a $|2\rangle$, en una escala de tiempo media τ, del orden general de

$$\tau \approx \frac{\hbar}{E_G}.$$

Así pues, vemos que las superposiciones cuánticas no duran para siempre. Si el desplazamiento de masa entre un par de estados en una superposición fuera muy pequeño, como ha sucedido en todos los experimentos cuánticos realizados hasta la fecha, entonces la superposición tendría una vida media muy larga, según lo que acabamos de ver, y nunca se observaría un conflicto con los principios de la mecánica cuántica. Pero, cuando existiese un desplazamiento de masa significativo entre los estados, la superposición debería decaer espontáneamente a uno u otro, y esta discrepancia con los principios cuánticos básicos debería ser observable. Hasta la fecha, ningún experimento cuántico ha alcanzado el nivel al que esta discrepancia se pueda observar, pero desde hace unos años se están preparando experimentos susceptibles de alcanzarlo, y en §4.2 describiré brevemente uno de ellos. Se espera obtener resultados a lo largo de la próxima década, lo que supondría sin duda una novedad estimulante.

Incluso si los resultados de tales experimentos pusieran de manifiesto discrepancias con la fe cuántica estándar, aportando quizá respaldo observacional al criterio $\tau \approx \hbar/E_G$ de más arriba, esto distaría mucho del objetivo de una teoría cuántica extendida en la que tanto **U** como **R** surgen como excelentes aproximaciones: **U** cuando los desplazamientos de masa entre los estados superpuestos son pequeños y **R** cuando son grandes. Aun así, esto podría en efecto dar cierta medida de una *limitación* (aún sin comprobar) de la fe cuántica actual. Yo propondría que *todas* las reducciones de estados cuánticos surgen como efectos gravitatorios del tipo citado. En muchas situaciones estándar de medida cuántica, los desplazamientos de masa principales ocurrirían en el *entorno*, entrelazado con el aparato de medición, y de esta manera el punto de vista convencional de la «decoherencia ambiental» adquiriría una ontología consistente. (Esta característica clave de los modelos de colapso como el adoptado aquí fue señalada por Ghirardi, Rimini y Weber en su innovadora exposición de 1986 [Ghirardi *et al.*, 1986, 1990].) Pero las ideas van mucho más allá de esto y podrían ser puestas a prueba experimentalmente en varias propuestas activas hoy en día [Marshall *et al.*, 2003; Weaver *et al.*, 2016; Eerkens *et al.*, 2015; Pepper *et al.*, 2012; véase también Kaltenbaek *et al.*, 2016; Li *et al.*, 2011; Bedingham y Halliwell, 2014], muy probablemente a lo largo, más o menos, de la próxima década, o mediante el uso de otras ideas aún por desarrollar.

3

Fantasía

3.1. El Big Bang y las cosmologías FLRW

¿Puede realmente la *fantasía* desempeñar algún papel en nuestra comprensión física básica? Ciertamente, esto es la antítesis misma de lo que es la ciencia, y no debería incluirse en un discurso científico honesto. Sin embargo, parece que esta cuestión no se puede desechar tan fácilmente como cabría imaginar, y hay mucho en el funcionamiento de la naturaleza que parece fantástico, según las conclusiones a las que el pensamiento científico racional muestra habernos conducido a la hora de afrontar sólidos resultados observacionales. Como hemos visto, en particular en el capítulo anterior, el mundo conspira en efecto para comportarse de la manera más fantástica cuando se lo examina al nivel minúsculo en el que dominan los fenómenos cuánticos. Un solo objeto material puede ocupar varias posiciones al mismo tiempo y, como un vampiro de ficción (capaz de transformarse a voluntad en un hombre o en un murciélago), puede comportarse al parecer como una onda o como una partícula según le parezca, con un comportamiento gobernado por misteriosos números como la raíz cuadrada «imaginaria» de -1.

Más aún, en el otro extremo de la escala de tamaños volvemos a encontrar muchas cosas que nos resultan fantásticas, que incluso superan las invenciones de los escritores de ficción. Por ejemplo, colisiones de galaxias enteras, que nos hacen imaginar que se han visto arrastradas inexorablemente la una contra la otra por las distorsiones del espacio y el tiempo que crea cada una de ellas. De hecho, tales efectos distorsionadores del espaciotiempo resultan en ocasiones directamente visibles a través de la manifiesta deformación de las imágenes de galaxias muy lejanas. Asimismo, los casos más extremos de distorsión espaciotemporal que conocemos pueden dar lugar a enormes agujeros negros en el espacio: en fechas recientes se ha detectado que un par de estos agujeros se engulleron mutuamente para dar lugar a otro aún más grande [Abbott *et al.*, 2016]. Otros agujeros negros tienen la masa de muchos millones —incluso decenas de miles de millones— de soles, y son capaces de tragarse fácilmente sistemas solares enteros. Sin embargo, estos monstruos tienen dimensiones minúsculas en comparación con las propias galaxias, en cuyos centros suelen residir. A menudo, uno de estos agujeros negros revela su presencia a través de la producción de dos haces estrechamente colimados de energía y partículas materiales, que se expulsan en direcciones opuestas desde la diminuta región central de la galaxia que los aloja, a velocidades que pueden llegar al 99,5 por ciento de la de la luz [Tombesi *et al.*, 2012; Piner, 2006]. En un caso, se ha observado cómo uno de estos haces impactaba contra otra galaxia, como si se tratase de una asombrosa guerra intergaláctica.

A una escala todavía mayor, existen gigantescas regiones de algo invisible que impregna el cosmos, una sustancia completamente desconocida que parece constituir alrededor del 84,5 por ciento del contenido material de todo el universo. Y hay aún *algo más* que reina en los más remotos extremos y que arrastra todas las cosas separándolas a velocidades cada vez mayores. Estas dos entidades, a las que se ha dado respectivamente los nombres (desalentadoramente inanes) de «materia oscura» y «energía oscura», constituyen los factores principales que determinan la estructura global del universo conocido. Aún más preocupante es el hecho de que la evidencia cosmológica actual parece conducirnos a la sólida conclusión de que el universo entero que conocemos comenzó con una gigantesca explosión, antes de la cual no había nada (si es que la idea misma de «antes» tiene algún sentido cuando se aplica al origen del continuo espaciotemporal que se supone que subyace a toda realidad material). Desde luego, este concepto de un *Big Bang* es una idea fantástica.

Sí que lo es. Pero existe mucha evidencia observacional que respalda la realidad de una etapa muy temprana de la existencia de nuestro universo extraordinariamente densa y en violenta expansión, que engloba no solo todo el contenido material del universo conocido sino también el conjunto del espaciotiempo en el que toda sustancia física desarrolla ahora su existencia, y que parece extenderse infinitamente en todas direcciones. Todo lo que sabemos parece haberse creado en esta única explosión. ¿Cuál es la evidencia que respalda esta afirmación? Debemos tratar de valorar su credibilidad y de entender adónde nos conduce.

En este capítulo examinaré algunas de las ideas actuales relativas al origen del propio universo, en concreto en relación con la cuestión de cuánta fantasía puede estar justificada para explicar la evidencia observacional. En años recientes, numerosos experimentos nos han proporcionado cantidades ingentes de datos de relevancia directa para el universo muy temprano, transformando en una ciencia exacta lo que previamente había sido un conjunto de especulaciones en gran medida no comprobadas. Los más destacados fueron los satélites espaciales COBE (Cosmic Background Explorer), lanzado en 1989; WMAP (Wilkinson Microwave Anisotropy Probe), lanzado en 2001; y el observatorio espacial Planck, lanzado en 2009, que exploraron la radiación cósmica de fondo de microondas (véase §3.4) cada vez en mayor detalle. No obstante, aún quedan por responder grandes preguntas, y algunas cuestiones profundamente desconcertantes han servido para llevar a algunos cosmólogos teóricos en direcciones que sería razonable describir como particularmente fantásticas.

Cierto grado de fantasía está sin duda justificado, pero ¿se han alejado en exceso los teóricos actuales en esta dirección? En §4.3 presentaré mi respuesta, más bien heterodoxa, a muchos de estos interrogantes, con su batiburrillo de ideas en apariencia descabelladas, y esbozaré brevemente mis argumentos para que se las tome en serio. Pero en este libro me intereso más por las imágenes actualmente convencionales de las etapas más tempranas de nuestro extraordinario universo y por evaluar la verosimilitud de algunas de las direcciones hacia las que se han visto arrastrados varios cosmólogos modernos.

Para empezar, tenemos la grandiosa teoría general de la relatividad de Einstein, que, como ahora sabemos, describe con extraordinaria precisión la estructura de nuestro espaciotiempo curvo y los movimientos de los cuerpos celestes (véanse §§1.1 y 1.7). Siguiendo los primeros intentos de Einstein de aplicar esta teoría a la estructura del universo en su conjunto, el matemático ruso Alexander Friedmann fue el primero en dar, en 1922 y 1924, con las soluciones apropiadas para las ecuaciones de campo de Einstein, en el contexto de una distribución de material en expansión completamente uniforme en el espacio (homogénea e isótropa); material que se considera que puede asemejarse a un *fluido sin presión*, denominado *polvo*, que representa la distribución suave de masa-energía de las galaxias [Rindler, 2001; Wald, 1984; Hartle, 2003; Weinberg, 1972]. De hecho, desde el punto de vista observacional, esta descripción parece dar una aproximación general razonablemente buena a la suave distribución de materia en el universo, y proporciona el tensor energía **T** que Friedmann requería como término de fuente gravitatoria en las ecuaciones de Einstein $\mathbf{G} = 8\pi\gamma\mathbf{T} + \Lambda\mathbf{g}$ (véase §1.1). Los modelos de Friedmann poseen la propiedad característica de que el origen de la expansión es una *singularidad*, ahora denominada *Big Bang*, donde la curvatura del espaciotiempo empezó siendo *infinita*, y la densidad de masa-energía de la fuente material **T** diverge a infinito a medida que retrocedemos en el tiempo hacia esta singularidad espaciotemporal. (Curiosamente, el término «Big Bang», que ahora se usa universalmente, pretendía ser en sus orígenes una expresión despectiva, introducida por Fred Hoyle —ferviente defensor de una teoría rival, la del *estado estacionario*; véase §3.2— en sus charlas radiofónicas en la BBC, pronunciadas en 1950. Estas charlas también se mencionan en un contexto distinto, en §3.10, y fueron posteriormente recopiladas en un libro [Hoyle, 1950].)

De momento, supondré de modo provisional que la minúscula constante cosmológica de Einstein Λ —la fuente aparente de la expansión *acelerada* del universo que se ha mencionado antes (y en §1.1)— tiene valor *cero*. Así pues, solo habría tres casos diferentes que considerar, en función de la naturaleza de la geometría espacial cuya curvatura K puede ser positiva ($K > 0$), nula ($K = 0$) o negativa ($K < 0$). En los libros de cosmología al uso, se emplea la convención de *normalizar* el valor de K a uno de estos tres valores: 1, 0 y −1. Aquí, me resultará más fácil expresar las cosas como si K fuese un número real que describe el grado real de curvatura espacial. Podemos entender que K especifica el valor de esta curvatura espacial para algún valor canónicamente elegido del parámetro temporal t. Por ejemplo, podríamos escoger que ese valor canónico de t fuese el momento del *desacoplamiento* (véase §3.4) cuando se creó la radiación cósmica de fondo de microondas, pero la elección específica no será importante para nosotros aquí. Lo fundamental es que el *signo* de K no varía con el tiempo, de manera que el hecho de que sea positiva, negativa o cero es una característica del modelo en su conjunto, con independencia de cuál sea el «instante canónico» que se elija.

No obstante, hay que decir que el valor de K por sí solo no caracteriza por completo a la geometría espacial. Existen también versiones «plegadas» no estándar de todos estos modelos para las cuales la geometría espacial podría ser algo bastante complejo, y en algunos casos puede ser *finita* incluso cuando $K = 0$ o $K < 0$. Hay quien ha mostrado interés por estos modelos (véanse Levin [2012], Luminet *et al.* [2003] y, originalmente, Schwarzschild [1900]). Sin embargo, estos modelos no tendrán importancia para nosotros aquí, ya que la cuestión no tiene un efecto significativo sobre la mayoría de los argumentos que expondré. Al ignorar esas complicaciones topológicas, se nos presentan solo tres tipos de geometría uniforme, que el artista holandés M.C. Escher ilustra de manera muy elegante para el caso 2-dimensional; véase la figura 3-1 (y compárese con la figura 1-38 de §1.15). La situación 3-dimensional es similar.

El caso $K = 0$ es el más fácil de entender, porque las secciones espaciales son simplemente 3-espacios euclídeos ordinarios, aunque para expresar la naturaleza expansiva del modelo debemos imaginar que estas secciones euclídeas 3-dimensionales están relacionadas entre sí, de manera que se van expandiendo; véase la figura 3-2 para $K = 0$. (Esta expansión se puede entender en términos de líneas divergentes de género tiempo que representan las líneas de universo de las galaxias ideales que el modelo describe, que son las *líneas de tiempo* que veremos enseguida.) Los 3-espacios que son las secciones espaciales para $K > 0$ son solo ligeramente más difíciles de imaginar, ya que se trata de *3-esferas* (S^3), cada una de las cuales es el análogo 3-dimensional de una superficie esférica ordinaria (S^2), y la expansión del universo se expresa a través del aumento del radio de la esfera con el paso del tiempo; véase la figura 3-2 para $K > 0$. En el caso de curvatura negativa $K < 0$, las secciones espaciales poseen *geometría hiperbólica* (o *lobachevskiana*), que se describe a la perfección usando la *representación conforme* (de Beltrami-Poincaré), descrita en el caso 2-dimensional como el espacio interior a un círculo S, en un plano euclídeo, donde las «líneas rectas» de la geometría se describen como arcos de circunferencia que cortan la frontera S en ángulo recto (véanse la figura 3-2

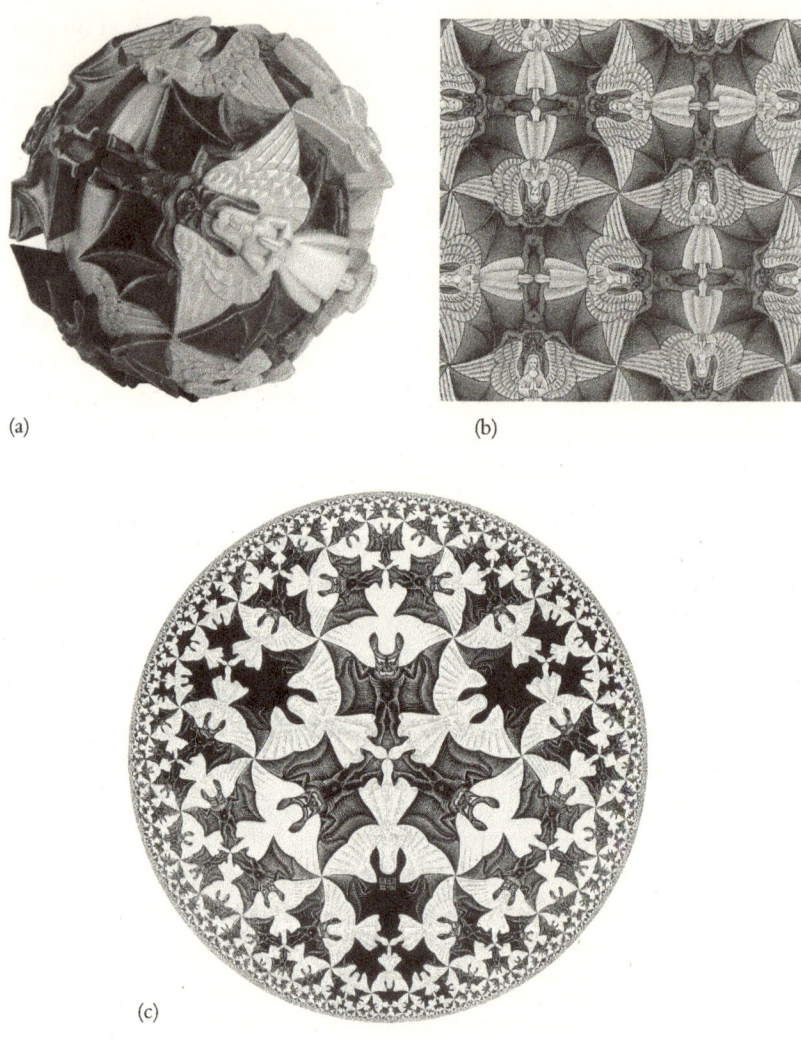

(a)   (b)

(c)

FIGURA 3-1. La manera de Escher de ilustrar, en el caso 2-dimensional, los tres tipos de geometría uniforme: (a) curvatura positiva ($K > 0$), (b) el caso plano euclídeo ($K = 0$) y (c) curvatura negativa ($K < 0$), usando la representación conforme de Beltrami de la geometría hiperbólica, también representada en la figura 1-38.

para $K < 0$ y la figura 1-38(b) en §1.15 [véanse, por ejemplo, *ECalR*: §§2.4–2.6; Needham, 1997]). La imagen de la geometría hiperbólica 3-dimensional es similar, y en ella el círculo $\mathcal{S}$ se sustituye por una esfera (una 2-esfera ordinaria) que delimita una porción (3-bola) de 3-espacio euclídeo.

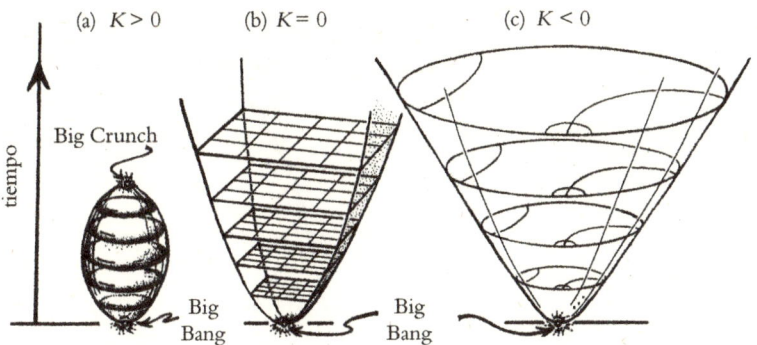

FIGURA 3-2. Los modelos cosmológicos de Friedmann con polvo, ilustrados para un valor nulo de la constante cosmológica Λ: (a) $K > 0$, (b) $K = 0$, (c) $K < 0$.

La expresión «conforme», aplicada a estos modelos, hace referencia a que la medida del ángulo que la geometría hiperbólica asigna a dos curvas en un punto de intersección es la misma que la que se le asignaría en la geometría euclídea de fondo (así, por ejemplo, los ángulos en la punta de las aletas de los peces en la figura 1-38(a) o de las alas de los diablos en la figura 3-1(c) están representados correctamente, por muy cerca que estén del círculo delimitador). Otra manera (aproximada) de expresar esto mismo es que las *formas* (aunque por regla general no los tamaños) de regiones muy pequeñas se reflejan fielmente en estas representaciones (véase también la figura A-39 en §A.10).

Como se ha indicado antes, ahora hay evidencias abrumadoras de que en nuestro universo Λ tiene un pequeño valor *positivo*, por lo que debemos considerar los correspondientes modelos de Friedmann con $\Lambda > 0$. De hecho, por pequeña que sea realmente Λ, su valor observado es, con creces, lo suficientemente grande (suponiendo que es en verdad constante, como exigen las ecuaciones de Einstein) para vencer el colapso hacia un «big crunch» que se representa en la figura 3-2(a). En cambio, en *las tres* situaciones posibles para los valores de K permitidos por la observación actual, cabe esperar que el universo se acabe entregando a una expansión *acelerada*. Con una Λ constante y positiva, la expansión del universo continuará acelerándose para siempre, lo que en última instancia da lugar a una expansión *exponencial* (véase la figura A-1 en §A.1). De acuerdo con esto, nuestras expectativas actuales para la historia completa del universo se

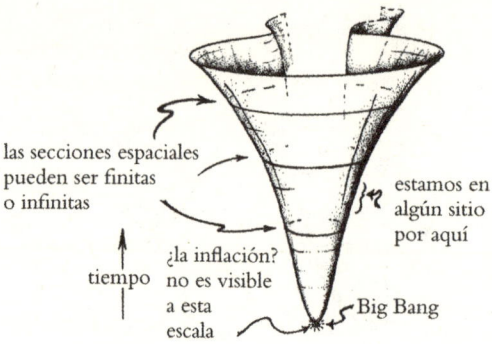

FIGURA 3-3. Representación espaciotemporal de la evolución esperada de nuestro universo, modificada para incorporar el observado $\Lambda > 0$ (suficientemente grande). La incertidumbre en el comportamiento representada en la parte posterior de la imagen pretende reflejar la incertidumbre en la geometría espacial global, que no tiene ningún efecto evolutivo significativo.

ilustran en la figura 3-3, donde la intención de la indefinición con la que se representa la parte posterior de la imagen es permitir cualquiera de las tres posibilidades de la curvatura espacial K.

Los *futuros lejanos* de todos estos modelos, para $\Lambda > 0$, incluso cuando se ven perturbados por irregularidades, son muy similares, y parecen estar bien descritos por el modelo espaciotemporal particular que ha dado en conocerse como *espacio de De Sitter*, cuyo tensor de Einstein $\mathbf{G}$ adopta la sencilla forma $\Lambda\mathbf{g}$. Este modelo fue descubierto por Willem de Sitter (y, de forma independiente, por Tullio Levi-Cività) en 1917 [véanse De Sitter, 1917*a* y *b*; Levi-Cività, 1917; Schrödinger, 1956; *ECalR*, §28.4: 1.003-1.007]. De hecho, ahora suele considerarse que ofrece una buena aproximación al futuro lejano de nuestro universo *real*, donde se espera que el tensor de energía en el futuro lejano esté completamente dominado por Λ y dé por resultado $\mathbf{G} \approx \Lambda\mathbf{g}$ en el límite futuro.

Esto, desde luego, supone que las ecuaciones de Einstein ($\mathbf{G} = 8\pi\gamma\mathbf{T} + \Lambda\mathbf{g}$) siguen siendo válidas para siempre, de manera que el valor de Λ determinado hoy en día continúa siendo una constante. En §3.9 veremos que, de acuerdo con las exóticas ideas de la cosmología inflacionaria, también se considera que el modelo de De Sitter describe el universo durante una fase muy anterior, inmediatamente posterior al Big Bang, aunque con un valor muchísimo más grande

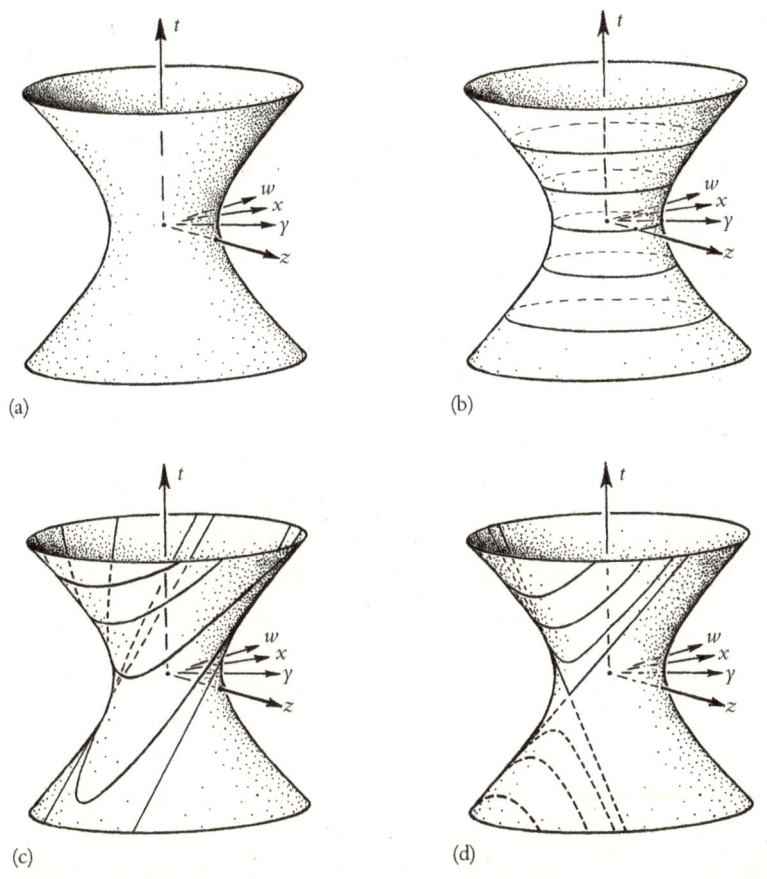

FIGURA 3-4. (a) Espacio de De Sitter, (b) con seccionamiento temporal $K > 0$ ($t =$ const.), (c) con seccionamiento temporal $K = 0$ ($t - w$ = const.), como en la cosmología de estado estacionario, y (d) con seccionamiento temporal $K < 0$ ($-w$ = const.).

de Λ. Estas cuestiones serán de considerable importancia para nosotros más adelante (sobre todo en §§3.7–3.9 y 4.3), pero por el momento no nos preocuparán demasiado.

El espacio de De Sitter es un espaciotiempo altamente simétrico, que puede describirse como una (pseudo)esfera en el 5-espacio de Minkowski; véase la figura 3-4(a). Explícitamente, surge como el lugar geométrico $t^2 - w^2 - x^2 - y^2 - z^2 = -3/\Lambda$, que obtiene su estructura métrica local a partir de la del 5-espacio de Minkowski ambiente con coordenadas (t, w, x, y, z). (Para los lectores familiarizados con la manera estándar de expresar métricas usando diferenciales, esta

5-métrica de Minkowski toma la forma $ds^2 = dt^2 - dw^2 - dx^2 - dy^2 - dz^2$.) El espacio de De Sitter es tan simétrico como el 4-espacio de Minkowski; cada uno de ellos posee un grupo de simetría de 10 parámetros. Recordemos también el hipotético espacio anti-De Sitter considerado en §1.15 (véase la nota 9 al pie en p. 156). Se trata de un espacio muy estrechamente relacionado con el de De Sitter, y que posee también un grupo de simetría de este tamaño.

El espacio de De Sitter es un modelo vacío, al ser nulo su tensor de energía $\mathbf{T}$, por lo que no posee galaxias (ideales) que definan líneas de tiempo, cuyas secciones ortogonales de 3-espacio podrían haberse utilizado para determinar 3-geometrías específicas de «tiempo simultáneo». De hecho, muy sorprendentemente, resulta que en el espacio de De Sitter podemos elegir las secciones espaciales (de tiempo simultáneo) 3-dimensionales de tres maneras fundamentalmente diferentes, por lo que se puede ver el espacio de De Sitter como un universo espacialmente uniforme en expansión, con cada uno de los tres tipos alternativos de curvatura espacial, dependiendo de la manera en que se seccione con tales 3-superficies, consideradas de tiempo cósmico constante: $K > 0$ (dada por t = const.), $K = 0$ (dada por $t - w$ = const.) y $K < 0$ (dada por $-w$ = const.); véase la figura 3-4(b)–(d). Erwin Schrödinger lo demostró con elegancia en su libro de 1956 *Expanding Universes*. El antiguo modelo del estado estacionario que veremos en §3.2 se describe mediante el espacio de De Sitter, de acuerdo con el seccionamiento $K = 0$ que se muestra en la figura 3-4(c) (y representado de modo conforme en la figura 3-26(b) de §3.5). La mayoría de las versiones de la cosmología inflacionaria (que veremos en §3.9) también utilizan este seccionamiento $K = 0$, ya que esto permite que la inflación continúe de manera uniformemente exponencial durante un tiempo indeterminado.

De hecho, con respecto a nuestro universo real a escala extremadamente grande, las observaciones actuales no indican de manera inequívoca cuál de estas geometrías espaciales podría ofrecer la imagen más adecuada. Pero, sea cual sea la respuesta definitiva, ahora parece que el caso $K = 0$ está muy cerca de ser correcto (lo cual no deja de ser llamativo en vista de la evidencia aparentemente sólida en favor de $K < 0$ que existía hacia finales del siglo xx). En cierto sentido, esta es la situación observacional menos satisfactoria, ya que, si todo lo que se puede decir es que K tiene un valor muy próximo a cero, aún no podemos estar seguros de que observaciones más refinadas (o una teoría más convincente) no señalen a otra de las geometrías espaciales (esto es, esférica o hiperbólica) como más apropiada para nuestro universo. Si, por ejemplo, apareciese finalmente una evidencia sólida en favor de $K > 0$, esto tendría verdadera importancia filosófica, ya que implicaría que el universo no es espacialmente infinito. Sin embargo, tal y como están las cosas, solo se suele afirmar que las observaciones nos dicen que $K = 0$. Esta puede ser una muy buena aproximación, pero en cualquier caso no sabemos cuán cerca de una efectiva homogeneidad e isotropía podría estar el universo en su totalidad, particularmente en vista de determinadas señales opuestas en las observaciones del CMB [por ejemplo, Starkman *et al.*, 2012; Gurzadyan y Penrose, 2013 y 2016].

Para completar la imagen del conjunto del espaciotiempo, de acuerdo con los modelos de Friedmann y sus generalizaciones, necesitamos saber cómo evolucionaría en el tiempo el «tamaño» de la geometría espacial, desde el mismo principio. En los modelos cosmológicos estándar, como el de Friedmann —o sus generalizaciones conocidas como modelos de *Friedmann-Lemaître-Robertson-Walker* (FLRW), todos los cuales tienen secciones espaciales homogéneas e isótropas, y en las que todo el espaciotiempo comparte la simetría de estas secciones—, existe una bien definida noción de *tiempo cósmico t* para describir la evolución del modelo de universo. Este tiempo cósmico es la medida del tiempo, empezando con $t = 0$ en el Big Bang, que se obtendría de un reloj ideal que siguiese las líneas de universo de las galaxias ideales; véase la figura 3-5 (y la figura 1-17 en §1.7). Me referiré a estas líneas de universo como las *líneas de tiempo* del modelo FLRW (que en los textos de cosmología también se conocen como líneas de universo de los *observadores fundamentales*). Las líneas de tiempo son las curvas geodésicas ortogonales a las secciones espaciales, que son las 3-superficies de *t* constante.

El caso del espacio de De Sitter es algo anómalo a este respecto, porque, como se ha mencionado antes, está vacío en el sentido de que $\mathbf{T} = \mathbf{0}$ en las ecuaciones $\mathbf{G} = 8\pi\gamma\mathbf{T} + \Lambda\mathbf{g}$ de Einstein, por lo que no hay líneas de universo de materia que proporcionen líneas de tiempo o, por lo tanto, definan geometrías espaciales, y en consecuencia tenemos la opción, localmente, de entender que el modelo describe un universo con $K > 0$, $K = 0$ o $K < 0$. Sin embargo, en conjunto, las tres

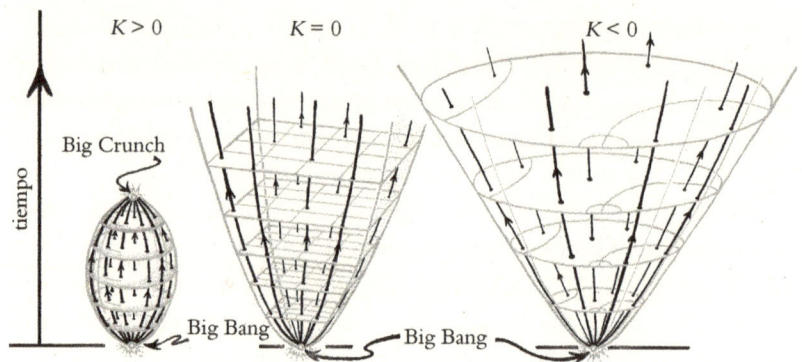

Figura 3-5. Los modelos de Friedmann de la figura 3-2, a los que se les han incorporado líneas de tiempo (líneas de universo de galaxias ideales).

situaciones son diferentes, ya que, como se puede observar en la figura 3-4(b)–(d), en cada caso está cubierta por el seccionamiento una porción diferente de todo el espacio de De Sitter. En las exposiciones que siguen, supondré que **T** es no nulo, lo que da una densidad positiva de energía de la materia, de manera que las líneas de tiempo están bien definidas, como también lo están, para cada valor de t, las 3-superficies de género espacio de tiempo constante, tal y como se muestra en la figura 3-2.

En el caso de curvatura espacial positiva, $K > 0$, para un universo de Friedmann estándar con polvo, podemos utilizar el radio R de las secciones espaciales de 3-esfera para caracterizar el «tamaño», y examinarlo como función de t. Cuando $\Lambda = 0$, tenemos una función $R(t)$ que describe una *cicloide* en el plano (R, t) (tomando la velocidad de la luz como $c = 1$), cuya sencilla descripción geométrica es: la curva que traza un punto de la circunferencia de un aro circular (de diámetro fijo igual al valor máximo R_{max} que alcanza $R(t)$) al rodar a lo largo del eje t (véase la figura 3-6(b)). Adviértase que (transcurrido un tiempo dado por πR_{max}) el valor de R toma de nuevo el valor 0, que tenía en el Big Bang, de manera que el modelo entero del universo (con $0 < t < \pi R_{max}$) implosiona en un segundo estado singular, que se suele denominar *Big Crunch*.

En los casos restantes, $K < 0$ y $K = 0$ (y $\Lambda = 0$), el modelo del universo se expande indefinidamente y no se produce un Big Crunch. Para $K < 0$ existe cierto concepto de «radio», análogo a R, pero, para $K = 0$, solo podemos elegir un par arbitrario de líneas de universo de

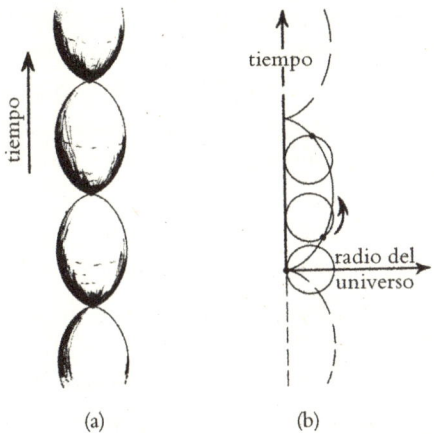

(a) (b)

FIGURA 3-6. (a) Modelo de Friedmann oscilante ($K > 0, \Lambda = 0$); (b) su radio en función del tiempo es una cicloide.

galaxias ideales y tomar como R su separación espacial. En el caso $K = 0$, la velocidad de expansión tiende a cero asintóticamente, pero alcanza un valor límite positivo en el caso de $K < 0$. Como las observaciones actuales llevan a pensar que Λ es en realidad positivo y de una magnitud lo suficientemente grande para dominar, en última instancia, la velocidad de expansión, el valor de K deja de ser importante para la dinámica, y el universo se entrega finalmente a la expansión acelerada que se ha indicado en la figura 3-3.

En los primeros tiempos de la cosmología relativista, el modelo con K positivo (y $\Lambda = 0$) solía denominarse *modelo oscilante* (figura 3-6(a)), puesto que la curva cicloide continúa indefinidamente si permitimos que el aro rodante dé más de una vuelta completa (la línea discontinua en la figura 3-6(b)). Cabría imaginar que los ciclos repetidos continuamente de la cicloide podrían representar sucesivos ciclos del universo real, en los que, a través de algún tipo de rebote, cada implosión que experimenta el universo se transforma de alguna manera en una expansión. Una posibilidad similar se da con los casos $K \leqslant 0$, en que podemos imaginar una fase anterior de implosión del espaciotiempo, idéntica a la inversión temporal de la fase de expansión, cuyo Big Crunch coincide con el Big Bang de lo que consideraríamos la fase actual de expansión del universo. De nuevo, tendríamos que imaginar algún tipo de rebote que de alguna manera sea capaz de convertir la implosión en una expansión.

Sin embargo, para que esto sea físicamente verosímil, debe proponerse algún esquema matemático creíble, que sea compatible con el conocimiento y los procedimientos físicos actuales, y capaz de incorporar dicho rebote. Por ejemplo, podríamos imaginar que alteramos las ecuaciones de estado que Friedmann adoptó para describir la distribución global de materia de sus «galaxias suavizadas». Friedmann usó una aproximación denominada *polvo*, en la que se entiende que no hay interacción (aparte de la gravitatoria) entre las «partículas» integrantes (esto es, las «galaxias»), cuyas líneas de universo son líneas de tiempo. Un cambio en las ecuaciones de estado puede alterar de manera considerable el comportamiento de $R(t)$ cerca de $t = 0$. De hecho, lo que parecería ser una aproximación mejor que el polvo de Friedmann, cerca del Big Bang, es la ecuación de estado que usó posteriormente el físico matemático y cosmólogo estadounidense Richard Chace Tolman [1934]. En los modelos (FLRW) de Tolman, la ecuación de estado que adoptó fue la de *pura radiación*. Puede esperarse que esto dé una buena aproximación al estado de la materia en el universo muy primitivo, cuando las temperaturas llegan a ser tan altas que la energía por partícula excede con creces la energía $E = mc^2$ correspondiente a la masa m de las más masivas de las partículas probablemente presentes justo después del Big Bang. En el esquema de Tolman, en el caso $K > 0$, la forma de la curva $R(t)$ no es un arco de cicloide, sino (aplicando los factores de escala apropiados a R y a t) un *semicírculo* (figura 3-7). En el caso del polvo, podríamos haber recurrido a la *extensión analítica* (véase §A.10) para justificar la transición del Crunch al Bang, ya que podemos efectivamente evolucionar desde un arco de la curva cicloide al siguiente a través de tales medios matemáticos. Pero, en el caso del semicírculo de la pura radiación de Tolman, el procedimiento de la extensión analítica simplemente completaría el semicírculo hasta trazar un círculo, lo cual no tiene ningún sentido si lo que buscamos en este procedimiento es una manera de obtener el rebote, lo que permitiría la extensión hacia valores negativos de t.

Para que un rebote se produzca solo mediante un cambio en la ecuación de estado, se necesitaría algo mucho más radical que la radiación de Tolman. Algo importante que tener en cuenta es que, para que el rebote se produzca mediante una transición no singular, en la que exista en todo momento un espaciotiempo suave y donde la

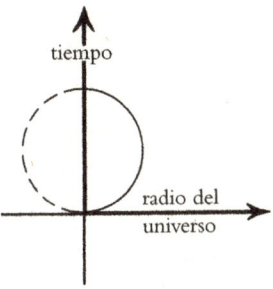

FIGURA 3-7. En el modelo de Tolman lleno de radiación ($K > 0$, $\Lambda = 0$), el radio en función del tiempo se puede representar como un semicírculo.

simetría espacial del modelo se conserve, entonces las líneas de tiempo convergentes de la fase de implosión deben convertirse en líneas divergentes en la posterior fase de expansión, a lo largo del cuello que conecta una fase con la siguiente. Para que este cuello sea suave (no singular), el paso de esta convergencia extrema de las líneas de tiempo a una divergencia extrema solo se puede lograr mediante la presencia de una enorme curvatura en el cuello, de carácter muy repulsivo, que contradice violentamente las condiciones estándar de energía positiva que satisfaría la materia clásica ordinaria (véanse §§1.11, 3.2 y 3.7; Hawking y Penrose [1970]).

Por este motivo, no cabe esperar que haya algunas ecuaciones clásicas razonables que nos den un rebote en el contexto de los modelos FLRW, y debe plantearse la cuestión de si con las ecuaciones de la mecánica cuántica correremos mejor suerte. Debemos tener en cuenta que, cerca de la singularidad clásica de FLRW, las curvaturas espaciotemporales se hacen infinitamente grandes. Si describimos tales curvaturas mediante el radio de la curvatura, este radio (como magnitud inversa de una medida de la curvatura) se haría pequeño en la misma medida. Siempre y cuando sigamos empleando los conceptos de la geometría clásica, los radios de curvatura espaciotemporal se harán infinitamente pequeños cerca de la singularidad clásica, llegando a serlo más incluso que la escala de Planck de ~10^{-33} cm (véanse §§1.1 y 1.5). Consideraciones relacionadas con la gravedad cuántica llevan a la mayoría de los teóricos a predecir que a esta escala tendrían que producirse desviaciones drásticas respecto a la imagen normal del espaciotiempo como una variedad suave (aunque en §4.3 expondré un argumento muy distinto en relación con esta cuestión). Tanto si esto es así como si no, no es descabellado esperar que los procedimientos de la relatividad general tengan necesariamente que ser modificados para encajar con los de la mecánica cuántica en los alrededores de una geometría espaciotemporal tan violentamente curva. Es decir, que parece necesaria alguna teoría de la *gravedad cuántica* adecuada para hacer frente a las situaciones en que los procedimientos clásicos de Einstein conducen a una singularidad (pero compárese esto con §4.3).

Se ha argumentado habitualmente que existe un precedente al respecto. Como se ha señalado en §2.1, a principios del siglo xx hubo un problema grave con la imagen clásica del átomo, ya que la teoría parecía predecir que los átomos deberían implosionar catastróficamente a un estado singular, con los electrones cayendo en barrena hacia los núcleos (con una ráfaga de radiación), y fue necesario introducir la mecánica cuántica para resolver la cuestión. ¿Acaso no deberíamos esperar algo parecido para el catastrófico colapso de todo un universo: que los procedimientos de la mecánica cuántica podrían llevarnos a la resolución del asunto? El problema es que, incluso en la actualidad, no existe ninguna propuesta de gravedad cuántica que sea aceptada generalmente. Más grave es que la mayoría de las propuestas que se han planteado no resuelven en realidad el problema de la singularidad, y siguen existiendo singularidades incluso en la teoría cuantizada. Hay algunas excepciones notables, en las que se sostiene que se produce un rebote cuántico no singular [Bojowald, 2007; Ashtekar *et al.*, 2006], pero tendré que volver sobre este asunto en §§3.9 y 3.11 (y también en §4.3), donde argumento que este tipo de propuesta en realidad no aporta mucha esperanza de resolver el problema de la singularidad para nuestro universo real.

Una posibilidad por completo diferente para evitar la singularidad surge de la expectativa de que pequeñas desviaciones respecto a una simetría exacta, presentes en un universo en implosión, probablemente se amplificarían muchísimo a medida que se acercase el Big Crunch, hasta que, en las proximidades del estado plenamente colapsado, un modelo FLRW dejaría de ser una buena aproximación para la estructura del espaciotiempo. Muchos habían expresado la esperanza de que, por lo tanto, la singularidad que se manifestaba en los modelos FLRW pudiese ser espuria, y que en una situación asimétri-

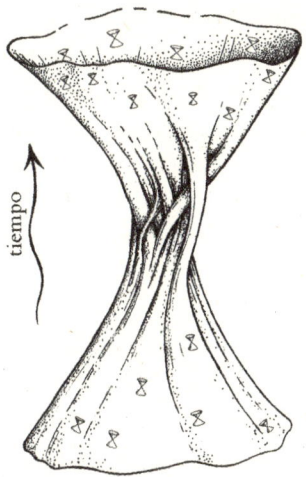

Figura 3-8. Un hipotético universo con rebote, donde se supone que la extrema irregularidad permite una transición sin singularidad de la implosión a la expansión.

ca más general tales singularidades espaciotemporales clásicas simplemente no se producirían, lo que dio pie a la expectativa de que un universo general en implosión podría, a través de alguna compleja geometría espaciotemporal intermedia (véase la figura 3-8), surgir en un estado en expansión irregular. Hasta el propio Einstein trató de argumentar en esta línea, de manera que se pudiesen evitar las singularidades y se produjese un rebote tras una implosión irregular [Einstein, 1931; Einstein y Rosen, 1935], o que los movimientos orbitales de los cuerpos evitarían de alguna manera la implosión singular final [Einstein, 1939].

Se argumentaba que tras una implosión casi singular (pero supuestamente no singular) cabía esperar que el estado que surgiese, a su vez, mediante un posterior planchado de las irregularidades, se aproximaría mucho y enseguida a un modelo FLRW en expansión, como se indica en la figura 3-8. De hecho, análisis detallados realizados en 1963 por dos físicos teóricos rusos, Yevgueni Mijáilovich Lífshits e Isaak Márkovich Khalátnikov [Lífshits y Khalátnikov, 1963], parecieron demostrar que *no* surgirían singularidades en situaciones generales, respaldando así la validez de un rebote no singular del tipo que acabo de describir. La pretensión, por lo tanto, era que en la relatividad general las singularidad espaciotemporales que se producían en una implosión gravitatoria —como las que aparecen en soluciones exactas conocidas tales como el modelo de Friedmann en implosión y otros modelos FLRW— surgen solo porque estas soluciones conocidas poseen características especiales no realistas, tales como simetrías exactas, de manera que tales singularidades no persistirían al introducir perturbaciones generales asimétricas. Sin embargo, esto resultó *no* ser correcto, como veremos en el apartado siguiente.

3.2. AGUJEROS NEGROS E IRREGULARIDADES LOCALES

En 1964, había empezado a reflexionar en serio sobre el problema estrechamente relacionado de la implosión gravitatoria más local de una estrella, o de un conjunto de ellas: lo que ahora conocemos como un *agujero negro*. La idea de un agujero negro circulaba entre bastidores desde que en 1930, cuando tenía diecinueve años, el extraordinario astrofísico indio Subrahmanyan Chandrasekhar demostrase [véanse Wali, 2010; Chandrasekhar, 1931] que existe un límite —de aproximadamente 1,4 veces la masa del Sol— para la masa que puede llegar a tener una estrella enana blanca sin que implosione catastróficamente bajo su propia atracción gravitatoria. Una enana blanca es una estrella muy compacta. Una de las primeras que se descubrió fue la desconcertante compañera de la estrella más brillante del firmamento, Sirius. Su diminuta compañera, Sirius B, posee una masa aproximadamente igual a la del Sol, pero su diámetro no es mayor que el de la Tierra, cuyo volumen es 10^6 veces menor que el del Sol. Semejante enana blanca básicamente habría agotado sus reservas de combustible nuclear y se sustentaría tan solo por lo que se denomina *presión de degeneración electrónica*. Esta presión se debe al principio de exclusión de Pauli (véase §1.14), aplicado a los electrones, que tiene el efecto de impedir que estos se apelotonen demasiado. Chandrasekhar demostró que, si se supera esa masa límite, se produce una obstrucción fundamental a la eficacia de este proceso a medida que los electrones empiezan a moverse a velocidades cercanas a la de la luz, de forma que, cuando la estrella se enfría lo suficiente, este mecanismo no es capaz de impedir que continúe la implosión.

Puede darse un estado todavía más condensado, en el cual la implosión a veces puede detenerse mediante lo que se denomina *presión de degeneración neutrónica*, en la que los electrones se aplastan contra los protones para formar neutrones, y el principio de exclusión de Pauli actúa entonces sobre estos neutrones [Landau, 1932]. De hecho, se han observado muchas de estas *estrellas de neutrones*, cuya densidad alcanza un valor extraordinario, comparable (o en ocasiones superior) a la del propio núcleo atómico, y en las que una masa poco mayor que la del Sol se concentra en una esfera de un radio tan pequeño como unos diez kilómetros (esto es, en un volumen más de 10^{14} veces menor que el del Sol). Las estrellas de neutrones suelen acarrear enormes campos magnéticos y pueden girar a gran velocidad. Los efectos de estos campos magnéticos rotatorios sobre el material local con carga generan señales electromagnéticas que pueden detectarse en la Tierra, incluso a más de 10^5 años luz de distancia, como el blip-blip-blip de un púlsar. Pero de nuevo existe un límite —el *límite de Landau*, como el de Chandrasekhar— para la masa que puede llegar a tener una estrella de neutrones. Aún hay cierta incertidumbre en torno al valor exacto de este límite, pero es improbable que sea muy superior a dos masas solares. La estrella de neutrones más masiva descubierta hasta la fecha (cuando escribo esto), un púlsar en órbita cercana de una enana blanca (con un periodo de dos horas y media), que forma el sistema J0348+0432, parece tener, en efecto, una masa que es el doble que la del Sol.

Con respecto a los procesos físicos locales, tal y como se interpreta actualmente la teoría, no hay ninguna manera de detener la implosión de una versión más masiva de un cuerpo tan altamente comprimido. Pero se observan numerosas estrellas —y conjuntos concentrados de estrellas— mucho más masivas, y surgen preguntas fundamentales sobre cuál pueda ser su destino final cuando la implosión gravitatoria acabe finalmente imponiéndose sobre tales entidades, como sucederá cuando una estrella muy grande agote su combustible nuclear. En las modestas palabras de Chandrasekhar, en su revolucionario artículo de 1934 sobre el asunto:

> La historia vital de una estrella de masa pequeña debe ser esencialmente diferente de la de una de masa grande. Para la primera, la fase natural de enana blanca es un paso inicial hacia su completa extinción. Una estrella de gran masa > la masa crítica m no puede pasar a la fase de enana blanca, y solo cabe especular con otras posibilidades.

Por otra parte, muchos otros continuaron siendo escépticos. Muy en particular, el distinguido astrofísico británico (sir) Arthur Eddington [1935], quien comentó:

> La estrella debe seguir irradiando e irradiando y contrayéndose cada vez más, hasta que, supongo, alcance un radio de unos pocos kilómetros, cuando la intensidad de la gravedad sea suficiente para retener la radiación y la estrella pueda al fin encontrar la paz. [...] ¡Creo que debería existir una ley de la naturaleza que evitase que una estrella se comportase de esta manera tan absurda!

Esta cuestión suscitó particular interés a principios de los años sesenta, y sobre ella había hecho especial hincapié el distinguido físico estadounidense John Archibald Wheeler, en gran medida a causa del descubrimiento en 1963, por parte del astrónomo holandés Maarten Schmidt, del primer *cuásar* (como tales objetos pasarían a conocerse posteriormente), 3C-273. Desde la distancia sin duda grande que lo separa de nosotros (determinada por medio de mediciones del desplazamiento hacia el rojo), el brillo intrínseco de este objeto se juzgó extraordinario, más de 4×10^{12} veces mayor que el del Sol, de manera que la energía que emite es alrededor de cien veces la emisión total de energía de toda la Vía Láctea. Junto con su tamaño relativamente pequeño —comparable al de nuestro sistema solar, lo que se podría deducir de las claras y rápidas variaciones en la energía que emitía a lo largo de periodos de unos pocos días—, esta extraordinaria emisión de masa-energía llevó a los astrónomos a la conclusión de que el objeto central responsable de dichas emisiones tendría que poseer una masa enorme aunque sumamente compacta, comprimida incluso hasta un tamaño tan pequeño como su propio *radio de Schwarzschild*. Este radio crítico, para un cuerpo de simetría esférica y masa m, tiene el valor

$$\frac{2\gamma m}{c^2},$$

donde γ es la constante gravitatoria de Newton y c es la velocidad de la luz.

No están de más aquí unas palabras explicativas sobre este radio, relacionado con la conocida *solución de Schwarzschild* de las ecuaciones de Einstein (**G = 0**; véase §1.1) para el campo gravitatorio del vacío alrededor de un cuerpo masivo estático y con simetría esférica (una estrella ideal). Esta solución la descubrió el físico y astrónomo alemán Karl Schwarzschild muy poco tiempo después de que Einstein hubiese terminado de formular su teoría general a finales de 1915 (y muy poco antes de que el propio Schwarzschild muriese trágicamente como consecuencia de una rara enfermedad que contrajo en el frente ruso en la Primera Guerra Mundial). Si imaginamos que el cuerpo que implosiona lo hace de forma simétrica y que la solución de Schwarzschild continúa hacia dentro de forma única de acuerdo con esto, como de hecho exigen las ecuaciones, entonces la expresión en coordenadas para la métrica tiene una singularidad en el radio de Schwarzschild, y la mayoría de los físicos (incluido Einstein) pensaron que la geometría real del espaciotiempo se volvería necesariamente singular en su estructura en este lugar.

Sin embargo, tiempo después se tomó conciencia de que el radio de Schwarzschild *no* es una singularidad espaciotemporal, sino que se trata del radio para el cual la materia (esféricamente simétrica) en implosión se convertiría, al alcanzarlo, en lo que ahora conocemos como un agujero negro. Cualquier objeto esférico comprimido hasta su radio de Schwarzschild implosionaría irremisiblemente y desaparecería con rapidez de la vista. Se argumentó que las emisiones de energía detectadas en 3C-273 tendrían que proceder de los violentos procesos asociados con tal implosión gravitatoria en regiones externas limítrofes con el radio de Schwarzschild. Tanto las estrellas como otras clases de material se deformarían y se calentarían extraordinariamente en los violentos procesos que tendrían lugar antes de ser por fin engullidos por el agujero.

La implosión gravitatoria hacia un agujero negro, en condiciones de simetría esférica exacta, se asemeja considerablemente a la situación que se da con los modelos de Friedmann, al existir una solución exacta conocida de las ecuaciones de Einstein —debida esta vez a Oppenheimer y Snyder en 1939— que proporciona una imagen geométrica espaciotemporal completa de tal implosión en el caso de simetría esférica. El tensor energía **T** para la materia en implosión es de nuevo el del polvo de Friedmann. De hecho, la parte «de materia» de su solución es exactamente una porción de un modelo de Friedmann con polvo (como parte de un universo en implosión). En la solución de Oppenheimer-Snyder, hay una distribución de materia (polvo) con simetría esférica que implosiona hasta alcanzar y superar el radio de Schwarzschild, lo que lleva a una singularidad espaciotemporal en el centro, donde la densidad de la materia en implosión —y también la curvatura del espaciotiempo— es infinita.

El propio radio de Schwarzschild resulta ser una singularidad solo en las coordenadas de tipo estático que usó el científico alemán, aunque durante mucho tiempo se pensó de modo erróneo que se trataba de una verdadera singularidad física. Curiosamente, parece que la primera persona en darse cuenta de que el radio de Schwarzschild es solo una singularidad de coordenadas, y que es posible extender suavemente la solución a través de esta región hasta llegar a una singularidad real en el centro, pudo ser, en 1921, el matemático Paul Painlevé, quien había sido brevemente primer ministro de Francia en 1917 y que lo volvería a ser en 1925 [Painlevé, 1921]. Sin embargo, parece que su conclusión teórica tuvo poco eco entre la comunidad de la relatividad, y, de hecho, por aquel entonces había una gran confusión sobre cómo debía interpretarse la teoría de Einstein. Unos años después, en 1932, el abate Georges Lemaître demostró explícitamente que la materia en caída libre podía atravesar este radio sin encontrar una singularidad [Lemaître, 1933]. Mucho tiempo después, en 1958, David Finkelstein ofreció una descripción más sencilla de esta geometría [Finkelstein, 1958], utilizando una forma de la métrica de Schwarzschild que, curiosamente, había sido descubierta mucho tiempo antes, en 1924, por el propio Eddington para un propósito diferente [Eddington, 1924], sin relación con la implosión gravitatoria.

La superficie definida por el radio de Schwarzschild se conoce ahora como un *horizonte de sucesos* (absoluto). Por razones que quedarán más claras enseguida, los objetos materiales pueden caer hacia dentro de este radio, pero una vez dentro no pueden escapar. Una cuestión que se suscita es si la introducción de desviaciones respecto a una simetría esférica exacta y/o el uso de ecuaciones de estado más generales que el polvo sin presión que Oppenheimer y Snyder utilizan aquí podría permitir que la implosión evitase llegar a un estado singular, y se pudiera imaginar una configuración intermedia muy compleja —aunque realmente *no* singular— a través de la cual la implosión podría «rebotar», para acabar convirtiéndose en una expansión irregular de material, formado a partir de la materia que cayó dentro inicialmente.

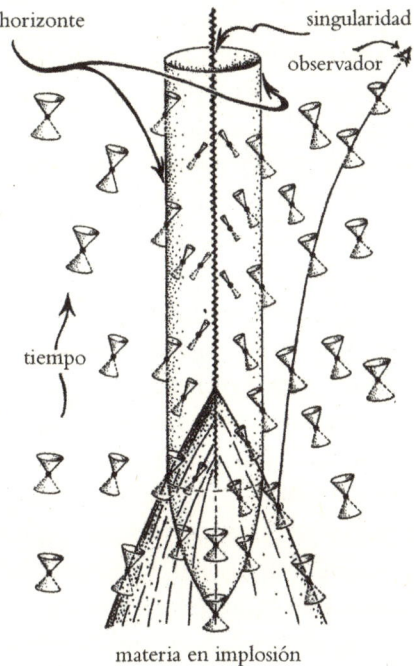

horizonte   singularidad

observador

tiempo

materia en implosión

FIGURA 3-9. Imagen espaciotemporal estándar de la implosión gravitatoria hacia un agujero negro. Un observador situado fuera del horizonte no puede ver los sucesos que tienen lugar dentro de él.

La descripción espaciotemporal del modelo de Oppenheimer-Snyder se ilustra en la figura 3-9 (donde se ha omitido una dimensión espacial). Los aspectos clave de la geometría vienen dados por los conos nulos (véase la figura 1-18(b)), que obligan a que toda propagación de información se produzca en su interior (véase §1.7). Esta imagen se basa en la descripción dada por Finkelstein y mencionada antes [Finkelstein, 1958]. Fijémonos en que la presencia del material en implosión altamente concentrado da como resultado que los conos estén sustancialmente deformados hacia el interior, y en un grado cada vez mayor a medida que nos acercamos al centro, de manera que, llegados a cierto radio, los bordes externos de los conos futuros se vuelven verticales en la imagen y las señales dentro de este radio son incapaces de escapar al mundo exterior. Este es, de hecho, el radio de Schwarzschild de la implosión. Podemos establecer a partir de la figura que el material implosionante puede atravesar este radio pero, una vez que lo hace, pierde la capacidad de comunicarse con el exterior. En el centro, tenemos la singularidad del espaciotiempo, donde las curvaturas espaciotemporales *efectivamente* divergen al infinito, y el material en implosión alcanza una densidad infinita. Todas las líneas de universo (de género tiempo), una vez que han cruzado al interior del radio de Schwarzschild, tanto si se encuentran dentro del material implosionante como si siguen su estela, acaban en la singularidad. ¡No hay escapatoria!

Se plantea aquí una cuestión de interés, relativa a la comparación con la teoría de Newton. Se ha señalado a menudo que ese mismo radio tiene también importancia en la gravedad newtoniana, como hizo notar, ya en 1783, el científico británico John Michell [1783]. El reverendo Michell había llegado precisamente al valor del radio de Schwarzschild por medio de la teoría de Newton, basándose en la idea de que la luz emitida desde el interior de esa superficie a la velocidad de la luz volvería a caer y no lograría escapar. Con eso Michell demostró ser extraordinariamente clarividente, pero su conclusión puede ser puesta seriamente en duda ya que, en la teoría de Newton, la velocidad de la luz no es constante y se podría argumentar que, para un cuerpo newtoniano de ese tamaño, la velocidad de la luz sería mucho mayor, como sucedería en el caso de la luz que cayese sobre el cuerpo desde una gran distancia. La idea de un agujero negro solo surge realmente a partir de las características particulares de la relatividad general, y no se da en la teoría newtoniana; véase Penrose [1975a].

Como en el caso de las cosmologías FLRW en implosión, surge ahora la cuestión de si las desviaciones respecto a una simetría esférica darían lugar a una imagen drásticamente diferente. De hecho, podemos avanzar que, cuando el material implosionante no tenga la simetría esférica exacta que se presupone aquí, estas desviaciones podrían aumentar a medida que se aproxime a las regiones centrales, de tal manera que se evitarían las densidades y las curvaturas espaciotemporales infinitas (véase la figura 3-8 en §3.1). Según este punto de vista, las singularidades surgirían tan solo porque el material se dirigiría exactamente hacia el punto central. Por consiguiente, sin esta precisión focal en la implosión, aunque las densidades podrían aún llegar a ser muy grandes, es de prever que no serían infinitas, y, tras violentos y complicados remolinos y salpicaduras, cabe esperar que el material resurgiese en cierta forma, según esta visión, sin que se hubiese alcanzado una verdadera singularidad. Al menos, esa era la idea.

En el otoño de 1964 esta cuestión empezó a preocuparme seriamente, y me planteé si podría darle respuesta utilizando algunas de las ideas matemáticas que había desarrollado previamente en el contexto del modelo de estado estacionario del universo (propuesto en los años cincuenta por Hermann Bondi, Thomas Gold y Fred Hoyle; véase Sciama [1959 y 1969]), en el que el universo no tiene principio, sino que está en expansión continua y eterna, y en que el enrarecimiento de la materia, debido a la expansión, es compensado por la continua creación de nuevo material (principalmente en forma de hidrógeno) a un ritmo muy lento por todo el universo. Quería comprobar si una aparente contradicción entre el modelo del estado estacionario y la relatividad general estándar (con el requisito de que la materia posea una energía positiva, del tipo general al que se hace referencia en §3.1) podría evitarse mediante desviaciones respecto a la simetría completa que suele suponerse en la imagen habitual del estado estacionario. Usando un argumento geométrico/topológico, había llegado al convencimiento de que tales desviaciones respecto a la simetría *no* podrían resolver esta contradicción. Nunca publiqué este argumento, pero también había usado ideas similares en un contexto diferente, aplicándolas (de una manera bastante rigurosa, aunque no por completo) a la estructura asintótica de un sistema gravitacionalmente radiante [Penrose, 1965*b*, apéndice]. Estos métodos son muy distintos de los que se habían aplicado normalmente en relatividad general, que solían implicar encontrar soluciones explícitas especiales o llevar a cabo gigantescos cálculos numéricos.

Con respecto a la implosión gravitatoria, el objetivo era demostrar asimismo que, en cualquier situación en que la implosión sea lo bastante intensa, la presencia de desviaciones respecto a la simetría (o la adopción de ecuaciones de estado más generales que simplemente las del polvo de Friedmann o la radiación de Tolman, etc.) no alteraría de manera sustancial la imagen convencional de Oppenheimer-Snyder, y que la presencia de algún tipo de singularidad que impidiese cualquier evolución completamente suave sería inevitable. Debe tenerse en cuenta que hay muchas otras situaciones en las que un cuerpo podría contraerse de manera relativamente tranquila debido a la gravitación, y en que la presencia de otras fuerzas quizá podría dar lugar a una configuración estable, o bien a alguna clase de rebote. Así pues, necesitamos un criterio apropiado para caracterizar la clase de implosión irrecuperable que se da en una situación de tipo Oppenheimer-Snyder, como se muestra en la figura 3-9. Es, desde luego, esencial para lo que se requiere que este criterio no dependa de ninguna suposición de simetría.

Tras darle muchas vueltas, me di cuenta de que ninguna caracterización enteramente *local* podría conseguir lo que se necesitaba, como tampoco sería en realidad útil nada del estilo de una medida total o promedio de (por poner un ejemplo) la curvatura del espaciotiempo. Finalmente, llegué a la idea de una *superficie atrapada*, cuya presencia en el espaciotiempo es una buena señal de que la implosión irrecuperable ha tenido lugar. (El lector interesado puede consultar Penrose [1989: 420] para una descripción de las curiosas circunstancias en las que di con esta idea.) Técnicamente, una superficie atrapada es una 2-superficie cerrada de género espacio cuyas direcciones *normales nulas* —un concepto que se ilustra en la figura 3-10 (véase también §1.7)— convergen todas ellas en direcciones futuras. El término «normal» significa «formando un ángulo recto» en la geometría euclídea ordinaria (véase la figura 1-18 en §1.7), y vemos en

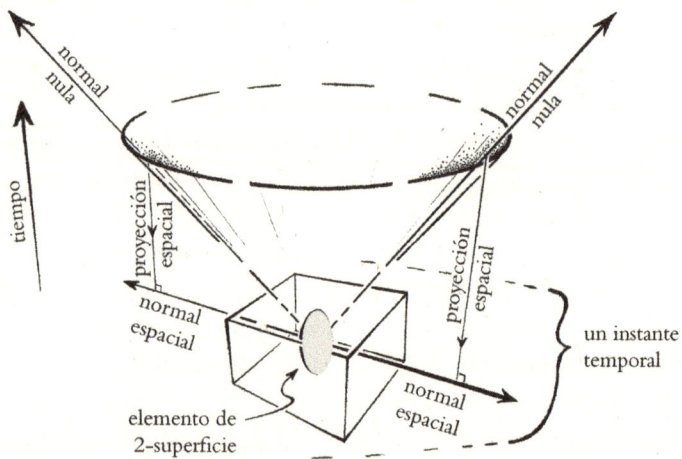

FIGURA 3-10. Las direcciones normales nulas a una 2-superficie de género espacio son las dos direcciones de rayos de luz que parten de la 2-superficie formando ángulos rectos con ella, como se ve en cualquier 3-superficie (instantánea) de género espacio que contenga la 2-superficie dada.

la figura 3-10 que las normales nulas (dirigidas hacia el futuro) dan las direcciones de los rayos de luz (esto es, las geodésicas nulas) que salen de la 2-superficie formando ángulos rectos con ella, como se ve en cualquier 3-superficie instantánea de género espacio que contenga la 2-superficie dada.

Para hacernos una idea de lo que esto significa en términos espaciales, pensemos en una superficie suave curvada 2-dimensional $\mathcal{S}$ en el 3-espacio euclídeo ordinario. Imaginemos un destello de luz que llega simultáneamente a $\mathcal{S}$ y examinemos cómo se propaga el frente de onda de la luz emitida, tanto hacia un lado de $\mathcal{S}$ como hacia el otro (figura 3-11(a)). En un lugar donde $\mathcal{S}$ esté curvada, el frente de onda por la cara cóncava tendrá un área que enseguida empezará a encogerse, mientras que por la cara convexa empezará a expandirse. Sin embargo, lo que sucede con una superficie atrapada $\mathcal{S}$ es que en *ambas* caras de $\mathcal{S}$ los frentes de onda empiezan a encogerse; véase la figura 3-11(b). A primera vista, esta puede parecer una condición local irrealizable para una 2-superficie ordinaria de género espacio, pero de hecho no lo es en el espaciotiempo. Incluso en el espaciotiempo plano (espacio de Minkowski; véase la figura 1-23 en §1.7), se pueden construir fácilmente 2-superficies que estén localmente *atrapadas*. El ejemplo más sencillo consiste en tomar $\mathcal{S}$ como la intersección de dos conos de luz pasados, con vértices P y Q separados por una distancia de género espacio; véase la figura 3-11(c). Aquí, todas las normales nulas a $\mathcal{S}$ convergen en el futuro, bien hacia P o hacia Q (y la razón por la que esto choca con nuestras intuiciones inmediatas sobre 2-superficies en el 3-espacio euclídeo es que esta $\mathcal{S}$ no puede estar contenida dentro de un solo 3-espacio euclídeo plano, o «rebanada temporal»). Sin embargo, esta $\mathcal{S}$ particular no es una superficie atrapada, porque no es una superficie *cerrada* (esto es, compacta; véase §A.3). (Algunos autores utilizan la expresión «superficie cerrada atrapada» para lo que yo denomino simplemente «superficie cerrada» [véase, por ejemplo, Hawking y Ellis, 1973].) Así pues, la condición de que un espaciotiempo contenga una superficie atrapada es de hecho una condición no local. El espaciotiempo de Oppenheimer-Snyder contiene superficies realmente atrapadas (esto es, cerradas) en la región *interior* al radio de Schwarzschild, una vez que se ha producido la implosión. Y, por la propia naturaleza de la condición de superficie atrapada, cualquier perturbación razonablemente pequeña de los datos

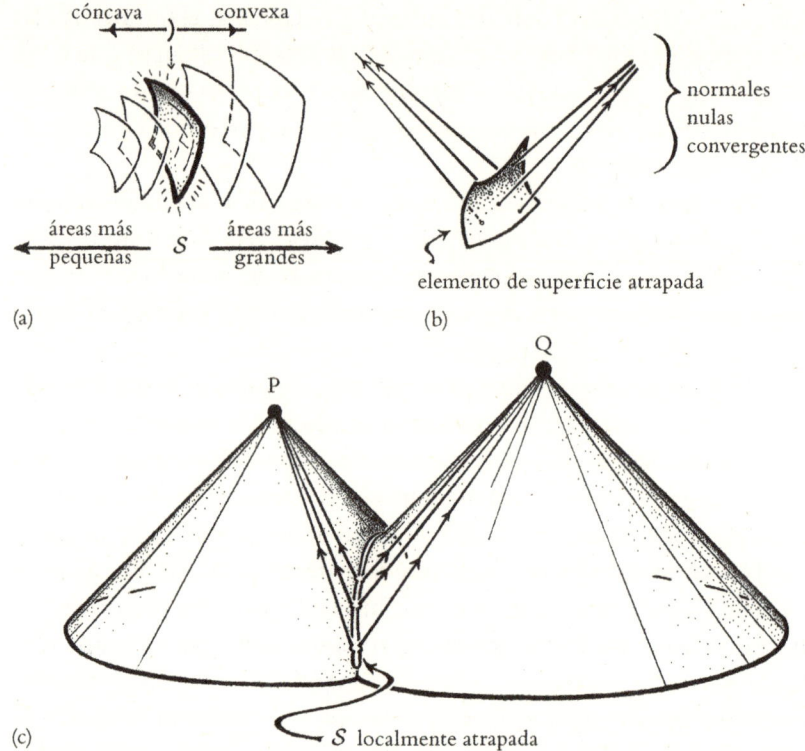

FIGURA 3-11. La condición de superficie atrapada. (a) En el 3-espacio euclídeo ordinario, el área de un destello de luz que llega simultáneamente a una 2-superficie curva S se reduciría si saliese desde la cara cóncava y aumentaría si lo hiciese desde la cara convexa. (b) Por otra parte, para cualquier porción local S de una superficie atrapada, la convergencia de los rayos de luz se produce en *ambas* caras. (c) Este comportamiento «localmente atrapado» no es anómalo en el espaciotiempo, para una S no compacta, pues ya ocurre en el espacio de Minkowski en la intersección de dos conos de luz pasados.

iniciales que conduzca a tal implosión debe también contener superficies atrapadas, con independencia de cualquier consideración de simetría. (Esto es, técnicamente, lo que se denomina de manera algo confusa una condición *abierta*, lo que significa que cambios lo bastante pequeños no violan la condición.)

El teorema [Penrose, 1965*a*] que pude establecer a finales de 1964 demostró, en esencia, que cuando una superficie atrapada aparece en un espaciotiempo conduce a una singularidad espaciotemporal. Siendo un poco más precisos, lo que se demuestra es que, si un espaciotiempo (sujeto a ciertas restricciones físicamente razonables que explicaré enseguida) contiene una superficie atrapada, entonces no puede extenderse indefinidamente en el futuro. Esta inextensibilidad es lo que indica la presencia de una singularidad. El teorema no demuestra la existencia de curvaturas o densidades infinitas, pero cuesta ver, en circunstancias generales, qué otro tipo de impedimento podría haber que evitase la evolución del espaciotiempo hacia el futuro. Existen otras posibilidades teóricas, pero no se dan en circunstancias genéricas (esto es, solo ocurren si la libertad funcional es limitada; véanse §§A.2 y A.8).

El teorema también depende de la suposición de que las ecuaciones de Einstein son válidas (con o sin constante cosmológica Λ) y el tensor energía $\mathbf{T}$ satisface la denominada *condición de energía nula* (que afirma que, para cualquier vector nulo $\mathbf{n}$, la magnitud obtenida al contraer $\mathbf{n}$ dos veces en $\mathbf{T}$ nunca es negativa).[1] Se trata de un requisito muy débil sobre las fuentes gravitatorias, válido para cualquier material clásico físicamente razonable. La otra suposición que necesité hacer fue considerar que el espaciotiempo surge como una evolución temporal ordinaria a partir de un estado inicial espacialmente ilimitado; esto es, técnicamente, a partir de una 3-superficie inicial no compacta (es decir, «abierta»; véase §A.5) de género espacio. Esto en esencia establecía que, para situaciones locales de implosión gravitatoria, una vez que existe una superficie atrapada, las singularidades son inevitables, para material clásico físicamente razonable, con independencia de cualquier suposición de simetría.

Sin duda, aún puede plantearse la cuestión de si es probable que surjan alguna vez superficies atrapadas en situaciones astrofísicas verosímiles, particularmente porque se podría pensar que, para cuerpos aún más concentrados que las estrellas de neutrones, nuestra comprensión de la física de partículas relevante a tan enormes densidades podría no ser suficiente para ofrecernos una idea fiable de lo que sucede en realidad. Sin embargo, esta no es en verdad la cuestión, ya que

---

1. En notación de índices esta condición es $T_{ab}n^a n^b \geqslant 0$, siempre que $n^a n_a = 0$. En algunos de mis escritos [véase, por ejemplo, Penrose, 1969a: 264], me he referido a esto como la *condición débil de la energía*, lo que ha confundido a algunas personas, ya que Hawking y Ellis [1973] emplean *esa misma* expresión en un sentido diferente (más fuerte).

cabe esperar que se produzcan otras situaciones de implosión gravitatoria en las que aparezcan superficies atrapadas con densidades del todo corrientes. Básicamente, esto es así debido a la manera en que se comporta la relatividad general bajo un cambio de escala global. Si tenemos un modelo cualquiera del espaciotiempo cuya métrica viene dada por el campo tensorial **g** (véanse §§1.1 y 1.7), que satisface las ecuaciones de Einstein con **T** como tensor de energía (y Λ como constante cosmológica), y sustituimos **g** por k**g**, donde k es un número constante positivo, tenemos que siguen satisfaciéndose las ecuaciones de Einstein con tensor energía **T** (y con constante cosmológica $k^{-1}\Lambda$, aunque podemos ignorar esta minúscula contribución). La manera en que la densidad de materia ρ está codificada en **T** implica que ρ debe, en consecuencia, sustituirse por $k^{-1}\rho$.[2] Así, si tenemos cualquier modelo de implosión en el que se da una superficie atrapada cuando la densidad alcanza un determinado valor ρ, podemos obtener otro modelo en el que siga habiendo una superficie atrapada, pero para el cual la densidad posea un valor tan pequeño como queramos, simplemente ampliando de modo oportuno la métrica. Si tenemos un modelo de implosión en el que las superficies atrapadas solo aparecen cuando las densidades alcanzan determinado valor extraordinariamente elevado (por ejemplo, mucho más alto que las densidades nucleares de las estrellas de neutrones), entonces existirá otro modelo con escala mucho más alta en el cual las distancias sean mucho mayores —por ejemplo, las escalas de las regiones galácticas centrales, en lugar de las de las estrellas de neutrones— para el cual las densidades no son más elevadas que las que se suelen experimentar aquí, en la Tierra. De hecho, cabe esperar que este sea el caso en las proximidades del agujero negro de 4 millones de masas solares que se cree que está situado en el centro de la propia Vía Láctea. Ciertamente, en el caso del cuásar 3C-273, las densidades medias en las proximidades del horizonte de sucesos serían probablemente mucho más bajas, y no debería haber ningún impedimento para la formación de superficies atrapadas en esas condiciones.

Para otros puntos de vista en relación con la formación de super-

---

2. En notación de índices, tenemos que $\rho = T_{ab}t^a t^b$, donde t^a define la dirección temporal del observador, normalizada de acuerdo con $t^a t^b g_{ab} = 1$. Así pues, t^a cambia de escala con el factor $k^{-1/2}$ y, por lo tanto, ρ lo hace con el factor k^{-1}.

ficies atrapadas, y para tratamientos muy matemáticos, véanse Schoen y Yau [1993] y Christodoulou [2009]. En Penrose [1969*a*, véase en particular la figura 3] ofrezco un argumento sencillo e intuitivo según el cual la condición efectivamente equivalente de un cono de luz reconvergente podría muy bien aparecer a densidades comparativamente bajas en una implosión gravitatoria. Esta condición alternativa que caracteriza a la implosión gravitatoria irreversible (que conduce a una singularidad) es una de las que se evalúan matemáticamente en Hawking y Penrose [1970].

Puesto que violentos procesos de implosión de esta índole pueden suceder a un nivel razonablemente local incluso en un universo en expansión, cabría esperar que procesos de este tipo general ciertamente se diesen también a una escala mucho mayor, como dentro de un universo en implosión en el que existan irregularidades significativas en la distribución de masa del material que implosiona. Por lo tanto, las consideraciones anteriores serían de hecho también aplicables en la situación de la implosión global de todo un universo, siendo las singularidades una característica genérica de la implosión gravitatoria en la relatividad general clásica. De hecho, a principios de 1965 Stephen Hawking [1965], por aquel entonces un joven estudiante de doctorado, se dio cuenta de que un modelo FLRW estándar en su fase de implosión también poseería superficies atrapadas, que ahora serían enormes —de la escala de toda la parte observable del universo—, por lo que debemos de nuevo concluir que las singularidades son inevitables para un universo espacialmente abierto en implosión. (Necesitamos que sea «abierto» porque mi teorema de 1965 suponía que la superficie inicial era no compacta.) De hecho, él expresó su argumento en la dirección temporal opuesta, de manera que fuese válido para las fases primitivas de un universo abierto en expansión —esto es, a un Big Bang perturbado genéricamente— en lugar de para las fases tardías de un universo en implosión, pero el mensaje es básicamente el mismo: la introducción de irregularidades en las cosmologías abiertas simétricas estándar no elimina sus singularidades, como tampoco lo hace en los modelos de implosión locales [Hawking, 1965]. En una serie de artículos posteriores [Hawking, 1966*a* y *b*, y 1967], fue capaz de desarrollar más las técnicas, sobre todo para que los teoremas resultantes pudiesen aplicarse de manera global a modelos del universo espacialmente cerrados (en cuyo caso no es necesaria la condición de superficie atrapada). Más tarde, en 1970, unimos nuestras fuerzas para elaborar un teorema muy general que englobaba como casos especiales prácticamente todos los resultados con singularidad que habíamos obtenido antes [Hawking y Penrose, 1970].

¿Cómo cuadraban con todo esto las conclusiones de Lífshits y Khalátnikov mencionadas al final de §3.1? Habría existido una grave incompatibilidad, pero tras tener noticia del primer teorema sobre singularidades mencionado antes (procedente de trabajos que se les dieron a conocer en el congreso internacional sobre relatividad general GR4, celebrado en Londres en 1965), Lífshits y Khalátnikov, con una importante aportación de Vladímir Belinskĭ, pudieron (junto con este último) corregir un error en su trabajo anterior, y descubrieron que existían soluciones más generales que las que habían encontrado hasta entonces. Su nueva conclusión fue que, después de todo, las singularidades aparecerían en situaciones generales de implosión, de acuerdo con las conclusiones a las que yo (y, posteriormente, Hawking) había llegado. El análisis detallado que Belinskĭ, Lífshits y Khalátnikov llevaron a cabo los condujo a proponer una imagen muy complicada de cómo podría ser la singularidad general [Belinskĭ *et al.*, 1970 y 1972]. Es lo que ahora se conoce como *conjetura BKL*, a la que me referiré aquí como propuesta BKLM, habida cuenta de la temprana influencia del trabajo de Charles W. Misner, distinguido teórico estadounidense de la relatividad general, que propuso por cuenta propia, un poco antes de que lo hicieran los rusos, un modelo cosmológico que consideraba una singularidad con las mismas características complejas [Misner, 1969].

3.3. LA SEGUNDA LEY DE LA TERMODINÁMICA

La conclusión de §3.2 es, en esencia, que no podemos resolver la cuestión de la singularidad espaciotemporal dentro del marco de ecuaciones de la teoría de la relatividad general clásica, pues, como hemos visto, las singularidades *no* son meramente rasgos especiales de ciertas soluciones conocidas exactamente simétricas de dichas ecuaciones, sino que también ocurrirán en situaciones completamente generales de implosión gravitatoria. Sin embargo, aún persiste la posibilidad, planteada hacia el final de §3.1, de que pudiésemos esperar tener más éxito recurriendo a los procedimientos de la mecánica cuántica. Estos procedimientos hacen referencia, básicamente, a alguna forma de la ecuación de Schrödinger (véanse §§2.4, 2.7 y 2.12), donde los procesos físicos clásicos relevantes —aquí, los que se derivan de la idea de Einstein del espaciotiempo curvo, de acuerdo con la relatividad general— habrían de ser debidamente cuantizados, según algún esquema de gravedad cuántica.

Una cuestión clave es que la ecuación de Schrödinger comparte con las de la física clásica estándar, incluida la relatividad general, la propiedad de ser *simétrica bajo inversión temporal*, y esto debería ser así en cualquier forma de gravedad cuántica que siga los procedimientos estándar. Así pues, a partir de cualquier solución de las ecuaciones cuánticas que podamos encontrar, siempre deberíamos poder construir otra en la cual el parámetro t que representa el «tiempo» sea sustituido por $-t$, y esto debería darnos siempre otra solución de las ecuaciones. Debe señalarse, no obstante, que en el caso de la ecuación de Schrödinger (a diferencia de las ecuaciones clásicas estándar) debemos acompañar esta sustitución por un intercambio de las unidades imaginarias i y −i. Esto es, al realizar la inversión temporal, debemos pasar a los complejos conjugados de todas las magnitudes complejas que intervienen. (Si especificamos que esta medida del tiempo t hace referencia al «tiempo transcurrido desde el Big Bang» y exigimos que t siga siendo positivo, entonces la simetría temporal haría referencia a la sustitución de t por $C - t$, donde C es una constante positiva y grande.) En cualquier caso, la simetría bajo inversión temporal sería algo que a todas luces cabría esperar de cualquier procedimiento de cuantización remotamente convencional aplicado a la teoría gravitatoria.

¿Por qué esta simetría temporal en las ecuaciones es importante y nos desconcierta al discutir el problema de la singularidad espaciotemporal? La cuestión central es la de la segunda ley de la termodinámica (abreviada aquí simplemente como «la segunda ley»). Veremos que esta ley fundamental está profunda y estrechamente relacionada con la naturaleza de las singularidades en la estructura del espaciotiempo, y que eso nos lleva a preguntarnos si podemos depositar muchas esperanzas en los procedimientos de la mecánica cuántica estándar para la plena resolución del problema de la singularidad.

Para alcanzar una comprensión intuitiva de la segunda ley, imaginemos una actividad cotidiana que podría parecer del todo irreversible en el tiempo, como cuando se derrama un vaso de agua y la alfombra absorbe el líquido. Podríamos verlo enteramente en términos newtonianos, y entender que las diferentes moléculas de agua actúan según la dinámica newtoniana estándar y que las partículas se aceleran de acuerdo con las fuerzas que actúan entre ellas y con el campo gravitatorio terrestre. En el ámbito de las partículas individuales, todas sus acciones siguen leyes que son por completo reversibles en el tiempo. Pero si intentamos imaginar la situación real del agua al derramarse invertida en el tiempo, lo que tenemos es la imagen en apariencia absurda de moléculas de agua que espontáneamente se separan de manera muy ordenada de la alfombra y se impulsan hacia arriba con extraordinaria precisión para acabar todas al mismo tiempo recogidas en el vaso. Este proceso sigue siendo completamente compatible con las leyes de Newton (la energía necesaria para que las moléculas suban hasta el vaso procede del calor fruto de su movimiento aleatorio mientras están en la alfombra). Pero dicha situación nunca se experimenta en la práctica.

La manera en que los físicos describen esta asimetría temporal macroscópica, a pesar de la simetría temporal inherente a todas las acciones submicroscópicas relevantes, es mediante el concepto de *entropía*, que, a grandes rasgos, es una medida del *desorden manifiesto* de un sistema. La segunda ley básicamente afirma que, en todos los procesos físicos macroscópicos, la entropía de un sistema aumenta con el tiempo (o al menos no disminuye, salvo por posibles desviaciones minúsculas respecto a esta tendencia general). Así pues, la segunda ley parece limitarse a afirmar el hecho familiar y al parecer bastante deprimente de que, si se deja que evolucionen con libertad, las cosas se vuelven cada vez más manifiestamente desordenadas a medida que transcurre el tiempo.

Veremos enseguida que esta interpretación exagera algo los aspectos negativos de la segunda ley, y un análisis más detallado del asunto nos conduce a una visión mucho más interesante y positiva. En primer lugar, intentemos precisar un poco más el concepto de entropía del estado de un sistema. Debo aclarar esta idea de *estado* que uso aquí, en particular porque tiene bastante poco que ver con el concepto de un estado cuántico que hemos visto en §§2.4 y 2.5. A lo que me refiero aquí es a lo que llamaremos el *estado macroscópico* de un sistema físico (clásico). Al definir el estado macroscópico de un determinado sistema, no nos preocupan los pequeños detalles acerca de dónde podría estar o cómo podría estar moviéndose cada una de las partículas, sino, en cambio, magnitudes promediadas, como la distribución de temperatura en un gas o fluido, y su densidad y flujo general del movimiento. Nos interesa la composición general del material en diferentes lugares, tales como las distintas concentraciones y el movimiento de, por ejemplo, las moléculas de nitrógeno (N_2) u oxígeno (O_2), o de CO_2 o H_2O, etc., o cualesquiera que sean los componentes del sistema que estemos considerando, pero no los detalles de las posiciones o movimientos individuales de esas moléculas. El conocimiento de los valores de todos esos parámetros macroscópicos definiría el estado macroscópico del sistema. No cabe duda de que esto es algo impreciso, pero lo que se ve en la práctica es que un mayor refinamiento en la selección de estos parámetros macroscópicos (como el que se consigue con mejores tecnologías de medida) parece tener poca influencia sobre el valor resultante de la entropía.

Debo aclarar aquí una idea que suele generar confusión. En términos coloquiales, podríamos decir que los estados de baja entropía, al ser «menos aleatorios», son por tanto «más organizados», y la segunda ley nos dice por lo tanto que la organización en el sistema se está reduciendo continuamente. Sin embargo, desde otro punto de vista, se podría decir que la organización en el estado de alta entropía en el que acaba el sistema es exactamente igual que la del estado inicial de baja entropía. La razón para esta afirmación es que (con ecuaciones dinámicas deterministas) la organización nunca se pierde, porque el estado final de alta entropía contiene cantidades enormes de correlaciones detalladas en los movimientos de las partículas, que son de una naturaleza tal que, si invirtiésemos cada movimiento exactamente, el sistema entero desharía el camino hasta llegar al estado inicial «organizado» de baja entropía. Esta no es más que una característica del determinismo dinámico, y nos dice que hablar tan solo de «organización» no nos aporta nada en cuanto a la comprensión de la entropía y de la segunda ley. Lo fundamental es que baja entropía corresponde a orden *manifiesto* o *macroscópico*, y que las sutiles correlaciones entre las posiciones o los movimientos de los componentes submicroscópicos (partículas o átomos) *no* son cosas que contribuyan a la entropía del sistema. De hecho, esta es una cuestión central en la definición de la entropía, y sin esos adjetivos, «manifiesto» o «macroscópico», en las descripciones anteriores del concepto de entropía, no habríamos sido capaces de avanzar hacia una comprensión de la entropía y del contenido físico de la segunda ley.

¿En qué consiste, pues, esta medida de la entropía? A grandes rasgos, lo que hacemos es contar todos los posibles estados microscópicos diferentes que podrían corresponder al estado macroscópico dado, y el número N de estos estados da una medida de la entropía del estado macroscópico. Cuanto mayor resulte ser N, mayor será la entropía. Sin embargo, no es razonable tomar algo proporcional a N como medida de la entropía, básicamente porque queremos algún tipo de magnitud que se comporte de forma aditiva cuando se consideren de manera conjunta dos sistemas independientes entre sí. Así pues, si Σ_1 y Σ_2 son los dos sistemas independientes, querríamos que la entropía S_{12} de los dos sistemas considerados en su conjunto fuera igual a la suma $S_1 + S_2$ de las respectivas entropías S_1 y S_2:

$$S_{12} = S_1 + S_2.$$

Sin embargo, el número de estados submicroscópicos N_{12} que componen Σ_1 y Σ_2 conjuntamente sería el producto $N_1 N_2$ del número de estados N_1 que componen Σ_1 y el número N_2 que componen Σ_2 (ya que cada una de las N_1 maneras de dar lugar a Σ_1 puede ir acompañada por cualquiera de las N_2 maneras de dar lugar a Σ_2). Para convertir el producto $N_1 N_2$ en la suma $S_1 + S_2$, todo lo que tenemos que hacer es usar un logaritmo en la definición de la entropía (§A.1) eligiendo una constante k adecuada:

$$S = k \log N.$$

De hecho, esta es en esencia la famosa definición de la entropía dada por el gran físico austríaco Ludwig Boltzmann en 1872, pero hay un detalle más que debemos aclarar en esta definición. En física clásica, el número N normalmente será *infinito*. En consecuencia, debemos entender este «conteo» de una manera bastante diferente (y más continua). Para explicar sucintamente este procedimiento, es mejor que volvamos al concepto de *espacio de fases*, cuyos elementos básicos se han introducido en §2.11 (y que se explica más en detalle en §A.6).

Recordemos que el espacio de fases $\mathcal{P}$ de un sistema físico es un espacio conceptual, normalmente de un gran número de dimensiones, cada uno de cuyos puntos representa una descripción completa del *estado submicroscópico* del sistema físico (pongamos que clásico) que se está considerando, un estado que engloba todos los *movimientos* (dados por sus momentos) así como todas las *posiciones* de todas las partículas que constituyen el sistema. A medida que transcurre el tiempo, el punto P en $\mathcal{P}$, que representa el estado submicroscópico del sistema, describirá una curva $\mathcal{C}$ en $\mathcal{P}$, cuya ubicación dentro de $\mathcal{P}$ estará determinada por las ecuaciones dinámicas una vez que se haya elegido la posición dentro de $\mathcal{P}$ de un punto (inicial) particular P_0 sobre $\mathcal{C}$. Cualquier punto P_0 fijará cuál es la curva $\mathcal{C}$ que nos da la evolución temporal de nuestro sistema (véase la figura A-22 de §A.7) descrito por P (donde P_0 describe el estado submicroscópico *inicial* del sistema). Esta es la naturaleza del determinismo que es clave para la física clásica.

Ahora bien, para poder definir la entropía necesitamos agrupar —en una sola región, denominada *región de granulado grueso*— todos aquellos puntos en $\mathcal{P}$ cuyos parámetros macroscópicos se considera que tienen los mismos valores. De esta manera, $\mathcal{P}$ en su conjunto se dividirá en regiones de granulado grueso; véase la figura 3-12. (Quizá convenga imaginar que estas regiones tienen fronteras algo «difusas», ya que siempre habrá pequeños problemas para definir con precisión dónde están realmente los límites de estas regiones de granulado grueso.) Por regla general, se considera que los puntos de $\mathcal{P}$ situados en las proximidades de dichas fronteras constituyen una proporción insignificante del total, y pueden ignorarse. (Véase §1.4 de Penrose [2010], en particular la figura 1-12.) Así pues, el espacio de fases $\mathcal{P}$ se dividirá en estas regiones, y podemos entender que el *volumen V* de una de tales regiones proporciona una medida del número de maneras diferentes en que los distintos estados submicroscópicos pueden componer el estado macroscópico particular definido por su región de granulado grueso.

Afortunadamente, existe una medida natural de volumen $2n$-dimensional del espacio de fases $\mathcal{P}$ determinado por la mecánica clásica (véase §A.6) para un sistema con n grados de libertad. Cada coordenada de posición x está acompañada por su correspondiente coordenada de momento p, y la estructura simpléctica de $\mathcal{P}$ ofrece una medida de área para cada uno de estos pares de coordenadas, como se indica en la fi-

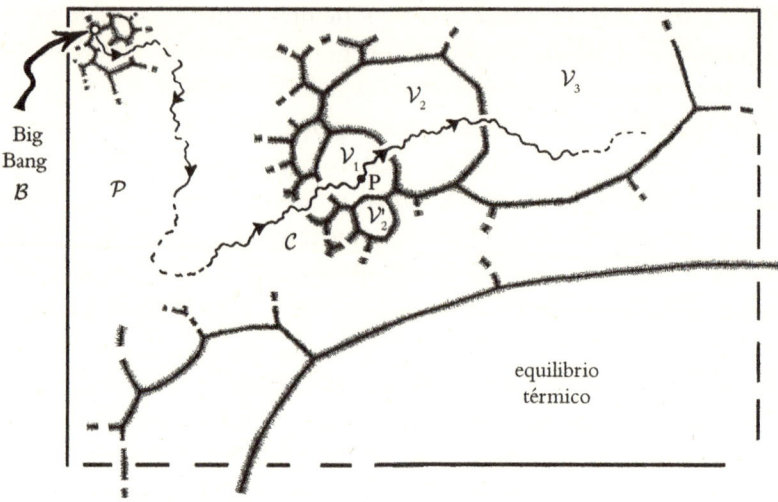

Figura 3-12. El espacio de fases $\mathcal{P}$, la variedad supradimensional cuyos puntos representan el estado (clásico) entero de un sistema (todas las posiciones y momentos; véase la figura A-20), que aquí aparece dividido en regiones de granulado grueso (con fronteras difusas), cada una de las cuales agrupa todos los estados con los mismos parámetros macroscópicos (hasta cierto grado de precisión). La entropía de Boltzmann asociada a P, en una región de granulado grueso $\mathcal{V}$ de volumen V, es k log V. La segunda ley de la termodinámica se interpreta como la tendencia de los volúmenes a crecer enormemente a lo largo de la curva $\mathcal{C}$ de evolución de P (véase la figura A-22). En esta figura, esas abultadas diferencias de volumen apenas se insinúan a través de las moderadas diferencias de tamaño de las regiones. En última instancia, la segunda ley surge porque $\mathcal{C}$ está constreñida a tener su origen en la región $\mathcal{B}$, extremadamente diminuta, que representa el Big Bang.

gura A-21. Cuando se consideran todas las coordenadas juntas, tenemos la medida $2n$-dimensional de Liouville a la que se hace referencia en §A.6. Para un sistema cuántico este $2n$-volumen es un múltiplo numérico de $\hbar^n$ (véanse §§2.2 y 2.11). Si el sistema en consideración tiene un número muy grande de grados de libertad, este será un volumen de muy elevada dimensionalidad. Sin embargo, la medida de volumen mecanocuántica natural nos permite comparar volúmenes de espacios de fases de distinta dimensionalidad de una manera natural (véase §2.11). Ahora estamos en condiciones de dar la extraordinaria definición de Boltzmann de la entropía S de un estado macroscópico como

$$S = k \log V,$$

donde V es el volumen de la región de granulado grueso definida en $\mathcal{P}$ por los valores de los parámetros macroscópicos que especifican el estado. El número k es una constante fundamental, de minúsculo valor $1,28 \times 10^{-23}$ J K^{-1} (julios por kelvin), denominada *constante de Boltzmann* (que ya hemos visto en §§2.2 y 2.11).

Para ver cómo ayuda esto a nuestra comprensión de la segunda ley, es importante apreciar cuán extraordinariamente diferentes en tamaño es probable que sean las distintas regiones de granulado grueso, al menos en el tipo de situación que se suele dar en la práctica. El logaritmo en la fórmula de Boltzmann, junto con la pequeñez de k en términos corrientes, suele ocultar la enormidad de estas diferencias de volumen (véase §A.1), por lo que es fácil pasar por alto el hecho de que diminutas diferencias de entropía corresponden en realidad a diferencias absolutamente enormes en volúmenes de granulado grueso. Pensemos en un punto P que se mueve a lo largo de una curva $\mathcal{C}$ en el espacio de fases $\mathcal{P}$, donde P representa el estado (submicroscópico) de un sistema que nos interesa y $\mathcal{C}$ describe su evolución temporal según las ecuaciones dinámicas. Supongamos que P se mueve de una región de granulado grueso $\mathcal{V}_1$ a una vecina $\mathcal{V}_2$, con volúmenes respectivos V_1 y V_2 (véase la figura 3-12). Normalmente, la mayor de las regiones en las proximidades de $\mathcal{V}_1$ sería mucho más grande incluso que la suma de todas sus regiones vecinas, y prácticamente cualquier evolución temporal que partiese de $\mathcal{V}_1$ entraría en ella.

Aunque la curva que representa la evolución temporal del estado (submicroscópico) está guiada a través de $\mathcal{P}$ por ecuaciones clásicas deterministas, a estas ecuaciones les preocupa muy poco el granulado grueso, por lo que no cometemos un gran error si tratamos esta evolución como si fuese efectivamente aleatoria en relación con las regiones de granulado grueso. En consecuencia, si $\mathcal{V}_1$ es en efecto muchísimo más grande que $\mathcal{V}_2$, se entiende que es harto improbable que la evolución futura de P, en $\mathcal{V}_1$, llegue a pasar por $\mathcal{V}_2$. Por otra parte, si $\mathcal{V}_2$ fuese muchísimo más grande que $\mathcal{V}_1$ (el caso que se ilustra en la figura 3-12), entonces sería extremadamente probable que una curva $\mathcal{C}$ con origen en $\mathcal{V}_1$ pudiera encontrarse después en $\mathcal{V}_2$, y, una vez perdida allí, sería abrumadoramente más probable que acabase pasando a una región de granulado grueso $\mathcal{V}_3$, de volumen aún mayor, que que volviese a una región muchísimo más pequeña, como $\mathcal{V}_1$. Puesto que un volumen (muchísimo) más grande corresponde a una entropía más grande (aunque solo ligeramente), vemos, a muy grandes rasgos, por qué cabe esperar que la entropía aumente de manera sostenida con el paso del tiempo. De hecho, esto es exactamente lo que la segunda ley nos dice que debemos esperar.

Sin embargo, esta explicación solo nos relata la mitad de la historia, y de hecho solo la mitad fácil. Nos cuenta, básicamente, por qué —dado que nuestro sistema parte al principio de un estado macroscópico de entropía relativamente baja— la inmensa mayoría de los estados submicroscópicos correspondientes a ese estado macroscópico dado experimentarán un aumento sostenido de la entropía (quizá con alguna que otra reducción, en una pequeña fluctuación) a medida que pase el tiempo. Este aumento de la entropía es lo que la segunda ley nos indica, y el argumento tosco que acabamos de ver nos proporciona una especie de justificación para este aumento de la entropía. Pero, si lo pensamos un poco, quizá notemos que hay algo de paradójico en esta deducción, pues parece que hemos llegado a una conclusión temporalmente asimétrica en relación con sistemas sujetos a leyes dinámicas por completo simétricas en el tiempo. Pero en realidad *no* es así. La asimetría temporal aparece tan solo porque hemos planteado una pregunta temporalmente asimétrica sobre nuestro sistema: hemos preguntado por el posible comportamiento *futuro*, *dado* su estado macroscópico actual, y en relación con esta pregunta hemos llegado a una conclusión compatible con la asimetría temporal de la segunda ley.

Pero veamos lo que sucede si tratamos de plantear la pregunta invertida en el tiempo. Supongamos que tenemos un estado macroscópico de entropía comparativamente baja (por ejemplo, nuestro vaso lleno de agua, sostenido en alto, pero de forma ligeramente inestable, sobre la alfombra). Preguntémonos ahora no cuál es el comportamiento futuro más probable del agua sino cuál es la manera probable en que este estado se puede haber comportado en sus actividades *pasadas*. Consideremos dos regiones de granulado grueso adyacentes, $\mathcal{V}_1$ y $\mathcal{V}_2$, del espacio de fases $\mathcal{P}$, como antes, pero donde consideramos que el estado submicroscópico dado representado por el punto P está ahora en $\mathcal{V}_2$ en la figura 3-12. Si $\mathcal{V}_2$ fuese enormemente más grande que $\mathcal{V}_1$, entonces solo una ínfima proporción de puntos en $\mathcal{V}_2$ darían posiciones para P a las cuales la curva $\mathcal{C}$ podría haber llegado desde $\mathcal{V}_1$, mientras que, si fuese V_1 la región enormemente más grande de las dos, serían muchísimas más las posibilidades de que C hubiese entrado en V_2 desde V_1. Así pues, usando el mismo tipo de razonamiento que se aplicó con éxito a la dirección temporal hacia delante, parece que tenemos que sería abrumadoramente más probable que nuestro punto hubiese llegado hasta V_2 a través de una región de granulado grueso de volumen enormemente mayor que a través de otra cuyo volumen fuese muchísimo más pequeño, esto es, desde una de entropía ligeramente más alta que desde otra de entropía algo menor. Al repetir este argumento mientras nos vamos remontando cada vez más lejos en el tiempo, llegamos a la conclusión de que, con mucha diferencia, la mayoría de los caminos hasta puntos dentro de V_2 serán mediante curvas C que posean una entropía más alta, que lo será aún más (quizá con alguna fluctuación ocasional) cuanto más atrás en el tiempo nos remontemos.

Esto, por supuesto, está en contradicción directa con la segunda ley, pues al parecer hemos deducido que, si retrocedemos en el tiempo respecto a la situación actual, es probable que tengamos entropías cada vez mayores cuanto más atrás nos remontemos. En otras palabras, dada cualquier situación de entropía relativamente baja, debería ser abrumadoramente probable descubrir que lo que debería haber sido cierto en tiempos anteriores al presente es justo lo *opuesto* a la segunda ley. Sin lugar a dudas, esta conclusión no tiene ningún sentido si lo que buscamos es un comportamiento que se ajuste a la experiencia, ya que todas las evidencias apuntan a que el momento presente no tiene nada de especial por lo que se refiere a la segunda ley, que ha sido tan válida en nuestro universo en situaciones anteriores al presente como lo será en situaciones futuras. De hecho, más que eso, puesto que toda nuestra evidencia observacional directa sobre la cuestión procede evidentemente del pasado, y es el comportamiento físico que vemos en direcciones temporales pasadas lo que fundamenta nuestra confianza en la segunda ley. Este comportamiento observado parece estar en contradicción directa con lo que acabamos de deducir teóricamente.

Tomemos el ejemplo de nuestro vaso de agua y preguntémonos ahora cuál sería la manera más probable de que el agua acabase en el vaso, sostenida en alto y de forma más bien inestable sobre la alfombra en el suelo. El argumento teórico que acabamos de exponer presenta, como el tipo de imagen que «con mayor probabilidad» habría precedido a esta situación, una secuencia de eventos en que la entropía estaría *disminuyendo* a medida que el tiempo transcurre hacia delante (esto es, aumentando hacia atrás en el tiempo), como que el agua empezase estando dispersa en un pedazo de la alfombra y a continuación se juntase espontáneamente, con los movimientos aleatorios del fluido organizándose de tal manera que este se proyectase coherentemente hacia arriba en la dirección del vaso, hasta que toda el agua se asentase simultáneamente en su interior. Esto, sin duda, dista mucho de lo que habría sucedido en la práctica. Lo que hubiera ocurrido habría sido una secuencia de eventos en que la entropía *aumentase* con el paso del tiempo, plenamente compatible con la segunda ley, como que el agua fuera vertida en el vaso desde una jarra sostenida por una persona o, si preferimos evitar la referencia a una intervención humana directa, desde un grifo que se abre y se cierra por medio de algún tipo de mecanismo automático.

¿Dónde está entonces el error en nuestro argumento? No hay ninguno si lo que buscamos es la secuencia de eventos más probable que desemboca en el estado macroscópico deseado a partir de una fluctuación completamente aleatoria. Pero no es así como ocurren las cosas en el mundo que conocemos. La segunda ley nos dice que debemos esperar que el futuro remoto sea muy desordenado en un sentido macroscópico, y esto no constituye ninguna restricción que pudiera invalidar nuestros argumentos sobre las secuencias de eventos probables en el futuro. Pero, si la segunda ley en efecto se cumplió en todo momento desde el origen del universo, entonces el pasado remoto tuvo que ser completamente diferente y haber estado constreñido a ser muy organizado macroscópicamente. Si incorporamos a nuestros análisis probabilísticos esta sola restricción adicional sobre el estado macroscópico inicial del universo —esto es, que era un estado de *entropía sumamente minúscula*—, entonces debemos rechazar el razonamiento anterior sobre comportamientos probables al remontarnos en el pasado, ya que no respeta esta restricción, y en su lugar podemos aceptar ahora una imagen en la que la segunda ley se cumple efectivamente en todo momento.

Por lo tanto, la clave para la segunda ley es la existencia de un estado inicial del universo extraordinariamente organizado a escala macroscópica. Pero ¿cuál era ese estado? Como hemos visto en §3.1, la teoría actual —respaldada por la convincente evidencia observacional que enseguida veremos en §3.4— nos dice que era la gigantesca explosión universal conocida como *Big Bang*. ¿Cómo es posible que esa explosión de una violencia inimaginable representase en realidad un estado extraordinariamente organizado a escala macroscópica? Lo veremos en el apartado siguiente, donde nos toparemos con una extraordinaria paradoja oculta tras este evento singular.

3.4. LA PARADOJA DEL BIG BANG

Antes que nada, hagámonos una pregunta observacional. ¿Qué evidencia directa nos indica que hubo en efecto un estado sumamente comprimido y extraordinariamente caliente que abarcó todo el universo visible de una forma que habría sido compatible con la imagen del Big Bang de §3.1? La más convincente es la singular *radiación cósmica de fondo de microondas* (CMB), también conocida como *destello del Big Bang*. La CMB consiste en radiación electromagnética —es decir, luz, pero de una longitud de onda demasiado larga para que sea visible para el ojo humano— que nos llega desde todas las direcciones, de forma muy uniforme (pero básicamente incoherente). Se trata de radiación térmica de una temperatura de ~ 2,725 K, lo que equivale a apenas 2,7 grados (en la escala centígrada o Celsius) por encima del cero absoluto de temperatura. De hecho, se considera que el «destello» que se observa procede de un universo enormemente caliente (~ 3.000 K) en un momento, alrededor de 379.000 años después del propio Big Bang, conocido como *desacoplamiento*, cuando el universo se volvió por primera vez plenamente transparente para la radiación electromagnética. (Aunque desde luego no exactamente *en* el Big Bang, este evento se produjo cuando había transcurrido solo alrededor de 1/40.000 del tiempo total de existencia del universo hasta el día de hoy.) La expansión del universo desde la época del desacoplamiento ha estirado la longitud de onda de la luz en un factor que corresponde a la proporción en la cual el universo se ha expandido —un factor de aproximadamente 1.100—, de manera que su densidad de energía ha disminuido muchísimo en consecuencia, hasta el punto de que la temperatura que vemos ahora son solo los 2,725 K que exhibe la CMB.

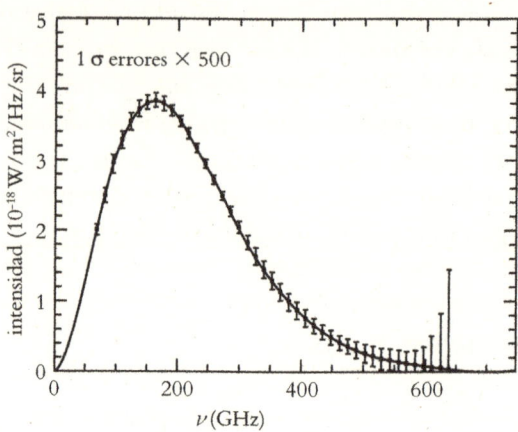

FIGURA 3-13. El ajuste sumamente preciso de la CMB observada por el COBE con un espectro *térmico* (planckiano; línea continua). Las barras de error en las observaciones de la CMB están ampliadas en un factor 500.

El hecho de que esta radiación sea esencialmente incoherente, o térmica, lo confirma de forma impresionante la naturaleza de su espectro de frecuencias, tal y como se muestra en la figura 3-13. La gráfica representa, verticalmente hacia arriba en la página, la intensidad de la radiación para cada frecuencia particular de la misma, que aumenta al moverse hacia la derecha. La curva continua es la *curva de Planck del cuerpo negro* que hemos visto en §2.2 (figura 2-2) para una temperatura de 2,725 K. Las pequeñas marcas a lo largo de la curva corresponden a las observaciones reales, en las que se indican las barras de error. De hecho, estas están exageradas en un factor 500, ya que la altura real de la barra no podría verse a simple vista, ni siquiera la del extremo de la derecha, donde la incertidumbre es máxima. Esta concordancia entre la observación y una curva teórica es extraordinaria, y constituye sin duda el mejor ajuste a un espectro térmico que se haya observado naturalmente en el mundo exterior.[3]

Pero ¿qué es lo que nos está indicando esta concordancia? Nos dice que lo que estamos viendo parece ser un estado extraordinaria-

3. Se suele afirmar que la CMB ofrece la mejor concordancia entre un fenómeno observado y el espectro de Planck. Sin embargo, esto es engañoso, porque el COBE se limita a comparar el espectro de la CMB con un espectro térmico producido artificialmente, por lo que lo único que demuestra es que el espectro real de la CMB es tan planckiano como el artificial.

mente próximo al equilibrio térmico (y a esto es a lo que se refiere la expresión «incoherente» que he usado antes). Pero ¿qué implicaría realmente decir que este universo tan primitivo estaba en equilibrio térmico? Vea el lector la figura 3-12 en §3.3. En ella, la mayor de las regiones de granulado grueso sería normalmente mucho más grande que cualquier otra de las regiones (y, en circunstancias normales, es tan grande, comparada con las demás, que su volumen superaría con creces el volumen total de todas ellas juntas). El equilibrio térmico representa el estado macroscópico en el que uno imagina que el sistema acabaría asentándose, lo que a veces se denomina *muerte térmica del universo* (aunque aquí, para nuestro desconcierto, parece referirse al *nacimiento térmico* del universo). Existe la complicación de que el universo se estaba expandiendo a gran velocidad, por lo que no estamos tratando con un estado que esté realmente en equilibrio. Sin embargo, la expansión aquí puede considerarse esencialmente *adiabática* —algo de lo que Tolman era plenamente consciente ya en 1934 [Tolman, 1934]—, lo que nos dice que la entropía no varía durante la misma. (Una situación como esta, en la que existe una expansión adiabática que preserva el equilibrio térmico, se describiría en el espacio de fases mediante una familia de regiones de granulado grueso de igual volumen, cada una de las cuales representaría simplemente un tamaño distinto del universo. De hecho, es apropiado pensar en este estado primitivo como uno esencialmente de *máxima entropía*, a pesar de la expansión.)

Parece que tenemos ante nosotros una extraordinaria paradoja. El argumento expuesto en §3.3 nos dice que la segunda ley requiere —y básicamente se explica por— que el Big Bang sea un estado macroscópico de entropía extraordinariamente *pequeña*. Pero la evidencia de la CMB parece decirnos que el estado macroscópico del Big Bang poseía una entropía enorme, igual incluso al valor máximo de entre todos los posibles. ¿Dónde hemos cometido el grave error?

Una forma de explicar esta paradoja que suele proponerse consiste en adoptar el punto de vista según el cual, puesto que el universo muy primitivo sería sumamente «pequeño», debe existir algún tipo de «tope» para las entropías posibles, y que el estado de equilibrio que existió aparentemente durante esos estadios tempranos tenía tan solo la mayor entropía disponible en aquel momento. Sin embargo, esta *no* es la solución correcta. Esta imagen sería apropiada para una situación completamente diferente, en la cual el tamaño del universo estuviese determinado por alguna restricción externa, como en un gas contenido en un cilindro tapado con un pistón hermético, donde el grado de compresión impuesto por el pistón está gobernado por algún mecanismo externo y existe una fuente (o sumidero) externa de energía. Pero esta no es la situación en el caso del universo en su conjunto, cuya geometría y energía, incluida su dimensión global, se gobierna de manera enteramente «interna», a través de las ecuaciones dinámicas de Einstein de la relatividad general (incluidas las ecuaciones de estado para la materia; véanse §§3.1 y 3.2). En tales circunstancias (siendo las ecuaciones plenamente deterministas e invariantes bajo inversión de la dirección temporal; véase §3.3), el volumen global del espacio de fases no puede variar a medida que pasa el tiempo. De hecho, al fin y al cabo, se supone que *el propio* espacio de fases $\mathcal{P}$ no evoluciona. Toda evolución se describe simplemente a través de la ubicación de la curva $\mathcal{C}$ en $\mathcal{P}$, que en este caso representa la evolución entera del universo (véase §3.3).

Puede que la cuestión quede más clara si nos fijamos en los estadios postreros de un modelo de universo en *implosión*, cuando se aproxima a su big crunch. Recordemos el modelo de Friedmann para $K > 0$, $\Lambda = 0$, que se ilustra en la figura 3-2(a) de §3.1. Ahora suponemos que este modelo es perturbado por distribuciones irregulares de materia, algunas de las cuales han implosionado para formar agujeros negros. Entonces, debemos considerar que algunos de estos últimos acabarán fusionándose entre sí y que la implosión en una singularidad final será algo sumamente complejo, que se parecerá poco al big crunch altamente simétrico del modelo de Friedmann con simetría esférica exacta representado en la figura 3-6(a). Cualitativamente, la situación de implosión sería, en cambio, mucho más parecida al gran amasijo que se esboza en la figura 3-14(a), en el que una singularidad final podría ser algo que se ajustase a la propuesta BKLM a la que se ha hecho referencia en los últimos párrafos de §3.2. El estado final implosionado sería de enorme entropía, a pesar del hecho de que el universo tendría de nuevo una escala minúscula. Aunque a este modelo particular (espacialmente cerrado) de Friedmann con reimplosión *no* se lo considera hoy día un candidato muy pertinente para representar nuestro universo, las mismas consideraciones val-

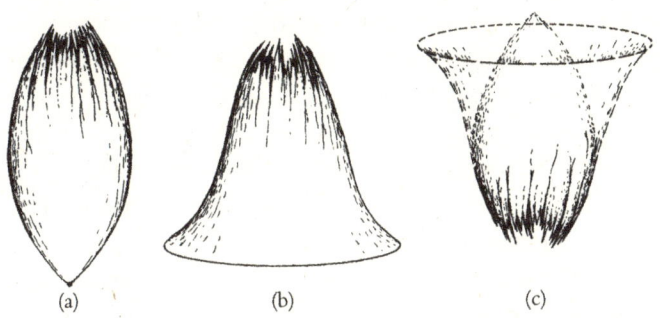

(a)   (b)   (c)

Figura 3-14. Un modelo de Friedmann perturbado genéricamente con $K > 0$, $\Lambda = 0$ (en contraste con la figura 3-6(a)), actuando de acuerdo con la segunda ley. Cabría esperar que implosionase mediante la coagulación de numerosos agujeros negros, lo que daría lugar a una singularidad sumamente caótica, muy distinta de la de FLRW. (b) Un comportamiento similar sería de esperar para un modelo de implosión que experimentase una perturbación genérica. (c) La inversión temporal de estas situaciones, como cabría esperar para un big bang genérico.

drían para cualquier otro de los modelos de Friedmann, con o sin constante cosmológica. De nuevo, debe esperarse que la versión con implosión de cada uno de estos modelos, perturbada asimismo por distribuciones irregulares de materia, dé lugar a una singularidad por completo caótica de tipo agujero negro (figura 3-14(b)). Si invertimos temporalmente cada uno de estos estados, encontramos una posible singularidad inicial (un posible big bang) con una entropía correspondientemente *enorme*, en contradicción con la propuesta de un tope que se hace aquí (figura 3-14(c)).

En este punto, debo mencionar varias posibilidades alternativas que se han propuesto. Algunos teóricos han sugerido que la segunda ley podría de alguna manera tener que invertirse en esos modelos de implosión, de forma que la entropía total del universo fuese decreciendo (una vez alcanzado el estado de máxima expansión) a medida que se aproximase su big crunch. Sin embargo, esa imagen es particularmente difícil de mantener en presencia de agujeros negros que, una vez formados, definirán ellos mismos una dirección de *aumento* de la entropía (debido a la asimetría temporal de la disposición de conos nulos en el horizonte, que se muestra en la figura 3-9), al menos hasta el momento, en el futuro más remoto, en que desaparecerán debido a la evaporación de Hawking; véanse §§3.7 y 4.3. En cualquier caso, este tipo de posibilidad no invalida el argumento que se presenta en el texto. Otra cuestión relevante que podría preocupar a algunos lectores es que, en estos complejos modelos de implosión, las singularidades de agujero negro podrían aparecer en distintos momentos, lo que podría llevar a que no se considerase que sus inversiones temporales constituyen un big bang que explota «todo a la vez». Sin embargo, una característica de la *hipótesis de censura cósmica fuerte* (generalmente aceptada, aunque aún por demostrar) [Penrose, 1998*a*, *ECalR*: §28.8] es que, en el caso general, tal singularidad sería *de género espacio* (§1.7), por lo que en realidad puede considerarse como un evento simultáneo. Además, con independencia de la cuestión sobre la validez general de la censura cósmica fuerte, existen muchas soluciones que se sabe que satisfacen esta condición, y todas, en forma expansiva, representarían alternativas de entropía relativamente elevada. Esto, en sí, reduciría en gran medida la importancia de esta preocupación.

Así pues, no encontramos evidencias de que exista un tope para la entropía del universo que debería existir necesariamente debido a su reducida dimensión espacial. En general, la acumulación de materia en agujeros negros, así como la coagulación de estas singularidades de agujero negro en un amasijo singular final, constituyen un proceso que es perfectamente compatible con la segunda ley, y cabría esperar que lo acompañase un enorme aumento de la entropía. El estado final del universo geométricamente «minúsculo» puede en efecto poseer una entropía enorme, mucho mayor que la de estados anteriores de ese modelo de universo en implosión. El minúsculo tamaño espacial no supone, por sí solo, ningún tope para la entropía de la que uno habría podido intentar servirse, tras invertir temporalmente el modelo, como razón para que el Big Bang tuviese una entropía extremadamente pequeña. De hecho, esta imagen (figura 3-14 (a) y (b)) de un universo genérico en implosión proporciona una clave para resolver la paradoja de cómo pudo en realidad tener el Big Bang una entropía extraordinariamente baja —en comparación con la que podría haber tenido— a pesar de aparentar que había estado en un estado *térmico* (esto es, de máxima entropía). La respuesta se encuentra en el hecho de que puede producirse un enorme aumento de la entropía una vez que permitamos desviaciones significativas respecto a la uniformidad espacial, y el mayor incremento procederá de las irregularidades que dan lugar a agujeros negros. Un Big Bang espacialmente uniforme, por lo tanto, puede ser de entropía extraordinariamente baja, en términos relativos, a pesar de la naturaleza térmica de su contenido.

Una de las evidencias más impresionantes de que el Big Bang es en efecto de naturaleza espacialmente bastante uniforme, del todo compatible con la geometría de un modelo FLRW (e incompatible con el tipo de singularidad mucho más general y caótica que se esboza en la figura 3-14(c)), procede de nuevo de la CMB, pero esta vez de su uniformidad angular más que de su naturaleza muy aproximadamente térmica. Esta uniformidad se pone de manifiesto en el hecho de que la temperatura de la CMB es casi exactamente igual en todas las direcciones del firmamento, con desviaciones respecto a la uniformidad de alrededor de un nivel relativo de solo 10^{-5} (una vez que se compensa un pequeño efecto Doppler resultado de nuestro propio movimiento a través del material que nos rodea). Además, existe una regularidad bastante general en la distribución de galaxias y otro material, por lo que la distribución de bariones (véase §1.3), a escalas muy grandes, posee un elevado grado de uniformidad, aunque existen algunas irregularidades notables, tales como supuestos vacíos enormes, donde la densidad de materia visible es muchísimo más baja que la media global. En términos generales, se podría decir que la regularidad parece ser mayor cuanto más atrás nos remontamos en la historia del universo, y la CMB proporciona evidencia de la más temprana distribución de materia que podemos observar directamente.

Esta imagen es compatible con un punto de vista según el cual el universo muy primitivo era en efecto sumamente uniforme, pero con ligeras irregularidades en la densidad. Con el paso del tiempo (y ayudadas por procesos «de fricción» de diversos tipos, que tendían a ralentizar los movimientos relativos), estas irregularidades se magnificaron gravitatoriamente, de forma compatible con una imagen según la cual la aglutinación de material aumentaría de manera gradual con el paso del tiempo para producir estrellas, que se agruparían en galaxias, con gigantescos agujeros negros en sus centros. Esta aglutinación estaría en última instancia motivada por incesantes influencias gravitatorias. Esto representaría de hecho un enorme aumento de la entropía, lo que demuestra que, cuando se incorpora la gravedad a la representación, la bola de fuego primordial que la CMB evidencia debe haber sido en realidad un estado muy alejado del de máxima entropía. La naturaleza térmica de esta bola de fuego que se pone de manifiesto

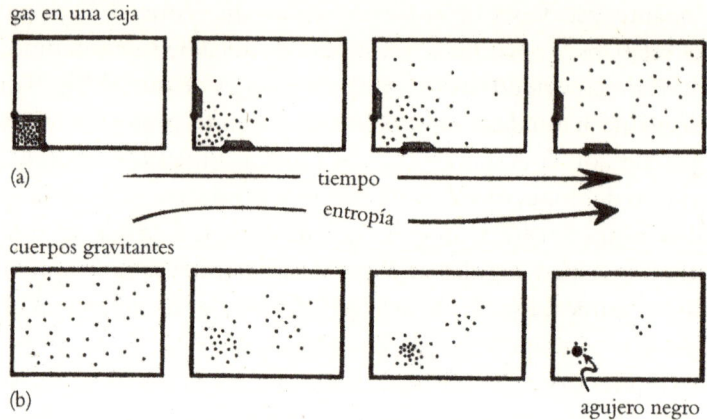

FIGURA 3-15. (a) Para moléculas de gas en una caja, la uniformidad espacial se alcanza con máxima entropía; (b) para estrellas que gravitan en una «caja» de escala galáctica, una gran entropía se logra mediante estados aglutinados, finalmente con un agujero negro.

en el espectro planckiano de la figura 3-13 solo nos indica que, si consideramos que el universo (en el momento del desacoplamiento) era simplemente un sistema formado por materia y radiación en interacción, entonces podría considerárselo esencialmente en equilibrio térmico. Pero, cuando se toman en consideración las influencias gravitatorias, la imagen cambia de manera drástica.

Si imaginamos un gas en una caja hermética, por ejemplo, es natural pensar que su máxima entropía se alcanza mediante un estado macroscópico en el cual el gas está distribuido uniformemente por toda la caja (figura 3-15(a)). En este sentido, se parecería a la bola de fuego que produjo la CMB, distribuida uniformemente por todo el firmamento. Pero si sustituimos las moléculas del gas por un inmenso sistema de cuerpos gravitantes, tales como estrellas individuales, obtenemos una imagen muy distinta (figura 3-15(b)), ya que los efectos gravitatorios harían que la distribución de estrellas se volviese irregular y grumosa. Con el paso del tiempo, se conseguiría un enorme aumento de la entropía cuando muchas de las estrellas implosionasen o se coagulasen en agujeros negros. Aunque esto podría tardar mucho en suceder (pese a la ayuda de la fricción que ejerce el gas que hay entre las estrellas), vemos que, al ser la gravedad la presencia que domina en última instancia, se gana mucha entropía al *alejarse* de la distribución uniforme.

FIGURA 3-16. La vida en la Tierra se mantiene gracias al gran desequilibrio de temperatura en nuestro firmamento. La energía de baja entropía procedente del Sol, en forma de un número relativamente menor de fotones de más alta frecuencia (~amarillos), es transformada por las plantas en una cantidad mucho mayor de fotones salientes de más baja frecuencia (infrarrojos), que sacan de la Tierra una cantidad igual de energía, pero de alta entropía. De esta manera las plantas, y por consiguiente otros seres vivos terrestres, pueden crear y mantener sus estructuras.

Observamos los efectos de esto incluso en nuestra experiencia cotidiana. Podríamos preguntarnos cómo opera la segunda ley en relación con el mantenimiento de la vida sobre la Tierra. Se suele decir que sobrevivimos en este planeta gracias a la energía que obtenemos del Sol, pero esta afirmación no es una descripción del todo precisa de la situación cuando pensamos en la Tierra en su conjunto, porque prácticamente toda la energía que la Tierra recibe durante el día se devuelve al espacio al poco tiempo, al oscuro firmamento nocturno. (Desde luego, habrá pequeñas correcciones respecto a un equilibrio exacto, debidas al calentamiento global y al calor radiactivo del interior terrestre, etc.) De lo contrario, la Tierra no haría más que calentarse y calentarse, y en unos pocos días se volvería inhabitable. Sin embargo, los fotones que recibimos directamente del Sol poseen frecuencias relativamente altas (al estar más o menos en la parte amarilla del espectro), mientras que los que se devuelven al espacio son fotones infrarrojos, de frecuencia mucho más baja. Según la fórmula de Planck $E = h\nu$ (véase §2.2), los fotones incidentes tienen mucha mayor energía, *individualmente*, que los que vuelven al espacio, por lo que, para alcanzar el equilibrio, deben ser menos en número los fotones que llegan a la Tierra que los que salen (véase la figura 3-16). Menos fotones incidentes significa menos grados de libertad para la energía incidente y más para la saliente, y, por lo tanto (por la fórmula de Boltzmann $S = k \log V$), los fotones que llegan poseen una entropía mucho menor que los que se van. Las plantas sacan provecho de esto y usan la energía incidente de baja entropía para crear su sustancia, mientras que emiten energía de alta entropía. Nosotros aprovechamos la energía de baja entropía de las plantas para mantener baja nuestra propia entropía al comérnoslas, o al comer animales que se alimentan de ellas. De esta manera, la vida en la Tierra puede sobrevivir y prosperar. (Parece que fue Erwin Schrödinger el primero en exponer claramente estas ideas, en su revolucionario libro de 1944 *¿Qué es la vida?* [Schrödinger, 2012].)

El hecho crucial, en este equilibrio de baja entropía, es que el Sol es un punto caliente en mitad de un firmamento oscuro. Pero ¿cómo se llegó a esta situación? Muchos procesos complejos, tales como reacciones termonucleares, entre otros, intervienen en la imagen general, pero lo importante es que el Sol está ahí, y esto sucedió porque el material que lo forma (como sucede con otras estrellas) evolucionó a través del proceso de aglutinación gravitatoria a partir de la distribución inicial relativamente uniforme de gas y materia oscura.

La misteriosa sustancia conocida como *materia oscura* debe mencionarse aquí, ya que constituye aparentemente alrededor del 85 por ciento del contenido material (no Λ) del universo, pero solo es detectable a través de sus efectos gravitatorios, y se desconoce su constitución exacta. Para nuestras consideraciones, afecta tan solo al valor total de la masa, de alguna manera que aparecerá en algunas de las magnitudes numéricas que utilizaremos (véanse §§3.6, 3.7 y 3.9; pero, para una función teórica posiblemente más significativa de la materia oscura, véase §4.3). Con independencia de la cuestión de la materia oscura, podemos ver hasta qué punto fue crucial para que existamos actualmente la naturaleza de baja entropía de esa distribución de materia inicialmente uniforme. Nuestra existencia, tal y como la conocemos hoy día, depende de la reserva gravitatoria de baja entropía inherente a la distribución de materia inicialmente uniforme.

Esto nos lleva a considerar algo notable —de hecho, *fantástico*— sobre el Big Bang. No se trata tan solo del misterio de que tuviera lugar, sino de que fue un evento de entropía extraordinariamente baja. Más aún, lo extraordinario no es únicamente eso, sino el hecho de que la entropía era baja de una forma muy particular, y al parecer *solo* de esa forma; esto es, que los grados de libertad *gravitatorios* estaban, por algún motivo, *completamente suprimidos*. Esto contrasta a ojos vistas con los grados de libertad en la materia y los correspondientes a la radiación (electromagnética), que parecen haber estado excitados al máximo en la forma de un estado térmico de máxima entropía. En mi opinión, este es quizá el misterio más profundo de la cosmología, y, por alguna razón, es un misterio aún muy poco apreciado.

Tendremos que ser más específicos sobre cuán especial era el estado del Big Bang y sobre cuánta entropía se puede ganar mediante este proceso de aglutinación gravitatoria. En consecuencia, tendremos que hacernos una idea de la enorme cantidad de entropía existente realmente en los agujeros negros (figura 3-15(b)). Lo veremos en §3.6. Pero, entretanto, será necesario que abordemos otra cuestión, que surge de la posibilidad, bastante probable, de que el universo sea en realidad espacialmente *infinito* (como sucedería en los modelos FLRW con $K \leqslant 0$; véase §3.1), o al menos de que la mayor parte exista más allá del alcance de la observación directa. Por lo tanto, debemos abordar el asunto de los *horizontes cosmológicos*, algo que haremos en el apartado siguiente.

3.5. HORIZONTES, VOLÚMENES COMÓVILES Y DIAGRAMAS CONFORMES

Antes de pasar a ver una medida más precisa de hasta qué punto nuestro Big Bang fue especial, entre todas las geometrías espacio-temporales y distribuciones de materia posibles, debemos afrontar la clara posibilidad de que muchos modelos con una geometría espacial infinita tendrían una *entropía total infinita*, y esto nos crea una complicación. Pero la esencia del argumento que se ha expuesto antes no se ve realmente afectada si consideramos no la entropía total del universo, sino algo como la entropía por volumen comóvil. La idea de una *región comóvil*, en un modelo FLRW, consiste en que consideramos una región espacial que evoluciona con el paso del tiempo y cuya frontera sigue las *líneas temporales* del modelo (las lí-

neas de universo de las galaxias ideales; véase la figura 3-5 en §3.1).
Por supuesto, cuando se consideran agujeros negros —que, como
veremos en el apartado siguiente, hacen la aportación crucial a la
cuestión de la entropía— y se producen desviaciones significativas respecto a una forma de FLRW exacta, puede que no sea tan evidente lo que la idea de «volumen comóvil» debería significar en realidad. Sin embargo, cuando consideramos las cosas a una escala lo
bastante grande, esta incertidumbre pasa a ser hasta cierto punto irrelevante.

En lo que sigue más adelante, será útil considerar lo que sucede
en los modelos FLRW exactos a muy gran escala. En todos los modelos FLRW que he estado evaluando en este capítulo, existe la idea de
lo que se denomina un *horizonte de partículas*, un concepto definido
con claridad por primera vez por Wolfgang Rindler en 1956 [Rind-
ler, 1956]. Para obtener su definición habitual, consideramos un punto P en el espaciotiempo y examinamos su cono de luz pasado $\mathcal{K}$.
Gran cantidad de las líneas de tiempo (véase §3.1) se intersecarán con
$\mathcal{K}$, y puede considerarse que la porción $\mathcal{G}(P)$ del espaciotiempo que
barren estas líneas temporales constituye la familia de *galaxias observables* de P. Pero algunas de las líneas temporales pueden estar demasiado
alejadas de P para cortar $\mathcal{K}$, y proporcionan una frontera $\mathcal{H}(P)$ para
$\mathcal{G}(P)$ que es una hipersuperficie de género tiempo regida por líneas
temporales. Esta 3-superficie $\mathcal{H}(P)$ es el *horizonte de partículas* de P (figura 3-17).

Para cualquier instante cósmico particular t, la rebanada de $\mathcal{G}(P)$
a través del modelo del universo dada por ese valor constante de t
poseerá un volumen finito, y el valor máximo de la entropía para esa
región será finito. Si consideramos la línea temporal *entera* l_P que pasa
por P, entonces es probable que la región $\mathcal{G}(P)$ de galaxias observables se vuelva más grande cuanto más en el futuro a lo largo de l_P
supongamos que se encuentra P. Para los modelos FLRW estándar
con $\Lambda > 0$, existirá una región «lo más grande posible» $\mathcal{G}(l_P)$ que es
espacialmente finita para cualquier valor fijo del tiempo cósmico t,
y podemos suponer que la entropía máxima alcanzable dentro de
$\mathcal{G}(l_P)$ es todo lo que necesitamos considerar en los argumentos anteriores. Para algunos propósitos, resulta de utilidad considerar también
otro tipo de horizonte cosmológico (también definido claramente
por Rindler [1956]), el *horizonte de sucesos* de una línea temporal

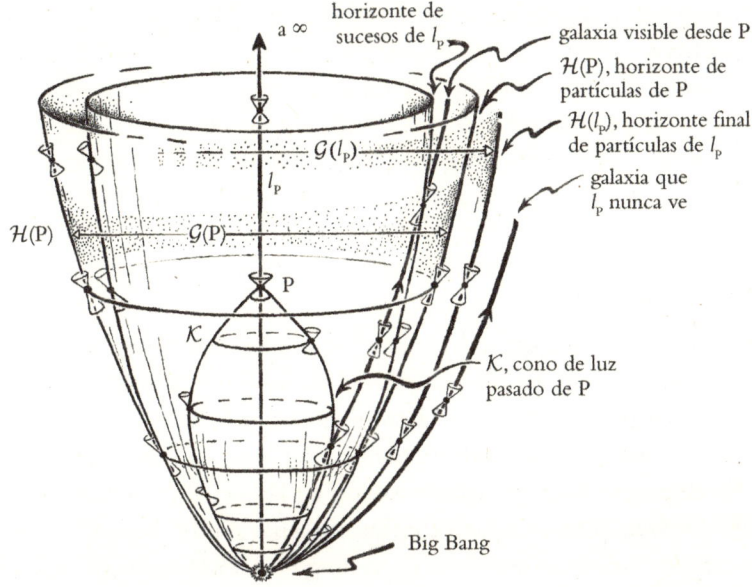

FIGURA 3-17. Imagen espaciotemporal de un modelo FLRW en la que se indican varios tipos de horizontes y líneas de universo de galaxias.

como l_P que se extiende infinitamente hacia el futuro, que es la frontera (futura) del conjunto de puntos situados en el pasado de l_P. Esto enlaza con el horizonte de sucesos que aparece en la imagen normal del colapso de un agujero negro, donde ahora l_P se sustituiría por la línea de universo de un observador remoto externo (y eterno) que no se ve absorbido por el agujero negro (véase la figura 3-9 en §3.2).

Las cuestiones que suscitan estos horizontes suelen ser bastante confusas en imágenes como las de las figuras 3-2 y 3-3 de §3.1 (véase la figura 3-17, y compárese también con la figura 3-9 de §3.2). Nos haremos una idea mucho más clara de estos conceptos si los representamos usando *diagramas conformes* [Penrose, 1963, 1964a, 1965b, 1967b y *ECalR*: §27.12; Carter, 1966]. Una característica particularmente útil de estos diagramas es que a menudo nos permiten representar el *infinito* como una frontera finita del espaciotiempo. Ya hemos visto esta faceta de las representaciones conformes en las figuras 1-38(a) y 1-40 de §1.15. Otra característica de estos diagramas es que hacen que resulten más transparentes los aspectos causales (por ejemplo, los

333

horizontes de partículas) de las *singularidades* de big bang de los modelos FLRW.

Estas imágenes emplean un reescalamiento conforme del tensor métrico **g** (véanse §§1.1, 1.7 y 1.8) del espaciotiempo físico $\mathcal{M}$ para dar una nueva métrica $\hat{\mathbf{g}}$ para un espaciotiempo $\hat{\mathcal{M}}$ relacionado de manera conforme, de acuerdo con

$$\hat{\mathbf{g}} = \Omega^2\,\mathbf{g},$$

donde Ω es una magnitud escalar (generalmente positiva) de variación suave en el espaciotiempo, de modo que los conos nulos (y la dirección temporal local) no cambian cuando se sustituye **g** por $\hat{\mathbf{g}}$. En circunstancias bastante generales, $\hat{\mathcal{M}}$, con su métrica suave $\hat{\mathbf{g}}$, consigue en efecto una frontera suave, en la cual $\Omega = 0$, que representa el *infinito* para el espaciotiempo original $\mathcal{M}$. El valor $\Omega = 0$ representa un «aplastamiento» infinito de **g** en las regiones infinitas de $\mathcal{M}$ para dar lugar a una región de frontera finita $\mathscr{I}$ para $\hat{\mathcal{M}}$. Evidentemente, este procedimiento solo nos dará una frontera suave para $\hat{\mathcal{M}}$ en las circunstancias adecuadas de atenuación para la métrica (y quizá la topología) de $\mathcal{M}$, pero es bastante llamativo lo bien que este procedimiento funciona para espaciotiempos $\mathcal{M}$ de especial interés físico.

Complementando este procedimiento para la representación del infinito espaciotemporal existe otro según el cual, en las circunstancias adecuadas, podemos «expandir» infinitamente una *singularidad* en la métrica de $\mathcal{M}$ para así obtener una región de frontera $\mathscr{B}$ para $\hat{\mathcal{M}}$ que represente esta singularidad. Con un modelo cosmológico $\mathcal{M}$, podemos obtener una región de frontera $\mathscr{B}$ suavemente contigua para $\hat{\mathcal{M}}$ que represente el Big Bang. Podemos también tener la suerte de que el factor de escala inverso Ω^{-1} se aproxime suavemente a cero a medida que se llega a $\mathscr{B}$, y eso es de hecho lo que sucede para el big bang de las cosmologías FLRW más importantes que se consideran aquí. (Nota: la forma con mayúsculas, «Big Bang», se reserva para el evento singular específico que parece haber iniciado el universo que conocemos, mientras que «big bang», alude de forma general a las singularidades iniciales de los modelos cosmológicos; véase también §4.3.) Para los modelos llenos de radiación de Tolman, Ω^{-1} tiene un cero sencillo en la frontera, pero para el modelo del polvo de Friedmann tiene un cero doble. Teniendo tanto el futuro infinito de $\mathcal{M}$ como su origen singular representados como regiones de frontera suaves anexas al conformemente relacionado $\mathcal{M}$, podemos obtener una buena imagen de los tipos de horizonte que se mencionan más atrás.

Una convención que suele adoptarse en estas imágenes espaciotemporales conformes consiste en hacer que los conos nulos apunten hacia arriba y tengan (normalmente) sus superficies inclinadas, siempre que sea posible, 45° respecto a la vertical. Esto se ilustra en las figuras 3-18 y 3-19, que, como la figura 1-43 de §1.15, son ejemplos de un diagrama conforme *esquemático*, que son imágenes *cualitativas*, en las que se intenta distribuir las cosas de tal manera que la inclinación de todos los conos sea más o menos de 45° respecto a la vertical. (Podemos también imaginar un diagrama conforme esquemático que represente un modelo de universo plenamente perturbado, que contenga muchos agujeros negros.) Cuando hay una constante cosmológica positiva, $\mathscr{I}$ resulta ser *de género espacio* [Penrose, 1965*b*; Penrose y Rindler, 1986], y esto implica que la región contenida dentro del horizonte de sucesos de cualquier línea de universo es espacialmente finita para cualquier instante (cósmico) dado. Para

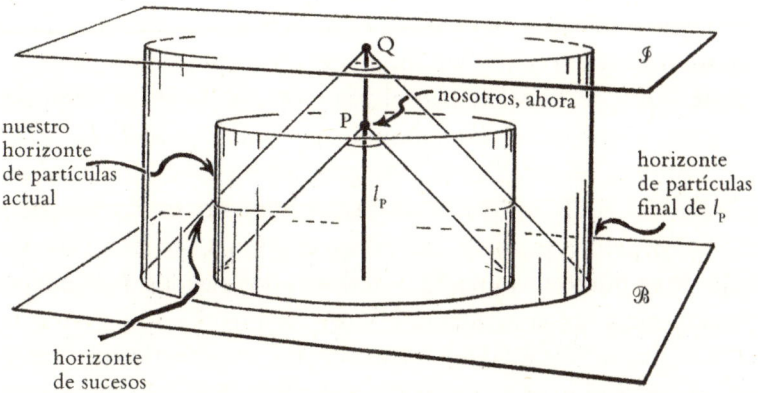

FIGURA 3-18. Este diagrama conforme esquemático presenta la historia completa del universo de acuerdo con la teoría actual, aunque dibujada sin la fase inflacionaria que se cree comúnmente que tuvo lugar justo después del Big Bang (véase §3.9). Sin inflación, nuestra ubicación temporal actual P estaría situada a alrededor de tres cuartos de la altura del diagrama (aproximadamente como se muestra); con inflación, la imagen global sería cualitativamente similar, pero P estaría casi en lo más alto de la imagen, justo por debajo de donde está situado Q.

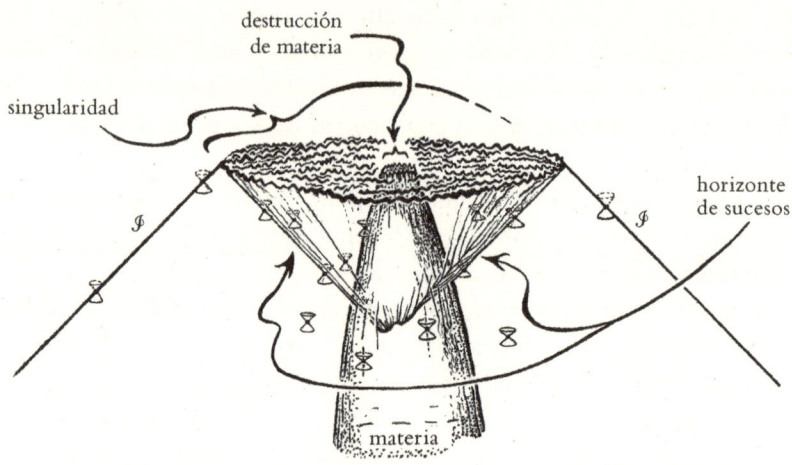

FiGURA 3-19. Imagen conforme esquemática del colapso de un agujero negro, como en §3.9, pero no es necesario suponer simetría esférica. Adviértase que la singularidad (irregular) se ha dibujado de género espacio, de acuerdo con la censura cósmica fuerte.

ser compatible con las observaciones actuales, pero sin incorporar una fase *inflacionaria* (la creencia convencional) al universo más primitivo (véase §3.9), el punto P en la figura 3-18 estaría situado aproximadamente a tres cuartos de la altura de la línea l_p. Este sería el caso si suponemos que la evolución futura del universo es compatible con las ecuaciones de Einstein con el valor observado de Λ (supuesto constante) y utilizamos el contenido de materia observado [Tod, 2012; Nelson y Wilson-Ewing, 2011]. Si, además, incorporamos una fase inflacionaria, la imagen sería cualitativamente similar a la de la figura 3-18, pero el punto P estaría casi en lo más alto de l_p, solo por debajo de su punto terminal Q. Los dos conos pasados de la imagen serían entonces casi coincidentes. (Véase también §4.3.)

La figura 3-19 es un diagrama conforme esquemático que representa una implosión gravitatoria (no necesariamente con simetría esférica). Se muestran algunos conos nulos, el infinito futuro $\mathscr{I}$ parece ser nulo y la imagen describe un espaciotiempo asintóticamente plano, con $\Lambda = 0$. Para $\Lambda > 0$, la imagen sería básicamente similar, pero con un $\mathscr{I}$ de género espacio, como en la figura 3-18.

Cuando consideramos espaciotiempos que poseen simetría esférica (como sucede en los modelos FLRW de las figuras 3-2 y 3-3

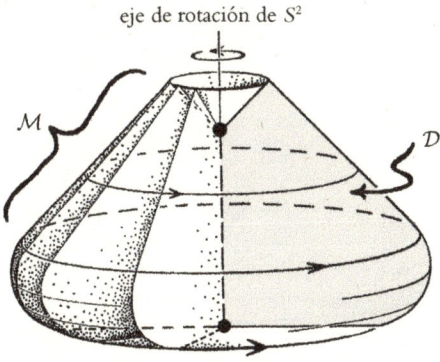

eje de rotación de S^2

FIGURA 3-20. Los diagramas conformes estrictos describen espaciotiempos con simetría esférica. Una región plana $\mathcal{D}$ se rota en S^2 para obtener el requerido espaciotiempo 4-dimensional $\mathcal{M}$. Cada punto de $\mathcal{D}$ representa («barre») una esfera S^2 en $\mathcal{M}$, salvo que cualquier punto en un *eje*, una línea discontinua vertical que marca una frontera de $\mathcal{D}$ o bien un punto negro representa un único punto de $\mathcal{M}$.

de §3.1, o la implosión de un agujero negro de Oppenheimer-Snyder de la figura 3-9 de §3.2), podemos lograr una mayor precisión y compacidad con un diagrama conforme *estricto* (tal y como lo formuló básicamente Brandon Carter en su tesis doctoral en 1966 [Carter, 1966]). Se trata de una figura plana, $\mathcal{D}$, que representa una región delimitada por líneas (que representan regiones infinitas, singularidades o ejes de simetría), donde debe entenderse que cada punto interno de $\mathcal{D}$ representa una 2-esfera (S^2) ordinaria (de género espacio), por lo que podemos interpretar que el espaciotiempo $\mathcal{M}$ entero es barrido al «rotar» la región alrededor de su eje de simetría (o ejes, en algunas ocasiones); véase la figura 3-20. Todas las direcciones *nulas* dentro de $\mathcal{D}$ han de representarse formando un ángulo de 45° con la vertical; véase la figura 3-21. De esta manera, se puede obtener una muy buena imagen conforme del espaciotiempo $\mathcal{M}$ deseado, extendido a $\hat{\mathcal{M}}$ al adjuntarle su frontera conforme.

En nuestras visualizaciones, es útil pensar en términos de un $\mathcal{M}$ 3-dimensional, formado al rotar $\mathcal{D}$ en un movimiento circular (S^1) alrededor de un eje de rotación vertical (esto es, de género tiempo). Sin embargo, debemos tener en cuenta que, para obtener el espaciotiempo 4-dimensional completo, tenemos que imaginar que esta rotación tiene lugar según una acción esférica *2-dimensional* (S^2). Ocasionalmente, al abordar modelos que tienen secciones espaciales

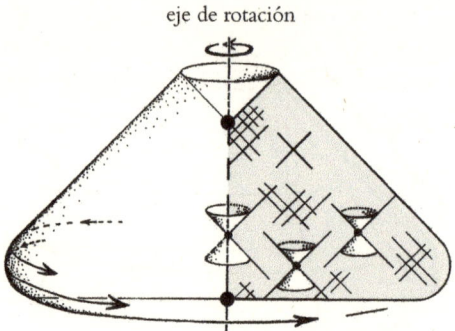

FIGURA 3-21. En un diagrama conforme estricto, las direcciones nulas dentro de $\mathcal{D}$, que son las intersecciones con $\mathcal{D}$ de los conos nulos en $\mathcal{M}$, están alineadas formando un ángulo de 45° con la vertical.

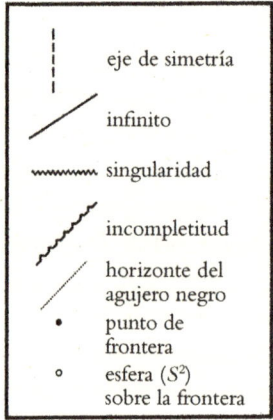

Figura 3-22. Convenciones estándar para diagramas conformes estrictos.

que son *3-esferas* (S^3), debemos considerar casos en que hay *dos* ejes de rotación, y esto es bastante más difícil de visualizar. Existen varias convenciones que es útil adoptar en relación con los diagramas conformes estrictos, que se recogen en la figura 3-22.

En la figura 3-23(a), el 4-espacio de Minkowski con su frontera conforme (véase la figura 1-40 de §1.15) se representa mediante un diagrama conforme estricto. En la figura 3-23(b), este aparece como una parte del modelo de universo estático de Einstein ($S^3 \times \mathbb{R}$) (véase la figura 1-43 de §1.15), de acuerdo con la figura 1-43(b). El propio modelo de Einstein (tal y como se describe en la figura 1-42) está

338

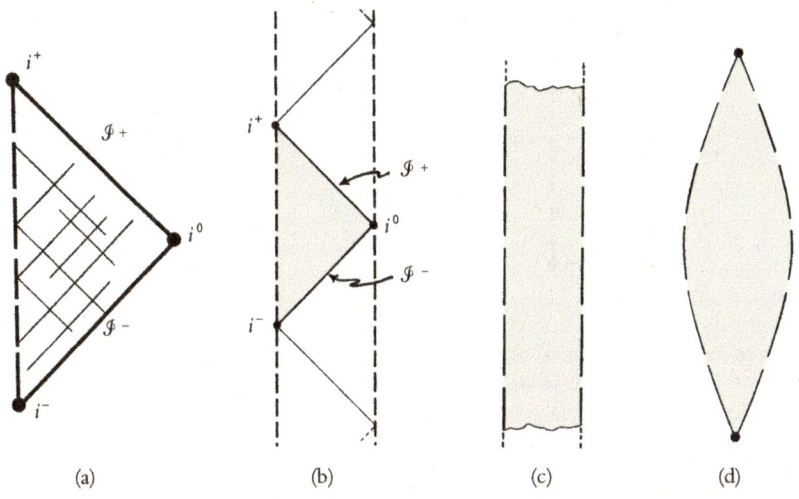

FIGURA 3-23. Diagramas conformes estrictos para el espacio de Minkowski y sus extensiones: (a) espacio de Minkowski; (b) espacio de Minkowski como parte de una secuencia vertical de diagramas de espacios de Minkowski que forman el universo de Einstein $\mathcal{E}$; (c) el universo de Einstein $\mathcal{E}$ con topología $\mathbb{R}^1 \times S^3$; (d) $\mathcal{E}$ de nuevo, con puntos negros que representan sus puntos en los infinitos futuro y pasado.

representado como un diagrama conforme estricto en la figura 3-23(c) (donde cabe señalar el uso, antes mencionado, de *dos* ejes de rotación para generar el S^3), o bien como en la figura 3-23(d) si queremos incluir sus puntos de frontera (conformemente singulares) en el infinito pasado y futuro.

También se pueden representar mediante un diagrama conforme estricto muchos otros modelos de universo. En la figura 3-24, he dibujado tales diagramas para los tres modelos de Friedmann con $\Lambda = 0$ (esbozados previamente en la figura 3-2 de §3.1), y en la figura 3-25 podemos ver diagramas conformes de los modelos con $\Lambda > 0$ adecuadamente grande (indicados en conjunto en la figura 3-3 de §3.1). El diagrama conforme estricto para 4-espacio de De Sitter (recordemos la figura 3-4(a)) se muestra en la figura 3-26(a), mientras que la figura 3-26(b) representa la parte que es el antiguo modelo del estado estacionario de Bondi, Gold y Hoyle (véase §3.2). Las partes (c) y (d) de la figura 3-26 son diagramas conformes estrictos para los espacios de De Sitter enrollado y desenrollado $\mathcal{A}^4$ y $Y\!\mathcal{A}^4$ (compárese con §1.15). En la figura 3-27 vemos un diagrama conforme estricto

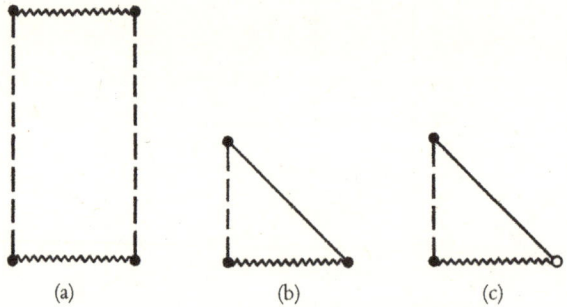

FIGURA 3-24. Diagramas conformes estrictos de los modelos de Friedmann con polvo ($\Lambda = 0$) de la figura 3-2: (a) $K > 0$, (b) $K = 0$ y (c) $K < 0$, donde el infinito espacial conforme con S^2 de la geometría hiperbólica (de acuerdo con la representación de Beltrami en las figuras 3-1(c) y 1-38(b)) se refleja en el punto vacío de la derecha.

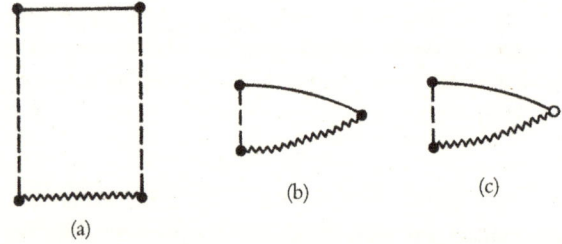

FIGURA 3-25. Diagramas conformes estrictos de los modelos de Friedmann con $\Lambda > 0$, que ilustran un infinito futuro de género espacio $\mathscr{I}$: (a) $K > 0$, con Λ suficientemente grande para que se acabe produciendo una expansión exponencial; (b) $K = 0$ y (c) $K < 0$.

de la misma imagen que se ha representado en la figura 3-17, en el que las funciones de los distintos horizontes quedan mucho más claras que antes.

La solución de Schwarzschild (véase §3.2) en su forma original, que termina en su radio de Schwarzschild, se muestra en el diagrama conforme estricto de la figura 3-28(a). En la figura 3-28(b) se puede ver la extensión a través de su horizonte de sucesos, de acuerdo con la forma métrica denominada de *Eddington-Finkelstein*, a la que se hace referencia en §3.2, que describe el espaciotiempo de un agujero negro. La figura 3-28(c) representa la forma Synge-Kruskal *de máxima extensión* de la solución de Schwarzschild, descubierta originalmente por John Lighton Synge en 1950 [Synge, 1950] y por varios

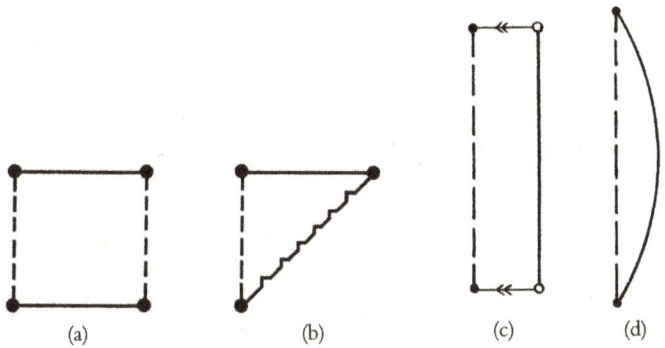

FIGURA 3-26. Diagramas conformes estrictos de (a) espacio de De Sitter entero, (b) parte del espacio de De Sitter que describe el modelo del estado estacionario (véase la figura 3-4(c)), (c) espacio anti-De Sitter $\mathcal{A}^4$, donde el borde superior se identifica con el inferior, dando lugar a un cilindro, y (d) espacio anti-De Sitter desenrollado $\Upsilon\mathcal{A}^4$ (véase §1.15). Los diagramas para $\mathcal{A}^5$ y $\Upsilon\mathcal{A}^5$ son similares a (c) y (d) aquí, pero la rotación es a través de S^3 en lugar de S^2.

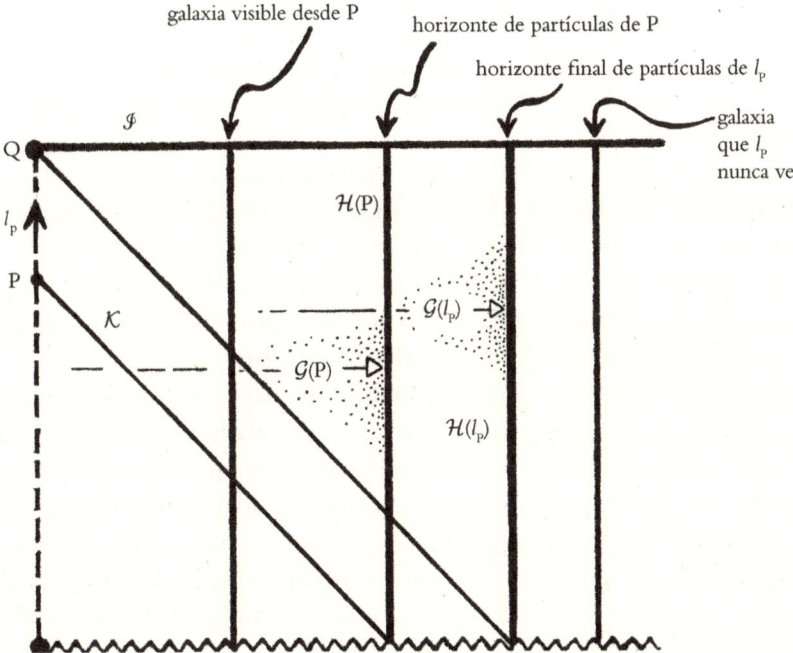

FIGURA 3-27. Diagrama conforme estricto que representa las mismas características cosmológicas que se muestran en la figura 3-17, pero con mayor claridad.

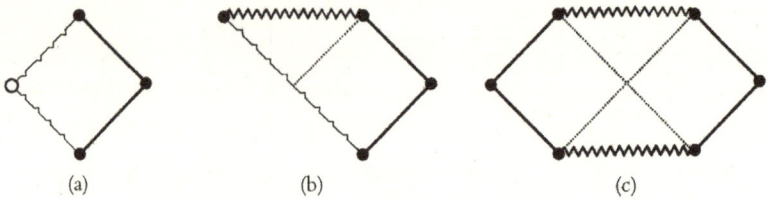

FIGURA 3-28. Diagramas conformes estrictos para la métrica de Schwarzschild y sus extensiones: (a) espaciotiempo de Schwarzschild original; (b) extensión de Eddington-Finkelstein a través del horizonte superior; (c) máxima extensión de Synge-Kruskal-Szekeres.

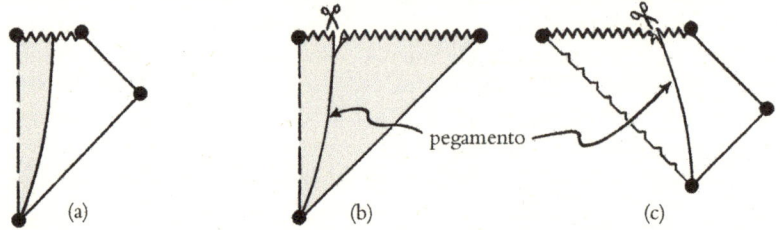

FIGURA 3-29. (a) Diagrama conforme estricto de la implosión de Oppenheimer-Snyder en un agujero negro, obtenido al pegar una parte (b) de la imagen de Friedmann con el tiempo invertido (figura 3-24(b)) a un trozo (c) de la imagen de Eddington-Finkelstein (figura 3-28(b)). Las regiones llenas de materia (polvo) están sombreadas.

otros alrededor de una década más tarde [véanse particularmente Kruskal, 1960; Szekeres, 1960]. La figura 3-29(a) representa la implosión de Oppenheimer-Snyder en un agujero negro de la figura 3-9 en un diagrama conforme estricto, y en la figura 3-29(b) y (c) vemos cómo construir este espaciotiempo uniendo partes de la figura 3-24(b) (con el tiempo invertido) y de la figura 3-28(b).

Tendré que volver sobre la cuestión de mayor interés para nosotros en el apartado anterior §3.4: la aparente paradoja de que, aunque sabemos por la segunda ley que el Big Bang *tuvo que ser* un estado de entropía extraordinariamente baja, nuestra evidencia directa de ese evento, señalada por la naturaleza impresionantemente *térmica* de la CMB, indicaba un estado de entropía en apariencia *máxima*. Como hemos visto en §3.4, la clave para resolver la paradoja radica en la posibilidad de que exista irregularidad espacial y en la naturaleza del colapso en una singularidad que se esperaría en un universo espacialmente irregular en implosión, como se esboza en la figura 3-14(a) y

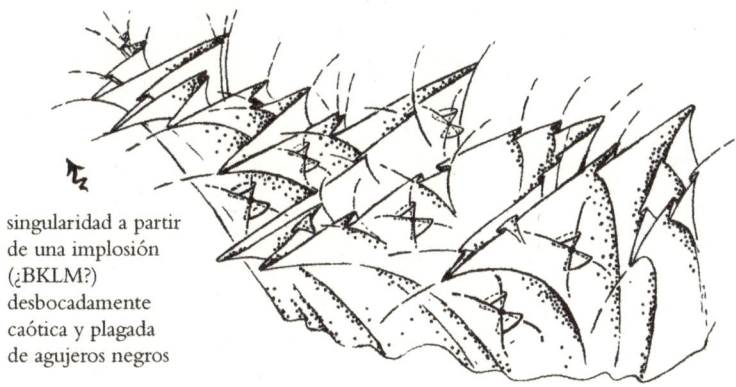

singularidad a partir
de una implosión
(¿BKLM?)
desbocadamente
caótica y plagada
de agujeros negros

FIGURA 3-30. La imagen es un intento de esbozar el desbocado comportamiento espaciotemporal que tendría lugar al aproximarnos a una singularidad genérica de tipo BKLM desde el pasado.

(b), donde la convergencia de muchas singularidades de agujero negro daría lugar a una singularidad predominante de extrema complejidad. Es difícil ilustrar un crunch tan caótico en un diagrama conforme esquemático, particularmente si se espera que la censura cósmica fuerte (véase §3.4) siga vigente (como parece bastante probable). Tal implosión podría estar más o menos de acuerdo con el comportamiento BKLM al que se ha hecho referencia al final de §3.2, y en la figura 3-30 he intentado esbozar cómo el desbocado comportamiento singular podría comenzar a producirse en una implosión BKLM. La figura 3-31, *inversa temporal* de esta situación de entropía descomunalmente alta (véase también la figura 3-14(c)), tendría una singularidad de una estructura muy diferente de la de un modelo FLRW, y ciertamente no sería de una naturaleza que permitiese una descripción realista en términos de un diagrama conforme *estricto*, aunque parece que no hay nada que impida utilizar un diagrama conforme esquemático para representar este tipo sumamente complicado de situación genérica (figura 3-31). Nuestro Big Bang real parece ser de tal naturaleza que sí puede modelarse bastante bien mediante una singularidad FLRW (y su posible extensibilidad conforme hacia el pasado será un asunto clave en §4.3), hecho este que constituye una enorme restricción. Es esta restricción la que limita su entropía a un valor extraordinariamente minúsculo en comparación con los enormes valores que permitiría una singularidad espaciotemporal de tipo

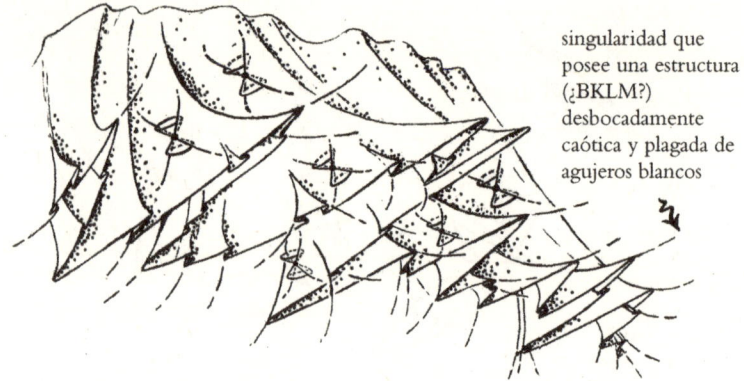

singularidad que
posee una estructura
(¿BKLM?)
desbocadamente
caótica y plagada de
agujeros blancos

FIGURA 3-31. Inversa temporal de la figura 3-30, para ofrecer alguna indicación del espaciotiempo desbocado que surgiría de una singularidad inicial genérica de tipo BKLM.

general. En el siguiente apartado veremos lo sumamente restrictiva que es, de hecho, una singularidad que sea muy aproximadamente de tipo FLRW.

3.6. La fenomenal precisión del Big Bang

Para hacernos una idea de la enormidad del posible aumento de la entropía una vez que incorporamos la gravedad y nos permitimos apartarnos de la uniformidad de FLRW, debemos fijarnos de nuevo en los agujeros negros. Estos parecen representar alguna clase de máximo de entropía gravitatoria, por lo que debemos preguntarnos qué entropía se les debe atribuir realmente. Existe, de hecho, una maravillosa fórmula para la entropía S_{an} de un agujero negro, obtenida por primera vez, de forma aproximada, por Jacob Bekenstein [1972 y 1973] utilizando argumentos generales y particularmente convincentes, y refinada poco después por Stephen Hawking [1974, 1975 y 1976a] (para obtener el número exacto «4» en la fórmula resultante) por medio de un análisis clásico en el que utilizó la teoría cuántica de campos sobre un fondo espaciotemporal que describía la implosión de un agujero negro. La fórmula es

$$S_{an} = \frac{Akc^3}{4\gamma\hbar},$$

donde A es el área del horizonte de sucesos del agujero negro (o, mejor dicho, de una sección transversal espacial de este; véase la figura 3-9 de §3.2). Las constantes k, γ y $\hbar$ son, respectivamente, las de Boltzmann, Newton y Planck (en la forma de Dirac), y c es la velocidad de la luz. Debe señalarse que, para un agujero negro no rotatorio de masa m, tenemos

$$A = \frac{16\pi\gamma^2}{c^4}\, m^2,$$

de manera que

$$S_{an} = \frac{4\pi m^2 k\gamma}{\hbar c}.$$

Un agujero negro también puede rotar, y, si su momento angular tiene el valor am, entonces tenemos que [véanse Kerr, 1963; Boyer y Lindquist, 1967; Carter, 1970]

$$A = \frac{8\pi\gamma^2}{c^4}\, m(m + \sqrt{m^2 - a^2}),$$

de manera que

$$S_{an} = \frac{2\pi k\gamma}{\hbar c}\, m(m + \sqrt{m^2 - a^2}).$$

En lo que sigue, será conveniente adoptar lo que se conocen como *unidades naturales* (a menudo denominadas *unidades de Planck* o *unidades absolutas*) de longitud, tiempo, masa y temperatura, ajustando las definiciones de cada una de ellas de tal manera que

$$c = \gamma = \hbar = k = 1.$$

La relación de las unidades naturales con las unidades prácticas a las que estamos más acostumbrados es (aproximadamente) la siguiente:

$$\text{metro} = 6{,}3 \times 10^{34},$$
$$\text{segundo} = 1{,}9 \times 10^{43},$$
$$\text{gramo} = 4{,}7 \times 10^{4},$$
$$\text{kelvin} = 7{,}1 \times 10^{-33},$$
$$\text{constante cosmológica} = 5{,}6 \times 10^{-122},$$

de forma que todas las magnitudes son ahora simplemente números. Y, por lo tanto, las fórmulas anteriores (para un agujero negro no rotatorio) pueden expresarse simplemente como

$$S_{an} = \frac{1}{4}A = 4\pi m^2, \quad A = 16\pi m^2.$$

Este valor de la entropía resulta ser gigantesco para los agujeros negros que esperamos que surjan mediante procesos astronómicos (y, por este motivo, la elección de unidades importa bastante poco aquí, aunque es mejor ser explícitos). Esta enormidad de la entropía quizá no sea sorprendente si se tiene en cuenta cuán «irreversibles» son realmente los procesos que intervienen en la formación de los agujeros negros. Solía señalarse lo grande que es la entropía en la CMB, de alrededor de 10^8 o 10^9 por cada barión (véase §1.3) en el universo, mucho más grande que la de los procesos astrofísicos normales. Pero este valor de la entropía empieza a palidecer hasta volverse insignificante cuando se lo compara con el de la que debe atribuirse a los agujeros negros, y muy en particular a los agujeros negros enormes que existen en el centro de las galaxias. Cabría esperar que un agujero negro corriente de masa estelar tuviese una entropía por barión de alrededor de 10^{20} o así. Pero nuestra propia galaxia, la Vía Láctea, tiene un agujero negro de unos cuatro millones de masas solares, lo que da una entropía por barión de alrededor de 10^{26} o más. Es poco probable que la mayor parte de la *masa* del universo esté actualmente en forma de agujeros negros, pero sí podemos ver cómo estos llegarán a dominar la *entropía* si consideramos un modelo en el cual el universo observable está poblado por galaxias, como la Vía Láctea, cada una compuesta de 10^{11} estrellas comunes y con un agujero negro central de 10^6 masas solares (lo cual probablemente infravalore la contribución media actual de los agujeros negros). Ahora, obtenemos una entropía global por barión de 10^{21}, que eclipsa por completo el valor de 10^8 o 10^9 atribuido a la CMB.

Vemos según las expresiones anteriores que la entropía por barión probablemente sea mucho mayor en el caso de los agujeros negros grandes, aumentando básicamente en proporción con la masa del agujero. Así, para una masa de material dada, tendríamos la máxima entropía si toda la masa estuviese concentrada en un agujero negro. Si suponemos que la masa del agujero negro es la masa bariónica total en el universo actualmente observable, que suele considerarse aquel que se encuentra dentro de nuestro horizonte de partículas actual, obtenemos una cifra de alrededor de 10^{80} bariones, lo que nos daría una entropía total de $\sim 10^{123}$, en lugar del valor mucho menor, en torno a 10^{89}, que parece haber tenido la bola de fuego que evidencia la CMB.

En estas consideraciones, hasta ahora he ignorado el hecho de que la materia bariónica parece representar solo alrededor del 15 por ciento del contenido material del universo, mientras que el 85 por ciento restante está formado por la denominada *materia oscura*. (No estoy incluyendo la *energía oscura* —en otras palabras, Λ— en estas observaciones, ya que supongo que Λ es la constante cosmológica, que no constituye realmente una «sustancia» que pudiera contribuir a la implosión gravitatoria. La cuestión de una «entropía» asociada con Λ se tratará en §3.7.) Podríamos muy bien imaginar que nuestro hipotético agujero negro, al englobar todo el contenido del universo observable, debería también incluir la masa asociada a esta materia oscura, lo cual elevaría nuestra cifra para la entropía máxima hasta algo más bien como 10^{124} o 10^{125}. Sin embargo, para lo que me propongo con la presente exposición, adoptaré la cifra más conservadora de 10^{123}, en parte porque resulta que desconocemos por completo de qué está compuesta realmente la materia oscura. Una razón más para ser un tanto cauto en cuanto a la cifra más alta es que podría haber alguna dificultad geométrica relacionada con la construcción de cierto modelo de universo en el que pudiese considerarse razonablemente que todo el contenido material estuviese alojado en un solo agujero. Desde el punto de vista de la física, podría tener más sentido considerar la existencia de varios agujeros algo menores, distribuidos por todo el universo observable. Para dicho propósito, algo del orden de un factor 10 con el que jugar aquí le daría a la imagen mucha mayor verosimilitud.

Hay algo más que debemos aclarar aquí. La expresión «universo observable» normalmente hace referencia al material interceptado por el cono de luz pasado de nuestra actual ubicación espaciotemporal P, tal y como se muestra en las figuras 3-17 y 3-27. Puesto que estamos considerando los modelos cosmológicos clásicos estándar, esto es bastante inequívoco, aunque existe la cuestión menor de si incluimos los eventos que ocurrieron antes de la 3-superficie del desacoplamiento y que están dentro de nuestro cono de luz pasado. Esto apenas tiene consecuencias, a menos que incorporemos la fase *inflacionaria*, que sue-

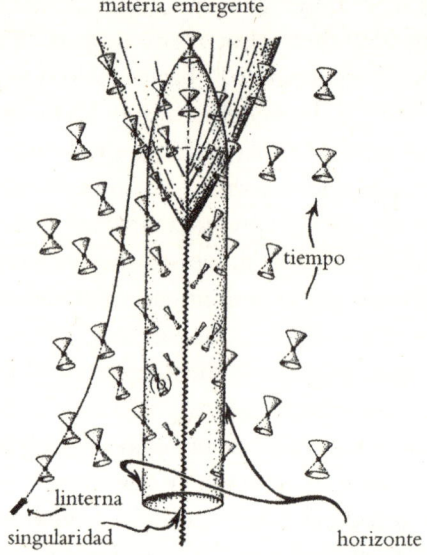

FIGURA 3-32. Imagen espaciotemporal de un hipotético «agujero blanco»: la inversa temporal de la figura 3-9. Antes de su explosión en materia, la luz emitida en el exterior (por ejemplo, de la linterna representada aquí) no puede atravesar el horizonte.

le darse por supuesta, al universo primitivo que veremos en §3.9. Ello haría que aumentase enormemente la distancia hasta el horizonte de partículas y la cantidad de materia que englobaría. Parece ser práctica habitual no incluir dicho periodo inflacionario en la definición de la expresión «horizonte de partículas». Será lo que yo haga aquí.

Deberíamos tener presente que, cuando consideramos la manera en que el Big Bang fue especial, lo que hemos estado viendo en §3.5 fue la *inversa temporal* de un modelo en implosión. Nuestra imagen de ese hipotético modelo en implosión sería la de una singularidad final a la que se llegaría tras la aparición de muchos agujeros negros, que después se coagularían en otros más grandes. No parece fuera de lugar suponer que esto nos permitiría acercarnos razonablemente, en la cuenta final, a un solo agujero negro que lo englobase todo, incluso aunque no llegásemos por completo a esa situación. Debe señalarse que, cuando tomamos la inversa temporal de este colapso absolutamente caótico, a lo que llegamos para el Big Bang de entropía máxima no es a una explosión que contiene (por ejemplo) un gran agujero negro sino a la *inversa temporal* de dicho agujero, que se conoce

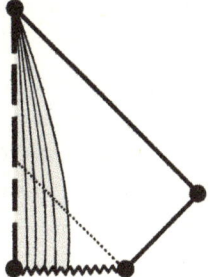

FIGURA 3-33. Diagrama conforme estricto de un agujero blanco con simetría esférica.

como un *agujero blanco*. Para hacerse una idea del espaciotiempo que describe un agujero blanco, consideremos la figura 3-9 dada la vuelta; véase la figura 3-32. Su diagrama conforme estricto, que se muestra en la figura 3-33, es por lo tanto la figura 3-29(a) boca abajo. Matemáticamente, no es del todo descabellado que una configuración como esta pudiera formar parte de un big bang mucho más general que el descrito por un modelo FLRW, y la entropía inicial tendría aquí el descomunal valor de $\sim 10^{123}$, en lugar del incomparablemente más pequeño $\sim 10^{89}$ que parece que observamos en la bola de fuego primordial, tal y como se manifiesta a través de la CMB.

En el párrafo anterior, he desarrollado el argumento en términos de agujeros negros en lugar de agujeros blancos, pero, desde el punto de vista del cálculo de los valores de la entropía, los resultados son iguales. La definición de Boltzmann de la entropía, como recordamos de §3.3, simplemente depende de los volúmenes de regiones de granulado grueso en el espacio de fases. La naturaleza del espacio de fases en sí no es sensible a la dirección en que transcurre el tiempo (puesto que invertir la dirección temporal simplemente sustituye los momentos por sus opuestos), y los criterios macroscópicos para definir las regiones de granulado grueso no dependerían de la dirección temporal. Desde luego, no se espera que existan agujeros blancos en el universo que habitamos realmente, ya que incumplen a todas luces la segunda ley. Sin embargo, son perfectamente legítimos en las consideraciones anteriores para calcular el grado de «especialidad» del Big Bang, puesto que son esos estados que *sí* violan la segunda ley los que debemos tener en cuenta.

Así pues, vemos que un valor de al menos 10^{123} habría sido posible para una singularidad espaciotemporal que fuese el estado inicial del universo, donde requerimos tan solo compatibilidad con las ecuaciones (temporalmente simétricas) de la relatividad general, con fuentes de materia ordinarias, y con un número total de bariones de unos 10^{80} dentro del universo observable (con su materia oscura concomitante). En consecuencia, debemos tener en cuenta un espacio de fases $\mathcal{P}$ con un volumen total de al menos

$$V = e^{10^{123}}$$

(porque la fórmula de Boltzmann con $k = 1$, $S = \log V$, de §3.3, debe poder dar $S = 10^{123}$; véase §A.1). De hecho, como se muestra en §A.1, apenas influye (desde luego, para la precisión del número «123» en esta expresión) si la «e» se sustituye por un «10», por lo que diré que $\mathcal{P}$ tiene un volumen total de al menos

$$10^{10^{123}}.$$

Lo que nos encontramos realmente en nuestro universo es una bola de fuego primordial, en el momento del desacoplamiento, cuya entropía tenía un valor que no superaba aproximadamente 10^{90} (tomando 10^{80} bariones con una entropía por barión de 10^9, y añadiendo también una buena cantidad de materia oscura), por lo que ocuparía una región de granulado grueso $\mathcal{D}$ de un volumen mucho menor:

$$10^{10^{90}}.$$

¿Cuánto más pequeño es este volumen $\mathcal{D}$ en relación con todo el espacio de fases $\mathcal{P}$? Claramente, la respuesta es

$$10^{10^{90}} \div 10^{10^{123}},$$

que, como se ve en §A.1, es prácticamente indistinguible de

$$\frac{1}{10^{10^{123}}}, \quad \text{esto es, } 10^{-10^{123}},$$

de forma que ni siquiera notamos el volumen real de $\mathcal{D}$, por lo enormemente grande que es el volumen total $10^{10^{123}}$ que debemos dar a $\mathcal{P}$.

Esto nos da cierta idea de la *precisión* absolutamente extraordinaria implicada en la creación del universo, tal y como lo entendemos hoy en día. De hecho, a veces pueden haberse dado procesos asociados a un considerable aumento de la entropía entre la singularidad inicial —que podemos representar como una región de granulado grueso particularmente minúscula $\mathcal{B}$ dentro del espacio de fases $\mathcal{P}$— y el desacoplamiento. (Véase la figura 3-34, donde las cifras dadas en la leyenda incluyen las contribuciones de la materia oscura.) Así pues, debemos esperar que existiese una precisión aún mayor en la creación del universo, que se mide ahora por el tamaño de $\mathcal{B}$ dentro del espacio de fases $\mathcal{P}$. Que sigue siendo de $10^{-10^{123}}$, al quedar de nuevo enmascarada la naturaleza aún más diminuta de la región $\mathcal{B}$ por la inmensa enormidad de la cifra $(10^{10^{123}})$ que describe el tamaño del propio $\mathcal{P}$.

3.7. ¿ENTROPÍA COSMOLÓGICA?

Hay una cuestión más que debería abordar en el contexto de las aportaciones a la entropía de cierta sustancia («oscura»): cómo se debería evaluar la contribución de lo que se conoce comúnmente como *energía oscura*, esto es, Λ (en mi interpretación de esta expresión). Muchos físicos adoptan la opinión de que la presencia de Λ tiene el efecto de proporcionar una entropía enorme en el futuro remoto de nuestro universo en continua expansión, que de alguna manera «entra en juego» en una fase muy posterior (pero indeterminada) de la historia del universo. La justificación para este punto de vista procede principalmente de una creencia común y bien acreditada [Gibbons y Hawking, 1977] según la cual los horizontes de sucesos que ocurren en estos modelos deberían tratarse de la misma manera que los horizontes de los agujeros negros, y, puesto que estamos tratando con horizontes de dimensiones descomunales —cuya área excede con mucho la del mayor agujero negro observado hasta la fecha (cuya masa es alrededor de 4×10^{10} veces la del Sol), en un factor de en torno a 10^{24}—, tendríamos una «entropía» extraordinariamente enorme S_{cosm} cuyo valor sería aproximadamente de

$$S_{cosm} \approx 6,7 \times 10^{122}.$$

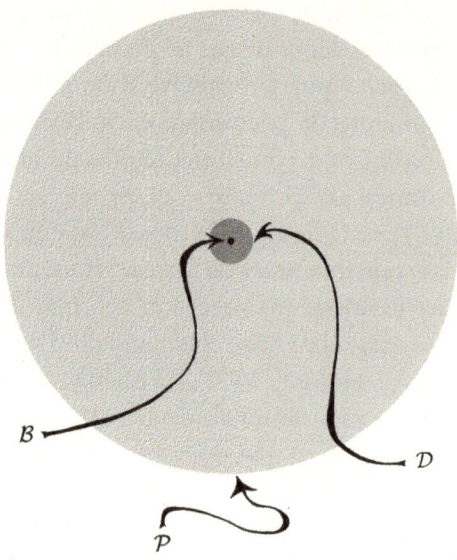

FIGURA 3-34. El espacio de fases $\mathcal{P}$ del universo observable en su conjunto tiene un volumen en unidades de Planck (u otras utilizadas habitualmente) de alrededor de $10^{10^{124}}$. La región de $\mathcal{D}$ de estados que representan el desacoplamiento posee un volumen ridículamente más pequeño, de alrededor de $10^{10^{90}}$, y el volumen de la región $\mathcal{B}$ de estados que representan el Big Bang sería aún mucho más pequeña, ya que cada uno de ellos ocuparía tan solo $\sim 10^{-10^{124}}$ del total. Un diagrama como este no puede, ni siquiera remotamente, reflejar tal disparidad de tamaños.

Esta cifra se calcula directamente a partir del valor observacional de Λ, que actualmente se estima que es de

$$\Lambda = 5{,}6 \times 10^{-122},$$

y utiliza la fórmula para la entropía de Bekenstein-Hawking (suponiendo que aceptamos su uso en estas circunstancias), aplicada al área A_{cosm} del horizonte de sucesos cosmológico, que viene dada exactamente por

$$A_{\text{cosm}} = \frac{12\pi}{\Lambda}.$$

Debe señalarse que, si confiamos en este argumento sobre el horizonte —como lo hacemos en el de Bekenstein-Hawking para la entropía de un agujero negro—, entonces esto debería representar un valor de la entropía *total*, no simplemente una contribución procedente de la «energía oscura». Pero vemos que, de hecho, el área del horizonte nos da esta magnitud «S_{cosm}» solamente a partir del valor de Λ, y con independencia de las distribuciones de materia u otras desviaciones detalladas respecto a la geometría de De Sitter exacta de la figura 3-4 [véase Penrose, 2010: §B5]. Sin embargo, aunque S_{cosm} ($\sim 6 \times 10^{122}$) parece quedarse un poco corta respecto al valor total de la entropía (cuando incluimos la contribución de la materia oscura) de $\sim 10^{124}$ que hemos barajado más arriba, probablemente sea muchísimo mayor que la entropía total de quizá alrededor de 10^{110} que podría alcanzarse en última instancia en los agujeros negros si solo incluyésemos la materia bariónica que hay en nuestro universo observable actual, o del orden de 10^{112} que podría quizá proporcionar la materia oscura.

Pero debemos preguntarnos a qué hace referencia realmente este valor final S_{cosm} ($\sim 6 \times 10^{122}$) de la «entropía total». Puesto que solo depende de Λ, y no tiene nada que ver con los detalles del contenido material del universo, podemos suponer que S_{cosm} debería ser una entropía correspondiente al universo *entero*. Pero, si el universo es espacialmente infinito (como es opinión común entre los cosmólogos), entonces este valor único de la «entropía» tendría que distribuirse en este volumen espacial infinito y solo contribuiría una cantidad insignificante a la región comóvil *finita* que estamos considerando aquí. Según esta interpretación de la entropía cosmológica, «6×10^{122}» cabría interpretarlo como una *densidad* de entropía *nula*, y debería por lo tanto ignorarse por completo en las consideraciones sobre el equilibrio entrópico en nuestro universo dinámico.

Podríamos, por otra parte, tratar de considerar que este valor de la entropía corresponde solo al volumen comóvil basado en el contenido de materia de nuestro universo observable, esto es, el volumen comóvil $\mathcal{G}(P)$ dentro de nuestro horizonte de partículas $\mathcal{H}(P)$ (véanse §3.5; figuras 3-17 y 3-27), siendo P nuestra ubicación espaciotemporal actual. Pero no existe una justificación verosímil para ello, sobre todo porque ya que «el instante actual», que determina el punto P sobre nuestra línea de universo l_P, no tiene un significado particular en este contexto. Parecería más apropiado tomar el volumen comóvil $\mathcal{G}(l_P)$ considerado en §3.5, donde nuestra línea de universo l_P debe extenderse indefinidamente hacia el futuro. La medida de materia en esta región no es sensible al «instante» en el que observamos el universo. Es la totalidad de la materia que *en algún momento* llegará a nuestro universo observable. En la imagen conforme (figura 3-18 de §3.5), la línea l_p completamente extendida se une con el infinito conforme futuro $\mathcal{I}$ (que recordemos que es una hipersuperficie *de género espacio* cuando $\Lambda > 0$) en un punto Q, y ahora nos interesa la cantidad total de material que queda dentro del cono de luz pasado de Q, $\mathcal{C}_Q$. Este cono de luz pasado es, de hecho, nuestro *horizonte de sucesos cosmológico*, y tiene un carácter más «absoluto» que la materia que simplemente se encuentra dentro de nuestro horizonte de partículas actual. A medida que el tiempo avanza, nuestro horizonte de partículas se extiende, y la materia dentro del volumen $\mathcal{G}(l_p)$ representa el límite final hasta el que lo hace.

De hecho (suponiendo la evolución temporal dada por las ecuaciones de Einstein, con el valor positivo de Λ observado, que tomaremos como constante), obtenemos un valor total de material interceptado por $\mathcal{C}_Q$ que es casi $2\frac{1}{2}$ veces el existente dentro de nuestro horizonte de partículas [Tod, 2012; Nelson y Wilson-Ewing, 2011]. El valor de la máxima entropía posible que este material podría alcanzar, suponiendo que ese valor fuese el registrado si todo el material se acumulase en un solo agujero negro, es por lo tanto algo más de cinco veces el máximo que obtuvimos antes, cuando nos limitamos al material dentro de nuestro horizonte de partículas, $\sim 10^{124}$ en lugar de $\sim 10^{123}$. Cuando incluimos la contribución de la materia oscura, tenemos $\sim 10^{125}$. Este valor es varios cientos de veces mayor que S_{cosm}, de manera que, eligiendo un modelo de universo con la misma densidad de materia total que el nuestro, pero con agujeros negros suficientemente grandes, parece que podemos violar el valor máximo que se supone que S_{cosm} debería darnos, en flagrante contradicción con la segunda ley. (Hay un problema relacionado con la evaporación de Hawking final de estos agujeros negros, pero no invalida este razonamiento; véase Penrose [2010: §3.5].)

Dado que hay algunas incertidumbres en estas cifras, quizá aún siga siendo posible argumentar que el valor 6×10^{122} que obtenemos para la entropía cosmológica es realmente la «verdadera» entropía máxima alcanzable por la cantidad de material contenida en $\mathcal{C}_Q$. Pero hay razones de más peso que las que se acaban de exponer para dudar de que S_{cosm} deba considerarse seriamente como una verdadera entropía final para esta parte del universo, o, de hecho, siquiera como una «entropía» físicamente relevante. Volvamos al argumento básico que sugería la analogía entre el horizonte cosmológico $\mathcal{C}_Q$ y un horizonte de sucesos de agujero negro $\mathcal{E}$. Cuando intentamos usar esta analogía para abordar la cuestión de a qué parte del universo haría referencia en realidad esta entropía cosmológica, nos encontramos con una curiosa contradicción. Ya hemos visto, según los argumentos anteriores, que esta parte no puede ser *todo* el universo, y parecía posible suponer que la parte a la que se hacía referencia es simplemente la región interior al horizonte cosmológico. Sin embargo, cuando comparamos esta situación cosmológica con la de un agujero negro, vemos que esta interpretación no es en absoluto lógica. En el caso de la implosión de un agujero negro, se suele entender que la entropía de Bekenstein-Hawking es la *del* agujero negro, lo cual es una interpretación perfectamente razonable. Pero cuando hacemos la comparación con la situación cosmológica, y cotejamos el horizonte de sucesos del agujero negro $\mathcal{E}$ con el horizonte cosmológico $\mathcal{C}_Q$ como se muestra en los diagramas conformes estrictos de la figura 3-35, vemos que a lo que corresponde la región espaciotemporal *dentro* del horizonte de sucesos del agujero negro $\mathcal{E}$ es a la región del universo *fuera* del horizonte cosmológico $\mathcal{C}_Q$. Estas son las regiones situadas en los lados «futuros» de sus respectivos horizontes, esto es, en los lados hacia donde apuntan los conos nulos futuros. Como hemos visto antes, para un universo espacialmente infinito, esto nos daría una *densidad* de entropía nula en todo el universo externo. De nuevo, esto

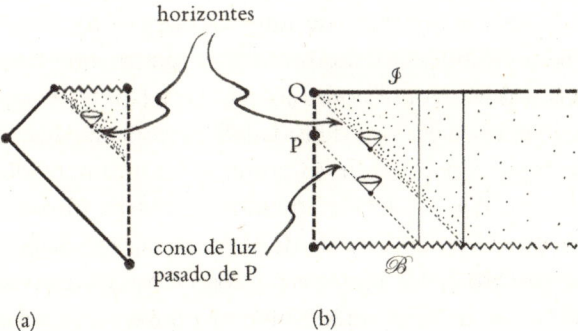

FIGURA 3-35. Diagramas conformes estrictos que ilustran la región (que aparece punteada) correspondiente a la entropía de (a) un agujero negro y (b) una cosmología de Λ positivo. Para un universo espacialmente infinito, la *densidad* de «entropía cosmológica» tendría que ser nula.

parece tener poco sentido si estamos intentando interpretar que S_{cosm} proporciona una contribución física dominante a la entropía física del universo. (Se podrían hacer otras propuestas sobre «dónde» debería residir la entropía en S_{cosm}, como en la región espaciotemporal situada en el futuro causal de $\mathcal{C}_Q$, pero esto tampoco parece tener mucho sentido, ya que S_{cosm} es completamente independiente de cualquier material o agujeros negros que pudiesen entrar en esa región.)

Un detalle de este argumento que quizá preocupe a algunos lectores es que, en §3.6, se ha introducido el concepto de agujero blanco, y allí los conos nulos apuntan hacia fuera, hacia el futuro, lejos de la región central, de una manera que es similar a la del caso de un horizonte cosmológico. También se ha señalado que la entropía de Bekenstein-Hawking debería ser igualmente válida tanto para un agujero blanco como para un agujero negro, debido al hecho de que la definición de entropía de Boltzmann es insensible a la dirección del tiempo. Se podría, por lo tanto, tratar de argumentar que la analogía del agujero blanco con el horizonte cosmológico podría justificar la interpretación de S_{cosm} como una verdadera entropía física. Sin embargo, en el universo que conocemos los agujeros negros no son objetos físicos, ya que incumplen violentamente la segunda ley, y se han introducido en §3.6 solo como una hipótesis. Para hacer comparaciones relacionadas directamente con la operación del incremento temporal de la entropía en la segunda ley, como la que se ha comentado dos párrafos más arriba, estas deben ser entre el horizonte cosmológico y los horizontes de *agujeros negros*, no de agujeros blancos. En consecuencia, la «entropía» que supuestamente mide S_{cosm} tendría que referirse a la región externa al horizonte cosmológico, no a la interna, que, como se ha señalado antes, daría una densidad de entropía espacial nula para un universo espacialmente infinito, como se ha argumentado antes.

No obstante, hay un detalle adicional que debe mencionarse en relación con el uso de la fórmula de Boltzmann $S = k \log V$ (véase §3.3) en el contexto de los agujeros negros. Debo confesar que, en mi opinión, aún no se ha demostrado plena y convincentemente que la entropía S_{an} para un agujero negro (véase §3.6) sea una de tipo Boltzmann, donde el volumen relevante de espacio de fases V está claramente identificado. Hay varias estrategias orientadas a conseguirlo [véanse, por ejemplo, Strominger y Vafa, 1996; Ashtekar *et al.*, 1998], pero ninguna de ellas me satisface. (Véase también §1.15 en relación con las ideas que motivan el principio holográfico, que tampoco me satisface.) Las razones para tomarse muy en serio S_{an} como una medida *real* de la entropía de un agujero negro son distintas de todas las que, hasta ahora, se han derivado de un uso directo de la fórmula de Boltzmann. No obstante, estas razones [Bekenstein, 1972 y 1973; Hawking, 1974 y 1975; Unruh y Wald, 1982] son en mi opinión muy poderosas y vienen exigidas por una consistencia global de la segunda ley en un contexto cuántico. Aunque no usaron directamente la fórmula de Boltzmann, esto no implica ninguna incompatibilidad con ella, sino que es señal simplemente de una dificultad inherente a la hora de encajar en el contexto de la relatividad general conceptos hoy en día dudosos relacionados con los espacios de fases cuánticos (compárese también con §§1.15, 2.11 y 4.3).

Al lector debe quedarle claro que, en mi opinión, esta atribución de semejante contribución de entropía $(12\pi/\Lambda)$ al universo por parte de Λ es físicamente muy discutible. Pero esto no se debe únicamente a las razones expuestas más arriba. Si se considerase que S_{cosm} desempeña alguna función en la dinámica de la segunda ley, que de alguna manera solo se manifiesta en fases muy tardías de la expansión exponencial de tipo De Sitter de nuestro universo, entonces necesitaríamos alguna teoría sobre «cuándo» «entraría en juego» esta entropía. El espaciotiempo de De Sitter tiene un alto grado de simetría (un grupo de simetría de 10 parámetros, tan grande como el del 4-espacio de Minkowski; véanse §3.1 y, por ejemplo, Schrödinger [1956] y *ECalR* [§§18.2 y 28.4]) y no permite, de por sí, que tal instante se especifique de forma natural. Incluso si se considera seriamente que la «entropía» dada por S_{cosm} tiene algún tipo de significado (como, por ejemplo, procedente de fluctuaciones en el vacío), no parece que desempeñe ninguna función dinámica al interrelacionarse con otras formas de entropía. S_{cosm} es solo una magnitud *constante*, sea cual sea el significado que queramos darle, y no afecta al funcionamiento de la segunda ley, *decidamos o no* referirnos a ella como una entropía de algún tipo.

En el caso de un agujero negro ordinario, por otra parte, existía el argumento original de Bekenstein [Bekenstein, 1972 y 1973], que implicaba la realización de *experimentos mentales* en los que se introducía lentamente material a una temperatura templada en un agujero negro de tal manera que se pudiese suponer que la energía asociada a su temperatura se transformase en trabajo útil. Resulta que, si no se hubiese asignado una entropía a un agujero negro, aproximadamente de acuerdo con la fórmula para S_{an} de más arriba, habría sido posible, en principio, violar la segunda ley de esta manera. Así pues, la entropía de Bekenstein-Hawking resulta ser un componente esencial para la consistencia general de la segunda ley en el contexto de los agujeros negros. Esta entropía está claramente interrelacionada con otras formas de entropía, y es fundamental para la consistencia general de la termodinámica en el contexto de los agujeros negros. Esto está relacionado con la dinámica de los horizontes de los agujeros negros, y con el hecho de que pueden agrandarse mediante procesos que de otra manera podría parecer que reducen la entropía, tales como la introducción de material tibio en el agujero y la extracción de todo su contenido de masa/energía como energía «útil», violando así la segunda ley.

La situación en el caso de los horizontes cosmológicos es completamente diferente. Su ubicación depende en gran medida del observador, lo cual dista mucho de lo que sucede con los horizontes de sucesos *absolutos* de los agujeros negros estacionarios en el espacio asintóticamente plano (véase §3.2). Pero el *área A* de un horizonte cosmológico es solo un número *fijo*, que está determinado simplemente por el valor de la constante cosmológica Λ a través de la expresión $12\pi/\Lambda$ que hemos visto antes y que no tiene nada que ver con ningún proceso dinámico que esté teniendo lugar en el universo, tales como cuánta masa-energía atraviesa el horizonte o cómo podría estar distribuida la masa, que podrían ciertamente afectar a la geometría *local* del horizonte. Esto es muy distinto de la situación con un agujero negro, el área de cuyo horizonte crece inevitablemente cuando el material lo atraviesa. Ningún proceso dinámico tiene efecto alguno sobre S_{cosm}, cuyo valor continúa firmemente siendo $12\pi/\Lambda$, pase lo que pase.

Esto, por supuesto, depende de que Λ sea realmente constante, y no un misterioso y desconocido «campo dinámico de energía oscura». Este «campo Λ» debería tener un tensor de energía $(8\pi)^{-1}\Lambda\mathbf{g}$, de manera que las ecuaciones de Einstein $\mathbf{G} = 8\pi\gamma\mathbf{T} + \Lambda\mathbf{g}$ podrían escribirse como

$$\mathbf{G} = 8\pi\gamma\left(\mathbf{T} + \frac{\Lambda}{8\pi\gamma}\,\mathbf{g}\right),$$

como si no incluyesen el término cosmológico de la teoría de Einstein modificada de 1917, pero donde al $(8\pi)^{-1}\Lambda\mathbf{g}$ se lo consideraría simplemente la contribución del campo Λ, que se sumaría al tensor energía $\mathbf{T}$ de toda la materia restante para dar el tensor energía total (entre paréntesis a la derecha). Sin embargo, es del todo improbable que este término adicional se deba a la materia ordinaria. Muy en particular, porque es gravitatoriamente repulsivo, a pesar de tener una densidad de masa/energía positiva. Además, permitir que Λ varíe conlleva muchas dificultades técnicas, y una de las más notables es que existe un grave riesgo de violar la condición de energía nula que se ha mencionado en §3.2. Si tratamos de imaginar la energía oscura como una especie de sustancia, o conjunto de sustancias, que no interacciona con los otros campos, vemos que las ecuaciones de la geometría diferencial (las identidades contraídas de Bianchi, de hecho) nos indican que Λ debe ser una constante, pero, si permitimos que el tensor energía total se desvíe de esta forma, entonces es muy probable que se incumpla esta condición de energía nula, ya que solo se satisface marginalmente cuando el tensor tiene una forma $\lambda\mathbf{g}$.

Estrechamente relacionada con la cuestión de la entropía está la de la denominada temperatura cosmológica T_{cosm}. En el caso de un agujero negro, el hecho de que deba existir una temperatura de este último asociada con la entropía de Bekenstein-Hawking del agujero negro (y viceversa) se deduce de principios termodinámicos muy básicos [Bardeen *et al.*, 1973]. De hecho, en sus artículos iniciales en los que estableció su fórmula precisa para la entropía de un agujero negro, Hawking [1974 y 1975] también obtuvo una fórmula para la *temperatura* de un agujero negro, que, en el caso no rotatorio (esféricamente simétrico), da el valor

$$T_{\text{an}} = \frac{1}{8\pi m}$$

en unidades naturales (de Planck). Para un agujero negro del tipo de tamaño que podría darse en procesos astrofísicos normales (para el cual la masa m no sería menor que una masa solar) esta temperatura es sumamente baja, y alcanzaría su valor más alto para el menos masivo de los agujeros negros, y entonces solo a nivel general no sería mucho mayor que la temperatura más baja que se haya producido artificialmente en la Tierra.

La temperatura cosmológica T_{cosm} está motivada por la analogía con un agujero negro cuyo horizonte tiene el tamaño del horizonte cosmológico $\mathcal{C}_Q$, y obtenemos

$$T_{\text{cosm}} = \frac{1}{2\pi}\sqrt{\frac{\Lambda}{3}}$$

en unidades naturales, que en kelvins sería

$$T_{\text{cosm}} \approx 3 \times 10^{-30}\ \text{K}.$$

Esta es, en efecto, una temperatura ridículamente baja, mucho menor incluso que la de Hawking para cualquier agujero negro que pudiésemos seriamente imaginar que surgiese en el universo que conocemos. Pero ¿es T_{cosm} realmente una verdadera temperatura en el sentido físico normal de la palabra? Entre los cosmólogos que han estudiado a fondo la cuestión, parece estar extendida la opinión de que ciertamente debería considerarse como tal.

Hay varios argumentos que pretenden respaldar esta interpretación, algunos mejor fundamentados que una mera apelación a la analogía con los agujeros negros, pero, en mi opinión, todos ellos son discutibles. Quizá el más atractivo, desde un punto de vista matemático, se basa en *complejificar* la 4-variedad espaciotemporal $\mathcal{M}$, ampliándola hasta una 4-variedad *compleja* $\mathbb{C}\mathcal{M}$ [Gibbons y Perry, 1978]. La idea de *complejificación* se aplica a variedades reales definidas por ecuaciones lo bastante suaves (técnicamente, ecuaciones *analíticas*), e implica tan solo la sustitución de todas las coordenadas en números reales por números complejos (§§A.5 y A.9) manteniendo las ecuaciones completamente inalteradas, con lo que se obtiene una 4-variedad compleja (que sería 8-dimensional; véase §A.10). Todas las soluciones estándar con agujeros negros estacionarios de las ecuaciones de Einstein, con o sin constante cosmológica Λ, admiten la complejificación, y lo que se obtiene es un espacio con una periodicidad compleja de tal escala de tamaño que, a través de sutiles principios termodinámicos [Bloch, 1932], da una temperatura que, increíblemente, concuerda con precisión con el valor que Hawking había obtenido previamente para un agujero negro (rotatorio o no). Esto hace que resulte muy tentador concluir que este valor de la temperatura debería asignarse a un horizonte cosmológico de la misma manera, y, cuando el argumento se aplica a un espacio de De Sitter vacío, con constante cosmológica Λ, se obtiene en efecto $T_{\text{cosm}} = (2\pi)^{-1}(\Lambda/3)^{1/2}$, que concuerda con el valor dado más arriba.

No obstante, surge un enigma en el caso de las soluciones de las ecuaciones de Einstein (con término Λ) en que hay tanto un horizonte de sucesos cosmológico como uno de agujero negro, ya que entonces el procedimiento da al mismo tiempo ambas periodicidades complejas, ofreciendo una interpretación inconsistente: la existencia simultánea de dos temperaturas. No es exactamente una inconsistencia matemática, ya que el procedimiento de complejificación se puede llevar a cabo (de manera quizá poco elegante) en distintos lugares de distintas maneras. En consecuencia, se podría quizá argumentar que una temperatura es relevante cerca de un agujero negro, mientras que la otra pasa a serlo lejos de cualquier agujero negro. Sin embargo, la argumentación para una conclusión física convincente queda sin duda debilitada.

El argumento original (más directamente físico) para interpretar T_{cosm} como una verdadera temperatura física surgió de consideraciones de teoría cuántica de campos en un fondo espaciotemporal curvo, aplicadas al espacio de De Sitter [Davies, 1975; Gibbons y Hawking, 1976]. Sin embargo, resultó que esto depende de forma bastante crítica de qué sistema de coordenadas concreto se utilice para el fondo QFT [Shankaranarayanan, 2003; véase también Bojowald, 2011]. Este tipo de ambigüedad puede entenderse en relación con un fenómeno conocido como *efecto Unruh* (o *efecto Fulling-Davies-Unruh*), predicho por Stephen Fulling, Paul Davies y, particularmente, William Unruh [Fulling, 1973; Davies, 1975; Unruh, 1976] a mediados de los años setenta. Según este efecto, un observador acelerado experimenta una *temperatura*, debido a consideraciones de teoría cuántica de campos. Esta temperatura sería extraordinariamente pequeña para aceleraciones ordinarias, y viene dada por la fórmula

$$T_{\text{acn}} = \frac{\hbar a}{2\pi k c}$$

para una aceleración de magnitud a o, en unidades naturales, simplemente por

$$T_{acn} = \frac{a}{2\pi}.$$

En el caso de un agujero negro, un observador colgado sobre el agujero de una cuerda sujeta a un objeto distante fijo sentiría esta (ridículamente pequeña) temperatura de la radiación de Hawking, que alcanza el valor $T_{an} = (8\pi m)^{-1}$ en el horizonte. Aquí, el valor de a en el horizonte se calcula como la aceleración «newtoniana» $m(2m)^{-2} = (4m)^{-1}$, a la distancia radial de $2m$ del horizonte. (En este, la aceleración que siente realmente el observador sería estrictamente *infinita*, pero el cálculo tiene en cuenta un factor de dilatación temporal, que es también infinita en el horizonte, lo que lleva al valor resultante finito «newtoniano» que se usa aquí.)

Por otra parte, un observador que cayese directamente en el agujero sentiría una temperatura de Unruh *nula*, ya que los observadores en caída libre no sienten aceleración (por el principio de equivalencia de Galileo-Einstein, que afirma que un observador en caída libre gravitatoria no sentiría ninguna fuerza de aceleración; véase §4.2). Así pues, aunque podemos entender que la temperatura de Hawking del agujero negro es un ejemplo del efecto Unruh, vemos que dicha temperatura puede anularse en caída libre. Cuando aplicamos la misma idea en el contexto cosmológico y tratamos de interpretar de la misma manera la «temperatura» cosmológica T_{cosm}, debemos de nuevo concluir que un observador en caída libre *no* «sentiría» esta temperatura. De hecho, esto es válido para cualquier *observador comóvil* en los modelos cosmológicos estándar —y en particular en el espacio de De Sitter—, por lo que llegamos a la conclusión de que un observador comóvil no debería experimentar ninguna aceleración, y por lo tanto tampoco ninguna temperatura de Unruh. En consecuencia, desde este punto de vista, un observador comóvil no sentiría en absoluto la «temperatura» T_{cosm}, por baja que fuera.

Esto da un motivo adicional para desconfiar de que la «entropía» asociada S_{cosm} desempeñe alguna función dinámica en relación con la segunda ley, y yo mismo vería tanto T_{cosm} como S_{cosm} con un recelo considerable. Esto no significa que piense que T_{cosm} no tiene ninguna función física. Imagino que podría perfectamente representar algún tipo de temperatura mínima crítica, y que esto podría quizá desempeñar algún papel en relación con las ideas que se describen en §4.3.

3.8. ENERGÍA DEL VACÍO

En los capítulos anteriores he hablado de lo que los cosmólogos modernos suelen denominar *energía oscura* (que no debe confundirse, por supuesto, con la materia oscura, que es algo por completo diferente) como si se tratase simplemente de la *constante cosmológica* Λ que Einstein propuso en 1917, algo que es una posición perfectamente razonable, compatible con todas las observaciones actuales. Einstein introdujo al principio este término es sus ecuaciones $\mathbf{G} = 8\pi\gamma\mathbf{T} + \Lambda\mathbf{g}$ (véase §1.1) por una razón que acabó siendo reconocidamente errónea. Propuso esta modificación de sus ecuaciones para conseguir un modelo de un universo *estático* 3-esférico espacialmente cerrado ($\mathcal{E}$ en §1.15). Pero, alrededor de una década más tarde, Edwin Hubble demostró de manera convincente que el universo en realidad está *expandiéndose*. Einstein vio entonces la introducción de Λ como su mayor error, quizá porque lo llevó a perder la oportunidad de *predecir* esta expansión. De hecho, según el cosmólogo George Gamow [1979], Einstein le comentó una vez que «la introducción del término cosmológico fue el mayor error que cometió en toda su vida». Sin embargo, desde nuestro punto de vista actual, resulta sumamente irónico que Einstein considerase un error la introducción de Λ habida cuenta del papel fundamental que desempeña en la cosmología moderna, como quedó de manifiesto con la entrega del Premio Nobel de Física de 2011 a Saul Perlmutter, Brian P. Schmidt y Adam G. Riess [Perlmutter *et al.*, 1998 y 1999; Riess *et al.*, 1998] «por el descubrimiento de la expansión acelerada del universo mediante la observación de supernovas distantes». La manera más directa de explicar esta expansión acelerada es a través de la constante Λ de Einstein.

No obstante, no debe descartarse la posibilidad de que la aceleración cósmica pudiese en realidad tener alguna otra causa. Una opinión extendida entre los físicos, tanto si consideran que Λ es una constante como si no (que, de hecho, quizá pueda interpretarse sin embargo como la constante cosmológica de Einstein), es que la presencia de Λ, o, mejor dicho, del tensor $\Lambda\mathbf{g}$, donde $\mathbf{g}$ es el tensor métrico, en las ecuaciones de Einstein $\mathbf{G} = 8\pi\gamma\mathbf{T} + \varLambda\mathbf{g}$ se debe a lo que se conoce como *energía del vacío*, que debería impregnar todo el espacio vacío. La razón por la que los físicos esperan que el vacío tenga una energía no nula (positiva), y por lo tanto una masa (de acuerdo con la fórmula de Einstein $E = mc^2$), surge de consideraciones muy básicas sobre mecánica cuántica y teoría cuántica de campos (QFT; véanse §§1.3-1.5).

Es práctica habitual en la QFT descomponer un campo en *modos de vibración* (véase §A.11), cada uno de los cuales tendría su propia energía bien definida. Entre estos distintos modos de vibración (cada uno oscilando con su correspondiente frecuencia específica, de acuerdo con la fórmula $E = h\nu$ de Planck), habrá uno que tenga el *mínimo* valor de la energía, pero resulta que este valor *no es nulo*, y se conoce como *energía de punto cero*. Por lo tanto, incluso en un vacío, la presencia *potencial* de cualquier campo lleva a que se manifieste al menos en una pequeña cantidad mínima de energía. Para las distintas posibilidades de vibración, habría distintos mínimos de energía, y el total de todos ellos, para todos los diferentes campos, daría lo que se denomina *energía del vacío*, esto es, una energía en el propio vacío.

En un contexto no gravitatorio, el punto de vista normal sería que este fondo de energía del vacío puede ignorarse sin problemas, porque solo proporciona una magnitud constante universal que puede simplemente restarse de la suma de todas las energías, ya que lo único relevante en los procesos físicos (no gravitatorios) son las *diferencias* de energía respecto a este valor de fondo. Pero, cuando se incorpora la gravedad, las cosas son muy diferentes, porque esta energía debe tener una masa ($E = mc^2$), y la masa es la fuente de la gravedad. Podría no haber ningún problema, a escala local, si el valor de fondo fuese lo suficientemente pequeño. Aunque este campo gravitatorio de fondo podría influir mucho en las consideraciones cosmológicas, no debería desempeñar ningún papel significativo en la física local, dada la debilidad extrema de las influencias gravitatorias. Sin embargo, cuando se suman todas las energías de punto cero, se suele obtener un resultado preocupante, *infinito*, porque esta suma, para todos los distintos modos de vibración, es una *serie divergente*, como las que se analizan en §A.10. ¿Cómo debemos gestionar esta situación aparentemente catastrófica?

A menudo, se puede demostrar que una serie divergente como

$1 - 4 + 16 - 64 + 256 - \cdots$ tiene una «suma» finita (en este caso $\frac{1}{5}$, como se muestra en §A.10), un resultado que no se puede obtener simplemente sumando los términos, sino que se puede justificar matemáticamente de diversas maneras, en particular recurriendo al concepto de *extensión analítica*, mencionado brevemente en §A.10. Mediante argumentos similares se puede justificar la afirmación aún más sorprendente de que $1 + 2 + 3 + 4 + 5 + 6 + \cdots = -\frac{1}{12}$. Haciendo uso de estos medios (y de otros procedimientos relacionados), los físicos que trabajan en QFT a menudo son capaces de asignar resultados *finitos* a series divergentes como esas, y pueden así obtener valores finitos para cálculos que de otra manera darían como resultado el muy poco útil valor de «∞». Curiosamente, esta segunda suma (de todos los números naturales) tiene incluso su función a la hora de determinar la 26-dimensionalidad del espaciotiempo que exige la teoría de cuerdas bosónica original (véase §1.6). Lo relevante aquí es la *signatura* del espaciotiempo, esto es, la *diferencia* entre el número de dimensiones espaciales y temporales, cuyo valor es $24 = 25 - 1$, y este «24» está relacionado con el «12» que aparece en la suma divergente.

Tales procedimientos se usan también en los intentos de obtener un resultado finito para el problema de la energía del vacío. Debe mencionarse que la realidad física de la energía del vacío suele considerarse un fenómeno observado experimentalmente, ya que se manifiesta de forma directa en un famoso fenómeno físico denominado *efecto Casimir*. Este efecto aparece como una fuerza entre dos placas planas metálicas paralelas y conductoras que no están cargadas eléctricamente. Cuando las placas se sitúan muy próximas entre sí, pero sin que lleguen a tocarse, se produce una fuerza atractiva entre ellas, que concuerda bien con los cálculos originales [de 1948] del físico holandés Hendrik Casimir, sobre la base de los efectos de la energía del vacío mencionados antes. Se han realizado con éxito muchas veces [Lamoreaux, 1997] experimentos que confirman este efecto, y también lo han corroborado generalizaciones debidas al físico ruso Yevgueni Lífshits y sus alumnos. (Se trata del mismo Y. M. Lífshits al que se ha hecho referencia en §§3.1 y 3.2 en relación con las singularidades de la relatividad general.)

Sin embargo, nada de esto exige entender el valor real de la energía del vacío, ya que el efecto surgiría como meras *diferencias* respecto a la energía de fondo, de acuerdo con lo que he comentado antes.

Más aún, el distinguido físico matemático estadounidense Robert L. Jaffe [2005] ha señalado que se puede obtener la fuerza de Casimir (aunque de un modo más complicado) mediante técnicas estándar de la QFT, sin ninguna referencia en absoluto a la energía del vacío. En consecuencia, aparte de la cuestión de la divergencia que surge cuando se intenta calcular el valor real de la energía del vacío, la existencia establecida experimentalmente del efecto Casimir *no* demuestra en verdad la realidad física de la energía del vacío. Esto choca con la opinión muy extendida de que la realidad física de la energía del vacío ya ha sido demostrada.

Sin embargo, debe considerarse seriamente la posibilidad muy significativa de que la energía del vacío tenga un efecto gravitatorio (esto es, que actúe como fuente de un campo gravitatorio). Si existe en realidad la energía del vacío gravitatoria, ciertamente no puede tener una densidad infinita. Si se obtiene al sumar todos los modos de oscilación de la manera en que se ha descrito en este mismo apartado, entonces debe haber algún modo de «regularizar» el valor infinito al que parece que nos conduce inevitablemente la suma de los modos, y un procedimiento para hacerlo es en efecto el de la extensión analítica que se ha mencionado antes. La extensión analítica es sin duda una técnica matemática potente y bien definida mediante la que valores aparentes infinitos pueden ser convertidos en finitos. Sin embargo, creo que en un contexto físico, como el que nos interesa aquí, son precisas unas palabras de cautela.

Recordemos este procedimiento, que se menciona brevemente en §A.10. La extensión analítica está relacionada con las funciones de una variable compleja z que son holomorfas (el término «holomorfo» significa «suave» en el sentido de los números complejos; véase §A.10). Existe un notable teorema (§A.10) según el cual cualquier función f que es holomorfa en un entorno del origen 0 del plano de Wessel se puede expresar mediante una *serie de potencias*

$$f(z) = a_0 + a_1 z + a_2 z^2 + a_3 z^3 + a_4 z^4 + \cdots,$$

donde a_0, a_1, a_2, ... son constantes complejas. Si dicha serie converge para algún valor no nulo de z, entonces también lo hará para cualquier otro valor de z más próximo al origen 0 en el plano de Wessel. Existe un círculo fijo en este plano, centrado en 0, cuyo radio ρ (>0) se denomina *radio de convergencia* de la serie, de manera que esta converge si $|z| < \rho$ y diverge si $|z| > \rho$. Si la serie diverge para todo valor no nulo de z, decimos que $\rho = 0$, pero también admitimos que sea infinito ($\rho = \infty$), en cuyo caso la función está definida por la serie en *todo* el plano de Wessel —es lo que se conoce como una *función entera*— y no hay nada más que decir sobre ella en relación con la extensión analítica.

Pero si ρ es un número finito positivo, entonces cabe la posibilidad de extender la función f mediante extensión analítica. Un ejemplo de esto surge con la serie

$$1 - x^2 + x^4 - x^6 + x^8 - \cdots$$

que se considera en §A.10 y como ejemplo B en §A.11, y cuya suma —cuando se complejifica al permitir que la variable real x se sustituya por la variable compleja z— da como resultado la función explícita $f(z) = 1/(1 + z^2)$ dentro del radio de convergencia $\rho = 1$. Sin embargo, la serie diverge para $|z| > 1$ aunque el resultado de la suma de esta serie, $f(z) = 1/(1 + z^2)$, está perfectamente bien definido en todo el plano de Wessel salvo en los dos puntos *singulares* $z = \pm i$, para los que $1 + z^2$ se anula (dando $f = \infty$); véase la figura A-38 de §A.10. Si aplicamos $z = 2$ en esta expresión se justifica el resultado $1 - 4 + 16 - 64 + 256 - \cdots = \frac{1}{5}$.

En situaciones más generales, aunque quizá no tengamos una expresión explícita para la suma de las series, puede que siga siendo posible extender la función f a regiones fuera del círculo de convergencia conservando su naturaleza holomorfa. Una manera de hacerlo (normalmente no muy práctica) consiste en reconocer que, puesto que f es holomorfa en todo punto dentro de su círculo de convergencia, podemos elegir cualquier *otro* punto Q dentro del círculo de convergencia (un número complejo Q con $|Q| < \rho$), de manera que f deba seguir siendo holomorfa en él, y usar una expansión mediante una serie de potencias para f alrededor de Q, esto es, una expresión de la forma

$$f(z) = a_0 + a_1 (z - Q) + a_2 (z - Q)^2 + a_3 (z - Q)^3 + \cdots$$

para representar f. Podemos verlo como una expansión estándar mediante una serie de potencias alrededor del origen $w = 0$ en el plano de

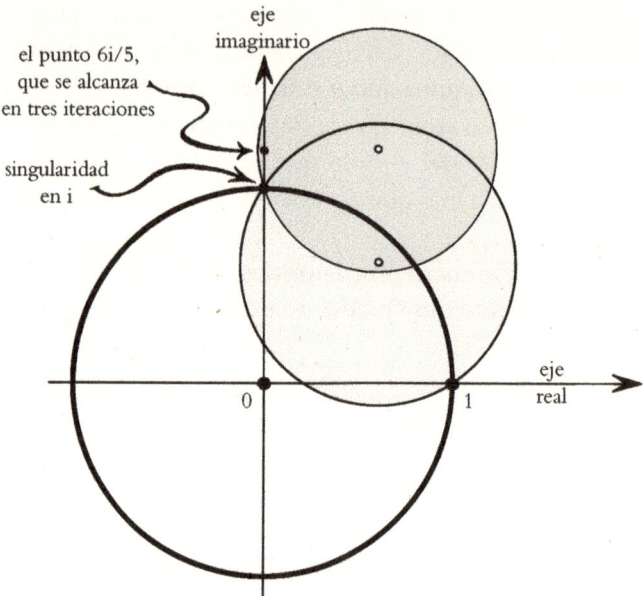

FIGURA 3-36. Ilustración de la extensión analítica. El círculo de convergencia de la serie de potencias para $f(z) = 1/(1 + z^2)$ es el círculo unidad, pues la serie diverge fuera del mismo, y por lo tanto en el punto $z = 6i/5$. Al desplazar el centro primero a $z = 3(1 + i)/5$ y a continuación a $3(1 + 2i)/5$ (marcados con pequeños círculos en la imagen), los radios de los círculos de convergencia vienen determinados por la singularidad en $z = i$ y podemos extender el alcance de la serie de potencias hasta $z = 6i/5$.

Wessel para el número $w = z - Q$, siendo este nuevo punto de origen el mismo que el punto $z = Q$ en el plano de z, de tal manera que el círculo de convergencia está ahora centrado en el punto Q del plano de Wessel de z. Esto permite extender la definición de la función a una región más amplia, y podemos entonces repetir sucesivamente el procedimiento para regiones cada vez mayores. Esto se ilustra en la figura 3-36 para la función particular $f(z) = 1/(1 + z^2)$, donde, en la tercera iteración, el procedimiento nos ha permitido extender la función hasta el otro lado de la singularidad en $z = i$ (explícitamente a $z = 6i/5$), siendo los sucesivos centros (valores de Q) 0, $3(1 + i)/5$ y $3(1 + 2i)/5$.

Para funciones que contienen lo que se denominan *singularidades rama*, vemos que el procedimiento de la extensión analítica conduce a resultados ambiguos, dependiendo de qué camino se escoja al sortear la singularidad rama para extender la función. Ejemplos elementales de esa ramificación se dan cuando hay potencias fraccionales, como $(1 - z)^{-1/2}$ (que, en este caso, daría un signo diferente dependiendo de por qué camino rodeásemos la singularidad rama en $z = 1$) o $\log(1 + z)$, que tiene una rama en $z = -1$ que conduce a ambigüedades aditivas de múltiplos enteros de $2\pi i$, dependiendo de cuántas vueltas demos alrededor de la singularidad rama en $z = -1$. Aparte de las ambigüedades fruto de la ramificación (que es un asunto en absoluto trivial), la extensión analítica es, en un cierto sentido, siempre única.

Pero esta unicidad es una cuestión algo sutil, y se entiende mejor en términos de las superficies de Riemann a las que se hace referencia en §A.10. Básicamente, el procedimiento consiste en «desenredar» toda la ramificación de tal manera que se sustituya el plano de Wessel por una versión del mismo con varias capas, que a continuación se reinterpreta como una superficie de Riemann sobre la cual las múltiples extensiones de la función f se vuelven univaluadas. La función f extendida analíticamente pasa a ser por completo única sobre esta superficie de Riemann (véase Miranda [1995]; para una breve introducción a estas ideas, véase *ECalR*: §§8.1–8.3). No obstante, debemos acostumbrarnos a que a veces surjan «sumas» ambiguas y de aspecto extraño como resultado de series en apariencia perfectamente ordinarias (no siempre divergentes). Por ejemplo, con la función $(1 - z)^{-1/2}$ que hemos visto antes, el valor $z = 2$ nos da la suma divergente y curiosamente ambigua

$$1+\frac{1}{1}+\frac{1\times 3}{1\times 2}+\frac{1\times 3\times 5}{1\times 2\times 3}+\frac{1\times 3\times 5\times 7}{1\times 2\times 3\times 4}+\frac{1\times 3\times 5\times 7\times 9}{1\times 2\times 3\times 4\times 5}+\cdots = \pm i,$$

y con $\log(1 + z)$ el valor $z = 1$ da el resultado *convergente* pero, de acuerdo con el procedimiento de más arriba, mucho *más* ambiguo

$$1 - \frac{1}{2} + \frac{1}{3} - \frac{1}{4} + \frac{1}{5} - \frac{1}{6} + \cdots = \log 2 + 2n\pi i,$$

donde n puede ser cualquier número entero. Tomarse en serio resultados como este en un problema físico real puede considerarse que roza peligrosamente la *fantasía*, y debe exigirse una clara motivación teórica para que algo de este estilo tenga credibilidad física.

Sutilezas de este tipo indican que debemos ser particularmente cautos a la hora de usar la extensión analítica para obtener respuestas físicas a preguntas que parecen requerir la debida suma de series divergentes. No obstante, los físicos que se dedican a estos asuntos son bien conscientes de las cuestiones que acabamos de mencionar (especialmente los consagrados a la teoría de cuerdas y otros temas análogos). Pero estas no son las cuestiones en las que me gustaría incidir aquí. Mi pregunta tiene más que ver con la fe en los coeficientes particulares $a_0, a_1, a_2, a_3, \ldots$ en una serie $a_0 + a_1 z + a_2 z^2 + a_3 z^3 + \cdots$. Si estos números son los que surgen de una teoría fundamental que exige que los valores estén determinados exactamente por la teoría, entonces los procedimientos esbozados más arriba podrían tener relevancia física en las situaciones apropiadas. Sin embargo, si surgen de cálculos que implican aproximaciones, incertidumbres o una dependencia detallada de circunstancias externas, entonces debemos ser mucho más cautos sobre los resultados que se obtienen aplicando procedimientos de extensión analítica (o, hasta donde yo veo, cualquier otro método de suma de series infinitas muy divergentes).

Para ver un ejemplo, volvamos a la serie $1 - z^2 + z^4 - z^6 + z^8 - \cdots$ ($= 1 + 0z - z^2 + 0z^3 + z^4 + 0z^5 - \cdots$), recordando que tiene un radio de convergencia $\rho = 1$. Si imaginamos que perturbamos aleatoriamente los coeficientes $(1, 0, -1, 0, 1, 0, -1, 0, 1, \ldots)$ de esta serie, pero solo muy ligeramente, y de tal manera que la serie siga siendo convergente dentro del círculo unidad (lo que puede garantizarse haciendo que los coeficientes perturbados estén acotados por algún número), entonces es casi seguro que obtendremos una serie para una función holomorfa que tiene una *frontera natural* en el círculo unidad [Littlewood y Offord, 1948; Eremenko y Ostrovskii, 2007] (véase la figura 3-37 para un tipo particular de función de esta naturaleza). Es decir, que el círculo unidad tiene la propiedad de que la función perturbada se vuelve allí *tan* singular que no es posible ninguna extensión analítica en ningún punto del círculo. Así pues, claramente, de entre las funciones holomorfas definidas sobre el círculo (abierto) unidad (esto es, $|z| < 1$), las que se pueden extender analíticamente *a cualquier punto* más allá de este círculo constituyen una ínfima proporción. Esto nos indica que tendríamos sin duda mucha suerte si pudiésemos aplicar el procedimiento de la extensión analítica para sumar series divergentes cuando son perturbadas en situaciones físicas generales.

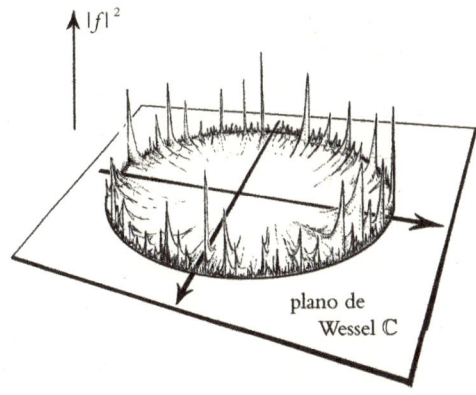

FIGURA 3-37. Esta imagen ilustra esquemáticamente un tipo de impedimento para la extensión holomorfa: una *frontera natural* para una función holomorfa f. En *cualquier* punto sobre el círculo unidad, la extensión de esta función f al exterior del círculo es imposible, a pesar de que f es holomorfa en todos los puntos dentro del círculo (se ha representado $|f|$).

Esto no quiere decir que tales procedimientos para regularizar infinitos carezcan necesariamente de sentido en situaciones físicas generales. Una posibilidad para la energía del vacío sería que hubiese un «fondo» definido por una serie divergente que sea sumable de una manera razonable para dar un resultado finito usando procedimientos de extensión analítica, a lo que puede añadirse una parte altamente *convergente* que pueda sumarse por separado de la manera normal. Por ejemplo, si sumamos a la serie anterior para $1/(1 + z^2)$, definida por los coeficientes $(1, 0, -1, 0, 1, -1, 0, 1, ...)$, otra parte «pequeña», definida por los coeficientes $(\varepsilon_0, \varepsilon_1, \varepsilon_2, \varepsilon_3, \varepsilon_4,...)$ para la cual la serie $\varepsilon_0 + \varepsilon_1 z + \varepsilon_2 z^2 + \varepsilon_3 z^3 + \varepsilon_4 z^4 + \cdots$ da como resultado una función *entera* ($\rho = \infty$), entonces la extensión analítica al exterior del círculo unidad puede funcionar igual que lo hacía sin la perturbación, y el argumento de la extensión analítica puede proceder como antes. Hago estos comentarios, no obstante, para advertir al lector de que puede haber muchos peligros y matices que haya que afrontar al aplicar estos procedimientos para sumar expresiones divergentes. Puede ocurrir, en situaciones particulares, que resulten apropiados pero haya que ser muy precavidos a la hora de extraer conclusiones físicas cuando se aplican.

Volvamos ahora a la cuestión específica de la energía del vacío y tratemos de ver si es posible considerar que la Λ de Einstein es en realidad una medida de la energía del espaciotiempo vacío. Habida cuenta, particularmente, de la multitud de campos físicos que podría considerarse que deberían contribuir (potencialmente) a esta energía del vacío, realizar este cálculo de manera explícita parece una tarea casi imposible. No obstante, por lo visto se pueden decir unas cuantas cosas con relativa confianza, sin entrar en muchos detalles. Lo primero es que, a partir de consideraciones de *invariancia de Lorentz local* —que es básicamente la afirmación de que no deberían existir direcciones espaciotemporales «preferidas»—, se suele argumentar con fuerza que el tensor energía del vacío $\mathbf{T}_{\text{vac}}$ debería ser proporcional al tensor métrico $\mathbf{g}$:

$$\mathbf{T}_{\text{vac}} = \lambda \mathbf{g}$$

para algún valor de λ. Lo deseable sería que se pudiese encontrar un argumento que demostrase que $\mathbf{T}_{\text{vac}}$ proporciona en efecto la contribución a las ecuaciones de Einstein que corresponde al valor *observado* de la constante cosmológica. Dicho en otras palabras:

$$\lambda = \frac{\Lambda}{8\pi}$$

en unidades naturales, de manera que esto da la contribución apropiada al miembro derecho de las ecuaciones de Einstein, pues $\mathbf{G} = 8\pi\mathbf{T} + \Lambda\mathbf{g}$ (en unidades naturales) ahora puede escribirse

$$\mathbf{G} = 8\pi \, (\mathbf{T} + \mathbf{T}_{\text{vac}}).$$

Sin embargo, prácticamente lo único que se obtiene de las consideraciones de la QFT es que, o bien $\lambda = \infty$, que es el resultado más «honesto», aunque inútil —si uno evita el uso de trucos matemáticos como los que se han considerado antes—, o bien $\lambda = 0$, que era el punto de vista más aceptado antes de que quedase claro, a partir de las observaciones, que debía existir algo así como una constante cosmológica, o bien algo del orden de la *unidad* en unidades naturales (quizá añadiendo unas pocas potencias simples de π, por si acaso). Claramente, este último resultado habría sido muy satisfactorio de no ser por el hecho de que los datos observados dan un valor del orden de

$$\Lambda \approx 6 \times 10^{-122}$$

en unidades naturales, ¡lo que constituye una discrepancia de dimensiones fantásticas!

A mi juicio, esto proyecta serias dudas sobre la interpretación de que Λ es efectivamente una medida de la energía del vacío. Pero la mayoría de los físicos parecen extrañamente reacios a abandonar esa interpretación. Desde luego, si Λ no es la energía del vacío, se necesita alguna otra razón teórica que explique el valor (positivo) del término Λ de Einstein (especialmente habida cuenta del hecho, que se señala en §1.15, de que los teóricos de cuerdas parecen adoptar una preferencia teórica por una Λ *negativa*). En cualquier caso, Λ sería una energía extraña, ya que es gravitatoriamente *repulsiva* a pesar de proporcionar, en efecto, un valor de energía *positivo*. Esto es consecuencia de la muy curiosa forma del tensor de energía (a saber, $\lambda\mathbf{g}$), muy diferente del tensor de energía de cualquier otro campo físico conocido (o considerado seriamente), como ya se ha hecho notar antes, en §3.7.

Al lector desconcertado por cómo una Λ positiva puede actuar como una masa positiva con respecto a la curvatura espacial al tiempo que proporciona la fuerza *repulsiva* que da lugar a la expansión acelerada del universo se le remite a un detalle que se ha comentado hacia el final de §3.8. «$\Lambda\mathbf{g}$» no es realmente un tensor de energía físicamente razonable, a pesar de la expresión «energía oscura». En concreto, son las tres componentes de presión negativa de $\Lambda\mathbf{g}$ las que generan la repulsión, mientras que el término de densidad contribuye a la curvatura espacial.

Además, esta forma peculiar del tensor de energía también propicia la curiosa «paradoja» que subyace en la frecuente afirmación de que «más del 68 por ciento del contenido de materia del universo existe en forma de una desconocida *energía oscura*», pues, a diferencia de todas las otras formas de masa-energía, Λ es gravitatoriamente *repulsiva* en lugar de atractiva, por lo que, en este sentido, se comporta de manera por completo opuesta a la materia ordinaria. Además, al ser constante en el tiempo (si es que de hecho *es* la *constante* cosmológica de Einstein Λ), esta proporción del «68 por ciento» aumentará progresivamente a medida que el universo se expande, ya que las *densidades* medias de todas las formas «ordinarias» de materia (incluida la materia oscura) irán disminuyendo de manera gradual hasta que, en comparación, sean *totalmente insignificantes*.

Esta última característica suscita otra cuestión, sobre la que los cosmólogos han expresado su preocupación: el hecho de que es solamente alrededor de este momento de la historia del universo (donde «este momento» debe interpretarse en un sentido muy amplio, en términos ordinarios: como algo del orden de entre 10^9 y 10^{12} años tras el Big Bang) cuando la «densidad de energía» debida a Λ es comparable con la de la materia ordinaria (incluida la materia oscura, sea lo que sea). En periodos muy anteriores de la historia del universo (pongamos que $< 10^9$ años), la contribución de Λ habría sido insignificante, mientras que, en fases muy posteriores (digamos que $> 10^{12}$ años), Λ dominará por completo sobre todo lo demás. ¿Se trata de una coincidencia extraordinaria, algo muy extraño que exige algún tipo de explicación? Parece que eso es lo que creen muchos cosmólogos, y algunos preferirían que «Λ» fuese en realidad algún tipo de campo cambiante, a menudo denominado *quintaesencia*. Volveré sobre estas cuestiones en los dos apartados siguientes, pero mi opinión sería que es completamente erróneo entender la energía oscura como algún tipo de sustancia material, o incluso como la energía del vacío. Es muy probable que tras el valor actual de Λ haya un misterio por desentrañar (véase, por ejemplo, §3.10), pero debería tenerse presente que el término Λ de Einstein es básicamente la única modificación de sus ecuaciones originales ($\mathbf{G} = 8\pi\mathbf{T}$) que puede hacerse sin alterar de forma drástica algunas de las características fundamentales de su grandiosa teoría. ¡No veo ninguna razón por la que la naturaleza no debería haber sacado provecho de esta evidente posibilidad!

3.9. Cosmología inflacionaria

Consideremos ahora algunos de los motivos por los que la mayoría de los cosmólogos han sentido la intensa necesidad de respaldar la introducción de la propuesta, aparentemente fantástica, de la *cosmología inflacionaria*. ¿En qué consiste esta propuesta? Es un esquema extraordinario, planteado inicialmente alrededor de 1980, y por separado, por un ruso, Alexéi Starobinski (aunque en un contexto bastante diferente), y un estadounidense, Alan Guth. Según sus ideas, nuestro universo, casi inmediatamente tras originarse en el Big Bang, en un periodo extraordinariamente breve de entre 10^{-36} y 10^{-32} segundos tras *ese* suceso trascendental, se vio sujeto a una *expansión exponencial* —denominada *inflación*— similar a la presencia de una descomunal constante cosmológica Λ_{infl}, cuyo valor es muchísimo superior al observado actualmente para la Λ, en un factor gigantesco que debería ser, a grandes rasgos, del orden de 10^{100}:

$$\Lambda_{\text{infl}} \approx 10^{100}\, \Lambda$$

(aunque hay muchas versiones distintas de la inflación, que dan valores algo diferentes). Debe señalarse que esta Λ_{infl} sigue siendo sumamente pequeña (por un factor $\sim 10^{-21}$) en comparación con el valor $\sim 10^{121}\, \Lambda$ que cabría esperar de consideraciones relativas a la energía del vacío. Véase Guth [1997] para una exposición divulgativa; para explicaciones más técnicas, véanse también Blau y Guth [1987], Liddle y Lyth [2000] y Muckhanov [2005].

Antes de considerar las razones por las que la mayoría de los cosmólogos actuales aceptan esta idea asombrosa (la inflación se incluye en todas las explicaciones serias de la cosmología moderna, tanto técnicas como divulgativas), debo advertir al lector de que el término «fantasía» en el título de este capítulo y, de hecho, en el del propio libro, se refiere muy en particular a este esquema. Veremos, especialmente en §3.11, que hay muchas *otras* ideas hoy en día bajo discusión entre los cosmólogos que podrían muy bien considerarse mucho *más* fantásticas que la cosmología inflacionaria. Pero lo que resulta particularmente llamativo de la inflación es el hecho de su aceptación casi universal por parte de la comunidad cosmológica.

Hay que decir, no obstante, que la inflación no es una sola propuesta aceptada universalmente; existen numerosos esquemas diferentes bajo el paraguas general de la inflación, y los experimentos suelen estar destinados a distinguir entre ellos. En particular, la cuestión de los modos B en la polarización de la luz en la CMB, que el equipo del BICEP2 anunció a bombo y platillo a finales de marzo de 2014 [Ade *et al.*, 2014], y que se presentó como una evidencia fuerte en favor de una amplia clase de modelos de inflación —se llegó a hablar de «pistola humeante»—, estaba dirigida en buena medida a distinguir entre distintas versiones de la inflación. Se argumentó que la detección de tales modos B era una señal de la presencia de ondas gravitatorias primordiales, cuya existencia predicen algunas versiones de la inflación (pero véase también la parte final de §4.3 para una posibilidad alternativa para la generación de modos B). Cuando escribo esto, la interpretación de estas señales sigue siendo objeto de una intensa controversia, al existir otras interpretaciones posibles de las señales observadas. Sin embargo, actualmente son pocos los cosmólogos que parecen dudar de que hay algo de realmente cierto en la fantástica idea general de la inflación en relación con las etapas más primitivas de la expansión del universo.

Pero, como ya he explicado en el prefacio y en §3.1, *no* pretendo dar a entender que la naturaleza fantástica de la inflación debería impedir que se la considerase en serio. De hecho, se propuso la inflación en un intento de explicar ciertos aspectos *observados* extraordinarios —incluso «fantásticos»— de nuestro universo. Más aún, la aceptación general de la que disfruta actualmente se debe a su capacidad explicativa para dar cuenta de otras características del universo notables y aparentemente independientes que antes carecían de explicación. En consecuencia, es importante tomar nota de que, si la inflación no se produjo realmente en nuestro universo —y enseguida expondré mis argumentos para defender que es muy posible que *no* ocurriese—, entonces debe ser cierta otra cosa distinta, que implique probablemente ideas asimismo exóticas y en apariencia fantásticas.

La inflación se ha propuesto en numerosas versiones diferentes, y yo no tengo ni los conocimientos ni la disposición para describir, en este apartado, más que la versión original y la que es ahora mismo más popular (pero véase también §3.11, donde mencionaré brevemente algunas de las versiones más descabelladas de la inflación cósmica). En el esquema original, tal y como se propuso en un principio, la fuente de la inflación cósmica era un estado inicial de «falso vacío» en que, mediante una transición de fase —análoga al fenómeno de ebullición, por el que un líquido pasa a estado gaseoso al cambiar las condiciones globales— el universo pasa por *efecto túnel*, mecanocuánticamente, a un estado de vacío diferente. Estos distintos vacíos podrían estar caracterizados por diferentes valores de un término Λ en las ecuaciones de Einstein.

No he tratado hasta ahora en este libro el (bien establecido) fenómeno del *efecto túnel cuántico*. En su uso normal, ocurre en un sistema cuántico que tiene dos mínimos de energía **A** y **B**, separados por una *barrera de energía*, y el sistema, al principio en el estado de mayor energía **A**, puede pasar espontáneamente por efecto túnel a **B** sin que disponga de energía suficiente para superar la barrera. No distraeré al lector con los detalles de este procedimiento, pero sí creo que debería señalarse su muy discutible relevancia en el contexto actual.

En §1.16, he llamado la atención del lector sobre la cuestión de la elección de un estado de vacío, que es un componente necesario en la especificación de una QFT. Se pueden tener dos propuestas distintas para una QFT que sean idénticas (esto es, que tengan idénticas especificaciones para su álgebra de operadores de creación y aniquilación, etc.) salvo por el hecho de que sea distinto el vacío especificado en cada caso. Esta era la cuestión crucial, en §1.16, en relación con la indeseada multitud de distintas teorías de cuerdas (o M) que constituían el denominado «paisaje». El problema, como se señalaba en §1.16, era que cada una de las QFT en este inmenso paisaje constituiría un universo completamente separado, de tal manera que no podría producirse ninguna transición física de un estado en ese universo a un estado en otro universo. Sin embargo, el proceso que interviene en el efecto túnel cuántico es una acción mecanocuántica perfectamente aceptable, por lo que *no* se suele interpretar como algo que podría permitir una transición de un estado en un «universo» a otro en otro universo que difiere del primero en su elección del vacío.

Sin embargo, la idea de que la inflación cósmica puede ser resultado del paso por efecto túnel de un estado de falso vacío, con una elección de estado de vacío y una energía del vacío dada por Λ_{infl}, a otro vacío con energía del vacío dada por la constante cosmológica observada actualmente Λ, sigue siendo popular entre determinados sectores de la comunidad cosmológica [Coleman, 1977; Coleman y De Luccia, 1980]. Desde mi punto de vista particular, también debería recordarle al lector las dificultades, señaladas en §3.8, que tengo incluso con la propia idea de que la constante cosmológica deba entenderse como una manifestación de la energía del vacío. Desde luego, en el contexto de ideas fantásticas que pudieran necesitarse para comprender correctamente el origen de nuestro universo, con sus muchas características extraordinarias que parecen ser aspectos de sus primerísimos momentos (por ejemplo, §3.4), ideas de este tipo, que se liberan de las restricciones de la física normal, no deberían ciertamente descartarse. Sin embargo, creo que se ha de ser muy cauto cuando pueda parecer necesario recurrir a ideas que suelen considerarse ajenas al ámbito de los procedimientos establecidos.

Aunque volveré sobre el asunto en §3.11, no diré mucho en este apartado sobre esta idea original de que la inflación surgió del paso por efecto túnel de un vacío a otro, sobre todo porque no parece ser la versión que tiene en la actualidad más defensores, debido a las dificultades teóricas con la «salida elegante» de la fase inflacionaria (transcurridos alrededor de 10^{-32} segundos desde el Big Bang) del esquema original, en el que la inflación del universo debía desvanecerse en todos los puntos a la vez y experimentar lo que se denomina *recalentamiento*. Para evitar estas dificultades, Andréi Linde [1982] y Andreas Albrecht y Paul Steinhardt [1982] propusieron por separado un esquema posterior denominado *inflación de rotación lenta*, y sobre él tratarán específicamente la mayoría de mis comentarios. En la inflación de rotación lenta, existe un campo escalar φ, conocido como *campo de inflatón* (aunque en algunas de las primeras publicaciones se lo llamó *campo de Higgs*, una denominación inadecuada que ya no se utiliza), al que se considera responsable de la expansión inflacionaria en el universo sumamente primitivo.

La expresión «rotación lenta» hace referencia a una característica de la *gráfica* de la función potencial $V(\varphi)$ para la *energía* del campo φ (véase la figura 3-38), en la que el estado del universo está representado mediante un punto que rueda por la curva pendiente abajo. En distintas versiones de la inflación de rotación lenta (existen muchas), esta función potencial está diseñada específicamente, en lugar de deducirse a partir de principios más primitivos, de tal manera que la rotación proporcione las propiedades deseadas necesarias para que la inflación funcione. No hay justificación por parte de la física de partículas establecida, o, hasta donde yo sé, de ninguna otra rama de la física, para la forma de esta curva $V(\varphi)$. La parte de rotación lenta de la curva se incorpora para hacer posible que la inflación del universo dure tanto como sea necesario, tras lo cual la curva se acerca a un mínimo, lo que permite que la inflación se atenúe de una manera razonablemente uniforme, a medida que el potencial de energía $V(\varphi)$ se asienta en su mínimo estable, lo que acaba con la inflación. De hecho,

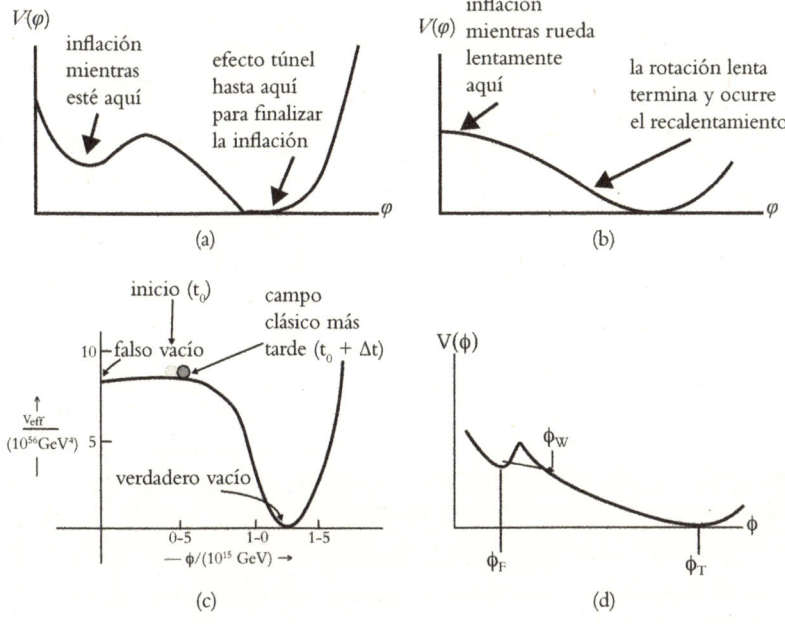

FIGURA 3-38. Varias de las numerosas propuestas para la función potencial del campo de inflatón φ, planteadas para obtener todas sus propiedades deseadas. La considerable diversidad en las formas de las curvas es indicativa de la falta de una teoría de base para el campo (de inflatón) φ.

distintos autores [véanse, por ejemplo, Liddle y Leach, 2003; Antusch y Nolde, 2014; Martin *et al.*, 2013; Byrnes *et al.*, 2008] sugieren muchas formas distintas para $V(\varphi)$. La arbitrariedad de este procedimiento revela quizá una debilidad en la propuesta de la inflación.

Pero no se habrían introducido estas ideas si no existiesen motivos de peso para ello. Empecemos, pues, con las dificultades que se pretendió abordar mediante la introducción del esquema inflacionario original, alrededor de 1980. Una de ellas era una incómoda consecuencia de varias teorías de gran unificación (GUT, por sus siglas en inglés) de la física de partículas populares. Varias GUT predicen la existencia de *monopolos magnéticos* [Wen y Witten, 1985; Langacker y Pi, 1980], esto es, polos magnéticos norte y sur individuales *separados*. En la física convencional (y también en la observación, al menos hasta ahora), los monopolos magnéticos nunca ocurren como entidades individuales, sino que aparecen como parte de un *dipolo*, siempre em-

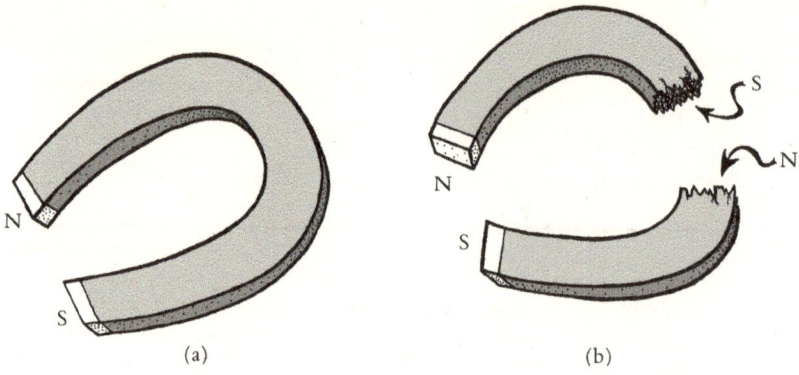

(a)   (b)

FIGURA 3-39. Los monopolos magnéticos individuales —polos norte o sur aislados— no ocurren en la física convencional. Un imán corriente tiene un polo norte
en un extremo y un polo sur en el otro, pero, si lo rompemos en dos, aparecen nuevos polos en la superficie de ruptura, de tal manera que la «carga» magnética total de
cada parte sigue estando equilibrada y siendo nula.

parejados con sus opuestos, norte con sur, como en un imán corriente. Si rompemos un imán y separamos sus polos, aparece un nuevo par
de polos en las superficies de ruptura: un nuevo polo sur en la parte
con el polo norte original y un nuevo polo norte en la otra; véase la
figura 3-39. En efecto, lo que llamamos polos magnéticos surgen
como artefactos, resultado de la circulación de corrientes eléctricas
internas. Las partículas individuales también pueden comportarse
como imanes (dipolos), pero nunca se han observado como monopolos, esto es, como polos norte o sur *individuales*.

Sin embargo, había, y aún sigue habiendo, quienes defendían la
existencia teórica de tales monopolos, entre los que cabe destacar a
algunos teóricos de cuerdas prominentes, como queda de manifiesto
en el comentario que hizo en 2003 Joseph Polchinski [véase Polchinski, 2004]:

> [...] la existencia de monopolos magnéticos parece una de las apuestas
> más seguras que pueden hacerse sobre física aún no observada.

En el universo muy primitivo, según esas GUT, habría una gran
proliferación de estos monopolos magnéticos vaticinados, pero tales
entidades nunca se han observado realmente, no existe evidencia observacional indirecta de que hayan estado presentes en el universo

alguna vez. Para evitar una desastrosa discrepancia con la observación, se propuso la idea inflacionaria, según la cual la temprana expansión exponencial disolvería cualquier preponderancia inicial de tales monopolos magnéticos hasta un nivel tan minúsculo que se evitaría el conflicto real con la observación.

Desde luego, esta motivación por sí sola no resultaría demasiado convincente para muchos teóricos (entre ellos yo mismo) porque la resolución de esta discrepancia podría ser simplemente que ninguna de las GUT en cuestión es cierta en nuestro universo, por muy sugerente que pudiera parecerles la teoría a sus promotores. No obstante, concluimos de esto que, sin inflación, muchas de las ideas actuales sobre la naturaleza de la física fundamental, en particular varias versiones de la teoría de cuerdas, tendrían que hacer frente a una seria complicación adicional. Sin embargo, el problema del monopolo magnético no ocupa un lugar destacado entre los alegatos actuales a favor de la necesidad de la inflación, que proceden principalmente de otras partes. Examinemos a continuación cuáles son estos alegatos.

Los otros argumentos que se plantearon inicialmente como motivaciones clave para la introducción de la inflación cósmica están muy relacionados con ideas que he comentado en §3.6, como las que tienen que ver con la gran *uniformidad* de la distribución de materia en el universo primitivo. Existe, no obstante, una diferencia clave entre mi línea argumental y la de los inflacionistas. Me he centrado en gran medida en poner de relieve el rompecabezas que supone la segunda ley de la termodinámica (véanse §§3.3, 3.4 y 3.6) y la manera extrañamente descompensada en que la CMB delinea la extraordinaria pequeñez de la entropía inicial, en que parece que solo los grados de libertad *gravitatorios* fueron escogidos entre todos los que podrían haber sido anulados (véase la parte final de §3.4). Por otro lado, los defensores de la inflación se concentran únicamente en algunos aspectos particulares de este gran rompecabezas, que, aunque tienen conexiones significativas con los de §§3.4 y 3.6, se exponen desde una perspectiva completamente diferente.

Como explicaré más adelante, existen sin duda otras razones observacionales para que la idea inflacionaria se tome realmente en serio, para cuya explicación es necesaria al menos una verdad muy exótica, pero estas no figuraban entre los motivos originales para la inflación. En los primeros tiempos, solo solían destacarse en particular tres desconcertantes hechos cosmológicos observacionales, conocidos como el *problema del horizonte*, el *problema de la suavidad* y el *problema de la planitud*. Ha sido una creencia extendida —un éxito que suelen atribuirse los inflacionistas— que la inflación resuelve los tres. Pero ¿es así?

Empecemos por el *problema del horizonte*. El asunto concreto que nos interesa aquí es el hecho (ya señalado en §3.4) de que la CMB, que nos llega desde todas las direcciones del firmamento, tiene una temperatura que es casi exactamente la misma en todas partes (con diferencias de tan solo unas pocas partes en 10^5, una vez que se incluye la corrección por un efecto Doppler debido al propio movimiento de la Tierra respecto a esta radiación). Una posible explicación de la uniformidad, en particular habida cuenta de la naturaleza muy aproximadamente *térmica* de esta radiación (figura 3-13 de §3.4), podría ser que toda esta bola de fuego de universo habría sido el resultado de un gran proceso temprano de termalización, que habría dejado el universo entero, al menos hasta donde podemos observar, en un estado termalizado (esto es, de máxima entropía) y expansivo.

Sin embargo, se argumentó que un problema de esta imagen era el hecho de que, de acuerdo con el ritmo de expansión de los modelos cosmológicos estándar de Friedmann/Tolman (§3.1), eventos sobre la 3-superficie del desacoplamiento $\mathscr{D}$ (donde la radiación, en efecto, se produjo; véase §3.4) que estén suficientemente separados se encontrarían cada uno de ellos tan fuera del alcance del horizonte de partículas del otro que serían causalmente independientes. Esto sucedería incluso para puntos P y Q sobre $\mathscr{D}$ cuya separación en el firmamento desde nuestro punto de vista fuera de solo alrededor de 2°, como se ilustra en el diagrama conforme esquemático de la figura 3-40. Tales puntos P y Q no tendrían ningún tipo de conexión causal, según esta imagen cosmológica, porque sus conos de luz pasados están completamente separados, hasta llegar al Big Bang (la 3-superficie $\mathscr{B}$). En consecuencia, no habría habido ninguna ocasión para la termalización como procedimiento para igualar las temperaturas en P y Q.

Este asunto había desconcertado a los cosmólogos, pero, una vez que Guth (y Starobinski) propusieron su extraordinaria idea de la *inflación cósmica*, pareció abrirse una posible línea argumental para resolver esta dificultad. La introducción de una fase inflacionaria temprana tiene el extraordinario efecto de incrementar enormemente la

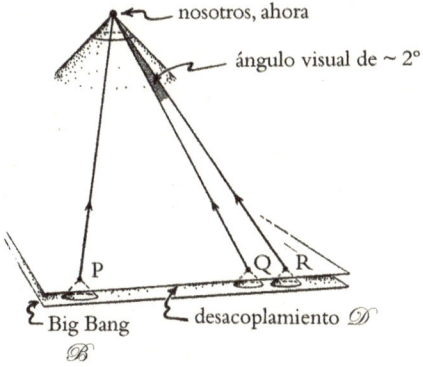

FIGURA 3-40. En la imagen cosmológica estándar sin inflación, la 3-superficie del
Big Bang $\mathscr{B}$ en un diagrama conforme precedería a la 3-superficie del desacoplamiento $\mathscr{D}$ solo por una pequeña cantidad (como se indica). En consecuencia, dos
eventos Q y R en $\mathscr{D}$ cuya separación visual desde nuestro punto de vista espaciotemporal exceda de alrededor de 2° nunca pueden estar en contacto causal, ya
que sus conos de luz pasados no se intersecarían si los extendemos hacia el pasado
hasta llegar a $\mathscr{B}$.

separación entre las 3-superficies $\mathscr{B}$ y $\mathscr{D}$ en el diagrama conforme,
de forma que cualesquiera par de puntos P y Q sobre la superficie de
desacoplamiento $\mathscr{D}$ visibles para nosotros en el firmamento de la
CMB (incluso aunque estuviesen en direcciones opuestas desde
nuestro punto de vista) tendrían conos de luz pasados con un solapamiento muy significativo si los extendiésemos hacia el pasado hasta
llegar a la 3-superficie del Big Bang $\mathscr{B}$ (figura 3-41). Esta región extendida entre $\mathscr{B}$ y $\mathscr{D}$ —de hecho, mucho más grande de como aparece representada en la figura 3-41 para una expansión inflacionaria
de 10^{26}— es una parte del espaciotiempo de De Sitter (véase §3.1).
En la figura 3-42 ofrezco una construcción de «corta y pega» del modelo inflacionario, que espero que haga que quede intuitivamente
claro este alejamiento conforme hacia atrás del Big Bang. Así pues,
con inflación, habría tiempo más que suficiente para completar la
termalización. Esta resolución del problema del horizonte proporcionaría un periodo de comunicación más que suficiente para llevar
al equilibrio térmico (en expansión) toda la parte de la bola de fuego
primordial dentro de nuestro horizonte de partículas, de modo que
todas las temperaturas de la CMB acabarían siendo casi exactamente
iguales.

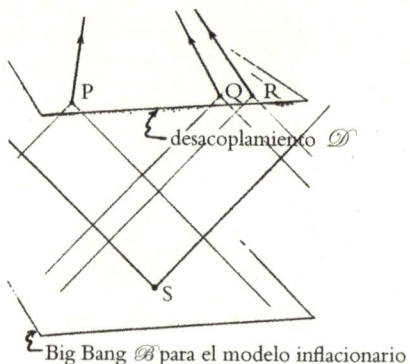

Big Bang $\mathscr{B}$ para el modelo inflacionario

FIGURA 3-41. Cuando se incluye la inflación en los modelos (figura 3-40), la 3-superficie $\mathscr{B}$ del Big Bang se desplaza mucho más abajo en la imagen conforme (de hecho, normalmente mucho más de lo que se indica aquí), lo cual tiene el efecto de que los conos de luz pasados de P y Q siempre se intersecarán antes de llegar a $\mathscr{B}$, por muy alejados que puedan estar desde nuestro punto de vista (por ejemplo, P y R en la imagen).

Antes de plantear lo que considero que son objeciones fundamentales a este argumento, será útil, en primer lugar, considerar el segundo de los problemas que se afirma que la inflación ha resuelto, el *problema de la suavidad*. Este tiene que ver con la distribución de materia y la estructura espaciotemporal más o menos uniformes que parece que observamos en el universo (se considera que la presencia de vacíos, etc., son desviaciones relativamente pequeñas respecto a esta uniformidad). Aquí se argumenta que la expansión exponencial en un factor del orden de 10^{26} serviría para eliminar cualquier irregularidad importante que pudiese haber existido en el estado inicial del universo (supuestamente muy irregular). La idea sería que todas las características no uniformes que pudiese haber habido inicialmente se estirarían por un enorme factor lineal (por ejemplo, $\times 10^{26}$), lo que daría lugar a un grado considerable de suavidad, compatible con lo que se observa.

Ambos argumentos representan intentos de explicar la uniformidad del universo recurriendo a una fase de expansión gigantesca en una etapa muy primitiva de su existencia. Sostendré, no obstante, que ambos son fundamentalmente falaces [véanse también Penrose, 1990; *ECalR*: cap. 28]. La razón principal para esto tiene que ver con el hecho de que, como hemos visto en §3.5, la extraordinaria pequeñez de la entropía que observamos en nuestro universo —una peque-

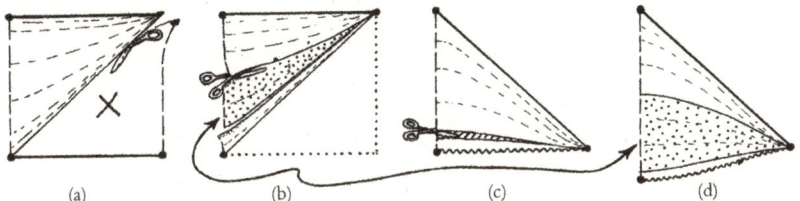

FIGURA 3-42. Cómo construir un modelo de cosmología inflacionaria a partir de diagramas conformes estrictos. (a) Tómese la parte de estado estacionario (figura 3-26(b)) del espacio de De Sitter (figura 3-26(a)) y (b) córtese una tira temporal muy larga (que se representa punteada) de esta parte; (c) elimínese una muy corta y temprana tira temporal del modelo de Friedmann con $K = 0$ (y, por ejemplo, con $\Lambda = 0$) (figura 3-26(b)) y (d) péguese en ella la tira temporal del estado estacionario.

ñez que es esencial para la propia existencia de la segunda ley— está reflejada de hecho en esa misma uniformidad. La idea en que se basa el argumento inflacionario parece ser que nuestro universo pudo comenzar desde un punto de partida en esencia aleatoriamente irregular (y por lo tanto de máxima entropía) y, a partir de ahí, llegar a la situación extraordinariamente uniforme, y por consiguiente *de baja entropía gravitatoria*, que observamos en la bola de fuego de la CMB y la considerable uniformidad que aún vemos en el universo actual (véase la parte final de §3.4). El asunto clave es la segunda ley y de dónde surgió. No resulta verosímil que lo hiciese simplemente a partir de una evolución física ordinaria, definida por ecuaciones dinámicas reversibles en el tiempo, y en la que se parte de un punto inicial comparativamente *aleatorio* (esto es, de *alta* entropía).

El factor importante que hay que considerar es que todos los procesos dinámicos en los que se basa la inflación son en realidad simétricos en el tiempo. Aún no he mencionado qué tipo de ecuaciones se usan para la inflación de rotación lenta. Se requieren varios ingredientes, el más importante de los cuales es el campo escalar de inflatón φ, que satisface unas ecuaciones confeccionadas específicamente para hacer que funcione la inflación. Hay procedimientos que entran en la discusión, tales como los cambios de fase (como la «ebullición» mencionada antes) que tienen la apariencia de ser temporalmente asimétricos, pero son procedimientos que hacen que aumente la entropía a escala macroscópica y que dependen de procesos submicroscópicos simétricos en el tiempo. Las asimetrías temporales son manifestaciones, y no una explicación, de la segunda ley. La manera en que se formula el argumento inflacionario busca que parezca intuitivamente posible que se pueda llegar de manera dinámica a un proceso global de reducción de la entropía, pero la segunda ley nos dice que no es así.

Empecemos por el segundo argumento inflacionario mencionado antes, dirigido a demostrar que el resultado inevitable del proceso inflacionario sería un universo suavizado. Supongamos que, en efecto, fuese cierto que, con un punto de partida genérico, los procesos inflacionarios condujesen casi invariablemente a un universo en expansión suavizado una vez que la inflación hubiese finalizado. Ello choca de modo frontal con la segunda ley. Habrá muchos estados que, si simplemente apareciesen en este momento *posterior, no* serían suaves (y, si no fuese así, no habría habido necesidad de la inflación para hacerlos desaparecer). Invirtamos la dirección del tiempo desde semejante estado macroscópico —pero con componentes submicroscópicos perturbados de una manera general— y dejemos que se imponga la evolución dinámica invertida en el tiempo (con ecuaciones que aún hacen posible la inflación, con campo φ, etc.). Esto debe llevarnos a alguna parte, pero ahora con un aumento de la entropía en la dirección *de la implosión*. Por lo general, a donde nos conduzca será a un estado de agujero negro coagulado muy complejo y de alta entropía, que no se parece nada al modelo FLRW, pero sí a las situaciones representadas en la figura 3-14(a) y (b) de §3.3. Si invertimos de nuevo el tiempo para obtener una imagen inicial como la figura 3-14(c), vemos que φ habría sido incapaz de suavizar esta (mucho más probable) situación inicial. De hecho, los cálculos inflacionarios se realizan casi invariablemente sobre un fondo FLRW, lo que lleva a preguntarse por qué, ya que son los estados iniciales *no* FLRW los que forman la abrumadora mayoría, como hemos visto en §§3.4 y 3.6, y no existe ningún motivo para creer que estos vayan a experimentar inflación.

¿Qué hay del primer argumento, según el cual la práctica isotropía de la temperatura de la CMB se explica por que la inflación pone en contacto causal los puntos del firmamento del desacoplamiento? De nuevo, el problema es que tenemos que explicar cómo ha surgido una situación de baja entropía a partir de lo que se supone que es un estado inicial «general» (y, por lo tanto, de *alta* entropía). Para este propósito, poner a estos puntos en contacto causal no nos ayuda en absoluto. Quizá este contacto causal permita que se produzca la termalización, pero ¿de qué nos sirve eso? Lo que necesitamos es explicar por qué, y de qué manera, la entropía era tan extraordinariamente baja. Un proceso de termalización *eleva* la entropía (al igualar temperaturas previamente dispares, lo que no es más que una manifestación de la segunda ley), de manera que, al recurrir a la termalización en esta fase, en realidad hemos hecho que la entropía sea aún *más baja* en el pasado, lo cual agrava todavía más el problema de cómo surgió el estado inicial tan especial del universo.

De hecho, nada de este aspecto de la inflación afecta de verdad al problema en cuestión. La isotropía observada en las temperaturas de la CMB es, tal y como yo veo las cosas, realmente un efecto *secundario* en el contexto de una cuestión mucho más amplia, como es la extraordinaria pequeñez de la entropía inicial que se manifiesta en la uniformidad de la singularidad del Big Bang. Por sí sola, la isotropía de la temperatura de la CMB no hace una contribución total importante a esta cuestión de la pequeñez de la entropía del universo en su conjunto (como hemos visto en §3.5). Es meramente un reflejo de una isotropía mucho más importante, la de la *geometría espacial* detallada del universo primitivo (esto es, la singularidad inicial). La cuestión básica que debemos afrontar es el hecho de que los grados de libertad gravitatorios no estaban excitados en el universo más primitivo (como indica la completa ausencia de singularidad de agujero blanco como parte del Big Bang). Por alguna razón profunda, ajena por completo a la propuesta inflacionaria, la singularidad inicial era de hecho extremadamente uniforme, y *esta* uniformidad fue la responsable de la bola de fuego muy uniforme, de evolución también uniforme, que observamos en la CMB, y podría asimismo ser responsable de la uniformidad de temperatura en el firmamento de la CMB, con la que no tendría nada que ver la termalización.

Para quienes no creen en la inflación —como yo— es en realidad una suerte que, en las cosmologías estándar no inflacionarias, no exista la posibilidad de que se haya producido una termalización en todo el firmamento de la CMB. Eso solo serviría para destruir información sobre la verdadera naturaleza del estado inicial $\mathscr{B}$, por lo que la garantía de que esta termalización total no tuvo tiempo para producirse nos indica que el firmamento de la CMB revela directamente parte de la geometría de $\mathscr{B}$. En §4.3 expondré mi punto de vista sobre la importancia de estas cuestiones.

La tercera función que se le atribuye a la inflación es la resolución de lo que se conoce como el *problema de la planitud*. Aquí he de reconocer que la inflación parece haberse apuntado un verdadero éxito predictivo sobre el bando observacional, sean cuales sean los méritos (o deméritos) teóricos del argumento inflacionario en sí. Cuando se propuso por primera vez (en los años ochenta) el argumento sobre la planitud, parecía haber una clara evidencia experimental según la cual el contenido material del universo, incluida la materia oscura, no podía ser más de alrededor de un tercio del total necesario para tener un universo espacialmente plano ($K = 0$), por lo que parecía que la evidencia apuntaba a un universo de curvatura espacialmente *negativa* ($K < 0$), mientras que una clara predicción de la inflación parecía apuntar a una planitud espacial general como una de sus consecuencias necesarias. A pesar de ello, varios inflacionistas comprometidos habían predicho llenos de confianza que, cuando se refinasen las observaciones, se descubriría más material y se acabaría logrando la concordancia con $K = 0$. Lo que cambió la situación observacional, en 1998, fue la evidencia de un valor positivo de Λ (véanse §§1.1, 3.1, 3.7 y 3.8), que proporcionó una densidad de materia adicional efectiva que resultó ser precisamente de la magnitud adecuada para conducir a la conclusión teórica de que $K = 0$. Esto podría ciertamente interpretarse como una especie de confirmación observacional de una de las predicciones clave que muchos teóricos de la inflación hacían insistentemente desde un tiempo atrás.

El argumento de la planitud para la inflación era básicamente similar al empleado para abordar el problema de la suavidad. Aquí, el razonamiento era que, incluso si hubiese existido en el universo una sustancial curvatura espacial previa a la fase inflacionaria, el descomunal estiramiento que esta habría provocado (por un factor lineal de alrededor de 10^{26}, dependiendo de la versión de la inflación que se use) habría dado lugar a una geometría en la que la curvatura espacial sería indistinguible de $K = 0$. Sin embargo, vuelvo a estar del todo insatisfecho con este argumento, básicamente por la misma razón que en el caso del argumento de la suavidad. Si «ahora» hubiésemos encontrado un universo cuya estructura fuese distinta de esta, esto es, enormemente irregular o aproximadamente suave pero con

$K \neq 0$, podríamos estudiar su evolución hacia atrás en el tiempo (según unas ecuaciones temporalmente simétricas que permitiesen un «φ» con la potencialidad de dar lugar a la inflación) y ver qué singularidad inicial obtendríamos. En consecuencia, la evolución hacia delante de esa singularidad inicial no nos daría un universo aproximadamente suave y con $K = 0$.

Hay otro argumento parejo y de ajuste fino al que a veces se presenta como si ofreciese una razón convincente para creer en la inflación. Tiene que ver con la razón ρ/ρ_c entre la densidad de materia local ρ y el valor crítico ρ_c que daría un universo espacialmente plano. El argumento sostiene que, en el universo muy primitivo, el valor de ρ/ρ_c tuvo que haber sido excepcionalmente próximo a 1 (quizá hasta con cien cifras decimales), pues de lo contrario el universo no tendría ahora el valor actual de ρ/ρ_c, que se observa que sigue siendo bastante cercano a 1 (con hasta 3 cifras decimales). En consecuencia, tenemos dificultades para explicar el origen de esta extraordinaria cercanía de ρ/ρ_c a 1 en una fase temprana de la expansión del universo. El argumento de los teóricos de la inflación para dicha cercanía de ρ/ρ_c a 1 en los primeros tiempos del universo es que fue el resultado de una fase inflacionaria aún anterior, que habría eliminado cualquier desviación de ρ/ρ_c respecto a 1, si es que había en el propio Big Bang, dando como resultado la excepcional cercanía que se necesitaría justo después de la posterior finalización de la fase inflacionaria. Sin embargo, existen verdaderas dudas sobre si la inflación lograría necesariamente el alisado requerido, por la misma razón que antes (véase §3.6).

Percibo con claridad que aquí existe, no obstante, una dificultad que hay que abordar, y si se rechaza la inflación debe proponerse un argumento teórico alternativo. (Expondré mi punto de vista alternativo en §4.3.) Otro problema adicional es la desactivación de la fase inflacionaria (el problema de la salida elegante al que se ha hecho referencia antes), que tendría que producirse con una simultaneidad de extraordinaria precisión para obtener con gran exactitud el valor necesario de ρ de forma espacialmente uniforme y justo en el «momento» en que la inflación se desactiva. También parece que habría graves dificultades con los requisitos de la relatividad a la hora de satisfacer ese requisito de simultaneidad.

En cualquier caso, la cuestión de «fijar» el valor de ρ es solo una parte muy pequeña del problema, porque aquí hay una suposición implícita de que solo existe un único número «ρ» que debe tener un valor especial. Esto es solo una parte minúscula del gran problema, que es el de la *uniformidad espacial* de esta densidad, una cuestión que se deriva de la supuesta semejanza del universo primitivo con un modelo FLRW. Como se ha señalado en §3.6, la verdadera cuestión es esta uniformidad espacial y su relación con la extraordinaria pequeñez de la contribución gravitatoria a la entropía, y, como ya se ha argumentado aquí, la inflación no la aborda en absoluto.

Aun así, sean cuales sean los defectos que puedan existir en los motivos que hay tras la inflación, existen al menos dos hechos observacionales adicionales que han proporcionado a la teoría un notable respaldo. Uno de ellos es la presencia de correlaciones, observadas en forma de minúsculas desviaciones respecto a la uniformidad en la CMB, que se extienden sobre amplios ángulos del firmamento, lo cual es harto indicativo de que existen en efecto influencias causales que conectan puntos muy separados en el firmamento de la CMB (como los puntos P y Q de la figura 3-40). Este importante hecho es compatible con una cosmología estándar del Big Bang de Friedmann/Tolman y, aun así, plenamente compatible con la inflación (figura 3-41). Si la inflación no es correcta, estas correlaciones deben ser explicadas mediante algún otro esquema, que al parecer debe implicar actividad previa al Big Bang. Se evaluarán esquemas de esta índole en §§3.11 y 4.3.

El otro respaldo observacional importante para la inflación procede de la naturaleza de las pequeñas desviaciones respecto a la uniformidad de temperaturas en todo el firmamento de la CMB (que suelen denominarse *fluctuaciones de temperatura*). Las observaciones demuestran que están muy cerca de ser *invariantes de escala* (es decir, que tienen el mismo grado de variación a distintas escalas). Evidencias de esto habían sido descubiertas independientemente por Edward R. Harrison y Yakov Borísovich Zel'dovich [Zel'dovich, 1972; Harrison, 1970] muchos años antes de que aparecieran las ideas inflacionarias, pero posteriores observaciones de la CMB [Liddle y Lyth, 2000; Lyth y Liddle, 2009; Mukhanov, 2005] han ampliado mucho el rango al cual se ha detectado la invariancia de escala. El carácter exponencial (y por ende autosimilar) de la expansión inflacionaria proporciona una explicación general a esto, según la cual, en el esquema infla-

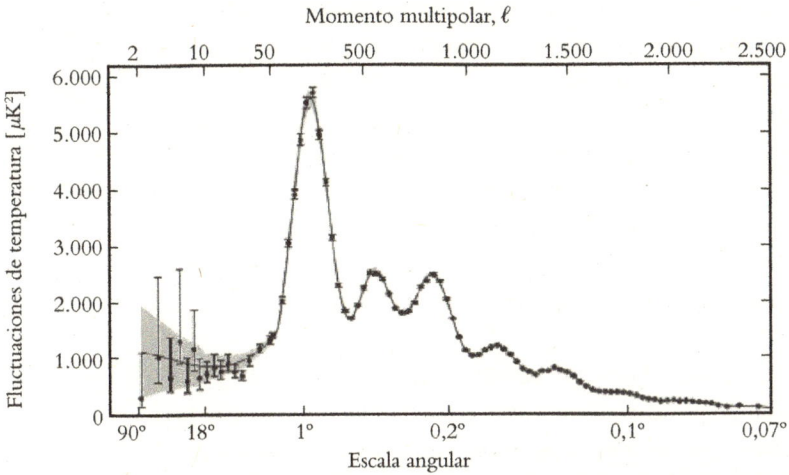

FIGURA 3-43. Espectro de potencia de la CMB medido por el satélite Planck. El eje vertical mide la fluctuación de temperatura y el eje horizontal (como se indica en la parte superior de la figura), el parámetro armónico esférico global ℓ (que es el mismo que el k de §A.11).

cionario, se considera que las semillas iniciales de las irregularidades son fluctuaciones cuánticas en el campo φ, que de alguna manera se convierten en clásicas a medida que avanza la expansión. (Este es uno de los eslabones más débiles del argumento teórico, ya que no se proporciona ningún razonamiento lógico dentro del marco estándar de la mecánica cuántica para esta transición de lo cuántico a lo clásico [véase Perez *et al.*, 2006].) La inflación dice tener una explicación no solo para esta casi invariancia de escala, sino también para una pequeña desviación respecto a ella determinada por lo que se conoce como el *parámetro espectral*. Estas fluctuaciones proporcionan información inicial clave para el cálculo de lo que se denomina *espectro de potencia de la CMB* (que se obtiene a partir de un análisis armónico de la CMB en la esfera celeste; véase §A.11). La figura 3-43 muestra la muy notable coincidencia (al menos para valores grandes de ℓ; los valores de k de §A.11) entre los datos de la CMB observados (obtenidos por el observatorio espacial Planck, lanzado en 2009) y los cálculos teóricos. Debería tenerse presente, no obstante, que la aportación numérica de la inflación en estos cálculos es muy poca (básicamente, solo dos números), y la forma detallada de la curva se obtiene de la cosmología estándar, la física de partículas y la mecánica de fluidos relevantes para la actividad física en el periodo temporal entre la desactivación de la inflación y el desacoplamiento. Se trata de un periodo largo (alrededor de 380.000 años) de cosmología no inflacionaria, representada por la región entre las 3-superficies $\mathscr{B}$ y $\mathscr{D}$, tal y como se puede ver en la figura 3-40, pero donde ahora $\mathscr{B}$ representa el momento de desactivación de la inflación en lugar del propio Big Bang. Es un periodo en el que la física se entiende bien, y la aportación de la inflación es mínima [véanse Peebles, 1980; Börner, 1988].

Contrastan con estos éxitos indudablemente impresionantes algunas anomalías desconcertantes relacionadas con la inflación, aunque en cierta medida desconcertantes también con independencia de la inflación. Una de ellas es el hecho de que las correlaciones en las temperaturas de la CMB entre puntos ampliamente separados parece que no se extienden más allá de un ángulo de separación (desde nuestro punto de vista) de unos 60°, a pesar del argumento inflacionario de que no debería haber un límite angular para tales correlaciones. Más aún, existen algunas irregularidades en la distribución de masa a gran escala, tales como los inmensos vacíos que ya se han mencionado en §3.5 y, a la mayor de las escalas, asimetrías e inhomogeneidades [Starkman *et al.*, 2012; Gurzadyan y Penrose, 2013] que parecen chocar con la imagen inflacionaria convencional, en la que se considera que la fuente inicial de las fluctuaciones en la densidad tiene un origen cuántico *aleatorio*. Tales asuntos requieren imperiosamente una explicación, y no parecen encajar bien con las ideas de la inflación convencional. Volveremos sobre estas cuestiones en §4.3.

Una idea que merece la pena destacar aquí tiene que ver con la manera muy particular en que se ha llevado a cabo este análisis, a saber, en términos de un *análisis armónico* (véase §A.11) de todo el firmamento de la CMB, en el que el interés se ha centrado casi exclusivamente en el espectro de potencia (esto es, la contribución a la intensidad total de la CMB procedente de todos los modos para cada valor de ℓ). Aunque este procedimiento ha llevado indudablemente a varios éxitos notables, como pone de manifiesto el extraordinario grado de coincidencia entre los valores teóricos y observacionales, que puede verse en la figura 3-43 (para valores de ℓ mayores de aproximadamente $\ell = 30$), debe señalarse que este tipo de análisis tiene ciertas limitaciones, que es posible que hayan inclinado nuestros intereses en determinadas direcciones en detrimento de otras.

Debe señalarse, en primer lugar, que, simplemente al concentrarnos en el espectro de potencia, estamos ignorando una proporción cada vez mayor de la información disponible cuanto mayor es el valor de ℓ. Veámoslo con algo más de detalle. En §A.11, se hace referencia a las magnitudes $Y_{\ell m}(\theta, \phi)$, denominadas *armónicos esféricos*, que son los distintos modos en los que puede descomponerse el patrón de temperaturas que se observa en el firmamento de la CMB. Si fijamos ℓ (un entero no negativo, $\ell = 0, 1, 2, 3, ...$), entonces el entero m puede tomar cualquier de los $2\ell + 1$ valores alternativos $-\ell, -\ell + 1, -\ell + 2, -\ell + 3, ..., \ell - 2, \ell - 1, \ell$. Para cada par de valores (ℓ, m), el armónico esférico $Y_{\ell m}(\theta, \phi)$ es una función específica sobre la esfera —que aquí consideramos que es la *esfera celeste* (con coordenadas polares esféricas θ, ϕ; véase §A.11). Para un valor máximo L de ℓ dado, el número total de m será de L^2, mucho mayor que el número de ℓ, que es solo L. El espectro de potencia que se muestra en la figura 3-43, obtenido por el satélite Planck, toma valores de ℓ hasta el máximo de $L = 2.500$, por lo que nos proporciona unos 6.250.000 números diferentes para caracterizar la distribución de temperatura en el firmamento de la CMB. Pero, si utilizásemos toda la información en el firmamento de la CMB hasta alcanzar esta precisión, tendríamos $L^2 = 6.250.000$ números. Vemos por tanto que este espectro de potencia registra únicamente $1/L = 1/2.500$ de la información total disponible.

En cualquier caso, a pesar del reconocido éxito al comparar la teoría con los datos observados por medio del espectro de potencia, existen ciertamente otras maneras fructíferas de analizar la CMB. La descomposición del firmamento de la CMB en modos, como la que proporcionan los armónicos esféricos, es el tipo de análisis que se aplicaría, por ejemplo, a los modos elásticos de vibración de un globo. Se podría argumentar que esto es una especie de analogía con lo que cabría imaginar que fue el Big Bang, pero hay otros tipos de analogía que también podrían ser apropiados. Consideremos el firmamento de nuestro propio planeta. Para eso, una descomposición en armónicos esféricos no habría sido de mucha utilidad. Es difícil imaginar cómo podría haber surgido la disciplina de la astronomía si el cielo nocturno solo se hubiese analizado mediante el espectro de potencia. Habría sido bastante difícil detectar por tales medios la Luna como un objeto localizado, y también, desde luego, la importante naturaleza de los cambios periódicos en su forma aparente —sus *fases*— que son tan evidentes para nosotros con tan solo mirarla, y mucho menos las estrellas o las galaxias. La fuerte dependencia del análisis armónico, en el caso de la CMB, es, en mi opinión, una consecuencia de ideas preconcebidas sobre el propio Big Bang, pero existen alternativas, una de las cuales se evaluará en §4.3.

3.10. El principio antrópico

Parece que al menos algunos inflacionistas [véase, por ejemplo, Guth, 2007] han tomado conciencia de que la inflación no puede, por sí sola, explicar el estado suavizado y de entropía gravitatoria sumamente baja que vemos en el universo primitivo, y que esta uniformidad del universo requiere algo más que la mera posibilidad dinámica para que la inflación tenga lugar. Incluso si la inflación formase en efecto parte de la historia evolutiva del universo, necesita algo más, como una condición que proporcione una singularidad inicial muy similar a las de tipo FLRW. Si tratamos de aferrarnos a lo que parece que era una parte central de la filosofía original de los inflacionistas —que el punto inicial de nuestro universo debería ser esencialmente *aleatorio*, esto es, no finamente ajustado de alguna manera fundamental para que tuviese baja entropía—, entonces necesitamos, o bien una violación grave de la segunda ley, o bien algún otro tipo de criterio de selección para el posible estado temprano del universo. Un posible criterio, propuesto con frecuencia, es el *principio antrópico* [Dicke, 1961; Carter, 1983; Barrow y Tipler, 1986; Rees, 2000], mencionado brevemente al final de §1.15.

El principio antrópico se basa en la idea de que, sea cual sea la naturaleza del universo o de la parte del universo que observamos a nuestro alrededor, sujeto a cualesquiera que sean las leyes dinámicas que parecen regir su comportamiento, todo ello debe ser muy favorable a nuestra propia existencia. Pues, ciertamente, de no ser así no estaríamos aquí sino en algún otro lugar, ya sea espacialmente (por ejemplo, en algún otro planeta), temporalmente (quizá en un tiempo radicalmente diferente) o puede que incluso en un universo muy distinto de este. Por supuesto, el «nosotros» de esta reflexión no tiene por qué referirse a seres humanos, o incluso a cualquier tipo de criatura que la humanidad haya conocido alguna vez, sino a alguna especie de ser sensible, capaz de percibir y razonar. Normalmente se usa la expresión *vida inteligente* para denominarlo.

Así pues, como no es inusual que se argumente, es necesario que las condiciones iniciales para el universo que percibimos realmente fueran del tipo muy especial que permitió la aparición de vida inteligente. Podría aducirse que un estado inicial por completo aleatorio como el que se esboza en la figura 3-14(c) de §3.3 es absolutamente hostil a la aparición de vida inteligente. Para empezar, no conduce a las situaciones de baja entropía y elevada organización que al parecer son absolutamente esenciales para cualquier cosa remotamente parecida a la vida inteligente con capacidad de procesar información que el principio antrópico parece exigir. En consecuencia, podríamos pensar que el argumento antrópico impone una fuerte restricción sobre la geometría del Big Bang para que forme parte de un universo que pudiera estar habitado (y ser percibido) por formas de vida inteligentes.

Pero ¿bastará este requisito antrópico para reducir las posibilidades para la geometría de $\mathscr{B}$ (esto es, para la geometría de nuestro Big Bang) de manera que, quizá, un proceso inflacionario pudiese hacer el resto? En efecto, no es raro que se propongan argumentos en los que la inflación desempeña una función de este tipo [Linde, 2004]. En consecuencia, debemos imaginar que la 3-superficie inicial $\mathscr{B}$ es (¡fue!) en realidad un amasijo complejo, como en la figura 3-14(c) de §3.3, pero que $\mathscr{B}$, al ser su extensión infinita, contendría, por mera casualidad, lugares peculiares donde sería lo bastante suave para que la inflación pudiese imponerse. El argumento es que estos lugares particulares se expandirían exponencialmente, de manera inflacionaria, para acabar dando lugar a partes habitables del universo global. Aparte de las dificultades intrínsecas de tratar de proporcionar algo que se asemeje a un argumento riguroso en relación con esto, creo que, en cualquier caso, se puede construir uno bastante sólido contra tales posibilidades.

Para elaborar cualquier tipo de argumento serio sobre esto, tendré que suponer que se satisface una versión fuerte de la «censura cósmica» (véase §3.4), lo que implica, en efecto, que $\mathscr{B}$ puede entenderse como una (3-)superficie *de género espacio* (véase la figura 1-21 de §1.7), de forma que las distintas partes de $\mathscr{B}$ serían causalmente independientes entre sí. Pero la superficie $\mathscr{B}$ no tendría necesariamente que ser muy suave. Sin embargo, resulta que habría un semi-«cono de luz» futuro que partiría de cada punto de $\mathscr{B}$, según una definición precisa de lo que se entiende por «puntos» de $\mathscr{B}$ [véase Penrose, 1998a]. (Los «puntos» de la frontera singular $\mathscr{B}$ están definidos con precisión en función de la estructura causal de la parte no singular del espaciotiempo, y se especifican como *conjuntos futuros terminales indescomponibles* (TIF, por sus siglas en inglés) en el espaciotiempo. Véase también Geroch *et al.* [1972].)

Los argumentos de §3.6 indicarían que, con independencia de los efectos de la inflación, la parte del «volumen» total (en cierto sentido) de $\mathscr{B}$ que podría dar lugar a una extensión del universo convenientemente parecido a esto en lo que parecemos encontrarnos —hasta nuestro horizonte de partículas— no superaría algo del orden de $10^{-10^{124}}$, ya que necesitamos una región $\mathfrak{R}$ de $\mathscr{B}$ de esa improbabilidad, tal que su entropía pueda ser lo suficientemente baja como para encajar con lo discutido en la parte final de §3.6. (Solo por precisar, aquí estoy incluyendo una contribución de la materia oscura —véase §3.6—, pero el argumento que sigue es independiente de esto.) Este cálculo depende simplemente de la fórmula de Bekenstein-Hawking para la entropía de un agujero negro, junto con una estimación de la masa total que interviene, y no es sensible a los efectos de la inflación, salvo en el sentido de que cualquier proceso que intervenga en esta y haga aumentar la entropía tan solo incrementaría la escasez de regiones de $\mathscr{B}$ que se hincharían adecuadamente, esto es, *reduciría* el número $10^{-10^{124}}$. A pesar de esta improbabilidad, si $\mathscr{B}$ es *infinito* en extensión, debe encontrarse en su interior esa región $\mathfrak{R}$ excepcionalmente suave y de entropía enormemente baja. Entonces, según la propuesta inflacionaria, esta parte $\mathfrak{R}$ se hincharía hasta un universo entero, de la naturaleza del nuestro (figura 3-44(a)), y podría surgir vida inteligente en esa región que se ha hinchado exponencialmente, y solo en ella. De acuerdo con esta visión, la cuestión de la entropía estaría resuelta, o eso es lo que se sostiene.

Pero ¿se puede realmente resolver de esta manera? Algo muy llamativo sobre la naturaleza de la baja entropía de nuestro universo es que no se trata solo de algo local, operante únicamente en nuestra propia vecindad, sino que las estructuras básicas —planetas, estrellas, galaxias, cúmulos de galaxias— parecen proliferar de una manera

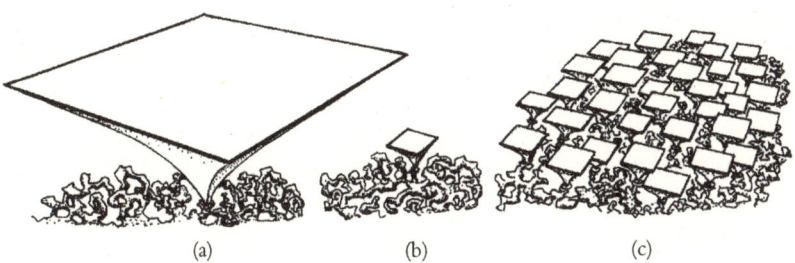

(a)   (b)   (c)

FIGURA 3-44. Imagen inflacionista de cómo, muy muy excepcionalmente, existe una región lo bastante suave para que se dé la inflación, a partir de la que surge un universo como el nuestro, con su segunda ley, favorable a la producción de vida inteligente. (b) Es ridículamente más económico, en términos de improbabilidad, inflar una región considerablemente más pequeña, pero se crearía un menor número de seres inteligentes. (c) Para llevar el número de esos seres hasta el que se obtiene con la región más grande, sería muchísimo más económico hacerlo mediante muchas regiones más pequeñas.

aproximadamente similar (hasta donde hemos sido capaces de determinarlo) en todo el universo visible. Muy en particular, la segunda ley opera de la misma manera miremos a donde miremos, tanto en la inmensidad espacial del universo como en nuestro entorno próximo. Vemos que la materia se distribuye inicialmente de manera bastante uniforme, y que a menudo se aglomera en estrellas, galaxias y agujeros negros. Observamos grandes variaciones de temperatura (entre la de las estrellas calientes y la del espacio vacío), resultado en última instancia de la compactación gravitatoria. Es esto lo que proporciona la fuente de energía estelar de baja entropía esencial para la producción de vida, a partir de la cual (presumiblemente) la vida inteligente surge aquí y allá (véase la última parte de §3.4).

Aun así, la vida inteligente en la Tierra necesita solo una minúscula proporción de este volumen de baja entropía gravitatoria. Cuesta imaginar que nuestras vidas dependan de que este tipo de condiciones se cumplan en la galaxia de Andrómeda, por ejemplo, aunque quizá sean necesarias ciertas restricciones moderadas sobre ella para evitar que emita algo peligroso para nuestra existencia. Más relevante es que vemos una ilimitada semejanza del universo remoto con el tipo de condiciones con las que estamos familiarizados en nuestra región local del universo, y esto parece ser así por muy lejos que miremos. Si de hecho nos limitáramos a requerir la existencia de condiciones adecuadas para la evolución de vida inteligente solamente aquí, entonces la cifra de $\sim 10^{-10^{124}}$ que manejamos de improbabilidad de las condiciones del universo en las que parece que nos encontramos es ridículamente menor que la cifra mucho más modesta necesaria solo para nosotros. Para nuestra existencia no necesitamos que se den condiciones favorables en la galaxia de Andrómeda, y menos aún necesitamos que se den en los confines del cúmulo de Coma ni en ningún otro rincón remoto del universo visible. Es la entropía relativamente baja de esas regiones remotas la que contribuye en mayor medida a la pequeñez de la cifra $10^{-10^{124}}$, cuya ínfima magnitud es inimaginablemente más pequeña que cualquier valor que pudiese necesitarse para la vida inteligente existente aquí, en la Tierra.

Para ilustrar esta idea, imaginemos que no vemos que un volumen tan grande de universo se asemeje a lo que tenemos en nuestra vecindad, sino solo hasta cierta distancia (por ejemplo, una décima parte del total), quizá porque el horizonte de partículas está más cerca o porque, a mayor distancia, el universo no se parece nada al estado de baja entropía gravitatoria al que estamos habituados. Eso haría que disminuyese el contenido en masa de nuestro cálculo de $10^{-10^{124}}$ en un factor 10^3, lo que reduciría la entropía máxima del agujero negro en $(10^3)^2 = 10^6$. Esto reduce 10^{124} hasta solamente 10^{118}, de manera que ahora obtenemos la improbabilidad ridículamente más pequeña (probabilidad absurdamente más grande) de $10^{-10^{118}}$ de localizar una región así —por ejemplo, $\mathcal{Q}$— dentro de $\mathcal{B}$, que se inflaría hasta dar lugar a un universo del tipo que acabamos de describir (véase la figura 3-44(b)).

Se podría intentar argumentar que esta región del universo más limitada, que se inflaría a partir de $\mathcal{Q}$, no contendría tantos seres inteligentes, por lo que nuestra región ahora más probable no está siendo tan eficaz a la hora de crearlos como el universo más grande que observamos realmente. Pero este argumento es inane, porque, aunque ahora obtengamos solo $\frac{1}{1.000}$ de la cantidad de dichos seres en la región habitable más pequeña, podemos conseguir la existente en nuestro universo real, cualquiera que sea, simplemente considerando 1.000 de los universos inflacionarios más restringidos (figura 3-44(c)), con una improbabilidad de

$$10^{-10^{118}} \times 10^{-10^{118}} \times 10^{-10^{118}} \times \cdots \times 10^{-10^{118}}$$

multiplicada 1.000 veces, esto es, $(10^{-10^{118}})10^3 = 10^{-10^{121}}$, que no se acerca ni remotamente a la improbabilidad dada por la cifra de $10^{-10^{124}}$ que parece que necesitamos para nuestro universo real. Así pues, es mucho «más económico», en términos de improbabilidades, crear un montón de pequeñas regiones de universo habitables (es decir, 1.000 subregiones de $\mathscr{B}$ del estilo de Ω) que crear una sola región grande (a partir de $\mathscr{R}$). ¡El argumento antrópico no nos sirve aquí de nada!

Algunos inflacionistas podrían argumentar que la imagen que he presentado más arriba no da una visión apropiada de la manera en que se supone que se comporta una región limitada de inflación, que vendría a ser algo más parecido a una *burbuja* inflacionaria. En términos intuitivos, cabría pensar que la «frontera» de la burbuja inflacionaria fuese, a grandes rasgos, una 2-superficie comóvil, como se ilustra en la figura 3-45(a), donde el incremento de escala exponencial que se produce durante la inflación sería representado como un factor conforme Ω que crece exponencialmente, y que relaciona la métrica del diagrama con la de la porción del universo inflacionario que la imagen representa. Pero quienes proponen este tipo de inflación de burbujas, en que se supone que solo se ve envuelta una parte del universo, no siempre dejan claro cómo debe tratarse ahora la frontera entre la parte que se infla y la que no lo hace.

Con frecuencia, las descripciones verbales sugieren que la frontera de la región inflacionaria (como un nuevo «falso vacío») se extendería hacia fuera a la velocidad de la luz, y al hacerlo engulliría el espaciotiempo que la rodea. Esto parecería exigir una imagen que se asemeje a la de la figura 3-45(b), pero entonces cabría perfectamente esperar que las influencias aleatorias de las regiones de $\mathscr{B}$ exteriores a $\mathscr{R}$ arruinaran drásticamente la pureza de la imagen inflacionaria. Más aún, parece que esto no nos favorece para nada desde el punto de vista de los argumentos precedentes, porque las líneas temporales en la región inflacionaria ahora surgen todas de lo que es en efecto un único punto de $\mathscr{B}$, y las 3-superficies de tiempo constante (inflacionario) se representan ahora como 3-superficies hiperbólicas, que se muestran como las líneas más tenues en el diagrama y que tendrían volumen *infinito*, lo que da por resultado una imagen, dentro de la región inflacionaria, de un universo (hiperbólico) espacialmente *infinito*. La región inflacionaria describe ahora un universo infinito que se aproxima supuestamente al carácter del nuestro, por lo que la cifra de

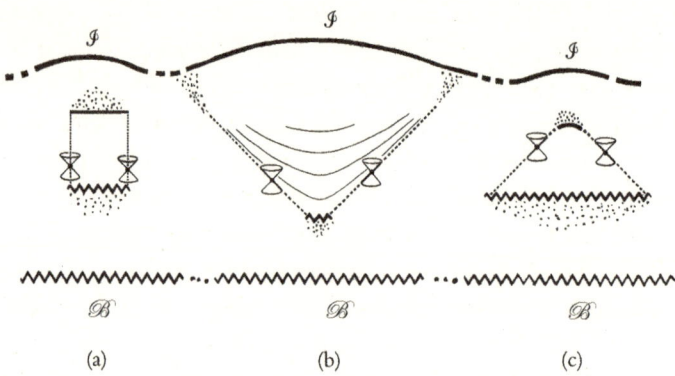

FIGURA 3-45. Diagramas conformes esquemáticos para varias ideas de burbujas inflacionarias: (a) la frontera de la burbuja sigue líneas de tiempo; (b) la frontera de la burbuja se expande hacia fuera a la velocidad de la luz; (c) la frontera de la burbuja se mueve hacia dentro a la velocidad de la luz, aunque su volumen podría no obstante aumentar con el paso del tiempo. La línea discontinua en la parte superior representa una incertidumbre sobre cómo los infinitos futuros de estos modelos se relacionan con el del fondo circundante.

improbabilidad de $10^{-10^{124}}$ es ahora de $10^{-10^{\infty}}$, que no es ninguna mejora. En cualquier caso, incluso si se considera que esta región no es en realidad espacialmente infinita, sino que posee algún tipo de frontera, existen varios problemas graves sin respuesta sobre cómo tratar la inexplicada física discontinua de esta frontera.

La última posibilidad parece ser del tipo que se muestra en la figura 3-45(c). Aquí, toda la evolución inflacionaria, y la posterior historia del universo —que, en última instancia, da lugar quizá al tipo de expansión exponencial no inflacionaria de tipo De Sitter que se observa actualmente en nuestro universo—, se representan en la pequeña región con forma piramidal truncada. A pesar de su apariencia de improbabilidad, esta imagen es, en ciertos aspectos, la más lógica, porque, si la fase inflacionaria fuera considerada un *falso* vacío, cabría esperar que decayese en el otro. El argumento sería aquí que su pequeño «tamaño» aparente estaría compensado por la inmensidad del factor conforme Ω, que convierte su geometría en una región métrica enorme, quizá expandida en forma dos veces exponencial (como se argumenta que es el caso del universo que observamos hoy día). Este tipo de imagen ciertamente presenta dificultades importantes y, como las anteriores, no aborda en realidad las objeciones planteadas en relación con lo absurdo de la mencionada cifra de improbabilidad de $10^{-10^{124}}$.

Cuestiones como los factores de improbabilidad de los que he estado hablando, por burdas que puedan parecer, están directamente relacionadas con los conceptos convencionales de entropía, tal y como los describen tanto Boltzmann como Bekenstein y Hawking [Unruh y Wald, 1982], pero los teóricos de la inflación rara vez abordan con seriedad estos asuntos. Sigo sin estar en absoluto convencido de que la inflación ayude de alguna manera a resolver el enigma clave expuesto en §3.6, según el cual el estado inicial viene dado por una entropía extremadamente baja, restricción esta que se limita tan solo a los grados de libertad gravitatorios, lo que nos sitúa ante un tipo de universo FLRW muy uniforme. El argumento antrópico no ayuda en nada a la inflación a la hora de resolver este enigma.

De hecho, el argumento antrópico es mucho menos competente de lo que he indicado arriba a la hora de abordar el enigma de la segunda ley. Es cierto que la vida tal y como la conocemos ha surgido en armonía con la segunda ley tal y como la conocemos, pero un argumento antrópico basado en la existencia de vida no contribuye prácticamente nada a uno a favor de la *existencia* de una segunda ley. ¿Por qué no?

Se da la circunstancia de que la vida en este planeta ha aparecido a través de la incesante acción del proceso evolutivo de la selección natural, que ha ido desarrollando estructuras cada vez más complejas que requerían de una baja entropía para su existencia y desarrollo continuos. Más aún, todo esto depende fundamentalmente del depósito de baja entropía que constituye el Sol en un firmamento oscuro, y eso exigía un estado inicial de entropía (gravitatoria) sumamente baja (§3.4). Es importante constatar que todo ello está de acuerdo con la segunda ley. La entropía total, de hecho, aumenta continuamente a pesar de los maravillosos efectos organizativos —plantas exóticas, animales de exquisita construcción, etc.— que la selección natural nos ofrece. De modo que podríamos estar tentados de llegar a una conclusión *antrópica* según la cual la presencia de vida de alguna manera explica la existencia de la segunda ley, confiriéndole a esta ley una necesidad antrópica a partir de nuestra propia existencia.

En el mundo que conocemos, la vida ha surgido de hecho de esta manera. Nos hemos familiarizado con ello. Pero, en cuanto a requisitos de baja entropía, ¿es esta la manera «más económica» (es decir, «más probable») de producir el mundo que vemos a nuestro alrededor? ¡Sin duda alguna que *no*! Podemos hacer una estimación muy a grandes rasgos de la probabilidad de que la vida, tal y como existe ahora en la Tierra, con todas sus detalladas posiciones y movimientos de átomos y moléculas, surgiese simplemente a partir de encuentros fortuitos de partículas procedentes del espacio en, por ejemplo, seis días. El hecho de que esto sucediese espontáneamente implicaría una improbabilidad, quizá, del orden general aproximado de $10^{-10^{60}}$, lo cual, en términos de probabilidades, sería una vía muchísimo «más económica» para producir seres inteligentes que la que se siguió en realidad. Algo así resulta muy obvio simplemente a partir de la naturaleza de la propia segunda ley. Los estados anteriores del universo de entropía más baja que dieron lugar inicialmente a la humanidad en sus primerísimas etapas (cuya entropía era más baja debido a la segunda ley) tuvieron que ser mucho más improbables (en este sentido) que la situación actual. Esto no es más que la segunda ley en acción. Así pues, debe ser «más económico» (en términos de improbabilidades) que el estado surja tal y como es ahora tan solo por azar que que haya surgido a partir de un estado anterior de entropía mucho más baja (¡si *este* había surgido meramente por azar!). Este razonamiento continúa hasta llegar al Big Bang. Si buscamos un argumento antrópico basado en el azar, como el que estamos considerando (en el que intervienen las subregiones $\mathfrak{R}$ y $\mathfrak{Q}$ de $\mathcal{B}$), entonces ¡cuanto más tarde consideremos que ha tenido lugar la creación, «más económica» será! A todas luces, tuvo que haber otro motivo para la entropía ridículamente baja del estado inicial (el Big Bang) que el basado en el puro azar. La naturaleza absurdamente desequilibrada de ese estado inicial (en el que, en apariencia, solo los grados de libertad gravitatorios estaban suprimidos del todo) tuvo que producirse por una razón totalmente diferente, y mucho más profunda. El argumento antrópico no aporta nada a nuestro conocimiento sobre estas cuestiones, como tampoco lo hace la inflación. (Este tipo de problema se conoce también como el de los «cerebros de Boltzmann». Volveré sobre la cuestión en §3.11.)

Por otra parte (como podría argumentarse que sucede asimismo con la inflación), el argumento antrópico parece tener alguna otra capacidad explicativa importante, en relación con determinadas características profundas de la física básica. El primer ejemplo del que tuve noticia lo oí en una conferencia impartida por el conocido astrofísico y cosmólogo Fred Hoyle (al que se menciona en §3.2 en relación con el modelo cosmológico del estado estacionario). Asistí a esta conferencia en Cambridge cuando era un joven investigador en el St John's College. La charla llevaba por título «La religión como una ciencia», si la memoria no me falla, y creo recordar que tuvo lugar en la University Church en el otoño de 1957. En esa conferencia, Hoyle se interesó por el delicado asunto de si las leyes físicas podrían estar ajustadas finamente de una manera favorable a la existencia de la vida.

Apenas unos pocos años antes, en 1953, Hoyle había hecho la extraordinaria predicción de que debía existir un nivel de energía del carbono (a alrededor de 7,68 MeV), que al parecer hasta entonces no se había detectado, para que el carbono (y, por lo tanto, muchos otros elementos más pesados que él) pudiese formarse en las estrellas (gigantes rojas, que al explotar como supernovas dispersarían el carbono por el espacio). Con alguna dificultad, Hoyle había convencido al físico nuclear William Fowler (del Caltech de California) para que tratase de comprobar si este nivel existía. Cuando Fowler se decidió finalmente a hacerlo, enseguida descubrió que la predicción de Hoyle era correcta. El valor observacional actual de este nivel de energía (alrededor de 7,65 MeV) es ligeramente más bajo que el predicho por Hoyle, pero está de sobra dentro del rango necesario. (Sorprendentemente, Hoyle no fue incluido en el Premio Nobel que Fowler y Chandrasekhar recibieron en 1983.) Curiosamente, aunque ahora es un hecho observacional evidente, parece que la existencia *teórica* de este nivel de energía sigue siendo algo problemática según los conocimientos actuales de física nuclear teórica [Jenkins y Kirsebom, 2013]. En su conferencia de 1957, Hoyle destacó el hecho de que, si este nivel de energía del carbono y otro del oxígeno (que se había observado previamente) no estuviesen ajustados entre sí con tanta precisión, el oxígeno y el carbono no habrían existido ni remotamente en las proporciones necesarias para la aparición de la vida.

La extraordinaria y exitosa predicción por parte de Hoyle de este nivel de energía del carbono suele citarse como una predicción basada en el *principio antrópico* (de hecho, es el único éxito predictivo claro de este principio hasta la fecha [Barrow y Tipler, 1986; Rees, 2000]).

Sin embargo, otros han argumentado [Kraagh, 2010] que la predicción de Hoyle no estuvo motivada inicialmente por ideas antrópicas. En mi opinión, la cuestión es discutible. Está claro que Hoyle tenía buenas razones para su predicción, puesto que se ha encontrado carbono en la Tierra en proporciones muy importantes (¡sin duda!), y tenía que haber venido de algún sitio. No hay necesidad de recurrir al hecho de que estas proporciones también resultan ser favorables para la evolución de la vida sobre la Tierra, y por consiguiente de la vida inteligente. Concentrarse en sus implicaciones biológicas podría incluso haberse considerado una distracción respecto de la fuerza de su argumento. El carbón *está* aquí en proporciones abundantes y, según lo que la física sabía por aquel entonces, habría sido muy difícil entender cómo podría haber llegado hasta aquí de alguna manera que no pasase por su producción en las estrellas (gigantes rojas). Sin embargo, la importancia de esta cuestión, en relación con la existencia de vida, debió de pesar mucho en la determinación de Hoyle de averiguar el *origen* de la muy significativa cantidad de carbono existente en la Tierra.

De hecho, me parece que está claro que Hoyle también estaba por aquel entonces interesado en el «razonamiento antrópico». En 1950, cuando yo estudiaba matemáticas en el University College de Londres, escuché en la radio una serie de estimulantes conferencias impartidas por Hoyle sobre «La naturaleza del universo». Recuerdo claramente que, en un momento dado, en relación con las condiciones favorables para la vida existentes en la Tierra, planteó la cuestión de que alguna gente considera «providencial» que todas las condiciones en nuestro planeta sean ideales, en muchos sentidos, para la evolución de la vida, a lo que Hoyle respondió que, de no ser así, «no estaríamos aquí, sino en algún otro sitio». La curiosa manera «antrópica» que tuvo Hoyle de expresarlo[4] me llamó particularmente la atención, aunque debemos tener en cuenta que la expresión específica «antrópico» fue introducida mucho tiempo después por Brandon Carter [1983], que formalizó la idea de un principio antrópico con mucha mayor claridad.

De hecho, la versión del principio antrópico a la que se recurrió

---

4. «Providencial» es inconfundiblemente la formulación literal que recuerdo que Hoyle usó en su charla radiofónica, aunque no pude encontrarla en la posterior transcripción de estas charlas [Hoyle, 1950].

en la conferencia radiofónica de Hoyle sería la que Carter denomina principio antrópico *débil*, esto es, la cuestión (casi tautológica), mencionada al principio de este apartado, que afirma la necesidad de una ubicación favorable, ya sea espacial o temporalmente, dentro de nuestro universo espaciotemporal dado. Por su parte, el principio antrópico *fuerte* de Carter se refiere a si las leyes de la naturaleza, o las constantes numéricas (como la razón entre las masas del protón y el electrón) con las que tales leyes operan, podrían de alguna manera estar «finamente ajustadas» para que surgiese la vida inteligente. Es esta versión fuerte del principio antrópico la que se podría considerar que ejemplifica la notable predicción de Hoyle del nivel de energía del carbono a 7,68 MeV.

Otro ejemplo importante de razonamiento antrópico, que en este caso acabaría resultando ser de la versión débil, aunque aborda cuestiones teóricas profundas de la física básica, surgió de la *hipótesis de los grandes números de Dirac* [Dirac, 1937 y 1938]. Paul Dirac había examinado algunos de los números puros que aparecen en física, esto es, números adimensionales que no dependen de las unidades que se utilicen. Algunos de ellos son números de tamaño razonable que podríamos imaginar que se explican mediante alguna fórmula matemática (por ejemplo, mediante combinaciones de π, $\sqrt{2}$, etc.). La inversa de la constante de estructura fina

$$\frac{\hbar c}{e^2} = 137{,}0359990\ldots$$

(donde $-e$ es la carga del electrón), o la razón entre la masa del protón m_p y la del electrón m_e, a saber,

$$\frac{m_p}{m_e} = 1.836{,}152672\ldots,$$

son estas posibilidades, aunque en ninguno de estos casos existe una fórmula conocida que los defina.

Sin embargo, Dirac argumentó que otros números puros en física básica son tan grandes (o pequeños) que no parece posible que pueda existir una fórmula para ellos. Uno de estos números sería la razón entre la atracción eléctrica y la gravitatoria entre un electrón y un protón, como en un átomo de hidrógeno. Esta razón tan grande (independiente de la distancia que los separa, pues ambas son fuerzas proporcionales al inverso del cuadrado de la distancia) es aproximadamente

$$2,26874 \times 10^{39} =$$
$$= 2.268.740.000.000.000.000.000.000.000.000.000.000.000,$$

donde, por supuesto, no esperamos que la mayoría de estos números sean realmente ceros. Dirac señaló que, al utilizar una *unidad natural de tiempo* definida (por ejemplo) por la masa del protón, m_p, o bien por la del electrón, m_e, esto es, las respectivas magnitudes T_{prot} y T_{elect}, definidas por

$$T_{prot} = \frac{\hbar}{m_p c^2} = 7,01 \times 10^{-25} \text{ segundos,}$$

$$T_{elect} = \frac{\hbar}{m_e c^2} = 1,29 \times 10^{-21} \text{ segundos,}$$

obtenemos que la edad del universo ($1,38 \times 10^{10}$ años = $4,35 \times 10^{17}$ segundos, aproximadamente) es del orden de

$6,21 \times 10^{41}$ en unidades protónicas,
$3,37 \times 10^{38}$ en unidades electrónicas.

Estos enormes números puros (dependiendo, hasta cierto punto, de qué partícula escojamos como nuestro reloj natural) se aproximan notablemente al de la razón entre la fuerza eléctrica y la gravitatoria.

Dirac pensó que debe existir una razón profunda para la semejanza de estos dos números tan grandes (y también de otros que veremos enseguida), y en consecuencia argumentó, de acuerdo con su *hipótesis de los grandes números*, que debe haber una razón física (aún desconocida) para que estos números estén tan notable y estrechamente relacionados; difieren en proporción el uno del otro solo en factores relativamente minúsculos (como la razón de ~1836 entre las masas del protón y el electrón), o mediante potencias simples de este número tan grande. Un ejemplo de tales potencias son los valores de m_p y m_e en unidades de *Planck* (es decir, absolutas):

$$m_p = 7,685 \times 10^{-20},$$
$$m_e = 4,185 \times 10^{-23},$$

que son aproximadamente como la inversa de la raíz cuadrada de los números que acabamos de considerar. Podemos pensar que todos estos números son múltiplos razonablemente pequeños de potencias sencillas de un número grande N del orden general de

$$N \approx 10^{20}$$

y entonces vemos que las partículas ordinarias (electrón, protón, neutrón, mesón pi, etc.) son todas $\sim N^{-1}$ en unidades de Planck. La razón entre la fuerza eléctrica y la gravitatoria para partículas ordinarias es $\sim N^2$. La edad del universo en unidades temporales de partículas ordinarias es $\sim N^2$, de manera que la edad del universo en unidades de Planck es $\sim N^3$. La masa total del universo dentro de nuestro horizonte de partículas actual (o final) es también $\sim N^3$, en unidades de Planck, y el número de partículas masivas dentro de esta región es $\sim N^4$. Más aún, el valor aproximado de la constante cosmológica Λ es $\sim N^{-6}$ en unidades de Planck.

Mientras que la mayoría de los números, tales como la razón entre las fuerzas eléctrica y gravitatoria o las masas de las partículas en unidades de Planck, parecen ser constantes (al menos, muy aproximadamente) incorporadas como ingredientes de las leyes dinámicas del universo, la edad de este, a partir del Big Bang, *no* puede ser una constante, ya que, evidentemente, debe ir aumentando con el paso del tiempo. En consecuencia, razonó Dirac, el número N no puede ser una constante, de forma que tampoco puede serlo ninguno de estos otros grandes (o correspondientemente pequeños) números; deben variar, a un ritmo determinado por la potencia de N relevante en cada caso. De esta manera, Dirac esperaba que al final no fuese necesaria una explicación fundamental física/matemática para el número «insensatamente» grande N, ¡porque N^3 es simplemente la *fecha*!

Es desde luego una propuesta elegante e ingeniosa, y, cuando Dirac la planteó, era compatible con las observaciones. Básicamente, la propuesta de Dirac requería que la intensidad de la gravedad fuese debilitándose lentamente con el paso del tiempo, de manera que las unidades de Planck, que dependen de que la constante gravitatoria γ se tome como la unidad, también tendrían que cambiar en el transcurso del tiempo. Sin embargo, desafortunadamente para esta propuesta, mediciones posteriores más precisas [Teller, 1948; Hellings *et al.*, 1983;

Wesson, 1980; Bisnovatyi-Kogan, 2006] demostraron que γ *no* varía (ciertamente, no al ritmo que la propuesta requería). Más aún, esto parecía dejarnos ante el enigma de la extraordinaria casualidad de que nuestra fecha actual en unidades de Planck corresponda aproximadamente a N^3, un número determinado por leyes físicas que en apariencia no varían en el tiempo.

Es aquí donde el principio antrópico (débil) acude a nuestro rescate. Robert Dicke había señalado en 1957, y posteriormente con mayor detalle Brandon Carter en 1983 [Dicke, 1961; Carter, 1983], que si se consideran todos los procesos físicos principales que determinan la duración de una estrella ordinaria de secuencia principal, como nuestro Sol, en los que intervendrán las intensidades relativas de las fuerzas eléctricas y gravitatorias sobre electrones y protones, se podría calcular cuál sería el orden de magnitud general de la duración de dicha estrella. Esta magnitud resulta ser N^2, o alrededor de este orden, por lo que los seres inteligentes que dependen de la estrella, al necesitar una fuente continua y segura de radiación, tras ser capaces de observar el universo y hacer una estimación fiable de su edad, es probable que diesen con la notable coincidencia de que esa edad es en efecto del orden de N^2, en unidades de tiempo definidas por las partículas normales, y de N^3 en unidades absolutas.

Este es un uso clásico del principio antrópico *débil*, que resuelve un problema que había parecido muy desconcertante. Pero estos ejemplos son alarmantemente escasos (de hecho, yo no conozco ningún otro). Por supuesto, el argumento entraña que estos seres inteligentes son aproximadamente del tipo al que estamos acostumbrados y que dependen para su evolución de un sistema solar planetario estable y apropiado, situado alrededor de una estrella de secuencia principal adecuada. Más aún, en el universo que conocemos, en el que acaso se necesiten varias coincidencias del estilo de la de Hoyle para posibilitar la adecuada producción de elementos químicos, cuyo desarrollo depende de distribuciones aparentemente fortuitas de niveles de energía, podemos preguntarnos si la vida habría sido siquiera posible si todas estas características detalladas en apariencia fortuitas de nuestras leyes físicas hubiesen sido tan solo un poco distintas, o quizá incluso totalmente diferentes. Todo esto entra en el terreno del principio antrópico *fuerte*, que considero a continuación.

El principio fuerte se expresa en ocasiones de forma casi religiosa, como si las leyes físicas hubiesen sido ajustadas finamente de forma providencial en la construcción del universo para que la vida (inteligente) pudiese aparecer. Una manera un tanto distinta de formular lo que es básicamente el mismo argumento consiste en imaginar que podría existir una cantidad enorme de universos paralelos, cada uno de los cuales podría tener un conjunto de valores diferentes de sus constantes físicas, o incluso un conjunto de distintas leyes (presumiblemente matemáticas) que gobernasen su comportamiento. La idea del principio antrópico fuerte puede entonces expresarse diciendo que todos estos universos distintos podrían de alguna manera coexistir, y la mayoría de ellos estarían muertos, en el sentido de que no existiría en ellos ningún ser consciente (inteligente). Solo en aquellos universos donde estos seres pudiesen aparecer, descubrirían las coincidencias necesarias para su existencia y se maravillarían ante ellas.

En mi opinión, resulta perturbador constatar con qué frecuencia los físicos teóricos acaban recurriendo a tales argumentos para compensar la falta de capacidad predictiva de que adolecen sus diversas teorías. Ya hemos asistido a ello en el *paisaje* de §1.16. Mientras que la esperanza original depositada en la teoría de cuerdas y sus derivados era que se llegaría a algún tipo de unicidad, gracias a la cual la teoría proporcionaría explicaciones matemáticas para los distintos números obtenidos en las mediciones de la física experimental, los teóricos de cuerdas se vieron impelidos a buscar refugio en el principio antrópico fuerte en un intento por acotar una cantidad absolutamente inmensa de alternativas. Mi opinión es que esta es una situación muy triste e inútil para una teoría.

Además, sabemos poquísimo sobre cuáles son realmente los requisitos de la vida (inteligente). Se suelen expresar en términos de las necesidades de criaturas humanoides, como planetas similares a la Tierra, agua en estado líquido, oxígeno, estructuras basadas en el carbono, etc., o incluso simplemente los requisitos básicos de la química común. Debemos tener presente que, desde nuestro punto de vista humano, quizá tengamos una visión muy limitada y sesgada de lo que sería posible. Vemos vida inteligente a nuestro alrededor y solemos olvidar cuán poco sabemos sobre los requisitos reales de la vida, o sobre las condiciones iniciales para que esta aparezca. De vez en cuando, la ciencia ficción puede ser útil para recordarnos lo poco que entendemos sobre lo que podría ser esencial para el desarrollo de la inteligencia. Dos ejemplos destacados son *La nube negra*, de Fred Hoyle, y *Huevo del dragón* (y su secuela *Estrellamoto*), de Robert Forward [Hoyle, 1957; Forward, 1980 y 1985]. Ambas son lecturas fascinantes, repletas de ideas originales con fundamento científico. Hoyle imagina una inteligencia individual plenamente desarrollada dentro de una nube galáctica. Forward plantea, con un extraordinario grado de detalle, cómo la vida podría evolucionar sobre la superficie de una estrella de neutrones, operando a una velocidad muchísimo mayor que aquella a la que lo hacemos nosotros. Pero son formas de vida inteligentes imaginadas por humanos, que no dejan de estar dentro del ámbito de estructuras con las que ya nos hemos topado en el universo.

Como comentario final, no puede decirse realmente que las condiciones *sean* demasiado favorables para la existencia de vida inteligente en el universo que habitamos. Hay algo de inteligencia en el planeta Tierra, pero no tenemos evidencia directa de que esta no sea extremadamente escasa en otros lugares del universo. ¡Podríamos preguntarnos hasta qué punto el universo real es en verdad muy favorable para la existencia consciente!

3.11. OTRAS COSMOLOGÍAS FANTÁSTICAS

Debo recordarle de nuevo al lector que el término «fantástico» no debe interpretarse necesariamente en un sentido peyorativo. Como ya he insistido antes, particularmente en §§3.1 y 3.5, nuestro universo es, en varios sentidos, algo bastante fantástico, para cuya comprensión parecen necesitarse ideas fantásticas. Mucho de esto ya se constata directamente en la CMB, que no solo nos proporciona la evidencia más directa de la existencia del Big Bang, sino que también pone de manifiesto ciertos aspectos curiosos de la naturaleza particular del propio Big Bang. Vemos que dicha naturaleza estuvo marcada por una extraordinaria combinación de dos extremos opuestos: una aleatoriedad casi completa (como revela el espectro térmico de la CMB) y un orden extraordinario, cuya improbabilidad es al menos tan extrema como $10^{-10^{123}}$ (como se deduce de la uniformidad de la CMB en todo el firmamento). El problema principal de los modelos propuestos hasta la fecha no es tanto que sean disparatados (aunque la mayoría lo son, de hecho, hasta cierto punto), como que no lo son ni remotamente tanto como para explicar simultáneamente ambos hechos observacionales extremos. De hecho, parece que la mayoría de los teóricos ni siquiera reconocen la magnitud o incluso la naturaleza extravagante de estos hechos peculiares que nos encontramos en el universo muy primitivo, aunque algunos de esos teóricos sí abordan de manera concienzuda otras cuestiones desconcertantes que revela la CMB.

En los últimos años, yo mismo he probado suerte con mi propio modelo cosmológico aparentemente disparatado, en un intento directo de conciliar en concreto estos aspectos observados del Big Bang. Sin embargo, he intentado hasta ahora abstenerme de importunar al lector con mis propios esquemas. Aun así, me permito el lujo de ofrecer una muy breve descripción de este esquema «descabellado» en el penúltimo apartado del libro, §4.3. Mi evaluación de las propuestas que repaso en el presente apartado será aún más breve, ya que considero que sería tanto inapropiado como demasiado difícil para mí abordarlas en cualquier grado de detalle. Ello se debe en buena medida a la variedad y el alcance de la multitud de esquemas que considerar (y, a menudo, a que son meramente inadmisibles).

Hay un amplio abanico de propuestas extraordinarias a las que debemos prestar atención, ya que están muy a menudo sometidas a discusión científica, y parece que se las toma tan en serio que una buena parte de la opinión pública las considera ideas científicamente *aceptadas*. Las teorías a las que me refiero son aquellas según las cuales nuestro universo es solo uno entre un enorme número de universos paralelos. Se considera que existen básicamente dos, o quizá tres, corrientes de pensamiento distintas que nos conducen a esta forma de creencia.

Una de ellas surge a partir de una cuestión clave que se ha abordado en el capítulo 2 y desmenuzado en §2.13. Se trata de la interpretación del formalismo de la mecánica cuántica que nos lleva a la llamada interpretación de Everett o de los «muchos universos» de la mecánica cuántica, que es, en cierto sentido, hacia donde nos vemos empujados lógicamente si pensamos que la evolución unitaria **U** se aplica exactamente al universo en su conjunto sin ninguna acción físicamente real **R** de reducción de estado. En consecuencia, como con el gato de Schrödinger descrito en §2.13, se considera que tienen lugar *ambas* alternativas, que el gato cruce la puerta A o que pase por la puerta B, pero en universos paralelos. Puesto que se considera que tales bifurcaciones se producen continuamente, según esta visión llegamos a una multitud absolutamente desorbitada de estos universos que coexisten a la vez. Como he explicado al final de §2.13, no me tomo en serio que esta imagen ofrezca un punto de vista razonable sobre la realidad física, aunque entiendo por qué llegan a adoptar este punto de vista muchos de quienes profesan una fe total e inquebrantable en la verdad física del formalismo cuántico.

Sin embargo, esta no es la visión de los universos paralelos que me gustaría describir aquí. La línea de razonamiento alternativa que considero significativa es otra distinta (aunque habrá quien diga que, en cierto sentido, ambas visiones son la misma, o que al menos están relacionadas de alguna manera). Este razonamiento se ha descrito hacia el final de §3.10 como una interpretación del *principio antrópico fuerte*, según la cual pueden, en efecto, existir universos paralelos —que no podrían comunicarse de ninguna manera con el nuestro—, en cada uno de los cuales podrían ser distintas las constantes puramente numéricas de la naturaleza (o incluso las leyes de la naturaleza), teniendo que ser particularmente favorables a la vida las del universo que percibimos. El argumento sostiene que los valores en apariencia «providencialmente» favorables de las constantes puramente numéricas de la naturaleza pueden ser entendidos si imaginamos que historias de universo no muy distintas de la nuestra *existen* en realidad «en paralelo» unas con las otras, pero con diferentes conjuntos de valores para estos números puros. Solo aquellos universos para los cuales los números puros tomen valores favorables estarían habitados por seres conscientes inteligentes, y puesto que nosotros *somos* esos seres, continúa el argumento, estos conjuntos de números deben necesariamente ser considerados favorables.

Estrechamente relacionado con esta segunda visión, pero quizá con una motivación física más directa, está un punto de vista que ha surgido a partir de las ideas de la cosmología inflacionaria. Recordemos de lo expuesto al principio de §3.9 que el punto de vista original con respecto a la inflación era que muy poco tiempo después del principio del universo, alrededor de 10^{-36} segundos después del Big Bang, existió un estado inicial del universo (un «falso vacío») en el que la constante cosmológica tenía, en efecto, un valor muy diferente del que Λ tiene ahora (quizá muy aproximadamente $\sim 10^{100}$ veces mayor), y que el universo «pasó por efecto túnel» al vacío actual al final del proceso inflacionario (a los 10^{-32} segundos); ténganse no obstante en cuenta mis advertencias al principio de §3.9 respecto a este efecto túnel. Recordemos que las «consideraciones de Dirac» de §3.10 sugieren que los grandes números puros deberían comportarse todos ellos como potencias sencillas de un gran número particular, N (que, en lugar de «edad del universo», ahora denominamos «tiempo de vida medio de una estrella de secuencia principal»), y en concreto, para la constante cosmológica, vemos que $\Lambda \approx N^{-6}$ en unidades de Planck. De acuerdo con este punto de vista, tenemos para la constante cosmológica *inflacionaria* $\Lambda_{\text{infl}} \approx 10^{100} \, \Lambda$, lo que sugiere que la versión inflacionaria N_{infl} de N debería venir dada, muy aproximadamente, por

$$N_{\text{infl}} \approx 2.000,$$

puesto que entonces $N_{\text{infl}}^{-6} \approx (2 \times 10^3)^{-6} \approx 10^{-20} = 10^{100} \times 10^{-120} \approx 10^{100}$ $\Lambda \approx \Lambda_{\text{infl}}$, como debía ser, y por lo tanto los grandes números puros en vigor en la fase inflacionaria deberían modificarse a su vez respecto a sus valores actuales. Esto es lo que cabría esperar de acuerdo con la hipótesis de los grandes números de Dirac, modificada por el argumento antrópico de Dicke-Carter para la edad del universo. Presumiblemente, el valor de 2×10^3 para N_{infl} no sería favorable para el desarrollo de vida inteligente durante la fase inflacionaria, ¡pero bien merece una reflexión!

Hay varias extensiones de las ideas inflacionarias originales, las más influyentes de las cuales tienen nombres como *inflación eterna* [Guth, 2007; Hartle *et al.*, 2011], *inflación caótica* [Linde, 1983] o *inflación caótica eterna* [Linde, 1986]. (Un artículo de Vilenkin [2004] explica estas expresiones.) La idea general de estas propuestas parece ser que la inflación se puede desencadenar en varios lugares del espacio-tiempo, y tales acontecimientos desembocan en (muy infrecuentes) regiones espaciales que rápidamente prevalecen sobre todo lo que existe en sus proximidades, debido a la expansión espacial exponencial. Dichas regiones se suelen denominar *burbujas* (véase también §3.10), y se supone que el propio universo que percibimos es una de ellas. En algunas versiones de este tipo de propuestas, se concibe que esta acti-

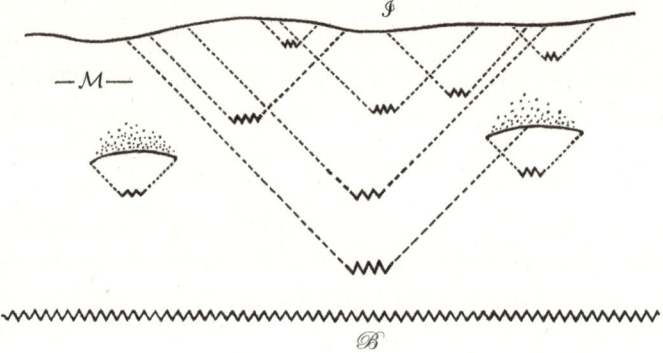

FIGURA 3-46. Imagen conforme esquemática de la inflación eterna: se sostiene que ocurren acontecimientos ocasionales, aunque excepcionalmente infrecuentes, que desencadenan burbujas inflacionarias locales (representadas aquí mayormente de acuerdo con la figura 3-45(b)).

vidad no tiene principio, y se suele considerar que tampoco tiene final. La justificación para este tipo de actividad parece provenir de la expectativa inflacionaria de que, si bien se considera que el hecho de pasar por efecto túnel de un vacío a otro es algo con una probabilidad muy reducida, tales eventos deben ocurrir necesariamente de vez en cuando en un universo infinito en expansión exponencial indefinida (modelado por el espacio de De Sitter; véase §3.1). A veces se representan diagramas conformes para este tipo de actividad que se asemejan a los de la figura 3-46 (basados, esencialmente, en la figura 3-45(b) de §3.10). En ocasiones se supone que tales burbujas en expansión podrían intersecarse, lo cual tendría consecuencias observacionales que no se describen con claridad y que son difíciles de interpretar geométricamente, pero hay quien sostiene que existe evidencia observacional de ello [Feeney *et al.*, 2011*a* y *b*].

A menudo se cree que estos esquemas cosmológicos tienen ciertas características de las propuestas de universos paralelos porque en las distintas burbujas cabría esperar que hubiese valores diferentes de la constante cosmológica Λ (que podría tener valor negativo en algunas de ellas). De acuerdo con la hipótesis de los grandes números de Dirac (modificada por Dicke-Carter) que hemos considerado antes, cabría esperar que hubiese cambios en otros valores de los números puros, de manera que algunas burbujas podrían ser favorables a la vida y otras no. El tipo de discusiones antrópicas que se consideran en §3.10 tendrían de nuevo relevancia. No obstante, a estas alturas el lector ya debe ser consciente de la poca simpatía que me despiertan los esquemas que dependen para su viabilidad de argumentos antrópicos de esta índole.

Una de las dificultades reconocidas de estas imágenes inflacionarias de universos burbuja es una cuestión denominada «el problema de los cerebros de Boltzmann». (Parece que la razón por la que se asocia el nombre de Boltzmann a esta idea es que, en un breve artículo [Boltzmann, 1895], consideró la posibilidad de que la segunda ley hubiese surgido a partir de una fluctuación aleatoria sumamente improbable. Sin embargo, Boltzmann no propuso la idea como algo en lo que creyera y ni siquiera se la atribuyó, sino que citó a su «antiguo ayudante el doctor Schuetz» como fuente de la misma. De hecho, ya he mencionado esta consideración básica en §3.10 como una demostración de que el argumento antrópico no es de ninguna utilidad para explicar la existencia de nuestra segunda ley real. Pero se suele presentar un tipo similar de argumento como un problema grave de propuestas como la de la inflación eterna.)

La dificultad se expresa así: supongamos, como parecen requerir los esquemas inflacionarios, que hubo una región espaciotemporal $\mathfrak{R}$ excepcionalmente improbable (posiblemente parte de la 3-superficie del Big Bang $\mathscr{B}$, pero, si no, situada simplemente en algún lugar en las *profundidades* del espaciotiempo, como se imagina en la visión de la inflación eterna), donde $\mathfrak{R}$ fue la «semilla» que desencadenó la fase inflacionaria a partir de la cual se supone que surgió el universo que percibimos. Lo absurdo del tipo de explicación antrópica del hecho de que estemos necesariamente en semejante burbuja queda de manifiesto cuando se considera lo ridículamente más económico (en el sentido de las improbabilidades; véase §3.9) que resultaría simplemente producir, por meras colisiones aleatorias de partículas, el sistema solar entero con toda su vida ya desarrollada, o incluso solamente unos pocos *cerebros* conscientes, conocidos como *cerebros de Boltzmann*. Así pues, he aquí el problema: ¿por qué no surgimos de *esta* manera en lugar de hacerlo a partir del Big Bang, infinitamente menos probable, y tras $1,4 \times 10^{10}$ tediosos años de innecesaria evolución? Me parece que este enigma simplemente pone de manifiesto la futilidad de buscar explicaciones de este tipo antrópico a los requisitos de baja entropía de nuestro universo real, y me indica claramente lo errónea que es la idea de los universos burbuja. Como ya he razonado en §3.10, también demuestra la impotencia del argumento antrópico como explicación del universo que vemos a nuestro alrededor, con su segunda ley operando de la manera en que vemos que lo hace a todo nuestro alrededor. Necesitamos una explicación completamente diferente de por qué nuestro Big Bang adoptó la forma tan extraordinaria que al parecer en efecto tuvo (véase §4.3). Si las ideas de la inflación eterna y la inflación caótica requieren realmente tal argumento antrópico para su viabilidad, entonces diría que, simplemente, *no son viables*.

Para cerrar este capítulo, mencionaré otras dos propuestas cosmológicas que no son tan descabelladas como las que acabamos de considerar, pero que son, cada una a su manera, misteriosamente fantásticas. Ambas dependen, al menos en sus formulaciones originales, de ciertas ideas de la teoría de cuerdas supradimensional, por lo que, en vista de los argumentos que he expuesto en el capítulo 1, podría entenderse fácilmente que no siento demasiada simpatía por ellas. Sin embargo, como he expresado muchas veces en este tercer capítulo, creo que es esencial (haya inflación o no) la necesidad de alguna teoría que nos proporcione una geometría inicial sumamente especial (expresada aquí como estructura en la 3-superficie $\mathcal{B}$). En realidad, no es en absoluto descabellado que los teóricos vuelvan a las ideas de la teoría de cuerdas en busca de inspiración en relación con algún nuevo tipo de geometría que se libere de las ataduras de la relatividad general clásica, especialmente en relación con la física relevante en $\mathcal{B}$. Más aún, creo que hay ideas de importancia considerable dentro de las dos propuestas que describiré, aunque ninguna me satisface por completo. Ambas son esquemas pre-Big Bang, pero se diferencian en varios aspectos. Una es el esquema propuesto por Gabrielle Veneziano, y desarrollado en detalle por él mismo y Gasperini [Veneziano, 1991 y 1998; Gasperini y Veneziano, 1993 y 2003; Buonanno *et al.*, 1998*a* y *b*], y la otra es la cosmología ecpirótica/cíclica de Steinhardt, Turok y sus colaboradores [Khoury, *et al.*, 2001 y 2002*b*; Steinhardt y Turok, 2002 y 2007].

Podemos preguntarnos por qué debería considerarse útil extender nuestro modelo del universo a antes del Big Bang, particularmente habida cuenta de los *teoremas de singularidad* (véase §3.2) que nos dicen que, si se quieren mantener las ecuaciones clásicas de Einstein (con hipótesis físicas razonables, como suposiciones estándar, sobre

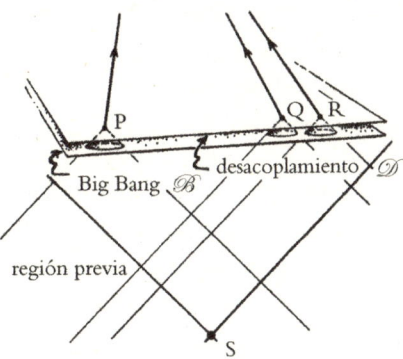

FIGURA 3-47. En ausencia de inflación, pueden darse correlaciones entre fuentes de la CMB fuera del límite del horizonte de la cosmología clásica si hubiera una región pre-Big Bang. En este diagrama conforme esquemático, el evento pre-Big Bang S podría correlacionar Q y R e incluso P, que está a una distancia angular considerable de los otros dos.

el contenido material, de positividad local de la energía), no es posible una continuación hacia atrás en el tiempo sin singularidad a través del Big Bang. Además, no existe una propuesta generalmente aceptada que, recurriendo a la gravedad cuántica, nos permita tal continuación en circunstancias generales, aunque sí hay algunas ideas interesantes a este respecto; véanse Ashtekar *et al.* [2006] y Bojowald [2007] para propuestas en desarrollo en el marco de la teoría de la gravedad cuántica de lazo. Pero, si se opta por *no* adoptar la imagen inflacionaria estándar (algo que considero una postura racional en vista de las cuestiones planteadas en §§3.9 y 3.10), es necesario considerar seriamente la posibilidad de que la 3-superficie $\mathcal{B}$ de nuestro Big Bang pudiera haberla precedido alguna clase de región espaciotemporal «previa».

¿Por qué? Como ya se ha mencionado en §3.9 y se ilustra en la figura 3-40, en las cosmologías estándar (Friedmann/Tolman) no deberían observarse correlaciones en la CMB más allá de alrededor de 2° de distancia angular en el firmamento. Pero ahora tenemos sólidas evidencias experimentales de tales correlaciones, incluso hasta los 60°. La inflación estándar trata esta cuestión extendiendo enormemente la «distancia conforme» entre las 3-superficies $\mathcal{B}$ y $\mathcal{D}$ (de desacoplamiento); véase la figura 3-41 de §3.9. Sin embargo, si hay suficiente espaciotiempo anterior a $\mathcal{B}$, estas correlaciones pueden ciertamente surgir debido a la actividad en esta región pre-Big Bang, como se muestra en la figura 3-47. Así pues, si descartamos la inflación, la observación nos lleva claramente a tener que suponer que debió de haber algo antes del Big Bang.

En la propuesta de Gasperini–Veneziano, se presenta la ingeniosa idea de que la *propia* inflación fue algo que ocurrió antes del Big Bang (¡un ejemplo estupendo de cómo mover las porterías durante el partido!). Estos autores tienen sus motivos para efectuar este desplazamiento temporal de la inflación, basándose en consideraciones en las que interviene un grado de libertad propio de la teoría de cuerdas llamado *campo dilatón*. Esto está estrechamente relacionado con la «Ω» que se da en los reescalamientos conformes de la métrica ($\hat{\mathbf{g}} = \Omega^2\mathbf{g}$) que se han considerado en §3.5 (a los que nos hemos referido en este texto como el paso de un marco conforme a otro). En teoría de cuerdas supradimensional, está también la cuestión de que existen tanto dimensiones «internas» (es decir, las minúsculas y enrolladas que están ocultas) como las dimensiones «externas» ordinarias, y unas y otras pueden comportarse de manera diferente bajo un reescalamiento. Pero, con independencia de estos motivos concretos para contar con reescalamientos conformes, se trata ciertamente de una posibilidad interesante (de especial relevancia también para el esquema que describiré en §4.3). En el esquema de Veneziano, por ejemplo, podría darse la rareza geométrica de querer que se desencadene una inflación impulsada por el dilatón durante la fase *de implosión* previa al Big-Bang, pero cómo se interprete esto depende de qué marco conforme se elija usar. Una *contracción* inflacionaria en un marco conforme puede parecer una *expansión* en otro. El esquema hace un intento serio de abordar la cuestión de la estructura altamente improbable del Big Bang (la 3-superficie inicial $\mathcal{B}$), y hay argumentos para deducir la casi invariancia de escala observada en las fluctuaciones de temperatura de la CMB, obviando la necesidad de una inflación convencional.

La propuesta ecpirótica[5] de Paul Steinhardt, Neil Turok y sus colegas toma prestada de la teoría de cuerdas la introducción de una quinta dimensión espacial, que conecta dos copias del espaciotiempo 4-dimensional, denominadas *branas* (presumiblemente, algo de la na-

---

5. Del griego antiguo *ekpyrosis*, «una creencia estoica en la destrucción periódica del cosmos mediante una enorme conflagración cada Gran Año, tras la cual se recrea el cosmos para ser destruido de nuevo al final del nuevo ciclo».

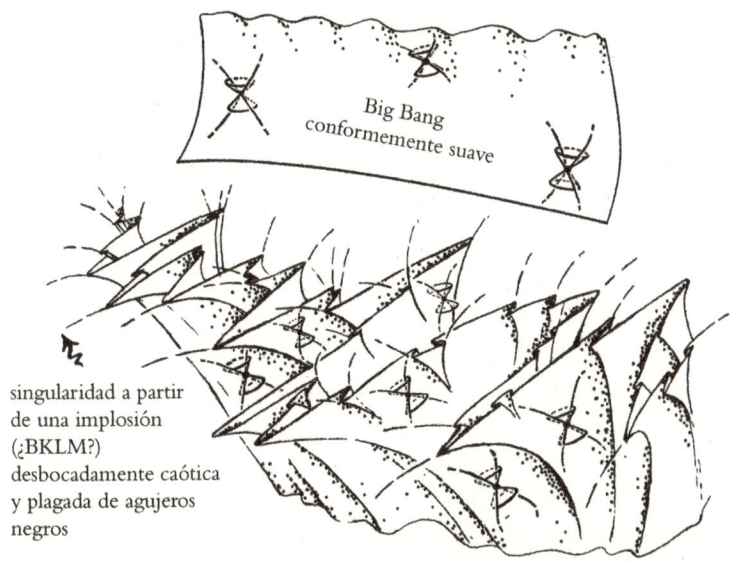

Big Bang conformemente suave

singularidad a partir
de una implosión
(¿BKLM?)
desbocadamente caótica
y plagada de agujeros
negros

Figura 3-48. Una dificultad fundamental que surge en las teorías pre-Big Bang es cómo un universo en fase de implosión «rebota» para pasar a una fase de expansión remotamente similar a la de nuestro universo. Si el estado inicial de la fase de expansión tiene muy baja entropía gravitatoria (esto es, con una geometría espacial muy aproximadamente uniforme), como parece que es el caso de nuestro universo, ¿cómo puede esto suceder si la fase de implosión tiene el comportamiento caótico esperado (quizá BKLM) de muy alta entropía gravitatoria?

turaleza de las D-branas, o *universos de branas*, como se ha expuesto en §1.15, aunque no se describen como tales en los artículos, donde se usa la terminología *branas de teoría M* o *branas de orbivariedad*). La idea es que, justo antes del rebote que se produce en este esquema, que convierte un Big Crunch en un Big Bang, la distancia entre estas dos branas se reduce rápidamente, llegando a ser cero en el momento del rebote, y vuelve a aumentar enseguida tras ese evento. Se considera que la estructura de la 5-geometría continúa siendo no singular, con ecuaciones coherentes, a pesar de la naturaleza singular del 4-espaciotiempo proyectado. Aunque no hay inflación en el sentido corriente, se presentan argumentos que pueden de hecho justificar la casi invariancia de escala que exhiben las fluctuaciones de temperatura en la CMB [Khoury *et al.*, 2002a].

Sería razonable preguntarse cómo se puede evitar (figura 3-48) el problema planteado en §3.9, en el que el caótico *crunch* de una implosión gravitatoria que hace aumentar la entropía (véase la figura 3-14(a) y (b) de §3.4) de alguna manera se transforma en un Big Bang de entropía gravitatoriamente baja. La idea aquí es que, antes de la implosión definitiva en su Big Crunch, durante la fase previa al rebote tiene lugar una expansión exponencial de tipo De Sitter (la expansión observada impulsada por Λ), que, de acuerdo con este esquema, duraría alrededor de 10^{12} años, durante los cuales esta fase expansiva diluiría por completo la densidad de agujeros negros y de cualesquiera otros residuos de alta entropía restantes. (Debe señalarse, no obstante, que este periodo de expansión no sería lo suficientemente largo para que los agujeros negros hubiesen desaparecido por radiación de Hawking, para lo cual se necesitaría mucho más tiempo, del orden de 10^{100} años; véase §4.3.) Lo que «se diluye» aquí es la *densidad* de entropía con respecto al volumen comóvil; la entropía total por volumen comóvil no puede disminuir sin violar la segunda ley. Esto vale también para la posterior fase de implosión, que se considera que tiene lugar transcurridos unos 10^{12} años, por lo que la entropía total por volumen comóvil sigue sin poder decrecer. Entonces ¿cómo satisface de forma adecuada la segunda ley? Para entender cómo se supone que debe funcionar esto, lo mejor es que pasemos a ver la versión *cíclica* de esta teoría.

Hasta ahora, solo he descrito el esquema ecpirótico original, que (como sucede con la propuesta de Veneziano) solo trata un único rebote de una fase de implosión a otra de expansión. Pero Steinhardt y Turok extendieron su modelo a una *sucesión* continua de ciclos, cada uno de los cuales comienza con su big bang, que evoluciona muy aproximadamente de acuerdo con una cosmología Λ FLRW convencional (sin una fase inflacionaria temprana), pero, tras unos 10^{12} años de expansión (exponencial, en su mayor parte), esta da paso a un modelo en contracción que acaba en un big crunch, que a continuación experimenta un *rebote ecpirótico* a un nuevo big bang, y empieza así de nuevo todo el proceso. Esto nos da una secuencia interminable de ciclos, infinita en ambas direcciones. Todo el comportamiento que se desvía de la cosmología FLRW estándar (es decir, que no está de acuerdo simplemente con las ecuaciones de Einstein con Λ) está controlado por la quinta dimensión, acotada por las branas, como se vio más arriba en el caso de un solo rebote ecpirótico. La separación entre branas se reduce a cero con cada rebote, controlando esa actividad de una manera no singular.

Necesitamos abordar la cuestión de cómo este modelo cíclico evita entrar en contradicción con la segunda ley. Hasta donde yo sé, esta cuestión tiene dos facetas. Una de ellas queda tratada por el hecho de que los volúmenes comóviles que han sido considerados más arriba, aunque en realidad pueden mantenerse *a través* del rebote siguiendo las líneas temporales comóviles a través de cada rebote, no necesitan conservar su *tamaño* de un ciclo al siguiente (y, de hecho, se considera que *no* lo hacen). Consideremos una sección temporal S_1 concreta, dada por un tiempo $t = t_0$ en un determinado ciclo, y a continuación escojamos la sección temporal S_2 exactamente correspondiente en el ciclo siguiente, dada de nuevo por $t = t_0$ (midiendo el tiempo desde el big bang de cada ciclo). Podemos seguir a una determinada región comóvil Q_1 en la primera sección temporal, y seguir las líneas temporales a través del rebote hasta llegar a la sección temporal S_2. Ahora vemos que, si seguimos fielmente las líneas de tiempo, la región Q_2 a la que llegamos en S_2 es inmensamente más grande, por lo que el valor de la entropía, aunque mucho mayor de lo que era en Q_1, está ahora distribuido en el volumen mucho mayor de Q_2, de manera que la densidad de entropía puede ser la misma que existía en S_1, pero de forma compatible con la segunda ley.

Es razonable preguntar, no obstante, si el incremento absolutamente enorme de la entropía que se espera que se produzca a lo largo de toda la historia de nuestro ciclo de universo puede acomodarse a través de un aumento de volumen de este estilo. Esta cuestión está relacionada con la segunda que se ha mencionado antes, ya que, con diferencia, el mayor contenido de entropía de nuestro universo, incluso actualmente, y más aún en el futuro lejano, se encuentra en los agujeros negros supermasivos que existen en los centros de las galaxias. En el periodo que se estima para el tiempo de vida total de nuestro ciclo de universo —alrededor de 10^{12} años (al menos para la fase expansiva)— estos agujeros negros aún deberían existir y deberían representar, con enorme diferencia, la mayor contribución a la entropía del universo. Mientras que acabarán muy dispersos debido a la expansión exponencial, la implosión final los volverá a reunir, y parecería que deben formar parte importante del crunch final. A mí no me queda nada claro por qué se los podría ignorar en la transición ecpirótica del crunch al bang que se propone.

Hay que mencionar que existen otras propuestas que constituyen intentos serios de describir la naturaleza *especial* del Big Bang, la más destacada de las cuales, en mi opinión, es el esquema de *ausencia de frontera* de Hartle y Hawking [1983], que, a pesar de su ingeniosa originalidad, no considero *suficientemente* fantástica. Ninguna de estas propuestas, hasta donde yo sé, explica la *fantástica* discrepancia entre (a) la desbocada geometría de alta entropía de las singularidades de agujeros negros y (b) la geometría extraordinariamente especial del Big Bang. ¡Se necesita algo más, quizá con un punto de fantasía aún mayor!

En resumen: estos esquemas son genuinamente fantásticos, y están pensados para resolver serias cuestiones que suscita la curiosa naturaleza del Big Bang. Suelen depender de áreas de la física que están de moda por motivos distintos de los de la cosmología (teoría de cuerdas, dimensiones adicionales, etc.). Contienen ideas interesantes y estimulantes, respaldadas por motivaciones serias. Sin embargo, en mi opinión, siguen siendo un tanto artificialmente inverosímiles, al menos en su forma actual, y aún no abordan de manera adecuada las cuestiones fundamentales planteadas en §3.4 con respecto al papel básico de la segunda ley en relación con la naturaleza *singularmente peculiar* del Big Bang.

4

¿Una nueva física para el universo?

4.1. Teoría de twistores: ¿una alternativa a las cuerdas?

Después de la primera de mis conferencias en Princeton (sobre las modas), si no recuerdo mal, se me acercó en busca de algún consejo un futuro estudiante de doctorado en física teórica que parecía claramente preocupado por qué línea de investigación debería seguir. Al parecer, yo había turbado su entusiasmo, dirigido a adentrarse en el excitante mundo de ampliar los límites del conocimiento científico básico. Como a muchos otros, las ideas de la teoría de cuerdas le habían resultado sugerentes, pero había quedado algo desanimado por la valoración negativa que yo había hecho en mi charla de la dirección en que parecía moverse inexorablemente dicha teoría. No supe darle entonces ningún consejo claramente positivo o constructivo. Me resistí a sugerirle mi área de la teoría de twistores como una alternativa adecuada, no solo porque no parecía que hubiese nadie con quien pudiese trabajar sobre el asunto, sino también porque era un área difícil para un estudiante con aspiraciones de hacer algún avance real, particularmente para alguien con formación solo en física, y no en matemáticas. A medida que la teoría de twistores evolucionaba, se hizo necesaria un tipo de sofisticación matemática basada en conceptos que no solían formar parte del currículo de un estudiante de física. Más aún, durante unos treinta años, esta teoría había chocado con una dificultad aparentemente insuperable que llamábamos el *problema googly*, que describiré en la parte final de este apartado.

Este encuentro tuvo lugar más o menos un día antes del almuerzo que tenía previsto con Edward Witten, el físico matemático estrella de Princeton, y temía que Witten estuviera disgustado porque yo hubiese expresado mis dudas sobre la dirección que había tomado la teoría de cuerdas. Sin embargo, me sorprendió al describirme su trabajo reciente, en el que había sido capaz de combinar ideas de la teoría de cuerdas con las de la teoría de twistores para lograr lo que parecían ser avances notables en el tratamiento de las intrincadas matemáticas de la interacción fuerte. Esto me dejó estupefacto, en concreto porque el formalismo de Witten estaba dirigido específicamente a tratar procesos que tenían lugar en el espaciotiempo *4-dimensional*. Como quienes hayan leído el capítulo 1 deberían tener claro, mis reacciones negativas a la teoría de cuerdas moderna se deben casi exclusivamente a la aparente necesidad de una excesiva dimensionalidad del espacio(tiempo). También tengo mis problemas con la supersimetría (que seguía figurando en el esquema de twistores y cuerdas de Witten), pero no tan arraigados, y en cualquier caso las novedosas ideas de este parecían depender de la supersimetría en mucha menor medida de lo que la versión dominante de la teoría de cuerdas lo hacía respecto de la noción de la supradimensionalidad espaciotemporal.

Lo que Witten me mostró me pareció muy interesante, ya que era válido no solo para la que yo consideraba la dimensionalidad correcta del espaciotiempo, sino que era directamente aplicable a procesos básicos *conocidos* de la física de partículas. Estos procesos son las dispersiones de gluones entre sí, fundamentales para las interacciones fuertes (véase §1.3). Los gluones son los portadores de las fuerzas fuertes, de la misma manera que los fotones lo son de las fuerzas electromagnéticas. Los fotones, no obstante, no interactúan directamente entre sí, ya que solo lo hacen con partículas cargadas (o magnéticas), no con otros fotones. Esta es la base de la *linealidad* de la teoría electromagnética de Maxwell (véanse §§2.7 y 2.13). Pero las interacciones fuertes son profundamente *no* lineales (satisfacen las ecuaciones de Yang-Mills; véase §1.8), y las interacciones de los gluones son fundamentales en la naturaleza de dichas interacciones fuertes. Las nuevas ideas de Witten [Witten, 2004], que hundían sus raíces en trabajos previos de otros [véanse, por ejemplo, Nair, 1988; Parke y Taylor, 1986; Penrose, 1967], demostraron cómo los que por aquel entonces eran los procedimientos estándar para calcular estos procesos de dispersión de gluones, que empleaban métodos convencionales de diagramas de Feynman (véase §1.5), podían simplificarse enormemente y, de hecho, en ocasiones, cálculos que podrían haber ocupado un libro entero quedaban reducidos a unas pocas líneas.

Desde esa época, muchos han retomado estos avances, en un principio debido a la considerable reputación de Witten dentro de la comunidad de físicos matemáticos, y, a partir de entonces, la teoría de twistores ha revivido dentro de un movimiento muy activo que ha descubierto técnicas cada vez más potentes para el cálculo de las amplitudes de dispersión de partículas en el límite de muy alta energía donde las masas (esto es, las masas *en reposo*) de las partículas son relativamente despreciables y estas pueden ser tratadas, en efecto, como si carecieran de masa. No todas estas técnicas usan la teoría de twistores, y existen muchas escuelas de pensamiento al respecto, pero la conclusión general ha sido que los nuevos métodos para realizar estos cálculos son inmensamente más eficientes que las técnicas estándar de diagramas de Feynman. A pesar de la importancia de los conceptos de la teoría de cuerdas para las ideas iniciales en las que se basaron estos avances, parecen haber perdido parte de su peso en favor de otros nuevos progresos, aunque algunos elementos de conceptos relacionados con las cuerdas (ahora en el espaciotiempo 4-dimensional ordinario) conservan su importancia.

Debe señalarse, no obstante, que muchos de estos cálculos son llevados a cabo para una clase concreta de teorías que poseen propiedades físicas muy especiales, sumamente simplificadoras y no del todo realistas, muy en particular la teoría de Yang-Mills supersimétrica con $n = 4$ (véase §1.14). Un punto de vista habitual consiste en pensar que estos modelos son análogos a las situaciones idealizadas y muy sencillas en mecánica clásica que uno debe entender a la perfección para empezar, como el oscilador armónico simple para la física cuántica ordinaria, y que nuestra comprensión de sistemas realistas más complejos es algo que puede llegar más adelante, una vez que se entiendan adecuadamente los sistemas más sencillos. Por mi parte, aunque puedo apreciar el valor de estudiar modelos más sencillos, en los que se pueden hacer verdaderos avances y de los que se pueden extraer en efecto nuevas ideas, pienso que la analogía con el oscilador armónico es muy engañosa. Los osciladores armónicos simples son prácticamente ubicuos en las pequeñas vibraciones de los sistemas clásicos no dispersivos, mientras que los campos de Yang-Mills supersimétricos con $n = 4$ no parece que cumplan ninguna función análoga en los campos cuánticos físicos reales de la naturaleza.

Conviene ofrecer aquí una introducción relativamente breve a los fundamentos de la teoría de twistores, limitándonos a esbozar las ideas principales y a mencionar algunos detalles, pero no podré abordar los avances de la teoría de la dispersión ni profundizar demasiado en la teoría de twistores. Para una visión más detallada, véanse Penrose [1967a], Huggett y Tod [1985], Ward y Wells [1989], Penrose y Rindler [1986], Penrose y MacCallum [1972] y *ECalR* [cap. 33]. La idea central es que el propio espaciotiempo debe ser considerado un concepto *secundario*, construido a partir de algo más primitivo, con aspectos cuánticos, denominado *espacio de twistores*. Como principio rector subyacente, el formalismo de la teoría unifica conceptos básicos de la mecánica cuántica con la física espaciotemporal relativista (4-dimensional convencional), combinando estos campos mediante las propiedades mágicas de los números complejos (§§A.9 y A.10).

En mecánica cuántica tenemos el principio de superposición, mediante el cual se combinan varios estados usando números complejos, en concreto las amplitudes, que son fundamentales para la teoría (véanse §§1.4 y 2.7). En §2.9 hemos visto, en el concepto del espín mecanocuántico (especialmente para espín $\frac{1}{2}$), que estos números complejos están íntimamente vinculados a la geometría del espacio 3-dimensional, en la que la *esfera de Riemann* (figura A-43 de §A.10 y figura 2-18 de §2.9) de distintas razones posibles de un par de amplitudes complejas se puede identificar con las diferentes direcciones en el 3-espacio ordinario (que son las posibles direcciones del eje de giro de una partícula de espín $\frac{1}{2}$). En física relativista, la esfera de Riemann tiene a primera vista una función bien distinta, que de nuevo es específica a la 3-dimensionalidad del espacio (pero llevando consigo la 1-dimensionalidad del tiempo). En este caso, es la *esfera celeste* de las distintas direcciones a lo largo del cono de luz pasado de un observador lo que resulta que puede identificarse naturalmente con una esfera de Riemann [Penrose, 1959].[1] En cierto sentido, la teoría de twis-

1. Hay un detalle que puede inquietar a algunos lectores: la esfera de Riemann mecanocuántica tiene el grupo de simetría SU(2), más restringido que el grupo

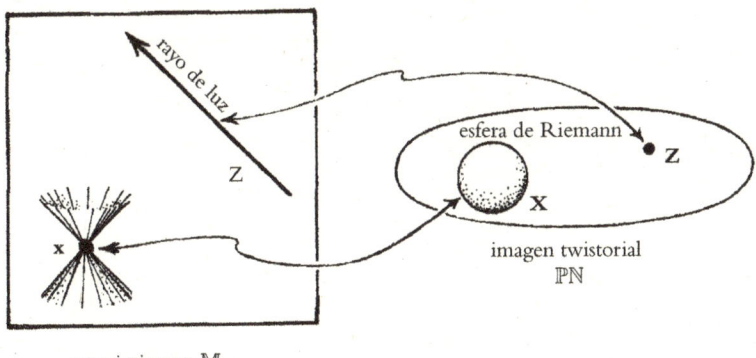

espaciotiempo $\mathbb{M}$

FIGURA 4-1. La correspondencia twistorial básica. Cada punto **Z** del espacio twistorial $\mathbb{PN}$ corresponde a un rayo de luz Z (línea recta nula) en el espacio de Minkowski $\mathbb{M}$ (posiblemente en el infinito). Cada punto **x** de $\mathbb{M}$ corresponde a una esfera de Riemann **X** en $\mathbb{PN}$.

tores combina la función mecanocuántica de los números complejos con la relativista, a través de estas dos funciones físicas para la esfera de Riemann. Así pues, empezamos a ver cómo la magia de los números complejos podría proporcionarnos un vínculo para unificar el mundo cuántico de lo pequeño con los principios relativistas de la física espaciotemporal de lo grande.

¿Cómo podría funcionar esto? Como imagen inicial de la teoría de twistores, consideremos un espacio $\mathbb{PN}$ (enseguida se entenderá la razón de esta notación; la «$\mathbb{P}$» se refiere a «proyectivo», en el mismo sentido que con los espacios de Hilbert en §2.8). Cada punto individual de $\mathbb{PN}$ representa, *físicamente*, todo un *rayo de luz* (que, en términos espaciotemporales, es una línea recta *nula*: la historia completa de una partícula sin masa —es decir, como la luz— que se mueve libremente, como, por ejemplo, un fotón (figura 4-1)). Este rayo de luz sería la imagen que ofrece la física espaciotemporal convencional, en la que se considera que los procesos físicos tienen lugar dentro del espacio de Minkowski $\mathbb{M}$ de la relatividad especial (véase §1.7; la notación es como en §1.11), pero, en la imagen twistorial, este rayo de luz en su

---

relativista SL$(2, \mathbb{C})$. Sin embargo, este último está plenamente involucrado en la relación con el espín cuántico en los operadores de twistor de aumento y reducción del espín, como la *cuarta aproximación física* de Penrose [1980]; véase también Penrose y Rindler [1986: §6.4].

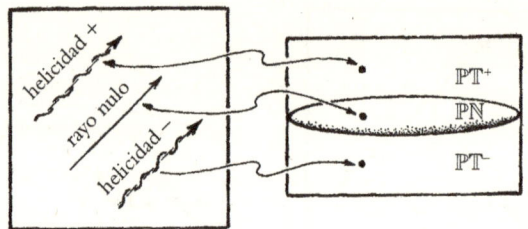

Figura 4-2. El espacio twistorial proyectivo $\mathbb{PT}$ está compuesto de tres partes: $\mathbb{PT}^+$, que representa las partículas sin masa dextrógiras; $\mathbb{PT}^-$, que representa las levógiras, y $\mathbb{PN}$, que representa las que no tienen espín.

conjunto se presenta geométricamente como un único *punto* de $\mathbb{PN}$. A la inversa, para representar un *punto del espaciotiempo* (es decir, un *evento*) $\mathbf{x}$ en $\mathbb{M}$ mediante estructuras dentro de este espacio twistorial $\mathbb{PN}$, simplemente consideramos la familia de todos los rayos de luz en $\mathbb{M}$ que pasan por $\mathbf{x}$ y vemos qué tipo de estructura tiene esta familia dentro de $\mathbb{PN}$. Por lo que se ha dicho antes, el lugar geométrico en $\mathbb{PN}$ que representa un punto espaciotemporal $\mathbf{x}$ es simplemente una *esfera de Riemann* (en esencia, la esfera celeste de $\mathbf{x}$), la superficie de Riemann más sencilla. Puesto que las superficies de Riemann son simplemente curvas complejas (§A.10), parecería razonable que $\mathbb{PN}$ fuese en realidad una *variedad compleja*. Sin embargo, esto no puede funcionar, porque $\mathbb{PN}$ tiene dimensión impar (es 5-dimensional) y necesita tener un número par de dimensiones reales para ser susceptible de representarse como una variedad compleja (véase §A.10). ¡Necesitamos otra dimensión! Pero entonces descubrimos, sorprendentemente, que, cuando incluimos la energía y la helicidad (esto es, el espín) de una partícula sin masa, $\mathbb{PN}$ se extiende, de manera físicamente natural, a una 6-variedad real $\mathbb{PT}$ que tiene una estructura natural como una 3-variedad compleja, un 3-espacio proyectivo complejo ($\mathbb{CP}^3$) de hecho, denominado *espacio twistorial proyectivo*. Véase la figura 4-2.

¿Cómo funciona esto en detalle? Para entender el formalismo twistorial, lo mejor es considerar el *espacio vectorial* complejo 4-dimensional $\mathbb{T}$ (véase §A.3), denominado a veces *espacio twistorial no proyectivo* o, simplemente, *espacio twistorial*, del que el espacio $\mathbb{PT}$ visto más arriba es la versión proyectiva. La relación entre $\mathbb{T}$ y $\mathbb{PT}$ es exactamente la misma que la que existe entre un espacio de Hilbert $\mathcal{H}^n$ y su versión proyectiva $\mathbb{PH}^n$, que hemos visto en §2.8 (ilustrado en la figura 2-16(b) de §2.8); es decir, todos los múltiplos complejos no nulos $\lambda\mathbf{Z}$ de un twistor no nulo $\mathbf{Z}$ dado (elemento de $\mathbb{T}$) nos dan *el mismo* twistor proyectivo (elemento de $\mathbb{PT}$). De hecho, el espacio twistorial $\mathbb{T}$ es muy similar a un espacio de Hilbert 4-dimensional en cuanto a su estructura algebraica, aunque su interpretación física es completamente diferente de la de los espacios de Hilbert en mecánica cuántica. Por lo general, es el espacio twistorial *proyectivo* $\mathbb{PT}$ el que nos resulta útil si hablamos de asuntos geométricos, mientras que el espacio $\mathbb{T}$ es adecuado si nos interesa el álgebra de twistores.

Como en un espacio de Hilbert, los elementos de $\mathbb{T}$ están sujetos a los conceptos de *producto interno*, *norma* y *ortogonalidad*, pero en lugar de adoptar una notación como $\langle \cdots \rangle$, que se ha usado en §2.8, nos resultará más conveniente designar el producto interno de un twistor $\mathbf{Y}$ con un twistor $\mathbf{Z}$ como

$$\bar{\mathbf{Y}} \cdot \mathbf{Z},$$

donde $\bar{\mathbf{Y}}$, el twistor conjugado complejo de $\mathbf{Y}$, es un elemento del espacio twistorial *dual* $\mathbb{T}^*$, así que la norma $\|\mathbf{Z}\|$ de un twistor es

$$\|\mathbf{Z}\| = \bar{\mathbf{Z}} \cdot \mathbf{Z},$$

y la condición de ortogonalidad entre los twistores $\mathbf{Y}$ y $\mathbf{Z}$ es $\bar{\mathbf{Y}} \cdot \mathbf{Z} = 0$. Sin embargo, *algebraicamente*, el espacio twistorial $\mathbb{T}$ no es exactamente un espacio de Hilbert (además de servir a un propósito distinto que los espacios de Hilbert en mecánica cuántica). En concreto, la norma $\|\mathbf{Z}\|$ *no* tiene por qué ser positiva (como sería en un verdadero espacio de Hilbert),[2] lo que quiere decir que, para un twistor no nulo $\mathbf{Z}$, podemos tener las tres alternativas:

2. En §2.8 hemos visto el concepto de un espacio de Hilbert (de dimensionalidad finita). Se trata de un espacio vectorial complejo con una estructura hermítica de signatura *definida positiva* $(+ + + \cdots +)$. En cambio, aquí requerimos una signatura $(+ + - -)$, lo que significa que, en términos de coordenadas complejas convencionales, la norma (al cuadrado) de un vector $\mathbf{z} = (z_1, z_2, z_3, z_4)$ será $\|\mathbf{z}\| = z_1\bar{z}_1 + z_2\bar{z}_2 - z_3\bar{z}_3 - z_4\bar{z}_4$. Sin embargo, en notación twistorial estándar, resulta más conveniente usar coordenadas twistoriales (completamente equivalentes) $\mathbf{Z} = (Z^0, Z^1, Z^2, Z^3)$ (que no deben interpretarse como potencias de una sola magnitud Z), para las cuales $\|\mathbf{Z}\| = Z^0\bar{Z}^2 + Z^1\bar{Z}^3 + Z^2\bar{Z}^0 + Z^3\bar{Z}^1$.

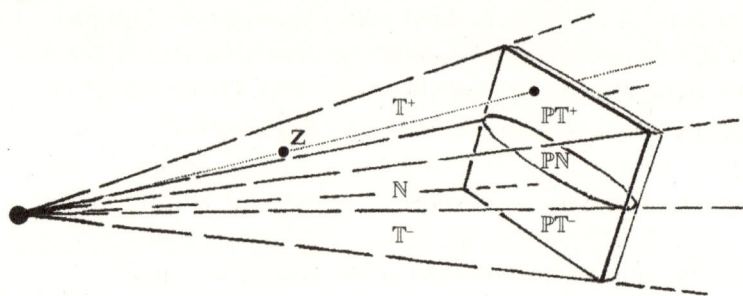

FIGURA 4-3. Las líneas complejas que pasan por el origen del espacio twistorial no proyectivo $\mathbb{T}$ corresponden a los puntos del espacio twistorial proyectivo $\mathbb{PT}$.

$\|\mathbf{Z}\| > 0$ para un twistor $\mathbf{Z}$ *positivo* o *dextrógiro*, perteneciente al espacio $\mathbb{T}^+$,

$\|\mathbf{Z}\| < 0$ para un twistor $\mathbf{Z}$ *negativo* o *levógiro*, perteneciente al espacio $\mathbb{T}^-$,

$\|\mathbf{Z}\| = 0$ para un twistor *nulo*, perteneciente al espacio $\mathbb{N}$.

El conjunto del espacio twistorial $\mathbb{T}$ es la unión disjunta de las tres partes, $\mathbb{T}^+$, $\mathbb{T}^-$ y $\mathbb{N}$, y su versión proyectiva $\mathbb{PT}$ es la unión disjunta de las tres partes, $\mathbb{PT}^+$, $\mathbb{PT}^-$ y $\mathbb{PN}$ (véase la figura 4-3).

Son los twistores *nulos* los que proporcionan el vínculo directo con los rayos de luz en el espaciotiempo. De hecho, $\mathbb{PN}$, la versión proyectiva de $\mathbb{N}$, representa el espacio de rayos de luz en el espacio de Minkowski $\mathbb{M}$ (pero incluyendo ciertos rayos de luz «idealizados» en el *infinito* $\mathscr{I}$, donde $\mathbb{M}$ se extiende al espacio de Minkowski compactificado $\mathbb{M}^{\#}$, al que se hace referencia en §1.15; véase la figura 1-41). En el caso de los twistores nulos, tenemos una interpretación geométrica muy directa de la relación de ortogonalidad $\bar{\mathbf{Y}} \cdot \mathbf{Z} = 0$ (o, de forma equivalente, $\bar{\mathbf{Z}} \cdot \mathbf{Y} = 0$). Esta condición de ortogonalidad simplemente afirma que los rayos de luz representados por $\mathbf{Y}$ y $\mathbf{Z}$ *se intersecan* (posiblemente en el infinito).

Como sucede con los elementos de un espacio de Hilbert ordinario, cada elemento $\mathbf{Z}$ de $\mathbb{T}$ tiene una especie de *fase*, modificada al ser multiplicada por $e^{i\theta}$ (donde θ es real). Aunque esta fase tiene una especie de significado geométrico, aquí lo ignoraré y consideraré la interpretación física de un twistor $\mathbf{Z}$ *salvo* esa multiplicación de fase. Lo que vemos es que $\mathbf{Z}$ representa la estructura de *momento lineal* y *momento angular* de una *partícula* libre *sin masa*, de acuerdo con las prescripciones normales de la relatividad especial clásica (esto incluye ciertas situaciones límite para las cuales el 4-momento se anula y la partícula sin masa está en el infinito). Así pues, tenemos una estructura física verdaderamente adecuada para nuestra partícula sin masa en movimiento libre, que es más que un mero rayo de luz, ya que esta interpretación ahora incluye tanto los twistores *no* nulos como los nulos. Vemos que, en efecto, un twistor define correctamente una energía-momento y un momento angular para una partícula sin masa, incorporando su *espín* alrededor de su dirección de movimiento. Sin embargo, esto en realidad proporciona una descripción *no localizada* de una partícula sin masa cuando esta posee un espín intrínseco no nulo, por lo que, en este caso, la línea de universo de su rayo de luz está definida solo *aproximadamente*.

Habría que hacer hincapié en que esta no localidad no es algo artificial debido a la naturaleza exótica de las descripciones twistoriales; es un aspecto (a menudo ignorado) de la descripción *convencional* de una partícula sin masa y con espín, si esta se representa en función de su momento lineal y su momento angular (este último a veces se denomina *momento del momento lineal* alrededor de un determinado punto de origen; véase también §1.14, figura 1-36). Aunque las descripciones algebraicas particulares de la teoría de twistores difieren de las convencionales, no hay nada de exótico en las interpretaciones que acabo de dar. Al menos hasta este momento, la teoría de twistores proporciona simplemente un formalismo peculiar. No introduce nuevas hipótesis sobre la naturaleza del mundo físico (a diferencia, por ejemplo, de la teoría de cuerdas), pero sí que nos da un enfoque diferente sobre las cosas, al sugerir que el concepto de espaciotiempo podría quizá interpretarse provechosamente como una cualidad secundaria del mundo físico y considerar que, de alguna manera, la geometría del espacio twistorial es más fundamental. Debe señalarse también que el marco de la teoría de twistores ciertamente no ha alcanzado, hasta la fecha, un estatus tan eminente, y su utilidad actual en la teoría de la dispersión para partículas de muy alta energía (mencionada antes) se basa por completo en la utilidad del formalismo twistorial para la descripción de procesos en los que se pueden ignorar las masas en reposo.

Es habitual utilizar coordenadas para un twistor $\mathbf{Z}$ (4 números complejos) en las que el primer par de componentes, Z^0 y Z^1, son las dos componentes complejas de una magnitud **ω** denominada 2-*espinor* (compárese también con §1.14) y el segundo par, Z^2 y Z^3, son las componentes de una magnitud **π** que es una clase ligeramente distinta de 2-espinor (diferente por ser de tipo dual, conjugado complejo), de manera que podemos representar el twistor entero como

$$\mathbf{Z} = (\boldsymbol{\omega}, \boldsymbol{\pi}).$$

(En buena parte de la literatura reciente, se usa la notación «λ» para «**π**» y «μ» para «**ω**», siguiendo la línea de la notación que utilicé originalmente en Penrose [1967a], donde adopté algunas convenciones poco apropiadas —principalmente, en relación con la posición de superíndices y subíndices—, y la práctica habitual suele seguir esas desafortunadas convenciones.) No tengo la intención de entrar a detallar aquí el concepto de 2-espinor (a veces llamado *espinor de Weyl*), pero el lector puede hacerse una idea si revisa §2.9. Las dos componentes (amplitudes) w y z, cuya razón $z : w$ define la dirección del espín para una partícula de espín $\frac{1}{2}$ (véase la figura 2-18), pueden interpretarse como las dos componentes que definen un 2-espinor, y esto vale tanto para **ω** como para **π**.[3]

No obstante, para que se haga una mejor idea geométrica de un 2-espinor, remito al lector a la figura 4-4, que muestra cómo puede representarse en términos espaciotemporales un 2-espinor (no nulo). En sentido estricto, debería interpretarse que la figura 4-4(b) está dentro del espacio tangente de un punto del espaciotiempo (véase la figura 1-18(c)), pero, puesto que nuestro espaciotiempo es aquí el espacio plano de Minkowski $\mathbb{M}$, podemos entender que esta representación se refiere a todo $\mathbb{M}$, tomado con respecto a un origen de coordenadas O. Salvo un multiplicador de fase, el 2-espinor se representa como un vector nulo que apunta hacia el futuro, que se conoce como su *asta* (el segmento lineal OF en la figura 4-4). Podemos entender que la *dirección* del asta viene dada por un punto P en la esfera (de Riemann) abstracta $\mathcal{S}$ de direcciones futuras nulas (figura 4-4(a)). La propia fase del 2-espinor (salvo un signo global) está representada por un vector tangente $\overrightarrow{PP'}$ a $\mathcal{S}$ en P, donde P′ es un punto cercano a

---

3. En la notación estándar para los índices de un 2-espinor [Penrose y Rindler, 1984], **ω** y **π** tienen las estructuras de índices ω^A y $\pi_{A'}$, respectivamente.

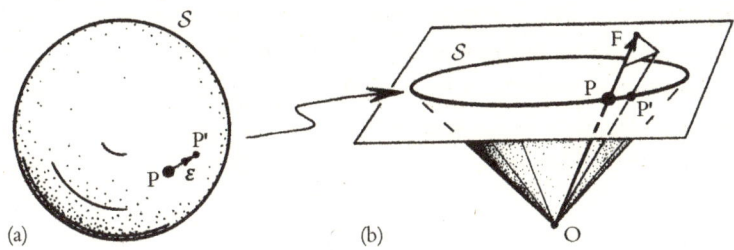

FIGURA 4-4. La interpretación geométrica de un 2-espinor, que podemos entender que se encuentra dentro del espacio tangente de un punto espaciotemporal O, o bien dentro del espacio de Minkowski $\mathbb{M}$ entero, referido a un origen de coordenadas O. (a) La esfera de Riemann $\mathcal{S}$ representa (b) las direcciones nulas futuras OF del «asta». Un vector tangente $\overrightarrow{PP'}$ en un punto P de $\mathcal{S}$ representa una dirección del «plano bandera» según OF que, salvo un signo, representa la fase del 2-espinor.

P en $\mathcal{S}$. En términos espaciotemporales, esta fase viene dada como un semiplano nulo limitado por el asta, llamado *plano bandera* (representado en la figura 4-4(b)). Aunque los detalles al respecto no son demasiado importantes para nosotros aquí, es útil hacerse la imagen mental de que un 2-espinor es un objeto geométrico muy claramente definido (ambiguo solo en que nuestra imagen no distingue un determinado 2-espinor de *menos* ese 2-espinor).

Para el twistor **Z**, su parte 2-espinorial π, salvo una fase, describe el 4-vector energía-momento de la partícula como el producto exterior[4]

$$\mathbf{p} = \pi\bar{\pi}$$

(véase §1.5), donde la barra superior denota conjugación compleja. Si multiplicamos π por un factor de fase $e^{i\theta}$ (donde θ es real), entonces $\bar{\pi}$ se multiplica por $e^{-i\theta}$ y, por lo tanto, **p** permanece inalterado.

4. Un producto espinorial, expresado mediante mera yuxtaposición, es un producto *no contraído*, de forma que el producto $\pi\bar{\pi}$ nos da un vector (de hecho, un *covector*) $p_a = p_{AA'} = \pi_A\bar{\pi}_{A'}$, donde cada índice 4-espacial está representado (en el formalismo de índices abstractos que se usa aquí [Penrose y Rindler, 1984]) como un par de índices espinoriales, uno con prima y el otro sin ella. Explícitamente, la expresión para el tensor momento angular M^{ab} en términos de ω^A y $\pi_{A'}$ viene dada, en forma espinorial [Penrose y Rindler, 1986], por $M^{ab} = M^{AA'BB'} = i\omega^{(A}\bar{\pi}^{B)}\varepsilon^{A'B'} - i\bar{\omega}^{(A'}\pi^{B')}\varepsilon^{AB}$, donde los paréntesis denotan simetrización y los símbolos épsilon son antisimétricos.

De hecho, **p** es el asta 2-espinorial de π. Una vez que se conoce π, los datos adicionales en **ω** son equivalentes al momento angular relativista de la partícula (véase §1.14) respecto al origen de coordenadas, expresado en términos de los productos (simetrizados) ωπ̄ y πω̄.

La magnitud compleja conjugada **Z̄**, representada por consiguiente como

$$\bar{\mathbf{Z}} = (\bar{\pi}, \bar{\omega}),$$

es un twistor dual (esto es, un elemento de $\mathbb{T}^*$), lo que significa que es un objeto natural para formar productos escalares con twistores (§A.4). Así pues, si **W** es cualquier twistor dual (λ, μ), podemos formar su producto escalar con **Z**, que es el número complejo

$$\mathbf{W} \cdot \mathbf{Z} = \lambda \cdot \omega + \mu \cdot \pi.$$

La *norma* $\|\mathbf{Z}\|$ del twistor **Z** es entonces el número (real)

$$\|\mathbf{Z}\| = \bar{\mathbf{Z}} \cdot \mathbf{Z} = \bar{\pi} \cdot \omega + \bar{\omega} \cdot \pi$$
$$= 2\hbar s.$$

Resulta que s es la *helicidad* de la partícula sin masa descrita por **Z**. Si s es positiva, la partícula tiene un espín dextrógiro, cuyo valor es s; si s es negativa, el espín es levógiro, de valor $|s|$. Así pues, un fotón dextrógiro (con polarización circular) tendría $s = 1$ y uno levógiro, $s = -1$ (véase §2.6). Esto justifica la descripción gráfica dada en la figura 4-2. Para un gravitón, las versiones dextrógira y levógira tendrían $s = 2$ y $s = -2$, respectivamente. Para un neutrino y un antineutrino, si se considera que carecen de masa, tendríamos $s = -\frac{1}{2}$ y $s = +\frac{1}{2}$.

Si $s = 0$ la partícula no tendría espín, y el twistor **Z̄**, denominado *twistor nulo* ($\bar{\mathbf{Z}} \cdot \mathbf{Z} = 0$), se podría interpretar geométricamente en el espacio de Minkowski $\mathbb{M}$ (o en su compactificación $\mathbb{M}^{\#}$ si permitimos π = 0) como un rayo de luz, o una *línea recta nula* **z** (una geodésica nula; véase §1.7). Esta es la línea de universo de la partícula, de acuerdo con la descripción dada más arriba de la «imagen inicial» de un twistor nulo que se representa en la figura 4-1. El rayo de luz **z** tiene la dirección espaciotemporal de **p**, que también proporciona un escalamiento *energético* para **z**, y este escalamiento está también determinado por el propio twistor **Z**. La dirección del asta de ω, suponien-

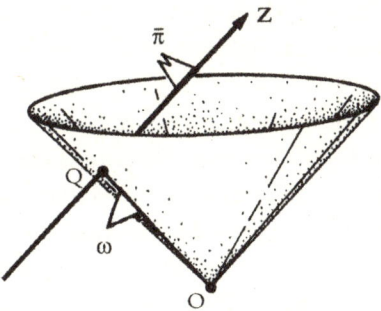

FIGURA 4-5. La dirección del asta de la parte ω de un twistor nulo $\mathbf{Z} = (\omega, \pi)$. Suponiendo que el rayo de luz $\mathbf{Z}$ se interseca con el cono de luz del origen de coordenadas O en un punto finito Q, entonces el asta de ω está en la dirección OQ; más aún, el propio ω queda fijado (dado π) por el vector de posición de Q, que es $\omega\bar{\omega}(i\bar{\omega} \cdot \pi)^{-1}$.

do que el rayo de luz $\mathbf{z}$ se interseca con el cono de luz del origen de coordenadas O en algún punto finito Q, tiene ahora una interpretación directa como la dirección OQ, siendo $\omega\bar{\omega}(i\bar{\omega} \cdot \pi)^{-1}$ el vector de posición de $\mathbf{y}$; véase la figura 4-5.

Esta correspondencia básica entre el espacio de Minkowski $\mathbb{M}$ y el espacio twistorial $\mathbb{PN}$ viene dada algebraicamente por lo que se conoce como *relación de incidencia* entre un twistor *nulo* $\mathbf{Z}$ y un punto $\mathbf{x}$ del espaciotiempo, que puede expresarse como[5]

$$\omega = i\mathbf{x} \cdot \pi,$$

que, para el lector familiarizado con la notación matricial, equivale a

$$\begin{pmatrix} Z^0 \\ Z^1 \end{pmatrix} = \frac{i}{\sqrt{2}} \begin{pmatrix} t+z & x+iy \\ x-iy & t-z \end{pmatrix} \begin{pmatrix} Z^2 \\ Z^3 \end{pmatrix},$$

donde (t, x, y, z) son coordenadas espaciotemporales estándar de Minkowski (con $c = 1$) de $\mathbf{x}$. En $\mathbb{M}$, la incidencia se interpreta como el punto espaciotemporal $\mathbf{x}$ situado sobre la línea nula $\mathbf{z}$; en términos de $\mathbb{PN}$, la interpretación de la incidencia es que el punto $\mathbb{P}\mathbf{Z}$ está situado sobre una línea proyectiva $\mathbf{X}$, que es la esfera de Riemann que representa $\mathbf{x}$ de acuerdo con la imagen inicial que hemos visto antes,

5. La forma de índices de esta relación es $\omega^A = ix^{AB'}\pi_{B'}$.

y esta esfera de Riemann es una línea recta proyectiva compleja en el 3-espacio proyectivo $\mathbb{PT}$, situada en realidad en el subespacio $\mathbb{PN}$ de $\mathbb{PT}$. Véase la figura 4-1.

Cuando $s \neq 0$ (de manera que el tensor $\mathbf{Z}$ es *no* nulo), la relación de incidencia $\omega = i\mathbf{x} \cdot \pi$ no puede cumplirse para ningún punto *real* $\mathbf{x}$, y no existe una sola línea de universo destacada. La posición de la partícula es ahora, en cierta medida, *no local*, como se ha mencionado antes [Penrose y Rindler, 1986: §§6.2 y 6.3]. Sin embargo, la relación de incidencia sí puede ser satisfecha por puntos *complejos* $\mathbf{x}$ (puntos de la *complejificación* $\mathbb{CM}$ del espacio de Minkowski $\mathbb{M}$), lo cual es importante y subraya la condición de frecuencia positiva que satisfacen las funciones de onda twistoriales, como veremos enseguida.

Una característica importante, y algo mágica, de esta manera de ver la física a través de espacios twistoriales (relacionada con la geometría anterior) es el sencillísimo procedimiento por el que la teoría de twistores proporciona todas las soluciones de las ecuaciones de campo para partículas sin masa de cualquier helicidad determinada [Penrose, 1969*b*; véanse también Penrose, 1968; Hughston, 1979; Penrose y MacCallum, 1972; Eastwood *et al.*, 1981; Eastwood, 1990]. De hecho, ciertas versiones de esta fórmula se habían descubierto mucho antes [véanse Whittaker, 1903; Bateman 1904 y 1910]. Esto ocurre de forma natural cuando tratamos de ver cómo hay que describir la función de onda de una partícula sin masa en términos twistoriales. En las descripciones físicas convencionales, una función de onda para una partícula (véanse §§2.5 y 2.6) podría presentarse como una función de valores complejos $\psi(\mathbf{x})$ de la posición espacial $\mathbf{x}$ o, de forma alternativa, como una función de valores complejos $\tilde{\psi}(\mathbf{p})$ del 3-momento $\mathbf{p}$. La teoría de twistores ofrece dos formas adicionales de representar la función de onda de una partícula sin masa: como una función de valores complejos $f(\mathbf{Z})$ de un twistor $\mathbf{Z}$, llamada simplemente *función twistorial* de la partícula, o bien como una función de valores complejos $\bar{f}(\mathbf{W})$ de un twistor *dual* $\mathbf{W}$, la función twistorial dual de la partícula. Las funciones f y $\bar{f}$ resultan ser necesariamente *holomorfas*, esto es, *analítico-complejas* (por lo que no «implican» a las variables conjugadas complejas $\bar{\mathbf{Z}}$ o $\bar{\mathbf{W}}$; véase §A.10). En §2.13 se ha señalado que $\mathbf{x}$ y $\mathbf{p}$ son lo que se conoce como variables *canónicas conjugadas*; análogamente, $\mathbf{Z}$ y $\bar{\mathbf{Z}}$ son también canónicas conjugadas la una de la otra.

Estas funciones twistoriales (y funciones twistoriales duales, aunque por concreción nos centraremos únicamente en las primeras) poseen varias propiedades notables. La más inmediata es que, para una partícula de helicidad definida, su función twistorial *f* es *homogénea*, lo que significa que, para algún número *d*, llamado *grado de homogeneidad*,

$$f(\lambda \mathbf{Z}) = \lambda^d f(\mathbf{Z}),$$

para cualquier número complejo no nulo λ. El número *d* está determinado por la helicidad *s* mediante

$$d = -2s - 2.$$

La condición de homogeneidad nos dice que *f* podría verse en realidad como una especie de función sobre, simplemente, el espacio twistorial *proyectivo* $\mathbb{PT}$. (Dicha función se denomina a veces *función retorcida* sobre $\mathbb{PT}$, y la cantidad de «retorcimiento» viene dada por *d*.)

Así pues, la forma twistorial de una función de onda para una partícula sin masa de helicidad *s* dada es llamativamente sencilla, aunque hay un truco importante que veremos enseguida. El aspecto *sencillo* de esta representación es que las ecuaciones de campo (básicamente, todas las ecuaciones de Schrödinger apropiadas) que gobiernan la correspondiente función de onda en el espacio de posiciones $\psi(\mathbf{x})$ se evaporan en la práctica casi por completo. Todo lo que necesitamos es una función twistorial $f(\mathbf{Z})$ de nuestra variable twistorial $\mathbf{Z}$ que sea *holomorfa* (esto es, que no implique a $\bar{\mathbf{Z}}$; véase §A.10) y *homogénea*.

Estas ecuaciones de campo también son importantes en física clásica. Por ejemplo, cuando $s = \pm 1$, lo que corresponde a las homogeneidades $d = -4$ y 0, obtenemos soluciones generales de las ecuaciones electromagnéticas de Maxwell (véase §2.6). Cuando $s = \pm 2$ (homogeneidades $d = -6$ y +2), obtenemos soluciones generales de las ecuaciones de Einstein para el *campo débil* (esto es, «linealizadas») en vacío ($\mathbf{G} = \mathbf{0}$, donde «vacío» significa $\mathbf{T} = \mathbf{0}$; véase §1.1). En cada caso, las soluciones de las ecuaciones de campo surgen automáticamente a partir de la función twistorial, según un procedimiento sencillo, habitual en el análisis complejo, llamado *integración de contorno* [véase, por ejemplo, *ECalR*: §7.2].

En el contexto cuántico, hay otra característica de las funciones

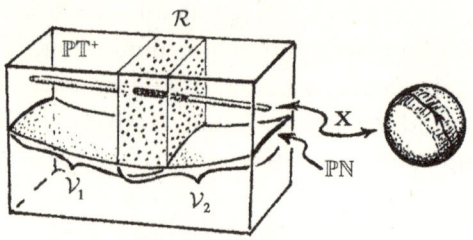

FIGURA 4-6. La geometría twistorial relevante para la integración de contorno mediante la que se obtiene la ecuación de campo de frecuencia positiva (ecuación de Schrödinger) para una partícula libre sin masa de cualquier helicidad dada. La función twistorial puede definirse sobre la región de intersección $\mathcal{R} = \mathcal{V}_1 \cap \mathcal{V}_2$ de dos conjuntos abiertos $\mathcal{V}_1$ y $\mathcal{V}_2$ que, en conjunto, cubren $\mathbb{PT}^+$.

de onda (para partículas libres sin masa) que obtenemos directamente en el formalismo twistorial. Se trata del hecho de que las funciones de onda para partículas libres deben satisfacer una condición esencial conocida como *frecuencia positiva*, que significa que, en efecto, la energía no tiene contribuciones negativas en la función de onda (véase §4.2). Esto sale automáticamente si garantizamos que la función twistorial está, en un sentido curioso pero apropiado, *definida sobre* la mitad superior $\mathbb{PT}^+$ del espacio twistorial proyectivo. En la figura 4-6 puede verse un esquema de la geometría en cuestión. Aquí estamos suponiendo que la función de onda se evalúa en un punto espaciotemporal **x** *complejo*, representado por la línea —etiquetada como **X** en la figura— que está situada enteramente dentro de $\mathbb{PT}^+$, que es en realidad una esfera de Riemann, como se ilustra en la parte derecha de la imagen.

El sentido «curioso» y apropiado en el que *f* está «definida» sobre $\mathbb{PT}^+$ se ilustra mediante la región punteada $\mathcal{R}$ dentro de $\mathbb{PT}^+$, que es el verdadero dominio de la función. Así pues, *f* puede tener singularidades dentro de aquellas partes de $\mathbb{PT}^+$ situadas fuera de $\mathcal{R}$ (a su izquierda o a su derecha, en la imagen). La línea (esfera de Riemann) **X** se interseca con $\mathcal{R}$ en una región anular, y la integral de contorno se toma alrededor de un bucle dentro de esta región anular. Esto nos proporciona el valor de la función de onda en el espacio de posiciones $\psi(\mathbf{x})$ para el punto espaciotemporal (complejo) **x**, y, en virtud de esta construcción, satisface automáticamente las ecuaciones de campo apropiadas y la positividad de la energía.

¿Cuál es, entonces, el truco al que nos hemos referido antes? La cuestión radica en el significado apropiado tras la curiosa noción de que, como hemos visto antes, f esté «definida sobre $\mathbb{PT}^+$», mientras que, en realidad, su dominio de definición es la región $\mathcal{R}$, más pequeña. ¿Qué sentido matemático debemos darle a esto?

Existe aquí, de hecho, cierta sofisticación en la que no puedo entrar debidamente sin hacer uso de tecnicismos inapropiados. Pero la idea esencial en relación con $\mathcal{R}$ es que puede interpretarse como la región de solapamiento entre dos regiones abiertas (véase §A.5) $\mathcal{V}_1$ y $\mathcal{V}_2$ que, juntas, cubren $\mathbb{PT}^+$:

$$\mathcal{V}_1 \cap \mathcal{V}_2 = \mathcal{R} \quad \text{y} \quad \mathcal{V}_2 \cup \mathcal{V}_1 = \mathbb{PT}^+;$$

véase la figura 4-6. (Los símbolos $\cap$ y $\cup$ denotan *intersección* y *unión*, respectivamente; véase §A.5.) Más en general, podríamos haber considerado el cubrimiento de $\mathbb{PT}^+$ mediante un número *mayor* de conjuntos abiertos, en cuyo caso nuestra función twistorial habría tenido que definirse en términos de una *colección* de funciones holomorfas definidas sobre todas las intersecciones entre distintos pares de estos conjuntos abiertos. A partir de esta colección, extraeríamos una magnitud particular, llamada elemento de primera *cohomología*. Este elemento de primera cohomología sería realmente la magnitud que proporciona el concepto twistorial de una función de onda.

Esto parece bastante complicado, y ciertamente lo sería si explicase en detalle todo lo que tenemos que hacer. Sin embargo, esta complicación refleja una idea básica importante, que creo que está relacionada de forma fundamental con la misteriosa *no localidad* que exhibe realmente el mundo cuántico, como se ha indicado en §2.10. Permítanme que, en primer lugar, intente simplificarlo abreviando la terminología y me refiera a un elemento de primera cohomología como una *1-función*. Una función ordinaria sería entonces una 0-función, y podemos tener también objetos de orden superior llamados 2-funciones (elementos de segunda cohomología, definidos en términos de colecciones de funciones definidas sobre solapamientos *triples* de conjuntos abiertos de una cobertura), y así sucesivamente, con 3-funciones, 4-funciones, etc. (El tipo de cohomología que estoy utilizando aquí es la denominada *cohomología de Čech*; hay otros procedimientos —equivalentes, aunque en apariencia muy distin-

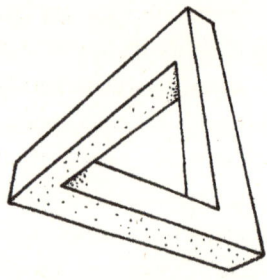

FIGURA 4-7. El triángulo imposible (o «tribarra») ofrece una buena ilustración de primera cohomología. El grado de imposibilidad de la figura es una magnitud no local, que puede, de hecho, cuantificarse con precisión como un elemento de primera cohomología. Si hacemos un corte transversal del triángulo por cualquier sitio, su imposibilidad desaparece, lo que pone de manifiesto que esta imposibilidad no puede localizarse en ningún punto concreto. Una función twistorial desempeña un papel no local muy similar y, de hecho, debe interpretarse como un elemento de primera cohomología (holomorfa).

tos—, como la cohomología de Dolbeault [Gunning y Rossi, 1965; Wells, 1991].)

¿Cómo hemos de interpretar el tipo de objeto que representa realmente una 1-función? La manera más clara que conozco de explicar esta idea en términos sencillos pasa por remitir al lector al triángulo imposible que se representa en la figura 4-7. Aquí, tenemos la impresión de una estructura 3-dimensional que no podría, de hecho, existir en el 3-espacio euclídeo ordinario. Imaginemos que tenemos una caja llena de varillas y piezas esquineras de madera, y que nos dan una lista completa de instrucciones que nos dicen cómo se deben pegar estas piezas. Suponemos que las instrucciones para montar las piezas presentan una imagen que, desde el punto de vista del observador, es *localmente* coherente, pero ambigua debido a una incertidumbre relacionada con la distancia desde el ojo del observador. No obstante, como en la figura 4-7, el objeto entero percibido puede no ser realmente realizable en el espacio 3-dimensional, al no haber una manera coherente de que el observador asigne distancias a las distintas partes de la imagen.

La imposibilidad sumamente no local representada en esta imagen es un buen reflejo de lo que es la primera cohomología y de lo que expresa en realidad una 1-función. De hecho, dadas nuestras instrucciones de pegado, los procedimientos de la cohomología nos permiten construir una 1-función precisa que mide un grado de imposibilidad de la figura resultante, de tal manera que, siempre que el resultado de esta medición sea distinto de cero, tendremos un objeto imposible, como el de la figura 4-7. Adviértase que, si se cubre cualquier esquina o arista de la figura, se obtiene una imagen de algo que podría realizarse realmente en el 3-espacio euclídeo. La imposibilidad en la imagen no es por lo tanto algo local, sino una característica *global* de toda la imagen. En consecuencia, la 1-función que describe la medida de esta imposibilidad es en efecto una magnitud no local, que hace referencia a la estructura en su conjunto y no a cualquier parte concreta [Penrose, 1991; Penrose y Penrose, 1958]. Para representaciones gráficas anteriores de tales estructuras imposibles, obra de Maurits C. Escher, Oscar Reutersvärd y otros, véanse Ernst [1986: 125-134] y Seckel [2004].

La función de onda twistorial de una sola partícula es asimismo una entidad no local, en concreto una 1-función que se obtendría a partir de las correspondientes funciones locales sobre solapamientos de parches esencialmente de la misma manera que para la construcción de ese objeto imposible. Ahora bien, en lugar de que esta cohomología surja de la rigidez de las piezas de madera en el espacio euclídeo 3-dimensional ordinario, aquí la rigidez es la de las funciones holomorfas, y se refleja en el proceso de *extensión analítica*, como se señala en §A.10 (y también en §3.8). La notable «rigidez» que exhiben las funciones holomorfas parece proporcionarles ideas propias sobre adónde quieren ir, de donde no se las puede desviar. En la situación actual, dicha rigidez puede impedir que la función esté definida sobre todo $\mathbb{PT}^+$. Una 1-función holomorfa puede verse como una expresión del tipo de obstáculo a esa globalidad, y esta es realmente la naturaleza no local de una función de onda twistorial.

De esta manera, dentro de su formalismo, la teoría de twistores revela algo sobre el carácter no local incluso de las funciones de ondas de partículas individuales, que de alguna manera continúan siendo entidades individuales («partículas») aunque la dispersión de la función de onda pueda ser muy grande (incluso de muchísimos años luz, como sucedería cuando se reciben fotones individuales procedentes de estrellas situadas en galaxias remotas; véase §2.6). Debemos entender la 1-función twistorial como algo similar a un triángulo imposible, disperso a lo largo de esas distancias enormes. Por último, encontrar la partícula en una ubicación concreta rompe la imposibilidad, y este sería el caso con independencia de dónde se observase finalmente que se encuentra el fotón. La 1-función ha cumplido entonces con su cometido, y ese fotón en concreto ya no se puede detectar en ningún otro sitio.

En realidad, la situación es más sofisticada en el caso de la función de onda de muchas partículas, pues la descripción twistorial de la función de onda para n partículas sin masa es una n-función (holomorfa). Creo que es probable que los misterios de las violaciones de las desigualdades de Bell (véase §2.10) en estados entrelazados de n partículas pudieran resolverse mediante un análisis de estas descripciones twistoriales. Pero, hasta donde yo sé, aún no se ha intentado en serio [véanse Penrose, 1998b, 2005 y 2015a].

Las innovadoras ideas de Witten de 2003, que introducían las de la teoría de cuerdas twistorial, evitaron estas dificultades de cohomología al emplear una ingeniosa rotación anti-Wick del espacio de Minkowski (compárese con §1.9), al «rotar» una de las dimensiones espaciales en una temporal, obteniendo así un «espaciotiempo» plano 4-dimensional con 2 dimensiones de género tiempo y 2 de género espacio. Entonces, su «espacio twistorial» (proyectivo) resulta ser un 3-espacio proyectivo *real* $\mathbb{RP}^3$ en lugar del complejo $\mathbb{CP}^3$ que es en realidad $\mathbb{PT}$. Esto, en un principio, simplifica un poco las cosas, ya que se evita la cohomología y se pueden usar funciones δ de Dirac de una manera que se parece más a la mecánica cuántica estándar (véase §2.5). Sin embargo, aunque valoro la utilidad de este procedimiento, creo firmemente que desperdicia gran parte del potencial inherente a la teoría de twistores al investigar la física a mayor profundidad.

Las ideas originales de Witten también incluían la misteriosa sugerencia de que las esferas (líneas) de Riemann en $\mathbb{PT}$ que representan puntos en $\mathbb{CM}$ deberían generalizarse a superficies de Riemann de orden superior como secciones cónicas, curvas cúbicas y cuárticas, etc. («cuerdas», como en §1.6), lo que llevaría a procedimientos directos para calcular las dispersiones de gluones. Ideas de esta índole general ya se habían introducido antes [Shaw y Hughston, 1990], pero teniendo en mente aplicaciones de un tipo muy diferente. Estas ideas reavivaron el interés por la teoría en la que se basaban las dispersiones de gluones y los cálculos para deducirlas, que entroncaban muy particularmente con trabajos pioneros realizados mucho tiempo antes por Andrew Hodges —casi sin ayuda durante unos treinta años— sobre el desarrollo de la teoría de los diagramas twistoriales [Hodges y Huggett, 1980; Penrose y MacCallum, 1972; Hodges, 1982, 1985*a* y *b*, 1990, 1998 y 2006*b*], el análogo twistorial del formalismo de los diagramas de Feynman de la física de partículas estándar (§1.5). Aunque en fechas más recientes el interés en el aspecto de cuerdas de estos avances parece haber menguado en cierta medida (o pasado al dominio de los llamados *ambitwistores*, que son la representación mediante la combinación de twistores y antitwistores de geodésicas nulas complejas [LeBrun, 1985 y 1990]), los progresos en el ámbito de los twistores han sido considerables, y hay muchos trabajos recientes que simplifican aún más las dispersiones de gluones, lo que permite calcular procesos cada vez más complejos. Entre los avances recientes más destacados están los útiles conceptos de *twistores de momentos*, debido originalmente a Andrew Hodges, y de *amplitue-dro*, introducido por Nima Arkani-Hamed y desarrollado a partir de ideas anteriores de Hodges, que se sitúa en versiones supradimensionales del espacio twistorial («grasmanianos») y que parece representar un nuevo enfoque sobre la descripción de las amplitudes de dispersión de una manera notablemente exhaustiva [véanse, por ejemplo, Hodges, 2006*a*, 2013*a* y *b*; Bullimore *et al.*, 2013; Mason y Skinner 2009; Arkani-Hamed *et al.*, 2010 y 2014; Cachazo *et al.*, 2014].

Pero la índole de todos estos avances fascinantes es la de esquemas perturbativos, en los que las magnitudes de interés se calculan mediante alguna clase de serie de potencias (§§A.10, A.11, 1.5, 1.11 y 3.8). Por potentes que sean estos métodos, existen muchas propiedades a las que es difícil acceder por estos medios. Muy en particular, destacan los aspectos de la teoría gravitatoria relacionados esencialmente con la curvatura del espacio. Aunque mediante tratamientos de series de potencias se pueden deducir muchas cosas de los problemas en relatividad general, en que las correcciones perturbativas a la teoría de Newton en el espacio plano a menudo se pueden incorporar con gran precisión cuando los campos gravitatorios son relativamente débiles, la historia es muy distinta cuando es necesario comprender debidamente las propiedades de los agujeros negros. Esto tiene que ocurrir así también con la teoría de twistores, en la que el tratamiento de campos no lineales, como la teoría de Yang-Mills y la relatividad general por medio de la teoría perturbativa de la dispersión, deja completamente intacta parte de la capacidad potencial que creo que tiene la aproximación twistorial a la física básica.

Una de las potentes maneras en que se aplica la teoría de twistores a la teoría física no lineal, aunque de forma hasta ahora fundamentalmente incompleta, consiste en dar un tratamiento *no* perturbativo a los campos físicos básicos no lineales, a la relatividad general de Einstein y la teoría de Yang-Mills, y a las interacciones de la teoría de Maxwell. Esta incompletitud, que ha sido un obstáculo fundamental y absolutamente frustrante para el desarrollo de la teoría de twistores durante casi cuarenta años, surge de la curiosa asimetría de las anteriores representaciones de partículas sin masas mediante funciones twistoriales, donde se observa un extraño desequilibrio entre las homogeneidades de las helicidades levógiras y dextrógiras. Esto tiene poca importancia si nos ceñimos a la descripción que hemos visto antes de los campos lineales libres y sin masa (funciones de onda twistoriales). Pero, hasta ahora, solo ha sido posible tratar de manera *no* perturbativa las interacciones no lineales de estos campos con respecto a sus partes *levógiras*.

De hecho, uno de los sorprendentes beneficios de la formulación twistorial que hemos visto de los campos sin masa ha sido que las interacciones (y autointeracciones) de estos campos también resultan tener una descripción extraordinariamente concisa, pero solo en el caso de la parte levógira del campo. La construcción de un «gravitón no lineal», que descubrí en 1975, produce un espacio twistorial *curvo* para representar cada solución levógira de las ecuaciones de Einstein, describiendo, en efecto, cómo los gravitones levógiros interactúan consigo mismos. Alrededor de un año después, Richard S. Ward descubrió una extensión de este procedimiento para tratar los campos gauge levógiros (de Maxwell y Yang-Mills) de las interacciones electromagnéticas, fuertes o débiles [Penrose, 1976b; Ward, 1977 y 1980]. Pero un problema fundamental, el llamado *problema googly*, seguía sin resolverse. (El término «googly» se utiliza en el juego del críquet para describir una bola que gira en sentido dextrógiro respecto a su dirección de movimiento, aunque se lanza con un gesto que aparentemente debería impartirle un giro levógiro.) El problema había sido encontrar el procedimiento respectivo para las interacciones gravitatoria y gauge *dextrógiras* correspondiente al del gravitón no lineal de más arriba, de forma que ambos pudiesen combinarse para dar una formulación twistorial completa de las interacciones físicas básicas conocidas.

Debería quedar claro que, si hubiésemos usado el espacio twistorial *dual*, la relación entre el sentido de giro del espín y el grado de homogeneidad de la función twistorial (ahora dual) simplemente se habría invertido. Usar el espacio twistorial dual para los casos de helicidad opuesta no solucionaría el problema googly, porque necesitamos un procedimiento uniforme para tratar al mismo tiempo *ambas* helicidades, en buena medida porque necesitamos tener la capacidad de tratar partículas sin masa (como los fotones con polarización lineal; véase §2.5) que implican superposiciones cuánticas simultáneas de ambas helicidades. Podríamos haber usado desde el principio el espacio twistorial dual en lugar del espacio twistorial, por supuesto, pero el problema googly persiste. Esta cuestión clave no parece poder resolverse por completo dentro del marco original de la teoría de twistores, usando versiones deformadas del espacio twistorial, a pesar de los avances esperanzadores que se produjeron en los años transcurridos desde entonces [véase, por ejemplo, Penrose, 2000*a*].

Sin embargo, en los últimos años ha surgido un nuevo concepto en el ámbito twistorial, la que yo denomino *teoría de twistores palaciega* (nombre que se debe al inusual lugar donde surgió el ingrediente clave inicial que propició esta idea, fruto de una breve conversación que mantuve con Michael Atiyah durante un encuentro matutino en el sugerente escenario del Palacio de Buckingham) [Penrose 2015*a* y *b*], que promete abrir nuevas perspectivas en la aplicación de las ideas twistoriales. Esta teoría depende de una antigua característica de la teoría de twistores que había desempeñado funciones importantes en muchos de los avances anteriores (aunque no se ha mencionado explícitamente aquí). Se trata de una relación básica entre la geometría twistorial y las ideas de la mecánica cuántica que reside en el procedimiento de cuantización twistorial, por el cual a las variables twistoriales $\mathbf{Z}$ y $\bar{\mathbf{Z}}$ se las considera conjugadas canónicas la una de la otra (como ya se ha mencionado antes, como las variables de posición y momento, $\mathbf{x}$ y $\mathbf{p}$, para una partícula; véase §2.13), así como conjugadas complejas. En el procedimiento estándar canónico de cuantización, esas variables conjugadas canónicas se sustituyen por operadores no conmutativos (§2.13), y esta misma idea se ha aplicado a la teoría de twistores en varios desarrollos a lo largo de los años [Penrose, 1968 y 1975*b*;

Penrose y Rindler, 1986], donde esa no conmutatividad ($Z\bar{Z} \neq \bar{Z}Z$) es físicamente natural, y cada uno de los operadores Z y $\bar{Z}$ se comporta como una *diferenciación* respecto del otro (véase §A.11). La novedad de los twistores palaciegos es la incorporación del álgebra de estas variables twistoriales no conmutativas en las construcciones geométricas no lineales (el gravitón no lineal y la construcción del campo gauge de Ward mencionados anteriormente). El álgebra no conmutativa parece ciertamente tener sentido desde un punto de vista geométrico, en cuanto a estructuras que aún no se habían investigado (incorporando ideas de las teorías de la geometría no conmutativa y de la cuantización geométrica). Véanse Connes y Berberian [1995] y Woodhouse [1991]. Parece que este procedimiento proporciona un formalismo lo suficientemente amplio para incorporar al mismo tiempo las helicidades levógira y dextrógira, y tiene potencial para describir plenamente espaciotiempos curvos de tal manera que se puedan englobar fácilmente las ecuaciones de Einstein del vacío (con o sin Λ), pero aún está por ver si consigue lo que se necesita.

Cabe mencionar que el nuevo reconocimiento que la teoría de twistores ha recibido en los últimos años, a partir de las ideas de cuerdas twistoriales de Witten y otros, ha encontrado especial utilidad en procesos de muy alta energía. El papel singular de los twistores en este contexto se debe en gran medida al hecho de que, en estas circunstancias, puede considerarse que las partículas *no tienen masa*. La teoría de twistores está ciertamente bien afinada para el estudio de las partículas sin masa, pero no se limita en absoluto a ellas. Existen, de hecho, varias ideas para la incorporación de la masa al esquema general [Penrose, 1975*b*; Perjés, 1977: 53-72 y 1982: 53-72; Perjés y Sparling, 1979; Hughston, 1979 y 1980; Hodges, 1985*b*; Penrose y Rindler, 1986], pero hasta ahora no parecen haber desempeñado ningún papel en estos nuevos avances. La evolución futura de la teoría de twistores en relación con la masa en reposo parece ser un asunto que despierta un interés considerable.

4.2. ¿Do van los cimientos cuánticos?

En §2.13 he intentado argumentar que, por muy respaldado que esté el formalismo estándar de la mecánica cuántica por la inmensa multitud de aquellas de sus implicaciones que han sido confirmadas experimentalmente —ningún experimento hasta la fecha ha proporcionado evidencia de la necesidad de modificarlo—, existen no obstante argumentos de peso para creer que la teoría es de hecho provisional, y que la linealidad, tan fundamental para nuestra comprensión actual de la teoría cuántica, debe, en última instancia, ser reemplazada de alguna manera para que sus componentes **U** y **R** (mutuamente incompatibles) pasen a ser simplemente aproximaciones excelentes de algún esquema coherente más universal. De hecho, como argumentó con elocuencia el propio Dirac [1963]:

> Todo el mundo está de acuerdo con el formalismo [de la física cuántica]. Funciona tan bien que nadie puede permitirse no estarlo. Aun así, la imagen que debemos erigir a partir de dicho formalismo es objeto de controversia. Me gustaría sugerir que no nos preocupásemos demasiado por dicha controversia. Estoy convencido de que la etapa a la que ha llegado la física hoy en día no es la definitiva, sino solo una más en la evolución de nuestra imagen de la naturaleza, y de que hemos de esperar que este proceso de evolución continúe en el futuro, como lo hace la evolución biológica. La etapa actual de la teoría física no es más que una fase intermedia hacia otras mejores que veremos en el futuro. Podemos estar seguros de que vendrán etapas mejores simplemente con tener en cuenta las dificultades existentes en la física actual.

Si aceptamos esto, necesitamos entonces algún tipo de indicio sobre la forma que podrían adoptar las reglas mejoradas de la teoría cuántica. O al menos necesitamos saber en qué tipo de circunstancias experimentales cabe esperar que las desviaciones observacionales respecto de las predicciones de la teoría cuántica estándar empiecen a ser evidentes.

Ya he argumentado, en §2.13, que dichas circunstancias deben ser aquellas en las que la *gravedad* empieza a intervenir significativamente en las superposiciones cuánticas. La idea es que, cuando se alcanza este nivel, se pone en marcha una inestabilidad no lineal que limita la duración de tales superposiciones, y, transcurrido un determinado periodo de tiempo, tendrán que decantarse por una u otra de las alternativas que las componen. Más aún, lo que afirmo es que *todas* las reducciones del estado cuántico (**R**) se producen a través de esta «**OR**» («reducción objetiva», por sus siglas en inglés).

447

Una respuesta habitual a sugerencias de esta índole es que la fuerza gravitatoria es tan extraordinariamente débil que no cabe esperar que ningún experimento de laboratorio imaginable en la actualidad detecte cualquier efecto cuántico de la presencia de la gravedad; y menos aún podría el ubicuo fenómeno de la reducción del estado cuántico ser el resultado de los inapreciables efectos cuánticos de las fuerzas o energías gravitatorias, muchísimo más pequeñas que todas aquellas con las que competirían en las situaciones que estamos considerando. Hay un problema adicional: si esperamos en serio que la gravedad cuántica sea perceptible, por ejemplo, en algún sencillo experimento cuántico de lápiz y papel, ¿cómo esperamos disponer, para nuestro proceso de reducción del estado cuántico, de la comparativamente enorme energía (de gravedad cuántica) de Planck E_P, de una escala de energía alrededor de 10^{15} veces mayor que la que pueden alcanzar las partículas individuales en el LHC (véanse §§1.1 y 1.10), y aproximadamente la energía que se libera en el estallido de un proyectil de artillería de buen tamaño? Más aún, si pretendemos que los efectos de la gravedad cuántica en la estructura fundamental del espaciotiempo nos proporcionen algo significativo en el comportamiento de los objetos, debemos tener en cuenta que las escalas a las que se supone que la gravedad cuántica tiene influencia sobre el comportamiento son la longitud de Planck, l_P, y el tiempo de Planck, t_P, consideradas tan insignificantes (véase §3.6) que difícilmente podrían ser perceptibles en la física macroscópica ordinaria.

Sin embargo, mi argumento es aquí otro muy distinto. No estoy realmente sugiriendo que las diminutas fuerzas gravitatorias que intervienen en un experimento cuántico deban ser el detonante esencial para la **OR**, ni tampoco pido que haya que aplicar una energía de Planck en el proceso de reducción del estado cuántico. Lo que sí digo es que hemos de afrontar un cambio fundamental en nuestra perspectiva cuántica, que tome muy en serio la imagen de Einstein de la gravedad como un fenómeno del espaciotiempo curvo. Y también deberíamos tener en cuenta que la longitud de Planck, l_P, y el tiempo de Planck, t_P,

$$l_\mathrm{P} = \sqrt{\frac{\gamma\hbar}{c^3}}, \quad t_\mathrm{P} = \sqrt{\frac{\gamma\hbar}{c^5}},$$

se obtienen ambos (como raíces cuadradas) al multiplicar dos magnitudes, la constante gravitatoria γ y la constante de Planck (reducida) $\hbar$, que son extraordinariamente pequeñas a la escala de los objetos comunes de nuestra experiencia, y dividirlas por una potencia positiva de una magnitud muy grande, la velocidad de la luz. Así pues, no es sorprendente que estos cálculos nos lleven a escalas casi incomprensiblemente diminutas, cada una de las cuales es alrededor de 10^{-20} veces más pequeña que la escala a la cual tienen lugar los procesos más pequeños y más rápidos en las interacciones entre partículas fundamentales.

Pero la propuesta de la reducción de estado *objetiva*, que defiendo en §2.13, y a la que ahora me referiré como **OR** (esencialmente similar a la propuesta que, varios años antes, planteó Lajos Diósi [1984, 1987 y 1989], aunque sin mis propias motivaciones derivadas de los principios de la relatividad general [Penrose, 1993, 1996 y 2000*b*: 266-282]), nos conduce a una escala temporal aparentemente mucho más razonable para la reducción del estado. De hecho, el tiempo de vida medio de **OR**, $\tau \approx \hbar/E_G$, que se propone como tiempo de decaimiento de una superposición de un objeto estacionario en dos posiciones distintas, según hemos visto en §2.13, nos lleva a considerar periodos temporales cuyo cálculo implica, en efecto, el cociente $\hbar/\gamma$ de estas dos magnitudes tan pequeñas, no su producto (y en los que la velocidad de la luz ni siquiera aparece), siendo la magnitud de la (auto)energía gravitatoria E_G (en la teoría newtoniana) proporcional a γ. Puesto que ahora no hay ningún motivo concreto por el que $\hbar/E_G$ tuviera que ser particularmente grande o particularmente pequeño, debemos fijarnos bien, en cada caso particular, para comprobar si esta fórmula conduce también a escalas temporales que parezcan verosímiles para los procesos físicos reales en los que se podría basar una reducción del estado cuántico objetiva realista. Cabe también señalar que la energía de Planck,

$$E_P = \sqrt{\frac{\hbar c^5}{\gamma}},$$

aunque incorpora ese mismo cociente $\hbar/\gamma$, tiene una alta potencia de la velocidad de la luz en su numerador, lo que hace que su magnitud sea mucho más grande.

En cualquier caso, en la teoría newtoniana, los cálculos de la autoenergía gravitatoria siempre dan como resultado expresiones proporcionales a γ, por lo que vemos que τ varía en efecto de forma proporcional al cociente $\hbar/\gamma$. Debido a la pequeñez de γ, la magnitud E_G será con mucha probabilidad sumamente pequeña en las situaciones experimentales que consideraré (en particular, porque lo relevante aquí es la distribución de *desplazamiento* de masa, ya que la diferencia de masa total en esta distribución es cero), lo que podría llevarnos a esperar que sea muy larga la escala temporal para el tiempo de decaimiento de una superposición cuántica —al ser proporcional a γ^{-1}—, lo cual concordaría con el hecho de que, en mecánica cuántica estándar, el tiempo de persistencia de una superposición cuántica debería ser *infinito* (de acuerdo con el límite $\gamma \to 0$). Pero, por otra parte, debemos tener presente que $\hbar$ es también muy pequeña a escala ordinaria, por lo que no puede descartarse que la razón $\hbar/E_G$ pueda ajustarse de manera que resulte ser un número medible. Otra manera de interpretar esto consiste en pensar que, en unidades naturales (unidades de Planck, véase §3.6), un segundo es un tiempo muy largo, de alrededor de 2×10^{43}, por lo que, para tener un efecto medible, por ejemplo del orden de segundos, la autoenergía gravitatoria en cuestión solo tiene que ser muy pequeña en unidades naturales.

Otro detalle importante es que en nuestra expresión $\hbar/E_G$ no aparece la velocidad de la luz c, lo cual tiene la consecuencia simplificadora de que podemos plantearnos situaciones en las que los movimientos de masa son muy lentos. Ello tiene varias ventajas prácticas, pero también hay ventajas desde el punto de vista teórico, porque no tenemos que preocuparnos de todos los entresijos de la relatividad general de Einstein, y podemos limitarnos a un tratamiento en gran medida newtoniano. Además, podemos posponer cualquier preocupación que tengamos acerca de que los aspectos no locales de una reducción del estado cuántico *físicamente real* «violen la causalidad» (problema que cabría esperar en situaciones EPR como las que se han considerado en §2.10), porque en la teoría newtoniana la velocidad de la luz, al ser infinita, no impone ningún límite a la velocidad de las señales, y a las influencias gravitatorias se las puede considerar instantáneas.

Me tomo la propuesta **OR** de una forma minimalista (que conlleve el menor número de hipótesis adicionales), en que tenemos la superposición cuántica de un par de estados con aproximadamente la misma amplitud, cada uno de los cuales, por su cuenta, sería estacionario. Es la situación considerada en §2.13, donde he expuesto a grandes rasgos un argumento según el cual debería existir una escala temporal aproximada τ que limitase la probable persistencia de tal superposición, tras la cual esta se decantaría espontáneamente por una u otra de estas alternativas. Este tiempo de decaimiento vendría dado por

$$\tau \approx \frac{\hbar}{E_G},$$

donde E_G es la autoenergía gravitatoria de la *diferencia* entre la distribución de masa en uno de los estados en superposición y la distribución de masa en el otro. Si el desplazamiento es simplemente una traslación rígida de una ubicación a la otra, entonces se puede usar la descripción más simple de E_G indicada en §2.13, esto es, la *energía de interacción*, que sería la que costaría efectuar este desplazamiento, considerando que sobre cada uno de estos estados solo actúa el campo *gravitatorio* del otro.

La autoenergía gravitatoria de un sistema ligado gravitatoriamente es, de manera muy general, la energía necesaria para dispersar el sistema en sus componentes gravitantes, llevados hasta el infinito, ignorando todas las demás fuerzas y tratando la gravedad de acuerdo con la teoría de Newton. Por poner un ejemplo, la autoenergía gravitatoria de una esfera uniforme de masa m y radio r resulta ser $3m^2\gamma/5r$. Para evaluar E_G en la situación que estamos considerando aquí, la calcularíamos a partir de una distribución de masa teórica que se obtiene al *restar* la distribución de masa de uno de los estados estacionarios de la del otro, de tal manera que la distribución de masa en cuestión sería positiva en algunas regiones y negativa en otras (véase la figura 4-8), que *no* es la situación normal en que se calculan autoenergías gravitatorias.

A modo de ejemplo, podemos considerar el caso de la esfera uniforme de antes (radio r y masa m), puesta en una *superposición* (de amplitud aproximadamente igual) de dos posiciones desplazadas horizontalmente, cuyos centros están separados por una distancia q. El

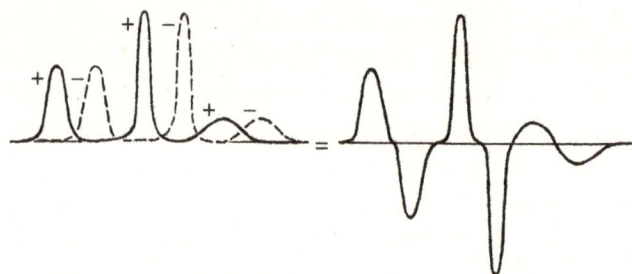

Figura 4-8. E_G es la autoenergía gravitatoria de la distribución de masa que resulta de restar la distribución de masa esperada de uno de los estados cuánticos superpuestos de la del otro. Para cada estado individual, podemos tener una densidad de masa altamente concentrada en ciertas regiones (por ejemplo, alrededor de los núcleos), de forma que la diferencia entre ambas daría un mosaico de masas positivas y negativas, y el resultado sería un valor de E_G relativamente grande.

cálculo (newtoniano) de E_G (autoenergía de la *diferencia* de las dos distribuciones de masa) da en este caso

$$E_G = \begin{cases} \dfrac{m^2\gamma}{r}\left(2\lambda^2 - \dfrac{3\lambda^3}{2} + \dfrac{\lambda^5}{5}\right), & 0 \leqslant \lambda \leqslant 1, \\[2ex] \dfrac{m^2\gamma}{r}\left(\dfrac{6}{5} - \dfrac{1}{2\lambda}\right), & 1 \leqslant \lambda, \end{cases} \qquad \text{donde } \lambda = \dfrac{q}{2r}.$$

Vemos que, a medida que aumenta la distancia q, el valor de E_G crece también, hasta alcanzar

$$\frac{7}{10} \times \frac{m^2\gamma}{r}$$

cuando las dos esferas están en contacto ($\lambda = 1$); si q sigue aumentando, el crecimiento de E_G se ralentiza, hasta alcanzar el valor máximo total de

$$\frac{6}{5} \times \frac{m^2\gamma}{r},$$

para una separación infinita ($\lambda = \infty$). Así pues, el efecto más importante sobre E_G se da cuando la separación aumenta desde la coincidencia hasta el contacto, y, si se sigue aumentando la separación, solo puede ganarse adicionalmente algo menos.

Desde luego, la estructura detallada de cualquier material real no sería realmente uniforme, sino que la masa se concentraría principalmente en los núcleos atómicos. Esto sugiere que, en una superposición cuántica de un cuerpo material en dos posiciones distintas, el efecto más importante podría lograrse con un desplazamiento minúsculo, tal que los núcleos se desplazasen únicamente la longitud de sus diámetros. Esto podría ser así, pero hay una cuestión importante que complica la situación: que en realidad estamos considerando estados *cuánticos*, y cabría esperar que los núcleos estén «desdibujados» de acuerdo con aspectos como el principio de indeterminación de Heisenberg (§2.13). De hecho, de no ser así, quizá habríamos tenido que centrar nuestra atención en los neutrones y protones que forman esos núcleos, o en los quarks que componen los protones y los neutrones. Puesto que a los quarks, como a los electrones, se los considera partículas *puntuales* —con $r = 0$ en la fórmula anterior—, parece que obtenemos $E_G \approx \infty$ y por lo tanto $\tau \approx 0$, que parecería llevar a la conclusión de que casi todas las superposiciones decaerían al instante [véase también Ghirardi *et al.*, 1990], y por consiguiente, según esta propuesta, ¡no habría mecánica cuántica!

Sí, si nos tomamos en serio que $\tau \approx \hbar/E_G$, *debemos* tener en cuenta la «dispersión cuántica». Recordemos de §2.13 que el principio de indeterminación de Heisenberg nos dice que, cuanto más precisamente localizado esté el estado de una partícula, más disperso estará su momento. En consecuencia, no podemos esperar que una partícula localizada permanezca estacionaria, que es un requisito de nuestras consideraciones actuales. Evidentemente, para los cuerpos extensos que nos interesarán en los cálculos de E_G, deberíamos tener en cuenta conjuntos de muchísimas partículas, todas las cuales contribuirían al estado estacionario de dichos cuerpos. Tendríamos que calcular primero la función de onda estacionaria del cuerpo ψ y, a continuación, lo que se conoce como el *valor esperado* de la densidad de masa en cada punto (un procedimiento mecanocuántico estándar), lo que nos daría una distribución de masa esperada para el cuerpo entero. Este procedimiento se aplicaría para el cuerpo en cada una de las dos posiciones que intervienen en la superposición cuántica, y habría que restar una de estas distribuciones (esperadas) de masa de la otra para poder calcular la requerida autoenergía gravitatoria E_G. (Queda un detalle técnico, mencionado en §1.10: en sentido estricto, los estados cuánticos estarían dispersos por todo el universo, aunque esto se puede abordar mediante la pequeña trampa estándar de tratar *clásicamente* el centro de masas. Volveremos sobre esta cuestión un poco más adelante.)

Podemos ahora preguntarnos si se puede dar una justificación más sólida para esta propuesta de **OR** que las consideraciones algo provisionales expuestas en §2.13. La idea es que existe una tensión subyacente entre los principios de la teoría de la relatividad general de Einstein y los de la mecánica cuántica, y que esta tensión solo se aliviará adecuadamente mediante un cambio en los principios básicos. Mi sesgo aquí me lleva a depositar una mayor confianza en los principios básicos de la relatividad general y a ser más suspicaz con los principios fundamentales de la mecánica cuántica estándar. Este énfasis es diferente del que se suele encontrar en la mayoría de los tratamientos de la gravedad cuántica. De hecho, la opinión más extendida entre los físicos es a buen seguro que, en ese choque de principios, es más probable que haya que abandonar los de la relatividad general, al estar menos firmemente establecidos en el plano experimental que los de la mecánica cuántica. Trataré de razonar desde una perspectiva casi diametralmente opuesta y consideraré que el *principio de equivalencia* de Einstein (véanse §§1.12 y 3.7) es más básico que el principio cuántico de *superposición lineal*, en gran medida porque es este aspecto del formalismo cuántico el que nos conduce a paradojas al aplicar esa teoría a objetos macroscópicos (como el gato de Schrödinger; véanse §§1.4, 2.5 y 2.11).

El lector recordará el principio de equivalencia de (Galileo-) Einstein, que afirma que el efecto local de un campo gravitatorio es el mismo que el de una aceleración, o, dicho de otro modo, que un observador local en caída libre bajo el efecto de la gravedad no sentirá ninguna fuerza gravitatoria. Una manera alternativa de expresar esto mismo consiste en decir que la fuerza gravitatoria que actúa sobre un cuerpo es proporcional a la masa inercial del mismo (resistencia a la aceleración), una propiedad que no comparte con ninguna otra fuerza de la naturaleza. Estamos muy acostumbrados a que los astronautas en órbita libre floten libremente en sus estaciones o en sus paseos espaciales y no sientan ninguna atracción gravitatoria. Es algo que ya sabía bien Galileo (y Newton), y que Einstein utilizó como principio fundacional de su teoría general de la relatividad.

Imaginemos ahora un experimento cuántico en el que se tiene en cuenta la influencia del campo gravitatorio terrestre. Podemos

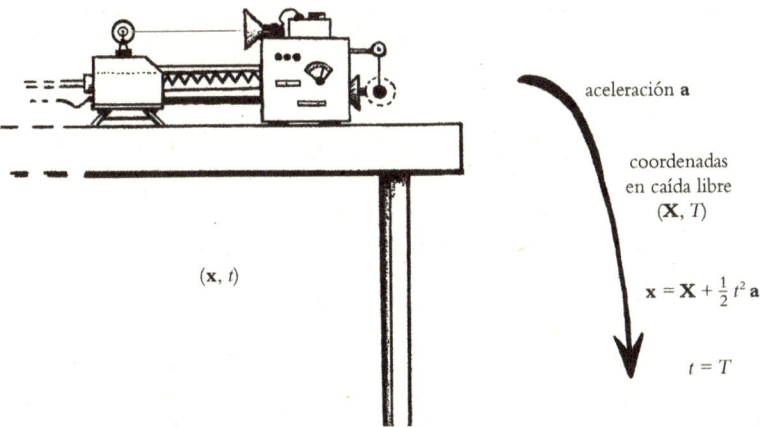

FIGURA 4-9. Se prepara un (vistoso) experimento cuántico en el que interviene el efecto del campo gravitatorio terrestre. La perspectiva (convencional) newtoniana de la gravedad terrestre usa coordenadas ($\mathbf{x}$, t) fijadas por el laboratorio y trata el campo terrestre de la misma manera que cualquier otra fuerza. La perspectiva einsteniana usa coordenadas en caída libre ($\mathbf{X}$, T) en las que el campo terrestre desaparece.

imaginar dos procedimientos distintos —que llamaré *perspectivas*— para encajar el campo de la Tierra. Está por un lado la perspectiva newtoniana, más sencilla, que consiste simplemente en tratar el campo terrestre como si generase una fuerza hacia abajo $m\mathbf{a}$ sobre cualquier partícula de masa m (el vector de aceleración gravitatoria $\mathbf{a}$ se supone aquí constante tanto en el espacio como en el tiempo). Las coordenadas newtonianas son ($\mathbf{x}$, t), donde el 3-vector $\mathbf{x}$ denota la posición espacial y t, el tiempo. En lenguaje mecanocuántico estándar, esta perspectiva trataría el campo gravitatorio mediante el procedimiento cuántico estándar, lo cual podría expresarse diciendo que «añade un término de potencial gravitatorio al hamiltoniano», siguiendo el mismo procedimiento que se emplearía para cualquier otra fuerza física. La perspectiva alternativa einsteniana consistiría en hacer la descripción mediante las coordenadas espaciales y temporal ($\mathbf{X}$, T) utilizadas por un observador en caída libre, de manera que, según dicho observador, el campo gravitatorio desaparece. A continuación, la descripción se traduce de vuelta a la del investigador situado en el laboratorio estacionario (véase la figura 4-9). La relación entre ambos conjuntos de coordenadas es

$$\mathbf{x} = \mathbf{X} + \frac{1}{2}\, t^2\mathbf{a}, \quad t = T.$$

Lo que descubrimos [Penrose, 2009a y 2014a; Greenberger y Overhauser, 1979; Beyer y Nitsch, 1986; Rosu, 1999; Rauch y Werner, 2015] es que la función de onda ψ_E (§§2.5-2.7) que nos da la perspectiva einsteniana está relacionada con la función de onda ψ_N de la perspectiva newtoniana mediante

$$\psi_E = \exp\left(i(\tfrac{1}{6}t^3\mathbf{a}\cdot\mathbf{a} - t\,\bar{\mathbf{x}}\cdot\mathbf{a})\,\frac{M}{h}\right)\psi_N$$

(con la elección de coordenadas adecuada), donde M es la masa total del sistema cuántico que se está estudiando y $\mathbf{x}$, el vector de posición newtoniano del centro de masas de dicho sistema. La discrepancia es simplemente un factor de fase, por lo que esto no debería dar lugar a ninguna diferencia observable entre las dos perspectivas (véase §2.5). ¿O sí? En la situación que consideramos, las dos descripciones deberían ser en efecto equivalentes, y existe un conocido experimento, realizado originalmente en 1975 [Colella *et al.*, 1975; Colella y Overhauser, 1980; Werner, 1994; Rauch y Werner, 2015], que demuestra el acuerdo entre ambas perspectivas, respaldando así la idea de que la mecánica cuántica *es* compatible con el principio de equivalencia de Einstein en este contexto.

Sin embargo, debe señalarse un hecho curioso de este factor de fase: a saber, que contiene el término

$$\frac{1}{6}t^3\mathbf{a}\cdot\mathbf{a}$$

en el exponente (multiplicado por el factor $iM/\hbar$), lo cual tiene como consecuencia que, cuando intentamos limitar nuestra atención a soluciones de la ecuación de Schrödinger que sean de energía positiva (soluciones «físicas», de *frecuencia positiva*; véase §4.1), separándolas de las contribuciones de energía negativa (soluciones «no físicas»), encontramos una discrepancia entre las funciones de onda einsteniana y newtoniana. Consideraciones de teoría cuántica de campos (importantes también para la mecánica cuántica ordinaria; véase Penrose [2014a]) nos dirían que las perspectivas einsteniana y newtoniana nos dan vacíos distintos (véanse §§1.16 y 3.9), de manera que los espacios de Hilbert que surgen de las dos perspectivas son, en cierto sentido, incompatibles, y no podemos sumar regularmente vectores de estado de uno de estos espacios con los del otro.

De hecho, este es solo el límite cuando $c \rightarrow \infty$ del *efecto Unruh*, descrito brevemente en §3.7 y que suele ser tenido en cuenta en el contexto de los agujeros negros, donde un observador acelerado, en el vacío, se considera que experimenta una *temperatura de* $\hbar a/2\pi k c$ (es decir, de solo $a/2\pi$ en unidades naturales). El vacío que experimenta el observador acelerado es lo que se conoce como un *vacío térmico*, que da una temperatura ambiente no nula, cuyo valor es aquí de $\hbar a/2\pi k c$. En el límite newtoniano que estamos considerando, en que $c \rightarrow \infty$, esta temperatura de Unruh tiende a cero, pero los vacíos que examinamos (el proporcionado por la perspectiva newtoniana y el de la perspectiva einsteniana) siguen siendo *diferentes* debido al factor de fase no lineal mencionado antes, que sobrevive cuando se aplica el límite $c \rightarrow \infty$ al vacío de Unruh.[6]

Esto no causaría ninguna dificultad cuando, como aquí, se considerase un solo campo gravitatorio de fondo, como el terrestre, y los estados superpuestos tuvieran todos el mismo estado vacío, con independencia de que se emplease la perspectiva newtoniana o einsteniana a lo largo de todo el procedimiento. Pero supongamos que estamos considerando una circunstancia en la cual existe una superposición de dos campos gravitatorios. Este sería el caso para un experimento de lápiz y papel sobre la superposición de un objeto masivo en dos ubicaciones distintas (véase la figura 2-28 de §2.13). El minúsculo campo gravitatorio del propio objeto sería ligeramente diferente para cada ubicación y, en el estado cuántico que describe la superposición de las dos posiciones del objeto, asimismo debe tenerse en cuenta la superposición de estos campos gravitatorios. Entonces sí tenemos que preocuparnos por qué perspectiva adoptamos.

La gravedad terrestre también contribuye al campo gravitatorio total en este caso, pero, cuando calculamos la *diferencia* necesaria para el cómputo de E_G, vemos que el campo terrestre se cancela, de manera que solo el campo gravitatorio del *objeto cuánticamente desplazado* contribuye a E_G. Pero hay un detalle sutil en esta cancelación que se debe tener en cuenta. Cuando el objeto masivo que se está considerando se desplaza en alguna dirección, debe producirse un desplazamiento compensatorio de la Tierra en la dirección opuesta, de forma

6. Le estoy agradecido a Bernard Kay por haber confirmado para mí, mediante un cálculo, esta conclusión esperada.

que el centro de gravedad del sistema Tierra-objeto permanezca inalterado. Evidentemente, el desplazamiento de la Tierra es inapreciable, debido a la enormidad de su masa en comparación con la del objeto. Pero su propia enormidad nos podría llevar a plantearnos si incluso este diminuto desplazamiento de la Tierra podría dar lugar a una contribución considerable a E_G. Afortunadamente, un análisis detallado de lo que sucede nos lleva enseguida a la conclusión de que la cancelación es efectiva, y se puede ignorar por completo la contribución del desplazamiento de la Tierra a E_G.

Pero ¿por qué habríamos siquiera de considerar la magnitud E_G? Si adoptamos la perspectiva newtoniana para tratar los campos gravitatorios de forma general, entonces no es difícil tratar una superposición cuántica de las dos ubicaciones del objeto interpretando el campo gravitatorio como se haría con cualquier otro campo, de acuerdo con los procedimientos mecanocuánticos normales. Además, en esta perspectiva se permite la superposición lineal de los estados gravitatorios, y aparece un único vacío. Sin embargo, en mi opinión, habida cuenta del notable respaldo observacional a gran escala de la relatividad general, deberíamos adoptar la perspectiva einsteniana, que con una elevadísima probabilidad estará, en última instancia, más de acuerdo con el comportamiento de la naturaleza que la newtoniana. Así que resulta tentador pensar que, en la superposición de los dos campos gravitatorios en cuestión, ambos deben tratarse de acuerdo con la perspectiva einsteniana. Ello nos lleva a tratar de superponer estados pertenecientes a vacíos distintos —esto es, a dos espacios de Hilbert incompatibles—, unas superposiciones que se considera que *no están permitidas* (véanse §1.16 y las partes iniciales de §3.9).

Debemos estudiar esta situación con algo más de detalle, imaginando las cosas a escala muy pequeña, sobre todo entre las regiones del cuerpo superpuesto donde residen los núcleos, pero también en el exterior del cuerpo. Aunque las consideraciones de los párrafos precedentes se centraban en un campo de aceleración gravitatoria **a** que es espacialmente *constante*, podemos suponer que dichas consideraciones seguirán siendo válidas localmente, al menos de forma aproximada, en estas regiones casi vacías donde existirá una superposición de dos campos gravitatorios distintos. Según el punto de vista que estoy adoptando aquí, cada uno de estos campos debe tratarse de manera individual de acuerdo con la perspectiva einsteniana, de manera

que aquí la física tiene una estructura que implica una superposición
«ilegal» de estados cuánticos pertenecientes a dos espacios de Hilbert
diferentes. El estado de caída libre en un campo gravitatorio estaría
relacionado con el de caída libre en el otro campo a través de un factor de fase del tipo que hemos visto antes, que incluye un término
que es no lineal en el tiempo t en el exponente $e^{iMQt^3/\hbar}$, para un cierto
Q, como el $\frac{1}{6}\,\mathbf{a}\cdot\mathbf{a}$ de antes. Pero, puesto que ahora estamos considerando el paso de un estado de caída libre (con vector de aceleración
$\mathbf{a}_1$) a otro estado de caída libre (con vector de aceleración $\mathbf{a}_2$), nuestro
Q tiene ahora la forma $\frac{1}{6}\,(\mathbf{a}_1-\mathbf{a}_2)\cdot(\mathbf{a}_1-\mathbf{a}_2)$ en lugar de simplemente
el $\frac{1}{6}\,\mathbf{a}\cdot\mathbf{a}$ que teníamos antes, porque lo relevante es la *diferencia* $\mathbf{a}_1-\mathbf{a}_2$
entre los campos del objeto en sus dos ubicaciones distintas, y las ace-
leraciones individuales $\mathbf{a}_1$ y $\mathbf{a}_2$ solo tienen un significado *relativo* con
respecto a la Tierra como sistema de referencia.

De hecho, tanto $\mathbf{a}_1$ como $\mathbf{a}_2$ son ahora funciones de la posición,
pero supongo que, al menos en una buena aproximación en cualquier
pequeña región local, es este término (Q) el que nos causa el problema. La superposición de estados de tales espacios de Hilbert diferentes (esto es, con vacíos distintos) es técnicamente ilegal, existiendo
ahora un factor de fase local

$$\exp\left(\frac{iM(\mathbf{a}_1-\mathbf{a}_2)^2 t^3}{6\hbar}\right)$$

entre ambos estados en regiones locales. Esto nos indica que los estados
pertenecen a espacios de Hilbert incompatibles, aunque la diferencia
$\mathbf{a}_1-\mathbf{a}_2$ entre las dos aceleraciones en caída libre sería casi con certeza
despreciable en el tipo de experimento que se está considerando.

En sentido estricto, el concepto de vacíos alternativos es una característica de la QFT más que de la mecánica cuántica no relativista
que estamos considerando aquí, pero la cuestión también tiene relevancia directa para esta última. La mecánica cuántica estándar requiere que las energías sean siempre positivas (es decir, que las frecuencias
sean positivas), pero esto no suele ser un problema en la mecánica
cuántica ordinaria (por la razón técnica de que la dinámica cuántica
normal está gobernada por un hamiltoniano definido positivo, que
preservará su carácter positivo). Sin embargo, la situación que aquí se
plantea no es esa, y parece que nos vemos obligados a violar la condición a menos que los vacíos se mantengan separados, esto es, que los

vectores de estado pertenecientes a uno de los espacios de Hilbert no se sumen a (se superpongan con) los del otro [véase Penrose, 2014*a*].

Así pues, parece que hemos sido arrastrados fuera del marco normal de la mecánica cuántica, y aparentemente no existe una manera inequívoca de proceder. Lo que propongo, llegados a este punto, es que sigamos un camino similar al de §2.13, esto es, que no abordemos directamente el rompecabezas de las superposiciones de diferentes vacíos de espacios de Hilbert, sino que nos limitemos a estimar el *error* en que se incurre al tratar de ignorar este problema. Como antes (en §2.13), el término problemático es la cantidad $(\mathbf{a}_1 - \mathbf{a}_2)^2$, y mi propuesta consiste en tomar el total de esta cantidad en todo el 3-espacio (es decir, su integral espacial) como medida del error cometido al ignorar el problema de las superposiciones ilegales. La indeterminación que conlleva ignorar esta cuestión nos conduce de nuevo a una magnitud E_G como medida de la indeterminación en la energía inherente al sistema, como antes, en §2.13 [Penrose, 1996].

Para poder estimar la extensión temporal durante la cual podría persistir nuestra superposición antes de que empiecen a hacerse patentes las contradicciones matemáticas relacionadas con la ilegalidad de nuestra superposición, podemos recurrir al principio de indeterminación de Heisenberg para el tiempo y la energía, $\Delta E \Delta t \geqslant \frac{1}{2}\hbar$, como una estimación del tiempo que podría durar la superposición, donde $\Delta E \approx E_G$ (de nuevo, como en §2.13). Este es simplemente el tipo de situación que se da en el caso de un núcleo atómico inestable, que decae tras un cierto lapso medio τ. Como en §2.13, suponemos que τ es esencialmente el «Δt» de la relación de Heisenberg, ya que es esta indeterminación la que permite que el decaimiento se produzca en un tiempo finito. Así pues, siempre tenemos una indeterminación fundamental en la energía ΔE (o, en virtud de la fórmula de Einstein $E = mc^2$, una indeterminación $c^2 \Delta M$ en la masa), que se relaciona aproximadamente con el tiempo de decaimiento τ a través de la relación de Heisenberg, de forma que $\tau \approx \hbar/2\Delta E$. De donde (ignorando pequeños factores numéricos) obtenemos de nuevo

$$\tau \approx \frac{\hbar}{E_G}$$

como propuesta para la duración esperada de la superposición, como en §2.13.

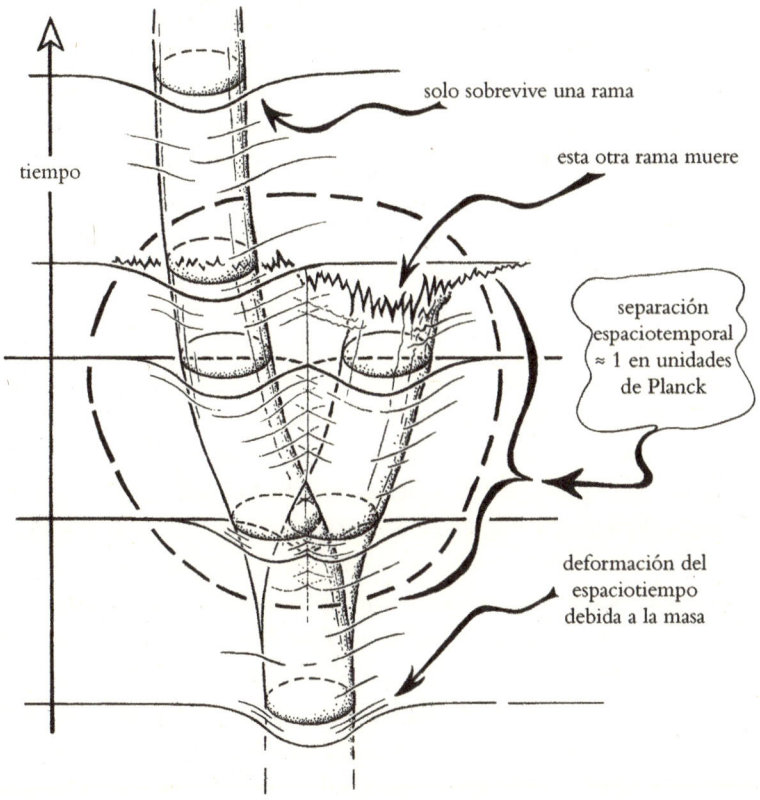

FIGURA 4-10. Boceto espaciotemporal que ilustra cómo una superposición cuántica de dos desplazamientos distintos de un bloque masivo lleva a una separación significativa de los espaciotiempos superpuestos, deformados por separado por las diferentes ubicaciones del bloque. La propuesta de **OR** gravitatoria afirma que uno de los espaciotiempos «muere» aproximadamente cuando la separación espaciotemporal entre los dos componentes alcanza un tamaño del orden de la unidad en unidades de Planck.

A pesar de los comentarios anteriores, que explican que podría producirse un evento **R** objetivo (esto es, un **OR**) a escalas temporales «ordinarias» con objetos que no son extraordinariamente pequeños, podemos ver en ello un vínculo directo con el tiempo y la longitud de Planck. En la figura 4-10 he tratado de esbozar la historia espaciotemporal de ese evento **OR**, en el que se coloca un bloque de material en una superposición cuántica de dos ubicaciones separadas, ilustradas como un espaciotiempo que se bifurca gradualmente antes de que ocurra el evento **OR**. En el propio evento **OR**, uno de los componentes de la bifurcación muere, dejando un único espaciotiempo que representa la ubicación resultante del bloque. He indicado la región espaciotemporal limitada donde tiene lugar la bifurcación, antes de ser destruida por el proceso **OR**. La relación con las unidades de Planck se debe al hecho de que, en esta propuesta, el 4-volumen dentro del cual persiste la bifurcación es del orden de la *unidad* en unidades de Planck. Así pues, cuanto menor sea la separación *espacial* cuando el espaciotiempo se bifurca, más tiempo persistirá la bifurcación, y cuanto mayor sea la separación espacial, menos tiempo durará. (Sin embargo, la medida de la separación espaciotemporal debe entenderse en términos de una medida simpléctica apropiada del espacio de espaciotiempos, algo que no es tan fácil de entender, aunque así se puede conseguir una derivación más bien tosca de la estimación $\tau \approx \hbar/E_G$ [Penrose, 1993: 179-189; véase también Hameroff y Penrose, 2014].

Una cuestión que parece natural plantearse es si hay alguna evidencia observacional que respalde o refute esta propuesta. Es fácil imaginar situaciones en las que $\hbar/E_G$ es o bien un periodo muy largo de tiempo, o bien uno muy corto. En el caso de nuestro gato de Schrödinger de §§1.4 y 2.13, por ejemplo, el desplazamiento de masa entre las ubicaciones del gato en las puertas A y B sería muchísimo más que suficiente para que τ resultase ser un tiempo sumamente breve (mucho más corto que el tiempo de Planck de $\sim 10^{-43}$ s), por lo que la transición espontánea desde cualquiera de las posiciones superpuestas del gato sería prácticamente instantánea. Por otra parte, en experimentos en los que tenemos superposiciones cuánticas de neutrones individuales en distintas ubicaciones, el valor de τ sería enorme, de escala astronómica. Lo mismo valdría incluso para las buckybolas C_{60} y C_{70} (moléculas individuales con 60 o 70 átomos de carbono); al parecer, son los objetos más grandes observados hasta la fecha en superposiciones cuánticas de distintas ubicaciones [Arndt *et al.*, 1999], aunque habrían permanecido en efecto aisladas en superposición solamente durante una diminuta fracción de segundo.

De hecho, en ambas situaciones debemos tener en cuenta que el estado cuántico en cuestión podría no estar aislado de su ambiente, por lo que habría una cantidad considerable de material adicional, el *entorno* del sistema, cuyo estado probablemente estaría entrelazado con el estado cuántico que se está examinando. En consecuencia, el desplazamiento de masa implicado en la superposición también tendría que tener en cuenta los desplazamientos en todo este entorno perturbado, y sería este desplazamiento ambiental (que afectaría a una inmensa cantidad de partículas moviéndose en muchas direcciones distintas) el que a menudo constituiría la contribución principal a E_G. La cuestión de la decoherencia ambiental ocupa un lugar destacado en la mayoría de las perspectivas convencionales, según las cuales se considera que la evolución unitaria (**U**) de un sistema cuántico da lugar a una reducción (**R**) efectiva del estado cuántico, de acuerdo con la regla de Born (§2.6). La idea es que este entorno contribuye descontroladamente al sistema cuántico en cuestión, y el procedimiento, tal y como se describe en §2.13, consiste en promediar todos estos grados de libertad ambientales, debido a los cuales el estado cuántico superpuesto se comporta efectivamente como si fuese una combinación probabilística de las alternativas que contribuyen a él. Aunque en §2.13 he argumentado que la participación del entorno caótico de un sistema en el estado cuántico no resuelve en realidad la paradoja de la medida en mecánica cuántica, sí desempeña un papel importante en la modificación **OR** de la teoría cuántica estándar que estoy defendiendo aquí. Una vez que el entorno exterior empieza a participar significativamente en un estado cuántico, enseguida se alcanza un desplazamiento de masa, a través del entrelazamiento del sistema con su entorno, suficiente para dar lugar a una E_G lo bastante grande para que se produzca una rapidísima reducción espontánea del estado a una u otra de las alternativas que intervienen en la superposición. (Esta idea toma mucho prestado de la propuesta anterior de «**OR**» de Ghirardi y sus colegas [Ghirardi *et al.*, 1986].)

Cuando escribo esto, aún no se ha realizado ningún experimento lo suficientemente refinado para confirmar o refutar esta propuesta. Hay que mantener insignificante la contribución ambiental a E_G para que haya alguna esperanza de observar el efecto buscado. Hay varios proyectos en marcha [Kleckner *et al.*, 2008 y 2015; Pikovski *et al.*, 2012; Kaltenbaek *et al.*, 2012] que, en algún momento, deberían tener algo que decir sobre el asunto. El único al que yo he estado vinculado de alguna manera [Marshall *et al.*, 2003; Kleckner *et al.*, 2011] es un experimento que se está desarrollando bajo la dirección de Dirk Bouwmeester, de las universidades de Leiden y Santa Bárbara.

En él, un espejo diminuto, un cubo de unos 10 micrómetros de tamaño (10^{-5} metros; alrededor de una décima parte del grosor de un cabello humano) se colocará en una superposición cuántica de dos ubicaciones, separadas entre sí aproximadamente por el diámetro de un núcleo atómico. La intención sería la de tratar de mantener esta superposición durante un periodo de varios segundos o minutos, y a continuación devolverlo a su estado original para ver si se pierde necesariamente alguna coherencia de fase.

Esta superposición se alcanzaría dividiendo en primer lugar el estado cuántico de un solo fotón mediante un divisor de haz (véase §2.3). A continuación, una parte de la función de onda del fotón impacta sobre el minúsculo espejo, que, al estar delicadamente suspendido de un voladizo, se desplaza un poco debido al momento del fotón (una distancia comparable quizá con el tamaño de los núcleos atómicos del espejo). Puesto que el estado del fotón se divide en dos, el estado del espejo pasa a ser una superposición de desplazamiento y no desplazamiento, un diminuto gato de Schrödinger. Sin embargo, para un fotón de luz visible, un solo impacto no sería ni mucho menos suficiente para lo que se requiere, por lo que el experimento se prepara para que el mismo fotón incida repetidamente sobre el espejo, alrededor de un millón de veces, al hacer que se refleje una y otra vez en un espejo (semiesférico) fijo. Este impacto múltiple podría ser suficiente para desplazar el diminuto espejo a una distancia del orden del diámetro de un núcleo atómico, o quizá algo mayor si fuese necesario, en un periodo del orden de segundos.

Hay algo de incertidumbre teórica en torno a con qué grado de detalle debería considerarse la distribución de masa. Puesto que se considera estacionaria cada una de las dos componentes de la superposición por separado, habrá una dispersión en la distribución de masa que dependerá presumiblemente del material que se utilice. Las soluciones estacionarias de la ecuación de Schrödinger implicarían necesariamente cierta dispersión de la distribución de materia, como se deduce del principio de indeterminación de Heisenberg (por lo que E_G *no* debería calcularse como si las partículas ocupasen posiciones puntuales; por fortuna, como se ha señalado antes, ya que eso daría lugar a un valor infinito de E_G). Es probable que una distribución de masa uniformemente dispersa tampoco fuera adecuada (ya que sería el caso experimentalmente más *des*favorable, que daría el menor valor posible de E_G para unos tamaño/forma y separación total de la masa dados). Para obtener una estimación precisa de E_G sería necesario resolver la ecuación de Schrödinger, al menos de forma aproximada, para así poder estimar la distribución de masa esperada. Para que tal experimento tenga éxito, se requiere un excelente aislamiento de la vibración. Además, el sistema debe mantenerse a muy baja temperatura en un vacío casi perfecto y, muy en particular, se necesitan espejos de excelente calidad.

Hay una cuestión técnica, que ya se ha planteado en esta misma sección (y también en §1.10), sobre el hecho de que las soluciones estacionarias de la ecuación de Schrödinger están necesariamente dispersas por el universo entero. Esto puede abordarse, o bien mediante el procedimiento habitual y bastante *ad hoc* de suponer que el centro de masas está situado en un sitio fijo, o bien (lo cual quizá sea preferible) usando la ecuación de Schrödinger-Newton (SN), una extensión no lineal de la ecuación de Schrödinger estándar que tiene en cuenta el efecto gravitatorio sobre la ecuación del valor esperado de la distribución de masa que proporciona la propia función de onda, en forma de campo gravitatorio newtoniano que se incorpora al hamiltoniano [Ruffini y Bonazzola, 1969; Diósi, 1984; Moroz *et al.*, 1998; Tod y Moroz, 1999; Robertshaw y Tod, 2006]. Hasta ahora, lo más valioso de la ecuación SN, en relación con **OR**, ha consistido en aportar una propuesta para los estados estacionarios alternativos a los que se supone que el sistema debe reducirse por efecto de **OR**.

El voladizo que sostiene el diminuto espejo hace que este vuelva a su posición original en un lapso de tiempo preestablecido de, por ejemplo, unos pocos segundos o minutos. Para determinar si el estado del espejo se ha reducido o no espontáneamente durante los impactos de los fotones, o si se ha preservado la coherencia cuántica, el fotón debería liberarse de su cavidad reflectora (formada por el espejito y el espejo semiesférico) para que pueda deshacer el camino hasta el divisor de haz. Mientras tanto, la otra parte de la función de onda del fotón debe haber estado marcando el tiempo, atrapada en otra cavidad reflectora formada por dos espejos estacionarios. Si, como sostiene la teoría cuántica estándar, se preserva en efecto la coherencia de fase entre las dos partes separadas de la función de onda del fotón, esto podría confirmarse colocando un detector de fotones en un punto adecuado al otro lado del divisor de haz (véase la figura 4-11), de ma-

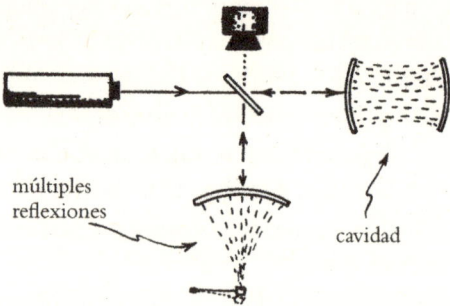

FIGURA 4-11. Viñeta del experimento de Bouwmeester para comprobar si la naturaleza respeta la **OR** gravitatoria o no. Un solo fotón emitido por un láser incide sobre un divisor de haz, de manera que su trayectoria se divide en un recorrido horizontal y otro vertical. El recorrido horizontal conduce a una cavidad, donde el fotón puede permanecer confinado mediante repetidas reflexiones en dos espejos, mientras que el recorrido vertical lleva a otra cavidad en la que un espejo diminuto está suspendido de tal manera que la presión debida a las múltiples reflexiones del fotón es capaz de moverlo ligeramente. La propuesta **OR** afirma que, tras un intervalo de tiempo medible, las dos ubicaciones superpuestas se reducirían a una de ellas, en lugar de seguir en superposición. El detector de la parte superior podría percibirlo al invertir el movimiento del fotón.

nera que, mientras no haya pérdida de coherencia en el sistema, el fotón de vuelta active siempre (o, con una disposición alternativa, nunca) ese detector en concreto.

El estado actual de este experimento es aún algo insuficiente para poner a prueba la propuesta de forma concluyente. Hasta cierto punto, si se llevase a cabo con éxito, debería confirmar las predicciones de la mecánica cuántica estándar, pero a un nivel que supera considerablemente el que se ha logrado hasta ahora (en términos de masa desplazada entre estados en superposición). Lo que se espera, sin embargo, es que, introduciendo algunos ajustes adicionales en la técnica, se puedan empezar a explorar en serio los verdaderos límites de la teoría cuántica estándar, y que en unos pocos años sea posible decidir experimentalmente si propuestas como la que he expuesto aquí se basan en hechos observacionales [Weaver *et al.*, 2016; Eerkens *et al.*, 2015; Pepper *et al.*, 2012; véanse también Kaltenbaek *et al.*, 2016; Li *et al.*, 2011].

Para dar por finalizado este apartado, debo mencionar ciertas cuestiones relacionadas con esta propuesta de reducción del estado que podrían ser importantes si resulta que el esquema obtiene confirmación experimental. A partir de las descripciones anteriores debe haber quedado claro que la propuesta es genuinamente objetiva, en el sentido de que en este esquema **OR** se propone que **R** tiene lugar en el mundo exterior y no es algo que se impone sobre él, de alguna manera, por el hecho de que un sistema cuántico sea observado por alguna clase de entidad consciente. En partes del universo que están por completo alejadas de cualquier observador consciente, los eventos **R** ocurrirían exactamente en las mismas circunstancias, con las mismas frecuencias y con los mismos resultados probabilísticos que aquí, donde pueden ser observados por numerosos seres conscientes. Por otra parte, en varias obras [Penrose, 1989, 1994 y 1997] he sostenido la idea de que es posible que el fenómeno de la *propia consciencia* dependa de estos eventos **OR** (que tendrían lugar principalmente dentro de los microtúbulos neuronales), cada uno de los cuales supondría, en cierto sentido, un momento de «protoconsciencia», el elemento básico a partir del cual se construiría de alguna manera la consciencia [Hameroff y Penrose, 2014].

Como parte de estas investigaciones, evalué una ligera generalización de la propuesta de **OR** esbozada antes, que podría ser válida cuando haya una superposición cuántica de dos estados estacionarios cuyas energías, E_1 y E_2, son ligeramente diferentes. En la mecánica cuántica estándar, tal superposición oscilaría entre estos estados con una frecuencia $|E_1 - E_2|/h$, combinada con una oscilación cuántica de frecuencia mucho más elevada $(E_1 + E_2)/2h$. La propuesta de **OR** generalizada sería que, en esa situación, tras un tiempo medio del orden de $\tau \approx \hbar/E_G$, el estado se reduciría espontáneamente a una *oscilación clásica* de frecuencia $|E_1 - E_2|/h$ entre estas dos alternativas, en la que la fase real de la oscilación sería la elegida «aleatoriamente» por la **OR**. Sin embargo, esta no puede ser una propuesta totalmente general, ya que podría haber una barrera clásica de energía que impidiese la oscilación clásica.

Sin duda, todo esto dista muchísimo de ser una teoría matemática coherente de la mecánica cuántica generalizada que incluyese tanto **U** como **R** (así como la relatividad general clásica) como límites apropiados. ¿Qué sugerencias puedo hacer sobre la verdadera naturaleza de semejante teoría? Muy pocas, me temo, aunque opino que tendría que suponer una importante revolución en el marco de la mecánica cuántica, y distaría mucho de ser cuestión de unos meros ajustes del formalismo actual. Más en concreto, me inclino por suponer que algunos elementos de la teoría de twistores deben de desempeñar algún papel en todo esto, ya que eso da cierta esperanza de que los desconcertantes aspectos no locales del entrelazamiento y la medida cuánticos quizá podrían relacionarse con las no localidades de la cohomología holomorfa que los entresijos de la teoría de los twistores aparentemente nos imponen (véase §4.1). Creo que cabe albergar la esperanza de que los avances recientes en la teoría de twistores palaciega, mencionados brevemente al final de §4.1, puedan ofrecer indicios sobre un posible camino hacia el progreso [Penrose, 2015*a* y *b*].

4.3. ¿Cosmología chiflada conforme?

Aparte de las motivaciones recogidas en los argumentos de §§2.13 y 4.2, hay varias otras razones para sospechar que la teoría cuántica no se puede aplicar de una manera estándar al propio campo gravitatorio en sistemas en los que el papel de la gravedad es mecanocuánticamente significativo. Una de dichas razones se debe a la llamada paradoja de la pérdida de información en la evaporación de Hawking de los agujeros negros. Se trata de una cuestión que ciertamente parece estar relacionada con la posible naturaleza de la gravedad cuántica, y que abordaré enseguida. Pero hay otro motivo, que sobrevuela toda la exposición del capítulo 3: la extrañísima naturaleza del Big Bang, como se ha puesto de manifiesto en particular en §§3.4 y 3.6, en concreto que estaba muy constreñido en sus grados de libertad, y aparentemente *solo* en ellos.

Según la visión convencional de cómo debe describirse la física del Big Bang, este es el único fenómeno observado (aunque de manera algo indirecta) en que se ponen de manifiesto los efectos de la *gravedad cuántica* (sea la que sea realmente esta teoría). De hecho, a menudo se ha presentado el objetivo de alcanzar una mejor comprensión del Big Bang como una razón importante para adentrarse en serio en el ámbito frustrantemente difícil de la gravedad cuántica. Yo mismo he usado alguna que otra vez ese argumento para respaldar la investigación sobre gravedad cuántica (véase el prefacio de *Quantum Gravity* [Isham *et al.*, 1975]).

Pero ¿cabe esperar en realidad que alguna teoría cuántica (de campos) convencional aplicada al campo gravitatorio pueda explicar la estructura extraordinariamente extraña que parece que debió de tener el Big Bang, tanto si ese evento trascendental estuvo inmediatamente seguido de una fase inflacionaria como si no? Creo que, por las razones que he tratado de exponer en el capítulo 3, *no puede* ser el caso. Debemos explicar la extraordinaria anulación de grados de libertad gravitatorios en el Big Bang. Si todas esas otras $10^{10^{124}}$ posibilidades hubieran estado potencialmente presentes durante el Big Bang, como el formalismo de la mecánica cuántica parece exigir, cabría esperar que todas ellas hubiesen contribuido a este estado inicial. El hecho de poder simplemente *decretar* que estos grados de libertad debían de estar ausentes choca con los procedimientos normales de la QFT. Más aún, es difícil ver cómo los esquemas *pre*-Big Bang de 3.11 podrían sortear estas dificultades, ya que sería de esperar que estos grados de libertad gravitatorios hubiesen tenido una enorme influencia en la geometría *posterior* al rebote, ya que habrían estado sin duda presentes *antes* del mismo.

Está también la característica relacionada a la que estaría sujeta cualquier teoría de tipo normal de la gravedad cuántica, la *simetría temporal* dinámica (algo como la ecuación de Schrödinger (proceso **U**), que es temporalmente simétrica bajo la sustitución i → −i), ya que se aplicaría a las ecuaciones temporalmente simétricas de la relatividad general de Einstein. Si se supone que esta teoría cuántica cuadra con las singularidades de entropía extraordinariamente elevada que se espera que existan en los agujeros negros, muy posiblemente de tipo BKLM general, entonces (invirtiendo el tiempo) habría que esperar esas mismas singularidades espaciotemporales en el Big Bang, como admite ese mismo «tipo normal» de teoría cuántica. Pero eso no sucedió. Más aún, como espero haber dejado claro en §3.10, el argumento antrópico es prácticamente inservible a la hora de explicar una enorme restricción de este tipo sobre el Big Bang.

Y, sin embargo, el Big Bang fue extraordinariamente constreñido, de una manera que no vemos en absoluto en las singularidades de los agujeros negros. Hay de hecho sólidas evidencias de que, justo en los lugares donde los efectos de la gravedad cuántica «deberían» dejarse notar más en los acontecimientos, cerca de estas singularidades, existe una *asimetría temporal* absolutamente excepcional. Lo cual no debería suceder si la explicación hubiese sido simplemente el resultado de una teoría cuántica de tipo normal, incluso complementada por una generosa contribución antrópica. Como ya he dicho antes, tiene que haber otra explicación.

Mi punto de vista sobre este asunto pasa por dejar por el momento de lado la teoría cuántica y tratar de pensar en el tipo de *geometría* que debió de regir cerca del Big Bang, e intentar comparar esto con el tipo de geometría tan descabellado (muy posiblemente BKLM; véase la parte final de §3.2) que se espera cerca de una singularidad de agujero negro. El primer problema consiste simplemente en caracterizar una condición para que *se supriman* grados de libertad gravitatorios en el Big Bang. Durante muchos años (de hecho, desde alrededor de 1976), he expresado esto en términos de lo que posteriormente denominé *hipótesis de curvatura de Weyl* [Penrose, 1976a, 1987a, 1989: cap. 7, y *ECalR*: §28.8]. El *tensor conforme de Weyl*, **C**, mide el tipo de curvatura espaciotemporal que es relevante para la geometría espaciotemporal *conforme*, que, como hemos visto en §§3.1, 3.5, 3.7 y 3.9, es la geometría definida por el sistema de conos de luz (o conos nulos) en el espaciotiempo. Tendría que profundizar bastante en el cálculo tensorial para poder escribir la definición de **C** por medio de una fórmula, y esto nos llevaría considerablemente más allá del alcance técnico de este libro. Así que es una suerte que, para mi exposición, no vaya a necesitar la fórmula aquí, aunque ciertas propiedades de **C** bajo un cambio de escala conforme ($\hat{\mathbf{g}} = \Omega^2\mathbf{g}$) tendrán en breve una importancia considerable para nosotros.

Vale la pena destacar un papel geométrico particular del tensor **C**. Se trata de que la ecuación **C** = **0**, que se cumple en toda una región espaciotemporal abierta $\mathcal{R}$, no demasiado extensa y simplemente conexa, afirma que $\mathcal{R}$ (con métrica **g**) es *conformemente plana*. Esto significa que existe un campo escalar real Ω (llamado *factor conforme*) tal que la métrica espaciotemporal relacionada conformemente $\hat{\mathbf{g}} = \Omega^2\mathbf{g}$ es la métrica plana de Minkowski en $\mathcal{R}$. (Véanse §§A.6 y A.7 para los significados intuitivos de «simplemente conexa» y «abierta», aunque estas expresiones no desempeñan ningún papel importante para nosotros aquí.)

El tensor de curvatura de Riemann **R** completo tiene veinte componentes independientes por punto, y se puede dividir en el tensor de Einstein **G** (véanse §§1.1 y 3.1) y el tensor de Weyl **C**, cada uno de los cuales tiene diez componentes por punto. Recordemos las ecuaciones de Einstein **G** = $8\pi\gamma$**T** $+ \Lambda$**g**. Aquí, **T**, el tensor de energía

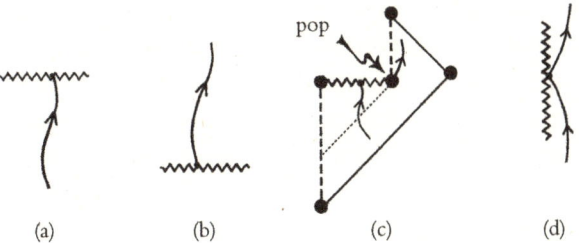

pop

(a)   (b)   (c)   (d)

FIGURA 4-12. Distintos tipos de singularidad espaciotemporal: (a) singularidad futura, a la que solo llegan líneas de tiempo procedentes del pasado; (b) singularidad pasada, de la que solo salen líneas de universo hacia el futuro; (c) en un agujero negro que experimenta la evaporación de Hawking, la singularidad interna es de tipo futuro, pero el «pop» («estallido») final parece ser de tipo pasado; (d) una hipotética singularidad desnuda, con la que se encuentran tanto líneas de universo que vienen del pasado como otras que salen hacia el futuro. De acuerdo con la hipótesis de la censura cósmica, el tipo (d) no debería ocurrir en situaciones clásicas genéricas. Según la hipótesis de curvatura de Weyl, las de tipo (b), como el Big Bang, deberían estar enormemente constreñidas por la anulación de la curvatura de Weyl.

de la materia, nos dice cómo todos los grados de libertad de la materia (incluidos los del campo electromagnético) influyen directamente sobre la curvatura del espaciotiempo, a través de la parte **G** de la curvatura espaciotemporal completa **R**, y también tenemos la contribución $\Lambda\mathbf{g}$ de la constante cosmológica. Las otras diez componentes independientes de la curvatura en **R** son las que describen el campo *gravitatorio* y están convenientemente descritas por el tensor de Weyl **C**.

La hipótesis de curvatura de Weyl afirma que cualquier singularidad espaciotemporal de tipo *pasado* —esto es, de la que pueden surgir curvas de género tiempo hacia el futuro, pero en la que no pueden entrar curvas desde el pasado (figura 4-12(a) y (b))— debe tener *tensor de Weyl nulo*, en el límite, a medida que uno se acerca a la singularidad hacia dentro desde el futuro a lo largo de cualquiera de estas curvas de género tiempo. El Big Bang (y cualquier otro «bang» singular del mismo tipo que existiera, quizá en el momento de «pop» en que un agujero negro desaparece por la evaporación de Hawking; véanse la figura 4-12(c) y lo expuesto más adelante en este apartado[7])

7. A diferencia de la singularidad de género tiempo de la figura 4-12(d), en mi opinión no debe entenderse que el «pop» de la figura 4-12(c) constituye una violación de la censura cósmica, ya que es más bien como dos singularidades distintas: la

debe, según esta hipótesis, estar exento de grados de libertad gravitatorios independientes. La hipótesis no dice nada sobre las singularidades de tipo futuro o sobre las singularidades desnudas (figura 4-12(d)), en las cuales habría curvas de género tiempo tanto entrantes como salientes (la censura cósmica fuerte supone que no existen singularidades clásicas de ese tipo; véanse §§3.4 y 3.10).

Aquí debe quedar claro un detalle sobre la hipótesis de curvatura de Weyl. Se presenta meramente como una afirmación geométrica que expresa, de forma razonablemente clara, que los grados de libertad gravitatorios están enormemente reprimidos en el Big Bang, o en otras singularidades espaciotemporales de tipo pasado (si es que existen). No dice nada sobre cómo se podría tratar de definir una *entropía* en el campo gravitatorio (como, por ejemplo, la magnitud escalar construida algebraicamente a partir de **C** que algunos han propuesto, de forma en verdad no muy acertada). El enorme efecto que esta hipótesis tendría sobre el *valor de baja entropía* en el Big Bang (§3.6) es simplemente una consecuencia directa de la misma hipótesis, debido a la eliminación implícita de los agujeros blancos (o agujeros negros) primordiales. La «baja entropía» real y el valor calculado de la improbabilidad (esto es, $10^{-10^{124}}$) se obtienen mediante la aplicación directa de la fórmula de Bekenstein-Hawking (§3.6).

Hay, no obstante, ciertas cuestiones técnicas en torno a la interpretación matemática precisa de la hipótesis de curvatura de Weyl. Una dificultad se debe al hecho de que la propia **C**, al ser una magnitud tensorial, no está realmente definida *en* una singularidad espaciotemporal, donde tales objetos tensoriales no están, en sentido estricto, bien definidos. En consecuencia, la afirmación de que **C** = 0 en dicha singularidad debe expresarse como alguna especie de límite, a medida que se acerca la singularidad. Un problema con este tipo de cuestiones es que existen varias maneras no equivalentes de expresar la condición, y no está claro cuál es la más adecuada. Habida cuenta de estas incertidumbres, es una suerte que mi colega de Oxford Paul Tod haya propuesto y llevado a cabo un minucioso estudio sobre una formulación alternativa de una condición matemá-

---

parte BKLM futura, representada por la línea ondulada irregular, y una parte pasada separada que representa el «pop». Las estructuras causales de las dos son de hecho muy diferentes, y no tiene mucho sentido identificarlas.

tica sobre el Big Bang que en modo alguno está expresada explícitamente en términos de **C**.

La propuesta de Tod [2003] es que (como sucede con las singularidades FLRW en el Big Bang; véase la parte final de §3.5) nuestro Big Bang puede representarse *conformemente* como una 3-superficie suave de género espacio $\mathscr{B}$, a través de la cual el espaciotiempo es, en principio, extensible hacia el pasado de una manera conformemente suave. Lo que significa que, con un factor conforme Ω adecuado, podemos reescalar nuestra métrica *física* post-Big Bang **ğ** a una nueva métrica **g**

$$\mathbf{g} = \Omega^2 \mathbf{\breve{g}}$$

según la cual el espaciotiempo puede ahora adquirir una frontera pasada suave $\mathscr{B}$ (donde $\Omega = \infty$) a través de la cual esta *nueva* métrica **g** se mantiene perfectamente bien definida y suave. Esto permite que **g** se prolongue hacia una hipotética región espaciotemporal «pre-Big Bang»; véase la figura 4-13. (Espero que la notación ligeramente extraña, según la cual «**ğ**» designa la verdadera métrica *física*, no confunda aquí al lector; nos permite hacer referencia a magnitudes definidas en $\mathscr{B}$ sin ornamentos, lo cual nos será útil más adelante.) Sin embargo, debe señalarse que la propuesta de Tod no nos dice que **C** = 0 en $\mathscr{B}$, sino que **C** debe seguir siendo *finita* en $\mathscr{B}$ (ya que el espaciotiempo conforme es suave allí), lo cual constituye, no obstante, una restricción muy fuerte sobre los grados de libertad gravitatorios en $\mathscr{B}$, que ciertamente descarta cualquier comportamiento de estilo BKLM.

En la propuesta original de Tod, no se pretendía que esta región añadida previa al Big Bang tuviese ninguna «realidad» física; se presentó tan solo como un útil artefacto matemático que hace posible una clara formulación de algo del estilo de una hipótesis de curvatura de Weyl sin tener que introducir restricciones matemáticas engorrosas y aparentemente arbitrarias. Esto iba muy en la línea de la manera en que las asíntotas *futuras* de los espaciotiempos de la relatividad general se habían estudiado a menudo (una idea que propuse en los años sesenta) como medio para analizar el comportamiento de radiación gravitatoria saliente [Penrose, 1964*b*, 1965*b* y 1978; Penrose y Rindler, 1986: cap. 9]. En ese trabajo, el *futuro* asintótico podía interpretarse geométricamente al añadir una frontera suave conforme al

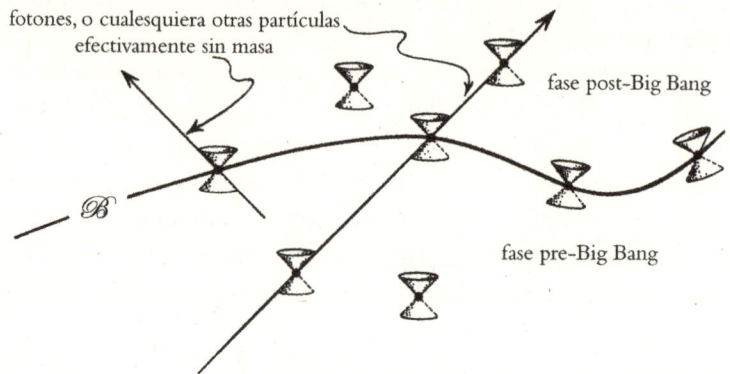

fotones, o cualesquiera otras partículas
efectivamente sin masa

fase post-Big Bang

$\mathcal{B}$

fase pre-Big Bang

FIGURA 4-13. Según la propuesta de Tod para una restricción sobre el Big Bang (del tipo de la hipótesis de curvatura de Weyl), el espaciotiempo puede extenderse hacia el pasado de forma conformemente suave, de tal manera que la singularidad inicial pasa a ser una hipersuperficie suave $\mathcal{B}$ a través de la cual el espaciotiempo conforme se extiende suavemente hacia una región hipotética que precede al Big Bang. Si a esta región se le atribuyese realidad física, las partículas sin masa como los fotones podrían atravesar $\mathcal{B}$ desde antes a después de la misma.

futuro de la variedad espaciotemporal (véase §3.5). En este caso, llamaremos $\hat{\mathbf{g}}$ a la métrica física del futuro remoto (pidiendo disculpas de nuevo por la excéntrica notación, que incluye cambios respecto a la de §3.5, y el cambio de $\check{\mathbf{g}}$ a $\hat{\mathbf{g}}$ para la métrica *física*, algo que será aclarado enseguida) y la reescalaremos a una nueva métrica, relacionada conformemente con ella según

$$\mathbf{g} = \omega^2 \hat{\mathbf{g}},$$

donde ahora la métrica $\mathbf{g}$ se extiende suavemente a través de la 3-superficie suave $\mathscr{I}$, donde $\omega = 0$. Fijémonos de nuevo en la figura 4-13, pero veámosla ahora como una extensión desde el espaciotiempo físico en la parte inferior de la figura, pasando por su infinito futuro $\mathscr{I}$ (en lugar de $\mathcal{B}$) hasta una hipotética región «hasta el futuro del infinito».

Ambos trucos ya se han utilizado ampliamente en este libro, en los diagramas conformes de §3.5, al representar modelos cosmológicos FLRW, donde, según las convenciones de los diagramas conformes estrictos descritas en la figura 3-22 (en §3.5), se representa el big bang $\mathcal{B}$ de cada modelo como una línea irregular en su frontera pasada, y el infinito futuro $\mathscr{I}$ como una línea suave en su frontera futura. Cuando se rotan alrededor del eje de simetría, de acuerdo con las convenciones de estos diagramas, en cada caso obtenemos fronteras conformes suaves 3-dimensionales para los espaciotiempos. Lo que es diferente en las consideraciones presentes es que estamos pensando en modelos espaciotemporales que son mucho más generales, por lo que *no* se espera que haya simetría rotacional, al no existir nada de la elevada simetría que se les suponía a los modelos FLRW.

¿Cómo sabemos que dichos trucos siguen siendo aplicables en estas circunstancias más generales? Aquí, tenemos una importante distinción lógica entre el caso de un $\mathscr{B}$ suave y el de un $\mathscr{I}$ suave. Vemos que, bajo hipótesis físicas muy generales (suponiendo que la constante cosmológica Λ es positiva, como parece ser desde el punto de vista observacional), cabe esperar, por lo general, la existencia matemática de un infinito futuro $\mathscr{I}$ suave y conforme (tal y como implican los teoremas debidos a Helmut Friedrich [1986]). Por otra parte, la existencia de una 3-superficie $\mathscr{B}$ de big bang *inicial* conforme y suave representa una enorme limitación para un modelo cosmológico, como es de esperar si tenemos en cuenta que la propuesta de Tod pretendía ser dicha limitación, con la esperanza de codificar matemáticamente una improbabilidad incluso de la escala expresada en cifras como $10^{-10^{124}}$.

En términos matemáticos, la existencia de fronteras conformes suaves ($\mathscr{B}$ en el pasado y $\mathscr{I}$ en el futuro) se presenta ventajosamente como la posibilidad teórica de proporcionar una *extensión* del espaciotiempo al otro lado de la 3-superficie de frontera, pero a todas luces esta extensión se consideraría un mero truco matemático, introducido simplemente por conveniencia en la formulación de unas condiciones que resultaría algo engorroso expresar de otra manera, puesto que ahora se pueden usar nociones geométricas locales en lugar de incómodos límites asintóticos. Este punto de vista era el que habían adoptado los teóricos, al hacer uso de estas ideas de fronteras conformes, tanto en el caso de $\mathscr{B}$ como en el de $\mathscr{I}$. Con todo, vemos que la física misma parece encajar bastante bien con estos procedimientos matemáticos, e insinúa de alguna manera la un tanto delirante (¿fantástica?) posibilidad de que la *física* real del mundo pudiera admitir una extensión significativa a través de tales fronteras conformes tridimensionales, tanto en el caso de $\mathscr{B}$ como en el de $\mathscr{I}$. Esto nos permite preguntarnos si realmente podría haber habido un mundo pre-Big Bang, y también si podría existir otro mundo más allá de nuestro infinito futuro.

Lo más importante es que buena parte de la física —básicamente, la que no tiene que ver con la masa— parece que no cambia (es decir, es invariante) bajo los reescalamientos conformes que se están considerando aquí. Esto resulta ser cierto de modo explícito para las ecuaciones de Maxwell del electromagnetismo, no solo para las del campo electromagnético libre sino también para la manera en que las cargas y corrientes eléctricas actúan como fuentes electromagnéticas. También lo es para las ecuaciones (clásicas) de Yang-Mills que gobiernan las fuerzas nucleares fuerte y débil, que son extensiones de las ecuaciones de Maxwell en las que el grupo de simetría gauge de las rotaciones de fase se extiende a los grupos más grandes que se necesitan para las interacciones débil o fuerte (véanse §§1.8 y 1.15).

No obstante, debe señalarse aquí algo importante en relación con las versiones cuánticas de estas teorías (de particular relevancia para las ecuaciones de Yang-Mills), porque pueden aparecer anomalías conformes que hagan que la teoría cuántica no comparta la plena simetría de la teoría clásica [Polyakov, 1981a y b; Deser, 1996]. Debemos recordar que esta cuestión fue particularmente relevante para el desarrollo de la teoría de cuerdas; véase §1.6, y también §1.11. Aunque creo que esta cuestión de las anomalías conformes podría tener una importancia considerable para las implicaciones más detalladas de las ideas que estoy describiendo aquí, diría que en modo alguno invalidan el esquema principal.

Esta invariancia conforme es explícitamente una propiedad de las ecuaciones de campo para las partículas sin masa que son portadoras de estas fuerzas en el caso del electromagnetismo y de las interacciones fuertes —fotones y gluones, respectivamente—, aunque existe una complicación en el caso de las interacciones débiles, cuyas portadoras normalmente se considera que son las muy masivas partículas W y Z. Se podría pensar que, al retroceder en el tiempo hacia el Big Bang, las temperaturas irían aumentando hasta que las masas en reposo de todas las partículas implicadas pasasen a ser por completo insignificantes (como sucede con la cuestión de las anomalías conformes) en comparación con la energía cinética extraordinariamente alta de los movimientos de las partículas. La física relevante en el Big Bang, que es en efecto la de las partículas sin masa, será una física conformemente invariable y, por lo tanto, si nos remontamos a la 3-superficie delimitadora $\mathscr{B}$, el material básicamente no notará en absoluto la presencia de $\mathscr{B}$. Por lo que se refiere a ese material, debería haber tenido un «pasado» cuando se encuentre en $\mathscr{B}$, como sucede con la física en cualquier otro sitio, y ese «pasado» describiría lo que sucede en la extensión *teórica* del espaciotiempo que requiere la propuesta de Tod.

Pero ¿qué clase de actividad del universo cabría esperar que hubiese tenido lugar en la hipotética región extendida de Tod, donde ahora tratamos de tomarnos en serio la posibilidad de una realidad física *pre*-Big Bang? El tipo de cosa más evidente sería una fase de implosión del universo, como el modelo de Friedmann extendido ($K > 0$) considerado en §3.1 (véase la figura 3-6 o la 3-8 de §3.1) o muchos otros modelos «de rebote», como la propuesta ecpirótica descrita en §3.11. Sin embargo, todos estos adolecen del problema suscitado por la segunda ley, tal y como se ha mencionado en muchos lugares del capítulo 3: el hecho de que, o bien la segunda ley continuó en la misma dirección en la fase anterior al rebote, lo cual nos pondría en la tesitura de tener que emparejar un big crunch sumamente caótico (ilustrado en la figura 3-48) con un Big Bang suave, o bien la segunda ley operó en la dirección *opuesta* (haciendo que la entropía aumentase al alejarse del rebote en ambas direcciones), en cuyo caso no se ofrece ninguna justificación para la existencia de un instante (el del rebote) de tan extraordinaria improbabilidad, tal y como lo indican las cifras que hemos visto en §3.6, como $10^{-10^{124}}$.

La idea que yo propongo es muy distinta: que examinemos el extremo opuesto de la escala de tiempo/distancia y volvamos a fijarnos en el otro truco matemático conforme que acabamos de comentar, que es el «aplastamiento» conforme del futuro remoto, como se ilustra en muchos ejemplos en §3.5 (como en las figuras 3-25 y 3-26(a)), para obtener una extensión más allá de una 3-superficie suave $\mathscr{I}$ en el infinito futuro. Hay dos detalles que comentar aquí. En primer lugar, la presencia de una constante cosmológica positiva Λ implica que $\mathscr{I}$ es una 3-superficie *de género espacio* [Penrose, 1964*b*; Penrose y Rindler, 1986: cap. 9]; y, en segundo lugar, como ya se ha señalado, la continuación a través de una $\mathscr{I}$ suave es un fenómeno *genérico*, como quedó explícitamente demostrado por Friedrich [1998], bajo ciertas hipótesis amplias. Como ya se ha recalcado antes, esta última idea *dista* mucho de la situación genérica de un big bang, ya que la propuesta de

Tod, que exige la extensión suave del espaciotiempo a través de $\mathcal{B}$, representa una enorme (y muy deseada) *restricción* sobre el Big Bang.

Al menos, esta continuación suave conforme a través de $\mathcal{I}$ se daría si el contenido de materia del universo en el futuro muy remoto lo integraran por entero componentes *sin masa*, puesto que esta es una hipótesis previa a la afirmación anterior. ¿Es posible que, en el futuro sumamente remoto, solo queden componentes sin masa? Hay aquí dos cuestiones que considerar: una es la naturaleza de las partículas que aún existan en el futuro muy remoto; la otra, los agujeros negros.

Empecemos por estos últimos. Crecerán continuamente al principio, al ir engullendo cada vez más material, y después harán lo propio con la radiación de fondo de microondas, cuando ya no tengan nada más que tragar. Pero, una vez que la temperatura de la radiación de fondo descienda por debajo de la temperatura de Hawking de cada agujero, este empezará a evaporarse muy lentamente hasta acabar desapareciendo en una explosión terminal (relativamente muy pequeña para los patrones cosmológicos), en un tiempo total que será mucho más largo para los agujeros negros supermasivos de los centros de las galaxias que para los más pequeños, de solo unas pocas masas solares. Una vez transcurrido un tiempo total quizá del orden de 10^{100} años (dependiendo del tamaño que hubiesen alcanzado los agujeros más grandes), todo habría desaparecido según esta visión, propuesta originalmente, en esencia, por Hawking en 1974, y que yo acepto como el pronóstico más probable.

¿Qué puede decirse, entonces, sobre las partículas aún existentes en el futuro extraordinariamente remoto? En número, la inmensa mayoría serán fotones. Ya es cierto hoy en día que la razón entre fotones y bariones es aproximadamente de 10^9, y la mayoría de estos fotones están en la CMB. Este número debería mantenerse básicamente constante, a pesar de que la luz de las estrellas acabará por apagarse y de que muchos bariones serán engullidos por los agujeros negros. Habrá también una contribución adicional debida a la evaporación de Hawking de los agujeros negros supermasivos, que se producirá casi enteramente en forma de fotones de bajísima frecuencia.

Pero sigue habiendo algunas partículas masivas que considerar. Algunas de estas, que hoy por hoy se consideran estables, podrían acabar desintegrándose, y se suele argumentar que lo mismo podría su-

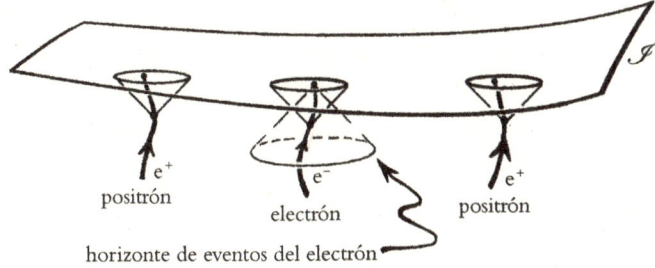

FIGURA 4-14. Este diagrama conforme esquemático ilustra cómo, con el infinito de género espacio $\mathscr{I}$ que viene exigido por la Λ positiva, las partículas cargadas individuales, como los electrones y los positrones, pueden llegar a estar tan separadas que no haya posibilidad de que lleguen a aniquilarse.

ceder con los protones. Estos últimos, no obstante, tienen carga eléctrica (positiva) y, mientras la conservación de la carga siga siendo una ley exacta de la naturaleza, tendrá que existir un remanente con carga. La posibilidad menos masiva para dicho remanente tendría que ser un positrón, la antipartícula del electrón. Por consideraciones sobre horizontes, etc. (véase la figura 4-14 y Penrose [2010: §3.2, figura 3.4]), está claro que tendría que haber tanto electrones como positrones (cuando no otras partículas cargadas más masivas) que sobreviviesen indefinidamente. No tienen adónde ir, ya que no hay partículas cargadas sin masa (como sabemos del comportamiento de los procesos de aniquilación de pares [Bjorken y Drell, 1964]). Merece la pena considerar la posibilidad de que la conservación de la carga no se cumpla exactamente, pero incluso esta improbable opción nos sirve de poco, porque consideraciones teóricas nos informan de que, en ese caso, el propio fotón entonces adquiriría masa [Bjorken y Drell, 1964]. En cuanto al resto de las partículas sin masa, el menos masivo de los neutrinos presumiblemente sobreviviría, aunque sé que aún cabe dentro de las posibilidades admitidas experimentalmente que pueda existir un tipo de neutrino sin masa; véase Fogli *et al.* [2012].

Las consideraciones anteriores parecen decirnos que, aunque es probable que casi se satisfagan las condiciones de existencia de una frontera futura conforme $\mathscr{I}$ suave (y de género espacio), parece que aún quedarían algunas que otras partículas masivas en el futuro último, lo que en cierta medida arruinaría la pureza de la imagen. Para el esquema que estoy a punto de describir aquí —la *cosmología cíclica con-*

forme (CCC)—, lo mejor sería que solo las partículas *sin masa* sobre-
vivieran a $\mathscr{I}$. En consecuencia, imagino que en el futuro extraordinariamente remoto la propia masa en reposo se desvanece, para hacerse
nula solo en el límite asintótico de tiempo infinito. Esto podría suceder a un ritmo ridículamente lento, y no tiene por qué existir un
conflicto con las observaciones actuales. Podríamos entenderlo como
algo de la naturaleza de un mecanismo de Higgs inverso, que entra en
acción solo cuando la temperatura ambiente alcanza algún valor sumamente bajo. De hecho, considerar la posibilidad de valores variables de la masa en reposo de las partículas es una característica de ciertas teorías de la física de partículas [Chan y Tsou, 2007 y 2012; Bordes
et al., 2015], por lo que puede que no sea tan descabellado suponer
que todas las masas acaban finalmente por anularse (ese «finalmente»
puede ser muchísimo tiempo).

De acuerdo con esas teorías, cabría esperar que la masa en reposo
no decayese a la misma velocidad para todos los distintos tipos de partículas, por lo que no podría atribuirse a un decaimiento global de la
constante gravitatoria. La relatividad general requiere, para su formulación, que se pueda determinar una noción de tiempo bien definida
a lo largo de cualquier línea de universo de género tiempo. Siempre y
cuando a las masas en reposo se las considere constantes, la mejor manera de obtener dicha medida del tiempo sería en términos de la regla
de §1.8, donde la combinación de la fórmula $E = mc^2$ de Einstein con
la de $E = h\nu$ de Planck nos dice que cualquier partícula estable cuya
masa sea m se comporta fundamentalmente como un reloj perfecto de
frecuencia mc^2/h. Pero dicha regla no funcionaría en el futuro muy remoto si las masas de las partículas decayesen a velocidades diferentes.

La CCC requiere que la constante cosmológica Λ sea positiva
(de forma que $\mathscr{I}$ sea de género espacio). Así pues, en cierto sentido
Λ controla las escalas, de manera que las ecuaciones de Einstein (Λ)
siguen siendo válidas en regiones finitas del espaciotiempo; sin embargo, cuesta ver cómo se puede usar Λ para construir un reloj local.
Un importante ingrediente básico de la CCC es, de hecho, que los
relojes pierden su significado cuando $\mathscr{I}$ se va acercando, por lo que se
imponen las ideas de la geometría conforme, y otros principios físicos
adquieren importancia, tanto en $\mathscr{B}$ como en $\mathscr{I}$.

Veamos ahora cuál es realmente la propuesta de la CCC para poder entender por qué esto podría considerarse deseable. La idea [Pen-

rose, 2006, 2008, 2009*a* y *b*, 2010 y 2014*b*; Gurzadyan y Penrose, 2013]
es que nuestra imagen actual de un universo en perpetua expansión,
desde su origen en el Big Bang (pero *sin* ninguna fase inflacionaria)
hasta su futuro infinito exponencialmente expansivo, no es más que
un eón en una sucesión infinita de eones, donde el $\mathscr{I}$ de cada uno se
une de forma suave y conforme con el $\mathscr{B}$ del siguiente (véase la figura 4-15), y la 4-variedad conforme resultante es suave a través de
todas estas uniones. En cierto sentido, este esquema se parece algo a
la propuesta cíclica/ecpirótica de Steinhardt-Turok (véase §3.11),
pero sin colisiones de branas u otras aportaciones procedentes de la
teoría de cuerdas/teoría M. También tiene puntos en común con
la propuesta de Veneziano (§3.11), puesto que no hay una fase infla-

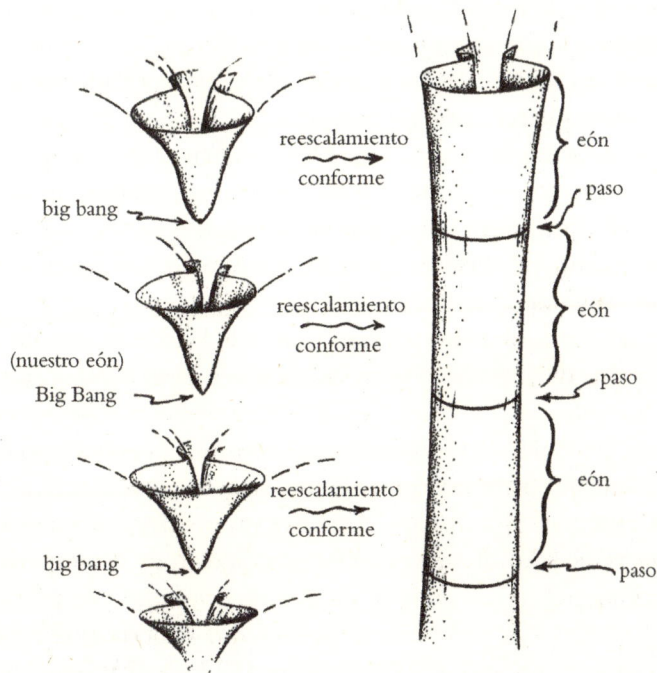

FIGURA 4-15. El esquema de la cosmología cíclica conforme (CCC). En esta propuesta, la imagen convencional (representada en la figura 3-3) de la historia completa de nuestro universo (sin su fase inflacionaria) es solo un «eón» en una secuencia interminable de eones en general similares. La transición de uno de ellos al
siguiente implica una continuación conformemente suave desde el infinito futuro
de cada eón al big bang del siguiente (y lo que habría sido la fase inflacionaria de
cada eón se sustituye por la fase final exponencialmente expansiva del eón anterior).

cionaria tras cada big bang[8] pero, en cierto sentido, la expansión exponencial en el futuro remoto de cada eón tiene una función que sustituye la necesidad de inflación en el eón siguiente. Así pues, sería la expansión casi inflacionaria en el futuro remoto del eón anterior al nuestro lo que proporciona una explicación para las buenas razones que hacen pensar en la inflación en nuestro propio eón. Estas cuestiones se han mencionado en §3.9, en particular: 1) la casi invariancia de escala de las fluctuaciones térmicas de la CMB, 2) la presencia de correlaciones fuera de la escala de horizonte en la CMB y 3) el requisito, en el universo primitivo, de que el valor de la densidad de materia local ρ fuese excepcionalmente próximo al valor crítico ρ_c, todo lo cual se puede ver que son consecuencias muy verosímiles de la CCC.

Por último, debemos tratar varias ideas importantes relacionadas con la viabilidad de la CCC. Una de ellas es la cuestión de cómo un esquema cíclico como este puede ser compatible con la segunda ley. Sin embargo, un detalle clave aquí es el hecho (ya señalado en §3.6) de que la contribución principal a la entropía en el universo, incluso actualmente, procede de los agujeros negros supermasivos en los centros de las galaxias, y esta contribución aumentará enormemente en el futuro. Pero ¿qué acabará sucediendo con estos agujeros negros? Se da completamente por hecho que acaben evaporándose mediante el proceso de Hawking.

Debo señalar aquí que esta evaporación de Hawking, aunque en detalle depende de cuestiones sutiles de la teoría cuántica de campos en espacios curvos, es por completo de esperar sobre la base de consideraciones generales de la segunda ley. Tenemos en cuenta aquí que la enorme entropía atribuida a un agujero negro (básicamente, a través de la fórmula de Bekenstein-Hawking, proporcional al cuadrado de su masa; véase §3.6) lleva a una clara predicción de la temperatura de Hawking del agujero negro (en esencia, inversamente proporcional a su masa; §3.7), de donde se deduce que debería acabar perdiendo masa y evaporándose [Bekenstein, 1972 y 1973; Bardeen *et al.*, 1973; Hawking, 1975 y 1976*a* y *b*]. No discuto que este sea su comportamiento, en efecto *dirigido* por la segunda ley. Sin embargo,

8. Como en §§3.4 y 3.5, uso «Big Bang» con mayúsculas para el evento particular que dio comienzo a nuestro propio eón y «big bang» para los demás eones, o para un uso genérico de la expresión.

una conclusión importante a la que Hawking llegó en sus consideraciones tempranas es que debía producirse una pérdida de información en la dinámica de los agujeros negros; o, como yo prefiero
expresarlo, una pérdida de grados de libertad dentro de un agujero
negro, lo cual añade un ingrediente fundamentalmente nuevo a la
discusión.

En mi opinión, esta pérdida de grados de libertad *es* una consecuencia clara de la geometría espaciotemporal de la implosión que da
lugar a un agujero negro, como queda de manifiesto en los diagramas
conformes que representan dicha implosión, a pesar de que muchos
físicos mantienen la opinión contraria. En el diagrama conforme estricto de la figura 3-29(a) de §3.5 se representa la imagen original de
Oppenheimer-Snyder de una implosión con simetría esférica, y vemos claramente cómo todos los cuerpos materiales, una vez que han
atravesado el horizonte, se ven abocados de manera inexorable a la
destrucción en la singularidad, sin ninguna esperanza de poder comunicar detalles de su estructura interna al mundo exterior, siempre que
se respeten las ideas de la causalidad clásica. Más aún, siempre y cuando
se mantenga vigente la censura cósmica (véanse §§3.4, 3.10 y Penrose
[1998a y *ECalR*: §28.8]), la imagen general de una implosión *genérica*
no será muy diferente, y eso es lo que he intentado plasmar en el diagrama conforme de la figura 4-16(a), donde podemos imaginar que la

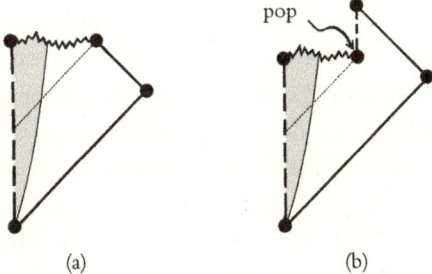

(a)   (b)

FIGURA 4-16. Las ondulaciones de la línea irregular, que designan una singularidad
de agujero negro, en estos diagramas conformes sirven para indicar que es de naturaleza genérica (quizá BKLM), sin dejar de ser de género espacio, de acuerdo con la
censura cósmica fuerte: (a) implosión genérica clásica en un agujero negro; (b) implosión en un agujero negro seguida de la desaparición final debida a la evaporación
de Hawking. Las zonas sombreadas indican distribuciones de materia. Compárese
con las figuras 3-19 y 3-29.

línea un tanto irregular de la parte superior representa algo como una singularidad BKLM. De nuevo, todos los cuerpos materiales que han atravesado el horizonte acabarán inevitablemente destruidos en la singularidad. En la figura 4-16(b), he modificado la imagen para representar el caso de un agujero negro evaporado por radiación de Hawking, y vemos que la situación, en lo tocante al material que cae dentro, no es diferente. Si intentamos suponer que la situación será realmente muy diferente cuando se tengan en cuenta los efectos cuánticos locales, debemos tener presentes las escalas temporales que podrían intervenir. Un cuerpo que cae en un agujero negro supermasivo podría tardar semanas, o incluso años, en llegar a la singularidad después de atravesar el horizonte, y cuesta imaginar que una descripción clásica no sea sobradamente adecuada para describir su progresión hacia su inexorable destino. Si se argumenta, de alguna manera, que los entrelazamientos cuánticos transfieren la información contenida en ese cuerpo (como parece que esperan algunos teóricos) a medida que se aproxima a la singularidad, fuera de un horizonte que puede estar a semanas o incluso años luz de distancia, entonces tendremos un conflicto muy grave con las restricciones de incomunicación del entrelazamiento cuántico (véanse §§2.10 y 2.12).

Llegados a este punto, tengo que abordar la cuestión de las *barreras de fuego*, que algunos teóricos defienden como una alternativa a los horizontes de los agujeros negros [Almheiri *et al.*, 2013; véanse también Susskind *et al.*, 1993; Stephens *et al.*, 1994]. Según esta propuesta, se invocan argumentos basados en principios generales de la teoría cuántica de campos (relacionados con los que sirven para respaldar la temperatura de Hawking) para demostrar que estos principios llevan a la conclusión de que un observador que intentase caer a través del horizonte de un agujero negro se encontraría en su lugar con una barrera de fuego, donde la temperatura sería elevadísima, lo que daría lugar a la destrucción del pobre observador. Para mí, esto ofrece un argumento más para demostrar que los principios básicos de la mecánica cuántica actual (muy en particular, la unitariedad **U**) no pueden ser ciertos con carácter general en un contexto gravitatorio. Desde el punto de vista de la relatividad general, la física local en el horizonte de un agujero negro no debería diferir de la física local en cualquier otro lugar. De hecho, el propio horizonte ni siquiera tiene una definición local, ya que su ubicación real depende de cuánto material va a caer en el agujero en el futuro. A fin de cuentas, a pesar de la inmensa cantidad de veces que se ha confirmado la teoría mecanocuántica actual en fenómenos de pequeña escala con respecto a fenómenos de gran escala, es la relatividad general con Λ la que goza de un éxito sin mácula.

Sin embargo, a la mayoría de los físicos que reflexionan seriamente sobre esta cuestión parece perturbarlos mucho esta perspectiva de pérdida de información, que ha dado en conocerse como *paradoja de la pérdida de información en agujeros negros*. Se habla de paradoja porque implica una flagrante violación de un principio fundamental de la mecánica cuántica, el de la *unitariedad* **U**, que debilitaría profundamente toda la *fe* cuántica. Como el lector que haya perseverado hasta aquí tendrá bien claro, no me cuento entre quienes defienden que **U** debe ser cierta para todos los niveles y que, de hecho, su violación (que en cualquier caso tendrá lugar en la mayoría de los casos durante el proceso de medición) se producirá cuando intervenga la gravitación, algo que sucede intensamente en los agujeros negros. A mí no me genera ninguna inquietud la perspectiva de la violación de **U** en la dinámica cuántica de los agujeros negros. En cualquier caso, desde hace mucho tiempo considero que la cuestión de la información en los agujeros negros proporciona una contribución contundente al argumento de que la violación de **U** que tiene lugar necesariamente en un proceso **R** objetivo debe tener una base gravitacional, y podría perfectamente estar relacionada con la llamada paradoja de la pérdida de información en agujeros negros [Penrose 1981 y *ECalR*: §30.9]. En consecuencia, adopto aquí la firme postura (impopular entre muchos físicos, incluido el propio Hawking desde 2004 [Hawking, 2005]) de que *sí* se produce pérdida de información en la singularidad de un agujero negro. Así pues, el *volumen del espacio de fases* debe reducirse drásticamente, como resultado de este proceso, entre la formación inicial del agujero negro y su desaparición final mediante evaporación de Hawking.

¿Cómo ayuda esto con la segunda ley en la CCC? El argumento se basa en una detenida consideración de la definición de la entropía. Recordemos de §3.3 que la definición de Boltzmann viene dada en términos del logaritmo de un volumen V del espacio de fases

$$S = k \log V,$$

donde V se define de tal manera que englobe todos los estados similares al estado en cuestión, con respecto a todos los parámetros macroscópicos relevantes. Ahora bien, cuando en la situación que se
considera hay un agujero negro, se suscita la cuestión de si contar o
no todos los grados de libertad que describen los objetos que han caído en el agujero. Estos se redirigirán hacia la singularidad y, en algún
momento, serán destruidos (ignorados por completo en todos los
procesos externos al agujero).

Cuando el agujero por fin se evapora por completo, cabría considerar que, en ese momento, todos estos grados de libertad que ha
engullido dejan por completo de tenerse en cuenta. Alternativamente, se podría optar por no tener en consideración tales grados de libertad en ninguna etapa de la existencia del agujero negro, una vez
que han caído a través de su horizonte de sucesos. Otra interpretación podría suponer que la pérdida es gradual, distribuida a lo largo
de la vida extraordinariamente larga del agujero. Sin embargo, esto en
realidad importa poco, ya que lo único que nos interesa es la pérdida
total de información a lo largo de la historia del agujero negro.

Recordemos (§3.3) que el logaritmo en la fórmula de Boltzmann nos permite expresar la entropía total del sistema, S_{tot}, donde
los grados de libertad engullidos *sí* se tienen en cuenta, como

$$S_{tot} = S_{ext} + k \log V_{eng}.$$

Aquí, S_{ext} es la entropía calculada usando un espacio de fases en
el que *no* se tienen en cuenta los grados de libertad engullidos, y V_{eng}
es el volumen del espacio de fases de todos los grados de libertad engullidos. La entropía $S_{eng} = k \log V_{eng}$ deja de considerarse útil para el
sistema cuando el agujero negro finalmente se evapora, por lo que
tiene sentido físico que la definición de entropía pase de S_{tot} a S_{ext} una
vez que el agujero ha desaparecido.

De lo anterior vemos que, según la CCC, no hay violación de la
segunda ley (y buena parte del comportamiento de los agujeros negros y su evaporación puede, de hecho, considerarse *motivada* por la
segunda ley). Sin embargo, debido a la pérdida de grados de libertad
dentro de un agujero negro, la segunda ley es, en cierto sentido, *sobre-
pasada*. Para cuando todos los agujeros negros se han evaporado por
completo en un eón (alrededor de 10^{100} años después de su big bang),

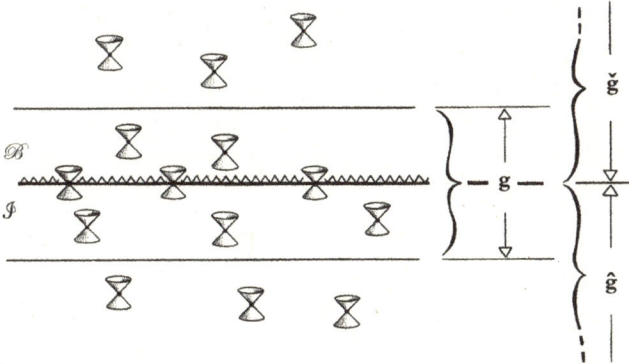

FIGURA 4-17. La 3-superficie de paso conecta el eón anterior con el siguiente, constituyendo al mismo tiempo el infinito futuro $\mathscr{I}$ del primero y el big bang $\mathscr{B}$ del segundo ($\mathscr{I} = \mathscr{B}$). La métrica **g** debe ser completamente suave en una región abierta «de vendaje» que contiene a la superficie de paso y es conforme con la métrica física de Einstein $\hat{\mathbf{g}}$ antes del paso (**g** $= \omega^2\hat{\mathbf{g}}$) y con la métrica física de Einstein $\check{\mathbf{g}}$ posterior al paso (**g** $= \Omega^2\check{\mathbf{g}}$). Se considera que el campo ω es suave en toda la región de vendaje y se anula en el paso, y que la hipótesis recíproca, $\Omega = -\omega^{-1}$, se cumple en esta región.

la definición de entropía que se usaría inicialmente como apropiada habría dejado de serlo transcurrido ese periodo de tiempo, y una nueva definición, que daría un valor de la entropía mucho menor, sería la relevante un tiempo antes del paso al siguiente eón.

Para ver por qué esto tiene el efecto, en el siguiente eón, de anular los grados de libertad gravitatorios, es necesario fijarse un poco en las ecuaciones que gobiernan la transición de un eón al siguiente. Utilizando la notación introducida al principio de este apartado, tenemos una imagen como la que se muestra en la figura 4-17. Aquí, $\hat{\mathbf{g}}$ es la métrica física de Einstein en el futuro remoto del eón *anterior*, justo antes del paso, y $\check{\mathbf{g}}$ es la métrica física de Einstein inmediatamente después del big bang del eón *posterior*. Recordemos que la suavidad de la geometría en el entorno de $\mathscr{I}$ se expresa en función de una métrica **g**, definida localmente en una región estrecha que contiene a $\mathscr{I}$, con respecto a la cual la geometría de $\mathscr{I}$ pasa a ser la de una 3-superficie ordinaria de género espacio, estando **g** relacionada conformemente con la métrica física $\hat{\mathbf{g}}$ pre-$\mathscr{I}$ a través de **g** $= \omega^2\hat{\mathbf{g}}$.

Asimismo, la suavidad en $\mathscr{B}$ se expresa en términos de una métrica que podemos llamar de nuevo **g**, definida localmente en una región estrecha que contiene a $\mathscr{B}$, con respecto a la cual la geometría de $\mathscr{B}$ pasa a ser la de una 3-superficie ordinaria de género espacio, estando **g** relacionada conformemente con la métrica física $\check{\mathbf{g}}$ *post-$\mathscr{B}$* a través de $\mathbf{g} = \Omega^2\check{\mathbf{g}}$. Lo que la CCC propone es que estas dos métricas «**g**» se pueden elegir de manera que sean la misma (denominada métrica *de vendaje*), cubriendo la región de paso, que contiene el $\mathscr{I}$ del eón anterior, ahora identificado con el $\mathscr{B}$ del posterior. Esto nos da

$$\omega^2\hat{\mathbf{g}} = \mathbf{g} = \Omega^2\check{\mathbf{g}},$$

donde, además, adopto la hipótesis recíproca de que Ω sea la inversa de ω, pero con signo negativo

$$\Omega = -\omega^{-1},$$

donde ω pasa suavemente de negativa a positiva al moverse del eón anterior al posterior, con $\omega = 0$ *en* la 3-superficie de paso ($\mathscr{I} = \mathscr{B}$); véase la figura 4-17. Esto permite que tanto Ω como ω sean positivas en las regiones donde son relevantes como factores conformes.

Necesitamos bastante más que esto para obtener una propagación única del eón anterior al posterior, y sigue habiendo incertidumbres sobre cuál es la mejor manera de garantizar esta unicidad (que al parecer implica cierta ruptura de simetría relacionada con la que se da en el mecanismo estándar de Higgs para la reaparición de la masa tras el paso de un eón al siguiente). Todo esto sobrepasa el alcance técnico de este libro, pero debe señalarse que el procedimiento entero contraviene el punto de vista habitual según el cual sería necesaria alguna teoría de la gravedad cuántica para entender en detalle la naturaleza del Big Bang. Aquí no tenemos más que ecuaciones diferenciales clásicas, y esto es potencialmente mucho más predictivo, habida cuenta en especial del hecho de que no existe una teoría de la gravedad cuántica ampliamente aceptada. Según mi propio punto de vista, la razón por la que *no* nos vemos obligados a entrar en el terreno de la gravedad cuántica es que las gigantescas curvaturas espaciotemporales (esto es, los minúsculos radios de curvatura, del orden de la escala de Planck) que se encuentran en $\mathscr{B}$ están todas en la forma de la curvatura de Einstein **G** (equivalente a la curvatura de Ricci; véase §1.1) y no miden la gravedad. Los grados de libertad gravitatorios no están en **G** sino en **C**, y **C** sigue siendo perfectamente finita en el entorno del paso según la CCC, por lo que la gravedad cuántica no tiene por qué ser importante aquí.

A pesar de las incertidumbres en cuanto a la forma exacta de las ecuaciones detalladas de la CCC, hay algo que sí puede decirse sin ambages en relación con la propagación de los grados de libertad en el paso. La cuestión es curiosa y sutil, pero en lo esencial puede expresarse de manera bastante directa como sigue. El tensor de Weyl **C**, puesto que describe la curvatura conforme, debe ser en efecto una entidad conformemente invariante, pero existe otra magnitud, que llamaré **K**, a la que se puede considerar igual a **C** en la métrica **ĝ** del eón anterior, lo que me permite escribir

$$\hat{\mathbf{K}} = \hat{\mathbf{C}}.$$

Pero estos dos tensores tienen distintas interpretaciones conformemente invariantes. Mientras que la interpretación de **C** (en la métrica que sea) es en efecto la curvatura conforme de Weyl, la de **K** es el campo del gravitón, que satisface una ecuación de onda conformemente invariante (de hecho, la misma que se ha descrito mediante la teoría de twistores en §4.1 para un espín 2, es decir, $|s| = 2\hbar$; esto es, $d = +2$ o -6). Lo curioso es que la invariancia conforme de esta ecuación de onda exige distintos pesos conformes para **K** y para **C**, de manera que, si la ecuación anterior es válida, tenemos que en la métrica **g**

$$\mathbf{K} = \Omega\mathbf{C}.$$

Debido a la invariancia conforme de la ecuación de onda de **K**, esta se propaga a un valor finito en $\mathscr{I}$, de lo cual deducimos enseguida que **C** debe anularse allí (puesto que Ω se vuelve infinito), y puesto que la geometría conforme debe coincidir a través de $\mathscr{I} = \mathscr{B}$, vemos que, de hecho, **C** se anula también en el big bang del eón posterior. Así pues, la CCC satisface claramente la hipótesis de curvatura de Weyl en la forma original **C** = 0, en lugar de hacerlo solo en la forma finita de **C** que obtenemos directamente a partir de la propuesta de Tod aplicada a un solo eón.

Tenemos ecuaciones diferenciales clásicas que transfieren toda la información que llega al $\mathscr{I}$ del eón anterior hasta el $\mathscr{B}$ del eón posterior. La información en las ondas gravitatorias llega a $\mathscr{I}$ en forma de **K**, y se propaga hacia el eón posterior bajo la guisa del propio Ω. Lo que tenemos (motivado, en efecto, por la hipótesis recíproca) es que el factor conforme Ω debe adquirir «realidad» como un nuevo campo escalar en el eón posterior, campo escalar que dominará la materia que surge del big bang en el eón posterior. Aventuro que este campo Ω es, de hecho, la forma inicial de la materia oscura en el eón posterior (recordemos de §3.4 que esta misteriosa sustancia supone actualmente alrededor del 85 por ciento del contenido material del universo). El campo Ω debe interpretarse como alguna clase de materia portadora de energía en el eón posterior; *tiene* que estar ahí, contribuyendo al tensor de energía de ese eón, según las ecuaciones de la CCC (que pasan a ser simplemente las ecuaciones de Einstein con Λ para el eón posterior). Debe realizar una contribución adicional a la de todos los campos sin masa (como el electromagnetismo) que se propagan desde el eón anterior, salvo por la gravedad. Es este campo Ω el que recoge la información en **K** del eón anterior, de manera que esta no se pierde sino que aparece en el eón posterior como perturbaciones en Ω y no como grados de libertad gravitatorios [Gurzadyan y Penrose, 2013].

La idea sería que, en el momento en que el mecanismo de Higgs se activase en el eón posterior, el campo Ω adquiriría una masa y se convertiría entonces en la materia oscura que se necesita para ser coherente con la observación astrofísica (§3.4). Tendría que existir una estrecha conexión entre Ω y el campo de Higgs. Más aún, esta materia oscura tendría que desvanecerse por completo en otras partículas en el transcurso del eón posterior, para que no se fuese acumulando de un eón al siguiente.

Por último, está la cuestión de las comprobaciones observacionales de la CCC. De hecho, todo el esquema es bastante compacto, por lo que debería haber muchos ámbitos en los que la CCC diga algo verdaderamente comprobable mediante la observación. Al escribir esto, me he concentrado tan solo en dos características del esquema. En la primera de ellas, considero encuentros entre agujeros negros supermasivos en el eón anterior al nuestro. A lo largo de la historia de cada eón, tales encuentros deben de ser en conjunto muy frecuentes. (Por ejemplo, en nuestro propio eón, nuestra galaxia, la Vía Láctea, sigue una trayectoria que la llevará a colisionar, dentro de unos 10^9

años, con la galaxia de Andrómeda, y hay una probabilidad razonablemente alta de que, como resultado de dicha colisión, nuestro agujero
negro de ~4 × 10^6 masas solares se precipite sobre el de Andrómeda,
de ~10^8 masas solares.) Tales encuentros tendrían como resultado rá-
fagas de energía descomunales, casi tempestuosas, en forma de ondas
gravitatorias que, según la CCC, darían lugar a perturbaciones inicialmente tempestuosas en la distribución inicial de materia oscura en el
eón posterior. Eventos como este en el eón anterior al nuestro podrían conducir a señales *circulares* (a menudo concéntricas) en nuestra
CMB, que deberían ser discernibles [Penrose 2010; Gurzadyan y
Penrose, 2013]. De hecho, parece haber indicios significativos de que
tal actividad está realmente presente en la CMB, algo observado en
los datos tanto de la sonda WMAP como del satélite Planck [Gurzad-
yan y Penrose, 2013 y 2016; Meissner *et al.*, 2013]. Esto parecería proporcionar una clara evidencia de la existencia de un eón del universo
anterior al nuestro —sorprendentemente heterogéneo—, de acuerdo con la propuesta de la CCC. Si esta interpretación de los datos es
correcta, esto parece llevarnos a concluir que existe una heterogeneidad considerable en la distribución de agujeros negros supermasivos
en el eón anterior al nuestro. Aunque no estaba previsto en el esquema
de la CCC, ciertamente tiene fácil cabida dentro de él. Es mucho más
difícil ver cómo tal heterogeneidad podría surgir de la imagen inflacionaria convencional, donde las fluctuaciones térmicas en la CMB
tendrían un origen cuántico aleatorio.

Hay una segunda consecuencia observacional de la CCC, que
me hizo notar Paul Tod a principios de 2014: la CCC proporciona
una posible fuente de *campos magnéticos primordiales*. La aparente necesidad de que hubiese campos magnéticos en el Big Bang temprano
(con independencia de la CCC) se debe al hecho de que se observan
campos magnéticos en los inmensos *vacíos* que ocupan enormes regiones del espacio intergaláctico [véase Ananthaswamy, 2006]. La explicación convencional para la existencia de campos magnéticos galácticos e intergalácticos es que surgen a partir de procesos dinámicos
galácticos con *plasma* (protones y electrones separados que ocupan
grandes regiones del espacio), que sirven para extender y reforzar
campos magnéticos previamente existentes en y entre galaxias. Sin
embargo, no se dan tales procesos donde no hay galaxias, como sucede en los vacíos, por lo que la presencia observada de campos magné-

ticos en los vacíos supone un cierto misterio. Parece, pues, que tales campos magnéticos deben de ser *primordiales*, esto es, que debían de estar ya presentes en el propio Big Bang primitivo.

Según la sugerencia de Tod, tales campos podrían haber pasado intactos a nuestro Big Bang primitivo desde regiones donde hubiese habido cúmulos galácticos en el eón *anterior*. Los campos magnéticos están, al fin y al cabo, sujetos a las ecuaciones de Maxwell, que, como se ha mencionado antes, son *conformemente invariantes*, y por lo tanto dichos campos pueden pasar del futuro remoto de un eón a los orígenes primitivos del siguiente. Y podrían así aparecer como campos magnéticos *primordiales* en nuestro propio eón.

Tal campo magnético primordial podría constituir una posible fuente de los llamados modos B de polarización de los fotones en la CMB que parece haber observado el equipo de BICEP2, algo de lo que se informó a bombo y platillo el 17 de marzo de 2014 [Ade *et al.*, 2014], presentándolo como una «pistola humeante» de la inflación. Cuando escribo esto, han surgido algunas dudas sobre la importancia de estas observaciones, y se argumenta que no se ha tenido debidamente en cuenta el efecto del polvo intergaláctico [Mortonson y Seljak, 2014]. No obstante, la CCC proporciona una fuente alternativa para dichos modos B, y será interesante ver qué tipo de explicación acaba encajando mejor con los datos. Como comentario final en relación con esto, cabe señalar que la presencia de tales cúmulos galácticos de eones anteriores podría manifestarse, según la CCC, a través de encuentros entre agujeros negros supermasivos, por lo que las dos consecuencias observacionales de la CCC mencionadas aquí pueden estar relacionadas entre sí. Todo ello suscita interesantes cuestiones sobre otras posibles comprobaciones observacionales, y será fascinante comprobar si la CCC está a la altura de estas expectativas.

4.4. UNA CODA PERSONAL

Hace unos años, durante una entrevista, un periodista holandés me preguntó si me consideraba un «inconformista». Creo que en mi respuesta interpreté esta palabra en un sentido un poco diferente del que había pretendido darle (y mi diccionario parece confirmar ahora su versión). Yo entendí que un inconformista es alguien que no solo va contra el pensamiento convencional sino que, hasta cierto punto, lo hace deliberadamente para distinguirse de la multitud. Le contesté a mi entrevistador que no me veía en absoluto como tal, y que, en la mayoría de los ámbitos, con respecto a las teorías físicas básicas en las que se fundamenta nuestra imagen actual de los entresijos del mundo, tiendo a ser bastante conservador, y mucho más tolerante en mis opiniones con la sabiduría convencional que la mayoría de quienes se esfuerzan por ampliar los horizontes del conocimiento científico.

Tomemos, como un buen ejemplo de lo que quiero decir, la teoría de la relatividad general de Einstein (con una constante cosmológica Λ), con la que estoy completamente satisfecho como una hermosa teoría clásica de la gravedad y el espaciotiempo, en la que se puede confiar plenamente siempre que no nos aproximemos demasiado a esas singularidades donde las curvaturas se descontrolan y la teoría de Einstein, como tal, parece alcanzar sus límites. Desde luego, estoy mucho más satisfecho con las consecuencias de la relatividad general de lo que lo estuvo el propio Einstein, al menos en sus últimos años. Si la teoría de Einstein nos dice que deben de existir objetos extraños, compuestos esencialmente de espacio vacío, que pueden tragarse estrellas enteras, que así sea (aunque el propio Einstein se negó a aceptar este concepto que ahora denominamos *agujero negro*, y trató de argumentar que esas implosiones gravitatorias finales sin duda no se producirían). Evidentemente, Einstein creía que su teoría general requería cambios fundamentales incluso al nivel clásico, pues dedicó buena parte de los últimos años de su vida (en Princeton) a tratar de modificar su magnífica teoría de la relatividad general de varias maneras (a menudo, matemáticamente antipáticas) en un intento de incorporar el electromagnetismo dentro del ámbito de estas modificaciones, ignorando en gran medida otros campos de la física.

Desde luego, como he argumentado en §4.3, no tengo inconveniente en extender la teoría de la relatividad general de Einstein en direcciones insólitas cuando una fidelidad estricta a ella nos diría que el Big Bang debe ser el principio y que las extensiones más allá de ese extraordinario evento representarían algo que no cabría en la gran teoría de Einstein. Pero diría que mi extensión de esta teoría es sumamente moderada, pues solo hace posible una ligera ampliación de sus conceptos para que tenga un ámbito de aplicabilidad algo mayor que antes. De hecho, la CCC concuerda exactamente con la relatividad general con Λ, tal y como Einstein la propuso en 1917, y también lo hace por completo con esa teoría tal y como la recogen todos los viejos libros de cosmología (aunque con fuentes de materia en el universo muy primitivo que no se encontrarían en esos libros). Más aún, la CCC acepta la Λ de Einstein exactamente como él la concibió, y no como una vía para introducir una misteriosa «energía oscura», «falso vacío» o «quintaesencia», sujetos a ecuaciones que podrían permitir desviaciones descontroladas respecto a la teoría clásica de Einstein.

Incluso cuando se trata de la mecánica cuántica, en relación con la que en §2.13 he expresado mi escepticismo sobre la absoluta fe cuántica que muchos físicos parecen profesar, acepto sin reservas casi todas sus consecuencias sumamente peculiares, como la no localidad que manifiestan los efectos EPR (Einstein-Podolsky-Rosen). Mi aceptación solo empieza a flaquear cuando se puede demostrar que la curvatura espaciotemporal de Einstein entra en conflicto con los principios cuánticos. Por lo tanto, estoy contento con todos esos experimentos que siguen respaldando la rareza de la teoría cuántica, puesto que, hoy por hoy, aún continúan estando muy por debajo del nivel donde cabría esperar que se dejasen notar las tensiones con la relatividad general.

Cuando hablamos de los aspectos de moda de la supradimensionalidad espacial (y, en menor medida, de la supersimetría), soy también muy conservador en mi rechazo de estas ideas, pero debo confesar algo. Aquí, he expuesto mis objeciones contra las dimensiones espaciales adicionales casi enteramente desde el punto de vista de las dificultades que presenta el enorme exceso de libertad funcional en esas dimensiones adicionales. Creo que estas objeciones son en efecto válidas, y los supradimensionalistas nunca las han rebatido como corresponde. Pero esas no son mis *verdaderas* objeciones profundas a la supradimensionalidad.

¿Cuáles son entonces estas objeciones? En otras ocasiones, en alguna entrevista, o entre amigos o conocidos, me han preguntado cuáles son mis razones para oponerme a las teorías supradimensionales, a lo cual yo bien podría responder que tengo una razón pública y otra privada. La objeción pública se basaría en gran medida en los problemas que se derivan de la excesiva libertad funcional, pero ¿y la privada? Para explicarla, tengo antes que poner en perspectiva histórica el desarrollo de mis propias ideas.

Mis primeros intentos de desarrollar conceptos que combinasen nociones espaciotemporales con principios cuánticos empezaron cuando era estudiante de doctorado en matemáticas a principios de los años cincuenta y, posteriormente, investigador en el St John's College de Cambridge, donde disfruté de largas y estimulantes conversaciones con mi amigo y mentor Dennis Sciama y con otros como Felix Pirani, así como de conferencias extraordinarias, en particular de las impartidas por Hermann Bondi y Paul Dirac. Además de esto, desde mis días como estudiante en el University College de Londres, me quedé fascinado por el poder y la magia del análisis y la geometría complejos, y llegué al convencimiento de que esta magia también debía residir en lo más profundo de los componentes fundamentales del mundo. Había visto que, dentro del formalismo de los espinores de 2 componentes (un tema que Dirac me había explicado con claridad en sus clases), no solo existe un vínculo estrecho entre la geometría espacial 3-dimensional y las amplitudes mecanocuánticas, sino también otro algo distinto entre el grupo de Lorentz y la esfera de Riemann (véase §4.1). Ambas relaciones exigían la dimensionalidad espaciotemporal particular que observamos a nuestro alrededor, pero hasta aproximadamente media década más tarde (en 1963) no fui capaz de descubrir una relación clave entre ellas que la teoría de twistores haría explícita.

Para mí, esto fue la culminación de muchos años de búsqueda, y aunque había otras motivaciones clave que impulsaban estas ideas en esta dirección concreta [Penrose, 1987c], la combinación «lorentziana» esencial de una 3-dimensionalidad del espacio junto con una 1-dimensionalidad del tiempo formaba parte integral de toda esta empresa. Más aún, muchos de los avances posteriores (como la representación twistorial de las funciones de onda de los campos sin masa, que se han mencionado en §4.1) parecieron confirmar el valor de estas motivaciones. Así que, cuando supe que la teoría de cuerdas —por la que me había sentido claramente atraído en un principio, en parte por su uso inicial de las superficies de Riemann— se había inclinado por requerir todas esas dimensiones espaciales adicionales, me sentí horrorizado y fui incapaz de sentir el atractivo romántico de un universo supradimensional. Me parecía imposible creer que la naturaleza hubiese rechazado todas esas hermosas conexiones con el 4-espacio lorentziano, y aún sigo creyéndolo.

Por supuesto, habrá quien interprete mi obstinada adhesión al 4-espacio lorentziano como otro ejemplo de mi conservadurismo interno en lo tocante a la ciencia básica. De hecho, cuando los físicos aciertan con sus ideas, no veo ninguna razón para cambiarlas. Es al no ser del todo correctas, o al distar mucho de serlo, cuando me preocupo. Evidentemente, es posible que sean necesarios cambios fundamentales incluso cuando la teoría funciona tan estupendamente. La mecánica newtoniana es un claro ejemplo, y creo que lo mismo debe suceder con la teoría cuántica. Pero eso no rebaja el firme lugar que estas dos magníficas teorías ocupan en el desarrollo de la ciencia fundamental. Pasaron casi doscientos años hasta que fue evidente que el universo corpuscular de Newton debía modificarse mediante la inclusión de los campos continuos de Maxwell, y otro medio siglo más antes de que los cambios impuestos por la relatividad y la teoría cuántica comenzaran a entrar en juego. Será interesante ver si la teoría cuántica puede permanecer intacta durante tanto tiempo.

Permítanme terminar con unos pocos comentarios finales sobre el papel de la moda y su frecuente tenaza sobre las ideas científicas. Admiro mucho, y le saco mucho provecho, la manera en que la tecnología moderna, sobre todo a través de internet, permite el acceso inmediato a una parte tan grande del creciente cuerpo de conocimiento científico. Pero temo que la propia amplitud del conocimiento científico lleve al estrechamiento del cerco por parte de la moda. Hay ahora tantísimas cosas accesibles ahí fuera que es muy difícil saber cuáles de entre todas ellas contienen ideas nuevas a las que se deba prestar atención. ¿Cómo se pueden emitir juicios sobre qué es lo que puede ser importante y qué debe su relevancia únicamente a su popularidad? ¿Cómo se abre uno paso a través de la multitud, que existe en gran parte porque *es* una multitud y no tanto porque contenga ideas, nuevas o antiguas, que tengan sustancia, coherencia y verdad auténticas? Son preguntas difíciles, para las que no tengo una respuesta clara.

Sin embargo, está claro que el papel de la moda en la ciencia no es nuevo, y en §1.1 he comentado parte de este papel en la ciencia del pasado. La formación de juicios independientes y coherentes por vías que no se vean indebidamente influenciadas por la moda es un equilibrio difícil de alcanzar. En mi caso, tuve la enorme ventaja de crecer con un padre de gran talento y muy estimulante, Lionel, un científico biológico especializado en genética humana con amplios intereses y habilidades: en matemáticas, arte y música, y también con talento para la escritura; aunque me temo que sus capacidades personales a veces mostraban limitaciones en lo tocante a la gestión de las relaciones con su familia, a pesar del disfrute y las enseñanzas que todos obteníamos al compartir con él sus muchos intereses y originales opiniones. El nivel intelectual general en la familia era singular, y también aprendí mucho de mi muy precoz hermano mayor, Oliver, en particular en el ámbito de la física.

Lionel tenía a todas luces una mente independiente, y, si pensaba que una línea de pensamiento generalmente aceptada era errónea, no se refrenaba de señalarlo. Recuerdo en concreto la ocasión en que un colega suyo usó un famoso árbol genealógico en la portada de su libro. Se consideraba que esta distinguida familia era un clásico ejemplo de transmisión a través del cromosoma Y, un trastorno médico que se transmitía directamente de cada padre afectado a todos sus hijos, y al parecer lo había sido durante varias generaciones, sin que ninguna mujer de la familia se hubiese visto afectada. El trastorno consistía en una grave alteración de la piel (*ichthyosis hystrix gravior*), y quien la padecía podía recibir el sobrenombre de «hombre puercoespín». Lionel le dijo a su colega que no creía que el árbol genealógico fuese correcto, porque sencillamente no podía aceptar que este trastorno en particular fuese del tipo que se hereda a través del cromosoma Y. Más aún, en el siglo XVIII los hombres se habían exhibido como atracciones de circo, y Lionel pensaba que era probable que los dueños de los circos estuviesen tentados de promover una historia como la transmisión directa de padre a hijo. Su colega expresó grandes dudas sobre el escepticismo de Lionel, y este se propuso demostrar que tenía razón, para lo cual hizo muchas excursiones, acompañado de mi madre, Margaret, para examinar los antiguos registros parroquiales relevantes, con el fin de ver cuál era realmente el árbol genealógico de los hombres puercoespín. Tras varias semanas, exhibió exultante un árbol familiar muy distinto y más verosímil, que demostraba que el trastorno no podía ser un ejemplo de transmisión a través del cromosoma Y, pero sí podía ser explicado directamente como un simple trastorno dominante.

Siempre pensé que Lionel tenía un poderoso instinto sobre lo que era probablemente cierto (aunque no siempre acertaba). Sus sensaciones intuitivas no se circunscribían necesariamente al ámbito de la ciencia, y algo en lo que tenía mucho interés era la cuestión de la autoría de las obras de Shakespeare. Un libro de Thomas Looney [1920] lo había convencido de que el verdadero autor de las obras de Shakespeare era Edward de Vere, el decimoséptimo conde de Oxford, y Lionel llegó incluso a intentar demostrar su autoría mediante un análisis estadístico de los escritos verificados de De Vere, que comparó con el de las obras en cuestión (con resultados poco concluyentes). La mayoría de los colegas de Lionel pensaban que estaba llevando esta creencia demasiado lejos. En cambio, a mí me parecía que el argumento contra la autoría normalmente aceptada era muy sólido (pues consideraba de lo más improbable que el autor de esas grandes obras no hubiese poseído libros ni hubiera dejado constancia de su letra salvo por unas pocas firmas que parecían propias de un analfabeto, pero no tenía realmente una opinión formada sobre quién podía ser el verdadero autor). Es interesante constatar que, recientemente, se ha expuesto un argumento sólido a favor de la autoría de De Vere, recogido en un libro de Mark Anderson [2005]. Por difícil que pueda parecer cambiar un punto de vista científico que está ampliamente asentado, cabría pensar que hacerlo en el mundo literario —sobre todo en el caso de un dogma tan firmemente afianzado y con enormes intereses comerciales— sería sencillamente imposible.

Apéndice matemático

A.1. Exponentes reiterados

En este apartado voy a hablar sobre elevar un número a una potencia. Ello significa, por supuesto, multiplicar el número por sí mismo cierto número de veces. Así pues, la notación

$$a^b,$$

donde a y b son números enteros positivos, significa que a se multiplica por sí mismo un total de b veces (de manera que $a^1 = a$, $a^2 = a \times a$ y $a^3 = a \times a \times a$, etc.); así, $2^3 = 8$, $2^4 = 16$, $2^5 = 32$, $3^2 = 9$, $3^3 = 27$, $4^2 = 16$, $5^2 = 25$, $10^5 = 100.000$, etc. Podemos extender esto, sin dificultad, al caso en que a no tiene por qué ser positivo, ni b positivo si $a \neq 0$ (por ejemplo, $a^{-2} = 1/a^2$), y la idea también es válida cuando ni a ni b son necesariamente enteros (esto es, pueden ser números reales, o incluso números complejos como los que veremos más adelante, en §§A.9 y A.10). (No obstante, pueden darse entonces situaciones de valores múltiples [véase, por ejemplo, *ECalR*: §5.4].) Un pequeño detalle en relación con la terminología que empleo de manera sistemática en este libro es que, en lugar de usar términos como «billón», «trillón» o «cuatrillón», que no son muy informativos (debido en parte a ciertas ambigüedades en su uso que aún son relevantes) y sí muy limitados a la hora de manejar los números sumamente grandes con los que nos encontraremos en distintas partes del libro (en particular, en el capítulo 3), utilizaré la notación exponencial, como 10^{12}, de forma sistemática para números mayores que un millón (10^6).

Todo esto es relativamente sencillo, pero podría interesarnos realizar esta operación a un segundo nivel y considerar una cantidad como

$$a^{b^c}.$$

Debería aclarar lo que significa esta notación. *No* quiere decir $(a^b)^c$; esto es, a^b elevado a la potencia c, por la razón práctica de que podríamos perfectamente haber representado dicha cantidad sin usar exponentes reiterados, como a^{bc} (esto es, a elevado a la potencia $b \times c$). Lo que la expresión a^{b^c} pretende representar es la cantidad (normalmente mucho mayor)

$$a^{(b^c)},$$

es decir, a elevado a la potencia b^c. Así, $2^{2^3} = 2^8 = 256$, que no es igual a $(2^2)^3 = 64$.

Quiero comentar ahora un detalle bastante elemental sobre dichas cantidades: el hecho de que, para números razonablemente grandes, a, b y c, resulta que a^{b^c} depende bastante poco del valor de a, mientras que el de c es importantísimo. (Para más información misteriosa sobre estos asuntos, véanse Littlewood [1953] y Bollobás [1986: 102-103].) Podemos verlo claramente si reescribimos a^{b^c} en función de logaritmos. Como soy matemático y un poco purista, suelo utilizar logaritmos *naturales*, de manera que, cuando escribo «log», en realidad me refiero al logaritmo natural, «$\log_e$» (que suele representarse como «ln»). Si prefiere los «logaritmos en base diez» corrientes, haga el favor de avanzar hasta dos párrafos más adelante. Para los puristas como yo, el logaritmo natural es simplemente el *inverso* de la función *exponencial*. Esto significa que el número real

$$y = \log x$$

(para un número real positivo x) está definido mediante la ecuación (inversa) equivalente

$$e^y = x,$$

donde e^y es la función exponencial estándar, que a veces se escribe como «exp y», definida a través de la serie infinita

$$\exp y = e^y = 1 + \frac{y}{1!} + \frac{y^2}{2!} + \frac{y^3}{3!} + \frac{y^4}{4!} + \ldots,$$

donde

$$n! = 1 \times 2 \times 3 \times 4 \times 5 \times ... \times n$$

(véase la figura A-1). Si hacemos $y = 1$ en la serie anterior, obtenemos

$$e = e^1 = 2{,}7182818284590452...$$

Volveremos de nuevo a esta serie en §A.7.

Cabe señalar que (de forma bastante sorprendente) la notación «e^y» es coherente con lo que hemos visto antes: si y es un entero positivo, e^y es en efecto el número «e» multiplicado por sí mismo y veces. Además, los exponentes satisfacen la ley de adición a multiplicación, según la cual:

$$e^{y+z} = e^y e^z.$$

De lo cual, puesto que «log» es la función inversa de «exp», se deduce que los logaritmos cumplen la siguiente ley de multiplicación a adición:

$$\log(ab) = \log a + \log b$$

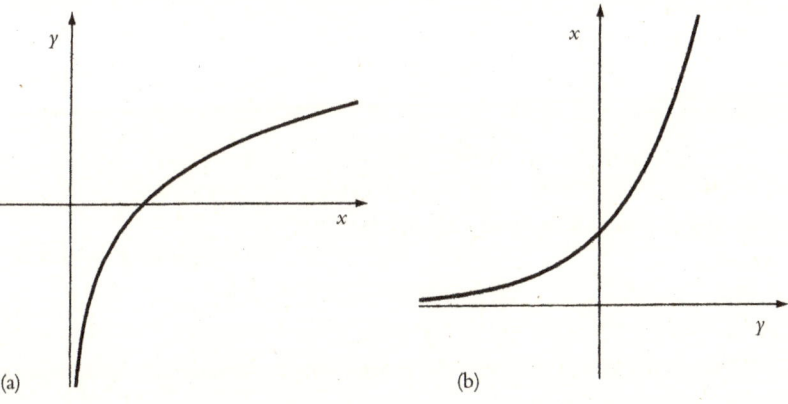

FIGURA A-1. (a) La función logarítmica $y = \log x$ es la inversa de (b) la función exponencial $x = e^y$ (utilizando convenciones no habituales para los ejes). Fijémonos en que, para pasar de una función a la inversa, intercambiamos los ejes x e y, o, lo que es lo mismo, la reflejamos sobre la diagonal $y = x$.

(que es equivalente a lo que teníamos más arriba si hacemos $a = e^y$ y $b = e^z$). También tenemos que

$$a^b = e^{b \log a}$$

(porque $e^{\log a} = a$, de manera que $e^{b \log a} = (e^{\log a})^b = a^b$), de lo que se deriva que

$$a^{b^c} = e^{e^{c \log b + \log \log a}}$$

(porque $e^{c \log b + \log \log a} = e^{c \log b} e^{\log \log a} = b^c \log a$). Puesto que, para valores grandes de x, la función $\log x$ crece muy lentamente, y la función $\log \log x$ crece todavía mucho más lentamente, suele suceder que, para valores razonablemente grandes de a, b y c, este último número es el más relevante a la hora de determinar el tamaño de $c \log b + \log \log a$, y por lo tanto de a^{b^c}, y es probable que el valor de a tenga muy poca influencia.

Puede que al lector lego en la materia le resulte más fácil entender lo que sucede si se expresan las cosas en función de logaritmos de base 10, esto es, de «$\log_{10}$». (En textos dirigidos a un público general, esto tiene la ventaja de que no tengo que explicar qué es «e».) Utilizaré aquí la notación «Log» para «$\log_{10}$». Por lo tanto, el número real $u = \text{Log } x$ (para cualquier número real positivo x) se define a través de la ecuación inversa equivalente

$$10^u = x$$

y tenemos que

$$a^b = 10^{b \, \text{Log } a},$$

de lo que se deduce (como más arriba) que

$$a^{b^c} = 10^{10^{c \, \text{Log } b + \text{Log Log } a}}.$$

Ahora podemos ilustrar de manera muy sencilla lo lentamente que crece $\text{Log } x$ viendo que

$$\text{Log } 1 = 0, \quad \text{Log } 10 = 1, \quad \text{Log } 100 = 2,$$
$$\text{Log } 1.000 = 3, \quad \text{Log } 10.000 = 4, \text{ etc.}$$

Análogamente, la suma lentitud del crecimiento de Log Log x queda de manifiesto al ver que

Log Log 10 = 0,   Log Log 10.000.000.000 = Log Log 10^{10} = 1,
Log Log (un gúgol) = Log Log 10^{100} = 2,   Log Log 10^{1000} = 3, etc.,

donde recordamos que, sin exponentes, 10^{1000} se escribiría como un uno seguido de *mil* ceros, y donde un *gúgol* es un número escrito como un uno seguido de cien ceros.

En el capítulo 3 aparecen números muy grandes, como $10^{10^{124}}$. Este número en concreto (una estimación aproximada de lo «especial» que era el universo en el momento del Big Bang) y los argumentos que allí se ofrecen nos llevarían a considerar únicamente el número $e^{10^{124}}$, que es menor. Pero, según lo visto más arriba, se deduce que

$$e^{10^{124}} = 10^{10^{124+\text{Log Log } e}}.$$

El valor aproximado de la magnitud Log Log e resulta ser de −0,362, por lo que vemos que cambiar e por 10 en el miembro izquierdo equivale a la mera sustitución de 124 por, aproximadamente, 123,638 en el exponente superior, que, redondeando al entero más cercano, sigue siendo 124. De hecho, el valor aproximado de 124 en esta expresión no se conoce con una gran precisión, y una cifra más «correcta» podría perfectamente ser 125 o 123. Aunque en muchos textos anteriores utilicé la cifra $e^{10^{123}}$ para este «nivel de especialidad», tal y como me la dio a conocer Don Page alrededor de 1980, entonces no se tenía plena conciencia de la abundancia de la materia oscura; véase §3.4. Una cifra más grande, como $e^{10^{124}}$ (o $e^{10^{125}}$) tiene en cuenta la materia oscura. Así pues, sustituir aquí la e por un 10 no tiene en realidad mucho efecto. En este caso, b no es muy grande (b = 10), por lo que el término Log Log e aún tiene una pequeña repercusión, pero tampoco mucha, ya que 124 sigue siendo mucho mayor que Log Log e.

Otra característica de los números tan grandes es que, si multiplicamos o dividimos un par de ellos entre sí cuando sus exponentes superiores difieren incluso en una cantidad bastante pequeña, probablemente el número con el mayor exponente superior se impondrá por completo sobre el otro, por lo que podemos más o menos ignorar totalmente la presencia del número más pequeño en esa multiplicación o división. Para verlo, observemos primero que

$$10^{10^x} \times 10^{10^y} = 10^{10^x + 10^y} \quad \text{y} \quad 10^{10^x} \div 10^{10^y} = 10^{10^x - 10^y}.$$

Y a continuación tengamos en cuenta que, si $x > y$, el exponente de 10 en el producto es $10^x + 10^y = 1000\ldots001000\ldots00$ (donde el primer bloque «000...00» contiene $x - y - 1$ ceros) y el exponente en el cociente es $10^x - 10^y = 1000\ldots000999\ldots99$ (donde el primer bloque está compuesto por $x - y$ ceros y el segundo contiene $y - 1$ nueves). A todas luces, si x es significativamente más grande que y, el uno en mitad del primer número, o los nueves al final, apenas tienen algún efecto (desde luego, debemos ser cuidadosos con lo que entendemos por «ningún efecto», ya que el resultado de restar un número del otro seguirá siendo un número enorme). Si $x - y$ es incluso tan pequeño como 2, el exponente varía como mucho en un 1 por ciento y aún varía mucho menos si $x - y$ es mucho mayor que 2, por lo que podemos en efecto ignorar el 10^{10^y} en el producto $10^{10^x} \times 10^{10^y}$. Análogamente, en la división el número menor, 10^{10^y}, casi queda de nuevo desbordado, y normalmente puede ignorarse por completo en $10^{10^x} \div 10^{10^y}$. Este tipo de asuntos los abordo en §3.5.

A.2. Libertad funcional de los campos

Más importantes para las consideraciones del capítulo 1 en particular son los números de la forma a^{b^c} en el «límite» en que a y b se hacen *infinitos*, que representaré como ∞^{∞^n}. Podemos preguntarnos qué significado tiene esta magnitud y cuál es su importancia para la física. Para responder a la primera pregunta, es mejor que antes conteste a la segunda, y para ello debemos tener en cuenta que a buena parte de la física se la describe en función de lo que los físicos llaman *campos*. Así pues, ¿qué es lo que un físico entiende por «campo»?

Una buena manera de hacerse una idea de lo que es un campo para un físico es pensar en un campo magnético. En cada punto del espacio, existe una *dirección* del campo magnético (definida por dos ángulos que especifican, por ejemplo, las inclinaciones este-oeste y

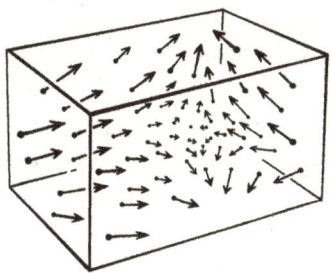

FIGURA A-2. Un campo magnético en el espacio tridimensional ordinario es un buen ejemplo de un campo físico (vectorial).

arriba-abajo) y también una *intensidad* del campo (un número adicional), lo que da un total de tres números. O, de manera más sencilla, podemos pensar en los tres números reales que forman las componentes de la magnitud *vectorial* que da la medida completa del campo magnético en un determinado punto; véase la figura A-2. (Un campo magnético es un ejemplo de *campo vectorial*, un concepto que se describe más extensamente en §A.7.) ¿Cuántos campos magnéticos puede haber a lo largo y ancho del espacio? Claramente, un número infinito de ellos. Pero «infinito» es una medida muy burda de la cantidad de campos, y me gustaría afinarla mucho más.

Será útil, en primer lugar, imaginar un modelo de juguete de la situación, en el que el continuo $\mathbb{R}$ de todos los números reales es sustituido por un sistema finito **R**, que consta únicamente de N elementos, donde N es un número entero positivo sumamente grande. Así pues, en lugar del continuo completo, lo aproximamos mediante un conjunto discreto de puntos agrupados muy densamente (todos en una línea). Los tres números reales que describen nuestro campo magnético en un punto P serían ahora simplemente tres elementos de **R**, de manera que habría N valores posibles para el primero de ellos, otros N valores posibles para el segundo y otros N para el tercero, dando como resultado

$$N \times N \times N = N^3$$

en total, por lo que, en nuestro modelo de juguete y en cada punto P del espacio, hay N^3 campos magnéticos distintos posibles. Pero queremos saber cuántos campos posibles hay, en los que el campo pueda variar de forma arbitraria de un punto del espacio a otro. En este modelo, cada dimensión del continuo espaciotemporal también es descrita mediante el conjunto finito **R**, de forma que cada una de las tres coordenadas espaciales (que normalmente son números reales denotados como x, y y z) se puede entender ahora como un elemento de **R**, por lo que en nuestro modelo de juguete también tenemos N^3 puntos diferentes en el espacio. En cualquier punto P, hay N^3 campos magnéticos posibles. En el caso de dos puntos distintos, P y Q, hay N^3 campos posibles en cada uno de dichos puntos, y por lo tanto $N^3 \times N^3 = (N^3)^2 = N^6$ posibilidades para los valores del campo en los dos puntos tomados conjuntamente (suponiendo que los valores del campo en los distintos puntos son independientes entre sí); en tres puntos diferentes, hay $(N^3)^3 = N^9$ posibilidades; para cuatro puntos, este número es $(N^3)^4 = N^{12}$, y así sucesivamente. Por lo tanto, para todos los N^3 puntos distintos juntos, tenemos en total

$$(N^3)^{N^3} = N^{3N^3}$$

posibilidades, para los campos magnéticos en el espacio, en este modelo de juguete.

Este ejemplo introduce una pequeña confusión porque el número N^3 aparece de dos modos diferentes: en el primero de ellos, 3 es el número de componentes que tiene un campo magnético en cada punto; en el segundo, el 3 se refiere al número de dimensiones del espacio. Otros tipos de campos pueden tener un número distinto de componentes. Por ejemplo, la temperatura o la densidad de un material en un punto tendrían, cada una de ellas, una única componente, mientras que magnitudes *tensoriales* como la tensión en un material tendrían más componentes en cada punto. En lugar del campo magnético de tres componentes, podríamos considerar el campo de una magnitud de c componentes, y nuestro modelo de juguete nos daría un total de

$$(N^c)^{N^3} = N^{cN^3}$$

posibilidades diferentes para dicho campo. También podríamos considerar un espacio cuyo número de dimensiones, d, fuese distinto del 3 al que estamos acostumbrados. Entonces, en nuestro modelo de juguete, en un espacio d-dimensional, el número de campos posibles de c componentes sería

$$(N^c)^{N^d} = N^{c\,N^d}.$$

Evidentemente, más que este modelo de juguete nos interesa la física real, en la que el número N debe tomarse como infinito (aunque deberíamos tener en cuenta que no conocemos a ciencia cierta la estructura matemática real de la verdadera física de la naturaleza, por lo que la expresión «física real» hace referencia aquí a los modelos matemáticos concretos que se usan en las teorías actuales que consideramos muy satisfactorias). En dichas teorías, N es en efecto infinito, por lo que, si hacemos $N = \infty$ en la fórmula anterior, obtenemos

$$\infty^{c\infty^d}$$

para el número de campos distintos posibles de c componentes en un espacio d-dimensional.

En la situación física particular que he utilizado al principio de este excurso, la del número de configuraciones distintas del campo magnético que podría haber en todo el espacio, tenemos que $c = d = 3$, y obtenemos como resultado

$$\infty^{3\infty^3}.$$

Sin embargo, hay que tener en cuenta que esto se basaba (en el modelo de juguete) en la suposición de que los valores del campo en puntos distintos eran *independientes* entre sí. En el contexto actual, si consideramos campos magnéticos en el espacio, esto no es cierto, ya que hay una limitación que satisfacen los campos magnéticos, denominada *ecuación de restricción* (que los expertos conocen como «div **B** = 0» en este caso, donde **B** es el vector campo magnético; un ejemplo de ecuación *diferencial*, como se verá brevemente en §A.11), que refleja el hecho de que no existen polos magnéticos norte o sur independientes, que actuarían como «fuentes» independientes del campo magnético, y su inexistencia, hasta donde llega actualmente nuestra compresión de la física, es en efecto un hecho físico (véase, no obstante, §3.9). Esta limitación tiene como consecuencia que todo campo magnético está sujeto a una restricción que interrelaciona los valores del campo en distintos puntos del espacio. Lo cual tiene a su vez la consecuencia más específica de que los tres valores del campo no son independientes entre sí a lo largo y ancho del espacio tridimensional, sino que uno de los tres (podemos decidir cuál) está, en efecto, fijado por los otros dos junto con lo que esa componente hace en una subregión bidimensional S del espacio. La consecuencia de todo esto es que el $3\infty^3$ en el exponente debería ser en realidad «$2\infty^3 + \infty^2$», pero puesto que podemos suponer que la corrección «∞^2» queda completamente desbordada por «$2\infty^3$», que es mucho más grande, en la práctica podemos olvidarnos de ella y escribir que la *libertad funcional* de los campos magnéticos en el espacio tridimensional ordinario (sujetos a esta restricción) es

$$\infty^{2\infty^3}.$$

Una mejora de esta notación, tomando en consideración el trabajo de Cartan [véanse Bryant *et al.*, 1991; Cartan, 1945, en particular §§68 y 69 en pp. 75-76 de la edición original], nos permite dar significado a expresiones como $\infty^{2\infty^3+\infty^2}$, donde el exponente puede entenderse como un polinomio en «∞», en el que los coeficientes son enteros no negativos. En este ejemplo, tenemos dos funciones libres de tres variables junto con una función libre de dos variables. No obstante, en este libro no tendré que recurrir a esta notación más refinada.

No cabe duda de que debemos aclarar varios detalles en relación con esta útil notación (que, al parecer, fue utilizada por primera vez por John A. Wheeler, el distinguido y muy original físico estadounidense [1960; Penrose, 2003: 185-201 y *ECalR*: §16.7]). El primer punto que me gustaría aclarar es que estos números no hacen referencia al sentido corriente (de Cantor) de *cardinalidad* que describe los tamaños de los conjuntos infinitos generales. A algunos lectores quizá les suene la fascinante teoría de los números infinitos de Cantor. Si no es así, no se preocupen; solo menciono la teoría de Cantor para señalar la diferencia con lo que estamos haciendo aquí. Pero, si la conocen, es posible que los siguientes comentarios les resulten de utilidad para entender el origen de dichas diferencias.

En el sistema de números infinitos de Cantor —los denominados números *cardinales*— el número (cardinal) del conjunto $\mathbb{Z}$ de todos los enteros distintos se representa como $\aleph_0$ (álef sub cero o álef cero), de manera que el *número* de enteros distintos es en efecto $\aleph_0$. El número de *números reales* diferentes es entonces $2^{\aleph_0}$, que suele escribirse como C (= $2^{\aleph_0}$). (Podemos representar los números reales como series interminables de dígitos binarios; por ejemplo, 10010111,0100011..., lo que viene dado, aproximadamente, por unas $\aleph_0$ alternativas binarias, que son $2^{\aleph_0}$ en número.) No obstante, esto no es lo bastante refinado para lo que necesitamos. Por ejemplo, si tratamos de imaginar el tamaño de un espacio d-dimensional como N^d, a medida que N tiende a $\aleph_0$ en el sistema de Cantor siempre obtenemos de nuevo $\aleph_0$, por muy grande que sea d. De hecho, en la notación de Cantor, $(\aleph_0)^d = \aleph_0$, para cualquier número entero positivo d. En el caso de $d = 2$, esto simplemente refleja el hecho de que el sistema de *pares* de enteros (r, s) se puede contar con un solo entero t, como se ilustra en la figura A-3, y esto es lo que expresa $(\aleph_0)^2 = \aleph_0$. Ello se extiende a cualquier serie de d enteros simplemente repitiendo el proceso, lo que demuestra que $(\aleph_0)^d = \aleph_0$. Pero, en cualquier caso, esto no puede ser lo que significan los «∞» en las expresiones de más arriba, ya que estamos suponiendo que nuestro conjunto finito **R**, de N elementos, es un modelo del *continuo*, que en la teoría de Cantor tiene $2^{\aleph_0} = C$ elementos. (No es descabellado entender que C surge como el límite de 2^N cuando $N \to \infty$, ya que se puede expresar un número real entre 0 y 1 mediante una expansión binaria; por ejemplo; 0,1101000101110010... Si detenemos la expansión en N dígitos, tenemos 2^N posibilidades. Si dejamos que

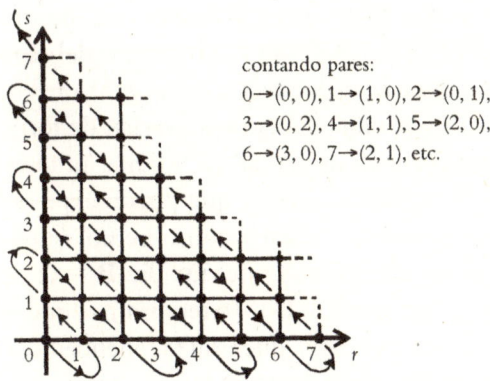

contando pares:
$0 \to (0, 0), 1 \to (1, 0), 2 \to (0, 1),$
$3 \to (0, 2), 4 \to (1, 1), 5 \to (2, 0),$
$6 \to (3, 0), 7 \to (2, 1)$, etc.

FIGURA A-3. El procedimiento de Cantor para contar pares (r, s) de números naturales mediante un único número natural.

$N \to \infty$, obtenemos el continuo completo de todos los números reales posibles entre 0 y 1, con pequeñas redundancias.) Pero esto, por sí solo, no nos ayuda, ya que en la teoría de Cantor seguimos teniendo simplemente que $C^d = C$. (Para más información sobre la teoría de Cantor, véanse Gardner [2006] y Lévy [1979].)

La teoría de Cantor de los infinitos (cardinales) se limita únicamente a los *conjuntos*, que no se consideran estructurados en algún tipo de espacio continuo. Para nuestros propósitos, necesitamos tener en cuenta los aspectos de continuidad (o suavidad) de los espacios que nos interesan. Por ejemplo, los puntos de la línea unidimensional $\mathbb{R}$ son tan numerosos, en el sentido de Cantor, como los puntos del plano bidimensional $\mathbb{R}^2$ (que tienen por coordenadas los pares de números reales x, y), como se ha señalado en el párrafo anterior. Sin embargo, cuando pensamos que los puntos de la línea real $\mathbb{R}$ o del plano real $\mathbb{R}^2$, respectivamente, están organizados en una línea o un plano *continuos*, este último debe considerarse una entidad mucho «más grande», en el límite cuando el conjunto finito **R** de N elementos se convierte en el continuo $\mathbb{R}$. Esto se pone de manifiesto en el hecho de que al procedimiento para contar pares, que se muestra en la figura A-3, no se lo puede volver continuo. (Aunque sea «continuo» en el sentido limitado de que elementos «cercanos» de nuestra secuencia de cuenta siempre nos da de hecho pares —*r*, *s*— «cercanos», no es cierto en el necesario sentido técnico *inverso* de que *pares* cercanos siempre den miembros cercanos de la secuencia continua.)

En la notación de Wheeler, el tamaño de nuestra línea continua $\mathbb{R}$ se describe como ∞^1 ($= \infty$), y el tamaño de nuestro plano continuo $\mathbb{R}^2$ como ∞^2 ($> \infty$). Asimismo, el tamaño del espacio tridimensional $\mathbb{R}^3$ (de triplas de números reales x, y, z) es ∞^3 ($> \infty^2$), etc. El espacio de los campos magnéticos que varían de forma continua en el espacio euclídeo tridimensional ($\mathbb{R}^3$) tiene infinitas dimensiones, pero no deja de tener un tamaño, que puede expresarse en la notación de Wheeler como $\infty^{2\infty^3}$, tal y como hemos visto antes (cuando se tiene en cuenta la restricción de que div **B** = 0; de lo contrario, cuando *no* se supone que div **B** = 0, tendríamos que $\infty^{3\infty^3}$).

La idea clave de todo esto, que utilizo repetidamente en el capítulo 1, es que mientras que, por una parte (en este sentido «continuo»),

$$\infty^{a\infty^d} > \infty^{b\infty^d} \quad \text{si } a > b,$$

también tenemos que

$$\infty^{a\infty^c} \ggg \infty^{b\infty^d} \text{ si } c > d,$$

Este último se cumple sea cual sea la relación entre los números positivos a y b (utilizo el símbolo «$\ggg$» para indicar la enorme diferencia de magnitud existente entre el lado izquierdo y el derecho). De forma que, como sucedía con los enteros finitos que he usado en §A.1, la magnitud del exponente *superior* es, con diferencia, la más importante a la hora de considerar las escalas de tamaño. Ello lo interpretamos como que, mientras que en un espacio d-dimensional dado obtenemos campos que varían más libremente (pero de manera continua) si el número de componentes es mayor, resulta que para espacios de *dimensionalidad distinta* lo determinante es esta diferencia del número de dimensiones del espacio, y cualquier diferencia en el número de componentes que puedan tener los campos en cada punto queda completamente desbordada por esto. En §A.8 podremos apreciar mejor las razones que hay detrás de este hecho básico.

La expresión «grados de libertad» se suele utilizar en el contexto de situaciones físicas y, de hecho, yo también la empleo a menudo en este libro. Sin embargo, conviene hacer hincapié en que esto no es lo mismo que la «libertad funcional». Básicamente, si tenemos un campo físico con n grados de libertad, es probable que nos estemos refiriendo a algo con una libertad funcional de

$$\infty^{n\infty^3}$$

puesto que el «número» de grados de libertad está relacionado con un número de parámetros por punto del espacio tridimensional. Así, en el caso de una libertad funcional de $\infty^{2\infty^3}$ para los campos magnéticos, tenemos dos grados de libertad, que es ciertamente más que la libertad de $\infty^{1\infty^3}$ en un campo escalar unidimensional, pero un campo escalar en un espacio de cinco dimensiones tendría una libertad *funcional* de $\infty^{1\infty^4}$, *mucho* mayor que la de $\infty^{2\infty^3}$ de nuestro campo magnético en el espacio tridimensional ordinario (o en el espaciotiempo tetradimensional).

A.3. Espacios vectoriales

Para una comprensión más completa de estos asuntos, es importante tener una idea más clara de cómo se tratan matemáticamente los espacios de un mayor número de dimensiones. En §A.5 consideraré el concepto general de una *variedad*, que es un espacio que puede tener cualquier número (finito) de dimensiones pero que también puede, en un sentido adecuado, ser *curvo*. Con todo, antes de pasar a analizar las geometrías de esos espacios curvos, resultará útil, por varios motivos, considerar la estructura algebraica fundamental de los espacios *planos* de más de tres dimensiones. El propio Euclides estudió geometrías de dos y tres dimensiones, pero no vio motivos para analizar otras de un mayor número de dimensiones, y tampoco hay constancia de que se plantease siquiera esas posibilidades. No obstante, con la introducción de los métodos de coordenadas, debidos fundamentalmente a Descartes (aunque al parecer otros, como Oresme en el siglo XIV e incluso Apolonio de Perga en el siglo III a. C., tuvieron ideas de este estilo muchos años antes), resultó evidente que el formalismo algebraico empleado para dos o tres dimensiones se podría generalizar a un número mayor de ellas, aunque la utilidad de estos espacios de más dimensiones distaba de ser evidente. Ahora que el espacio euclídeo tridimensional podía estudiarse empleando procedimientos de coordenadas, en los que un punto en el espacio estaría representado por una *tripla* de números reales (x, y, z), esto se podría generalizar fácilmente a una n-tupla de coordenadas $(x_1, x_2, x_3, \ldots, x_n)$, que representaría un punto en una especie de espacio n-dimensional. Por supuesto, en la representación concreta de los puntos en función de n-tuplas de números reales hay mucho margen para la arbitrariedad, pues depende en gran medida de la elección de los *ejes* de coordenadas que se utilicen, así como del punto de *origen* O desde el que parten dichos ejes, como podemos ver ya cuando se utilizan coordenadas cartesianas para describir los puntos de un plano cartesiano (figura A-4). Pero si nos permitimos otorgarle un estatus particular al punto O, podemos suponer que la geometría *relativa* a O está bien representada por una determinada estructura algebraica denominada *espacio vectorial*.

Un espacio vectorial consta de un conjunto de elementos algebraicos **u**, **v**, **w**, **x**..., llamados *vectores*, que definen los distintos pun-

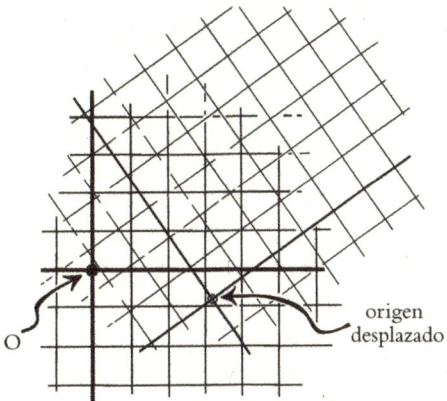

FIGURA A-4. La elección de las coordenadas en un espacio puede ser muy arbitraria, incluso para las coordenadas cartesianas rectilíneas ordinarias en un espacio euclídeo bidimensional, como sucede con los dos sistemas de este tipo que se ilustran aquí.

tos del espacio, junto con unos números —llamados *escalares*— a, b, c, d, ... que pueden utilizarse para medir distancias (o su negativo). Normalmente, se supone que los escalares son meros números reales ordinarios (esto es, elementos de $\mathbb{R}$), pero vemos, en particular en el capítulo 2, que para entender correctamente la mecánica cuántica también nos interesará estudiar situaciones en las que los escalares son números *complejos* (elementos de $\mathbb{C}$; véase §A.9). Tanto si son reales como complejos, los escalares satisfacen las reglas del álgebra ordinaria, en la que los pares de escalares pueden combinarse mediante las operaciones de adición «+», multiplicación «×» y sus respectivas inversas, la sustracción «−» y la división «÷» (aunque el símbolo «×» normalmente se omite y «÷» se sustituye a menudo por la barra, «/») donde la división no opera sobre el cero. Tenemos las reglas algebraicas habituales para los escalares

$$a + b = b + a, \quad (a + b) + c = a + (b + c), \quad a + 0 = a,$$
$$(a + b) - c = a + (b - c), \quad a - a = 0, \quad a \times b = b \times a,$$
$$(a \times b) \times c = a \times (b \times c), \quad a \times 1 = a, \quad (a \times b) \div c = a \times (b \div c),$$
$$a \div a = 1, \quad a \times (b + c) = (a \times b) + (a \times c),$$
$$(a + b) \div c = (a \div c) + (b \div c),$$

donde a, b y c son escalares cualesquiera (aunque obligamos a que c $\neq$ 0 cuando actúa sobre él el operador ÷) y 0 y 1 son escalares *espe-*

ciales. Escribimos −*a* para 0 − *a* y *a*⁻¹ para 1 ÷ *a*, y, normalmente, *ab* para *a* × *b*, etc. (Estas son las reglas abstractas que definen el tipo de sistemas que los matemáticos denominan *campo* conmutativo, del que ℝ y ℂ son ejemplos concretos. Esto no debe confundirse con el concepto de «campo» que usan los físicos y que se ha descrito en §A.2.)

Los vectores están sujetos a dos operaciones: la *adición*, **u** + **v**, y la *multiplicación por un escalar,* *a***u**, que a su vez tienen las siguientes propiedades:

$$\mathbf{u} + \mathbf{v} = \mathbf{v} + \mathbf{u}, \quad \mathbf{u} + (\mathbf{v} + \mathbf{w}) = (\mathbf{u} + \mathbf{v}) + \mathbf{w},$$
$$a(\mathbf{u} + \mathbf{v}) = a\mathbf{u} + a\mathbf{v}, \quad (a + b)\mathbf{u} = a\mathbf{u} + b\mathbf{u}, \quad a(b\mathbf{u}) = (ab)\mathbf{u},$$
$$1\mathbf{u} = \mathbf{u}, \quad 0\mathbf{u} = \mathbf{0},$$

donde «**0**» es un vector nulo *especial* y podemos escribir −**v** en lugar de (−1)**v** y **u** − **v** en vez de **u** + (−**v**). Para la geometría euclídea ordinaria bi y tridimensional, es fácil comprender cuál es la interpretación física de estas operaciones vectoriales básicas. Necesitamos fijar un punto de origen O, que entenderemos que está definido por el vector nulo **0**, y entenderemos que cualquier otro vector **v** define algún punto V en el espacio, donde podemos entender que **v** representa el desplazamiento paralelo —esto es, la *traslación*— del espacio en su conjunto que lleva O hasta V, lo cual puede representarse gráficamente como el segmento lineal orientado $\overrightarrow{OV}$, que aparece en los diagramas como el segmento con una flecha que apunta desde O hacia V (figura A-5).

Aquí los escalares son números reales, y multiplicar un vector por un escalar real positivo *a* mantiene fija su dirección pero aumenta (o disminuye) su longitud en un factor *a*. Multiplicar un vector por un escalar real negativo tiene el mismo efecto, pero en este caso se invierte la dirección del vector resultante. La suma **w** (= **u** + **v**) de dos vectores **u** y **v** se representa como la composición de los desplazamientos efectuados por **u** y por **v**, que, gráficamente, se representa mediante el punto W, que completa OUWV hasta formar un paralelogramo (véase la figura A-6), donde, en el caso degenerado en que O, U y V están alineados, W se sitúa de tal forma que la distancia dirigida OW es la suma de las dadas por OU y OV. Si queremos describir la condición de que los tres puntos U, V y W son *colineales* (esto

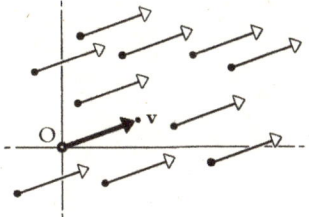

FIGURA A-5. Un espacio vectorial (*n*-dimensional) real puede entenderse en función de la familia de movimientos de traslación del espacio euclídeo (*n*-dimensional). Un vector **v** puede representarse como un segmento lineal dirigido $\overrightarrow{OV}$, donde O es un punto elegido como origen y V es un punto del espacio, pero también podemos entender que **v** representa todo el campo vectorial que describe los movimientos de traslación que desplazan O hasta V.

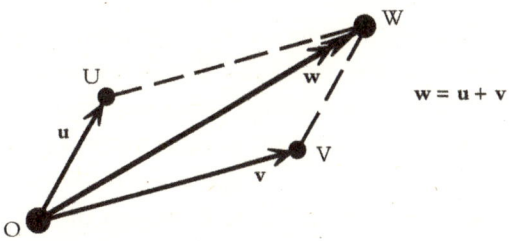

FIGURA A-6. Ley del paralelogramo para la suma de vectores: **u** + **v** = **w** se expresa mediante el hecho de que OUWV es un paralelogramo (posiblemente degenerado).

es, están todos en la misma línea), podemos expresarlo en función de los correspondientes vectores **u**, **v** y **w** como

$$a\mathbf{u} + b\mathbf{v} + c\mathbf{w} = \mathbf{0},$$

donde $a + b + c = 0$ para ciertos escalares no nulos a, b y c, o, de manera equivalente, $\mathbf{w} = r\mathbf{u} + (1 - r)\mathbf{v}$ para algún escalar no nulo r (donde $r = -a/c$).

Esta descripción algebraica del espacio euclídeo es muy abstracta, pero permite reducir teoremas de la geometría euclídea a cálculos rutinarios, aunque si estos cálculos se efectúan de forma directa (y burda) la situación puede complicarse mucho, incluso para teoremas geométricos en apariencia relativamente sencillos. Como ejemplo, podemos tomar el teorema de Pappus, del siglo IV (figura A-7), que afirma que,

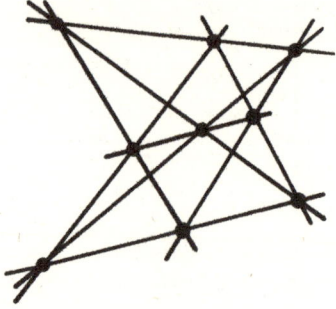

FIGURA A-7. El antiguo teorema de Pappus se puede demostrar usando métodos vectoriales.

si se unen dos a dos los puntos pertenecientes a dos conjuntos de puntos colineales A, B, C y D, E, F en un plano para dar lugar a otros tres puntos X, Y y Z, de manera que X sea la intersección de las líneas AE y BD, Y sea la intersección de AF y CD, y Z, la intersección de BF y CE, entonces X, Y y Z son también colineales. Esto se puede demostrar mediante cálculos directos, aunque es relativamente complicado si no se adoptan procedimientos de simplificación (atajos).

Este teorema en particular tiene la ventaja de que depende tan solo de la idea de colinealidad. La geometría euclídea depende también de disponer de un concepto de *distancia*, lo cual puede igualmente incorporarse al álgebra vectorial a través de una idea denominada *producto interno* (o producto escalar) entre pares de vectores **u** y **v**, que da como resultado un número escalar que representaré (en concordancia con la literatura sobre mecánica cuántica) como $\langle \mathbf{u} \mid \mathbf{v} \rangle$, aunque se utilizan con frecuencia muchas otras notaciones, como $(\mathbf{u}, \mathbf{v})$ y $\mathbf{u} \cdot \mathbf{v}$. Enseguida veremos la interpretación geométrica de $\langle \mathbf{u} \mid \mathbf{v} \rangle$, pero repasemos antes sus propiedades algebraicas:

$$\langle \mathbf{u} \mid \mathbf{v}+\mathbf{w} \rangle = \langle \mathbf{u} \mid \mathbf{v} \rangle + \langle \mathbf{u} \mid \mathbf{w} \rangle, \quad \langle \mathbf{u}+\mathbf{v} \mid \mathbf{w} \rangle = \langle \mathbf{u} \mid \mathbf{v} \rangle + \langle \mathbf{w} \mid \mathbf{v} \rangle,$$
$$\langle \mathbf{u} \mid a\mathbf{v} \rangle = a\langle \mathbf{u} \mid \mathbf{v} \rangle,$$

y en muchos tipos de espacios vectoriales (como aquellos en los que los escalares son números reales)

$$\langle \mathbf{u} \mid \mathbf{v} \rangle = \langle \mathbf{v} \mid \mathbf{u} \rangle \quad \text{y} \quad \langle a\mathbf{u} \mid \mathbf{v} \rangle = a\langle \mathbf{u} \mid \mathbf{v} \rangle,$$

donde normalmente también requerimos que

$$\langle \mathbf{u} \mid \mathbf{u} \rangle \geqslant 0,$$

donde

$$\langle \mathbf{u} \mid \mathbf{u} \rangle = 0 \text{ solo cuando } \mathbf{u} = \mathbf{0}.$$

En el caso de escalares *complejos* (véase §A.9), a menudo hay que modificar estas dos últimas relaciones para obtener lo que llamamos un producto interno *hermítico*, para el que $\langle \mathbf{u} \mid \mathbf{v} \rangle = \overline{\langle \mathbf{v} \mid \mathbf{u} \rangle}$, como se requiere para la mecánica cuántica (tal y como se describe en §2.8; véase §A.9 para el significado de la barra superior). Se deduce entonces que $\langle a\mathbf{u} \mid \mathbf{v} \rangle = \bar{a}\langle \mathbf{u} \mid \mathbf{v} \rangle$.

La noción geométrica de *distancia* se puede expresar ahora en función de este producto interno. La distancia desde el origen O hasta el punto U, definido por el vector $\mathbf{u}$, es un escalar u tal que

$$u^2 = \langle \mathbf{u} \mid \mathbf{u} \rangle$$

y, puesto que en la mayoría de los tipos de espacio vectorial $\langle \mathbf{u} \mid \mathbf{u} \rangle$ es un número positivo, podemos definir u como su raíz cuadrada positiva

$$u = \sqrt{\langle \mathbf{u} \mid \mathbf{u} \rangle}.$$

En §§2.5 y 2.8, la notación

$$\| \mathbf{u} \| = \langle \mathbf{u} \mid \mathbf{u} \rangle$$

se utiliza para lo que llamo la *norma* de $\mathbf{u}$, y $u = \sqrt{\langle \mathbf{u} \mid \mathbf{u} \rangle}$ como la *longitud* de $\mathbf{u}$ (aunque algunos autores se refieren a $\sqrt{\langle \mathbf{u} \mid \mathbf{u} \rangle}$ como la norma de $\mathbf{u}$), donde la versión en cursiva de la letra en negrita con la que representamos un vector representará su longitud (por ejemplo, «*v*» representa la longitud de $\mathbf{v}$, etc.). De acuerdo con esto, en la geometría euclídea ordinaria, la interpretación del propio $\langle \mathbf{u} \mid \mathbf{v} \rangle$ es

$$\langle \mathbf{u} \mid \mathbf{v} \rangle = u\, v \cos\theta,$$

donde θ es el ángulo[1] entre las líneas OU y OV (donde cabe señalar que $\theta = 0$, con cos $0 = 1$, cuando U =V). La distancia entre los dos puntos U y V sería la longitud de $\mathbf{u} - \mathbf{v}$; esto es, la raíz cuadrada de

$$\| \mathbf{u} - \mathbf{v} \| = \langle \mathbf{u} - \mathbf{v} \mid \mathbf{u} - \mathbf{v} \rangle.$$

Decimos que los vectores $\mathbf{u}$ y $\mathbf{v}$ son *ortogonales*, y lo escribimos como $\mathbf{u} \perp \mathbf{v}$ si su producto escalar es nulo:

$$\mathbf{u} \perp \mathbf{v} \text{ significa que } \langle \mathbf{u} \mid \mathbf{v} \rangle = 0.$$

A partir de lo anterior vemos que esto corresponde a $\cos\theta = 0$, de manera que el ángulo θ es un ángulo recto y las líneas OU y OV son perpendiculares.

A.4. Bases vectoriales, coordenadas y duales

Una *base* (finita) de un espacio vectorial es un conjunto de vectores ε_1, ε_2, ε_3, ..., ε_n con la propiedad de que cualquier vector $\mathbf{v}$ de dicho espacio puede expresarse como una *combinación lineal*

$$\mathbf{v} = v_1\varepsilon_1 + v_2\varepsilon_2 + v_3\varepsilon_3 + ... + v_n\varepsilon_n$$

de los miembros de este conjunto, lo que equivale a decir que los vectores ε_1, ε_2, ε_3, ..., ε_n *generan* todo el espacio vectorial; además, para que se trate de una base, debe cumplirse que estos vectores sean *linealmente independientes* entre sí, por lo que se necesitan *todos* los ε para generar el espacio. Esta última condición equivale a decir que $\mathbf{0}$ ($= \mathbf{v}$) puede representarse mediante una expresión como la anterior solo cuando todos los coeficientes v_1, v_2, v_3, ..., v_n son cero; o, de forma equivalente, que dicha representación de $\mathbf{v}$ es *única*. Para cualquier vector $\mathbf{v}$ dado, los coeficientes v_1, v_2, v_3 ..., v_n en la expresión anterior

---

1. En trigonometría básica, «$\cos\theta$», el *coseno* del ángulo θ, se define a partir del triángulo rectángulo euclídeo ABC, con ángulo θ en A y ángulo recto en B, como el *cociente* AB/AC. La magnitud $\sin\theta = BC/AC$ es el *seno* de θ, y la magnitud $\tan\theta = BC/AB$ es su *tangente*. Denoto las *inversas* de estas funciones como $\cos^{-1}$, $\sin^{-1}$ y $\tan^{-1}$, respectivamente (de forma que $\cos(\cos^{-1}X) = X$, etc.).

son las *coordenadas* de **v** con respecto a dicha base, y es habitual referirse a ellos como las *componentes* de **v** en la base (gramaticalmente, las «componentes» de **v** deberían en realidad ser las magnitudes $v_1\varepsilon_1$, $v_2\varepsilon_2$, etc., pero la terminología convencional se refiere únicamente a los escalares v_1, v_2, v_3 ..., v_n como las *componentes* del vector). El número de elementos en el conjunto de vectores de la base es la *dimensión* del espacio vectorial, y, para un espacio vectorial dado, es independiente de la base concreta que se elija. En el caso del espacio euclídeo bidimensional, cualesquiera dos vectores no nulos y no proporcionales entre sí formarán una base (esto es, cualesquiera vectores **u** y **v** que definen dos puntos U y V que no se encuentran en la misma línea recta que pase por O). Para el espacio euclídeo tridimensional, formarán una base cualesquiera tres vectores **u**, **v** y **w** que sean linealmente independientes (los puntos correspondientes, U, V y W, no estarán todos en un mismo plano con O). Las direcciones de los vectores de la base en O proporcionan, en cada caso, posibles ejes de coordenadas, de manera que la representación de un punto P en función de una base (**u**, **v**, **w**) vendría dada por

$$\mathbf{p} = x\mathbf{u} + y\mathbf{v} + z\mathbf{w},$$

donde las *coordenadas* de P serían (x, y, z). Así pues, desde esta perspectiva algebraica, no es muy difícil generalizar de dos o tres dimensiones a n, para cualquier entero positivo n.

Para una base en general, no es necesario que los ejes de coordenadas sean perpendiculares entre sí, pero para las coordenadas *cartesianas* estándar exigimos que lo sean (aunque Descartes no lo hizo):

$$\mathbf{u} \perp \mathbf{v}, \quad \mathbf{u} \perp \mathbf{w}, \quad \mathbf{v} \perp \mathbf{w}.$$

Además, en un contexto geométrico, es habitual que la medida de la distancia sea la misma, y esté representada con precisión, en las direcciones de todos los ejes. Esto equivale a la condición de *normalización* según la cual los vectores de la base, **u**, **v** y **w**, son todos *unitarios* (es decir, todos ellos tienen como longitud la unidad):

$$\|\mathbf{u}\| = \|\mathbf{v}\| = \|\mathbf{w}\| = 1.$$

Una base como esta se dice que es *ortonormal*.

En n dimensiones, un conjunto de vectores no nulos ε_1, ε_2, ε_3, ..., ε_n constituye una base ortogonal si son ortogonales entre sí,

$$\varepsilon_j \perp \varepsilon_k, \qquad \text{siempre que } j \neq k \text{ (con } j, k = 1, 2, 3, ..., n),$$

y una base ortonormal si, además, todos ellos son vectores unitarios,

$$\| \varepsilon_i \| = 1 \qquad \text{para todo } i = 1, 2, 3, ..., n.$$

Estas dos condiciones suelen expresarse conjuntamente como

$$\langle \varepsilon_i \mid \varepsilon_j \rangle = \delta_{ij},$$

donde se usa el símbolo de la *delta de Kronecker*, definido por

$$\delta_{ij} = \begin{cases} 1 \text{ si } i = j \\ 0 \text{ si } i \neq j \end{cases}$$

Es fácil demostrar a partir de lo anterior (si los escalares son números reales) que la forma en coordenadas cartesianas del producto interno de **u** con **v** y la distancia $|UV|$ entre U y V son, respectivamente,

$$\langle \mathbf{u} \mid \mathbf{v} \rangle = u_1 v_1 + u_2 v_2 + ... + u_n v_n$$

y

$$|UV| = |\mathbf{u} - \mathbf{v}| = \sqrt{(u_1 - v_1)^2 + (u_2 - v_2)^2 + ... + (u_n - v_n)^2}.$$

Para finalizar este apartado, consideremos un último concepto que es de aplicación inmediata a cualquier espacio vectorial **V** (de un número finito de dimensiones): el de su espacio vectorial *dual*, que es otro espacio vectorial **V***, de las mismas dimensiones que **V**, que está estrechamente relacionado con este y a menudo se identifica con él, pero que en realidad debería entenderse como un espacio distinto. Un elemento **p** de **V*** es lo que se denomina un *mapa lineal* (o *función lineal*) de **V** respecto al sistema de los escalares, lo que quiere decir que **p** es una función de elementos de **V**, que es un escalar escrito como $\mathbf{p}(\mathbf{v})$, donde $\mathbf{v}$ es cualquier vector perteneciente a $\mathbf{V}$, y esta función es *lineal* en el sentido de que

$$\mathbf{p}(\mathbf{u} + \mathbf{v}) = \mathbf{p}(\mathbf{u}) + \mathbf{p}(\mathbf{v}) \quad \text{y} \quad \mathbf{p}(a\mathbf{u}) = a\mathbf{p}(\mathbf{u}).$$

El espacio de todos los $\mathbf{p}$ es de nuevo uno vectorial que llamamos $\mathbf{V}^*$, cuyas operaciones básicas de adición, $\mathbf{p} + \mathbf{q}$, y multiplicación, $a\mathbf{p}$, definimos mediante

$$(\mathbf{p} + \mathbf{q})(\mathbf{u}) = \mathbf{p}(\mathbf{u}) + \mathbf{q}(\mathbf{u}) \quad \text{y} \quad (a\mathbf{p})(\mathbf{u}) = a\mathbf{p}(\mathbf{u})$$

para todo $\mathbf{u}$ perteneciente a $\mathbf{V}$. Se puede verificar que estas reglas definen $\mathbf{V}^*$ como un espacio vectorial, de las mismas dimensiones que $\mathbf{V}$, y que, asociada a cualquier base de $\mathbf{V}$ $(\varepsilon_1, ..., \varepsilon_n)$, existe una *base dual* $(\varrho_1, ..., \varrho_n)$ de $\mathbf{V}^*$, de modo que

$$\varrho_i(\varepsilon_j) = \delta_{ij}.$$

Si repetimos esta operación de «dualización», para obtener el espacio n-dimensional $\mathbf{V}^{**}$, vemos que el resultado es de nuevo $\mathbf{V}$, donde $\mathbf{V}^{**}$ se identifica naturalmente con el espacio original $\mathbf{V}$, por lo que podemos escribir

$$\mathbf{V}^{**} = \mathbf{V},$$

y la acción de un elemento $\mathbf{u}$ de $\mathbf{V}$, en su papel como $\mathbf{V}^{**}$, se define simplemente mediante $\mathbf{u}(\mathbf{p}) = \mathbf{p}(\mathbf{u})$.

¿Cómo interpretamos los elementos del espacio dual $\mathbf{V}^*$ en un sentido geométrico o físico? Pensemos, de nuevo, en términos de nuestro espacio euclídeo tridimensional ($n = 3$). Recordemos que, respecto a un punto de origen O, se puede interpretar que un elemento $\mathbf{u}$ del espacio vectorial $\mathbf{V}$ representa algún otro punto U en nuestro espacio euclídeo (o el movimiento de traslación de este que desplaza O hasta U). Por su parte, un elemento $\mathbf{p}$ de $\mathbf{V}^*$, que a veces se denomina *covector*, estará asociado con un *plano* P que pasa por el origen O y contiene todos los puntos U para los cuales $\mathbf{p}(\mathbf{u}) = 0$ (figura A-8). El plano P caracteriza por completo al covector salvo por un factor de proporcionalidad, pues no distingue entre $\mathbf{p}$ y $a\mathbf{p}$, donde a

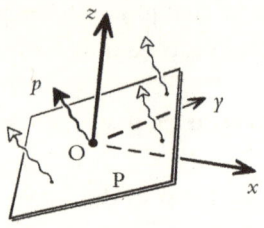

FIGURA A-8. En un espacio vectorial *n*-dimensional **V**, cualquier elemento no nulo **p** de su espacio dual **V*** (denominado *covector*) puede interpretarse en **V** como un hiperplano que pasa por el origen O y que tiene asociada una especie de «fuerza» (en mecánica cuántica, una frecuencia). Aquí se ilustra el caso en que *n* = 3, donde el covector **p** se representa como un plano bidimensional P, con respecto a los ejes de coordenadas **x**, **y**, **z** en el origen O del espacio vectorial.

es cualquier escalar no nulo. No obstante, en términos físicos, podemos ver la escala de **p** como una especie de *fuerza* asociada al plano P. Podemos interpretar que esta fuerza le proporciona algún tipo de *momento* dirigido hacia fuera del plano P. En §2.2 vemos que, en mecánica cuántica, este momento adjunta una «frecuencia de oscilación» hacia fuera de este plano, que podemos asociar con la longitud de onda recíproca de una perturbación en forma de onda plana que se aleja de P.

    Esta representación no hace uso de la estructura de «longitud» métrica inherente a un espacio *euclídeo* tridimensional. Pero, con la ayuda del producto interno $\langle \cdots \mid \cdots \rangle$ que dicha estructura nos proporciona, podemos «identificar» el espacio vectorial **V** con su dual **V***, de tal forma que el covector **v*** asociado con un vector **v** sería el «operador» $\langle \mathbf{v} \mid \rangle$, cuya acción sobre un vector arbitrario **u** sería el escalar $\langle \mathbf{v} \mid \mathbf{u} \rangle$. En términos de la geometría de nuestro espacio euclídeo tridimensional, el plano asociado con el vector dual **v*** sería el plano que pasa por O y es *perpendicular* a OV.

    Estas descripciones también son válidas para los espacios vectoriales de *cualquier* número (finito) de dimensiones *n*, en los que, en lugar de la descripción de un covector en el espacio tridimensional mediante un plano bidimensional, tendríamos la descripción de un covector mediante un plano en (*n* − 1) dimensiones que pasaría por el origen O en un espacio *n*-dimensional. Este plano generalizado se suele denominar *hiperplano*. De nuevo, para una descripción completa de un covector, y no solo a falta de un factor de proporcionalidad, debemos asignar una «fuerza» al hiperplano, que, de nuevo, puede interpretarse como una especie de momento o «frecuencia» (longitud de onda recíproca) dirigida hacia fuera del hiperplano.

El análisis precedente ha sido llevado a cabo en función de espacios vectoriales de un número *finito* de dimensiones, pero también se pueden considerar aquellos de número *infinito*. Estos espacios, en los que una base debería tener un número infinito de elementos, se dan en la mecánica cuántica. La mayor parte de lo que se ha dicho antes sigue siendo válido, pero la diferencia principal surge cuando tratamos de considerar la idea de un espacio vectorial *dual*: se suele imponer una restricción sobre los mapas lineales que se aceptan para componer el espacio dual $\mathbf{V}^*$, para así garantizar que la relación $\mathbf{V}^{**} = \mathbf{V}$ sigue siendo cierta.

A.5. Matemáticas de las variedades

Pasemos ahora a analizar la idea más general de una *variedad*, que no tiene por qué ser plana, como el espacio euclídeo, sino que puede ser curva de distintas maneras, y tener quizá una topología diferente de la del espacio euclídeo. Las variedades tienen una importancia fundamental en la física moderna, debido en parte a que la teoría de la relatividad general de Einstein describe la gravedad en función de una variedad de espaciotiempo curvada. Pero quizá aún más importante sea el hecho de que muchos otros conceptos en física se entienden mejor en términos de variedades, como los espacios de configuraciones y los espacios de fases que veremos en §A.6, que suelen tener un gran número de dimensiones y, en ocasiones, una topología complicada.

¿Qué es una variedad? Básicamente, es un espacio continuo de un número finito de dimensiones n, al que podemos referirnos como una *n-variedad*. ¿Qué significa el adjetivo «continuo» en este contexto? Para ser matemáticamente precisos, deberíamos abordar esta cuestión desde la perspectiva del *cálculo* multivariable. En este libro, he decidido no incluir un análisis riguroso del formalismo matemático del cálculo (más allá de los breves comentarios que hago al final de §A.11), pero sí será necesaria cierta idea intuitiva de los conceptos básicos.

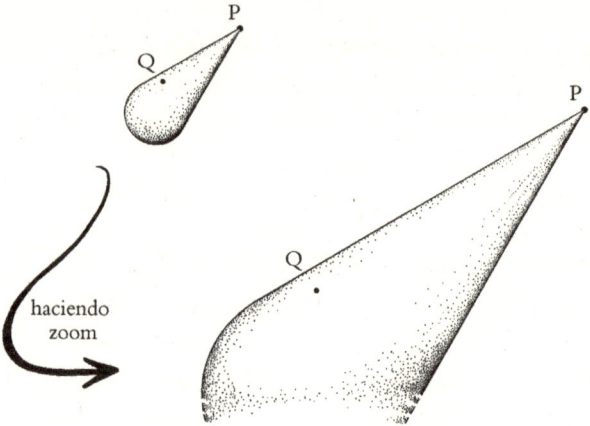

FIGURA A-9. La variedad representada aquí no sería continua en el punto P, porque, por mucho que se amplíe, en el límite no se obtiene un espacio plano. Sin embargo, sí lo es en Q, porque, a medida que se amplía el zoom sobre este otro punto, su curvatura va disminuyendo, y, en el límite, el espacio en ese punto es plano.

Así pues, ¿qué se entiende por «espacio n-dimensional continuo»? Consideremos cualquier punto P del espacio e imaginemos que aumentamos el zoom sobre él, o sobre sus alrededores, en un factor cada vez mayor, manteniendo P en el centro, pero estirando cada vez más el espacio que lo rodea. Si el espacio es continuo en P, en el *límite* del estiramiento se verá como un espacio n-dimensional *plano*. Véase la figura A-9, donde el vértice del cono P *no* sería un punto de continuidad, por ejemplo. En una variedad globalmente continua, este espacio «estirado» hasta el límite, aunque plano, no debería interpretarse exactamente como un espacio euclídeo n-dimensional, porque no tendría por qué tener la estructura *métrica* (esto es, la idea de *distancia*) característica de un espacio euclídeo. No obstante, en el límite sí debe tener la estructura de un *espacio vectorial*, tal y como se describe en §§A.3 y A.4, cuyo origen estaría en última instancia situado en el propio punto P en el que estamos centrando nuestra atención. (Pensemos, por ejemplo, en ampliar indefinidamente un mapa de Google a partir de este punto.)

Este espacio vectorial límite se denomina *espacio tangente* en el punto P, y suele representarse como T_p. A los distintos elementos de T_p se les conoce como *vectores tangentes* en P. (Véase la figura A-10.) Para una buena imagen intuitiva del significado geométrico de un

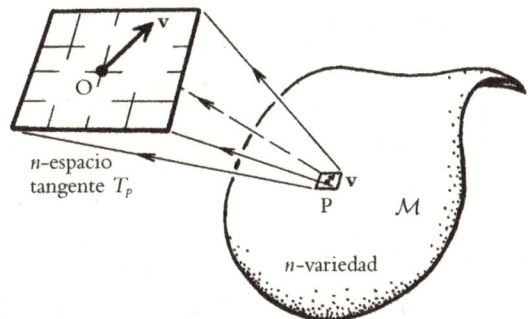

FIGURA A-10. Un vector tangente **v** en un punto P de una variedad (continua) $\mathcal{M}$ sería un elemento del *espacio tangente* T_p en P. Podemos ver el espacio vectorial T_p como el entorno inmediato de P estirado indefinidamente. El punto O señala el origen de T_p.

vector tangente, pensemos en una flechita con base en P pero que apunta en dirección contraria de P a lo largo de la variedad. Las diversas *direcciones* a lo largo de la variedad en P vendrían dadas por los distintos vectores no nulos en T_p (salvo un factor de proporcionalidad). Para que fuese una *n-variedad* globalmente continua, nuestro espacio debería ser continuo en todos y cada uno de sus puntos, y tener por tanto en cada uno de ellos un espacio tangente n-dimensional bien definido.

A veces, una variedad puede estar dotada de una estructura que va más allá de la *continuidad* dada por la presencia de espacios tangentes locales. Una variedad *de Riemann*, por ejemplo, tiene una medida local de la *longitud* que se asignaría suponiendo que los espacios tangentes son espacios vectoriales *euclídeos* (al dotar a cada T_p de un producto interno $\langle \cdots | \cdots \rangle$, como se describe en §A.3). Hay otros tipos de estructura local que tienen importancia en física, como las estructuras *simplécticas* aplicables a los espacios de fases que veremos más adelante. En los espacios de fases habituales, se da la circunstancia de que existe un tipo de producto interno $[\cdots | \cdots]$, para espacios tangentes a un punto, para el que se cumple la propiedad *antisimétrica*, $[\mathbf{u} | \mathbf{v}] = -[\mathbf{v} | \mathbf{u}]$, en lugar de la simétrica $\langle \mathbf{u} | \mathbf{v} \rangle = \langle \mathbf{v} | \mathbf{u} \rangle$, propia de una variedad de Riemann.

En su conjunto, una variedad puede tener una topología simple, como un espacio euclídeo n-dimensional, o mucho más compleja, como los ejemplos bidimensionales que se representan en las figu-

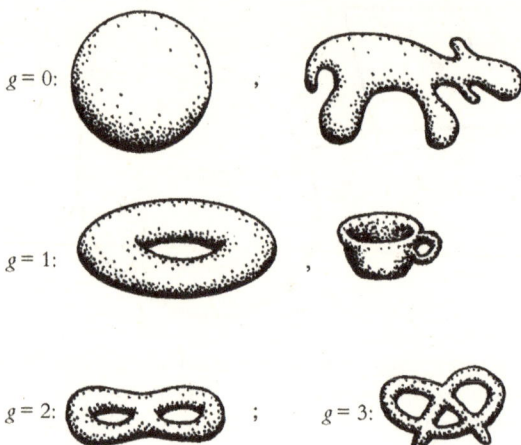

$g = 0$:

$g = 1$:

$g = 2$:   ; $g = 3$:

Figura A-11. Ejemplos de espacios bidimensionales con distintas topologías. La magnitud g es el género de la superficie (el número de «asas»). (Compárese con la figura 1-44.)

ras A-11 y 1-44 en §1.16. Pero, en cada caso, con independencia de cuál sea la topología global, una n-variedad está *localmente* en todos los puntos, en el sentido explicado antes, como un espacio vectorial plano n-dimensional, y no necesita tener un concepto local de distancia o ángulo, como el espacio euclídeo n-dimensional $\mathbb{E}^n$. Recordemos que podemos asignar *coordenadas* para designar los diferentes puntos de un espacio vectorial, como se ha descrito en §A.4. Queremos estudiar en general la cuestión de asignar coordenadas a una n-variedad. En el caso del n-espacio euclídeo, podemos entender que está modelado, en su conjunto, por el espacio $\mathbb{R}^n$ de n-tuplas de números reales $(x_1, x_2, ..., x_n)$, al igual que algunas coordenadas cartesianas concretas de la figura A-4, pero cualquier representación de este tipo dista mucho de ser única. Por lo general, una variedad también se puede describir en términos de coordenadas, pero existe una arbitrariedad a la hora de asignar estas coordenadas aún mayor que en la asignación efectuada en un espacio vectorial de un espacio euclídeo. Además, está la cuestión de si dichas coordenadas son válidas para la variedad *en su conjunto*, o solo en regiones locales. Tendremos que considerar todas estas cuestiones.

Volvamos a la asignación de coordenadas $(x_1, x_2, ..., x_n)$ a un espacio euclídeo $\mathbb{E}^n$. Si lo hacemos mediante la asignación de coordenadas a un espacio vectorial, como acabamos de ver, debemos señalar que $\mathbb{E}^n$ no tiene ningún punto especial O que se distinga como «el origen» y al que, en un espacio vectorial, se le asignarían las coordenadas $(0, 0, ..., 0)$. Esto es claramente arbitrario, e incrementa la arbitrariedad ya existente de elegir una base concreta para el espacio vectorial. En términos de coordenadas, esta arbitrariedad a la hora de elegir el origen se puede expresar como la libertad de «trasladar»[2] un sistema de coordenadas dado, por ejemplo $\mathfrak{C}$, hasta otro $\mathfrak{A}$, al añadir a cada componente x_i, en la descripción de $\mathfrak{C}$, un número fijo A_i (normalmente diferente para cada valor i) de modo que, si un punto P está representado en $\mathfrak{C}$ por la n-tupla $(x_1, x_2, ..., x_n)$, dicho punto estará representado en $\mathfrak{A}$ por la n-tupla de coordenadas $(X_1, X_2, ..., X_n)$, donde

$$X_i = x_i + A_i \qquad (i = 1, 2, ..., n),$$

y el origen O de $\mathfrak{C}$ está representado en $\mathfrak{A}$ por la n-tupla $(A_1, A_2, ..., A_n)$.

Esto no es más que una muy simple transformación de coordenadas, que nos da otro sistema de coordenadas del mismo tipo «lineal» que antes. Cambiar la base del espacio vectorial también nos daría simplemente otro sistema de coordenadas de este mismo tipo particular. Con frecuencia, en el estudio de estructuras dentro de la geometría euclídea, se utilizan sistemas de coordenadas más generales, denominados de *coordenadas curvilíneas*. Uno de los más conocidos es el sistema de coordenadas *polares* para el plano euclídeo (figura A-12(a)), en el que la dupla cartesiana habitual (x, y) sería sustituida por (r, θ), donde

$$y = r \sin \theta, \qquad x = r \cos \theta$$

e, inversamente,

$$r = \sqrt{x^2 + y^2}, \qquad \theta = \tan^{-1} \frac{y}{x}.$$

Como su nombre implica, las líneas de coordenadas de un sistema de coordenadas curvilíneas no tienen que ser necesariamente

---

2. El término «trasladar» cumple aquí una doble función, pues además de su acepción coloquial (cambiar de un sistema de descripción a otro), ejerce su acepción matemática (mover una figura sin rotarla).

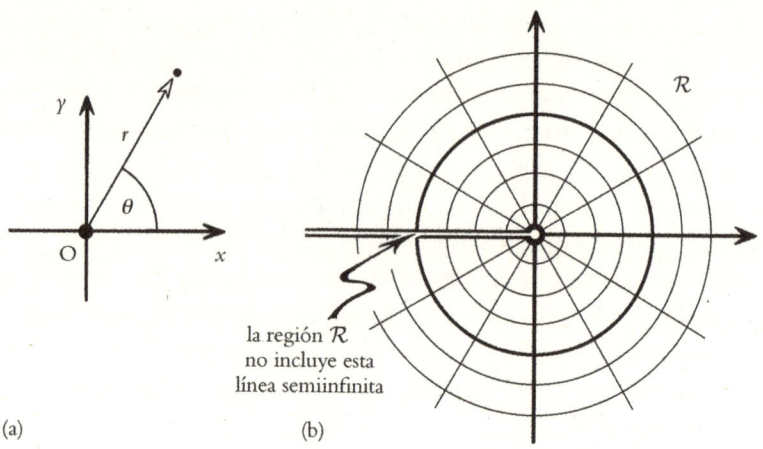

FIGURA A-12. El sistema «curvo» de coordenadas polares (r, θ). (a) Relación con las coordenadas cartesianas estándar (x, y). (b) Para tener un gráfico de coordenadas $\mathcal{R}$ adecuado, debe excluirse alguna línea que parta del centro, que aquí es la semilínea en la que $\theta = \pm\pi$.

rectas (o planos planos, etc., en situaciones de un número más elevado de dimensiones), y vemos en la figura A-12(b) que, mientras que las líneas en que θ = const. son rectas, aquellas dadas por r = const. son curvas (circulares, de hecho). El ejemplo de las coordenadas polares también ilustra otra característica común de las coordenadas curvilíneas: el hecho de que con frecuencia no cubren todo el espacio de forma continua y unívoca. El punto central $(0, 0)$ en el sistema (x, y) no está representado adecuadamente en el sistema (r, θ) (ya que aquí θ no tiene un valor único), y, además, si trazamos un círculo alrededor de ese punto, vemos que θ da un salto de 2π (es decir, de 360°). Sin embargo, nuestras coordenadas polares designan correctamente los puntos de la región $\mathcal{R}$ del plano que no contiene el punto central O (que se tiene cuando $r = 0$) y la semilínea que parte de O en dirección opuesta a la definida por $\theta = 0$, y que habría estado definida de forma ambigua por $\theta = \pm\pi$, esto es, $\theta = \pm180°$; véase la figura A-12(b). (Debería señalarse que aquí estoy suponiendo que la coordenada polar θ toma valores entre −180° y +180°, aunque también suele utilizarse el rango de 0 a 360°.)

Esta región $\mathcal{R}$ constituye un ejemplo de lo que se denomina un *subconjunto abierto* del plano euclídeo $\mathbb{E}^2$. De forma intuitiva, podemos entender el concepto de «abierto», aplicado a un subconjunto $\mathcal{R}$ de una n-variedad $\mathcal{M}$, como una región dentro de $\mathcal{M}$ que tiene la dimensionalidad completa de $\mathcal{M}$ y que no incluye ningún contorno o «borde» que $\mathcal{R}$ pudiera tener. (En el caso de las coordenadas polares para el plano, dicho «borde» estaría formado por la parte excluida del eje x definida por valores de x no positivos.) Otro ejemplo de un subconjunto abierto de $\mathbb{E}^2$ sería la región —un *disco* (o «2-bola»)— situada enteramente dentro de la circunferencia unitaria (dada por $x^2 + y^2 < 1$). Por otra parte, ni la circunferencia unitaria en sí ($x^2 + y^2 = 1$) ni la región que forman este disco *junto con* su contorno dado por la circunferencia unitaria (es decir, el disco *cerrado* $x^2 + y^2 \leqslant 1$) serían abiertos. Las afirmaciones correspondientes también son válidas para un mayor número de dimensiones, de manera que, en $\mathbb{E}^3$, la región «cerrada» $x^2 + y^2 + z^2 \leqslant 1$ *no* sería abierta, pero la 3-bola $x^2 + y^2 + z^2 < 1$ sí lo sería, etc. De una forma un poco más técnica, se dice que una región abierta $\mathcal{R}$ de una n-variedad $\mathcal{M}$ puede estar definida por la propiedad de que cualquier punto p de $\mathcal{R}$ es el centro de una n-bola de coordenadas suficientemente pequeña que está contenida por completo dentro de $\mathcal{M}$. Esto se ilustra en la figura A-13 para el caso bidimensional de un disco abierto, donde cada punto del disco, por muy cerca que se encuentre del contorno, está situado dentro de una región circular más pequeña que está contenida por completo dentro del disco.

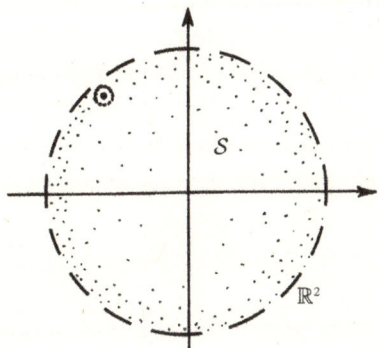

FIGURA A-13. Se dice que una porción $\mathcal{S}$ de una variedad es un *conjunto abierto* si es un subconjunto tal que cada uno de sus puntos está contenido dentro de una bola de coordenadas situada por completo dentro de $\mathcal{S}$. Esto se ilustra aquí para el caso bidimensional y con $\mathcal{S}$ siendo el subconjunto de $\mathbb{R}^2$ dado por $x^2 + y^2 < 1$, donde podemos ver que cualquier punto dado dentro de $\mathcal{S}$ se encuentra situado dentro de un pequeño disco circular que está contenido por completo dentro de $\mathcal{S}$. La región $x^2 + y^2 \leqslant 1$ no satisfaría esta condición porque no se cumple para los puntos situados sobre su contorno (que ahora no forma parte del conjunto).

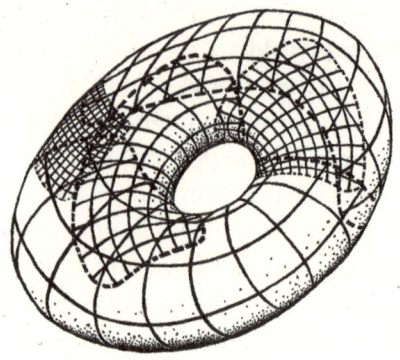

FIGURA A-14. La imagen representa una cobertura abierta de un espacio —aquí, un toro bidimensional— mediante regiones de coordenadas abiertas en $\mathbb{R}^2$ (los conjuntos $\mathcal{R}_1$, $\mathcal{R}_2$, $\mathcal{R}_3$, ... del texto).

En general, por motivos topológicos, puede suceder que no sea posible una asignación global de coordenadas a toda una variedad $\mathcal{M}$ usando un único sistema de coordenadas $\mathfrak{C}$, pues cada intento de hacerlo falla en algún sitio (como sucede en los polos norte y sur y a lo largo de la línea internacional de cambio de fecha en el caso de las coordenadas de latitud y longitud para la esfera terrestre). En situaciones así, la asignación de coordenadas a $\mathcal{M}$ no se haría a través de un solo sistema de coordenadas, sino que sería necesario cubrir $\mathcal{M}$ en su totalidad mediante un mosaico de regiones abiertas superpuestas $\mathcal{R}_1$, $\mathcal{R}_2$, $\mathcal{R}_3$, ... (véase la figura A-14), denominado *cobertura abierta* de $\mathcal{M}$, donde asignaríamos un sistema de coordenadas $\mathfrak{C}_i$ para cada $\mathcal{R}_i$ ($i = 1$, 2, 3, ...). Dentro de cada superposición entre distintos pares de conjuntos abiertos de la cobertura, esto es, de cada intersección no vacía

$$\mathcal{R}_i \cap \mathcal{R}_j$$

(el símbolo «∩» denota *intersección*), tendríamos dos sistemas de coordenadas diferentes, $\mathfrak{C}_i$ y $\mathfrak{C}_j$, y necesitaríamos especificar la transformación (similar a la transformación entre los sistemas de coordenadas cartesiano (x, y) y polar (r, θ) que he considerado antes; véase la figura A-12(a)). Al crear así este mosaico de retazos de coordenadas, podemos construir espacios con geometría y topología complicadas, como se ilustra para el caso bidimensional en la figura A-11 y en la 1-44(a) de §1.16.

No conviene perder de vista que las coordenadas deben tratarse

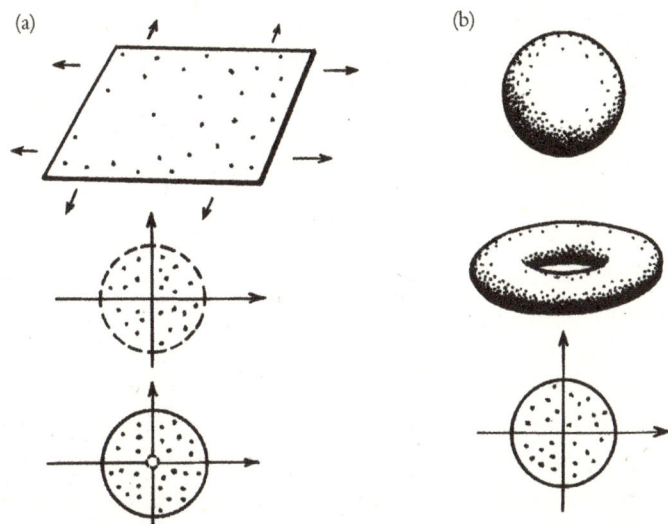

FIGURA A-15. (a) Varios ejemplos de 2-variedades no compactas: todo el plano euclí-deo, el disco unitario abierto y el disco unitario cerrado del que se ha excluido el origen. (b) Varios ejemplos de 2-variedades compactas: la esfera S^2, el toro $S^1 \times S^1$ y el disco unitario cerrado.

únicamente como elementos *auxiliares*, introducidos para facilitar el análisis detallado de las propiedades de una variedad. Las coordenadas normalmente no tienen en sí mismas un significado específico, y, en particular, el concepto de distancia euclídea entre puntos en función de estas coordenadas sería irrelevante. (Recordemos de §A.4 la fórmula en coordenadas cartesianas para la distancia euclídea entre los puntos (X, Y, Z) y (x, y, z) en $\mathbb{E}^3$: $\sqrt{(X - x)^2 + (Y - y)^2 + (Z - z)^2}$.) Lo que nos interesa son las propiedades de la variedad que son *independientes* de cualquier sistema (o sistemas) de coordenadas que podamos elegir (y en coordenadas polares en el plano, por ejemplo, la fórmula de la distancia tendría un aspecto bastante distinto). Esta cuestión es de particular importancia en la teoría de la relatividad general de Einstein, que supone que el espaciotiempo es una 4-variedad y donde ninguna elección particular de las coordenadas tiene ningún estatus absoluto. Esto es lo que se conoce como *principio de covariancia general* en la teoría de la relatividad general (véanse §§1.2, 1.7 y 2.13).

Una variedad puede ser *compacta*, lo que significa básicamente que está cerrada sobre sí misma, como una curva cerrada (dimensión $n = 1$), las superficies cerradas representadas en la figura A-15(a) o la superficie topológica cerrada que se muestra en la figura 1-44(a) de §1.16 (dimensión $n = 2$). O puede ser *no compacta*, como el n-espacio euclídeo o la superficie con agujeros que se representa en la figura 1-44(b). La distinción entre superficies compactas y no compactas se ilustra en la figura A-15, donde podemos entender que los espacios no compactos «se extienden hasta el infinito» o «tienen perforaciones», como los «agujeros» en la figura 1-44(b) (donde las *curvas de contorno* de los tres agujeros no forman parte de la variedad). De una forma un poco más técnica, una variedad compacta tiene la propiedad de que cualquier secuencia infinita de puntos en su interior tiene un *punto límite*, lo que significa que existe un punto P en la variedad tal que todo conjunto abierto que contiene a P alberga un número infinito de elementos de la secuencia (véase la figura A-16). (Para más detalles sobre estos asuntos y cuestiones técnicas que he pasado por alto, véanse Tu [2010] y Lee [2003].)

A veces estudiamos regiones dentro de una variedad que tienen *bordes*. Dichas regiones no son variedades en el sentido que he expuesto aquí, pero sí pueden ser un tipo más general de espacio denominado *variedad con borde* (como la superficie que se representa en la figura 1-44(b) de §1.16, pero en la que ahora se considera que los bordes de los agujeros forman parte de esta variedad con borde). Tales espacios pueden fácilmente ser compactos sin «cerrarse sobre sí mismos» (figura A-15(b)). Una variedad puede ser *conexa* —lo que significa, dicho de forma sencilla, que consta de una sola parte— o *incone-*

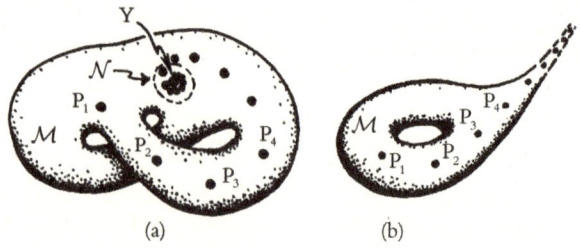

(a)   (b)

FIGURA A-16. Una representación de la compacidad de una variedad $\mathcal{M}$: (a) en una $\mathcal{M}$ compacta, toda secuencia infinita de puntos P_1, P_2, P_3, ... tiene un punto de acumulación y perteneciente a $\mathcal{M}$; (b) en una $\mathcal{M}$ no compacta, existe alguna secuencia infinita de puntos P_1, P_2, P_3, ... que no tiene un punto de acumulación en $\mathcal{M}$. (Un punto de acumulación y tiene la propiedad de que todo conjunto abierto $\mathcal{N}$ que incluye a Y también contiene un número infinito de los P_i.)

xa. Una 0-variedad consta de un solo punto si es conexa, o de un conjunto finito de dos o más puntos si es inconexa. A menudo, el término «cerrada»[3] se emplea para describir una variedad que es compacta (y carece de bordes).

A.6. Variedades en física

En física, el uso más evidente de una variedad es la 3-variedad plana del espacio euclídeo tridimensional ordinario. No obstante, según la teoría de la relatividad general de Einstein (véase §1.7), ahora debemos pensar en términos de espacios que podrían ser *curvos*. Por ejemplo, los campos magnéticos que hemos visto en §A.2, cuando se los considera en un 3-espacio curvo, serían ejemplos de *campos vectoriales*, como el que se representa en la figura A-17. Por su parte, los *espaciotiempos* de la relatividad general son 4-variedades curvas, y a menudo tenemos que considerar campos en el espaciotiempo (como los electromagnéticos) cuya naturaleza es más compleja que la de meros campos vectoriales.

FIGURA A-17: Un campo vectorial continuo en una variedad. Los tres puntos marcados sin flecha son lugares donde el campo se anula.

3. Este es uno de los detalles más confusos de la terminología matemática, ya que choca con el concepto topológico de «conjunto cerrado» que hemos visto más arriba. *Cualquier* variedad constituye un conjunto cerrado en el sentido topológico (esto es, complementario del concepto de «abierto», tal y como se ha descrito más arriba: un conjunto cerrado contiene todos sus puntos límite [Tu, 2010; Lee, 2003]), tanto si es o no cerrada en el sentido de una variedad.

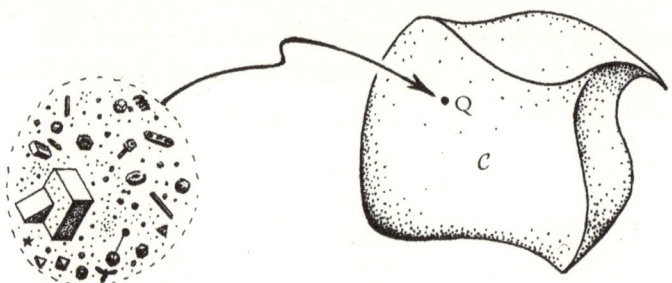

FIGURA A-18. Un punto Q del espacio de configuración $\mathcal{C}$ representa la posición (y la orientación, para una forma asimétrica) de cada miembro de todo el sistema bajo estudio.

Pero en la física ordinaria (fuera de la teoría de cuerdas), con frecuencia nos interesan variedades de dimensiones mayores que 3 o 4 (donde utilizamos una 3-variedad para describir el espacio ordinario y una 4-variedad para el espaciotiempo), y podemos preguntarnos por qué, además de por la diversión que proporciona la matemática pura, deberíamos preocuparnos por variedades de ese número de dimensiones, o por variedades cuya topología no sea euclídea. Debería quedar claro que hay variedades cuyo número de dimensiones es muy superior a 4 y susceptibles de tener topologías complejas que desempeñan papeles cruciales en la teoría física convencional. Sin que ello tenga que ver con los requisitos de muchas propuestas de teorías físicas modernas (como la teoría de cuerdas, tratada en el capítulo 1) que exigen más de 3 dimensiones espaciales. Entre los ejemplos más sencillos e importantes de variedades de un número de dimensiones superior a cuatro están los espacios de *configuración* y los espacios de *fases*. Veamos brevemente en qué consisten.

Un espacio de configuración es un espacio matemático —una variedad $\mathcal{C}$— cada uno de cuyos puntos representa una descripción completa de las posiciones de todas las partes individuales de un sistema físico sometido a estudio (véase la figura A-18). Un ejemplo sencillo sería el espacio de configuración de 6 dimensiones cada uno de cuyos puntos representa la posición (incluida su orientación espacial) de un cuerpo rígido B en el espacio euclídeo tridimensional ordinario (figura A-19). Necesitamos tres coordenadas para fijar, por ejemplo, el centro de gravedad G de B (su centro de masas), y tres más para fijar su orientación espacial, lo que supone un total de seis.

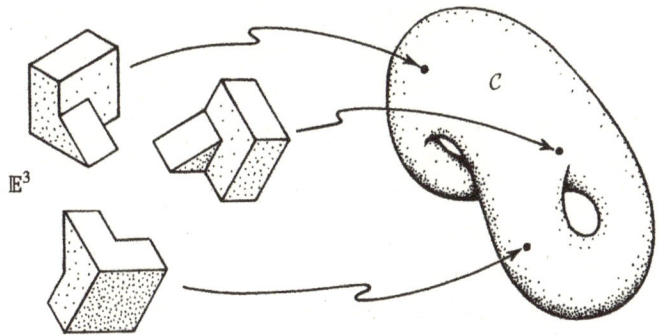

Figura A-19. El espacio de configuración de un único cuerpo rígido de forma irregular en el espacio euclídeo tridimensional $\mathbb{R}^3$ es una 6-variedad no compacta, curva y de topología no trivial.

El espacio hexadimensional $\mathcal{C}$ es *no compacto* porque G puede estar situado en cualquier posición del espacio euclídeo tridimensional infinito. Además, $\mathcal{C}$ tiene una topología no trivial (e interesante): es lo que se denomina «no simplemente conexo» porque existen curvas cerradas en $\mathcal{C}$ que no pueden deformarse de manera continua hasta dar lugar a un punto [Tu, 2010; Lee, 2003]. Dicha curva es la que representa una rotación continua de B de 360°. Curiosamente, la curva que representa la *repetición* de este proceso —esto es, la rotación continua de 720°— sí puede deformarse de manera continua hasta dar como resultado un punto [véase, por ejemplo, *ECalR*: §11.3], en un caso de lo que se conoce como *torsión topológica* [Tu, 2010; Lee, 2003].

En física se suelen tener en cuenta espacios de configuración de un número de dimensiones mucho mayor, como sucede en el caso de un gas, en el que nos podría interesar conocer la posición exacta de todas las moléculas que lo forman. Si hay N moléculas (consideradas partículas puntuales individuales sin estructura interna), entonces el espacio de configuración tendría $3N$ dimensiones. Desde luego, N podría ser un número realmente grande, pero el marco matemático general para estudiar variedades, construido a partir de nuestras intuiciones para los casos de 1, 2 y 3 dimensiones, resulta ser sumamente potente para el análisis de sistemas complejos como estos.

El espacio de fases $\mathcal{P}$ es un concepto muy similar al del espacio de configuración, pero en el que deben tenerse en cuenta, además, los *movimientos* de los componentes individuales. En el segundo ejemplo de un espacio de configuración que hemos visto más arriba, en el que cada punto de la 3N-variedad $\mathcal{C}$ representa el conjunto completo de posiciones de todas las moléculas de un gas, el espacio de fases correspondiente sería una 6N-variedad $\mathcal{P}$ en la que también estaría representado el movimiento de cada partícula. Podríamos imaginarnos que lo hacemos tomando los 3 componentes de la velocidad (determinando el vector velocidad) de cada partícula, pero por razones técnicas resulta más adecuado tomar los 3 componentes del *momento* de cada una de ellas. El vector momento de una partícula (al menos para las situaciones que nos interesan aquí) es simplemente su vector velocidad multiplicado por su *masa*. Este vector nos da 3 componentes más por partícula que las que teníamos antes, de forma que en total tenemos 6 componentes para cada partícula, y el espacio de fases $\mathcal{P}$ para nuestro sistema de N partículas sin estructura tendrá entonces 6N dimensiones (figura A-20).

Si las partículas tienen algún tipo de estructura interna, el asunto se complica más. Recordemos que, como hemos visto antes, para un cuerpo rígido el espacio de configuración ya tiene 6 dimensiones, puesto que se necesitan 3 números para definir la orientación angular del cuerpo. Para describir los *movimientos* angulares del cuerpo (respecto a su centro de masas), necesitamos —además de las 3 componentes del momento correspondientes al movimiento de su centro de masas— incorporar al espacio de fases las 3 componentes adicio-

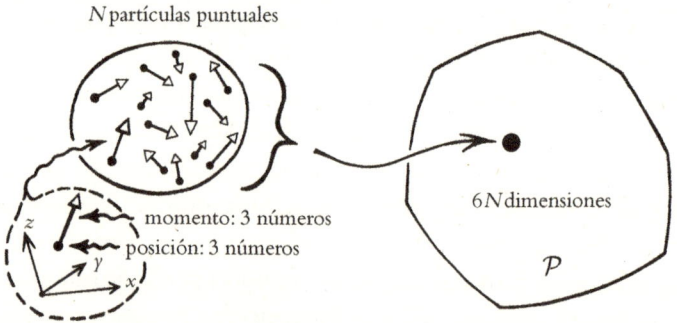

Figura A-20. Mientras que el espacio de configuración $\mathcal{C}$ de N partículas puntuales clásicas sin estructura es una 3N-variedad, el espacio de fases $\mathcal{P}$ también tiene en cuenta los 3 grados de libertad del momento, por lo que $\mathcal{P}$ tiene 6N dimensiones.

nales del *momento angular* respecto al centro de masas, lo que da lugar a una variedad de 12 dimensiones para el espacio de fases $\mathcal{P}$. Por lo tanto, para N partículas, cada una de ellas con la estructura de un cuerpo rígido, necesitaríamos un espacio de fases de $12N$ dimensiones. Como regla general, el espacio de fases $\mathcal{P}$ de un sistema físico tendrá un número de dimensiones que será el doble que el de su espacio de configuraciones $\mathcal{C}$.

Los espacios de fases tienen muchas propiedades matemáticas hermosas—por ser lo que los matemáticos denominan variedades *simplécticas*— de especial relevancia para el comportamiento dinámico. Como se ha mencionado en §A.5, cada espacio tangente de una de variedad $\mathcal{P}$ de este tipo tiene un «producto interno» *antisimétrico* $[\mathbf{u}, \mathbf{v}] = -[\mathbf{v}, \mathbf{u}]$, definido por lo que se conoce como una *forma simpléctica*. Sabemos que esto no nos permite dar una medida de magnitud a un vector tangente, ya que implica directamente que $[\mathbf{u}, \mathbf{u}] = 0$ para cualquier vector tangente. No obstante, la forma simpléctica sí nos proporciona una medida del área de cualquier elemento de superficie *bidimensional*, donde $[\mathbf{u}, \mathbf{v}]$ sería el elemento de área para el elemento de superficie abarcado por los dos vectores $\mathbf{u}$ y $\mathbf{v}$. Debido a la antisimetría, se trata de un área *orientada*, en el sentido de que cambia de signo si invertimos el orden de $\mathbf{u}$ y $\mathbf{v}$ (lo que equivale a describir el área en el sentido opuesto; véase la figura A-21). Partiendo de esta medida del área a escala infinitesimal, podemos ir acumulándola (dicho técnicamente, *integrarla*) para obtener una medida del área de cualquier superficie bidimensional (que, para evitar valores infinitos, supondremos compacta; véase la figura A-15(c)). Podemos extender esta idea de área y tomar *productos* de este tipo de elementos para asignar una medida de «volumen» a cualquier región superficial (supongamos que compacta) de un número par de dimensiones situada dentro de $\mathcal{P}$. Esto vale para todo el espacio $\mathcal{P}$, puesto que este tiene necesariamente un número par de dimensiones, y para cualquier región dentro de $\mathcal{P}$ que tenga ese mismo número de dimensiones (donde, en cada caso, la *finitud* vendría garantizada por la *compacidad*). Esa medida de volumen se conoce como *medida de Liouville*.

Aunque las propiedades matemáticas detalladas de las variedades simplécticas no serán de especial relevancia para este libro, sí conviene señalar aquí dos características concretas de esta geometría. Tienen que ver con las curvas en $\mathcal{P}$, denominadas *curvas de evolución*, que

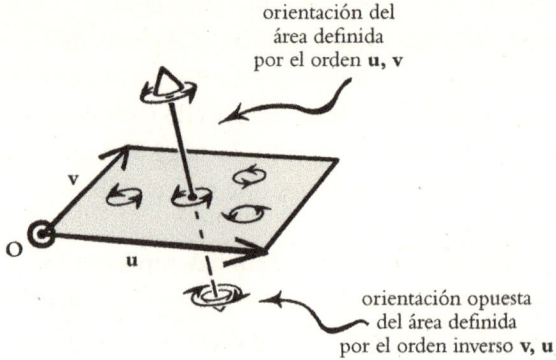

orientación del
área definida
por el orden **u, v**

orientación opuesta
del área definida
por el orden inverso **v, u**

FIGURA A-21. El elemento de plano bidimensional determinado por los vectores **u** y **v** en el espacio tangente en un punto de la variedad tiene una orientación que depende del orden en que se toman **u** y **v**. En un espacio tridimensional ambiente, podemos entender esta orientación como una dirección perpendicular al plano, a un lado u otro del mismo, pero es mejor pensar en términos de una idea de «giro» alrededor del elemento de plano bidimensional, puesto que esto también puede usarse en un espacio circundante de un mayor número de dimensiones. Si el espacio circundante es una variedad simpléctica, el área que la estructura simpléctica asigna al plano bidimensional tiene un signo que depende de la orientación del plano.

representan las posibles evoluciones, a medida que transcurre el tiempo, del sistema físico en cuestión, dando por hecho que esta evolución está en consonancia con las ecuaciones dinámicas que gobiernan el sistema (que puede ser simplemente la dinámica de la teoría newtoniana clásica, o bien la más sofisticada de la teoría de la relatividad o de muchas otras propuestas de teorías físicas). Esta dinámica se considera *determinista* en el sentido en que se supone que se comportan los sistemas físicos clásicos, en los que, para un sistema compuesto por partículas, su comportamiento está completamente determinado por las posiciones y los momentos de todas sus partículas en un momento dado t. Si hay presentes campos dinámicos continuos (como el electromagnetismo), esperamos un tipo similar de evolución determinista. En consonancia con ello, en términos del espacio de fases $\mathcal{P}$, cada curva de evolución c, que representa una posible evolución completa del sistema, está completamente fijada por cualquier punto elegido sobre c. La familia completa de curvas de evolución forma lo que los matemáticos denominan una *foliación* de $\mathcal{P}$, donde por cada punto dado de $\mathcal{P}$ pasa exactamente una curva de evolución; véase la figura A-22.

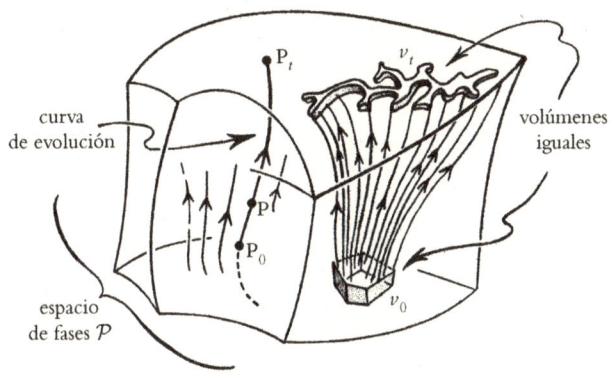

FIGURA A-22. La evolución dinámica de un sistema clásico viene descrita, en términos del espacio de fases $\mathcal{P}$, por su curva de evolución. Cada punto P en $\mathcal{P}$ representa las posiciones y los movimientos en un instante dado de todos los componentes del sistema, y las ecuaciones dinámicas determinan entonces la evolución del sistema al proporcionar la curva de evolución que, partiendo de P, alcanza un punto P_t en un instante posterior t. El determinismo de las ecuaciones dinámicas nos dice que existe una única curva de evolución que pasa por cada P en la dirección hacia el futuro, y lo mismo sucede hacia el pasado, extendiéndose hacia atrás hasta alcanzar un punto P_0 que describe el estado inicial del sistema. La estructura simpléctica de $\mathcal{P}$ proporciona un volumen (la medida de Liouville) a cualquier región compacta en $\mathcal{V}$, y el teorema de Liouville nos dice que este volumen se conserva a lo largo de las curvas de evolución, con independencia de lo enrevesada que pueda llegar a ser la región.

La primera de estas características debida a la naturaleza simpléctica de $\mathcal{P}$ es que las posiciones precisas de todas estas curvas de evolución en $\mathcal{P}$ quedan completamente fijadas cuando se conoce el valor de la *energía* del sistema para todos los puntos de $\mathcal{P}$ (esta función de la energía se conoce como *funcional hamiltoniano*), aunque este papel notable e importante de la energía no tiene influencia sobre lo que quiero exponer aquí. La segunda característica, que *sí* es importante para nosotros, es que la medida de Liouville natural que está definida en los espacios de fases (determinada por la estructura simpléctica) *se conserva* a lo largo de la evolución temporal de acuerdo con las ecuaciones dinámicas dadas. Es un hecho sorprendente, conocido como *teorema de Liouville*. Para un espacio de fases de $2n$ dimensiones $\mathcal{P}$, este volumen proporciona una medida (un número real) del tamaño $L_n(\mathcal{V})$ asignado a cualesquiera subregiones (compactas) de $2n$ dimensiones $\mathcal{V}$ de $\mathcal{P}$. A medida que aumenta el parámetro temporal t, de forma que los puntos de $\mathcal{P}$ se mueven a lo largo de sus curvas de evolución, la región entera $\mathcal{V}$ se desplazará, dentro de $\mathcal{P}$, de tal manera que su volumen en $2n$ dimensiones $L_n(\mathcal{V})$ siempre permanece constante. Esto tiene consecuencias para lo que se trata en el capítulo 3.

A.7. FIBRADOS

Un concepto matemático importante, que es un ingrediente clave de nuestra forma moderna de entender los tipos de estructuras que pueden residir en las variedades, o de entender las fuerzas de la naturaleza, es lo que se conoce como *haz fibrado*, o simplemente *fibrado*, para abreviar [Steenrod, 1951; *ECalR*: cap. 15]. Podemos ver esto como una manera de encajar el concepto de campo, en el sentido físico, dentro del marco geométrico general de las variedades que se ha descrito en §A.4. Además, nos permitirá entender más claramente la cuestión de la libertad funcional, expuesta en §A.2.

Para nuestro punto de vista actual, podemos ver un fibrado $\mathcal{B}$ como una $(r + d)$-variedad construida de forma suave a partir de una familia continua de copias de una r-variedad $\mathcal{F}$, de menor número de dimensiones, que se conocen como las *fibras* de $\mathcal{B}$. La estructura de esta familia tendrá en sí la forma de otra variedad, $\mathcal{M}$, una d-variedad que recibe el nombre de *espacio base*, de tal manera que cada punto del espacio base $\mathcal{M}$ corresponde a un ejemplar particular de la variedad $\mathcal{F}$ dentro de la familia que forma $\mathcal{B}$. Así pues, a grandes rasgos, podemos ver nuestro fibrado $\mathcal{B}$ como sigue:

$\mathcal{B}$ consiste en los $\mathcal{F}$ de un $\mathcal{M}$ continuo.

Se dice que $\mathcal{B}$ es un *fibrado $\mathcal{F}$ sobre $\mathcal{M}$*, donde todo el fibrado $\mathcal{B}$ es en sí mismo una variedad cuya dimensión es la suma de las dimensiones de $\mathcal{M}$ y $\mathcal{F}$. La descripción de $\mathcal{B}$ como un $\mathcal{M}$ continuo de $\mathcal{F}$ se entiende, en términos más técnicos, como que existe una *proyección* π que relaciona $\mathcal{B}$ con $\mathcal{M}$ y según la cual la *imagen inversa* de cualquier punto en $\mathcal{M}$ (es decir, toda la parte de $\mathcal{B}$ que π hace corresponder a ese punto en concreto) es una de las copias de $\mathcal{F}$ que componen $\mathcal{B}$. Ello significa que la proyección π reduce de manera continua cada $\mathcal{F}$ entero, de los que está compuesto $\mathcal{B}$, a un único punto de $\mathcal{M}$ (véase la figura A-23). El espacio base $\mathcal{M}$ y el espacio de fibras $\mathcal{F}$ se combinan de esta manera para darnos lo que llamamos el *espacio total* $\mathcal{B}$ del haz.

Queremos que todo en esta descripción sea *continuo*, por lo que esta proyección en particular debe ser una correspondencia continua (es decir, exenta de saltos); pero también exigiré aquí que todas nuestras correspondencias y espacios sean *suavemente diferenciables* (a poder ser, lo que se conoce técnicamente como C^∞ [véase, por ejemplo, *ECalR*: §6.3]), para que se puedan aplicar las ideas del cálculo, en la medida en que sean necesarias. En este libro, no doy por supuesto que el lector conoce el formalismo del cálculo (en §A.11 se exponen unos conceptos básicos), pero una idea intuitiva de los conceptos de diferenciación, integración, vectores tangentes, etc. sí que resulta útil (como se ha mencionado en §A.5). La idea de *diferenciación* hace referencia a los ritmos de cambio y a las pendientes de las curvas, etc., mientras que la integración tiene que ver con áreas y volúmenes, etc., y un conocimiento somero de estos conceptos resultará útil en muchos lugares (véase la figura A-44 de §A.11).

Dos ejemplos sencillos de fibrados son los que se muestran en la figura A-24, donde en este caso el espacio base $\mathcal{B}$ es un *círculo* y el espacio fibra $\mathcal{F}$ es un *segmento lineal*. Las dos posibilidades topológicamente distintas son el *cilindro* (figura A-24(a)) y la *cinta de Moebius*

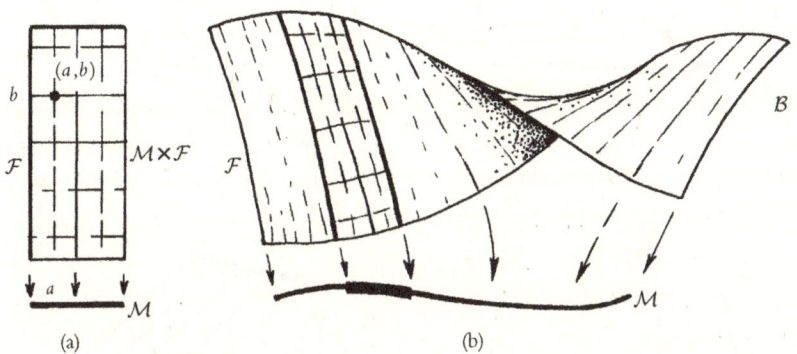

(a)   (b)

FIGURA A-23. La imagen ilustra la idea de un haz de fibras. El *espacio total* $\mathcal{B}$ es una variedad que se puede ver como «un $\mathcal{M}$ continuo de $\mathcal{F}$», donde la variedad $\mathcal{M}$ se conoce como *espacio base* y $\mathcal{F}$ como la *fibra*. Existe una proyección π (indicada mediante las flechas) que establece una correspondencia entre cada ejemplar de $\mathcal{F}$ en $\mathcal{B}$ y un punto de $\mathcal{M}$, y consideramos que ese ejemplar concreto de $\mathcal{F}$ en $\mathcal{B}$ es la fibra «sobre» ese punto de $\mathcal{M}$. (a) Sobre cualquier subconjunto abierto lo suficientemente pequeño de $\mathcal{M}$, estará una región de $\mathcal{B}$ que es el *espacio producto* de ese subconjunto con $\mathcal{F}$ (véase la figura A-25), pero (b), en su totalidad, $\mathcal{B}$ no tiene por qué ser semejante producto, debido a algún tipo de «torsión» en su estructura global.

(figura A-24(b)). El cilindro es un ejemplo de lo que se denomina un *espacio producto*, o fibrado *trivial*, donde el producto $\mathcal{M} \times \mathcal{F}$ de los espacios $\mathcal{M}$ y $\mathcal{F}$ debe entenderse como el espacio de *pares* (a, b), donde a es un punto de $\mathcal{M}$ y b es un punto de $\mathcal{F}$ (véase la figura A-25). Podemos observar que esta idea de producto es coherente con la que se aplica sobre pares de enteros positivos. Cuando a toma los valores enteros 1, 2, 3..., A y b, los valores enteros 1, 2, 3..., B, el número de pares (a, b) viene dado simplemente por el producto AB.

Un ejemplo del caso más general de lo que a veces se denomina un *producto retorcido* es la cinta de Moebius. Esto ilustra el hecho de que un fibrado es siempre *localmente* un espacio producto, en el sentido de que, si tomamos cualquier punto a del espacio base $\mathcal{M}$, existe una región abierta lo suficientemente pequeña (véase §A.5) de $\mathcal{M}_a$ en $\mathcal{M}$, que contiene a a, para la cual la *parte* $\mathcal{B}_a$ del fibrado $\mathcal{B}$ situado

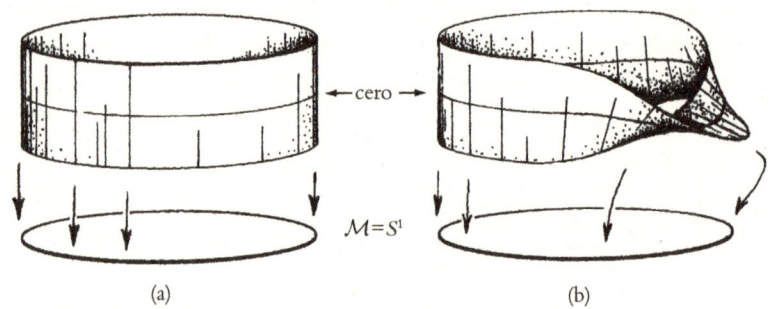

FIGURA A-24. Los dos fibrados posibles en los que la fibra $\mathcal{F}$ es un segmento lineal y el espacio base $\mathcal{M}$ es un círculo S^1 son (a) el cilindro y (b) la cinta de Moebius.

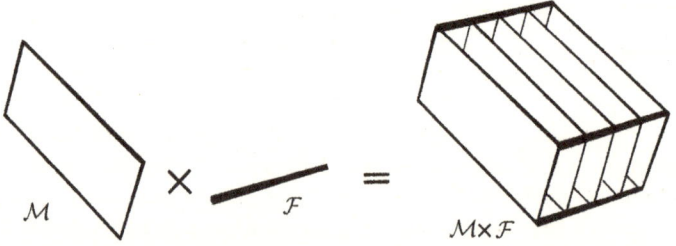

FIGURA A-25. El espacio producto $\mathcal{M} \times \mathcal{F}$ de las variedades $\mathcal{M}$ y $\mathcal{F}$ es un tipo particular de fibrado de $\mathcal{F}_n$ sobre $\mathcal{M}$ que se conoce como *fibrado trivial*, formado por pares (a, b), donde a es un punto de $\mathcal{M}$ y b es un punto de $\mathcal{F}$. También se puede entender como un fibrado trivial de $\mathcal{M}$ sobre $\mathcal{F}$.

sobre $\mathcal{M}_a$ (es decir, esa parte de $\mathcal{B}$ que $\boldsymbol{\pi}$ proyecta sobre $\mathcal{M}_a$) puede a su vez expresarse como un producto

$$\mathcal{B}_a = \mathcal{M}_a \times \mathcal{F}.$$

Esta estructura de producto *local* siempre se da en un fibrado, aunque es posible que el fibrado en su conjunto no pueda expresarse (de forma continua) de esta manera, como sucede, por ejemplo, en el caso de la cinta de Moebius (figura A-24(b)).

Esta clara distinción topológica entre el cilindro y la cinta de Moebius se puede entender en términos de lo que se denominan *secciones transversales* de los fibrados. Una sección transversal de un fibrado $\mathcal{B}$ es una subvariedad $\mathcal{X}$ de $\mathcal{B}$ (esto es, una variedad $\mathcal{X}$ más pequeña contenida de forma suave dentro de $\mathcal{B}$) que interseca cada fibra exactamente en un único punto. (A veces es útil ver una sección transversal como la imagen de cierta correspondencia desde el espacio base $\mathcal{M}$ de vuelta al fibrado $\mathcal{B}$, con la propiedad anterior, puesto que $\mathcal{X}$ siempre será topológicamente idéntica a $\mathcal{B}$.) Como sucede con todos los espacios *producto* (cuando $\mathcal{F}$ contiene más de un punto), habrá secciones transversales que no se crucen (por ejemplo, tomemos (a_1, b) y (a_2, b), donde a_1 y a_2 son elementos distintos de $\mathcal{F}$ y b toma cualquier valor en $\mathcal{M}$). En la figura A-26(a) vemos esta situación ilustrada en el caso del cilindro. Pero con la cinta de Moebius *todos* los pares de secciones transversales deben cruzarse (no es difícil

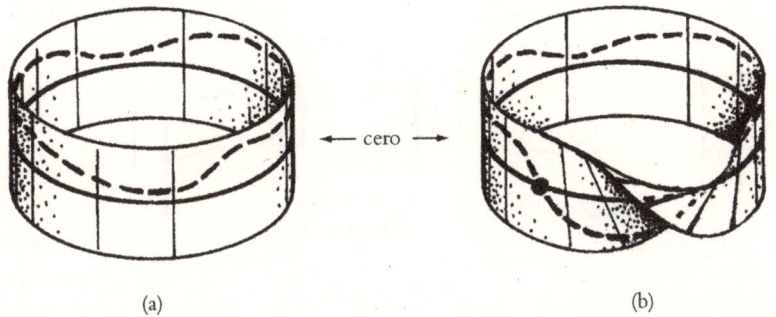

(a)   (b)

FIGURA A-26. Las líneas discontinuas son ejemplos de secciones transversales de los fibrados de la figura A-24. Una manera de distinguir dos fibrados entre sí consiste en ver que (a) el cilindro tiene muchas secciones transversales que no se anulan en ningún punto, como se ilustra aquí, mientras que (b) para la cinta de Moebius toda sección transversal tiene un cero (cruza la línea de valor igual a cero), tal y como se puede ver aquí.

convencerse de ello; véase la figura A-26(b)). Esto pone de manifiesto la no trivialidad topológica de la cinta de Moebius.

Desde el punto de vista físico, las secciones transversales de los fibrados son importantes porque, si tomamos $\mathcal{M}$ como el espacio o el espaciotiempo, proporcionan una atractiva representación geométrica de lo que es un campo *físico*. Recordemos los campos magnéticos que hemos visto en §A.2. Podemos considerar un campo de este tipo como una sección transversal del fibrado cuyo espacio base es el espacio euclídeo tridimensional ordinario y donde la fibra sobre cada punto P es el espacio vectorial tridimensional de campos magnéticos posibles en P. Volveremos sobre esto en breve, en §A.8. Aquí nos interesa el concepto de secciones transversales *suaves*. Esta suavidad significa no solo que todos los espacios y aplicaciones en cuestión son continuos, sino también que debemos exigir que cualquier sección transversal $\mathcal{X}$ sea en todo punto *transversal* a las fibras, en el sentido de que no hay una dirección tangente a $\mathcal{X}$, en un punto P_0 de su intersección con una fibra $\mathcal{F}_0$, que coincida con una dirección tangente a $\mathcal{F}_0$. En la figura A-27 pueden verse ejemplos que ilustran la satisfacción o violación de la transversalidad.

Es importante que seamos conscientes de que, para que un fibrado sea *no trivial* (es decir, para que no sea un producto), es necesario que el espacio de fibras $\mathcal{F}$ posea una *simetría* exacta de algún tipo. En

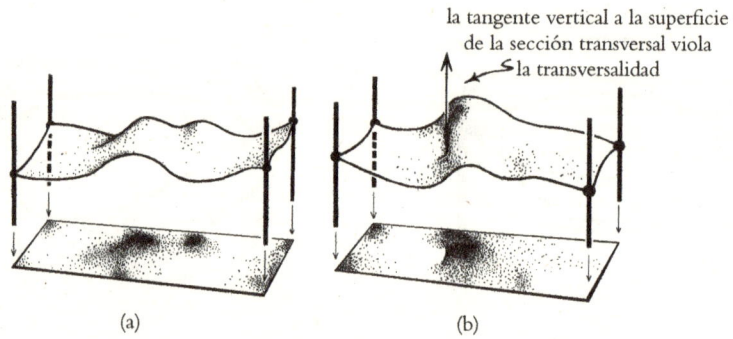

la tangente vertical a la superficie de la sección transversal viola la transversalidad

(a)   (b)

FIGURA A-27. Ilustración de la condición de transversalidad para una sección transversal. (En esta imagen local, el espacio base es un plano y las fibras son líneas verticales.) (a) Aquí se respeta la transversalidad; la pendiente de las ondulaciones en la sección transversal nunca alcanza una dirección vertical. (b) Aunque suave, esta sección transversal alcanza una dirección tangente vertical, y por lo tanto no es transversal (el campo que representa tiene aquí una derivada infinita).

el caso de la cinta de Moebius, es la simetría de poder voltear la línea (esto es, la fibra $\mathcal{F}$) de un extremo al otro sin alterar su naturaleza lo que permite la construcción de este ejemplo no trivial. Esto es válido de manera bastante general, y un espacio $\mathcal{F}$ sin ninguna simetría no permitiría la construcción de un fibrado no trivial con $\mathcal{F}$ como fibra. Este hecho es importante para nosotros también cuando consideramos las *teorías de gauge* en las que se basan las teorías modernas de las fuerzas de la naturaleza (véase §1.8), que dependen de un concepto, la llamada *conexión gauge*, cuya no trivialidad depende de manera crucial de que las fibras $\mathcal{F}$ posean una simetría no trivial (continua), de forma que entre las fibras próximas en un fibrado puedan establecerse relaciones de maneras alternativas ligeramente diferentes, dependiendo de cuál sea la «conexión» que se escoja.

Es útil mencionar aquí una cuestión de terminología. En cualquier fibrado $\mathcal{B}$ con espacio base $\mathcal{M}$ y fibra $\mathcal{F}$, podemos decir que $\mathcal{M}$ es un *espacio cociente* de $\mathcal{B}$. Esto, por supuesto, vale también para el caso trivial de un fibrado producto, donde tanto $\mathcal{M}$ como $\mathcal{F}$ son espacios cocientes de $\mathcal{M} \times \mathcal{F}$. Debemos comparar esta situación con otra muy diferente, en que decimos que un espacio $\mathcal{M}$ es un *subespacio* de otro espacio $\mathcal{S}$ si puede identificarse de forma suave como una región dentro de $\mathcal{S}$; lo cual puede escribirse como

$$\mathcal{M} \hookrightarrow \mathcal{S}.$$

La obvia distinción entre estos dos conceptos tan diferentes (pero que, curiosamente, se suelen confundir) tiene importancia en la teoría de cuerdas; véanse §§1.10, 1.11 y 1.15, y la figura 1-32 de §1.10.

Una clase particular de fibrado de gran importancia en física, así como en matemática pura, es la de los *fibrados vectoriales*, para los que el espacio fibra $\mathcal{F}$ es un *espacio vectorial* (véase §A.3). Ejemplos de fibrados vectoriales serían los relevantes para los campos magnéticos que hemos visto en §A.2, como veremos en §A.8, cuyos valores posibles en un punto dado constituyen un espacio vectorial. Lo mismo valdría para los campos eléctricos o para muchos otros tipos de campos interesantes en física en los que, en cualquier punto, podemos sumar los campos o multiplicarlos por un número escalar real para obtener otro campo de posible interés. Un ejemplo de otro tipo serían los *espacios de fases* que he considerado en §A.6. En este último caso, nos interesa el tipo de fibrado vectorial que se conoce como *fibrado cotangente* $T^*(\mathcal{C})$ de un espacio de configuración $\mathcal{C}$, que resulta ser automáticamente una variedad simpléctica, como se ha mencionado en §A.6.

¿Cómo se define un fibrado cotangente? El fibrado *tangente* T ($\mathcal{M}$) de una *n*-variedad $\mathcal{M}$ es el fibrado vectorial cuyo espacio base es $\mathcal{M}$ y cuya fibra sobre cada punto de $\mathcal{M}$ es el *espacio tangente* en ese punto (véase §A.5). Cada espacio tangente es un espacio vectorial *n*-dimensional, de forma que el espacio total T ($\mathcal{M}$) es una 2*n*-variedad (véase la figura A-28(a)). El fibrado *cotangente* $T^*(\mathcal{M})$ de $\mathcal{M}$ se construye de la misma manera, con la diferencia de que la fibra en cada punto de $\mathcal{M}$ es ahora el espacio *cotangente* (el *dual* del espacio tangente; véase §A.4) en ese punto (figura A-28(b)). Cuando $\mathcal{M}$ es el espacio de configuración $\mathcal{C}$ de un sistema físico (clásico), entonces los vectores cotangentes se pueden identificar con el sistema de *momentos*; de ahí la identificación del fibrado cotangente $T^*(\mathcal{C})$ como el *espacio de fases* del sistema (§A.6). Así pues, un espacio de fases ordinario sería, de hecho, el espacio total de un fibrado vectorial (por lo general, no

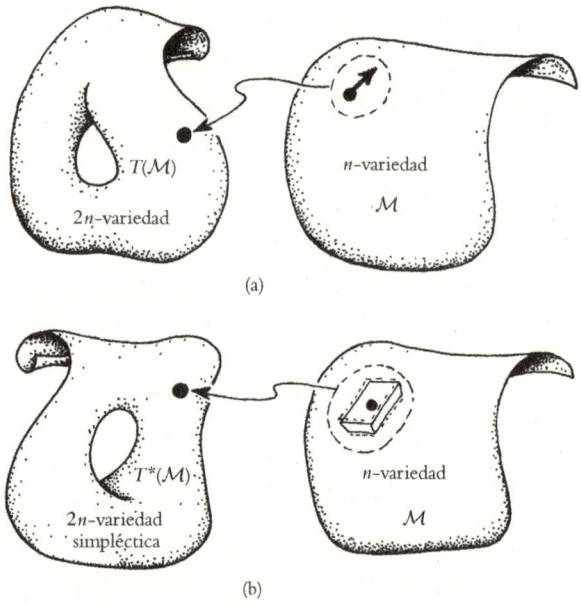

FIGURA A-28. (a) Cada punto del fibrado tangente 2*n*-dimensional T ($\mathcal{M}$) de una *n*-variedad $\mathcal{M}$ representa un punto de $\mathcal{M}$ junto con un vector tangente a $\mathcal{M}$ en ese punto. (b) Cada punto del fibrado cotangente simpléctico 2*n*-dimensional $T^*(\mathcal{M})$ de $\mathcal{M}$ representa un punto de $\mathcal{M}$ junto con un covector tangente a $\mathcal{M}$ en dicho punto.

trivial) sobre el correspondiente espacio de configuración, donde las fibras proporcionan todos los distintos momentos y la proyección π es la correspondencia que simplemente «olvida» todos los momentos.

Otros ejemplos de fibrados que aparecen de forma natural en física son los esenciales para el formalismo de la mecánica cuántica, tal y como se representan en la figura 2-16(b) de §2.8, donde se ve que el espacio vectorial n-dimensional complejo que se conoce como *espacio de Hilbert* $\mathcal{H}^n$ (excluido su origen $\mathbf{O}$) es un fibrado sobre el espacio de Hilbert *proyectivo* $\mathbb{P}\mathcal{H}^n$ y cada fibra es una copia del plano de Wessel (§A.10) del que se ha eliminado su origen. Además, la $(2n-1)$-esfera S^{2n-1} de vectores *normalizados* del espacio de Hilbert es un fibrado circular (S^1-fibrado) sobre $\mathbb{P}\mathcal{H}^n$. Otros ejemplos de fibrados importantes en física aparecen con las teorías *gauge* de las interacciones físicas que se han mencionado antes. Muy en particular, como se ha expuesto en §1.8, se ve que el fibrado que describe la teoría de gauge del electromagnetismo (de Weyl) es, en efecto, el «espaciotiempo» 5-dimensional de Kaluza-Klein, en el que la quinta dimensión es un círculo a lo largo del cual existe una *simetría*, y la 5-variedad en su conjunto toma la forma de un fibrado circular sobre la 4-variedad del espaciotiempo ordinario; véase la figura 1-12 de §1.6. La dirección de simetría viene dada por lo que se conoce como (campo) *vector*(ial) *de Killing*, a lo largo del cual la estructura métrica de la variedad permanece inalterada.

Relacionado con esto está el concepto de espaciotiempo *estacionario*, que tiene un vector de Killing global $\mathbf{k}$ que es en todas partes *de tipo temporal* y que permanece inalterado a lo largo de la dirección temporal dada por $\mathbf{k}$. Si $\mathbf{k}$ es ortogonal a una familia de 3-superficies de tipo espacial, entonces decimos que el espaciotiempo es *estático*, como se muestra en la figura A-29. Sin embargo, se puede considerar un tanto antinatural la estructura de fibrado que proporcionan las curvas de tipo temporal a lo largo de las direcciones de $\mathbf{k}$, porque, en realidad, estas curvas temporales no son por lo general equivalentes, pues tienen distintas escalas temporales.

Como se ha mencionado antes, para que un fibrado sea *no trivial*, el espacio fibra $\mathcal{F}$ debe tener alguna clase de *simetría* (como el volteo de extremo a extremo necesario para el fibrado de Moebius). Las diferentes operaciones de simetría que se pueden aplicar sobre una estructura dada constituyen lo que matemáticamente se conoce como un *grupo*. Desde un punto de vista técnico, un grupo, en términos abstractos, es

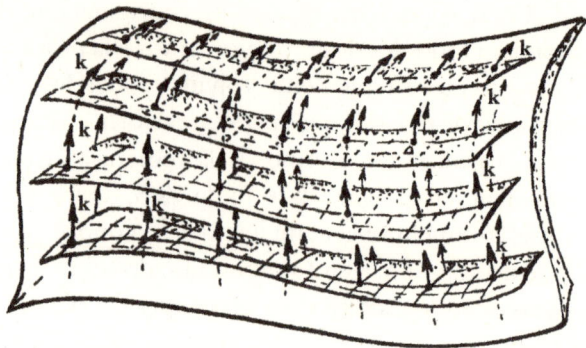

Figura A-29. En una variedad $\mathcal{M}$ con una estructura métrica (por ejemplo, un espaciotiempo en relatividad general), puede existir un campo vectorial de Killing **k**, que refleja (quizá solo localmente) una simetría continua de $\mathcal{M}$. Si $\mathcal{M}$ es un espaciotiempo y **k** es de tipo temporal, se dice que $\mathcal{M}$ es *estacionario*. Si, además, **k** es ortogonal a una familia $\mathcal{S}$ de 3-superficies de tipo espacial métricamente idénticas, entonces se dice que $\mathcal{M}$ es *estático*, pero no suele ser correcto pensar que $\mathcal{M}$ tiene la estructura de un fibrado (ya sea de una forma u otra), puesto que las escalas temporales pueden variar a lo largo de $\mathcal{S}$.

un sistema de operaciones *a*, *b*, *c*, *d*, etc. que pueden aplicarse secuencialmente, de tal forma que la acción de operaciones sucesivas se expresa (como en la multiplicación ordinaria) mediante simple yuxtaposición (*ab*, etc.). Estas operaciones siempre satisfacen $(ab)c = a(bc)$. Además, existe un elemento identidad *e* tal que $ae = a = ea$ para cualquier *a*, y cada elemento *a* tiene un inverso a^{-1} tal que $a^{-1}a = e$. Los distintos grupos utilizados a menudo en física reciben nombres específicos, como O(*n*), SO(*n*), U(*n*), etc. En particular, SO(3) es el grupo de rotaciones de una esfera ordinaria en el 3-espacio euclídeo, excluidas las reflexiones; O(3) es lo mismo, pero *con* reflexiones, y U(*n*) es el grupo de simetría de un espacio de Hilbert *n*-dimensional, tal y como se describe en §2.8. Así, en concreto, U(1) (que de hecho es lo mismo que SO(2)) es el *grupo unimodular* de rotaciones de fase en el plano de Wessel; esto es, la multiplicación por $e^{i\theta}$ (donde θ es real).

A.8. Libertad funcional mediante fibrados

El concepto de un fibrado vectorial tiene un interés particular para nosotros aquí, porque nos ayuda a comprender la cuestión de la libertad funcional que he abordado de una manera más bien intuitiva en §A.2. Para entender este asunto, tenemos que volver a la cuestión de por qué, en física, nos interesan particularmente las secciones transversales (suaves) de los fibrados. La respuesta, como ya se ha apuntado brevemente antes, es que los *campos físicos* pueden interpretarse como tales secciones transversales, y su suavidad (incluida la transversalidad) expresa la suavidad del campo en cuestión. Aquí tomaremos como espacio base $\mathcal{M}$ el espacio físico (que se suele ver como una 3-variedad) o el espaciotiempo físico (normalmente, una 4-variedad). La condición de transversalidad expresa el hecho de que la *derivada* (gradiente o tasa de variación, tanto espacial como temporal) del campo en cuestión es siempre finita.

Como ejemplo específico para ilustrar esto, tomaremos un campo escalar definido en el espacio $\mathcal{M}$. Así, $\mathcal{F}$ será simplemente una copia del continuo $\mathbb{R}$ de los números reales, ya que un campo *escalar* (en este contexto) es simplemente una asignación suave de un número real (la *intensidad* del campo) a cada punto de $\mathcal{M}$. De acuerdo con ello, tomamos como nuestro fibrado el fibrado trivial

$$\mathcal{B} = \mathcal{M} \times \mathbb{R},$$

sin ningún «retorcimiento». Una sección transversal $\mathcal{X}$ de $\mathcal{B}$ nos daría un número real en cada punto de $\mathcal{M}$ de una forma suave, que es lo que un campo escalar *es*. Se obtiene una imagen sencilla de lo que ocurre en esta situación si pensamos en la gráfica ordinaria de una función, donde $\mathcal{M}$ también es ahora 1-dimensional, al no ser más que otra copia de $\mathbb{R}$ (véase la figura A-30(a)). La propia gráfica es la sección transversal. La transversalidad exige que la pendiente de la curva no sea nunca vertical. Una pendiente vertical nos diría que la función tiene una derivada infinita en ese punto, lo que no está permitido para un campo suave. Este es un caso muy especial de un campo representado como una sección transversal de un fibrado. Los distintos «valores» posibles que un campo puede tomar podrían no formar siquiera un espacio lineal, sino una variedad compleja con una topología no trivial, como se sugiere en la figura A-30(b), donde el propio espaciotiempo podría ser un espacio más complejo.

Para ver un ejemplo ligeramente más intrincado que el de la figura A-30(a), consideremos los campos magnéticos de §A.2. Aquí

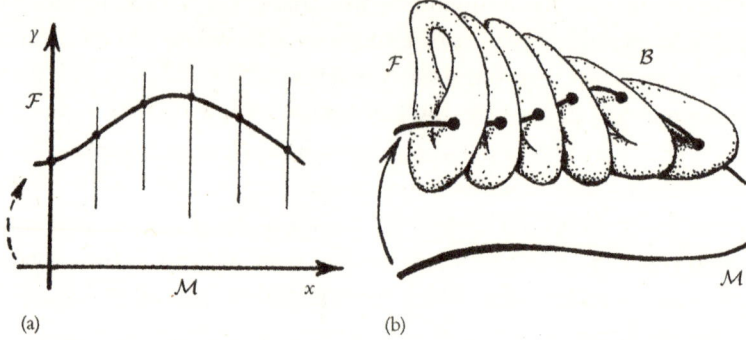

(a) (b)

Figura A-30. (a) La gráfica ordinaria de una función $y = f(x)$ proporciona un ejemplo básico de una sección transversal de un fibrado que describe un campo físico. Aquí, las fibras son líneas verticales que atraviesan la gráfica, algunas de las cuales aparecen en la figura, y el eje horizontal es la variedad $\mathcal{M}$ en este caso elemental. La transversalidad garantiza que la pendiente de la curva nunca llega a ser vertical. (b) Esto ilustra el caso general, donde $\mathcal{M}$, y también la fibra $\mathcal{F}$ de valores posibles del campo en un punto de $\mathcal{M}$, pueden ser variedades generales. Cualquier configuración particular del campo estaría representada mediante una sección transversal del fibrado (que satisfaga la condición de transversalidad).

estamos pensando en el 3-espacio ordinario, por lo que $\mathcal{M}$ es una 3-variedad (el 3-espacio euclídeo) y $\mathcal{F}$ es el 3-espacio de posibles campos magnéticos en un punto (de nuevo un 3-espacio, porque se necesitan 3 componentes para definir un campo magnético en cada punto). Podemos identificar $\mathcal{F}$ con $\mathbb{R}^3$ (el espacio de triplas (B_1, B_2, B_3) de números reales, que serían los 3 componentes del campo magnético; véase §A.2), y se puede entender que nuestro fibrado $\mathcal{B}$ es simplemente el producto «trivial» $\mathcal{M} \times \mathbb{R}^3$. Puesto que tenemos un *campo* magnético, en lugar de meramente el valor del campo en un punto concreto, estamos tratando con una *sección transversal* suave de nuestro fibrado $\mathcal{B}$ (véase la figura A-31). Un campo magnético es un ejemplo de *campo vectorial*, en el que a cada punto del espacio base (aquí $\mathcal{M}$) se le asigna un vector, de forma suave. En general, un campo vectorial es simplemente una sección transversal suave de algún fibrado vectorial, pero esta expresión se utiliza con más frecuencia cuando el fibrado vectorial en cuestión es el *fibrado tangente* del espacio en cuestión. Véase la figura A-17 de §A.6.

Si $\mathcal{M}$ fuese el tipo de 3-espacio *curvo* que aparece en relatividad general, la identificación $\mathcal{B} = \mathcal{M} \times \mathbb{R}^3$ no sería verdaderamente apro-

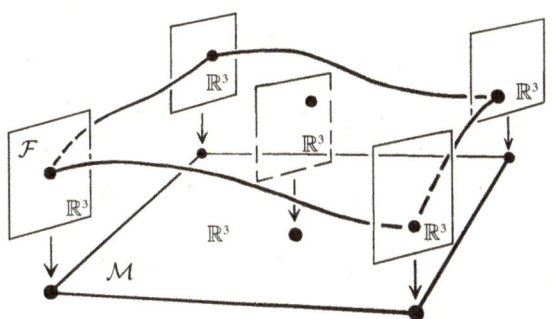

FIGURA A-31. La imagen pretende sugerir el modo en que un campo magnético en el 3-espacio plano ($\mathbb{R}^3$) puede representarse como una sección transversal del $\mathbb{R}^3$-fibrado trivial sobre $\mathbb{R}^3$ (es decir, $\mathbb{R}^3 \times \mathbb{R}^3$), donde debemos imaginar que todos los planos son en realidad $\mathbb{R}^3$.

piada porque, en general, no existiría una identificación natural entre los espacios tangentes en distintos puntos de $\mathcal{M}$. En muchas situaciones de dimensionalidad más alta, el fibrado tangente $\mathcal{B}$ de una $\mathcal{M}$ d-dimensional no sería ni siquiera *topológicamente* igual que $\mathcal{M} \times \mathbb{R}^d$ (aunque el caso $d = 3$ es una curiosa excepción). Pero tales cuestiones generales no serán de gran importancia en nuestro contexto, porque incluso en relatividad general las consideraciones aquí planteadas serán completamente locales en el espacio (o en el espacio-tiempo) y, por ese motivo, una estructura local «trivial» $\mathcal{M} \times \mathbb{R}^d$ es adecuada.

Una ventaja de mirar las cosas desde este punto de vista es que se pone claramente de manifiesto la cuestión de la *libertad funcional*. Supongamos que tenemos un campo de n componentes definido sobre una variedad d-dimensional $\mathcal{M}$. Además, solo nos interesa una sección transversal $\mathcal{X}$ del fibrado $(d + n)$-dimensional $\mathcal{B}$. Nos fijaremos únicamente en el comportamiento *local* en $\mathcal{M}$, por lo que podemos suponer que estamos trabajando con el fibrado *trivial* $\mathcal{B} = \mathcal{M} \times \mathbb{R}^n$. Si el campo se elige con total libertad, la variedad $\mathcal{X}$ será una subvariedad d-dimensional escogida sin restricciones de la $(d + n)$-variedad $\mathcal{B}$. ($\mathcal{X}$ es una d-variedad porque, como se ha señalado en §A.4, es topológicamente idéntica a $\mathcal{M}$.) Sin embargo, estrictamente, no es del todo cierto que $\mathcal{X}$ se elija con total libertad, porque, en primer lugar, necesitamos garantizar que se cumple en todas partes la condición de transversalidad y, en segundo lugar, que $\mathcal{X}$ no «se retuerce» de alguna manera, de forma que las fibras se corten más de una vez. Pero estas salvedades no son importantes para las consideraciones sobre la libertad funcional, porque, a una escala *local*, una d-variedad elegida genéricamente dentro de la $(d + n)$-variedad $\mathcal{B}$ será en efecto transversal y se cortará con cada fibra n-dimensional $\mathcal{F}$, en sus proximidades, solo una vez. La cantidad de libertad (local) a la hora de elegir un campo de n componentes en una d-variedad dada es simplemente la libertad (local) de elegir una d-variedad $\mathcal{X}$ en una $(d + n)$-variedad $\mathcal{B}$ ambiente.

Ahora, la cuestión clave es que lo fundamental es el valor de d, y no importa tanto la magnitud de n (o de $d + n$). ¿Cómo «vemos» esto? ¿Cómo nos hacemos una idea de «cuántas» d-variedades hay en una $(d + n)$-variedad?

Considerar los casos $d = 1$ y $d = 2$ (en otras palabras, las curvas y superficies) en una 3-variedad circundante (que puede ser el 3-espacio euclídeo ordinario) es una buena idea, porque así podemos visualizar fácilmente la situación (figura A-32). Cuando $d = 2$, tratamos con campos escalares ordinarios en el 2-espacio, de manera que como espacio base se puede tomar (localmente) $\mathbb{R}^2$ y como la fibra, $\mathbb{R}^1(= \mathbb{R})$, y nuestras secciones transversales son simplemente *superficies* (2-superficies) en $\mathbb{R}^3$ (el 3-espacio euclídeo). La libertad funcional —esto es, el «número» de campos escalares posibles elegidos sin restricciones— viene dada por la libertad de elegir 2-superficies en el 3-espacio (figura A-32(a)). Sin embargo, en el caso $d = 1$ es el espacio *base* el que es localmente $\mathbb{R}^1$ y la *fibra* la que es $\mathbb{R}^2$, de manera que las secciones transversales no son más que *curvas* en $\mathbb{R}^3$ (figura A-32(b)).

Ahora cabe preguntarse: ¿por qué hay muchas más superficies que curvas en $\mathbb{R}^3$? Dicho de otro modo (interpretando la cuestión en función de secciones transversales de fibrados; esto es, en términos de la libertad funcional en campos), ¿por qué es $\infty^{\infty^2} \gg \infty^{2\infty}$ (o $\infty^{1\infty^2} \gg \infty^{2\infty^1}$) en la notación de §A.2? Primero, debería explicar el 2 en $\infty^{2\infty}$. Si queremos describir nuestra curva, podemos hacerlo fijándonos simplemente en un componente tras otro de la fibra $\mathcal{F}$ que es $\mathbb{R}^2$. Esto equivale a considerar la *proyección* de nuestra curva en dos direcciones distintas, las de los ejes de coordenadas, lo que nos da *dos* curvas, una en cada uno de los dos planos (el (x, u)-plano y el (y, u)-plano), donde x e y son las coordenadas de la fibra y u es la coordenada del espacio base. Este *par* de curvas planas es equivalente a la curva espacial

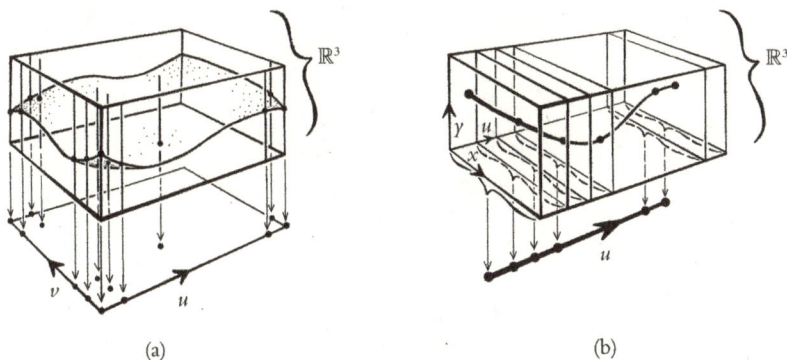

FIGURA A-32. (a) La libertad funcional ∞^{∞^2} de elegir campos de 1 componente en el 2-espacio es la de elegir 2-superficies en $\mathbb{R}^3$, considerado este último como un fibrado de $\mathbb{R}^1$ sobre $\mathbb{R}^2$ (el (u, v)-plano). Esto se puede contrastar con (b) la libertad funcional $\infty^{2\infty}$ de escoger campos de 2 componentes (los (x, y)-planos) en el 1-espacio (u-coordenada), que es la de elegir 1-superficies (es decir, curvas) en $\mathbb{R}^3$, tomado este como un fibrado de $\mathbb{R}^2$ sobre $\mathbb{R}^1$.

original. La libertad para cada curva plana es ∞^∞ (una función continua con valores reales de una sola variable real), por lo que, para el par de curvas, tenemos que la libertad es $\infty^\infty \times \infty^\infty = \infty^{2\infty}$.

Para ver por qué la libertad (local) ∞^{∞^2} de 2-superficies en $\mathbb{R}^3$ es mucho mayor que esto —y mayor, de hecho, que la libertad en cualquier número finito k de curvas planas (localmente)—, podemos considerar k secciones planas paralelas de la 2-superficie (que ahora podemos imaginar como la 2-superficie de la figura A-32(a) cortada en rebanadas verticales por k planos definidos por k valores constantes diferentes de la coordenada v en el espacio base $\mathbb{R}^2$ de esta figura). Cada una de estas k curvas tiene una libertad funcional (local) de ∞^∞, de manera que la libertad total de las k curvas es $(\infty^\infty)^k = \infty^{k\infty}$. (Claramente, una familia de k curvas se puede interpretar como una *única* curva si permitimos que esta sea inconexa. Esta es una razón por la que estas consideraciones solo tienen validez *local*. Una porción local de una curva inconexa sería como una porción local de una única curva conexa, que tiene menor libertad que k porciones locales distintas de curvas.) Evidentemente, por muy grande que sea un número finito k, existirá mucha más libertad a la hora de rellenar la 2-superficie entre estas k secciones; véase la figura A-33. Esto ilustra el hecho de que $\infty^{\infty^2} \gg \infty^{k\infty}$, por grande que sea el número finito k.

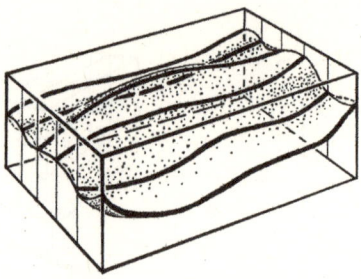

FIGURA A-33. Esta imagen ilustra por qué $\infty^{\infty^2} \gg \infty^{k\infty}$ por grande que pueda ser el entero positivo k. A través de k curvas (aquí, $k = 6$), bien separadas y suaves (puesto que estamos considerando una situación local, donde las curvas no se enrollan y vuelven una y otra vez), siempre podemos encontrar muchas superficies que las atraviesan, por lo que debe haber más superficies en $\mathbb{R}^3$ que cualquier número finito k de curvas en $\mathbb{R}^3$.

Aunque he ilustrado este argumento para $\infty^{r\infty^d} \gg \infty^{s\infty^f}$, solo para el caso en que $r = 1$, $d = 2$, $s = 1$ (generalizado a $s = k$) y $f = 1$, el caso general se puede demostrar usando exactamente la misma línea de razonamiento, aunque no dispongamos de una visualización tan directa de la situación. Básicamente, no tenemos más que generalizar nuestra curva en $\mathbb{R}^3$ a una f-variedad en $\mathbb{R}^{f+k}$ y nuestra superficie en $\mathbb{R}^3$ a una d-variedad en $\mathbb{R}^{d+r}$, donde el primer caso representa secciones transversales de un k-fibrado sobre una f-variedad y el segundo, las de un r-fibrado sobre una d-variedad. Siempre que $d > f$, habrá muchísimos más de los segundos que de los primeros, con independencia de lo grandes o pequeños que sean r y s.

Hasta aquí he estado considerando campos (o secciones transversales) *elegidos sin restricciones*, pero recordemos, según lo visto en §A.2, que para los campos magnéticos reales en 3-espacio existe la *restricción* de que div $\mathbf{B} = 0$. Esto nos dice que nuestros campos magnéticos (sometidos a dicha restricción) están representados no como meras secciones transversales continuas *arbitrarias* de $\mathcal{B}$, sino como secciones transversales sujetas a esta relación. Como se ha mencionado en §A.2, esto significa que uno de los 3 componentes del campo magnético —por ejemplo, B_3— estará determinado por los otros dos —B_1 y B_2— junto con la información de cómo se comporta B_3 en una subvariedad 2-dimensional $\mathcal{S}$ de la 3-variedad $\mathcal{M}$. Por lo que se refiere a la libertad funcional, no necesitamos prestar mucha atención a lo que sucede sobre $\mathcal{S}$ (ya que, al ser 2-dimensional, su libertad funcional es menor que la de la 3-dimensional $\mathcal{M}$ restante), por lo que la libertad funcional principal es $\infty^{2^{\infty^3}}$, debida a las 3-variedades elegidas sin restricciones en el 5-espacio $\mathcal{B} = \mathcal{M} \times \mathbb{R}^2$.

Hay otra cuestión importante relativa a las restricciones: lo que sucede cuando tomamos como $\mathcal{M}$ el *espaciotiempo* 4-dimensional, en lugar del espacio 3-dimensional. La situación normal en física es que tenemos unas *ecuaciones de campo* que nos proporcionan una *evolución determinista* de los campos físicos en el espaciotiempo, una vez que se han especificado los datos suficientes para un momento determinado. En la teoría de la relatividad —especialmente en la relatividad general de Einstein— preferimos *no* hacer referencia al tiempo como si estuviese establecido globalmente en todo el universo en un sentido absoluto, sino que solemos describir las cosas tan solo en términos de una coordenada temporal t especificada de forma arbitraria. En este caso, algún valor inicial de t —por ejemplo, $t = 0$— nos proporcionaría una 3-superficie inicial $\mathcal{N}$ *de género espacio* (como suele denominarse; véase §1.7), y los campos apropiados especificados en $\mathcal{N}$ por regla general determinarían unívocamente los campos en el espaciotiempo 4-dimensional, debido a las ecuaciones de campo. (Hay situaciones en relatividad general en las que pueden aparecer los denominados *horizontes de Cauchy*, en los que pueden producirse desviaciones respecto a la estricta univocidad, pero esta cuestión no es importante para los asuntos «locales» que nos importan aquí.) Es habitual que también existan restricciones sobre los campos dentro de la 3-superficie inicial, pero, en cualquier caso, en la física normal se trata con la libertad funcional correspondiente a la 3-superficie $\mathcal{N}$, que es $\infty^{N\infty^3}$, donde N es un entero positivo y el «3» procede de las dimensiones de la 3-superficie inicial $\mathcal{N}$. Si en alguna propuesta teórica, como la teoría de cuerdas (véase §1.9), la libertad funcional parece ser de la forma $\infty^{N'\infty^d}$, donde $d > 3$, será necesaria una explicación muy buena de por qué esta libertad excesiva no va a manifestarse en el comportamiento físico.

A.9. Números complejos

Las consideraciones matemáticas de §§A.2-A.8 han apuntado principalmente a la física *clásica*, en la que los campos físicos, las partículas puntuales y el propio espaciotiempo se describen en términos del conjunto de los números reales $\mathbb{R}$ (donde los valores de las coordenadas e intensidades de los campos, etc. normalmente son números reales). Sin embargo, cuando en el primer cuarto del siglo XX se introdujo la mecánica cuántica, se descubrió que dependía de manera fundamental del conjunto más amplio de los números *complejos* $\mathbb{C}$. En consecuencia, como se indica claramente en §§1.4 y 2.5, ahora sabemos que estos números complejos subyacen al comportamiento del mundo real a las escalas más pequeñas conocidas.

¿Qué son los números complejos? Son números que implican el proceso aparentemente imposible de calcular la raíz cuadrada de una magnitud negativa. Recordemos que la raíz cuadrada de un número a es un número b que satisface $b^2 = a$, de manera que la raíz cuadrada de 4 es 2, la de 9 es 3, la de 16 es 4, la de 25 es 5, la de 2 es 1,414213562... y así sucesivamente. Podemos permitir que los *negativos* de estas respectivas raíces cuadradas ($-2, -3, -4, -5, -1,414213562...$, etc.) se consideren también «raíces cuadradas» (ya que $(-b)^2 = b^2$). Pero si el propio a es negativo, tenemos un problema, porque, tanto si b es positivo como si es negativo su cuadrado siempre es positivo, por lo que cuesta ver cómo podríamos obtener un número negativo simplemente con calcular el cuadrado de algo. Podemos entender que el problema básico consiste en calcular la raíz cuadrada de -1, porque si tuviésemos un número «i», que es como lo llamaremos, tal que $i^2 = -1$, entonces $2i$ debería satisfacer $(2i)^2 = -4$, $(3i)^2 = -9$, $(4i)^2 = -16$, etc., y en general $(ib)^2 = -b^2$. Por supuesto, como acabamos de ver, sea lo que sea ese «i», no puede ser un número real ordinario, y se suele denominar *número imaginario*, como lo son también todos los múltiplos de i por un número real, como 2i, 3i, $-i$, $-2i$, etc.

No obstante, la terminología es engañosa, porque sugiere que existe una mayor «realidad» en los llamados números reales que en los denominados imaginarios. Supongo que esta impresión se debe a la sensación de que las medidas de la distancia y el tiempo son «realmente», en algún sentido, esas magnitudes de números reales. Pero eso lo desconocemos. Sabemos que estos números reales son en efecto muy útiles para describir distancias y tiempos, pero no si esta descripción es válida para absolutamente *todas* las escalas espaciales o temporales. No tenemos una comprensión real de la naturaleza de un continuo físico a una escala de, por ejemplo, una gugolésima (véase

§A.1) de un metro o de un segundo, por ejemplo. Los números denominados reales son construcciones *matemáticas* que, en cualquier caso, son inmensamente valiosos para la formulación de las leyes físicas de la física clásica.

Pero también puede entenderse que los números reales son «reales» en el sentido *platónico* —el mismo sentido platónico que cualquier otra estructura matemática coherente— si adoptamos el punto de vista, común entre los matemáticos, según el cual la coherencia matemática es el único criterio para tal «existencia» platónica. Sin embargo, los llamados números imaginarios forman una estructura tan coherente como la de los denominados reales, por lo que, en este mismo sentido platónico, son exactamente igual de «reales». Una cuestión distinta (y, de hecho, no resuelta) es en qué medida cualquiera de estos conjuntos de números representa con precisión el mundo real.

Los números *complejos* —elementos del conjunto $\mathbb{C}$— son los que se forman al sumar números (llamados) reales e imaginarios; esto es, son números de la forma $a + ib$, donde a y b son elementos del conjunto de los números reales $\mathbb{R}$. Parece que el primero en dar con ellos fue el físico y matemático italiano Gerolamo Cardano en 1545, y fue otro italiano profundamente perspicaz, el ingeniero Rafael Bombelli, quien describió en detalle su álgebra en 1572. (Véase, por ejemplo, Wykes [1969]; sin embargo, parece que los números imaginarios mismos ya se estudiaron mucho antes, por ejemplo, por Herón de Alejandría en el primer siglo de nuestra era.) Muchas propiedades mágicas de los números complejos se fueron revelando en años posteriores, y hoy en día su utilidad puramente matemática está fuera de toda duda. Además, se les han encontrado muchas aplicaciones en problemas físicos, como en la teoría de los circuitos eléctricos o en hidrodinámica. Pero hasta principios del siglo XX se los tenía por constructos meramente matemáticos, o instrumentos para el cálculo, que carecían de cualquier plasmación *directa* en el mundo físico.

Pero ahora, con la llegada de la mecánica cuántica, las cosas han cambiado radicalmente, y $\mathbb{C}$ ocupa un lugar central en la formulación matemática de dicha teoría, uno tan crucial como los distintos papeles de $\mathbb{R}$ en la física clásica. El papel físico fundamental de $\mathbb{C}$ en la mecánica cuántica, como se expone en §§1.4 y 2.5-2.9, depende de varias propiedades matemáticas notables de los números complejos. Recordemos, según lo visto antes, que este tipo de números son de la forma $x + iy$, donde x e y son números reales (elementos de $\mathbb{R}$) y la magnitud i satisface

$$i^2 = -1.$$

Las reglas ordinarias del álgebra válidas para los números reales lo son igualmente para los números complejos, para lo cual las operaciones de adición y multiplicación de números complejos se definen en términos de operaciones con números reales como sigue:

$$(x + iy) + (u + iv) = (x + u) + i(y + v),$$

$$(x + iy) \times (u + iv) = (xu - yv) + i(xv + yu),$$

donde x, y, u y v son reales. Además, las operaciones de sustracción y división de números complejos se definen (salvo la división por cero) mediante la operación de formar el negativo o el inverso de un número complejo de la siguiente manera:

$$-(x + iy) = (-x) + i(-y)$$

y

$$(x + iy)^{-1} = \frac{x}{x^2 + y^2} - i\frac{y}{x^2 + y^2} = \frac{x - iy}{x^2 + y^2}.$$

donde x e y son reales (y, en el último caso, ambos son no nulos). No obstante, es habitual escribir un número complejo usando un *único* símbolo, de forma que podríamos tener simplemente z en lugar de $x + iy$, y w en lugar de $u + iv$ en las ecuaciones anteriores:

$$z = x + iy \quad y \quad w = u + iv,$$

y entonces escribiríamos directamente su suma como $z + w$, su producto como zw, y el negativo y el inverso de z, sencillamente como $-z$ y z^{-1}, respectivamente. La diferencia y el cociente de números complejos pasarían a ser definidos simplemente mediante $z - w = z + (-w)$ y $z \div w = z \times (w^{-1})$, usando para $-w$ y w^{-1} definiciones análogas a las dadas más arriba para z.

Vemos que podemos manipular números complejos de manera similar a como lo hacemos con los reales, pero en muchos sentidos las reglas son mucho más sistemáticas que si tratásemos con números reales. Un ejemplo importante de esto es el llamado teorema fundamental del álgebra, que nos dice que todo polinomio en una sola variable z

$$a_0 + a_1 z + a_2 z^2 + a_3 z^3 + \dots + a_{n-1} z^{n-1} + a_n z^n$$

siempre se puede factorizar en un producto de n términos lineales. Como ejemplo de lo que esto significa, podemos considerar los sencillos polinomios cuadráticos $1 - z^2$ y $1 + z^2$. Es posible que el lector ya conozca la factorización del primero, que utiliza solo coeficientes reales, pero para la del segundo se necesitan números complejos:

$$1 - z^2 = (1 + z)(1 - z), \qquad 1 + z^2 = (1 + iz)(1 - iz).$$

Este ejemplo particular solo es un primer bosquejo de cómo los números complejos hacen que el álgebra sea más sistemática, pero se limita a utilizar la regla $i^2 = -1$ de una manera muy inmediata, y aún no despliega la magia de los números complejos. No obstante, ya empezamos a ver algo de esta magia en el teorema completo (donde, en lo que sigue, podemos suponer que el coeficiente final a_n es no nulo, lo que nos permite dividir por su valor y finalmente hacer $a_n = 1$), que nos dice que podemos factorizar *cualquier* polinomio (real o complejo)

$$a_0 + a_1 z + a_2 z^2 + \dots + a_{n-1} z^{n-1} + z^n =$$
$$= (z - b_1)\,(z - b_2)\,(z - b_3)\dots(z - b_\text{n})$$

en términos de los números complejos b_1, b_2, $b_3\dots b_n$. Observemos que, si z toma cualquiera de los valores b_1, b_2, $b_3\dots b_n$, el polinomio *se anula* (puesto que se anula el miembro derecho). La magia reside en que, gracias el sencillo procedimiento de añadir el solo número «i» al conjunto de los reales, para poder resolver la muy específica ecuacioncita $1 + z^2 = 0$, obtenemos, de forma totalmente *gratuita*, las soluciones para *todas* las ecuaciones polinómicas no triviales de una variable.

Generalizando en otro sentido, vemos que se pueden resolver todas las ecuaciones de la forma $z^\alpha = \beta$, donde α y β son dos números complejos no nulos dados. Conseguimos todo esto *gratis*, partiendo del caso muy particular en que $\alpha = 2$ y $\beta = -1$ (esto es, $z^2 = -1$). En el siguiente apartado veremos otras facetas de la magia de los números complejos. (Para más ejemplos de esta magia, véanse Nahin [1998] y *ECalR*: [caps. 3, 4, 6 y 9].)

A.10. GEOMETRÍA COMPLEJA

Una representación estándar de los números complejos —expuesta explícitamente por primera vez por el topógrafo y matemático noruego-danés Caspar Wessel en un informe escrito en 1787 y publicada en un artículo detallado en 1799— consiste en asignarlos a los puntos de un plano euclídeo, de forma que un solo número complejo $z = x + iy$ corresponde al punto con coordenadas cartesianas (x, y) (figura A-34). En honor de la anticipación de Wessel, aquí me referiré a este plano como *plano de Wessel*, a pesar de la existencia de otras expresiones comunes, como *plano de Argand* o *plano de Gauss*, que aluden a publicaciones muy posteriores en que se describía esta geometría (en 1806 y 1831, respectivamente). Se tiene constancia de que Gauss afirmó que esta idea se le había ocurrido muchos años antes de su publicación (aunque no a los diez, que fue cuando Wessel redactó su informe). Los registros no nos informan de cuándo se les ocurrió la idea a Wessel o a Argand [véase Crowe, 1967]. Tanto la suma como el producto de dos números complejos tienen una des-

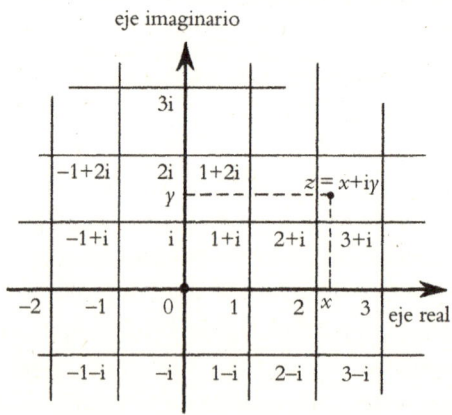

FIGURA A-34. El plano de Wessel (plano complejo) representa $z = x + iy$ como (x, y) en una representación cartesiana estándar.

cripción geométrica sencilla. La *suma* de los números complejos *w* y *z* viene por la conocida *ley del paralelogramo* (figura A-35(a); compárese con §A.3, figura A-6), según la cual la línea de 0 a *w* + *z* es una diagonal del paralelogramo formado por esos dos puntos y los puntos originales *w* y *z*; el *producto* viene dado por una ley *de semejanza de triángulos* (figura A-35(b)), según la cual el triángulo formado por los puntos 0, 1 y *w* es similar (sin reflexión) al que forman 0, *z* y *wz*. (Existen también varios casos degenerados, en los que el paralelogramo o el triángulo queda reducido a una línea, que necesitan una descripción adecuada.)

La geometría del plano de Wessel aclara muchas cuestiones que, a primera vista, parecería que no tienen nada que ver con los números complejos. Un ejemplo importante es el relativo a la convergencia de las series de potencias. Una serie de potencias es una expresión

$$a_0 + a_1 z + a_2 z^2 + a_3 z^3 + a_4 z^4 + \ldots,$$

donde a_0, a_1, $a_2 \ldots$ son constantes complejas y cuyos términos (a diferencia de un polinomio) continúan indefinidamente. (De hecho, los polinomios entrarían dentro de la categoría de series infinitas si anulásemos todos los a_r a partir de cierto valor de *r*.) Para un valor dado de *z*, podemos tener que la suma de los términos *converge* en un número complejo determinado o que *diverge* (es decir, no converge). (Esto significa que la suma de un número cada vez mayor de términos —las *sumas parciales* Σ_r de la serie— puede converger o no en algún

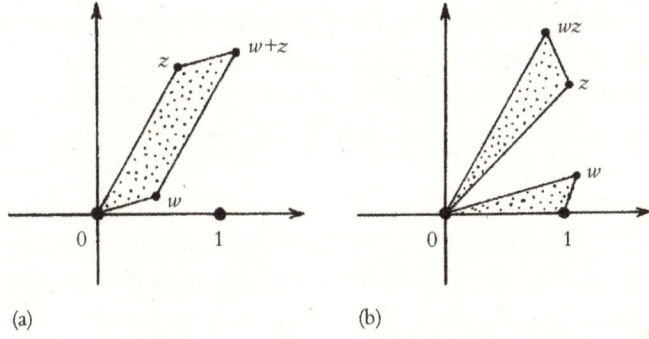

(a) (b)

FIGURA A-35. La plasmación geométrica, en el plano de Wessel, de (a) la adición, en función de la ley del paralelogramo, y (b) la multiplicación, en función de la ley de semejanza de triángulos.

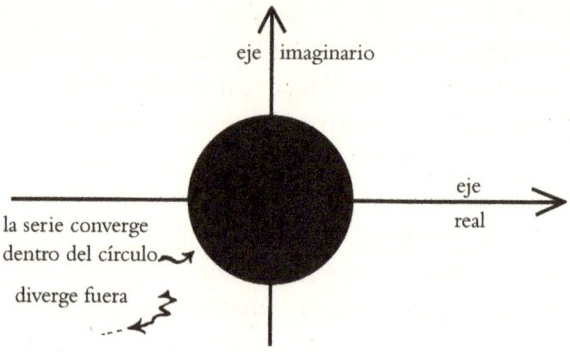

FIGURA A-36. Para toda serie de potencias en números complejos $A_0 + A_1 Z + A_2 z^2$ $+ A_3 z^3 + A_4 z^4 + ...$, habrá un círculo, centrado en el origen del plano de Wessel y llamado *círculo de convergencia*, para el cual la serie converge para todo z estrictamente dentro del círculo (región negra abierta) y diverge para cualquier z estrictamente fuera del círculo (región blanca abierta). El radio de convergencia (el radio del círculo) puede ser cero (la serie no es convergente más que para $z = 0$) o infinito (convergente para todo z).

valor complejo concreto S. Técnicamente, la *convergencia en S* significa que, para cualquier número positivo ε, por muy pequeño que sea, habrá algún valor de r para el cual la diferencia $|S - \Sigma_q|$ sea menor que ε para todo x siempre que q sea mayor que r.)

Se revela aquí un papel destacado del plano complejo de Wessel: si la serie converge para algunos valores (no nulos) de z y diverge para otros, existe entonces un *círculo* (llamado círculo de convergencia) centrado en el origen del plano de Wessel con la propiedad de que, para todo número complejo situado estrictamente dentro del círculo, la serie converge, y, para todo número complejo situado estrictamente fuera del mismo, la serie diverge hacia el infinito; véase la figura A-36. Sin embargo, el comportamiento de la serie para los puntos situados exactamente *sobre* el círculo es una cuestión más delicada.

Este llamativo resultado resuelve varias cuestiones que de otro modo son algo desconcertantes, como por qué la serie $1 - x^2 + x^4 - x^6 + x^8 - ...$, para una variable real x, debería empezar a divergir justo en los puntos donde x pasa a ser mayor que 1 o menor que -1, mientras que la expresión algebraica para la *suma* de la serie (para $-1 < x < 1$), que resulta ser $1/(1 + x^2)$, no hace nada raro en los valores $x = \pm 1$ (véase la figura A-37). El problema surge para el valor *complejo* $z = i$ (o $z = -i$), donde la función $1/(1 + z^2)$ se hace infinita, de lo que inferimos que el círculo de convergencia debe pasar por los pun-

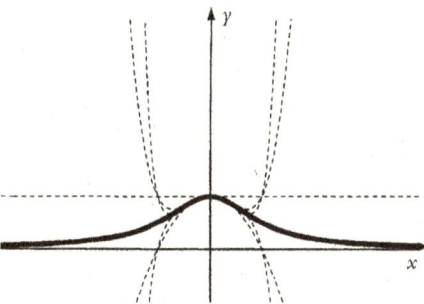

FIGURA A-37. La función de una variable real $y = f(x) = 1/(1 + x^2)$, que aquí se ha trazado mediante una línea gruesa continua, está representada dentro del intervalo $-1 < x < 1$ por la serie infinita $1 - x^2 + x^4 - x^6 + x^8 - x^{10} + ...$, pero esta serie diverge para $|x| > 1$. Las sumas parciales $y = 1$, $y = 1 - x^2$, $y = 1 - x^2 + x^4$, $y = 1 - x^2 + x^4 - x^6$ e $y = 1 - x^2 + x^4 - x^6 + x^8$ se han dibujado usando líneas discontinuas, lo que indica los puntos de divergencia. Desde el punto de vista de variables exclusivamente reales, no parece que exista ningún motivo por el que la función debería empezar súbitamente a divergir justo en los lugares donde $|x|$ excede de la unidad, puesto que la curva $y = f(x)$ no exhibe ninguna característica particular en esos puntos, y es tan suave como cabría desear precisamente en los lugares donde comienza la divergencia.

tos $z = \pm i$. Ese círculo también pasa por $z = \pm 1$, por lo que debemos esperar que la serie diverja para valores reales de x justo fuera del círculo; esto es, donde $|x| > 1$ (véase la figura A-38).

Me gustaría comentar algo más en relación con las series divergentes, como la que acabamos de ver. Podemos preguntarnos si tiene algún sentido asignar el resultado «$1/(1 + x^2)$» a la serie cuando x es mayor que 1. En particular, tomando $x = 2$, tendríamos

$$1 - 4 + 16 - 64 + 256 - ... = \tfrac{1}{5},$$

lo cual es evidentemente absurdo si nos limitamos a sumar los términos uno tras otro, aunque solo sea porque todos los términos de la izquierda son enteros mientras que a la derecha tenemos una *fracción*. Pero parece que hay algo «correcto» en el resultado $\tfrac{1}{5}$, puesto que, si usamos Σ para la «suma» de la serie y le sumamos 4Σ, tenemos aparentemente

$$\Sigma + 4\Sigma = 1 - 4 + 16 - 64 + 256 - 1024 + ...$$
$$+ 4 - 16 + 64 - 256 + 1024 - ... = 1,$$

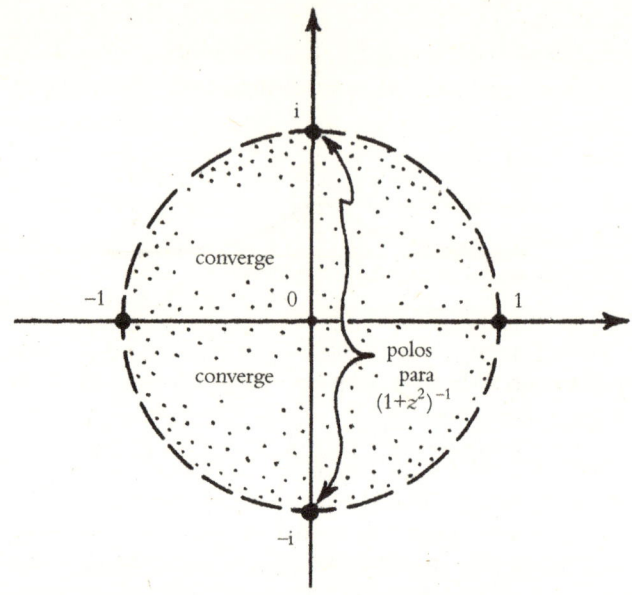

FIGURA A-38. En el plano de Wessel, vemos cuál es el problema con $f(x) = 1/(1 + x^2)$. En su forma compleja $f(z) = 1/(1 + z^2)$, donde $z = x + iy$, vemos que la función se hace infinita en los «polos» $z = \pm i$, y el círculo de convergencia no puede extenderse más allá de estos puntos. Por lo tanto, la serie real para $f(x)$ también debe divergir para $|x| > 1$.

por lo que $5\Sigma = 1$, y llegamos en efecto a que $\Sigma = \frac{1}{5}$. Usando un argumento del mismo estilo, podemos «demostrar» una ecuación aún más increíble (obtenida por Leonhard Euler en el siglo XVIII):

$$1 + 2 + 3 + 4 + 5 + 6 + \ldots = -\frac{1}{12},$$

que, curiosamente, desempeña un papel significativo en la teoría de cuerdas (véanse §3.8 y la ecuación (1.3.32) en Polchinski [1998]).

    Lógicamente, podría considerarse que hemos «hecho trampas» al sustraer determinados términos de una serie gravemente divergente para obtener estos resultados; pero hay cierta verdad profunda subyacente en ellos, como puede ponerse de manifiesto mediante un procedimiento denominado *extensión analítica*, que se emplea en ocasiones para justificar este tipo de manipulaciones de series divergentes que permiten extender el rango de una función, definido válidamente para la serie en una región del plano de Wessel, a otras regiones donde la serie original diverge. Cabe señalar que, como parte de este procedimiento, necesitamos expandir funciones alrededor de puntos distintos del origen, lo que implica considerar series de la forma $a_0 + a_1(z - Q) + a_2(z - Q)^2 + a_3(z - Q)^3 + \dots$ para representar una función expandida alrededor de un punto $z = Q$. Por ejemplo, véase la figura 3-36 de §3.8.

El proceso de extensión analítica presenta un tipo llamativo de *rigidez* propia de las funciones holomorfas. No se pueden «doblar» de cualquier manera, como sucede con las funciones continuas de valores reales. La naturaleza completamente detallada de una función holomorfa en cualquier pequeña región local limita lo que esta puede hacer a grandes distancias. En un sentido peculiar, parece como si una función holomorfa tuviera ideas propias, de las que no se la puede desviar. Esta característica tiene importantes repercusiones para nosotros en §§3.8 y 4.1.

Suele ser útil pensar en términos de *transformaciones* del plano de Wessel. Dos de las más sencillas son las que vienen dadas por la adición de un número complejo fijo A a la coordenada z en el plano o por la multiplicación de la coordenada z por un número complejo fijo B

$$z \mapsto A + z \quad \text{o} \quad z \mapsto Bz,$$

que corresponden, respectivamente, a realizar una *traslación* del plano (movimiento rígido sin rotación) o una rotación y/o una expansión/contracción uniforme. Son transformaciones del plano que conservan las formas (sin reflejarlas) pero no necesariamente los tamaños.

Las transformaciones (aplicaciones) que vienen dadas por funciones —llamadas funciones *holomorfas*— construidas a partir de z mediante sumas y productos, junto con números complejos constantes y la toma de límites, de forma que pueden describirse en términos de series de potencias, tienen la característica de que son, geométricamente, lo que se denomina *conformes* (y no reflexivas). Esas aplicaciones tienen la propiedad de que las formas infinitesimalmente pequeñas se conservan en la transformación (aunque pueden rotarse y/o expandirse o contraerse isotrópicamente); otra forma de expresar la propiedad conforme consiste en decir que en una transformación de este tipo se conservan los ángulos entre las curvas. Véase la figura A-39. Los conceptos de geometría conforme tienen una importancia considerable también en mayor número de dimensiones; véanse §§1.15, 3.1, 3.5, 4.1 y 4.3.

Un ejemplo de una función no holomorfa de un número complejo z es la magnitud $\bar{z}$, definida por

$$\bar{z} = x - iy,$$

donde $z = x + iy$, con x e y reales. La transformación $z \mapsto \bar{z}$ es conforme en el sentido de que los ángulos pequeños se conservan, pero no se considera holomorfa porque se produce una inversión de la orientación, ya que la transformación se define como una *reflexión* del plano de Wessel en torno al eje real (véase la figura A-40). Este es

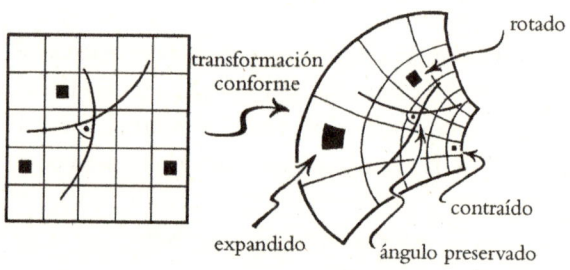

FIGURA A-39. Una transformación holomorfa de una porción del plano de Wessel a otra se caracteriza por el hecho de que es conforme y no reflexiva. Geométricamente, «conforme» significa que la transformación conserva los ángulos de intersección de las curvas; o, lo que es equivalente, se conservan las formas infinitesimales: su tamaño puede aumentar o disminuir, o pueden rotarse, pero su forma no se ve alterada, en el límite de formas pequeñas.

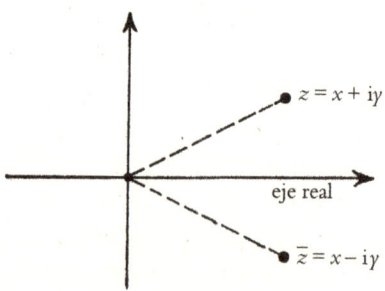

FIGURA A-40. La operación de conjugación compleja $(z \mapsto \bar{z})$, es decir, de reflexión alrededor del eje real del plano de Wessel, no es holomorfa. Aunque es claramente conforme, invierte la orientación del plano de Wessel.

un ejemplo de función *antiholomorfa*, que es el conjugado complejo de una función holomorfa (véase §1.9). Aunque también son conformes, las funciones antiholomorfas invierten la orientación, en el sentido de que producen una reflexión de la estructura local. Es preferible que no consideremos $\bar{z}$ como holomorfa porque, si lo hiciésemos, todo esto dejaría de tener sentido, dado que, por ejemplo, habría que considerar holomorfas las partes real e imaginaria de z, ya que $x = \frac{1}{2}(z + \bar{z})$ e $y = \frac{1}{2}(z - \bar{z})$. Además, esto también sería válido para la cantidad $|z|$, llamada *módulo* de z y dada por

$$|z| = \sqrt{z\bar{z}} = \sqrt{x^2 + y^2}.$$

Vemos que (por el teorema de Pitágoras) $|z|$ es simplemente la distancia desde el origen 0 al punto z en el plano de Wessel. Claramente, la transformación $z \mapsto z\bar{z}$ dista mucho de ser conforme, ya que reduce todo el plano a la parte no negativa del eje real, por lo que evidentemente no es holomorfa. Un punto de vista útil consiste en entender que una función holomorfa de z es aquella en la que «no interviene $\bar{z}$». Así, z^2 es holomorfa; $z\bar{z}$ no lo es.

Las funciones holomorfas son esenciales para el análisis complejo. Son análogas a las funciones *suaves* en el análisis real, pero en el complejo se da un detalle mágico que su homólogo real no comparte en absoluto. Las funciones reales pueden tener toda clase de grados de suavidad. Por ejemplo, la función $x \times |x|$, que es x^2 cuando x es positivo y $-x^2$ cuando es negativo, solo tiene 1 grado de suavidad (técnicamente, C^1), mientras que la función x^3, cuya gráfica tiene un aspecto superficialmente similar, tiene infinitos grados de suavidad (técnicamente, C^∞ o C^ω). Otro ejemplo es $x^2 \times |x|$ (x^3 cuando $x \geqslant 0$ y $-x^3$ cuando $x < 0$), que tiene 2 grados de suavidad (técnicamente, C^2), mientras que x^4, de aspecto muy similar, tiene infinitos, etc. (Véase la figura A-41.) Sin embargo, con las funciones complejas todo es mucho más sencillo, porque incluso el grado más bajo de suavidad compleja (C^1) implica también el más elevado (C^∞) y, además, conlleva la propiedad de expansibilidad como serie de potencias (C^ω), por lo que toda función compleja que sea suave es automáticamente holomorfa. Para más detalles, véanse Rudin [1986] y *ECalR* [caps. 6 y 7].

Para el caso de los números reales, ya hemos visto, en §A.1, una

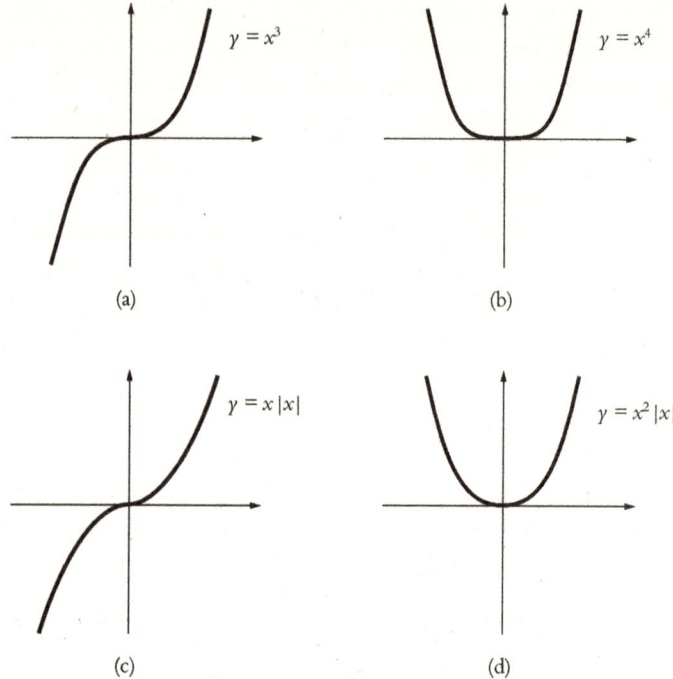

FIGURA A-41. Las funciones reales pueden tener distintos grados de suavidad. Las curvas (a) $y = x^3$ y (b) $y = x^4$ tienen infinitos grados de suavidad, así que son lo que se denomina *analíticas* (C^ω, lo que significa que son expansibles a funciones complejas suaves). Por su parte, la curva (c) $y = x\,|x|$, que es x^2 cuando x es positiva, y $-x^2$ cuando x es negativa, solo tiene 1 grado de suavidad (C^1), y la curva (d) $y = x^2\,|x|$, que es x^3 cuando $x \geqslant 0$ y $-x^3$ cuando $x < 0$, tiene 2 grados de suavidad (C^2), a pesar de su semejanza superficial con las dos curvas anteriores.

función holomorfa de gran interés: la *función exponencial* e^z (que suele escribirse como «exp z»), definida mediante la serie

$$e^z = 1 + \frac{z}{1!} + \frac{z^2}{2!} + \frac{z^3}{3!} + \frac{z^4}{4!} + \ldots$$

($n! = 1 \times 2 \times 3 \times \ldots \times n$). Esta serie converge para *todos* los valores de z (por lo que su círculo de convergencia se ha hecho infinito). Si z está sobre el *círculo unidad* en el plano de Wessel —el círculo de radio unidad centrado en el origen 0 (véase la figura A-42)—, tenemos la fórmula mágica (de Cotes-De Moivre-Euler)

$$e^{i\theta} = \cos\theta + i\,\mathrm{sin}\,\theta,$$

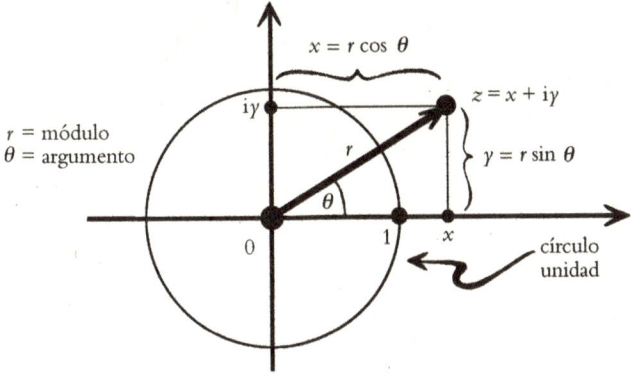

FIGURA A-42. La relación entre coordenadas polares y cartesianas en el plano de Wessel, expresada a través de la fórmula $z = re^{i\theta} = r\cos\theta + ir\sin\theta$. La magnitud r se denomina módulo del número complejo z, mientras que θ es su argumento.

donde θ es el ángulo (medido en el sentido contrario a las agujas del reloj) que forma el radio que parte hacia z con el eje real positivo. También podemos fijarnos en la extensión de esta fórmula a los puntos z que no tienen por qué estar situados sobre el círculo unidad del plano de Wessel:

$$z = re^{i\theta} = r\cos\theta + ir\sin\theta,$$

donde el módulo de z es $r = |z|$, como ya se ha dicho, y θ es el *argumento* de z; véase la figura A-42.

Toda la teoría de las variedades reales (como se indica brevemente en §A.5) se extiende también a las variedades *complejas*, donde las coordenadas con números reales de las primeras son sustituidas por coordenadas con números complejos. Sin embargo, siempre tenemos la opción de entender que un número complejo $z = x + iy$ se representa mediante un par de números reales (x, y). Desde esta perspectiva, podemos reexpresar una n-variedad compleja como una $2n$-variedad real (con una cierta estructura, denominada *estructura compleja*, que se debe a las propiedades holomorfas de las coordenadas complejas). Podemos darnos cuenta de que una variedad real que pueda reinterpretarse de esta manera como una variedad compleja debe necesariamente tener un número par de dimensiones. Pero esta condición, por sí sola, dista mucho de ser suficiente para que a una $2n$-variedad real se le pueda asignar una *estructura compleja*, para hacer posible dicha reinterpretación. Esta posibilidad es un privilegio muy poco frecuente, especialmente para valores de *n* razonablemente grandes.

En el caso de una variedad compleja 1-dimensional, estas cuestiones son mucho más fáciles de entender. Para una *curva compleja*, vista en términos de números reales, obtenemos determinados tipos de 2-superficies reales, conocidas como *superficies de Riemann*. En términos de números reales, una superficie de Riemann es una superficie real ordinaria dotada de una estructura *conforme* (lo cual significa, como ya se ha indicado antes, que la noción de ángulo entre las curvas sobre la superficie está determinada) y una *orientación* (que simplemente significa que la noción de «rotación [local] en sentido contrario a las agujas del reloj» se puede mantener de forma coherente en toda la superficie; véase la figura A-21). Las superficies de Riemann pueden tener distintos tipos de topología (en la figura A-13 de §A.5 se muestran algunos ejemplos), y desempeñan un papel clave en la teoría de cuerdas (§1.6). Normalmente, se entiende que las superficies de Riemann son *cerradas* —esto es, compactas y sin borde—, pero también pueden considerarse superficies de este tipo con *agujeros* o *perforaciones* (figura 1-44), que desempeñan un papel en la *teoría de cuerdas* (§1.6).

De particular importancia para nosotros es la más sencilla de las superficies de Riemann, aquella que tiene la topología de una esfera ordinaria, denominada *esfera de Riemann*, que en §2.7 tiene un papel especial en relación con el espín mecanocuántico. Podemos construir fácilmente una esfera de Riemann simplemente añadiendo un solo punto (que podemos denominar «∞») al conjunto del plano de Wessel. Para ver que la esfera de Riemann *entera* puede entenderse como una genuina variedad compleja (1-dimensional), podemos cubrir la esfera con dos áreas de coordenadas, de las cuales una es el plano de Wessel original, con z como coordenada, y la otra es una copia de dicho plano, con w ($= z^{-1}$) como coordenada. Esto ahora incluye nuestro nuevo punto «$z = ∞$», simplemente como w-origen ($w = 0$), pero deja fuera el z-origen. Ambos planos de Wessel se pegan mediante $z = w^{-1}$ para darnos la esfera de Riemann entera (figura A-43).

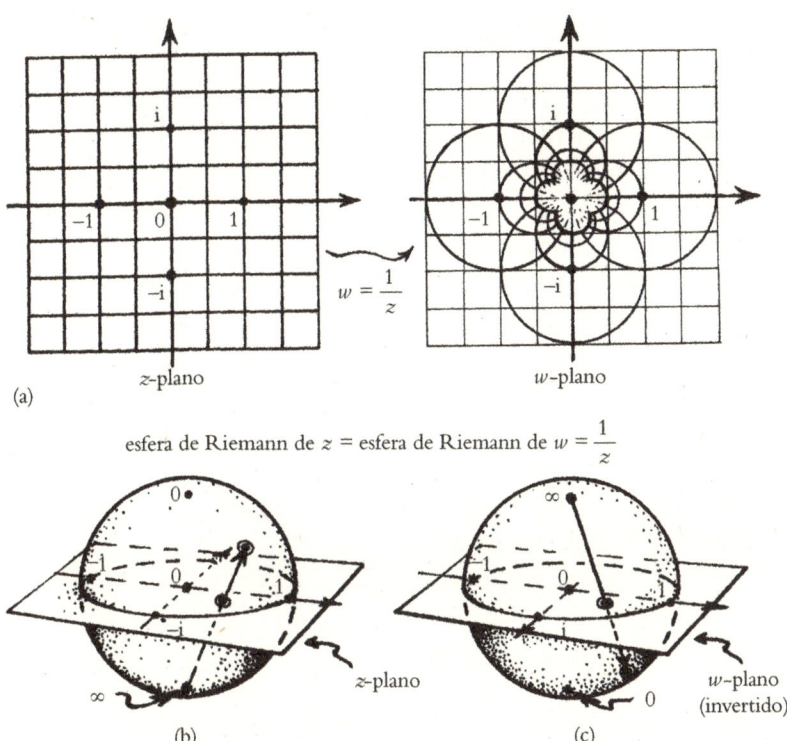

FIGURA A-43. La esfera de Riemann es una variedad que puede construirse a partir de dos áreas de coordenadas, cada una de las cuales es una copia del plano de Wessel, aquí z-plano y w-plano, relacionados mediante $w = z^{-1}$. (a) Cómo aparecen las líneas de parte real y parte imaginaria de z constantes en el z-plano cuando se aplican sobre el w-plano. (b) La proyección estereográfica desde el polo sur de la esfera de Riemann genera el z-plano. (c) La proyección estereográfica desde el polo norte de la esfera de Riemann genera el w-plano, que se muestra boca abajo.

A.11. ANÁLISIS ARMÓNICO

Un potente procedimiento que los físicos suelen utilizar para abordar las ecuaciones con las que se topan en los problemas físicos es el análisis armónico. Normalmente, se trata de ecuaciones *diferenciales* (con frecuencia, del tipo denominado ecuaciones en derivadas *parciales*, una de las cuales es «div **B** = 0», mencionada en §A.2). Las ecuaciones diferenciales forman parte del campo del *cálculo*, y, puesto que me he abstenido deliberadamente de analizar en detalle este tema, aquí ofrezco únicamente una idea aproximada e intuitiva de las propiedades algebraicas básicas de los operadores diferenciales.

¿En qué consiste la operación de diferenciación? Para una función $f(x)$ de *una* variable, esta operación de diferenciación, que representaremos como D, cuando actúa sobre la función f, la sustituye por otra nueva, f', llamada *derivada* de f, cuyo valor $f'(x)$ en x es la *pendiente* de la función original f en x. Se podría escribir $\mathrm{D}\,f = f'$ (véase la figura A-44). También podemos considerar f'', la *segunda* derivada de f, cuyo valor $f''(x)$ en x mide la pendiente de f' en x, lo cual resulta ser

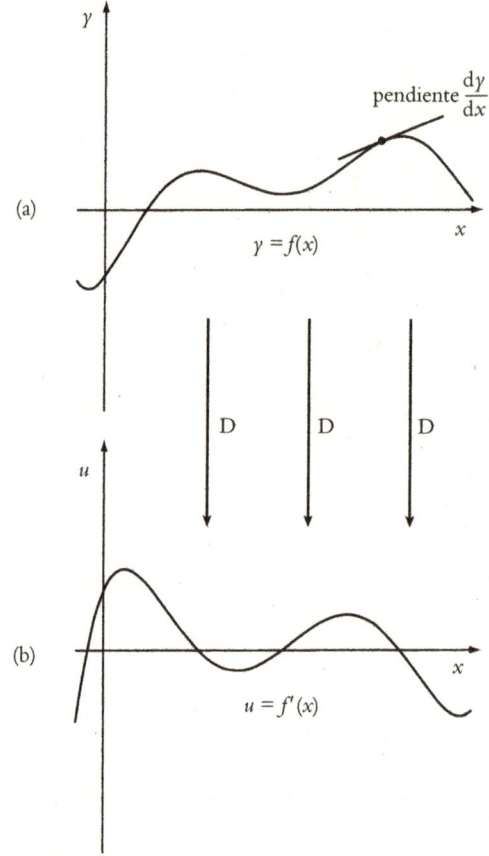

FIGURA A-44. La operación de diferenciación, que aquí se representa como D, sustituye una función $f(x)$ por otra nueva, $f'(x)$, en que el valor que toma $f'(x)$ en cada x es la pendiente de $f(x)$ en dicho punto x. La operación inversa de *integración*, que está relacionada con las áreas situadas bajo la curva inferior, se describiría mediante las direcciones de las flechas *invertidas*.

una medida de cuánto «se dobla» la función original f en x (y mediría la *aceleración* si x fuese una medida del tiempo). Podemos escribir

$$f'' = D\,(Df) = D^2 f$$

y repetir este proceso para obtener la k-ésima derivada de f, $D^k f$, para cualquier entero positivo k. La operación *inversa* de D (que a veces se escribe D^{-1}, pero que se representa más habitualmente mediante el «signo de integral» $\int$) conduce al *cálculo integral de áreas y volúmenes*.

Cuando hay más variables, u, v..., que podrían ser coordenadas (locales) de un espacio n-dimensional, la noción de derivada se puede aplicar por separado a cada una de ellas. Podemos escribir D_u para la derivada con respecto a u (llamada derivada *parcial*, y en la que todas las demás variables se mantienen constantes) y D_v para la derivada con respecto a v, etc. Estas pueden igualmente elevarse a distintas potencias (es decir, tomarse varias veces consecutivas), y también sumarse en distintas combinaciones. Un buen ejemplo es un operador diferencial que ha sido objeto de mucho estudio, llamado *laplaciano* (utilizado por primera vez por el muy prestigioso matemático francés Pierre-Simon de Laplace a finales del siglo XVIII, quien lo incluyó en su obra clásica *Mécanique céleste* [Laplace, 1829-1839]). El laplaciano suele escribirse como ∇^2 (o Δ), y en un espacio euclídeo 3-dimensional con coordenadas cartesianas u, v, w tenemos

$$\nabla^2 = D_u^2 + D_v^2 + D_w^2,$$

lo que nos indica que, cuando actúa sobre una función f (de las tres variables u, v, w), la magnitud $\nabla^2 f$ denota la suma de las derivadas segundas de f con respecto a u, con respecto a v y con respecto a w; esto es:

$$\nabla^2 f = D_u^2 f + D_v^2 f + D_w^2 f.$$

Las ecuaciones en las que aparece ∇^2 tienen una enorme cantidad de aplicaciones tanto en física como en matemáticas, empezando por $\nabla^2 \varphi = 0$ del propio Laplace, quien la usó para describir el campo gravitatorio newtoniano en términos de una magnitud escalar denominada *función potencial* φ para el campo gravitatorio. (El vector que describe la intensidad y la dirección del campo gravitatorio tendría por componentes $-D_u\varphi$, $-D_v\varphi$ y $-D_w\varphi$.) Otro ejemplo importante aparece en el caso del espacio euclídeo 2-dimensional, con coordenadas cartesianas x e y (ahora, $\nabla^2 = D_x^2 + D_y^2$), donde tomamos este plano como el plano de Wessel para el número complejo $z = x + iy$. Descubrimos que cualquier función holomorfa ψ de z (véase §A.10) tiene partes real e imaginaria f y g

$$\psi = f + ig,$$

cada una de las cuales satisface la ecuación de Laplace:

$$\nabla^2 f = 0, \qquad \nabla^2 g = 0.$$

La ecuación de Laplace es un ejemplo de una ecuación diferencial que es *lineal*, lo que significa que, si tenemos dos soluciones —por ejemplo, $\nabla^2\phi = 0$ y $\nabla^2\chi = 0$—, entonces cualquier combinación lineal

$$\lambda = A\phi + B\chi,$$

donde A y B son constantes, será también una solución:

$$\nabla^2\lambda = 0.$$

Aunque, por lo general, la linealidad no es habitual en las ecuaciones diferenciales, sabemos que las ecuaciones lineales son fundamentales en la física teórica. Ya se ha mencionado el caso de la teoría de la gravedad de Newton, expresada en función del potencial de Laplace φ. Otros ejemplos importantes de ecuaciones diferenciales lineales son las ecuaciones de Maxwell del campo electromagnético (§§1.2, 1.6, 1.8, 2.6 y 4.1) y la ecuación básica de Schrödinger de la mecánica cuántica (§§2.4-2.7 y 2.11).

En el caso de tales ecuaciones lineales, el análisis armónico nos puede proporcionar un método muy potente para resolverlas. El nombre «armónico» proviene de la música, donde los tonos musicales se pueden analizar en términos de diversos «tonos puros» concretos. Por ejemplo, una cuerda de un violín puede vibrar de distintas maneras. El tono *fundamental* tiene una determinada frecuencia ν, a la cual toda la cuerda oscila de la manera más simple (sin ningún nodo), pero también puede vibrar con varios *armónicos*, de frecuencias 2ν,

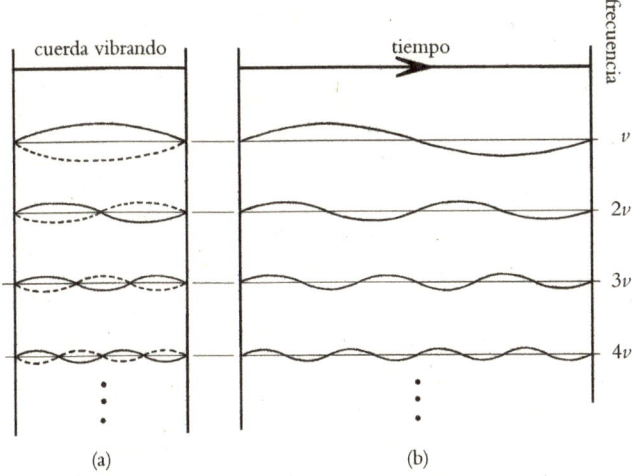

FIGURA A-45. Los distintos modos de vibración de una cuerda (de violín). (a) La forma de cada modo de vibración de la propia cuerda. (b) El comportamiento temporal de la vibración, donde la frecuencia es un múltiplo entero de la frecuencia fundamental v.

$3v$, $4v$, $5v$, etc., para los cuales la forma de la cuerda al vibrar (con 1 nodo, 2 nodos, 3 nodos, 4 nodos, etc.) se corresponde con la forma de la onda del tono armónico puro que produce (véase figura A-45). La ecuación diferencial básica que rige la vibración de la cuerda es lineal, por lo que el estado de vibración general puede ser el producto de una combinación lineal de estos *modos*, que son los tonos puros individuales de la vibración (esto es, el fundamental y todos sus armónicos). Para representar la solución general de la ecuación diferencial para la cuerda, basta con que especifiquemos una secuencia de números, cada uno de los cuales representa, en un sentido adecuado, la magnitud de la contribución de cada modo. Cualquier forma de onda, siempre que sea periódica y tenga la frecuencia del tono fundamental, puede representarse así de forma única como una suma de componentes sinusoidales (donde el término «sinusoidal» hace referencia a la forma de la curva propia de la función $y = \sin x$, tal y como puede verse en la figura A-46). Esta representación de una función periódica mediante armónicos es lo que se conoce como *análisis de Fourier*, en honor del matemático francés Joseph Fourier, que fue el primero en estudiar esta representación de las formas de onda periódicas en función de armónicos sinusoidales. Más adelante en este mismo

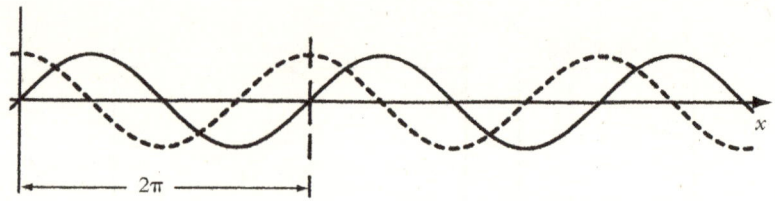

FIGURA A-46. La curva continua es la gráfica de la función sin x; la de puntos, la de cos x.

apartado veremos una manera elegante en que puede aparecer esta representación.

Este tipo genérico de procedimiento es válido en general para las ecuaciones diferenciales lineales, para las cuales los modos individuales son soluciones sencillas de la ecuación que se obtienen sin mucho esfuerzo, y en función de las cuales se pueden expresar todas las demás soluciones, mediante combinaciones lineales (normalmente infinitas) de los modos. Veámoslo para el caso particular de la ecuación de Laplace en el espacio euclídeo 2-dimensional. Este es un caso especialmente sencillo, en el que podemos recurrir sin más al álgebra y el análisis de números complejos, mediante los que pueden expresarse directamente los modos. El lector no debería dejarse engañar por esto: en situaciones más generales, no es posible proceder tan rápido. No obstante, las ideas básicas en las que quiero incidir se pueden mostrar bellamente en este caso haciendo uso de las descripciones mediante números complejos.

Como ya se ha señalado, podemos ver cada solución de la ecuación de Laplace $\nabla^2 f = 0$ en 2 dimensiones como la parte real f de una función holomorfa ψ (o, de manera equivalente, la parte imaginaria; no importa cuál escojamos, porque la parte imaginaria de ψ es simplemente la parte real de otra función holomorfa un tanto diferente, $-i\psi$). Podemos expresar la solución general de nuestra ecuación diferencial $\nabla^2 f = 0$ como combinaciones lineales de *modos* básicos (análogos de los distintos armónicos de la cuerda de violín) y, para determinar cuáles son estos modos, podemos pasar a las magnitudes holomorfas correspondientes ψ. Puesto que se trata de funciones holomorfas del número complejo z, se pueden expresar como *serie de potencias* en

$$\psi = a_0 + a_1 z + a_1 z^2 + a_1 z^3 + \ldots,$$

donde $z = x + iy$ y, tomando la parte real de toda la expresión, obtenemos la fórmula para f en función de x e y. Los modos individuales serían los distintos términos de la serie de potencias; esto es, las partes real e imaginaria de cada potencia

$$z^k = (x + iy)^k$$

(multiplicadas por el número constante que corresponda, dependiendo de k; y ahora necesitamos tanto la parte imaginaria como la real, porque los coeficientes son complejos). Así, el modo, en función de x e y, vendría dado por las partes real e imaginaria de esta expresión (por ejemplo, $x^3 - 3xy^2$ y $3x^2y - y^3$ para el caso $k = 3$).

Para ser más precisos, necesitamos saber qué región del plano nos interesa. Supongamos en primer lugar que dicha región es el plano de Wessel en su conjunto, por lo que nos interesan soluciones de la ecuación de Laplace que lo cubran todo. En términos de la función holomorfa ψ, necesitaremos una serie de potencias con un radio de convergencia *infinito*, de la que un ejemplo concreto sería la función exponencial e^z. En este caso, los coeficientes $1/k!$ tienden rápidamente a cero cuando k tiende a infinito, lo que asegura la convergencia de la serie de potencias para todo z (ejemplo A)

$$e^z = 1 + \frac{z}{1!} + \frac{z^2}{2!} + \frac{z^3}{3!} + \frac{z^4}{4!} + \dots$$

que ya hemos visto en §A.10 (y §A.1). Por otra parte, otra serie considerada en §A.10 (ejemplo B),

$$(1 + z^2)^{-1} = 1 - z^2 + z^4 - z^6 + z^8 - \dots,$$

aunque converge dentro del círculo unidad $|z| = 1$, diverge fuera de él. Un caso intermedio (ejemplo C) es

$$\left(1 + \frac{z^2}{4}\right)^{-1} = 1 - \frac{z^2}{4} + \frac{z^4}{16} - \frac{z^6}{64} + \frac{z^8}{256} - \dots,$$

que es convergente dentro del círculo $|z| = 2$.

Así, mientras que podemos optar por representar nuestras soluciones de la ecuación de Laplace simplemente mediante las secuencias de coeficientes, es decir, (1, 1, 1/2, 1/6, 1/24...) para el ejemplo A, (1, 0, −1, 0, 1, 0, −1, 0, 1...) para el ejemplo B y (1, 0, −1/4, 0,

1/16, 0, −1/64, 0, 1/256...) para el ejemplo C, debemos ser cuidadosos y examinar la manera en que estos números se comportan a medida que las secuencias avanzan hacia el infinito para saber si alguna de estas secuencias de números en concreto representa en efecto una solución de nuestra ecuación diferencial en toda nuestra región de definición. Un ejemplo extremo de esta cuestión surge si nuestra región de definición resulta ser la esfera de Riemann (véase §A.10), obtenida al incorporar un único punto adicional «∞» al plano de Wessel. Existe un teorema según el cual las únicas funciones holomorfas que existen globalmente en la esfera de Riemann son de hecho *constantes*, por lo que las secuencias de números que representan las soluciones de la ecuación de Laplace sobre la esfera de Riemann ¡serán *todas* de la forma $(K, 0, 0, 0, 0, 0, 0...)$!

Estos ejemplos también ilustran otro aspecto del análisis armónico. A menudo, nos interesa especificar los *valores de contorno* para las soluciones de las ecuaciones diferenciales. Por ejemplo, podríamos querer encontrar una solución de la ecuación de Laplace $\nabla^2 f = 0$ en el espacio euclídeo n-dimensional que sea válida tanto dentro como sobre la $(n − 1)$-esfera $\mathcal{S}$. De hecho, hay un teorema [véanse Evans, 2010; Strauss, 1992] según el cual, si especificamos que f es cualquier función real de valores reales elegida arbitrariamente en $\mathcal{S}$ (que supondremos suave, digamos), existirá una solución única de $\nabla^2 f = 0$ *dentro* de $\mathcal{S}$ que tome los valores dados *sobre* $\mathcal{S}$. Ahora podemos preguntarnos qué sucede con cada uno de los modos individuales en una descomposición armónica de las soluciones de la ecuación de Laplace.

De nuevo, resulta instructivo examinar primero el caso $n = 2$ y, dando por supuesto que $\mathcal{S}$ es el círculo unidad en el plano de Wessel, buscar soluciones de la ecuación de Laplace sobre el disco unidad. Si consideramos el *modo* definido por una determinada potencia z^k, vemos, utilizando la representación polar de z dada en §A.10, esto es,

$$z = re^{i\theta} = r \cos \theta + ir \sin \theta,$$

que sobre el círculo unidad $\mathcal{S}$ ($r = 1$) tenemos

$$z^k = e^{ik\theta} = \cos k\theta + i \sin k\theta.$$

Alrededor del círculo unidad, para cada uno de estos modos, las partes real e imaginaria de z varían de forma sinusoidal, exactamente como el k-ésimo armónico que produciría la cuerda de violín considerada antes (esto es, cos $k\theta$ y sin $k\theta$), donde la coordenada θ ahora hace las veces del tiempo, y puede dar vueltas indefinidamente alrededor del círculo a medida que el tiempo aumenta (figura A-45). Para una solución *general* de la ecuación de Laplace sobre este disco unidad, el valor de f, como función de la coordenada angular θ, es arbitrario, siempre que posea la periodicidad que el círculo determina; esto es, un periodo de 2π. (Evidentemente, de la misma manera también podría considerarse cualquier otra periodicidad, aumentando o reduciendo a voluntad la longitud del círculo.) Esto no es más que la descomposición de Fourier de una función periódica que se ha mencionado antes en relación con la vibración de la cuerda de violín.

En el ejemplo anterior, he considerado que el valor de f alrededor del círculo de contorno S varía como una función suave, pero el procedimiento opera de manera considerablemente más general. Por ejemplo, incluso en el caso del ejemplo B anterior, la función de contorno dista mucho de ser suave, ya que tiene singularidades en los dos lugares, $\theta = \pm\pi/2$, que corresponden a $\pm i$ en el plano de Wessel. Por otra parte, en el ejemplo C (o, de hecho, en el ejemplo A), si nos fijamos solo en la parte de la solución sobre el disco unidad, vemos un comportamiento completamente suave de f sobre el círculo unitario de contorno S. Pero aquí no nos interesarán los requisitos mínimos para f sobre el contorno.

En dimensiones más elevadas ($n > 2$), se puede aplicar el mismo tipo de análisis. Las soluciones de la ecuación de Laplace en el interior de la hiperesfera S —una esfera $(n-1)$-dimensional— se pueden dividir en armónicos que, como en el caso 2-dimensional, corresponden a distintas potencias de la coordenada radial r. En el caso de $n = 3$, S es una 2-esfera ordinaria, y, aunque una descripción sencilla en términos de funciones complejas será inválida, podemos seguir considerando que nuestros «modos» se distinguen los unos de los otros por su dependencia de la potencia de k a la que está elevada la coordenada radial r. Es habitual utilizar coordenadas θ, ϕ en cada esfera, centradas en el origen ($r = R$, con R constante) y llamadas coordenadas *esféricas*, estrechamente relacionadas con las coordenadas de latitud y longitud en la Tierra. Los detalles no nos importan, pero se representan en la figura A-47.

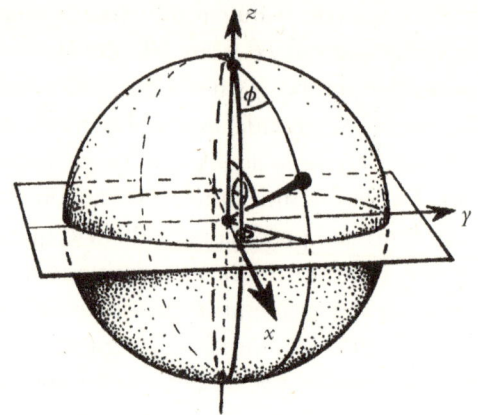

Figura A-47. Los ángulos polares esféricos convencionales θ y ϕ, para S^2 inserta de la manera estándar en $\mathbb{R}^3$.

Los modos habituales son de la forma

$$r^k Y_{k,m}(\theta, \phi),$$

donde $Y_{k,m}(\theta, \phi)$ son *armónicos esféricos* (introducidos por Laplace en 1782), funciones explícitas concretas de θ y ϕ, cuyas formas detalladas no nos interesan [Riley *et al.*, 2006]. El valor de «k» (que en la notación estándar suele escribirse como ℓ) recorre todos los números naturales $k = 0, 1, 2, 3, 4, 5...$ y m, que también es entero, puede ser negativo, con $|m| \leqslant k$. Así pues, los valores permitidos de (k, m) serían

$$(0, 0), (1, -1), (1, 0), (1, 1), (2, -2), (2, -1), (2, 0), (2, 1),$$
$$(2, 2), (3, -3), (3, -2)...$$

Para especificar una solución particular de la ecuación de Laplace en la bola sólida contenida dentro de $\mathcal{S}$ (esto es, $1 \geqslant r \geqslant 0$), tendríamos que conocer la contribución de cada uno de estos modos, una secuencia infinita de números reales

$$f_{0,0}, f_{1,-1}, f_{1,0}, f_{1,1}, f_{2,-2}, f_{2,-1}, f_{2,0}, f_{2,1}, f_{2,2}, f_{3,-3}, f_{3,-2}, ...,$$

que nos indica exactamente cuál es la contribución de cada uno. Esta secuencia de números especifica f sobre la esfera de contorno $\mathcal{S}$, o, de forma equivalente, determina la correspondiente solución para la ecuación de Laplace en el interior de S. (Los problemas de continuidad y suavidad relativos a f sobre S se reflejarían en complejas cuestiones sobre cómo la secuencia de los $f_{k,m}$ continúa hacia el infinito.)

Un detalle concreto que quiero mencionar aquí es que, por potentes que estos métodos sean para el estudio de soluciones individuales, especialmente con respecto al cálculo numérico, hay una cuestión importante que queda eclipsada: la *libertad funcional*, por la que nos hemos interesado en §§A.2 y A.8 y que desempeña un papel clave en lo expuesto en el capítulo 1. Al especificar de esta manera las soluciones de las ecuaciones diferenciales, como en el caso de la ecuación de Laplace u otros sistemas más complejos, el análisis armónico nos acaba proporcionando una solución en forma de una secuencia infinita de números. La propia dimensión del espacio en el que se define la solución, y no digamos ya su tamaño o su forma, a menudo queda oculta tras alguna complicada propiedad asintótica de esa secuencia, y se tiende a perder de vista por completo la cuestión de la libertad funcional.

Incluso en el caso más sencillo de una cuerda que vibra —la de violín a la que he aludido antes— vemos que, si no tenemos cuidado, un mero análisis de modos puede inducirnos a error en cuanto a la libertad funcional. Consideremos dos situaciones diferentes, en una de las cuales solo se permite que la cuerda vibre en un plano, como sucedería al frotar delicadamente una cuerda de violín con el arco. En la otra situación, cuando se pinza la cuerda, las vibraciones pueden suponer desplazamientos de esta en las dos dimensiones que se alejan de su dirección. (Ignoro aquí los desplazamientos que se producen *a lo largo* de la dirección de la cuerda, que podrían generarse al frotarla con los dedos en sentido longitudinal.) Se pueden descomponer los modos de vibración de la cuerda en los que se producen en dos planos perpendiculares a la dirección de la cuerda, y se puede considerar que todas las demás vibraciones están compuestas por dichos modos (véase la figura A-48). Puesto que ambos planos están en igualdad de condiciones, obtenemos simplemente los mismos modos en cada uno de ellos, con exactamente las mismas frecuencias de vibración. Así pues, la única diferencia entre los modos de la cuerda frotada con el arco (vibraciones limitadas a un plano) y los de la cuerda pinzada (vibraciones sin restricciones) es que, en el segundo caso, cada modo

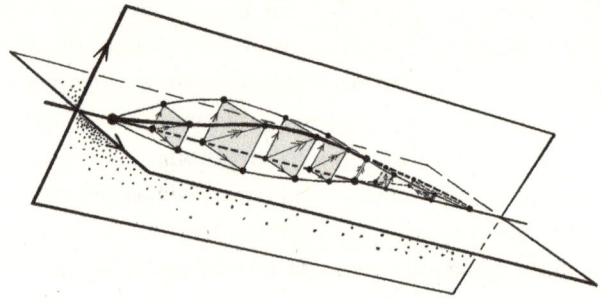

FIGURA A-48. Las pequeñas vibraciones de una cuerda en tres dimensiones se pueden descomponer en las vibraciones en dos planos ortogonales, de manera que en cada punto de la cuerda el vector de desplazamiento se descompone en dos componentes en estos planos perpendiculares entre sí.

ocurre dos veces. La libertad funcional en el primer caso es $\infty^{2\infty^1}$, mientras que en el segundo es $\infty^{4\infty^1}$, considerablemente mayor. El «2» y el «4» proceden de la amplitud y la velocidad del desplazamiento hacia fuera en cada punto de la cuerda, y en la segunda situación se dan el doble de dichas magnitudes que en la primera. El «1» del exponente más alto se debe a la 1-dimensionalidad de la cuerda, y sería un número n mucho mayor si la sustituyésemos por una «n-brana» (véase §1.15), una entidad que desempeña un papel importante en la actividad actualmente de moda de la teoría de cuerdas. En el capítulo 1 puede apreciarse la importancia de la cuestión de la libertad funcional.

En relación con esto, también es útil considerar las vibraciones de una superficie 2-dimensional, como la de un *tambor*. Es muy habitual analizar cosas como esta aplicando el análisis de modos, según el cual cabe expresar las distintas maneras en que el tambor podría vibrar en términos de las contribuciones de cada uno de los modos por separado a su movimiento, lo cual a su vez puede expresarse mediante una secuencia infinita de números, como por ejemplo p_0, p_1, p_2, p_3..., que representan la magnitud de la contribución de cada modo. A primera vista, puede que esto no parezca muy diferente de representar las vibraciones de una cuerda de violín al frotarla con el arco mediante una secuencia de aspecto similar, q_0, q_1, q_2, q_3..., donde estos números representan las contribuciones de los distintos modos de vibración de la cuerda. Pero para los desplazamientos de la superficie del tambor la libertad funcional tendría el valor *enormemente* más grande de $\infty^{2\infty^2}$, frente al $\infty^{2\infty^1}$ que teníamos para la cuerda. Podemos hacernos una idea aproximada de la diferencia de magnitud si suponemos que la superficie del tambor es cuadrada, dada por las coordenadas cartesianas (x, y), donde cada una de ellas solo toma valores entre 0 y 1. Podríamos entonces (de forma poco convencional) tratar de representar los desplazamientos de la superficie del tambor en términos de «modos» que fuesen los productos $F_{ij}(x, y) = g_i(x)h_j(y)$ de los modos $g_i(x)$ a lo largo del eje x con los modos $h_j(y)$ a lo largo del eje y. El análisis de modos describiría entonces los desplazamientos generales de la superficie del tambor en función de una secuencia de números $f_{0,0}, f_{0,1}, f_{1,0}, f_{0,2}, f_{1,1}, f_{2,0}, f_{0,3}, f_{2,1}, f_{1,2}$, etc., que dan la magnitud de la contribución de cada $F_{ij}(x, y)$. Este enfoque no tiene nada de malo, pero no pone directamente de manifiesto la enorme diferencia existente entre la libertad funcional de ∞^{∞^2} en los desplazamientos del tambor 2-dimensional y la de ∞^{∞^1}, mucho menor, que existe en cada uno de los distintos desplazamientos 1-dimensionales en las coordenadas x e y, respectivamente (o de la de $\infty^{2\infty^1}$ que representaría desplazamientos en x junto con desplazamientos en y, que básicamente da la libertad mucho menor existente en los «desplazamientos producto» de la forma $g(x)h(y)$).

Bibliografía

Abbott, B. P., *et al.* (2016), «Observation of gravitational waves from a binary black hole merger» (Experimento LIGO), arXiv: 1602.03837.

Ade, P. A. R., *et al.* (2014), «Detection of B-mode polarization at degree angular scales by BICEP2» (Experimento BICEP2), *Physical Review Letters*, n.° 112: 241101.

Aharonov, Y., D. Z. Albert, y L. Vaidman (1988), «How the result of a measurement of a component of the spin of a spin-1/2 particle can turn out to be 100», *Physical Review Letters*, n.° 60: 1.351-1.354.

Albrecht, A., y P. J. Steinhardt (1982), «Cosmology for grand unified theories with radiatively induced symmetry breaking», *Physical Review Letters*, n.° 48: 1.220-1.223.

Alexakis, S. (2012), *The Decomposition of Global Conformal Invariants*, Annals of Mathematics Studies, n.° 182, Princeton, Princeton University Press.

Almheiri, A., D. Marolf, J. Polchinski, y J. Sully (2013), «Black holes: complementarity or firewalls?», *Journal of High Energy Physics*, n.° 2: 1-20.

Anderson, M. (2005), *«Shakespeare» by Another Name: The Life of Edward de Vere, Earl of Oxford, the Man Who Was Shakespeare*, Nueva York, Gotham Books.

Ananthaswamy, A. (2006), «North of the Big Bang», *New Scientist* (2 de septiembre): 28-31.

Antusch, S., y D. Nolde (2014), «BICEP2 implications for single-field slow-roll inflation revisited», *Journal of Cosmology and Astroparticle Physics*, n.° 5: 035.

Arkani-Hamed, N., S. Dimopoulos, y G. Dvali (1998), «The hierarchy problem and new dimensions at a millimetre», *Physics Letters B*, vol. 429, n.° 3: 263-272.

Arkani-Hamed, N., F. Cachazo, C. Cheung, y J. Kaplan (2010), «The S-matrix in twistor space», *Journal of High Energy Physics*, n.° 2: 1-48.

Arkani-Hamed, N., A. Hodges, y J. Trnka (2015), «Positive amplitudes in the amplituhedron», *Journal of High Energy Physics*, n.° 8: 1-25.

Arndt, M., O. Nairz, J. Voss-Andreae, C. Keller, G. van der Zouw, y A. Zeilinger (1999), «Wave-particle duality of C_{60}», *Nature*, n.° 401: 680-682.

Ashok, S., y M. Douglas (2004), «Counting flux vacua», *Journal of High Energy Physics*, n.° 0401: 060.

Ashtekar, A., J. C. Baez, A. Corichi, y K. Krasnov (1998), «Quantum geometry and black hole entropy» , *Physical Review Letters*, vol. 80 n.° 5: 904-907.

Ashtekar, A., J. C. Baez, y K. Krasnov (2000), «Quantum geometry of isolated horizons and black hole entropy», *Advances in Theoretical and Mathematical Physics*, n.° 4: 1-95.

Ashtekar, A., T. Pawlowski, y P. Singh (2006), «Quantum nature of the Big Bang», *Physical Review Letters*, n.° 96: 141301.

Aspect, A., P. Grangier, y G. Roger (1982), «Experimental realization of Einstein-Podolsky-Rosen-Bohm *Gedankenexperiment*. A new violation of Bell's inequalities», *Physical Review Letters*, n.° 48: 91-94.

Bardeen, J. M., B. Carter, y S. W. Hawking (1973), «The four laws of black hole mechanics», *Communications in Mathematical Physics*, vol. 31 n.° 2: 161-170.

Barrow, J. D., y F. J. Tipler (1986), *The Anthropic Cosmological Principle*, Oxford, Oxford University Press.

Bateman, H. (1904), «The solution of partial differential equations by means of definite integrals», *Proceedings of the London Mathematical Society*, vol. 1 n.° 2: 451-458.

— (1910) «The transformation of the electrodynamical equations», *Proceedings of the London Mathematical Society*, vol. 8 n.° 2: 223-264.

Becker, K., M. Becker, y J. Schwarz (2006), *String Theory and M-Theory: A Modern Introduction*, Cambridge, Cambridge University Press.

Bedingham, D., y J. Halliwell (2014) «Classical limit of the quantum Zeno effect by environmental decoherence», *Physical Review A*, n.° 89: 042116.

Bekenstein, J. (1972), «Black holes and the second law», *Lettere al Nuovo Cimento*, n.° 4: 737-740.

— (1973), «Black holes and entropy», *Physical Review D*, n.° 7: 2.333-2.346.

Belinskiĭ, V.A., I. M. Khalatnikov, y Y. M. Lífshits (1970), «Oscillatory approach to a singular point in the relativistic cosmology», *Uspekhi Fizicheskikh Nauk*, n.° 102: 463-500. [Trad. al inglés en *Advances in Physics*, n.° 19: 525-573.]

Belinskiĭ, V. A., Y. M. Lífshits y I. M. Khalatnikov (1972), «Construction of a general cosmological solution of the Einstein equation with a time singularity», *Soviet Physics JETP*, n.° 35: 838-841.

Bell, J. S. (1964). «On the Einstein-Podolsky-Rosen paradox», *Physics*, n.° 1: 195-200. (Reimp. en Wheeler y Zurek [1983: 403-408].)

— (1981), «Bertlmann's socks and the nature of reality», *Journal de Physique*, vol. 42 C2(3): 41.

— (2004) *Speakable and Unspeakable in Quantum Mechanics. Collected Papers on Quantum Philosophy*, 2.ª ed. (con una nueva introd. de A. Aspect), Cambridge, Cambridge University Press.

Bennett, C. H., G. Brassard, C. Crepeau, R. O. Jozsa, A. Peres, y W. K. Wootters (1993), «Teleporting an unknown quantum state via classical and Einstein-Podolsky-Rosen channels», *Physical Review Letters*, n.° 70: 1.895-1.899.

Besse, A. (1987), *Einstein Manifolds*, Berlín, Springer.

Beyer, H., y J. Nitsch (1986), «The non-relativistic COW experiment in the uniformly accelerated reference frame», *Physics Letters B*, n.° 182, 211-215.

Bisnovatyi-Kogan, G. S. (2006), «Checking the variability of the gravitational constant with binary pulsars», *International Journal of Modern Physics D*, n.° 15: 1.047-1.052.

Bjorken, J., y S. Drell (1964), *Relativistic Quantum Mechanics*, McGraw-Hill.

Blau, S. K., y A. H. Guth (1987), «Inflationary cosmology», en S. W. Hawking y W. Israel, eds., *300 Years of Gravitation*, Cambridge, Cambridge University Press.

Bloch, F. (1932), «Zur Theorie des Austauschproblems und der Remanenzerscheinung der Ferromagnetika», *Zeitschrift für Physik*, vol. 74, n.° 5: 295-335.

Bohm, D. (1951), «The paradox of Einstein, Rosen, y Podolsky», en *Quantum Theory*, Englewood Cliffs (Nueva Jersey), Prentice-Hall, cap. 22, §§15-19, 611-623, (Reimp. en Wheeler y Zurek [1983: 356-368].)

— (1952), «A suggested interpretation of the quantum theory in terms of "hidden" variables, I and II», *Physical Review*, n.° 85: 166-193. (Reimp. en Wheeler y Zurek [1983: 41-68].)

Bohm, D., y B. J. Hiley (1993), *The Undivided Universe. An Ontological Interpretation of Quantum Theory*, Abingdon y Nueva York, Routledge.

Bojowald, M. (2007), «What happened before the Big Bang?», *Nature Physics*, n.° 3: 523-525.

— (2011), *Canonical Gravity and Applications. Cosmology, Black Holes, and Quantum Gravity*, Cambridge, Cambridge University Press.

Bollobás, B. (ed.) (1986), *Littlewood's Miscellany*, Cambridge, Cambridge University Press.

Boltzmann, L. (1895), «On certain questions of the theory of gases», *Nature*, n.° 51: 413-415.

Bordes, J., H.-M. Chan, y S. T. Tsou, (2015), «A first test of the framed standard model against experiment», *International Journal of Modern Physics A*, n.° 27: 1230002.

Börner, G. (1988), *The Early Universe*, Berlín, Springer.

Bouwmeester, D., J. W. Pan, K. Mattle, M. Eibl, H. Weinfurter, y A. Zeilinger (1997), «Experimental teleportation», *Nature*, n.° 390: 575-579.

Boyer, R. H., y R. W. Lindquist (1967), «Maximal analytic extension of the Kerr metric», *Journal of Mathematical Physics*, n.° 8: 265-281.

Breuil, C., B. Conrad F. Diamond, y R. Taylor (2001), «On the modularity of elliptic curves over Q: wild 3-adic exercises», *Journal of the American Mathematical Society*, n.° 14: 843-939.

Bryant, R. L., S.-S. Chern, R. B. Gardner H. L. Goldschmidt, y P. A. Griffiths (1991), *Exterior Differential Systems*, MSRI Publication n.° 18, Nueva York, Springer.

Bullimore, M., L. Mason, y D. Skinner (2010), «MHV diagrams in momentum twistor space», *Journal of High Energy Physics*, n.° 12: 1-33.

Buonanno, A., K. A. Meissner, C. Ungarelli, y G. Veneziano (1998a), «Classical inhomogeneities in string cosmology», *Physical Review D*, n.° 57: 2.543.

— (1998b), «Quantum inhomogeneities in string cosmology», *Journal of High Energy Physics*, n.° 9801: 004.

Byrnes, C. T., K.-Y. Choi, y L. M. H. Hall (2008), «Conditions for large non-Gaussianity in two-field slow-roll inflation», *Journal of Cosmology and Astroparticle Physics*, n.° 10: 008.

Cachazo, F., L. Mason, y D. Skinner (2014), «Gravity in twistor space and its Grassmannian formulation», en *Symmetry, Integrability and Geometry: Methods and Applications (SIGMA)*, n.° 10: 051 (28 pp.).

Candelas, P., X. C. de la Ossa, P. S. Green y L. Parkes (1991), «A pair of Calabi-Yau manifolds as an exactly soluble superconformal theory», *Nuclear Physics B*, n.° 359: 21.

Cardoso, T. R., y A. S. de Castro (2005), «The blackbody radiation in a D-dimensional universe», *Revista Brasileira de Ensino de Física*, n.° 27: 559-563.

Cartan, É. (1945), *Les Systèmes Différentiels Extérieurs et leurs Applications géométriques*, París, Hermann.

Carter, B. (1966), «Complete analytic extension of the symmetry axis of Kerr's solution of Einstein's equations», *Physical Review*, n.° 141: 1.242-1.247.

— (1970), «An axisymmetric black hole has only two degrees of freedom», *Physical Review Letters*, n.° 26: 331-333.

— (1983), «The anthropic principle and its implications for biological evolution», *Philosophical Transactions of the Royal Society of London A*, n.° 310: 347-363.

Cartwright, N. (1997) «Why physics?», en R. Penrose, ed., *The Large, the Small and the Human Mind*, Cambridge, Cambridge University Press.

Chan, H.-M., y S. T. Tsou (1980), «U(3) monopoles as fundamental constituents», CERN-TH-2995 (10 pp.).

— (1998), *Some Elementary Gauge Theory Concepts*, World Scientific Notes in Physics, Singapur, World Scientific.

— (2007), «A model behind the standard model», *European Physical Journal C*, n.° 52: 635-663.

— (2012), *International Journal of Modern Physics A*, n.° 27: 1230002.

Chandrasekhar, S. (1931), «The maximum mass of ideal white dwarfs», *Astrophysics Journal*, n.° 74: 81-82.

— (1934), «Stellar configurations with degenerate cores», *The Observatory*, n.° 57: 373-377.

Christodoulou, D. (2009), *The Formation of Black Holes in General Relativity*, Monographs in Mathematics, Zurich, European Mathematical Society.

Clarke, C. J. S. (1993) «The Analysis of Space-Time Singularities», Cambridge Lecture Notes in Physics, Cambridge, Cambridge University Press.

Coleman, S., (1977), «Fate of the false vacuum: semiclassical theory», *Physical Review D*, n.° 15: 2.929-2.936.

Coleman, S., y F. De Luccia, (1980), «Gravitational effects on and of vacuum delay», *Physical Review D*, n.° 21: 3.305-3.315.

Colella, R., y A. W. Overhauser (1980), «Neutrons, gravity and quantum mechanics», *American Scientist*, n.° 68: 70.

Colella, R., A. W. Overhauser, y S. A. Werner (1975), «Observation of gravitationally induced quantum interference», *Physical Review Letters*, n.° 34: 1.472-1.474.

Connes, A., y S. K. Berberian (1995), *Noncommutative Geometry*, San Diego, Academic Press.

Conway, J., y S. Kochen (2002), «The geometry of the quantum paradoxes», en R. A. Bertlmann y A. Zeilinger, eds., *Quantum [Un]speakables. From Bell to Quantum Information*, Nueva York, Springer.

Corry, L., J. Renn, y J. Stachel (1997), «Belated decision in the Hilbert-Einstein priority dispute», *Science*, n.° 278: 1.270-1.273.

Crowe, M. J. (1967), *A History of Vector Analysis. The Evolution of the Idea of a Vectorial System*, Toronto, University of Notre Dame Press. (Reimp. con adiciones y correcciones, 1985, Nueva York, Dover.)

Cubrovic, M., J. Zaanen, y K. Schalm (2009), «String theory, quantum phase transitions, and the emergent Fermi liquid», *Science*, n.° 325: 329-444.

Davies, P. C. W. (1975), «Scalar production in Schwarzschild and Rindler metrics», *Journal of Physics A*, n.° 8: 609.

Davies, P. C. W., y D. S. Betts (1994), *Quantum Mechanics*, 2.ª ed., CRC Press.

De Broglie, L. (1956), *Tentative d'interprétation causale et nonlinéaire de la mé-chanique ondulatoire*, París, Gauthier-Villars.

Deser, S. (1996), «Conformal anomalies – recent progress», *Helvetica Physica Acta*, n.° 69: 570-581.

Deutsch, D. (1998), *Fabric of Reality. Towards a Theory of Everything*, Penguin. [Hay trad. cast.: *La estructura de la realidad,* Barcelona, Anagrama, 2002.]

De Sitter, W. (1917a), «On the curvature of space», *Proceedings of Koninklijke Nederlandse Akademie van Wetenschappen*, n.° 20: 229-243.

— (1917b) «On the relativity of inertia. Remarks concerning Einstein's latest hypothesis», *Proceedings of Koninklijke Nederlandse Akademie van Wetenschappen*, n.° 19, 1.217-1.225.

DeWitt, B. S., y N. Graham, eds. (1973), *The Many Worlds Interpretation of Quantum Mechanics*, Priceton, Princeton University Press.

Dicke, R. H. (1961), «Dirac's cosmology and Mach's principle», *Nature*, n.° 192: 440-441.

Dieudonné, J. (1981), *History of Functional Analysis*, Amsterdam, North-Holland.

Diósi, L. (1984), «Gravitation and quantum-mechanical localization of macro-objects», *Physics Letters*, n.° 105A: 199-202.

— (1987), «A universal master equation for the gravitational violation of quantum mechanics», *Physics Letters*, n.° 120A: 377-381.

— (1989), «Models for universal reduction of macroscopic quantum fluctuations», *Physical Review A*, n.° 40: 1.165-1.174.

Dirac, P. A. M. (1930, 1.ª ed.) (1947, 3ª ed.), *The Principles of Quantum Mechanics*, Oxford, Oxford University Press y Clarendon Press.

— (1933), «The Lagrangian in quantum mechanics», *Physikalische Zeitschrift der Sowjetunion*, n.° 3: 64-72.

— (1937), «The cosmological constants», *Nature*, n.° 139: 323.

— (1938), «A new basis for cosmology», *Proceedings of the Royal Society of London A*, n.° 165: 199-208.

— (1963), «The evolution of the physicist's picture of nature» (conferencia sobre las bases de la física cuántica en la Universidad de Xavier en 1962), *Scientific American*, n.° 208: 45-53.

Douglas, M. (2003), «The statistics of string/M theory vacua», *Journal of High Energy Physics*, n.° 0305: 46.

Eastwood, M. G. (1990), «The Penrose transform», en T. N. Bailey y R. J. Baston, eds., *Twistors in Mathematics and Physics*, LMS Lecture Note Series n.° 156, Cambridge, Cambridge University Press.

—, R. Penrose, y R. O. Wells Jr, (1981), «Cohomology and massless fields», *Communications in Mathematical Physics*, n.° 78: 305-351.

Eddington, A. S. (1924), «A comparison of Whitehead's and Einstein's formulas», *Nature*, n.° 113: 192.

— (1935), Reunión de la Royal Astronomical Society, viernes 11 de febrero de 1935, *The Observatory*, n.° 58 (febrero de 1935): 33-41.

Eerkens, H. J., F. M. Buters, M. J. Weaver, B. Pepper, G. Welker, K. Heeck, P. Sonin, S. de Man, y D. Bouwmeester (2015), «Optical side-band cooling of a low frequency optomechanical system», *Optics Express*, vol. 23, n.° 6: 8.014-8.020 (doi: 10.1364/OE.23.008014).

Ehlers, J. (1991), «The Newtonian limit of general relativity», en G. Ferrarese, ed., *Classical Mechanics and Relativity. Relationship and Consistency* (Conferencia Internacional en memoria de Carlo Cataneo, Elba, 1989), Monographs and Textbooks in Physical Science, Lecture Notes n.° 20, Nápoles, Bibliopolis.

Einstein, A. (1931), «Zum kosmologischen Problem der allgemeinen Relativitätstheorie», *Sitzungsberichte der Königlich Preuss ischen Akademie der Wissenschaften*: 235-237.

— (1939), «On a stationary system with spherical symmetry consisting of many gravitating masses», *Annals of Mathematics*, Second Series, n.° 40: 922-936 (doi: 10.2307/1968902).

—, y N. Rosen (1935), «The particle problem in the general theory of relativity», *Physical Review*, vol. 48, n.° 2: 73-77.

—, B. Podolsky, y N. Rosen (1935), «Can quantum-mechanical description of physical reality be considered complete?», *Physical Review*, n.° 47: 777-780. (Reimp. en Wheeler y Zurek [1983: 138-141].)

Eremenko, A., y I. Ostrovskii (2007), «On the pits effect of Littlewood and Offord», *Bulletin of the London Mathematical Society*, n.° 39: 929-939.

Ernst, B. (1986), «Escher's impossible figure prints in a new context», en H. S. M. Coxeter, M. Emmer, R. Penrose y M. L. Teuber, eds., *M. C. Escher. Art and Science*, Amsterdam, Elsevier.

Evans, L. C. (2010), *Partial Differential Equations*, 2.ª ed. (Graduate Studies in Mathematics), Providence (Rhode Island), American Mathematical Society.

Everett, H. (1957), «"Relative state" formulation of quantum mechanics», *Review of Modern Physics*, n.° 29: 454-462. (Reimp. en Wheeler y Zurek [1983: 315-323].)

Feeney, S. M., M. C. Johnson, D. J. Mortlock, y H. V. Peiris (2011*a*), «First observational tests of eternal inflation: analysis methods and WMAP 7-year results», *Physical Review D*, n.° 84: 043507.

— (2011*b*), «First observational tests of eternal inflation», *Physical Review Letters*, n.° 107: 071301.

Feynman, R. (1985), *QED. The Strange Theory of Light and Matter*, Princeton

University Press. [Hay trad. cast.: *Electrodinámica cuántica: La extraña teoría de la luz y la materia*, Madrid, Alianza Editorial, 2014.]

—, A. R. Hibbs, y D. F. Styer (2010), *Quantum Mechanics and Path Integrals* (ed. corregida), Mineola (Nueva York), Dover.

Fickler, R., R. Lapkiewicz, W. N. Plick, M. Krenn, C. Schaeff, S. Ramelow, y A. Zeilinger (2012), «Quantum entanglement of high angular momenta», *Science 2*, n.° 338: 640-643.

Finkelstein, D. (1958), «Past-future asymmetry of the gravitational field of a point particle», *Physical Review*, n.° 110: 965-967.

Fogli, G. L., E. Lisi, A. Marrone, D. Montanino, A. Palazzo, y A. M. Rotunno (2012), «Global analysis of neutrino masses, mixings, and phases: entering the era of leptonic CP violation searches», *Physical Review D*, n.° 86: 013012.

Ford, I. (2013), *Statistical Physics. An Entropic Approach*, Chichester, Wiley.

Forward, R. L. (1980), *Dragon's Egg*, Del Rey Books. [Hay trad. cast.: *Huevo del dragón*, Barcelona, Ediciones B, 1990.]

— (1985), *Starquake*, Del Rey Books. [Hay trad. cast.: *Estrellamoto*, Barcelona, Ediciones B, 2011.]

Francesco, P., P. Mathieu, y D. Senechal (1997), *Conformal Field Theory*, Nueva York, Springer.

Fredholm, I. (1903), «Sur une classe d'équations fonctionnelles», *Acta Mathematica*, n.° 27: 365-390.

Friedrich, H. (1986), «On the existence of n-geodesically complete or future complete solutions of Einstein's field equations with smooth asymptotic structure», *Communications in Mathematical Physics*, n.° 107: 587-609.

— (1998), «Einstein's equation and conformal structure», en S. A. Huggett, L. J. Mason, K. P. Tod, S. T. Tsou y N. M. J. Woodhouse, eds., *The Geometric Universe. Science, Geometry, and the Work of Roger Penrose*, Oxford, Oxford University Press.

Friedrichs, K. (1927), «Eine invariante Formulierung des Newtonschen Gravitationsgesetzes und des Grenzüberganges vom Einsteinschen zum Newtonschen Gesetz», *Mathematische Annalen*, n.° 98: 566-575.

Fulling, S. A. (1973), «Nonuniqueness of canonical field quantization in Riemannian space-time», *Physical Review D*, n.° 7: 2.850.

Gamow, G. (1970), *My World Line. An Informal Autobiography*, Nueva York, Viking Adult.

Gardner, M. (2006), *Aha! Gotcha. Aha! Insight. A Two Volume Collection*, Washington, The Mathematical Association of America [Hay trad. cast.: *¡Ajá! Paradojas que te hacen pensar*, Barcelona, RBA, 2012.]

Gasperini, M., y G. Veneziano (1993), «Pre-Big Bang in string cosmology», *Astroparticle Physics*, n.° 1: 317-339.

— (2003), «The pre-Big Bang scenario in string cosmology», *Physics Reports*, n.° 373: 1-212.

Geroch, R., E. H. Kronheimer, y R. Penrose (1972), «Ideal points in space-time», *Proceedings of the Royal Society of London A*, n.° 347: 545-567.

Ghirardi, G. C., A. Rimini, y T. Weber (1986), «Unified dynamics for microscopic and macroscopic systems», *Physical Review D*, n.° 34: 470-491.

Ghirardi, G. C., R., Grassi, y A. Rimini (1990), «Continuous-spontaneous-reduction model involving gravity», *Physical Review A*, n.° 42, 1.057-1.064.

Gibbons, G. W. y S. W. Hawking (1976), «Cosmological event horizons, thermodynamics, and particle creation», *Physical Review D*, n.° 15: 2.738-2.751.

Gibbons, G. W. y M. J. Perry (1978), «Black holes and thermal Green functions», *Proceedings of the Royal Society of London A*, n.° 358: 467-494.

Gingerich, O. (2004), *The Book Nobody Read. Chasing the Revolutions of Nicolaus Copernicus*, Londres, Heinemann.

Givental, A. (1996), «Equivariant Gromov-Witten invariants. International Mathematics», *Research Notices*, 1996: 613-663.

Goddard, P., y C. Thorn (1972), «Compatibility of the dual Pomeron with unitarity and the absence of ghosts in the dual resonance model», *Physics Letters B*, vol. 40: n.° 2: 235-238.

Goenner, H., ed. (1999), *The Expanding Worlds of General Relativity*, Boston, Birkhäuser.

Green, M., y J. Schwarz (1984), «Anomaly cancellations in supersymmetric $D = 10$ gauge theory and superstring theory», *Physics Letters B*, n.° 149: 117-122.

Greenberger, D. M., y A. W. Overhauser (1979), «Coherence effects in neutron diffraction and gravity experiments», *Review of Modern Physics*, n.° 51: 43-78.

Greenberger, D. M., M. A. Horne, y A. Zeilinger (1989), «Going beyond Bell's theorem», en M. Kafatos, ed., *Bell's Theorem, Quantum Theory, and Conceptions of the Universe*, Dordrecht, Kluwer Academic, pp. 3-76.

Greene, B. (1999), *The Elegant Universe. Superstrings, Hidden Dimensions and the Quest for the Ultimate Theory*, Londres, Jonathan Cape. [Hay trad. cast.: *El universo elegante. Supercuerdas, dimensiones ocultas y la búsqueda de una teoría final*, Barcelona, Booket Ciencia, 2012.]

Greytak, T. J., D. Kleppner, D. G. Fried, T. C. Killian, L. Willmann, D. Landhuis, y S. C. Moss (2000), «Bose-Einstein condensation in atomic hydrogen», *Physica B*, n.° 280: 20-26.

Gross, D., y V. Periwal (1988), «String perturbation theory diverges», *Physical Review Letters*, n.° 60: 2.105-2.128.

Guillemin, V., y A. Pollack (1974), *Differential Topology*, Prentice Hall. [Hay trad. cast: *Topología diferencial*, Ciudad de México, Sociedad Matemática Mexicana, 2003.]

Gunning, R. C., y R. Rossi (1965), *Analytic Functions of Several Complex Variables*, Englewood Cliffs (Nueva Jersey), Prentice Hall.

Gurzadyan, V. G., y R. Penrose (2013), «On CCC-predicted concentric low-variance circles in the CMB sky», *European Physical Journal Plus*, n.° 128: 1-17.

— (2016), «CCC and the Fermi paradox», *European Physical Journal Plus*, n.° 131: 11.

Guth, A. H. (1997), *The Inflationary Universe*, Londres, Jonathan Cape. [Hay trad. cast.: *El universo inflacionario. La búsqueda de una nueva teoría sobre los orígenes del cosmos*, Barcelona, Debate, 1999.]

— (2007), «Eternal inflation and its implications», *Journal of Physics A*, n.° 40: 6.811-6.826.

Hameroff, S., y R. Penrose (2014), «Consciousness in the universe: a review of the "Orch **OR**" theory», *Physics of Life Reviews*, vol. 11, n.° 1: 39-78.

Hanbury Brown, R., y R. Q. Twiss (1954), «Correlation between photons in two coherent beams of light», *Nature*, n.° 177: 27-32.

— (1956*a*), «A test of a new type of stellar interferometer on Sirius», *Nature*, n.° 178: 1.046-1.053.

— (1956*b*), «The question of correlation between photons in coherent light rays», *Nature*, n.° 178: 1.447-1.451.

Hanneke, D., S. Fogwell Hoogerheide, y G. Gabrielse (2011), «Cavity control of a single-electron quantum cyclotron: measuring the electron magnetic moment», *Physical Review A*, n.° 83: 052122.

Hardy, L. (1993), «Nonlocality for two particles without inequalities for almost all entangled states», *Physical Review Letters*, n.° 71: 1.665.

Harrison, E. R. (1970), «Fluctuations at the threshold of classical cosmology», *Physical Review D*, n.° 1: 2.726.

Hartle, J. B. (2003), *Gravity: An Introduction to Einstein's General Relativity*, San Francisco y Londres, Addison Wesley.

Hartle, J. B., y S. W. Hawking (1983), «Wave function of the universe», *Physical Review D*, n.° 28: 2.960-2.975.

Hartle, J., S. W. Hawking, y H. Thomas (2011), «Local observation in eternal inflation», *Physical Review Letters*, n.° 106: 141302.

Hawking, S. W. (1965), «Occurrence of singularities in open universes», *Physical Review Letters*, n.° 15: 689-690.

— (1966*a*), «The occurrence of singularities in cosmology», *Proceedings of the Royal Society of London A*, n.° 294: 511-521.

— (1966*b*), «The occurrence of singularities in cosmology. II», *Proceedings of the Royal Society of London A*, n.° 295: 490-493.

— (1967), «The occurrence of singularities in cosmology. III. Causality and singularities», *Proceedings of the Royal Society of London A*, n.° 300: 187-201.

— (1974), «Black hole explosions?», *Nature*, n.° 248: 30-31.

— (1975), «Particle creation by black holes», *Communications in Mathematical Physics*, n.° 43: 199-220.

— (1976*a*), «Black holes and thermodynamics», *Physical Review D*, vol. 13, n.° 2: 191-297.

— (1976*b*), «Breakdown of predictability in gravitational collapse», *Physical Review D*, n.° 14, 2.460-2.473.

— (2005), «Information loss in black holes», *Physical Review D*, n.° 72: 084013-6.

Hawking, S. W., y G. F. R. Ellis (1973), *The Large-Scale Structure of Space-Time*, Cambridge, Cambridge University Press.

Hawking, S. W., y R. Penrose (1970), «The singularities of gravitational collapse and cosmology», *Proceedings of the Royal Society of London A*, n.° 314: 529-548.

Heisenberg, W. (1971), *Physics and Beyond*, Nueva York, Harper and Row, pp. 73-76. [Hay trad. cast.: *La parte y el todo. Conversando en torno a la física atómica*, Castellón, Ellago Ediciones, 2004.]

Hellings, R. W., *et al.* (1983), «Experimental test of the variability of G using Viking Lander ranging data», *Physical Review Letters*, n.° 51: 1.609-1.612.

Hilbert, D. (1912), *Grundzüge einer allgemeinen theorie der linearen integralgleichungen*, Leipzig, B. G. Teubner.

Hodges, A. P. (1982), «Twistor diagrams», *Physica A*, n.° 114: 157-175.

— (1985*a*), «A twistor approach to the regularization of divergences», *Proceedings of the Royal Society of London A*, n.° 397: 341-374.

— (1985*b*), «Mass eigenstates in twistor theory», *Proceedings of the Royal Society of London A*, n.° 397: 375-396.

— (1990), «Twistor diagrams and Feynman diagrams», en T. N. Bailey y R. J. Baston, eds., *Twistors in Mathematics and Physics*, LMS Lecture Note Series n.° 156, Cambridge, Cambridge University Press.

— (1998), «The twistor diagram programme», en S. A. Huggett, L. J. Mason, K. P. Tod, S. T. Tsou y N. M. J. Woodhouse, eds., *The Geometric Universe; Science, Geometry, and the Work of Roger Penrose*, Oxford, Oxford University Press.

— (2006*a*), «Scattering amplitudes for eight gauge fields», arXiv: hep-th/0603101v1.

— (2006*b*), «Twistor diagrams for all tree amplitudes in gauge theory: a helicity-independent formalism», arXiv: hep-th/0512336v2.

— (2013*a*), «Eliminating spurious poles from gauge-theoretic amplitudes», *Journal of High Energy Physics*, n.° 5: 135.

— (2013*b*), «Particle physics: theory with a twistor», *Nature Physics*, n.° 9: 205-206.

Hodges, A. P., y S. Huggett (1980), «Twistor diagrams», *Surveys in High Energy Physics*, n.° 1: 333-353.

Hodgkinson, I. J. y Q. H. Wu (1998), *Birefringent Thin Films and Polarizing Elements*, Singapur, World Scientific.

Hoyle, F. (1950), *The Nature of the Universe*, Oxford, Basil Blackwell.

— (1957), *The Black Cloud*, Londres, William Heinemann. [Hay trad. cast.: La nube negra, Barcelona, Ediciones B, 1988.]

Huggett, S. A., y K. P. Tod (1985), *An Introduction to Twistor Theory*, LMS Student Texts n.° 4, Cambridge, Cambridge University Press.

Hughston, L. P. (1979), *Twistors and Particles*, Lecture Notes in Physics n.° 97, Berlín, Springer-Verlag.

— (1980), «The twistor particle programme», *Surveys in High Energy Physics*, n.° 1: 313-332.

Isham, C. J., R. Penrose, y D. W. Sciama, eds. (1975), *Quantum Gravity: An Oxford Symposium*, Oxford, Oxford University Press.

Jackiw, R., y C. Rebbi (1976), «Vacuum periodicity in a Yang-Mills quantum theory», *Physical Review Letters*, n.° 37: 172-175.

Jackson, J. D. (1999), *Classical Electrodynamics*, Nueva York y Chichester, John Wiley & Sons, p. 206.

Jaffe, R. L. (2005), «Casimir effect and the quantum vacuum», *Physical Review D*, n.° 72: 021301.

Jenkins, D., y O. Kirsebom (2013), «The secret of life», *Physics World* (febrero): 21-26.

Jones, V. F. R. (1985), «A polynomial invariant for knots via Von Neumann algebra», *Bulletin of the American Mathematical Society*, n.° 12: 103-111.

Kaku, M. (2000), *Strings, Conformal Fields, and M-Theory*, Berlín y Londres, Springer-Verlag.

Kaltenbaek, R., G. Hechenblaiker, N. Kiesel, O. Romero-Isart, K. C. Schwab, U. Johann, y M. Aspelmeyer (2012), «Macroscopic quantum resonators (MAQRO)», *Experimental Astronomy*, n.° 34: 123-164.

Kaltenbaek, R., *et al.* (2016), «Macroscopic quantum resonators (MAQRO): 2015 update», *EPJ Quantum Technology*, n.° 3: 5 (doi: 10.1140/epjqt/s-40507-016-0043-7).

Kane, G. L., y M. Shifman, eds. (2000), *The Supersymmetric World. The Beginnings of the Theory*, Singapur, World Scientific.

Kerr, R. P. (1963), «Gravitational field of a spinning mass as an example of algebraically special metrics», *Physical Review Letters*, 11, 237-38.

Ketterle, W. (2002), «Nobel lecture: when atoms behave as waves. Bose-Einstein condensation and the atom laser», *Reviews of Modern Physics*, n.° 74: 1.131-1.151.

Khoury, J., B. A. Ovrut, P. J. Steinhardt, y N. Turok (2001), «The ekpyrotic universe: colliding branes and the origin of the hot big bang», *Physical Review D*, n.° 64: 123522.

— (2002*a*), «Density perturbations in the ekpyrotic scenario», *Physical Review D*, n.° 66: 046005 (arXiv: hepth/0109050).

Khoury, J., B. A. Ovrut, N. Seiberg, P. J. Steinhardt, y N. Turok (2002*b*), «From big crunch to big bang», *Physical Review D*, n.° 65: 086007 (arXiv: hep-th/0108187).

Kleckner, D., I. Pikovski, E. Jeffrey, L. Ament, E. Eliel, J. van den Brink, y D. Bouwmeester (2008), «Creating and verifying a quantum superposition in a microoptomechanical system», *New Journal of Physics*, n.° 10: 095020.

Kleckner, D., B. Pepper, E. Jeffrey, P. Sonin, S. M. Thon, y D. Bouwmeester (2011), «Optomechanical trampoline resonators», *Optics Express*, n.° 19: 19.708-19.716.

Kochen, S., y E. P. Specker (1967), «The problem of hidden variables in quantum mechanics», *Journal of Mathematics and Mechanics*, n.° 17: 59-88.

Kraagh, H. (2010), «An anthropic myth: Fred Hoyle's carbon-12 resonance level», *Archive for History of Exact Sciences*, n.° 64: 721-751.

Kramer, M. (y otros 14) (2006), «Tests of general relativity from timing the double pulsar», *Science*, n.° 314: 97-102.

Kruskal, M. D. (1960), «Maximal extension of Schwarzschild metric», *Physical Review*, n.° 119: 1.743-1.745.

Lamoreaux, S. K. (1997), «Demonstration of the Casimir force in the 0.6 to 6 μm range», *Physical Review Letters*, n.° 78: 5-8.

Landau, L. (1932), «On the theory of stars», *Physikalische Zeitschrift der Sowjetunion*, n.° 1: 285-288.

Langacker, P., y S.-Y. Pi (1980), «Magnetic Monopoles in Grand Unified Theories», *Physical Review Letters*, n.° 45: 1-4.

Laplace, P.-S. (1829-39), *Mécanique Céleste* (trad. al inglés con un comentario de N. Bowditch), Boston, Hilliard, Gray, Little, and Wilkins.

LeBrun, C. R. (1985), «Ambi-twistors and Einstein's equations», *Classical and Quantum Gravity*, n.° 2: 555-563.

— (1990), «Twistors, ambitwistors, and conformal gravity», en T. N. Bailey y R. J. Baston, eds., *Twistors in Mathematics and Physics*, LMS Lecture Note Series n.° 156, Cambridge, Cambridge University Press.

Lee, J. M. (2003), *Introduction to Smooth Manifolds*, Nueva York, Springer-Verlag.

Lemaître, G. (1933), «L'universe en expansion», *Annales de la Société Scientifique de Bruxelles A*, n.° 53: 51-85 (*cf.* p. 82).

Levi-Cività, T. (1917), «Realtà fisica di alcuni spazi normali del Bianchi», *Rendiconti Reale Accademia Dei Lincei*, n.° 26: 519-531.

Levin, J. (2012), «In space, do all roads lead to home?», *Plus Magazine*, Cambridge.

Lévy, A. (1979), *Basic Set Theory*, Nueva York, Springer. (Reimp. por Dover, Mineola (Nueva York), 2003.)

Li, T., S. Kheifets, y M. G. Raizen (2011), «Millikelvin cooling of an optically trapped microsphere in vacuum», *Nature Physics*, n.° 7: 527-530 (doi: 10.1038/NPHYS1952).

Liddle, A. R., y S. M. Leach (2003), «Constraining slow-roll inflation with WMAP and 2dF», *Physical Review D*, n.° 68: 123508.

Liddle, A. R., y D. H. Lyth (2000), *Cosmological Inflation and Large-Scale Structure*, Cambridge, Cambridge University Press.

Lifshits, Y. M., y I. M. Khalatnikov (1963), «Investigations in relativistic cosmology», *Advances in Physics*, n.° 12: 185-249.

Lighthill, M. J. (1958), *An Introduction to Fourier Analysis and Generalised Functions*, Cambridge Monographs on Mechanics, Cambridge, Cambridge University Press.

Linde, A. D. (1982), «A new inflationary universe scenario: a possible solution of the horizon, flatness, homogeneity, isotropy and primordial monopole problems», *Physics Letters B*, n.° 108: 389-393.

— (1983), «Chaotic inflation», *Physics Letters B*, n.° 129: 177-181.

— (1986), «Eternal chaotic inflation», *Modern Physics Letters A*, n.° 1: 81-85.

— (2004), «Inflation, quantum cosmology and the anthropic principle», en J. D. Barrow, P. C. W. Davies, y C. L. Harper, eds., *Science and Ultimate Reality. Quantum Theory, Cosmology, and Complexity*, Cambridge, Cambridge University Press, pp. 426-58.

Littlewood, J. E. (1953), *A Mathematician's Miscellany*, Londres, Methuen.

— y A. C. Offord (1948), «On the distribution of zeros and *a*-values of a random integral function», *Annals of Mathematics*, Second Series, n.° 49: 885-952; Errata, n.° 50: 990-991.

Looney, J. T. (1920), *"Shakespeare" Identified in Edward de Vere, Seventeenth Earl of Oxford*, Londres, C. Palmer, y Nueva York, Frederick A. Stokes Company.

Luminet, J.-P., J. R., Weeks, A. Riazuelo, R. Lehoucq, y J.-P. Uzan (2003), «Dodecahedral space topology as an explanation for weak wide-angle temperature correlations in the cosmic microwave background», *Nature*, n.° 425: 593-595.

Lyth, D. H., y A. R. Liddle (2009), *The Primordial Density Perturbation*, Cambridge, Cambridge University Press.

Ma, X. (2009), «Experimental violation of a Bell inequality with two different degrees of freedom of entangled particle pairs», *Physical Review A*, n.° 79: 042101-1-042101-5.

Majorana, E. (1932), «Atomi orientati in campo magnetico variabile», *Nuovo Cimento*, n.° 9: 43-50.

Maldacena, J. M. (1998), «The large N limit of superconformal field theories and supergravity», *Advances in Theoretical and Mathematical Physics*, n.° 2: 231-252.

Marshall, W., C. Simon, R. Penrose, y D. Bouwmeester (2003), «Towards quantum superpositions of a mirror», *Physical Review Letters*, n.° 91: 13-16; 130401.

Martin, J., H. Motohashi, y T. Suyama (2013), «Ultra slow-roll inflation and the non-Gaussianity consistency relation», *Physical Review D*, n.° 87: 023514.

Mason, L., y D. Skinner (2013), «Dual superconformal invariance, momentum twistors and Grassmannians», *Journal of High Energy Physics*, n.° 5: 1-23.

Meissner, K. A., P. Nurowski, y B. Ruszczycki (2013), «Structures in the microwave background radiation», *Proceedings of the Royal Society of London A*, n.° 469: 20130116.

Mermin, N. D. (1990), «Simple unified form for the major no-hidden-variables theorems», *Physical Review Letters*, n.° 65: 3.373-3.376.

Michell, J. (1783), «On the means of discovering the distance, magnitude, &c. of the fixed stars, in consequence of the diminution of the velocity of their light», *Philosophical Transactions of the Royal Society of London*, n.° 74: 35.

Mie, G. (1908), «Beiträge zur Optik trüber Medien, speziell kolloidaler Metallösungen», *Annalen der Physik*, n.° 330: 377-445.

— (1912*a*), «Grundlagen einter Theorie der Materie», *Annalen der Physik*, n.° 342: 511-534.

— (1912*b*), «Grundlagen einter Theorie der Materie», *Annalen der Physik*, n.° 344: 1-40.

— (1913), «Grundlagen einter Theorie der Materie», *Annalen der Physik*, n.° 345: 1-66.

Miranda, R. (1995), *Algebraic Curves and Riemann Surfaces*, Providence (Rhode Island), American Mathematical Society.

Misner, C. W. (1969), «Mixmaster universe», *Physical Review Letters* n.° 22: 1.071-1.074.

Moroz, I. M., R. Penrose, y K. P. Tod (1998), «Spherically-symmetric solutions of the Schrödinger-Newton equations», *Classical and Quantum Gravity*, n.° 15: 2.733-2.742.

Mortonson, M. J., y U. Seljak (2014), «A joint analysis of Planck and BICEP2 modes including dust polarization uncertainty», *Journal of Cosmology and Astroparticle Physics*, 2014: 035.

Mott, N. F., y H. S. W. Massey (1965), «Magnetic moment of the electron», en *The Theory of Atomic Collisions*, 3.ª ed., Oxford, Clarendon Press, pp. 214-219. (Reimp. en Wheeler y Zurek [1983: 701-706].)

Muckhanov, V. (2005), *Physical Foundations of Cosmology*, Cambridge y Nueva York, Cambridge University Press.

Nahin, P. J. (1998), *An Imaginary Tale. The Story of Root (−1)*, Princeton, Princeton University Press.

Nair, V. (1988), «A current algebra for some gauge theory amplitudes», *Physics Letters B*, n.° 214: 215-218.

Needham, T. R. (1997), *Visual Complex Analysis*, Oxford, Oxford University Press.

Nelson, W., y E. Wilson-Ewing (2011), «Pre-big-bang cosmology and circles in the cosmic microwave background», *Physical Review D*, n.° 84: 0435081.

Newton, I. (1730), *Opticks*, Nueva York, Dover, 1952.

Olive, K. A., *et al.* (Particle Data Group) (2014), *Chinese Physics C*, n.° 38: 090001 (<http://pdg.lbl.gov>).

Oppenheimer, J. R., y H. Snyder (1939), «On continued gravitational contraction», *Physical Review*, n.° 56: 455-459.

Painlevé, P. (1921), «La mécanique classique et la théorie de la relativité», *Comptes Rendus de l'Académie des Sciences (Paris)*, n.° 173: 677-680.

Pais, A. (1991), *Niels Bohr's Times*, Oxford, Clarendon Press, p. 299. [Hay trad. al catalán: *Els temps de Niels Bohr*, Barcelona, Edicions UIB, 1995.]

— (2005), *Subtle Is the Lord. The Science and the Life of Albert Einstein* (nueva ed. con prólogo de R. Penrose), Oxford, Oxford University Press. [Hay trad. cast.: *El Señor es sutil. La ciencia y la vida de Albert Einstein*, Barcelona, Ariel, 1984.]

Parke, S., y T. Taylor (1986), «Amplitude for *n*-gluon scatterings», *Physical Review Letters*, n.° 56: 2.459.

Peebles, P. J. E. (1980), *The Large-Scale Structure of the Universe*, Princeton, Princeton University Press.

Penrose, L. S., y R. Penrose (1958), «Impossible objects: a special type of visual illusion», *British Journal of Psychology*, n.° 49: 31-33.

Penrose, R. (1959), «The apparent shape of a relativistically moving sphere», *Proceedings of the Cambridge Philosophical Society*, n.° 55: 137-139.

— (1963), «Asymptotic properties of fields and space-times», *Physical Review Letters*, n.° 10: 66-68.

— (1964a), «The light cone at infinity», en L. Infeld, ed., *Conférence Interna-*

tionale sur les Téories Relativistes de la Gravitation, París, Gauthier Villars, y Varsovia, PWN.

— (1964*b*), «Conformal approach to infinity», en B. S. DeWitt y C. M. DeWitt, eds., *Relativity, Groups and Topology. The 1963 Les Houches Lectures*, Nueva York, Gordon and Breach.

— (1965*a*), «Gravitational collapse and space-time singularities», *Physical Review Letters*, n.° 14: 57-59.

— (1965*b*), «Zero rest-mass fields including gravitation: asymptotic behaviour», *Proceedings of the Royal Society of London A*, n.° 284: 159-203.

— (1967*a*), «Twistor algebra», *Journal of Mathematical Physics*, n.° 82: 345-366.

— (1967*b*), «Conserved quantities and conformal structure in general relativity», en J. Ehlers, ed., *Relativity Theory and Astrophysics*, Lectures in Applied Mathematics n.° 8, Providence (Rhode Island), American Mathematical Society.

— (1968), «Twistor quantization and curved space-time», *International Journal of Theoretical Physics*, n.° 1: 61-99.

— (1969*a*), «Gravitational collapse: the role of general relativity», *Rivista del Nuovo Cimento Serie I*, n.° 1 (numero speciale): 252-276. (Reimp. en 2002 en *General Relativity and Gravity*, n.° 34: 1.141-1.165.)

— (1969*b*), «Solutions of the zero rest-mass equations», *Journal of Mathematical Physics*, n.° 10: 38-39.

— (1972), *Techniques of Differential Topology in Relativity*, CBMS Regional Conference Series in Applied Mathematics n.° 7, Filadelfia (Pensilvania), Society for Industrial and Applied Mathematics (SIAM).

— (1975*a*), «Gravitational collapse: a review. (Physics and astrophysics of neutron stars and black holes.)», *Proceedings of the International School of Physics «Enrico Fermi» Course*, n.° LXV: 566-582.

— (1975*b*), «Twistors and particles: an outline», en L. Castell, M. Drieschner y C. F. von Weizsäcker, eds., *Quantum Theory and the Structures of Time and Space*, Munich, Carl Hanser.

— (1976*a*), «The space-time singularities of cosmology and in black holes», *IAU Symposium Proceedings Series*, vol. 13: *Cosmology*.

— (1976*b*), «Non-linear gravitons and curved twistor theory», *General Relativity and Gravity*, n.° 7: 31-52.

— (1978), «Singularities of space-time», en N. R. Liebowitz, W. H. Reid y P. O. Vandervoort, eds., *Theoretical Principles in Astrophysics and Relativity*, Chicago, Chicago University Press.

— (1980), «A brief introduction to twistors», *Surveys in High-Energy Physics*, vol. 1, n.° 4: 267-288.

— (1981), «Time-asymmetry and quantum gravity», en D. W. Sciama, R.

Penrose, y C.J. Isham, eds., *Quantum Gravity 2. A Second Oxford Symposium*, Oxford, Oxford University Press, pp. 244-272.

— (1987*a*), «Singularities and time-asymmetry», en S.W. Hawking y W. Israel, eds., *General Relativity: An Einstein Centenary Survey*, Cambridge, Cambridge University Press.

— (1987*b*), «Newton, quantum theory and reality», en S. W. Hawking y W. Israel, eds., *300 Years of Gravity*, Cambridge, Cambridge University Press.

— (1987*c*), «On the origins of twistor theory», en W. Rindler y A. Trautman, eds, *Gravitation and Geometry: A Volume in Honour of I. Robinson*, Nápoles, Bibliopolis.

— (1989), *The Emperor's New Mind. Concerning Computers, Minds, and the Laws of Physics*, Oxford, Oxford University Press. [Hay trad. cast.: *La nueva mente del emperador*, Barcelona, DeBolsillo, 2015.]

— (1990), «Difficulties with inflationary cosmology», en E. Fenves, ed., *Proceedings of the 14th Texas Symposium on Relativistic Astrophysics*, New York Academy of Sciences.

— (1991), «On the cohomology of impossible figures», *Structural Topology*, n.° 17: 11-16.

— (1993), «Gravity and quantum mechanics», en R. J. Gleiser, C. N. Kozameh y O. M. Moreschi, eds., *General Relativity and Gravitation 13. Part 1: Plenary Lectures 1992*, Institute of Physics.

— (1994), *Shadows of the Mind. An Approach to the Missing Science of Consciousness*, Oxford, Oxford University Press. [Hay trad. cast.: *Sombras de la mente. Hacia una comprensión científica de la consciencia*, Barcelona, Crítica, 2000.]

— (1996), «On gravity's role in quantum state reduction», *General Relativity and Gravity*, n.° 28: 581-600.

— (1997), *The Large, the Small and the Human Mind*, Cambridge, Cambridge University Press. [Hay trad. cast.: *Lo grande, lo pequeño y la mente humana*, Madrid, Akal, 2006.]

— (1998*a*), «The question of cosmic censorship», en R. M. Wald, ed., *Black Holes and Relativistic Stars*, Chicago, University of Chicago Press.

— (1998*b*), «Quantum computation, entanglement and state-reduction», *Philosophical Transactions of the Royal Society of London A*, n.° 356: 1.927-1.939.

— (2000*a*), «On extracting the googly information», *Twistor Newsletter*, n.° 45: 1-24. (Reimp. en Roger Penrose, *Collected Works*, Oxford, Oxford University Press, vol. 6 (1997-2003), cap. 289: 463-487.)

— (2000*b*), «Wavefunction collapse as a real gravitational effect», en A. Fokas, T. W. B. Kibble, A. Grigouriou y B. Zegarlinski, eds., *Mathematical Physics 2000*, Londres, Imperial College Press.

— (2002), «John Bell, state reduction, and quanglement», en R.A. Bertlmann y A. Zeilinger, eds., *Quantum [Un]speakables. From Bell to Quantum Information*, Berlín y Nueva York, Springer, pp. 319-331.

— (2003), «On the instability of extra space dimensions», en G.W. Gibbons,
E. P. S. Shellard y S. J. Rankin, eds., *The Future of Theoretical Physics and
Cosmology. Celebrating Stephen Hawking's 60th Birthday*, Cambridge,
Cambridge University Press, pp. 185-201.

— (2004), *The Road to Reality. A Complete Guide to the Laws of the Universe*.
Londres, Jonathan Cape. (Al que se hace referencia como *ECalR* en el
texto.) [Hay trad. cast.: *El camino a la realidad*, Barcelona, Debate, 2016.]

— (2005), «The twistor approach to space-time structures», en A. Ashtekar,
ed., *100 Years of Relativity; Space-time Structure. Einstein and Beyond*, Hac-
kensack (Nueva Jersey), World Scientific.

— (2006), «Before the Big Bang: an outrageous new perspective and its implications for particle physics», en C. R. Prior, ed., *EPAC 2006 — Proceedings, Edinburgh, Scotland*, European Physical Society Accelerator
Group (EPS-AG), pp. 2.759-2.762.

— (2008), «Causality, quantum theory and cosmology», en S. Majid, ed., *On
Space and Time*, Cambridge, Cambridge University Press, pp. 141-195.

— (2009a), «Black holes, quantum theory and cosmology (Fourth International Workshop DICE 2008)», *Journal of Physics Conference Series*, n.°
174: 012001.

— (2009b), «The basic ideas of conformal cyclic cosmology», en C. Tandy,
ed., *Death and Anti-Death*; vol. 6: *Thirty Years After Kurt Gödel (1906-
1978)*, Stanford, Ria University Press, cap. 7, pp. 223-242.

— (2010), *Cycles of Time. An Extraordinary New View of the Universe*, Londres,
Bodley Head. [Hay trad. cast.: *Ciclos del tiempo. Una extraordinaria nueva
visión del universo*, Barcelona, Debate, 2011.]

— (2014a), «On the gravitization of quantum mechanics. 1. Quantum state
reduction», *Foundations of Physics*, n.° 44: 557-575.

— (2014b), «On the gravitization of quantum mechanics. 2. Conformal cyclic cosmology», *Foundations of Physics*, n.° 44: 873-890.

— (2015a), «Towards an objective physics of Bell non-locality: palatial twistor theory», en S. Gao y M. Bell, eds., *Quantum Nonlocality and Reality
– 50 Years of Bell's Theorem*, Cambridge, Cambridge University Press.

— (2015b), «Palatial twistor theory and the twistor googly problem», *Philosophical Transactions of the Royal Society of London*, n.° 373: 20140250.

—, y MacCallum, M.A.H. (1972), «Twistor theory: an approach to the
quantization of fields and space-time», *Physics Reports C*, n.° 6: 241-315.

Penrose, R., y W. Rindler (1984), *Spinors and Space-Time*, volumen 1: *Two-Spinor
Calculus and Relativistic Fields*, Cambridge, Cambridge University Press.

— (1986), *Spinors and Space-Time*; vol. 2: *Spinor and Twistor Methods in Space-Time Geometry*, Cambridge, Cambridge University Press.

Pepper, B., R. Ghobadi, E. Jeffrey, C. Simon, y D. Bouwmeester (2012), «Optomechanical superpositions via nested interferometry», *Physical Review Letters*, n.° 109: 023601 (doi: 10.1103/PhysRevLett.109.023601).

Peres, A. (1991), «Two simple proofs of the Kochen-Specker theorem», *Journal of Physics A*, n.° 24, L175-178.

Perez, A., H. Sahlmann, y D. Sudarsky (2006), «On the quantum origin of the seeds of cosmic structure», *Classical and Quantum Gravity*, n.° 23, 2.317-2.354.

Perjés, Z. (1977), «Perspectives of Penrose theory in particle physics», *Reports on Mathematical Physics*, n.° 12: 193-211.

— (1982), «Introduction to twistor particle theory», en H. D. Doebner y T. D. Palev, eds., *Twistor Geometry and Non-Linear Systems*, Berlín, Springer, pp. 53-72.

—, y G. A. J. Sparling, (1979) «The twistor structure of hadrons», en L. P. Hughston y R. S. Ward, eds., *Advances in Twistor Theory*, San Francisco (California), Pitman.

Perlmutter, S., B. P. Schmidt, y A. G. Riess (1998), «Cosmology from type Ia supernovae», *Bulletin of the American Astronomical Society*, n.° 29.

Perlmutter, S. (y otros 9) (1999), «Measurements of Ω and Λ from 42 high-redshift supernovae», *Astrophysical Journal*, n.° 517: 565-586.

Pikovski, I., M. R. Vanner, M. Aspelmeyer, M. S. Kim, y C. Brukner (2012), «Probing Planck-scale physics with quantum optics», *Nature Physics*, n.° 8: 393-397.

Piner, B. G. (2006), «Technical report: the fastest relativistic jets from quasars and active galactic nuclei», *Synchrotron Radiation News*, n.° 19: 36-42.

Planck, M. (1901), «Über das Gesetz der Energieverteilung im Normalspektrum», *Annalen der Physik*, n.° 4: 553.

Polchinski, J. (1994), «What is string theory?», Series of Lectures from the 1994 Les Houches Summer School, arXiv: hep-th/9411028.

— (1998), *String Theory*, volumen I: *An Introduction to the Bosonic String*, Cambridge, Cambridge University Press.

— (1999), «Quantum gravity at the Planck length», *International Journal of Modern Physics A*, n.° 14: 2.633-2.658.

— (2001), *String Theory*; vol. 1: *Superstring Theory and Beyond*, Cambridge, Cambridge University Press.

— (2004), «Monopoles, duality, and string theory», *International Journal of Modern Physics A*, n.° 19: 145-154.

Polyakov, A. M. (1981*a*), «Quantum geometry of bosonic strings», *Physics Letters B*, n.° 103: 207-210.

— (1981*b*), «Quantum geometry of fermionic strings», *Physics Letters B*, n.°
103: 211-213.

Popper, K. (1963), *Conjectures and Refutations:. The Growth of Scientific Knowledge*, Londres, Routledge.

Ramallo, A.V. (2013), «Introduction to the AdS/CFT correspondence», *Journal of High Energy Physics*, n.° 1.306: 092.

Rauch, H., y S. A. Werner (2015), *Neutron Interferometry. Lessons in Experimental Quantum Mechanics, Wave-Particle Duality, and Entanglement*, 2.ª ed., Oxford, Oxford University Press.

Rees, M. J. (2000), *Just Six Numbers: The Deep Forces That Shape the Universe*, Nueva York, Basic Books. [Hay trad. cast.: *Seis números nada más. Las fuerzas profundas del universo*, Barcelona, Debate, 2001.]

Riess, A. G. (y otros 19) (1998), «Observational evidence from supernovae for an accelerating universe and a cosmological constant», *Astronomical Journal*, n.° 116: 1.009-1.038.

Riley, K. F., M. P. Hobson, y S. J. Bence (2006), *Mathematical Methods for Physics and Engineering: A Comprehensive Guide*, 3.ª ed., Cambridge, Cambridge University Press.

Rindler, W. (1956), «Visual horizons in world-models», *Monthly Notices of the Royal Astronomical Society*, n.° 116: 662-677.

— (2001), *Relativity: Special, General, and Cosmological*, Oxford, Oxford University Press.

Ritchie, N. M. W., J. G. Story, y R. G. Hulet (1991), «Realization of a measurement of "weak value"», *Physical Review Letters*, n.° 66: 1.107-1.110.

Robertshaw, O., y K. P. Tod, (2006), «Lie point symmetries and an approximate solution for the Schrödinger-Newton equations», *Nonlinearity*, n.° 19: 1.507-1.514.

Roseveare, N. T. (1982), *Mercury's Perihelion from Le Verrier to Einstein*, Oxford, Clarendon Press.

Rosu, H. C. (1999), «Classical and quantum inertia: a matter of principle», *Gravitation and Cosmology*, vol. 5, n.° 2: 81-91.

Rovelli, C. (2004), *Quantum Gravity*, Cambridge, Cambridge University Press.

Rowe, M. A., D. Kielpinski, V. Meyer, C. A. Sackett,, W. M. Itano, C. Monroe, y D. J. Wineland (2001), «Experimental violation of a Bell's inequality with efficient detection», *Nature*, n.° 409: 791-794.

Rudin, W. (1986), *Real and Complex Analysis*, Nueva York, McGraw-Hill Education.

Ruffini, R., y S. Bonazzola (1969), «Systems of self-gravitating particles in general relativity and the concept of an equation of state», *Physical Review*, vol. 187, n.° 5: 1.767-1.783.

Saunders, S., J. Barratt, A. Kent, y D. Wallace, eds. (2012), *Many Worlds? Everett, Quantum Theory, and Reality*, Oxford, Oxford University Press.

Schoen, R., y S.-T. Yau (1983), «The existence of a black hole due to condensation of matter», *Communications in Mathematical Physics*, n.° 90: 575-579.

Schrödinger, E. (1935), «Die gegenwärtige Situation in der Quantenmechanik», *Naturwissenschaftenp*, n.° 23: 807-812, 823-828 y 844-849. (Trad. al inglés por J. T. Trimmer en 1980 en *Proceedings of the American Philosophical Society*, n.° 124: 323-338.) (Reimp. en Wheeler y Zurek [1983].)

— (1956), *Expanding Universes*, Cambridge, Cambridge University Press.

— (2012), *What Is Life? With Mind and Matter and Autobiographical Sketches* (prólogo de R. Penrose), Cambridge, Cambridge University Press. [Hay trad. cast.: *¿Qué es la vida?*, Barcelona, Tusquets, 2015; *Mente y materia*, Barcelona, Tusquets, 2016.]

—, y Born, M. (1935), «Discussion of probability relations between separated systems», *Mathematical Proceedings of the Cambridge Philosophical Society*, n.° 31: 555-563.

Schwarzschild, K. (1900), «Ueber das zulaessige Kruemmungsmaass des Raumes», *Vierteljahrsschrift der Astronomischen Gesellschaft*, n.° 35: 337-347. (Trad. al inglés de J. M. Stewart y M. E. Stewart en 1998, *Classical and Quantum Gravity*, n.° 15: 2.539-2.544.)

Sciama, D. W. (1959), *The Unity of the Universe*, Garden City (Nueva York), Doubleday.

— (1969), *The Physical Foundations of General Relativity* (Science Study Series), Garden City (Nueva York), Doubleday.

Seckel A. (2004), *Masters of Deception. Escher, Dalí & the Artists of Optical Illusion*, Nueva York, Sterling.

Shankaranarayanan, S. (2003), «Temperature and entropy of Schwarzschild-de Sitter space-time», *Physical Review D*, n.° 67: 08026.

Shaw, W. T., y L. P. Hughston (1990), «Twistors and strings», en T. N. Bailey y R. J. Baston, eds., *Twistors in Mathematics and Physics*, LMS Lecture Note Series n.° 156, Cambridge, Cambridge University Press.

Skyrme, T. H. R. (1961), «A non-linear field theory», *Proceedings of the Royal Society of London A*, n.° 260: 127-138.

Smolin, L. (2006), *The Trouble with Physics. The Rise of String Theory, the Fall of Science, and What Comes Next*, Nueva York, Houghton Mifflin Harcourt. [Hay trad. cast.: *Las dudas de la física en el siglo XXI*, Barcelona, Crítica, 2016.]

Sobel, D. (2011), *A More Perfect Heaven. How Copernicus Revolutionised the Cosmos*, Bloomsbury. [Hay trad. cast.: *Un cielo pluscuamperfecto. Copérnico y la revolución del cosmos*, Madrid, Turner, 2012.]

Stachel, J., ed. (1995), *Einstein's Miraculous Year: Five Papers that Changed the Face of Physics*, Princeton, Princeton University Press.

Stapp, H. P. (1979), «Whieheadian approach to quantum theory and the generalized Bell theorem», *Foundations of Physics*, n.° 9: 1-25.

Starkman, G. D., C. J. Copi, D., Huterer, y D. Schwarz (2012), «The oddly quiet universe: how the CMB challenges cosmology's standard model», *Romanian Journal of Physics*, n.° 57: 979-991 (<https://arxiv.org/PS_cache/arxiv/pdf/1201/1201.2459v1.pdf>).

Steenrod, N. E. (1951), *The Topology of Fibre Bundles*, Princeton, Princeton University Press.

Stein, E. M., y R. Shakarchi (2003), *Fourier Analysis. An Introduction*, Princeton, Princeton University Press.

Steinhardt, P. J., y N. Turok (2002), «Cosmic evolution in a cyclic universe», *Physical Review D*, n.° 65: 126003.

— (2007), *Endless Universe: Beyond the Big Bang*, Garden City (Nueva York), Doubleday.

Stephens, C. R., G. Hooft, y B. F. Whiting (1994), «Black hole evaporation without information loss», *Classical and Quantum Gravity*, n.° 11: 621.

Strauss, W. A. (1992), *Partial Differential Equations: An Introduction*, Nueva York, J. Wiley & Sons.

Streater, R. F., y A. S. Wightman (2000), *PCT, Spin Statistics, and All That*, 5.ª ed., Princeton, Princeton University Press.

Strominger, A., y C. Vafa (1996), «Microscopic origin of the Bekenstein-Hawking entropy», *Physics Letters B*, n.° 379: 99-104.

Susskind, L. (1994), «The world as a hologram», *Journal of Mathematical Physics*, vol. 36, n.° 11: 6.377-6.396.

—, y E. Witten (1998), «The holographic bound in anti-de Sitter space». <http://arxiv.org/pdf/hep-th/9805114.pdf>.

—, L. Thorlacius, y J. Uglum (1993), «The stretched horizon and black hole complementarity», *Physical Review D*, n.° 48: 3.743.

Synge, J. L. (1921), «A system of space-time coordinates», *Nature*, n.° 108: 275.

— (1950), «The gravitational field of a particle», *Proceedings of the Royal Irish Academy A*, n.° 53: 83-114.

— (1956), *Relativity. The Special Theory*, Amsterdam, North-Holland.

Szekeres, G. (1960), «On the singularities of a Riemannian manifold», *Publicationes Mathematicae Debrecen*, n.° 7: 285-301.

't Hooft, G. (1980a), «Naturalness, chiral symmetry, and spontaneous chiral symmetry breaking», *NATO Advanced Study Institute Series*, n.° 59: 135-157.

— (1980b), «Confinement and topology in non-abelian gauge theories.

Lectures given at the Schladming Winterschool», 20-29 febrero, *Acta Physica Austriaca Supplement*, n.° 22: 531-586.

— (1993), «Dimensional reduction in quantum gravity», en A. Ali, J. Ellis, y S. Randjbar-Daemi, eds., *Salamfestschrift: A Collection of Talks*, Londres y Singapur, World Scientific.

Teller, E. (1948), «On the change of physical constants», *Physical Review*, n.° 73: 801-802.

Thomson, M. (2013), *Modern Particle Physics*, Cambridge, Cambridge University Press.

Tod, K. P. (2003), «Isotropic cosmological singularities: other matter models», *Classical and Quantum Gravity*, n.° 20: 521-534.

— (2012), «Penrose's circle in the CMB and test of inflation», *General Relativity and Gravity*, n.° 44: 2.933-2.938.

Tod, K. P., y I. M. Moroz, (1999), «An analytic approach to the Schrödinger-Newton equations», *Nonlinearity*, n.° 12: 201-216.

Tolman, R. C. (1934), *Relativity, Thermodynamics, and Cosmology*, Oxford, Clarendon Press.

Tombesi, F., *et al.* (2012), «Comparison of ejection events in the jet and accretion disc outflows in 3C 111», *Monthly Notices of the Royal Astronomical Society*, n.° 424: 754-761.

Trautman, A. (1970), «Fibre bundles associated with space-time», *Reports on Mathematical Physics* (Torun), n.° 1: 29-62.

Tsou, S. T., y H. M. Chan, (1993), *Some Elementary Gauge Theory Concepts*, Lecture Notes in Physics, vol. 47, Singapur, World Scientific.

Tu, L. W. (2010), *An Introduction to Manifolds*, Nueva York, Springer.

Unruh, W. G. (1976), «Notes on black hole evaporation», *Physical Review D*, n.° 14: 870.

—, y R. M. Wald (1982), «Entropy bounds, acceleration radiation, and the generalized second law», *Physical Review D*, n.° 27: 2.271.

Veneziano, G. (1991), *Physics Letters B*, n.° 265: 287.

— (1998), «A simple/short introduction to pre-Big-Bang physics/cosmology», arXiv: hep-th/9802057v2.

Vilenkin, A. (2004), «Eternal inflation and chaotic terminology», arXiv:gr-qc/0409055.

Von Klitzing, K. (1983), «Quantized Hall effect», *Journal of Magnetism and Magnetic Materials*, n.° 31-34: 525-529.

Von Klitzing, K., G. Dorda, y M. Pepper (1980), «New method for high-accuracy determination of the fine-structure constant based on quantized Hall resistance», *Physical Review Letters*, n.° 45: 494-497.

Von Neumann, J. (1927), «Wahrscheinlichkeitstheoretischer Aufbau der Quantenmechanik», *Göttinger Nachrichten*, n.° 1: 245-272.

— (1932), «Measurement and reversibility» y «The measuring process», en *Mathematische Grundlagen der Quantenmechanik*, caps. V y VI, Wiesbaden, Springer. (Trad. al inglés por R.T. Beyer en 1955, *Mathematical Foundations of Quantum Mechanics*, Princeton, Princeton University Press, pp. 347-445. Reimp. en Wheeler y Zurek [1983: 549-647].)

Wald, R. M. (1984), *General Relativity*, Chicago, University of Chicago Press.

Wali, K. C. (2010), «Chandra: a biographical portrait», *Physics Today*, n.° 63: 38-43.

Wallace, D. (2012), *The Emergent Multiverse. Quantum Theory According to the Everett Interpretation*, Oxford, Oxford University Press.

Ward, R. S. (1977), «On self-dual gauge fields», *Physics Letters A*, n.° 61: 81-82.

— (1980), «Self-dual space-times with cosmological constant», *Communications in Mathematical Physics*, n.° 78: 1-17.

—, y R.O. Wells Jr (1989), *Twistor Geometry and Field Theory*, Cambridge, Cambridge University Press.

Weaver, M. J., B. Pepper, F. Luna, F. M. Buters, H. J. Eerkens, G. Welker, B. Perock, K. Heeck, S. de Man, y D. Bouwmeester (2016), «Nested trampoline resonators for optomechanics», *Applied Physics Letters*, n.° 108: 033501 (doi: 10.1063/1.4939828).

Weinberg, S. (1972), *Gravitation and Cosmology. Principles and Applications of the General Theory of Relativity*, Nueva York, Wiley.

Wells Jr., R. O. (1991), *Differential Analysis on Complex Manifolds*, Prentice Hall.

Wen, X.-G., y E. Witten (1985), «Electric and magnetic charges in superstring models», *Nuclear Physics B*, n.° 261: 651-677.

Werner, S.A. (1994), «Gravitational, rotational and topological quantum phase shifts in neutron interferometry», *Classical and Quantum Gravity A*, n.° 11: 207-226.

Wesson, P., ed. (1980), *Gravity, Particles, and Astrophysics. A Review of Modern Theories of Gravity and G-Variability, and Their Relation to Elementary Particle Physics and Astrophysics*, Dordrecht, Springer.

Weyl, H. (1918), «Gravitation und Electrizität», *Sitzungsberichte der Königlich Preuss ischen Akademie der Wissenschaften*: 465-480.

— (1927), *Philosophie der Mathematik und Naturwissenschaft*, Munich, Oldenbourg.

Wheeler, J. A. (1960), «Neutrinos, gravitation and geometry», en *Rendiconti della Scuola Internazionale di Fisica Enrico Fermi XI Corso*, julio de 1959, Bolonia, Zanichelli. (Reimp. en 1982.)

—, y Zurek, W. H., eds. (1983), *Quantum Theory and Measurement*, Princeton, Princeton University Press.

Whittaker, E. T. (1903), «On the partial differential equations of mathematical physics», *Mathematische Annalen*, n.° 57: 333-355.

Will, C. (1993), *Was Einstein Right?*, 2.ª ed., Nueva York, Basic Books. [Hay trad. cast.: *¿Tenía razón Einstein?*, Barcelona, Gedisa, 2013.]

Witten, E. (1989), «Quantum field theory and the Jones polynomial», *Communications in Mathematical Physics*, n.° 121: 351-399.

— (1998), «Anti-de Sitter space and holography», *Advances in Theoretical and Mathematical Physics*, n.° 2: 253-291.

— (2004), «Perturbative gauge theory as a string theory in twistor space», *Communications in Mathematical Physics*, n.° 252: 189-258.

Woodhouse, N. M. J. (1991), *Geometric Quantization*, 2.ª ed., Oxford, Clarendon Press.

Wykes, A. (1969), *Doctor Cardano. Physician Extraordinary*, Londres, Frederick Muller.

Xiao, S. M., T. Herbst, T. Scheldt, D. Wang, S. Kropatschek, W. Naylor, B. Wittmann, A. Mech, J. Kofler, E. Anisimova, V. Makarov, Y. Jennewein, R. Ursin, y A. Zeilinger (2012), «Quantum teleportation over 143 kilometres using active feed-forward», *Nature Letters*, n.° 489: 269-273.

Zaffaroni, A. (2000), «Introduction to the AdS-CFT correspondence», *Classical and Quantum Gravity*, n.° 17: 3.571-3.597.

Zee, A. (2003), 1.ª ed., (2010), 2.ª ed., *Quantum Field Theory in a Nutshell*, Princeton, Princeton University Press.

Zeilinger, A. (2010), *Dance of the Photons*, Nueva York, Farrar, Straus, and Giroux.

Zel'dovich, B. (1972), «A hypothesis, unifying the structure and entropy of the universe», *Monthly Notices of the Royal Astronomical Society*, n.° 160: 1P.

Zimba, J., y R. Penrose (1993), «On Bell non-locality without probabilities: more curious geometry», *Studies in History and Philosophy of Society*, n.° 24: 697-720.

Agradecimientos

La gestación relativamente larga de este libro ha atenuado mi recuerdo de las fuentes de muchas contribuciones a su desarrollo. Ofrezco mi gratitud y mis disculpas a esos amigos y colegas tan serviciales como anónimos. Hay sin duda otros a quienes debo un agradecimiento especial, en particular a mi colega de tantos años Florence Tsou (Sheung Tsun) por su enorme ayuda (junto con su marido, Chan Hong-Mo) en lo tocante a la física de partículas. Ted (Ezra) Newman, colega desde hace aún más tiempo, ha aportado comentarios y apoyo continuos durante muchos años, y he sacado gran provecho del conocimiento y el saber de Abhay Ashtekar, Krzysztof Meissner y Andrzej Trautman. Mis colegas en Oxford Paul Tod, Andrew Hodges, Nick Woodhouse, Lionel Mason y Keith Hannabuss también han ejercido una gran influencia sobre mi manera de pensar. He aprendido mucho de Carlo Rovelli y Lee Smolin sobre las distintas aproximaciones a la gravedad cuántica. Quiero agradecer a Shamit Kachru su minucioso estudio de los primeros borradores de este libro, y, aunque dudo que esté contento con los sentimientos que en él se expresan respecto a la teoría de cuerdas, sus críticas han sido muy útiles para reducir los errores y malentendidos por ambas partes.

Agradezco sus comentarios de diversos tipos a Fernando Alday, Nima Arkani-Hamed, Michael Atiyah, Harvey Brown, Robert Bryant, Marek Demianski, Mike Eastwood, George Ellis, Jörge Frauendiener, Ivette Fuentes, Pedro Ferreira, Vahe Gurzadyan, Lucien Hardy, Denny Hill, Lane Hughston, Claude LeBrun, Tristan Needham, Sara Jones Nelson, Pawel Nurowsski, James Peebles, Oliver Penrose, Simon Saunders, David Skinner, George Sparling, John Statchel, Paul Steinhardt, Lenny Susskind, Neil Turok, Gabriele Veneziano, Richard Ward, Edward Witten y Anton Zeilinger.

La ayuda de Richard Lawrence y su hija Jessica al proporcionarme numerosos datos ha sido inestimable. Agradezco a Ruth Preston, Fiona Martin, Petrona Winton, Edyta Mielczarek y Anne Pearsall su ayuda en asuntos administrativos. Me siento enormemente agradecido a Vickie Kearn, de Princeton University Press, por su enorme paciencia, apoyo y aliento, y a sus colegas Carmina Álvarez, por el diseño de la portada, y Karen Fortgang y Dimitri Karetnikov, por sus consejos sobre diagramas, así como a Jon Wainwright, de T&T Productions Ltd., por su cuidadosa edición. Por último, mi maravillosa mujer, Vanessa, me ha hecho seguir adelante, durante los malos momentos, con su amor, su apoyo crítico y su experiencia técnica, rescatándome a menudo como por arte de magia de enredos aparentemente irresolubles con mi ordenador.

Créditos de las ilustraciones

El autor reconoce agradecidamente a los titulares de los derechos de las siguientes figuras:

Figura 1-35: Basado en Rovelli [2004].

Figura 1-38: *Límite circular I* de M. C. Escher © 2016, The M. C. Escher Company-Países Bajos. Todos los derechos reservados. <www.mcescher.com>.

Figura 3-1: (a) *Foto de esfera*, (b) *Dibujo de simetría E45* y (c) *Límite circular IV*, todos ellos de M. C. Escher © 2016, The M. C. Escher Company-Países Bajos. Todos los derechos reservados. <www.mcescher.com>.

Figura 3-38 (a) y (b): De «Cosmic Inflation», de Andreas Albrecht, en R. Crittenden y N. Turok, eds. *Structure Formation in the Universe*. Utilizados con autorización de Springer Science and Business Media.

Figura 3-38 (c): De «Inflation for Astronomers», de J. V. Narlikar y T. Padmanabhan, modificada por Ethan Siegel en «Why we think there's a Multiverse, not just our Universe» (<https://medium.com/starts-with-a-bang/why-we-think-theres-a-multiverse-not-just-our-universe-23d5ecd33707#.3iib9ejum>). Reproducida con autorización de la *Annual Review of Astronomy and Astrophysics*, vol. 29 (1 de septiembre de 1991), © Annual Reviews, <http://www.annualreviews.org>.

Figura 3-38 (d): De «Eternal Inflation, Past and Future», de Anthony Aguirre, en Rudy Vaas, ed., *Beyond the Big Bang. Competing Scenarios for an Eternal Universe* (colección The Frontiers). Utilizada con autorización de Springer Science and Business Media.

Figura 3-43: Copyright de ESA y la Misión Planck.

Todas las demás figuras (a excepción de las curvas generadas por ordenador en las figuras 2-2, 2-5, 2-10, 2-25, 3-6(b), A-1, A-37, A-41, A-44 y A-46) fueron dibujadas por el autor.

Índice alfabético

aceleración gravitatoria, 455, 458
  temperatura, 361
acoplamiento entre fermiones,
  parámetros de, 42
AdS/CFT, correspondencia, 146-160
  agujeros negros y, 148
  cosmología anti-De Sitter y, 149
  espacio de Minkowski y, 153, 157
  fórmula de Bekenstein-Hawking y,
    147-148
  frontera conforme y, 151, *152*
  libertad funcional y, 154
  límites clásicos, 154
agujeros, 60
agujeros blancos, *344*, 349, 356, 472
agujeros negros, 147-148, 279-280
  barreras de fuego, 484
  Bekenstein-Hawking, fórmula de,
    344
  cuásares y, 298
  definición, 296-297
  desviaciones respecto a la simetría
    esférica y, 302-307
  efecto Unruh, 362, 457
  entropía, 346, 353-361, 478, 482-
    483
  horizonte de sucesos, 300-302
  irregularidades locales y, 296-310
  modelo FLRW, 289-296, 302, 309
  Oppenheimer-Snyder, digrama
    conforme de implosión, 342-343

  paradoja de la pérdida de
    información, 485
  pérdida de grados de libertad
    dinámicos dentro de, 482-484
  radio de Schwarzschild y, 299-300
  superficies atrapadas y, 304-308
  teoría de twistores y, 443
  variación de temperatura con el
    crecimiento de, 478
Aharonov, Yakir, 265
Albrecht, Andreas, 378
ambitwistores, 443
amplitudes, 47, 51, 184, 249, 425, 495
  complejas, 184, 196-199, 212-214,
    221-224
  de dispersión, 442-443
amplituedro, 443
Andersen, Hans Christian, 185-186,
    186, *187*
Anderson, Mark, 498
Andrómeda, galaxia de, 109, 397-398,
    491
angular, momento, 136, *137*, 175, 239,
    242, 345, 430, 431, *433*, 434, 537
aniquilación, operadores de, 141, 162,
    377, 479
anomalías, 63, 67, 112, 170, 392, 476
anti-De Sitter, cosmología, 149, *151*,
    156, 288, *341*
antiholomorfas, funciones, 98, 567
antiquarks, 41

antrópico, principio, 163, 394-410
    cerebros de Boltzmann y, 415-416
    débil, 405, 408
    energía del carbono en el espacio y,
        403-405
    fuerte, 405, 408-409, 412
    hipótesis de los grandes números de
        Dirac, 405-407, 414
    inflación de burbujas, 399
    segunda ley de la termodinámica y,
        402
    vida inteligente en, 395, 397-398,
        403, 410
Apolonio de Perga, 512
Argand, plano de, 560
Arkani-Hamed, Nima, 443
armónico, análisis, 18, 236, 391-392,
    394, 571-583
armónicos esféricos, 393, 580
asas, 60, *160*, *526*
    topológicas, 60, 62
Ashtekar, Abhay, 121
asimetría temporal macroscópica, 312
asta en 2-espinores, 432-433, *433*
Atiyah, Michael, 445
ausencia de frontera, esquema de, 422
autoenergía gravitatoria, 277, 450-451,
    452, 453
autovectores, 227

Baggott, Jim, 19
    *Farewell to Reality: How Fairytale
    Physics Betrays the Search for
    Scientific Truth* (Baggott), 19
bandera, plano, en 2-espinores, *433*, 433
bariones, 40-41, 327, 346-347, 350,
    478
barreras de fuego, 484
base, espacio, 41, 65, 88-89, 95, 96,
    540-541, *541*, 542-544, *542*, *544*,
    546, 549, 550-553
bases vectoriales, 518-523
Becher, Joshua, 34
Bekenstein, Jacob, 344, 357
Bekenstein-Hawking, fórmula de, 147,
    148, 396, 472, 482

entropía, 352, 355-356, 358-359
    hipótesis de curvatura de Weyl, 472
Belinskĭ, Vladímir, 310
Beltrami, Eugenio, 151
Beltrami-Poincaré, representación
    conforme de, 283, *284*
Bell, desigualdades de, 212, 241, 442
Bell, John Stewart, 240, 241, 267-268
Bertlmann, calcetines de, 240-241, 243,
    244
Bertlmann, Reinhold, 240-241
Bethe, Hans, 170
Big Bang, 255-256
    Big Crunch y, 285, 290-292, 325,
        419-420
    campos magnéticos primordiales,
        491
    como idea fantástica, 280, 410
    diagramas conformes, 335-343
    entropía total infinita y, 332-344
    espacio de De Sitter y, 286-290
    falso vacío tras, 376-377, *379*, 399,
        400, 412, 494
    fase inflacionaria, 335-337, 347-
        348
    fenomenal precisión del, 344-351
    futuros lejanos, 286
    geometrías espaciales de, 282-289,
        387, 469-470
    hipótesis de curvatura de Weyl,
        470-475
    horizonte de partículas y, 332-334,
        348
    modelos de Friedmann-Lemaître-
        Robertson-Walker (FLRW) y,
        289-296, 309, 344
    paradoja y segunda ley, 321-331,
        476-477
    principio antrópico, 394-410
    radiación cósmica de fondo de
        microondas (CMB) y, 254, 255-
        256, 321-324, 327-328
    restricción de la gravedad cuántica,
        468-476
    temperatura al remontarse hacia,
        476-477

teoría de la relatividad general y,
282-286
universo antes de, 416-418, 472-
475
universo con rebote y, 292-295
véase también cosmología
inflacionaria
Big Crunch, *285*, 290, *290*, 291, 294,
324, 419-420
BKL, conjetura, 310
BKLM, propuesta, 310, 324
implosión, *343*
Bloch, esfera de, 230
Bohm, David
mecánica de, 238, 258-259
Bohm, experimento EPR de tipo, 238,
239, 241
Bohr, Niels, 21, 46, 170, 191, 192
Boltzmann, Ludwig, 148, 314, 316, 317,
485-486
cerebros de Boltzmann, 415
constante de Boltzmann, 173, 345
fórmula para la entropía de un
agujero negro, 148, *316*, 349,
356-357
Bombelli, Rafael, 557
Bondi, Hermann, 303, 339, 495
Born, Max, 170
Born, regla de, 46, 47, 138-139, 217-
218, 224-225, *226*, 232, *233*, 241,
269, 463
desigualdades de Bell y, 241
Bose, estadística de, 139, 253
Bose, Satyendra Nath, 170, 250, 252
Bose-Einstein, condensados de, 135,
168, 169, 247, 253
bosón de Higgs, 14, 144
bosones, 64, 135, 143
ley $E = h\nu$ de Planck y, 177-178
momento angular y, 137-138
simetrías, 140
bosónicas, cuerdas, 64, 93, 100, 365
Bouwmeester, Dirk, 463
Bouwmeester, experimento de, *466*
BPS (Bogomol'nyi-Prasad-
Sommerfield), estados, 155

bra, vectores, 229
Brahe, Tycho, 34
branas, 111, 112, 129-130, 146, 160-
164, 418
branas, universos de, 419-420
Breuil, Christophe, 134
Brout, Robert, 14

Cabibbo, ángulo de, 42
Calabi-Yau, espacios de, 100, 103, 108,
113, 114, *116*, 118, 129-133, 144,
162
teoría M y, 129-133
Calabi-Yau, variedad de, 112
campos magnéticos primordiales, 491,
492
Candelas, Philip, 128, 131-132
Cantor, teoría de los infinitos de, 222,
508-510, *509*
caótica eterna, inflación, 413, 416
carbono, energía del, en el espacio, 403,
405
Cardano, Gerolamo, 557
cardinalidad, 508
carga desnuda de una partícula, 55
carga vestida de una partícula, 55
Cartan, Élie, 17, 276, 508
Carter, Brandon, 337, 404-405, 408
cartesianas, coordenadas, 201, 230, 512,
513, 519, 520, 526, *528*, 530, 531,
560, 573-574, 583
Casimir, efecto, 365, 366
Casimir, Hendrik, 365
Cauchy, horizontes de, 555
CCC, *véase* cosmología cíclica
conforme
Čech, cohomología de, 439
censura cósmica, hipótesis de la, 326,
336, 395, 471 n., 472, 483
Chandrasekhar, Subrahmanyan, 296,
297, 403
cilindros, fibrados, 542
5-dimensional, espaciotiempo, 65 y n.,
69, 70, 89-90, 92, 96, 149, 150, 154,
275, 428, 547
libertad funcional y, 89-102

COBE (Cosmic Background Explorer), 15, 281
coherencia matemática, 20-22, 31, 120, 199, 557
Coma, cúmulo de, 398
comóviles, volúmenes, 331-343, 421
compactas, variedades, *531*
compleja, geometría, 228, 560-571
complejas, curvas, 59, 93, 98, 130
complejas, variedades, 130, 569
   en teoría de twistores, 428-429
complejificación, 360-361, 436
complejo, espacio vectorial, 140, 196, 218, 219, 428, 429 n.
complejos, números, 18, 46-48, 59, 86, 88, 130, 138, 141, 184, 196, *197*, 198, 209, 210, 211, 220, 221, 224, 228, 232, 274, 360, 366, 426-427, 431, 499, 513, 555-560, 561, *562*, 565, 569, 576
   función delta, 201
   holomorfos, 366
   variedades, 130
Compton, Arthur, 179
condición fuerte para la energía, 117
conexión afín, 84, *84*
configuración, espacio de, 246, 534, *534*, *535*, 536, *536*, 537, 546
   mecánica de Bohm, 258
conforme, estructura, 80, 81
conforme, representación, 151, *152*, 283, *284*
conforme, teoría de campos, 94
conformes, diagramas, del universo, 331, 333, *337*, 338, *338*, *339*, *340*, *341*, *342*, 355, *355*, *385*, *400*, 414, 474, 483, *483*
conformes, fronteras, 475
   suaves futuras, 475-480
conjuntos futuros terminales indescomponible (TIFs), 396
conos nulos, 74, 76, 78-80, *80*, *81*, 82, 301, 325, 334, 335, *338*, 355-356, 470
   diagramas conformes, 336-339
   familia de, 156

Conrad, Brian, 134
consciencia, 467
Cooper, pares de, 178
coordenadas vectoriales, 519-520, 525-532
Copenhague, interpretación de, mecánica cuántica, 191, 192-193, 195, 217, 258, 266
   realidad y, 259
Copérnico, Nicolás, 34, 35
cósmica de fondo de microondas, radiación (CMB), 28, 254, 281, 282, 321, 478
cosmología cíclica conforme (CCC), 15, 479-480, *481*, 482, 485, 486, 488-494
   acuerdo con la relatividad general, 494
cosmología inflacionaria, 374-394
   antes del Big Bang, 416-420
   cerebros de Boltzmann, 415-416
   de burbujas, 399, 413-416
   falso vacío y, 376-377, *379*, 399, 400, 412, 494
   horizontes de sucesos, 300-302, 351, 354
   principio antrópico, 394-410
   propuesta de Gasperini-Veneziano, 418
   universos paralelos y, 413-416
   volumen infinito, 400
cosmológica, entropía, 351-363, 397, 478
Cotes-De Moivre-Euler, fórmula de, 86
covariancia general, principio de, 72, 125, 271, 276, 531
covectores, 65 n., 433 n., 521-522, *522*, *546*
creación, operadores de, 141, 162
criterios estéticos, 22-23, 27, 31, 33
cromodinámica cuántica (QCD), 41, 61
cronometría, 83
cuanlazamiento, 265
cuántica, gravedad, 21, 124-125, 294
   autoenergía, 448-451

restricción sobre el Big Bang, 469-476

cuántica, teoría
como una teoría más profunda que el esquema clásico, 169, 189-190
enlace químico, 168
mejoras en las reglas fundamentales de la, 446-468
relatividad especial y, 169, 189

cuántica de campos (QFT), teoría, 36, 42, 169
cálculo del momento magnético, 56
diagrama de Feynman y, 49-57
efecto túnel cuántico y, 377
formalismo, 194
libertad funcional, 245-257
modos vibracionales, 364-365
principio de Pauli y, 139
principio de superposición, 43-48, 199, 206-208
renormalización, 55-57
supersimetría y, 142
T_{cosm} y, 361
vacíos alternativos en, 459

cuántico, entrelazamiento, 169, 212, 214, 238-245, 247, 264, 484

cuántico, espín, 228-237, 427 n.
efectos Einstein-Podolsky- Rosen (EPR), 212, 238-245

cuántico, túnel, efecto, 377

cuásares, 298, 308

4-espacio lorentziano, 495-496

cuerda, constante de, 112, 145

cuerdas, teoría de
anomalías y, 63
antecedentes en la física de partículas, 39-42
correspondencia AdS/CFT, 146-160
cromodinámica cuántica (QCD) y, 61
cuerdas bosónicas, 64, 93, 100, 365
digramas de Feynman y, 59
dimensiones espaciales adicionales, 92-96, 104
efecto Hall cuántico, 111

estatus de moda, 119-128
euclideanización, 97-100
falta de respaldo experimental, 21
fibrados, 96
heterótica, 95, 219
hoja de universo, 58-59, 93-98
ideas clave originales de la, 57-70
inestabilidad clásica de la teoría de cuerdas supradimensional, 112-119
Kaluza-Klein, teoría de, 65-70
libertad funcional, 68-69, 89-102, 154
propuesta de Gasperini-Veneziano, 418
propuesta ecpirótica, 418
rotación de Wick, 97-98
superficies de Riemann, 59-60, 93, 97, 98, 495
supersimetría y, 64, 93, 134-135
teoría cuántica de campos y, 36
teoría de twistores como alternativa a, 423-446
teoría M, 129-134, 163
tiempo en la relatividad general de Einstein y, 70-81
tipos, 129
universos de branas y, 160-164
visiones críticas de la, 19-20

curvas de evolución, 538-539

curvilíneas, coordenadas, 527

Davies, Paul, 361

Davisson-Germer, experimento de, 179, *179*

D-branas, 160, 161

De Broglie, Louis, 170, 178
longitud de onda de, 179

De Broglie-Bohm, teoría de, 44 n., 258

De Sitter, espacio de, 149, 151, 286-287, *287*, 290, 339, 361, 362, 383, 414, 420
diagrama conforme, 340, *341*
entropía de agujero negro, 357
geometría de, 353

De Sitter, Willem, 286

débiles, medidas, 265
decoherencia ambiental, 266, 267, 268, 278, 463
degeneradas, mediciones, 218, 225, *226*, 227, 260
delta, función, 199, 200, *200*, 201, 212, 213
densidad, matriz, 266-267
desacoplamiento, 255, 256, 282, 321, 328, 347, 350, 351, *352*, 382, 383, *383*, 386, 392, 417, *417*
Descartes, 512, 519
desorden manifiesto de los sistemas, 312
desplazado, objetos cuánticamente, 457
determinismo, 79, 190, 192, 313, 315, *539*
diagrama de árbol, 52
Diamond, Fred, 134
Dicke, Robert, 408
Dicke-Carter, argumento antrópico de, 413, 414
diferenciales, ecuaciones, *véase* análisis armónico
dilatón, campo, 418
Diósi, Lajos, 277, 449
Dirac, hipótesis de los grandes números de, 405-406, 413, 414
Dirac, Paul, 22, 56, 86, 133, 137, 170, 203, 251, 260, 413, 447
    función delta de, 199, *200*
    notación de kets, 229
direcciones nulas futuras, 78, *433*
direcciones nulas pasadas, 78
divergencias, 53
    infrarrojas, *54*, 55
    ultravioletas, 53, 55, 57, 59
divisor de haz, 180-184, *181*, 195, 215-216, *216*, 233-234, 268, 464-465
    experimento de Bouwmeester, *466*
doble cambio de ontología, 267
Dolbeault, cohomología de, 440
Doppler, efecto, 327, 382
dos rendijas, experimento de las, *44*, 45-46, 194, 196, 259

duales, espacios vectoriales, 229, 518-523

ecpirótica, propuesta, 418, 477
Eddington, Arthur, 298, 300
Eddington-Finkelstein, forma de, 340, *342*
Ehrenfest, Paul, 175
Einstein, Albert, 35, 37, 84, 133, 170, 174, 176, 177, 295
    constante cosmológica, 363, 372
    ecuaciones aplicadas al Big Bang, 282-287
    ecuaciones de campo del vacío, 90, 112-119
    indeterminación de la masa, 460
    perspectiva del campo gravitatorio, 454-458
    principio de equivalencia, 15, 125, 138, 271, 277, 454-456
    sobre las singularidades, 295
    sobre un sistema de partículas, 176, 179
    tensores de, 113 n.
    teoría de Newton y, 23-26
    teoría de twistores y, 437
    véase también relatividad general, teoría de
Einstein-Maxwell, ecuaciones de, 91
Einstein-Podolsky-Rosen (EPR), efectos, 212, 238, 259, 494
electromagnetismo, 476
    onda electromagnética, 204
    planos de polarización, 204-208
    teoría gauge de, 81-89
electrones
    momento magnético, 56, 491-492
    renormalización, 56
elegancia matemática, 22
elíptica, polarización, 205, *205*, 207, 208
Ellingstrud, Geir, 131, 132
enana blanca, estrella, 296, 297
energía
    de punto cero, 364
    del carbono, 403, 405

del vacío, 363-374

$E = h\nu$, *85*, 172-180

equipartición de la, 174-175

escala de Planck, 104-110

mínima, 103

oscura, 24, 25, 280, 347, 351, 353, 358, 359, 363, 373, 374, 494

energía nula, condición de, 145, 307, 359

energía oscura, 24-25, 280, 347, 351

campo, 358-359

fuerzas repulsivas y, 374

Englert, François, 14, 29

enlace químico, 168

entrelazamiento, 212-215, 238-245

experimento de Hardy, 262-263

no localidad y, 264

entropía, 312-320

agujeros blancos, 356

agujeros negros, 346, 353-361, 478, 482-483

Bekenstein-Hawking, 352, 355, 356, 358

Big Bang y entropía máxima, 323-331, 343

cosmológica, 351-362, 397, 478

hipótesis de curvatura de Weyl y, 472

materia oscura, 348-351

problema de la suavidad y, 384

total infinita, 332-344

universo como baja entropía, 397, 420, 472

epiciclos, 33-35

equipartición de la energía, 174-175, 247, 249, 252

equivalencia, principio de, 15, 125, 277, 362, 454, 456

Escher, Maurits C., *152*, 283, *284*, 441

espacio producto, 90, 105, 113, 114, *151*, 161, 246, 247, *541*, 542, *542*

espacio twistorial proyectivo, 428-429, *428*, *430*, 437, 438

espaciotiempo

asimetría, 313-318, 469-470

bifurcación, 461-462

como variedades, 533-539

cronometría, 83

dimensiones adicionales en teoría de cuerdas, 92-96, 104, 254-255

espacio de fases, 251

estacionario, 272-275, 547

geometrías espaciales del Big Bang y, 282-288

hipótesis de curvatura de Weyl, 470-474

horizonte de partículas y, 332-334

libertad funcional, 89-102

medición del, 73-81

modelos del tiempo cósmico, 288-291

Oppenheimer-Snyder, modelo de, 301-302

problema de la suavidad, 384-387

propuesta ecpirótica, 418

reloj ideal, 71-73, 82

simetría, 469

bajo inversión temporal, 311-321, 349

rotacional, 101

singularidades, 145, 302-310, 334

superficie atrapada, 304-305

supersimetría y, 64, 93, 108, 134-145

teoría de twistores y, 426

teoría gauge del electromagnetismo, 81-89

teoría M, 129-134

universo con rebote, 292-295

espectral, parámetro, 391

espectro del cuerpo negro, 20, 173

espín cuántico, 228-237, 427 n.

efectos Einstein-Podolsky-Rosen (EPR), 212, 238-245

experimento de Hardy, 261

espinorial, campo, 144, 145

estacionario, espaciotiempo, 272-275, 547

estacionario, teoría del estado, 282

contradicción con la relatividad general estándar, 303

estadística del espín, teorema de la, 138

estado cuántico, 190, 453
    como objeto clásico, 276
    decoherencia ambiental, 266
    doble cambio de ontología, 267
    en entornos perturbados, 463-465
    estacionario, 273-275
    estados de momento, 201, 208,
        233-234, 273-274
    estados de posición, 271-272
    matriz densidad, 266-267
    reducción, 265-276
euclideanización, 97, 98
Euclides, 512
Euler, Leonhard, 27, 564
Euler-Lagrange, ecuaciones de, 27, 37
Everett, interpretación de, 411
Everett III, Hugh, 268-269
expansión del universo, *véase* Big Bang
experimental, respaldo, para las teorías
    físicas, 21, 134
exponentes reiterados, 499-504
extensión analítica, proceso de, 53, 97,
    292, 365-368, *368*, 369-371, 441,
    564, 565

factor, espacio, 161
falso vacío tras el Big Bang, 376-377,
    379, 399, 400, 412, 494
fantasía en las teorías físicas, 279-282,
    330, 376
    cerebros de Boltzmann y, 415-416
FAPP, imagen, 268
Faraday, Michael, 167
*Farewell to Reality: How Fairytale Physics
    Betrays the Search for Scientific Truth*
    (Baggott), 19
fase, teoría de, 87
fase compleja de la mecánica cuántica,
    87
fase pura, 203
fases, espacios de, 314-315, 486-491,
    534, 536-538
    fibrado cotangente, 547
    volumen del, y paradoja de la
        pérdida de información en los
        agujeros negros, 485-486

fe, 165-171
    reducción objetiva del estado
        cuántico y, 265-278
Fermat, último teorema de, 133, 134
Fermi, Enrico, 170, 253
Fermi-Dirac, estadística de, 139, 247,
    253
fermiones, 64, 135
    fotino y gravitino, 143
    momento angular y, 137-138
    simetrías, 140
fermiónicas, cuerdas, 93
Feynman, diagramas de, 49-57, *49*, *50*,
    51, *52*, 59-62, 120, 249, 425, 443
Feynman, Richard Phillips, 56, 170
fibrados, 41, 71, 96, 540-548
    cilindro, 542
    cinta de Moebius, 541-545
    definición, 540
    espacios factores y subespacios,
        545-546
    libertad funcional mediante, 548-
        555
    secciones transversales de, 543
    tangentes y cotangentes, 546
financiación para la investigación, 30
Finkelstein, David, 300, 301
física de moda, 31, 496
    de los antiguos griegos, 31-34
    estatus de la teoría de cuerdas, 119-
        128
    financiación para la investigación y,
        30, 125
    resurgimiento de antiguas teorías
        en, 36-37
    teoría del flogisto de la combustión,
        34-35
    teoría del todo en, 37-38
físicas clásicas, teorías, 46, 69, 110, 169,
    186-189, 475-476
    e inestabilidad clásica de la teoría de
        cuerdas supradimensional, 112-
        119
    números complejos en, 555-560
    vibración, 219
FitzGerald, George Francis, 170 n.

flogisto, teoría de la combustión del, 34-36
Forward, Robert, 410
fotino, 143
fotoeléctrico, efecto, 179
fotones
    baño de, 103
    blandos, 54
    espacio de Hilbert, 219-223
    estado de momento, 201
    fórmula de Planck y, 174
    función de onda de, 203-210
    intercambio de, 50
    ortogonalidad y, 220-221
    paradoja onda-partícula, 180-187
    polarización, 204-207, 234-236
Fourier, análisis de, 204
Fourier, Joseph, 575
Fowler, William, 403
Fredholm, Erik Ivar, 220 n.
Friedmann, Alexander, 281-282, 292
    modelos cosmológicos de, *285*, *291*, *339*, *340*
    polvo de, 299, 303, 335
Friedmann-Lemaître-Robertson-Walker (FLRW), modelos de, 289, 292, 294-296, 325, *325*, 327, 331-332, *333*, 336
    Big Crunch y, 324-325
    horizonte de partículas y, 332-335
    naturaleza espacial del Big Bang y, 327
    volúmenes comóviles, 331-344
Friedrich, Helmut, 475, 477
Friedrichs, Kurt, 276
fronteras
    conformes, 151, *152*, 468-476
    futuras suaves, 475-480
    variedades con, 475, 532
fuerzas repulsivas, 373
Fulling, Stephen, 361
Fulling-Davies-Unruh, efecto, 361
función de onda
    como realidad frente a herramienta de cálculo, 257-265
    de fotones, 203-210

de partículas puntuales, 194-203
    forma twistorial de, 437-439
    libertad funcional cuántica, 245-257
    mecánica de Bohm, 258-259
funcional hamiltoniano, 539
fundamental, estado, 103-105, 108-109, 113, 145
futuro remoto, 149, 320, 351, 474, 477, 482, 487, 492

Galileo Galilei, 33, 34
Galileo-Einstein, principio de equivalencia de, 362
Gamow, George, 363
Gasperini-Veneziano, propuesta de, 418
gauge, acoplamientos, 42
    conexiones, 84, 87, 545
    curvatura, *83*, 84
    procedimientos de, 57
    teoría, 41, 140, 150
Gauss, plano de, 560
Geiger, contadores, 190-191, 209
generadores de supersimetría, 140, 141-143, 159, 160
geometría euclídea, 283-286
    coordenadas, 519, 525-532
    en teoría de twistores, 438-439
    espacios vectoriales y, 512-518
    3-espacio, *522*, 522
    véase también espacios vectoriales; variedades
geometrías espaciales del Big Bang, 288-289
Ghirardi, Gian Carlo, 278, 463
gluones, 135, 424-425, 442-443, 476
Gold, Thomas, 303, 339
googly, problema, 423, 444-445
grados de libertad, 69, 92, 102
    definición, 511
    dimensiones espaciales adicionales y, 254
    entropía de agujero negro y, 146-147, 148
    equipartición de la energía y, 174-175, 247
    modelo AdS/CFT y, 151

pérdida en agujeros negros, 483-484
teoría de cuerdas y, 103-108
Gran Colisionador de Hadrones
(LHC), 29, 104, 143, 144, 168, 448
granulado grueso, región de, 315-319,
316, 323, 349-351
gravedad cuántica, 21, 124, 294
autoenergía, 448-451
restricción sobre el Big Bang, 468-
476
gravedad universal, 35
gravitatoria, aceleración, 455, 458
temperatura, 361
gravitatoria, autoenergía, 277, 450-451,
452, 453
gravitatoria, teoría, 23-26, 35
teoría del todo y, 37-38
teoría de twistores y, 443
gravitatorio, campo
efecto Unruh, 361, 457
grados de libertad en el Big Bang,
468-476
perspectivas, 455
gravitino, 143
Green, Michael, 64, 93, 119, 129, 134
griegos, antiguos, 31, 32-33, 40, *418*
Gross, David, 63, 120-121
Grossmann, Marcel, 170 n.
grupo continuo simple excepcional, 95
Guralnik, Gerald, 14
Guth, Alan, 375, 382, 394

haces fibrados, *véase* fibrados
hadrones, 39, 40-41, 61-62, 67, 89, 135
Hagen, Carl R., 14
Hall, Aspeth, 22-23
Hall cuántico, efecto, 111
Hanbury Brown, Robert, 169
Hanbury Brown-Twiss, efecto, 169,
177
Hardy, experimento de, *242*, 261, 262,
262
Hardy, Lucien, 241-242
Haroche, Serge, 14
Harrison, Edward R., 390
Hartle-Hawking, enfoque, sobre la

cuantización del espaciotiempo, 98
n., 422
Hawking, Stephen, 17, 102, 117, 119,
309, 344
Bekenstein-Hawking, fórmula de,
147, 148, 396, 472, 482
entropía de agujero negro, 359-362,
478
esquema de ausencia de frontera,
422
evaporación de, 325
radiación de, 420, 484
sobre la paradoja de la pérdida de
información en los agujeros
negros, 485-486
temperatura de la radiación de, 362
HE, teoría, 95
Heisenberg, principio de
indeterminación de, 199-200, 272,
277, 453, 460, 464-465
Heisenberg, Werner, 133, 170, 217
helicidad, 205, *205*, 428, *429*, 434, 436,
437, *438*, 444, 445, 446
hermítico, producto interno, 220, 227,
260, 517
matriz, 227
Herón de Alejandría, 557
heteróticas, teoría de cuerdas, 95, 99,
101, 129
Higgs, bosón de, 144
Higgs, campo de, 378
Higgs, mecanismo de, 42, 480, 488, 490
Higgs, Peter, 14, 29
Hilbert, David, 37, 38, 219
Hilbert, espacio de, 200-201, 218, 219-
223, 226-229, 267, 456, 458
en teoría de twistores, 427-430 y n.
esfera de Riemann y, 232-234
fibrados, 547-548
vacíos alternativos, 459-460
hiperbólica (lobachevskiana),
geometría, 283, 284, 285, 289, *340*,
399
hiperplano, 522-523
hipersuperficie, 78-79, 275, 332, 354,
474

HO, teoría, 95
Hodge, números de, 130
Hodges, Andrew, 443
hoja de universo, 58, *58*, 93, 94, 96, 98-99
holográfica, conjetura, 146, 149
    véase también AdS/CFT, correspondencia
holográfico, principio, 146-149, 155, 357
holomorfas, funciones, 98, 370, 439, 441, 565, 567, 576, 578
Hooft, Gerardus 't, 57
horizonte, problema del, 382, 383
Hoyle, Fred, 282, 303, 339, 403-405, 408, 410
Hubble, Edwin, 363
Huevo del dragón (Forward), 410

implosión gravitatoria *véase* agujeros negros
infinitos, 42
inflación caótica, 413, 416
inflación de burbujas, 399
inflación de rotación lenta, 378, *379*, 385
inflación eterna, 413, *414*, 415, 416
inflacionaria, cosmología, 374-394
    antes del Big Bang, 416-419
    cerebros de Boltzmann, 415-416
    falso vacío y, 376-377, *379*, 399, 400, 412, 494
    Gasperini-Veneziano, propuesta, 418
    horizontes de sucesos, 300-302, 351, 354
    inflación de burbujas, 399, 414-416
    principio antrópico, 394-410
    universos paralelos y, 412-416
    volumen infinito, 400
inflacionaria, fase, en el Big Bang, 335 n., 336, 347-348, 378, 382, 388, 389, 400, 413, 415, 420, 469, 481, *481*
inflatón, campo, 378, *379*, 385
información, paradoja de pérdida de, en los agujeros negros, 485

información cuántica, 240, 265
infrarrojas, divergencias, *54*, 55
integración de contorno en teoría de twistores, 437, *438*
interacciones fuertes, 42, 62, 89, 135, 140, 424, 476
invariancia de Lorentz local, 372

Jaffe, Robert L., 366
Jones, Vaughan, 36
Jordan, Pascual, 170

Kaluza, Theodor, 65 y n., 70
Kaluza-Klein, teoría de, 65, 67-68, 70-71, 90, 92, 96, 101, 275, 547
    fibrados, 547
    libertad funcional en, 89-102
kaones, 135
Kelvin, William Thompson, lord, 36
Kepler, Johannes, 33, 34, 35, 167
ket, notación de, 229
Khalátnikov, Isaak Márkovich, 295, 310
Kibble Tom, 14
Killing, vector de, de género tiempo, 65 y n., *66*, 69, 91, 275-277, 547
Killing, vectores de, 69, 91, *273*, 275-277, 547
    leyes clásicas y, 276
    medidad del error, 276-277
Klein, Oskar, 65, *67*, 90
Kronecker, delta de, 520

Lagrange, Joseph-Louis de, 27
Landau, límite de, 297
Laplace, ecuación de, 576, 577-580
Laplace, Pierre-Simon de, 27, 573, 574
    Mécanique céleste, 573
Larmor, Joseph, 170 n.
Lavoisier, Antoine, 34, 36
lazos cerrados, 52, *52*, 54-55, 59, *60*, 62
Lemaître, abate Georges, 300
Lenard, Philipp, 179
ley de la termodinámica, segunda, 255-256
    cerebros de Boltzmann y, 416
    constante de Boltzmann y, 317

cosmología conforme cíclica y, 482, 486-492

desorden manifiesto de los sistemas, 313

entropía y, 312-319

estado macroscópico de los sistemas y, 312-313

mantenimiento de vida en la Tierra, 329-331

paradoja del Big Bang y, 323-331, 476-477

principio antrópico, 402

rebote ecpirótico y, 420

simetría bajo inversión temporal y, 311-321

leyes fundamentales de la física, 187-188

libertad asintótica, 62

libertad funcional, 68-69, 154, 504-511

cuántica, 245-257

ecuación de Laplace y, 580-583

en contexto cuántico, 102-112

en la teoría de Kaluza-Klein y la teoría de cuerdas, 89-102

fórmula de Planck y, 174-175

impedimentos cuánticos a la, 102-112

mediante fibrados, 549-555

Lífshits, Yevgeny Mijáilovich, 295, 365

Linde, Andréi, 378

linealidad, 23, 190, 210-217, 269-270, 424, 447, 574

bases vectoriales, 518-523

linealidad cuántica, 210-217

líneas de universo, 59, 72, 73, 76, 78, *78*, 79 n., 283, 289, *290*, 292, 302, *333*, *471*

cerradas de género tiempo, 157

líneas de universo de género tiempo cerradas, *78*, 480

Liouville, medida de, 537

longitud de onda, 177-180, 183, 321, 522-523

Looney, Thomas, 498

Lorentz, Hendrik, 57, 70, 170 n., 495

ley de la fuerza de, 189

luz

cono de, 77, 77-78

longitud de onda, 177-180

polarizada, 205

velocidad de la, 74

M, teoría, 13, 129-134, 163

branas, 419

Mach-Zehnder, interferómetro de, *181*, 182, 196, 219, 233

macroscópicos, estados, 312-315, 316, 318, 320, 323, 328, 386

magnéticos, campos

Big Bang primitivo, 491

dirección de los, 504

ecuación de restricción, 507

libertad funcional, 504-511

magnéticos, monopolos, 379, 380, *380*, 381

Majorana, descripción de, 236, *237*, 261

Majorana, dirección de, 236, 242

Maldacena, dualidad de, 146

Maldacena, Juan, 148, 150

masas, centro de, 109, 454, 456, 465, 534, 536, 537

valor esperado, 453

matemáticas

análisis armónico, 571-583

bases vectoriales, coordenadas y duales, 518-523

coherencia, 120

de las variedades, 523-533

espacios vectoriales, 512-518

exponentes reiterados, 499-504

extensión analítica, 97, 364-369, 564

fibrados, 540-548

geometría compleja, 560-570

libertad funcional de los campos, 504-511

libertad funcional mediante fibrados, 548-555

teoría de los infinitos de Cantor, 508-510

véase también números complejos

materia oscura, 280, 330
  agujeros negros y, 346-347
  entropía, 348-351
Maxwell, James Clerk, 38
  correspondencia AdS/CFT y, 158
  ecuaciones electromagnéticas, 13,
    38, 70, 89, 133, 177, 270, 437
  efectos Einstein-Podolsky-Rosen
    (EPR), 212, 238-245
  estados fotónicos de momento y,
    208
  medición cuántica, 190, 217-228
  teoría de twistores y, 443-444
mecánica cuántica
  choque con la teoría de la
    relatividad general, 271
  como realidad frente a cálculo, 257-
    265
  ecuación de Schrödinger, 190, 245,
    259, 266
  efectos Einstein-Podolsky-Rosen
    (EPR), 212, 238-245
  entrelazamiento, 212-215, 238-245
  espacio de Hilbert, 219-224
  espín cuántico, 228-237
  fe y, 171
  función de onda de fotones, 203-
    210
  función de onda de partículas
    puntuales, 194-203
  impedimentos a la libertad
    funcional, 102-112
  interpretación de Copenhague, 191-
    192, 258, 266
  interpretación de los muchos
    universos, 268-270, 411-422
  libertad funcional, 245-257
  libertad funcional cuántica, 245-
    257
  linealidad cuántica, 23, 210-217
  marco matemático de la, 193
  medición, 190, 217-228
  niveles cuántico y clásico, 185-194
  paradoja onda-partícula, 180-185
  planos de polarización, 203-208
  procedimientos, 169-170

reducción objetiva del estado, 265-
  278
  revolución, 168-171
  véase también principio de
    superposición
Mécanique céleste (Laplace), 573
medición cuántica, 190, 217-228
  como realidad frente a cálculo, 257-
    265
  débil, 265
  efectos Einstein-Podolsky-Rosen
    (EPR), 212, 238-245
  experimento de Hardy, 261-263
  fe cuántica en, 265-278
  teoría de De Broglie-Bohm, 258
Mendel, Gregor, 168
Mercurio, perihelio de, 23, 170 y n.
mesones, 40, 41
métrica de vendaje, 488
Mie, Gustav, 38
Minkowski, espacio de, 79, *80*, 97, 114,
  153, 157, *158, 159*, 287-288, 305,
  306, 338, *339*
  diagrama conforme, 340-341
  espacio twistorial y, *427*, 430, *433*,
    435, 442
  métrica plana de, 470
Minkowski, Hermann, 170 n.
Misner, Charles W., 310
Mitchell, John, 302
modelo estándar de la física de
  partículas, 41, 71
modos, análisis de, 94, 154, 581, 582, 583
Moebius, cinta de, fibrados de la, 542,
  542, 543-545, *543*
momento
  angular, 136, *137*, 175, 239, 242,
    345, 430, 431, *433*, 434, 537
  estados de, 201, 208, 233-234, 273-
    274
  twistores, 443
momento del momento lineal, 431
momento magnético, 56, 168, 236, *237*,
  260
monopolos magnéticos, 379, 380, *380*,
  381

muchos universos, interpretación de
los, 268, 411
muerte térmica del universo, 323

nacimiento térmico del universo, 323
Nambu, Yoichiro, 62
neutrones, 39, 40, 135, 276, 297, 453,
462
neutrones, estrellas de, 297, 307, 308,
410
Newton, Isaac, 34, 35, 133, 176, 177,
454
constante de, 298, 345
perspectiva del campo gravitatorio,
13, 270, 454-458
teoría en el espacio plano y teoría
de twistores, 443
teoría gravitatoria de, 22-24, 26-27,
33, 302, 451, 574
tiempo universal, *73*
universo corpuscular de, 496
véase también ley de la
termodinámica, segunda
nivel cuántico, leyes fundamentales de
la física a, 186, 188, 189, 190, 191,
192
no compactas, variedades, *531*
no localidad, 264
en teoría de twistores, 438-440
normal nula, dirección, *304*
Not Even Wrong (Woit), 19
nube negra, La (Hoyle), 410
nucleones, 39, 40
nulo, vector, 218, 307, 432, 514
nulos, modos, 104, 114, 162
n-variedades, 130, 523, 525-526, *525*,
529, 536, *536*, 546, *546*, 569

observable, universo, 346-347, 350,
352, 353
observables, galaxias, 332
Occam, navaja de, 22
onda monocromática, 204
onda-partícula, paradoja, 180-185,
195-196, 198, 203, 211, 219
operador lineal, 141, 218

Oppenheimer-Snyder, modelo de,
299-301, 303-305, 337, 342, 483
superficie atrapada y, 305
orbivariedad, branas de, 419
Oresme, 512
organización y entropía, 313-318
ortogonalidad, 218-222
base para los estados de espín, 228-
229
entrelazamiento y, 242-244
proyección ortogonal, 225
oscilación, 92, 96, 105, *205*, 248, 250,
366, 467, 522
Ossa, X. C. de la, 128
«oxígeno negativo», 36

Page, Don, 503
Painlevé, Paul, 300
paisaje, 146, 160-164, 377, 409
pantanos, 146, 162, 163
Pappus, teorema de, *516*
paquete de ondas, 183-184, 201, *202*
paralelogramo, ley del, 514, *515*, 561,
561
paralelos, universos, 269, 409, 411-412,
414
partícula, física de, 28
antecedentes de la teoría de cuerdas,
39-42
campos electromagnéticos en, 176
concepto de entrelazamiento, 212-
215
diagramas de Feynman y, 49-57
experimento de las dos rendijas,
43-46
modelo estándar de la, 41
momento angular en, 136-139
monopolos magnéticos, 379-381
números complejos en, 46, 86
teoría gauge de Weyl del
electromagnetismo, 81-89
teorías de gran unificación (GUTs),
379-381
teorías de Yang-Mills, 89
partículas
carácter puntual de las, 58

carga desnuda, 55-56
cosmología cíclica conforme, 480
decaimiento de las partículas
    masivas, 479-480
fronteras futuras conformes suaves y,
    479
intercambio de, 50
sin masa, 430-437, 442, 445-446,
    479
partículas, horizonte de, 332, *333, 335,
    341,* 347, 348, 353-354, 382, 383,
    396, 398
principio antrópico y, 398
partículas masivas, decaimiento de, 479
Pauli, principio de exclusión de, 135,
    138, 139, 178, 253, 296, 297
estrellas de neutrones y, 297
Pauli, Wolfgang, 170
Penrose, Lionel, 497-498
Penrose, Oliver, 497
Penrose, Roger, 302, 303, 306, 309, 432,
    495
perforaciones, 60, 532, 570
Perlmutter, Saul, 25, 363
perturbativos, esquemas, 443
piones, 40, 135
Pirani, Felix, 495
Planck, constante de, 21, 54, 85, 137,
    172, 251, 345, 449
Planck, curva del cuerpo negro de,
    322
Planck, energía de, 104, 106-107, 109,
    127, 448, 449
Planck, escala de, 21, 66, 100, 105, *107,*
    108, 109-110, 293, 488
Planck, longitud de, 54, *67,* 104, 113,
    118, 448, 461
constante de cuerda y, 112
Planck, Max, 20, 170, 172, 176, 252
sobre la intensidad de la radiación,
    252
Planck, satélite, 15, 281, *391,* 491
Planck, tiempo de, 54, 118, 256, 448,
    461, 462
Planck, unidades de, 345, 359, 406-408,
    413, 450, 462

en la hipótesis de los grandes
    números de Dirac, 406-407
planitud, problema de la, 382, 388
plasma, 491
Platón, 33
Podolsky, Boris, 238, 259
Poincaré, disco de, 151-152
Poincaré, esfera de, 230
Poincaré, Henri, 170 n.
polares, coordenadas, 393, 527, 528-
    529, *528,* 531
polarización, planos de, 204, 206, 219
Polchinski, Joseph, 124, 380
Politzer, David, 63
polvo, 282, *285,* 290, 292, 299-300,
    303, 335, 492
Popper, Karl, 144
potencia, espectro de, de la CMB, 391-
    393, *391*
presión de degeneración electrónica,
    296
presión de degeneración neutrónica,
    296-297
Princeton, Instituto de Estudios
    Avanzados de, 70
probabilidad, onda de, 184
protones, 39-41, 50, 135, 228, 297,
    405-407, 408, 453, 479, 491
Ptolomeo, 34
púlsares, 25, 297
punto cero, energía del, 364

quarks, 41, 42, 61, 89, 140, 453
quintaesencia, 31, 374, 494
quíntica, 131

radiación, intensidad de la, 253, 254,
    322
radiación cósmica de fondo de
    microondas (CMB), 254-256, 321-
    324, 328
análisis armónico y, 392
características como fantástica, 410-
    411
cosmología cíclica conforme y, 480-
    482

entropía, 346, 478
espectro de potencia, 391-393
problema de la planitud, 388
problema de la suavidad, 384
problema del horizonte, 382-383
rama, singularidades, 368, 369
Rayleigh-Jeans, fórmula de, 173 y n., 174, 175
rebote, universo con, 292-296, *295*, 420
ecpirótico, 420
recalentamiento, 378, *379*
recubrimiento universal, 156, *156*, 157
reducción del estado, 190, 266, 448, 449, 450, 466
relatividad especial, 73-81, 114, 176, 189
teoría cuántica y, 168
relatividad general, teoría de la, 23, 26, 27, 35, 37, 124, 189
Big Bang y, 282
choque con la mecánica cuántica, 271
como teoría clásica, 46
extensión de Penrose de la, 493-494
línea de universo, 71-75
singularidad espaciotemporal y, 302-310
tensor métrico, 24, 71
teoría de twistores y, 443-444
tiempo en, 70-81
variedades en, 533-540
reloj ideal, 71, *72*, 82, 289
renormalización, 55, *55*, 57, 169
restricción, ecuación de, 507
Reutersvärd, Oscar, 441
Ricci, curvatura de, 488
Riemann, esferas de, 230-232, *231*, 233, *235*, 236, 426, *427*, 428, 432, *433*, 439, 442
Riemann, superficies de
en teoría de cuerdas, 59-60, 93, 97, 98, 495
energía del vacío y, 369-370
estructuras complejas, 131
teoría de twistores y, 428

Riemann, tensor de curvatura de, 24
Riess, Adam G., 25, 363
Rimini, A., 278
Rindler, Wolfgang, 332-333
Rosen, Nathan, 238, 259
rotación lenta, *véase* inflación de rotación lenta
Rovelli, Carlo, 121-122, *123*, 125
Rumford, sir Benjamin Thompson, conde de, 35

salto cuántico, 217, 225
Sciama, Dennis, 495
Schmidt, Brian P., 25
Schmidt, Maarten, 298
Schrödinger, ecuación de, 47, 311, *438*, 456, 464, 469
energía positiva frente a negativa y, 456
mecánica de Bohm y, 258
realidad y, 259
simetría bajo inversión temporal y, 311-321
Schrödinger, Erwin, 133, 170, 217, 288, 330
concepto de entrelazamiento, 212-215
Expanding Universes, 288
paradoja del gato, 171, 217, 268, 270, 411, 454, 464
¿Qué es la vida?, 330
sobre el salto cuántico, 217
Schrödinger-Newton (SN), ecuación de, 465
Schwarz, John, 64, 93, 129, 134
Schwarz-Green, teoría de cuerdas de, 254
Schwarzschild, Karl, 299
espaciotiempo de, *342*
Schwarzschild, radio de, 299-300, 302, 305
superficie atrapada, 305
Schwarzschild, solución de, 298-299, 340
diagrama conforme, 343
selección natural, 401

selectrones, 143

semejanza de triángulos, ley de, 561, *561*

Shakespeare, William, 498

simetría
    anomalías y, 63
    fibrado, 548
    bajo inversión temporal, 311
    espejo, 131-134
    grupo continuo de, 87
    grupos de, 87, 95
    Kaluza-Klein, teoría de, 65, 69, 90
    rotacional, 91, 101, 475
    super-, 64, 93, 95, 101, 108, 134-145
    teorías de Yang-Mills, 89, 158, 424, 443-444, 476

simpléctica, estructura, 130, 315, 462, 525, 537, *538*, 539, 546, *546*

sin masa, partículas
    en espacio twistorial, 430-437, 442, 445-446
    fronteras conformes suaves y, 479

singularidad, 117
    en implosión gravitatoria, 302-310, 344
    horizonte de partículas y, 334-335
    rama, 368

Sirius, 169, 296

Sirius B, enana blanca, 296

Smolin, Lee, 19
    Las dudas de la física en el siglo XXI, 19

Snyder, Hartland S., 299

Sol, energía de baja entropía del, *329*, 329-330

Starobinski, Alexei, 375, 382

Steinhardt, Paul, 378, 416, 418

Steinhardt-Turok, propuesta cíclica/ecpirótica de, 481

Stern-Gerlach, aparato de, 236, *237*, *239*, 260, 261, 262-263

Stokes, vector de, 235

Strømme, Stein Arilde, 131, 132

suavidad, problema de la, 382, 384, 388, 487, 510, 544, 549, 567, *568*, 581

submicroscópicos, estados, 314, 315, 318

sucesos, horizontes de, 351, 358

superficies atrapadas, 306-309

superposición, principio de, 43-48, 194, 198-199, 206, 426
    autoenergía gravitatoria, 448-450
    bifurcación espaciotemporal y, 461-462
    decoherencia ambiental y, 267-269
    en entorno perturbado, 463-464
    estados de momento y, 233-234, 274
    experimento de Bouwmeester, 463-466
    fe cuántica y, 265-278
    medida del error, 277
    oscilación clásica y, 467
    perspectiva newtoniana frente a perspectiva einsteiniana del campo gravitatorio y, 454-457
    reducción del estado y, 451-466
    vacíos alternativos en, 459

supersimetría, 64, 93, 95, 101, 108, 112, 114, 129, 134-146, 155, 159, 160, 161, 253, 424-426, 494

supersimétrica, compañera, 142, 144

Susskind, Leonard, 39, 120

Synge, John Lighton, 83, 340

Synge-Kruskal, forma, 340

Tait, J. G., 36

tangentes, direcciones, 78

Taniyama-Shimura, conjetura de, 134

Taylor, Richard, 133, 134

teleportación cuántica, 270

temperatura
    aceleraciones, 361
    cambios al moverse hacia el Big Bang, 476-477
    cosmológica, 359-360, 362
    crecimiento del agujero negro y, 478

tensor de Weyl nulo, 471

tensor métrico, 24, 71, *75*, 334, 372

teoría del todo, 37, 38, 39, 100

teorías físicas

clásicas, 46-47, 69, 110, 169, 186-189, 475-476
coherencia matemática en las, 20-21, 120
de los antiguos griegos, 31-34
de los púlsares, 25
de moda, 31-38, 119-128, 496
de moda en el pasado, 31-38
doctorandos e investigación sobre, 30
elegancia matemática de las, 22
fantásticas, 279-282, 330, 376
financiación de la investigación sobre, 30, 125-126
física de partículas, *véase* partículas, física de
juicio estético en, 22, 26-27
leyes fundamentales, 185-189
linealidad de las, 23
procesamiento estadístico de datos en las, 28
respaldo experimental, 21, 127-128
teoría gravitatoria, 23-26
Thomas, Richard, 128, 130, 133
Thompson, Benjamin, *véase* Rumford, conde de
Thompson, William, *véase* Kelvin, lord
tiempo cósmico, modelos de, 288, 289, 332
tiempo universal, *73*
tiempo, *véase* curvas espaciotemporales de género tiempo
tipo I, teoría de cuerdas de, 129
tipo IIA, teoría de cuerdas de, 129
tipo IIB, teoría de cuerdas de, 129, 150
Tod, Paul, 472-473, 475, 478, 491-492
Tolman, modelo FLRW de, 292-293, *293*, 303
Tolman, Richard Chace, 292
topológica, teoría cuántica de campos, 36
transiciones cuánticas en los átomos, 108, 109
Trautman, Andrzej, 71
túnel cuántico, efecto, 377
Turok, Neil, 416, 418

Twiss, Richard Q., 169
twistor nulo, 430, 434-435, *435*
twistores, teoría de, 423-445, 468
    ambitwistores, 443
    esfera de Riemann y, 426-428
    espacio de Hilbert en, 428-430
    espacio de Minkowski en, 435, 442
    espacio twistorial dual, 445
    espinor de Weyl en, 432
    esquemas perturbativos, 443-444
    función de ondas, 437-439
    momento del momento lineal en, 431
    no localidad en, 438-442
    palaciega, 445
    partículas sin masa, 431-436, 442, 445-446
    problema googly, 423, 445
    twistor nulo en, 434
twistores palaciega, teoría de, 445-446, 468

ultravioleta, catástrofe, 175, 247, 248
ultravioletas, divergencias, 53, 55, 57, 59-60
unimodular, multiplicador complejo, 86
universo
    antes del Big Bang, 416-418, 473-475
    aparición de vida inteligente en, 395, 397, 398, 402
    baja entropía del, 351-362, 397, 420, 472
    cerebros de Boltzmann y, 415
    con rebote, 292-296, *295*, 420
    cosmología inflacionaria, 374-394
    expansión de, *véase* Big Bang
    modelos del tiempo cósmico, 288-291
    otros universos paralelos a, 268-270, 411-422
    principio antrópico, 394-410
    propuesta ecpirótica, 418, 420-421
    selección natural en, 401
    volumen infinito, 400

Unruh, efecto, 361, 362, 457
Unruh, William, 361

vacío, energía del, 363-374
 efecto Casimir y, 365
 efecto túnel cuántico y, 377
 extensión analítica, 365-369
 fuerzas repulsivas, 373
vacío térmico, 457
vacíos alternativos, 162, 459
Vaidmen, Lev, 265
variacional, principio, 37
variedades
 complejas, 428, 570
 curvas de evolución, 538
 en física, 533-540
 espacio base, 41
 espacios de configuración, 246, 259, 534-535
 espacios de fases, 314, 486-492, 534, 537-538
 fibrados, 41, 71, 96, 540-548
 matemáticas de las, 523-533
vectoriales, bases, 518-523
vectoriales, espacios, 48
 definición, 512, 518
 duales, 520, 523
 en teoría de twistores, 428-429
 variedades y, 523, 533
velocidad de la luz, 21, 73, 74-78, 82-83, 85, 98, 109, 168, 173, 208, 290, 298, 302, 345, 399, *400*, 449-450
Veneziano, Gabriele, 62, 119, 416, 418, 420, 481
Vere, Edward de, 498
Vía Láctea, 346, 490
vibración, 219
vibracionales, modos, en QFT
vida inteligente, 163, 395-398, *397*, 404, 405, 409-410, 413
Voigt, Woldemar, 170 n.
Von Neumann, John, 86, 266-267

Ward, Richard S., 444, 446

Weber, T., 278
Weinberg, ángulo de, 42
Wessel, Caspar, 560
Wessel, plano de, 47, 86, 87, 197, *197*, 201, 207-208, 222-223, *223*, 226, 230, 271, 273, *273*, 366-367, 368, 369, *371*, 547, 548, 560-561, *560*, *561*, *562*, *563*, 564-570, 574, 578-579
 esfera de Riemann y, 230, *231*, 235
Weyl, espinor de, 432
Weyl, Hermann, 57, 70, 71, 96, 140, 547
 libertad funcional y, 90
 teoría de gauge del electromagnetismo de, 81-89, 90
Weyl, hipótesis de curvatura de, 470-472, 473, *474*, 489
Weyl, tensor conforme de, 470-471, 489
Wheeler, John Archibald, 298, 508, 510
Wick, rotación de, 97, 98 n., 99, *99*, 442
Wien, ley de, 173, 174
Wigner, Eugene, 170
Wilczek, Frank, 63
Wiles, Andrew, 133-134
Wineland, David, 14
wino, fermión, 143
Witten, Edward, 36, 129, 148, 150, 424, 425, 442, 446
WMAP (Wilkinson Microwave Anisotropy Probe), 15, 281, 491
Woit, Peter, 19

Yang-Mills, teorías de, 89, 158, 424, 476
 teoría de twistores y, 443-444
 teoría supersimétrica de, 144, 425-426
Young, Thomas, 176

Zel'dovich, Yakov Borísovich, 390
zeta, ángulo, 42
zino, fermión, 143